城乡规划GIS技术应用指南 国土空间规划编制和双评价

GIS Application Guide for Urban and Rural Planning LAND SPACE PLANNING AND DOUBLE EVALUATION

牛　强　严雪心　侯　亮　盛富斌
王思远　盛嘉菲　高　齐　朱玉蓉　陈静仪　著

中国建筑工业出版社

图书在版编目（CIP）数据

城乡规划GIS技术应用指南：国土空间规划编制和双评价 = GIS Application Guide for Urban and Rural Planning: LAND SPACE PLANNING AND DOUBLE EVALUATION / 牛强等著. -- 北京：中国建筑工业出版社, 2020.12（2021.11重印）
ISBN 978-7-112-25565-8

Ⅰ.①城… Ⅱ.①牛… Ⅲ.①地理信息系统—应用—城乡规划—指南 Ⅳ.①TU984-62

中国版本图书馆CIP数据核字(2020)第190504号

本书详细讲解了利用GIS平台进行国土空间规划的系列技术方法，涵盖了国土空间规划GIS应用的主要方面，包括：数据整理和信息建库、一张底图制作、总体规划编制、详细规划总平面图绘制、协同规划、双评价分析等。通过这些技术方法的学习，能极大地提高规划师开展国土空间规划和相关分析的能力。

本书是《城乡规划GIS技术应用指南》系列图书的第二部。本系列图书主要面向国土空间规划、城乡规划、土地资源管理、城市研究等的一线人员，系统介绍GIS在数字规划设计、智慧规划分析、规划信息管理等各个领域的应用方法，并详细地讲解分析思路、操作步骤和相关原理。

本书适用于广大的国土空间规划和城乡规划设计人员、研究分析城市的科研人员，亦适用于高等院校城乡规划、土地资源管理等专业本科生、研究生。

责任编辑：黄　翊
责任校对：芦欣甜

配套资源下载方法：
中国建筑工业出版社官网 www.cabp.com.cn→输入书名或征订号查询→点选图书→点击配套资源即可下载。
（重要提示：下载配套资源需注册网站用户并登录）

城乡规划 GIS 技术应用指南·国土空间规划编制和双评价
GIS Application Guide for Urban and Rural Planning: LAND SPACE PLANNING AND DOUBLE EVALUATION

牛　强　严雪心　侯　亮　盛富斌
王思远　盛嘉菲　高　齐　朱玉蓉　陈静仪　著
*
中国建筑工业出版社出版、发行（北京海淀三里河路9号）
各地新华书店、建筑书店经销
北京光大印艺文化发展有限公司制版
北京市密东印刷有限公司印刷
*
开本：880毫米×1230毫米　1/16　印张：26½　字数：793千字
2020年12月第一版　2021年11月第三次印刷
定价：79.00元（含配套资源）
ISBN 978-7-112-25565-8
（36592）

出版说明

我国的城乡规划处于向信息化、智慧化、科学化转型的时代，以定性分析、数字制图、图文传递为特征的传统规划方法越来越不适应时代的要求，而以智能制图、智慧分析、城市信息模型等为特征的智慧城乡规划将是未来的主流形态。繁重的规划制图工作将通过GIS自动或半自动地完成，规划师的主要精力将由绘图变成分析思考。而大量的分析工作将得到GIS或基于GIS开发的专用工具的支持，分析工作将变得轻松、快捷，实时得到的分析结果可马上用于方案的迭代优化或者实施决策，如此规划的智慧得以充分发挥。此外城市信息模型将全面映射城市状态，形成与现实相对应的“虚拟城市”，其中城市变化会得到实时监测，规划会得到及时评估，民众可以基于移动互联网广泛参与。

在这一变革过程中，GIS会逐渐成为规划的主流平台，所以GIS在规划中的推广普及成为时代的要求。而这正是本丛书的撰写目的，作者希望结合实验案例详细讲解规划GIS应用的方法、技术、技巧，帮助读者迅速地掌握GIS技能，并有效地应用到规划实践中去，推动规划的智慧化、科学化。

本丛书是2012年出版的《城市规划GIS技术应用指南》的扩展版。《城市规划GIS技术应用指南》自发行以来受到了广大规划师的喜爱，成为规划师自学GIS、应用GIS的“红宝书”，有力地推动了我国规划GIS应用水平的提高和应用人群的扩展。但初版的内容主要集中在经典的规划空间分析上，未能全面涵盖规划GIS应用的方方面面，所以此次再版将其扩充为包括至少3部分册的丛书，从不同侧面全面介绍规划GIS应用。

其中，第1部《城市规划GIS技术应用指南·GIS方法与经典分析》重点介绍经典的规划空间分析，同时讲解GIS的基本原理和主要技术，作为后续丛书的基础；第2部《城市规划GIS技术应用指南·国土空间规划编制和双评价》主要介绍利用GIS平台进行国土空间规划编制、双评价等通往智能规划的技术方法；第3部《城市规划GIS技术应用指南·信息管理和高阶分析》主要介绍通往智慧规划的规划信息采集、管理、共享和使用的方法，城市经济、社会、生态、交通、规划等领域的专业分析方法，以及将数据和模型打包成系统和平台以供广泛使用的技术方法。

本丛书本着务实、求精、与时俱进的原则来组织编写。首先，以具体的规划应用来组织章节，以一个个实验为核心，不仅介绍怎么应用，更重视怎么实现，以期达到即学即用的目标。其次，按照工具书的风格来写作，力求内容精炼、分析精辟、思路清晰、重点突出、方法可靠，使读者能用最短的时间掌握分析方法。最后，力争涵盖最新的技术和应用，并会保持不断更新，例如第1部在2012版的基础上增加了目前热门的规划大数据空间分析的内容，以及城市研究特别关注的空间回归分析的内容。

本丛书是作者在规划中应用GIS的经验总结，由于作者的水平、经验有限，书中难免存在错漏之处，敬请读者批评指正。同时真诚希望读者将GIS规划应用中的经验教训反馈给作者，以帮助改进城乡规划GIS应用方法，挖掘更多的城乡规划GIS应用领域，使GIS更好地服务于城乡规划。

作者

2020年11月

序

进入 21 世纪，地理信息系统（GIS）技术在我国土地资源管理、城乡规划领域得到了推广应用，时至今日，和西方先进国家之间的差距已经缩小。作为高等院校教师，我们对在校学生的培养责无旁贷，对在职专业技术人员知识、技能的更新，也属我们的重要职责。武汉大学牛强老师在这方面辛勤耕耘，有系列著作、教材面世，获得在校师生、在职专业技术人员好评。

2019 年 5 月，党中央、国务院对城乡规划、国土资源规划、主体功能区划提出了重组、改革的要求。各级规划编制、业务管理人员面临着转变观念、调整业务、创新实践等多方面的挑战；对 GIS 技术来说，则遇到了开拓领域、深化应用的极好机遇。牛强老师迅速组织相关教师、专业技术人员编写出本著作，为国土空间规划编制人员（包括在校师生）提供了非常及时的学习条件。

本书延续了起步要求低、操作简便、快速入门、适合自学的特点，而且密切结合新业务，可以使传统规划设计人员在学习 GIS 过程中，了解到新形势下国土空间规划的新趋势、新要求。

GIS 对国土空间规划具有重要的支撑作用，应用潜力巨大，结合专业来学习，是一条快捷、实用的途径。尽管目前的规划业务尚不稳定，但是借助本书的学习，打下基础，再结合实践，可以促进规划编制、管理业务的创新、改进和完善。

宋小冬 同济大学

2020 年 11 月

前　言

本书面向国土空间规划的一线人员，介绍了一系列利用 GIS 平台进行国土空间规划的技术方法。这些技术方法涵盖了国土空间规划 GIS 应用的主要方面，例如：数据整理和信息建库、一张底图制作、总体规划编制、详细规划总平面图绘制、协同规划、双评价分析等。

本书根据国土空间规划的需求，详细介绍了超过 100 种 GIS 规划应用方法和超过 180 种 GIS 技术工具。这些技术方法的应用，能极大地提高国土空间规划的技术水平。

本书的特点

（1）使用本书不需要 GIS 基础

读者根据本书提供的操作步骤，可以一步步地完成分析，解决实际规划问题。本书内容已尽可能地降低 GIS 上手的难度，减少读者对庞大的 GIS 系统的畏惧感，增强读者使用 GIS 的兴趣和信心，所以也适用于规划师 GIS 入门学习。

（2）本书由易到难、循序渐进地介绍 GIS 技术

考虑到那些准备系统学习 GIS 的城市规划读者，本书中一些 GIS 的基本功能（如符号化）将在多个章节反复使用到，从而提高读者的熟练程度。而每个章节将会利用多个 GIS 高级功能来解决规划问题，以逐步提高读者的 GIS 水平。学习完本书后，读者将全面掌握 GIS 的主要技能，能够解决国土空间规划中的实际问题。

（3）本书以规划应用来组织章节，涵盖国土空间规划 GIS 应用的主要方面

本书针对国土空间规划的典型问题，一个章节解决一个问题，从浅到深地穿插介绍 GIS 的功能和方法，例如第 2 章详细讲解了数据整理与规划信息建库的方法，第 9 章讲解了生态保护重要性评价方法等。并且，本书涵盖了国土空间规划 GIS 应用的主要方面，可以帮助读者清晰地理解 GIS 能应用在国土空间规划的哪些具体方面，以及如何应用。

（4）本书强调根据需求即学即用，无须通盘学习

本书各章内容相对独立，每章只针对国土空间规划实践中的一个典型问题，详细讲解基于 GIS 的解决方案和操作步骤。读者可以根据规划业务需求，直接参考相应章节提供的方案和操作步骤，解决实际工作中的问题。

（5）本书将训练读者利用 GIS 分析问题、解决问题的能力

开展国土空间规划工作过程中，往往没有现成的解决方案可循，这时需要综合利用 GIS 工具创新性地提出技术方案。本书不仅提供了一系列技术路线以供参考，还详细讲解了分析过程和实现原理，可以培养读者利用 GIS 分析问题、解决问题的能力。

需要说明的是，本书尽可能地采用截至出版前最新的国土空间规划相关技术规范，但这些规范还在不断更新之中，具体内容可能会与本书有所不同。但是本书练习所涉及的内容是基础性的，技术方法一般是通用的。请在实践中，以最新发布的技术规范为准。

本书使用的 GIS 软件

本书介绍的 GIS 技术方法主要基于 ESRI 公司 2019 年发布的 ArcGIS10.7 中文版。ArcGIS 是由多套软件构成的大型 GIS 平台，本书主要使用了其中的 ArcMap、ArcScene 和 ArcCatalog。

本书介绍的大部分功能和方法可以在 ArcGIS10.X 中实现，但操作界面和 GIS 工具位置可能有所不同。另外，尽管本书是基于 ArcGIS10.7 撰写的，但配套资源中的地理数据均为 ArcGIS10.0 版本，以兼容还在使用低版本 ArcGIS 的读者。

本书为满足协同规划的需求，还利用 SQL Server 数据库平台搭建数据库管理系统。

本书的使用方法

（1）没有接触过 ArcGIS 的读者，可以先学习本书的第 2 章和第 3 章，初步了解 ArcGIS 基本操作。

（2）需要通过本书解决实际规划问题的读者，可以通过“目录”或者“附录一：GIS 规划应用索引”定位到相关章节。相关章节中会对规划问题进行描述，提出解决方案，并给出具体操作步骤。读者可以参考这些步骤一步步地完成操作。

（3）需要直接查阅 GIS 技术的读者，可以通过“附录二：GIS 技术索引”定位到具体页面，获取相关 GIS 技术的使用方法。

（4）每章开头处都有本章所需基础的提要，可根据需要预先掌握相关内容。

（5）随书数据的获取和使用。本书的随书数据可从中国建筑工业出版社官网的增值服务中获取，下载方法见版权页。

随书数据为虚构的示例数据，按章组织，各章数据所在文件夹被命名为【chp02】、【chp03】等，【chp】后面的数字对应章数，例如【chp02】对应第 2 章。各章的随书数据文件夹下包含两个子文件夹，其中【练习数据】子文件夹提供了本书 GIS 操作所需的数据，【练习结果示例】子文件夹提供了部分操作的最终结果数据。

致谢

衷心感谢所有为本书提供 GIS 尝试探索机会的规划设计单位，以及参与 GIS 试验的规划设计同仁和城市规划学生！感谢武汉大学城市设计学院的研究生邹杉来、郭奇，他们对本书进行了仔细校对！另外还要特别感谢本书的责任编辑黄翊女士，她为本书的出版付出了大量辛劳！最后感谢使用本书的读者，你们是 GIS 规划应用的主体和先锋！真诚希望读者将 GIS 规划应用中的经验教训反馈给作者，以帮助改进国土空间规划 GIS 应用方法，挖掘更多的国土空间规划 GIS 应用领域，使 GIS 更好地服务于国土空间规划。作者的邮箱地址是 niuqiang@whu.edu.cn。

GIS 在国土空间规划领域有着非常广泛的适用性，本书内容只是作者初步探索的一些经验总结。由于作者的水平、经验有限，书中难免出现错漏，敬请读者批评指正。

目　录

第1章 国土空间规划的GIS应用概述

2019年5月9日，中共中央、国务院正式印发《关于建立国土空间规划体系并监督实施的若干意见》(中发〔2019〕18号)(以下简称《意见》)，将主体功能区规划、土地利用规划、城乡规划等空间规划融合为统一的国土空间规划，实现多规合一，强化国土空间规划对各专项规划的指导约束作用。

这是一次规划技术上的重大革新，是一次历史性的转型升级。就技术手段而言，目前首选的、能胜任如此繁杂工作的编研平台只有GIS。因此，掌握国土空间规划的GIS方法已经成为规划师必备的技能。

GIS(Geographie Information System，地理信息系统)是由计算机硬件、软件、数据和不同的方法组成的系统，该系统用于支持空间数据的采集、管理、处理、分析、建模和显示，以便解决复杂的规划和管理问题。它在国土资源、城乡规划、测绘、公安、教育、卫生、环境等领域都得到广泛应用，但用于国土空间规划这一新事物，还有很多技术路线、编研技巧、分析模型等需要探索。本书将分享作者在国土空间规划实践中的一些经验，具体包括：

- 数据整理与规划信息建库；
- 基数转换与用地现状图制作；
- 设施及其他现状图绘制；
- 国土空间总体规划编制；
- 详细规划总平面图绘制；
- 协同规划；
- 双评价及模型的构建。

本章将首先作一个初步介绍，帮助读者了解GIS在国土空间规划各阶段的相关应用。

1.1 国土空间规划概述

1.1.1 政策与行业背景

《意见》强调以国土空间基础信息平台为底板，结合各级、各类国土空间规划编制，同步完成县级以上国土空间基础信息平台建设，实现主体功能区战略和各类空间管控要素精准落地，逐步形成全国国土空间规划“一张图”。

当前各类规划体系混乱，性质属性界定不明、层次不清，且规划矛盾冲突，政策法规不一，技术标准不同，同类规划上行下效，专项规划各行其是，规划期与领导干部任期不相一致，特别是空间规划、建设规划与发展规划互不衔接，规划各阶段耗费大量人力、物力，致使空间资源配置无序、低效，空间管理难以统一，规划出现编制难、实施难、考核难的“三难”困局。

随着国土空间规划工作的深入开展，各地采取数据体系驱动的信息治理手段，实施各规划、体系、功能统筹的系统建设模式，规划逐渐转变为以GIS、大数据、CIM、AI等技术为核心的智慧规划。这对我国“多规合一”的推进，规划编制、实施和监督体系的构建起到至关重要的作用。

1.1.2 国土空间规划工作要点

国土空间规划是指国家或地区政府部门对所辖国土空间资源和布局进行的长远谋划和统筹安排，旨在实现对国土空间有效管控及科学治理，促进发展与保护的平衡。开展国土空间规划工作，首先需要做好基础底图工作，按要求整合多源异构数据，形成统一标准，作为编制国土空间规划的前提和基础。然后进行“双评价”“双评估”等工作，确定生态、农业、城镇等不同开发保护利用方式的适宜程度。结合“双评估”的主要结论和重大问题，加强对国土空间整体发展的战略引领和指导，为编制国土空间规划提供决策支撑，进而进行“专题研究”及“三区三线”划定、总体规划编制等工作。

- 注重控制线落地：以主体功能区为基础，依托“两个评价”，划定“三区三线”，实现主体功能区在市县精准落地。
- 建立空间规划体系：通过构建全国“一张图”实现全国统一，通过规划期限统一、基础数据统一、指标目标统一、用地分类统一、空间分区统一即“五个统一”实现相互衔接，通过国家、省、市县三级管理实现分级管理，最终建立健全全国统一、相互衔接、分级管理的空间规划体系。
- 强化空间用途管制：按照统一用地分类标准，通过开发强度管控、建设用地总量约束，确保用地性质一致、土地权属唯一，达到空间用途的有效管控。
- 提升空间治理能力和效率：通过法规标准建立、空间规划信息平台建设及体制机制创新等，实现空间治理能力现代化。

由此可知，国土空间规划是国家空间发展的指南，是可持续发展的空间蓝图，是各类开发保护建设活动的基本依据，是建设生态环境并持续发展生态经济的重要体现。

1.1.3 目标任务与体系框架

《意见》要求到2020年，逐步建立国土空间规划的四个体系，基本完成市县以上各级国土空间总体规划编制，初步形成全国国土空间开发保护一张图。到2025年，健全国土空间规划法规政策和技术标准体系，全面实施国土空间监测预警和绩效考核机制，形成以国土空间规划为基础、以统一用途管制为手段的国土空间开发保护制度。到2035年，全面提升国土空间治理体系和治理能力现代化水平，基本形成生产空间集约高效、生活空间宜居适度、生态空间山清水秀，安全和谐、富有竞争力和可持续发展的国土空间格局。

《意见》指出现阶段要从“锁定空间边界”“明确空间功能”“强化空间治理”三大维度落实国土空间规划的目标任务。其中，以体现国家意志，锁定安全底线，落实国家战略，优化空间格局和功能，以人民为中心，塑造高品质国土空间为主要任务。

这一系列政策为国土空间规划体系的构建提供了思路，确定了“五级三类四体系”的总体框架。在规划层级上自上而下可分为国家级、省级、市级、县级、乡镇级这五级，依据规划类型划分为总体规划、详细规划、专项规划这三大类，从规划运行的角度建立规划编制审批、规划实施监督、法规政策、技术标准这四个子体系（表1–1）。

“五级三类”体系框架 **表1–1**

层级	总体规划	详细规划	专项规划	
			自然资源部门牵头	相关部门牵头
国家	全国国土空间规划	—	自然保护地体系、海岸带保护利用、陆海统筹、生态修复、国土整治等重点领域专项规划； 京津冀、长江经济带、粤港澳大湾区、长江三角洲等重要区域专项规划	国家铁路网、综合交通网、机场、沿海和内河港口、能源、水利等国家级重大基础设施建设等专项规划

续表

<table>
<tr><th rowspan="2">层级</th><th rowspan="2">总体规划</th><th rowspan="2" colspan="2">详细规划</th><th colspan="2">专项规划</th></tr>
<tr><th>自然资源部门牵头</th><th>相关部门牵头</th></tr>
<tr><td>省（自治区）</td><td>省级国土空间规划</td><td colspan="2">—</td><td>海（河）岸带保护利用、湿地保护和修复、土地整治、自然保护地、矿产资源等重点领域专项规划；
城市群、都市圈等重要区域专项规划</td><td>省级公路、机场、高速铁路、内河港口、流域治理以及跨市域重大基础设施等专项规划</td></tr>
<tr><td>市（直辖市、地级市）</td><td>市国土空间规划</td><td rowspan="3">详细规划（边界内）</td><td rowspan="3">村庄规划（边界外）</td><td rowspan="2">河湖水系（湿地）保护和修复、土地整治、公共开敞空间、基本农田改造提质、镇村布点等专项规划</td><td rowspan="2">轨道交通线网等交通类，给排水防涝设施、电力设施、环卫设施、地下管线等市政设施类，中小学校幼儿园布局、医疗卫生、养老设施、商业网点、住房保障等公共设施类，消防设施、人防工程、防洪等安全类专项规划</td></tr>
<tr><td>县（县级市）</td><td>县国土空间规划</td></tr>
<tr><td>镇（乡）</td><td>镇（乡）国土空间规划</td><td colspan="2">土地整治等实施性专项规划</td></tr>
</table>

但是，各级总体规划的编制重点有所不同，全国国土空间规划是政策和总纲，重点体现战略性；省级国土空间规划是承上启下，重点体现协调性；市县级（乡镇级）国土空间规划体现可实施性，强化对专项规划和详细规划的指导约束作用。

1.1.4 技术要求

根据国土空间规划一系列技术标准，规划过程中需要达到以下技术要求。

- 规划信息建库：主要包括多源数据收集与整理、坐标转换与配准校正、“多规”冲突检测与底数分析、信息建库等。
- “双评价”与“双评估”：包括资源环境承载力评价、国土空间适宜性评价、国土空间开发保护现状评估、国土空间利用与风险评估。
- 综合分析：空间统计分析、空间格局分析、交通可达性分析、交通网络构建、设施服务区分析、设施优化分析、耕地指标分配、建设用地分配等。
- 规范的规划成果：规划成果要完全符合数据入库和汇交标准。
- 规划传导：主要包括上位规划传导、下位规划引导与控制、专项规划引导与控制等。
- 规划实施与监督管理：主要包括成果发布与分享、动态监测、评估预警、公众参与等。

1.1.5 建设思路

下面从国土空间规划的技术层面提出国土空间规划的建设思路。

- 践行智慧规划理念：践行以AI、GIS、大数据、CIM等技术为核心的数字规划、智能规划和智慧规划理念。
- 采取数据体系驱动的信息治理手段：建立围绕国土空间规划“一张图”的数据治理机制，构建大数据资源体系。
- 推进编制、实施和监督一体化管理：推行国土空间规划编制、实施和监督一体化管理的业务融合范式。
- 信息系统集成模式：开展各规划、体系、功能统筹的国土空间规划“一张图”实施监督信息系统建设模式。
- 加强组织领导，落实工作责任：开展领导组织，部门合力，落实工作责任，制定有利于国土空间规划编制实施的政策，明确时间表和路线图，加强专业队伍建设和行业管理等工作。

1.2 国土空间规划的 GIS 方法简述

国土空间规划将以信息化为先导,覆盖智能编制、在线审批、精准实施、长期监测、定期评估、及时预警全流程。GIS 作为支持空间数据的采集、管理、处理、分析、设计、建模和显示的地理信息系统，可以在国土空间规划的各阶段发挥重要作用，提高国土空间规划的科学性、合理性，促进国家、社会的高质量建设。

1.2.1 规划数据整理阶段

国土空间规划会收集到大量现状和规划数据，需要利用 GIS 将其管理起来，打造国土空间规划的基础数据库，以方便查阅和比对分析。GIS 在该阶段可以发挥以下作用。

- 坐标转换；
- 数据格式转换；
- 专题图层制作；
- 表格数据空间化；
- 冲突分析；
- 底数分析等。

1.2.2 现状一张底图制作阶段

国土空间规划现状一张底图的构建对于支撑国土空间规划编制和管理具有重要作用，是进行其他分析的基础。GIS 在该阶段可以发挥以下作用。

- 三调基础上的基数转换;
- 制作用地现状图;
- 制作现状设施分布图;
- 制作各类分析图;
- 制作一张底图等。

1.2.3 评价与评估阶段

“双评价”是国土空间规划编制的前提和基础，因此能否科学开展“双评价”工作，确保“双评价”工作成果的科学性、实用性、可落地性，是国土空间规划编制工作中的关键。

国土空间开发保护现状评估是科学编制国土空间规划和有效实施监督的重要前提。市县应以指标体系为核心，结合基础调查、专题研究、实地踏勘、社会调查等方法，切实摸清现状，在底线管控、空间结构和效率、品质宜居等方面，找准问题，提出对策，形成评估报告。GIS 在该阶段可以发挥以下作用。

- 生态保护重要性评价;
- 城镇建设适宜性评价;
- 农业生产适宜性评价;
- 承载规模评价;
- 国土空间开发保护现状评估;
- 国土空间利用与风险评估;
- 规划实施评估等。

1.2.4 规划编制阶段

国土空间规划对编制成果提出了非常高的要求，如要及时将批准的规划成果向本级平台入库并向国家级平台汇交，作为详细规划和相关专项规划编制与审批的基础和依据；经核对和审批的详细规划与相关专项规划成果由本级自然资源主管部门整合叠加后，逐级向国家级平台汇交，形成以一张底图为基础，可层层叠加打开的全国国土空间规划“一张图”，为统一国土空间用途管制、实施建设项目规划许可、强化规划实施监督提供依据和支撑。GIS可以在该阶段发挥重要作用，并大幅度提高编制效率。具体包括：

➢ 国土空间总体规划编制；
➢ 国土空间详细规划编制；
➢ 制作各类规划图纸；
➢ 跨时空的多人协同编辑；
➢ 编制全过程历史回溯；
➢ 建立国土空间规划“一张图”；
➢ 国土空间基础信息平台建设等。

1.2.5 规划实施监督阶段

国土空间规划要求基于基础信息平台，同步推动省、市、县各级国土空间规划“一张图”实施监督信息系统建设，为建立健全国土空间规划动态监测评估预警和实施监管机制提供信息化支撑。GIS在该阶段可以发挥以下作用。

➢ 创建企业级地理数据库；
➢ 国土空间规划“一张图”应用；
➢ 建设国土空间规划“一张图”实施监督信息系统；
➢ 国土空间规划成果审查与管理；
➢ 国土空间规划监测评估预警等。

1.3 本章小结

本章详细介绍了国土空间规划的内容与GIS应用，帮助读者从全局了解GIS在国土空间规划中的作用和具体应用。

总体而言，GIS主要发挥以下功能：①数据建库，包括采集、输入、编辑、存储；②空间分析，包括“底图底数”“冲突分析”“双评价”“双评估”等；③高效制图和规划成果规范化管理；④协同规划；⑤构建管理信息系统等。GIS可以在国土空间规划的各阶段发挥作用，有些甚至是不可替代的重要作用，如“双评价”和管理信息系统。

第 2 章　数据整理与规划信息建库

本章将以查看、制作国土空间规划“一张底图”为例，介绍利用 GIS 平台进行规划前期数据整理和规划信息建库的基本方法。本章是后续章节的基础。

国土空间规划的编制首先需要在第三次全国国土调查（简称“三调”）成果的基础上，整合所需的各类空间关联数据，打造坐标一致、边界吻合、格式统一、属性关联、上下贯通的“一张底图”，并构建一套标准化的现状数据库，作为国土空间规划的基础。然后在“一张底图”基础上，入库已批准的各级、各类国土空间规划成果，并逐级汇交，最后形成可层叠打开的全国国土空间规划“一张图”，为统一国土空间用地管制、实施建设项目规划许可、强化规划实施监督提供依据和支撑。

为了完成上述任务，需要用 GIS 进行大量的数据整理与规划信息建库工作，具体涉及：

➢ 查阅“一张图”；

➢ 数据加载和主题表达；

➢ 坐标转换与配准校正；

➢ 数据信息存储与空间化；

➢ 规划信息建库与数据管理等。

下面每一节将分别针对上述一项内容，详细介绍上述操作的方法。

本章所需基础：

➢ 读者具备基础的计算机操作能力；

➢ 本书使用 ArcGIS10.7 作为 GIS 平台，请读者自行安装 GIS 软件 ArcGIS 10.7。

2.1　用 ArcGIS 查阅“一张底图”

本节以一套示意性的“一张底图”为例，介绍 ArcGIS 的基础操作，帮助读者快速入门，包括图层管理、地图漫游、属性查询、符号化、标注等。需要特别说明的是，本书所有章节的数据均为虚构，仅用于示例如何操作。

2.1.1　打开地图文档

☞ **步骤 1：**启动 ArcMap10.7。

点击 Windows 任务栏的【开始】按钮，找到【所有程序】→【ArcGIS】→【ArcMap 10.7】程序项，点击启动该程序，会自动弹出【ArcMap - 启动】对话框（图 2-1）。

☞ **步骤 2：**打开地图文档。

在【ArcMap- 启动】对话框中，点击左侧面板的【浏览更多…】项，在【打开 ArcMap 文档】对话框中选择随书数据【chp02\ 练习数据 \ 用 ArcGIS 查阅一张底图】文件夹下的“用 ArcGIS 查阅一张底图 .mxd”。之后会显示 ArcMap 的主界面和地图内容（图 2-2）。

界面主要由 3 部分构成：①上部的菜单和工具条；②左侧的【内容列表】面板；③右侧的地图窗口。【内容列表】面板列出了地图中的所有图层，而地图窗口则显示出这些图层的图面内容。

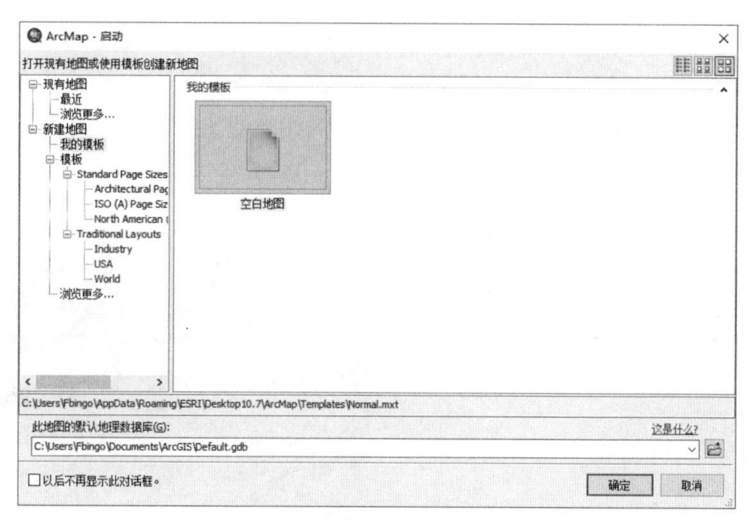

图 2-1　ArcMap 启动对话框

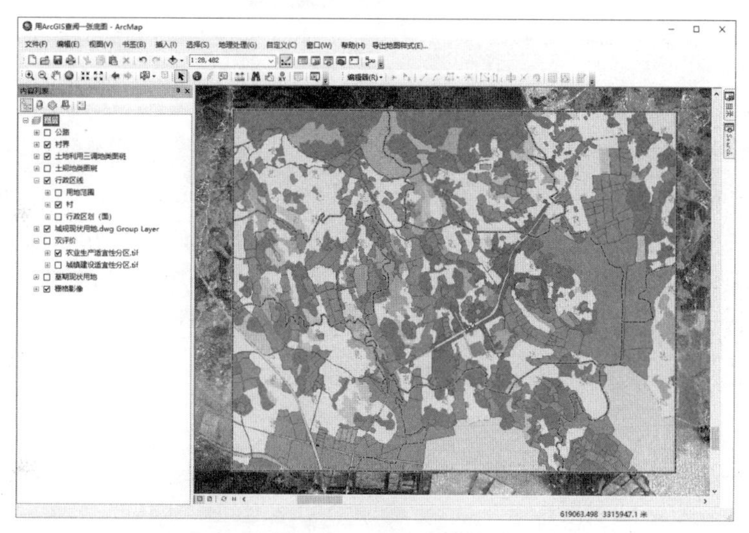

图 2-2　ArcMap 主界面

2.1.2　操作图层

在 ArcMap 中，地图是由图层叠加而成的。ArcMap 通过【内容列表】面板来管理图层。图 2-2 中的【内容列表】告诉读者，这幅地图有 9 个图层，分别是【公路】、【村界】、【土地利用三调地类图斑】等，每个图层都是一张相对独立的图纸内容，可以被关闭 / 显示。而地图窗口的内容是所有图层叠加在一起显示的效果。

下面紧接之前步骤，介绍图层的基本操作方法。

☞ **关闭 / 显示图层。**

取消勾选 ⊞ ☐ 土地利用三调地类图斑 前的小勾，该图层会被关闭，地图窗口中该图层的内容会随即消失；勾选 ⊞ ☑ 土地利用三调地类图斑，该图层的内容会再次显示。

☞ **调整图层顺序。**

鼠标左键选中【内容列表】面板中的【土地利用三调地类图斑】图层，按住左键不放，将该项拖拉至【土规地类图斑】图层之下，然后松开左键。读者可以发现【土规地类图斑】的地图内容显示了出来，而之前它是在【土地利用三调地类图斑】图层下方被遮盖住的。

> **说明：**【内容列表】面板中图层的显示顺序是排在下面的图层先绘，排在上面的图层中的图形将叠在上面。可以通过拖拉图层以调整显示顺序。

➜ 调整图层透明度。

鼠标左键双击【土规地类图斑】图层，或右键单击该图层选择【属性…】，弹出【图层属性】对话框，切换至【显示】选项卡（图 2–3），设置【透明度】栏为 0 ～ 100 的任意数值（本次示例为 30），点击【确定】按钮，完成对目标图层透明度的修改（图 2–4）。

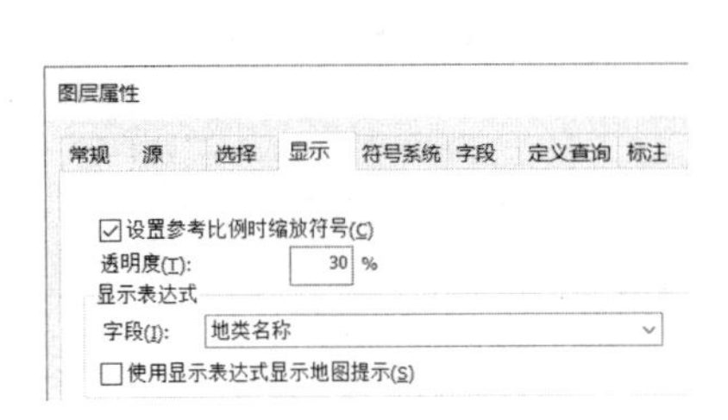

图 2–3　调整图层透明度

图 2–4　调整图层透明度后的效果

☞ 切换图层显示方式。

在【内容列表】面板中，有多种列出图层的方法，从左至右依次为【按绘制顺序列出】、【按源列出】、【按可见性列出】以及【按选择列出】，单击【内容列表】面板上部各选项图标的按钮，可在各选项卡之间进行切换。

- 使用【按绘制顺序列出】来显示地图内容，可以更加方便地更改地图中图层的显示顺序、重命名或移除图层以及创建或管理图层组（图 2–5）。但表格数据却不可见，因为它不是地图图层。
- 使用【按源列出】来显示地图内容，【内容列表】面板中会显示所有地图图层，并将根据图层所引用的数据源所在文件夹或数据库对各图层进行编排，此视图会列出地图文档的表格数据（图 2–6）。

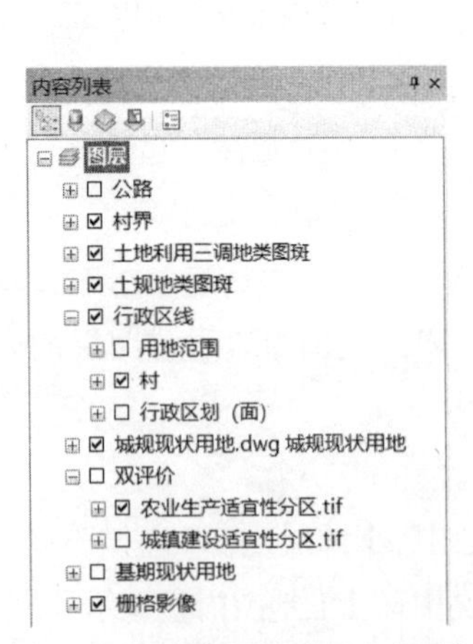

图 2–5　按绘制顺序列出的内容列表

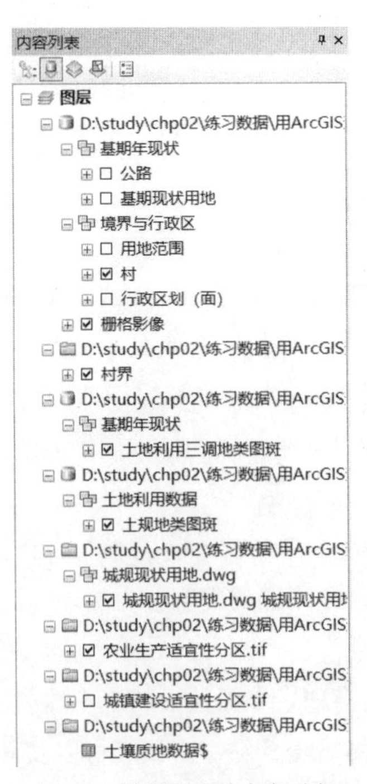

图 2–6　按源列出的内容列表

- 使用【按可见性列出】来显示地图内容，可以根据图层的可见与否分组显示地图中的所有图层。在执行打开和关闭图层时，图层的分组会自动更新（图 2-7）。

- 使用【按选择列出】来显示地图内容，可以根据图层是否可选和是否包含已选要素来对图层进行自动分组，同时还会显示各图层中被选中要素的个数。可选图层表示此图层中的要素可以被选中，从而参与后续操作（例如，【工具】工具条中的【选择要素工具】，或编辑器工具条中的【编辑工具】）（图 2-8）。各图层后面均有 2 个按钮和 1 个数字 1，第一个按钮用于切换该图层的可选性，第二个按钮用于清除该图层中已被选中的要素，数字代表当前该图层中已被选中要素的个数。

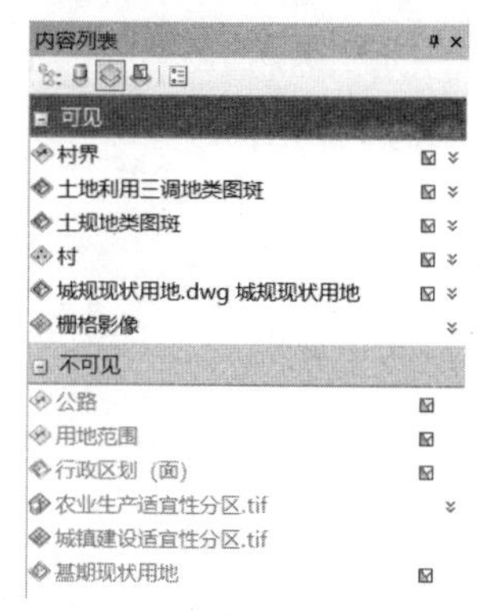

图 2-7　按可见性列出的内容列表

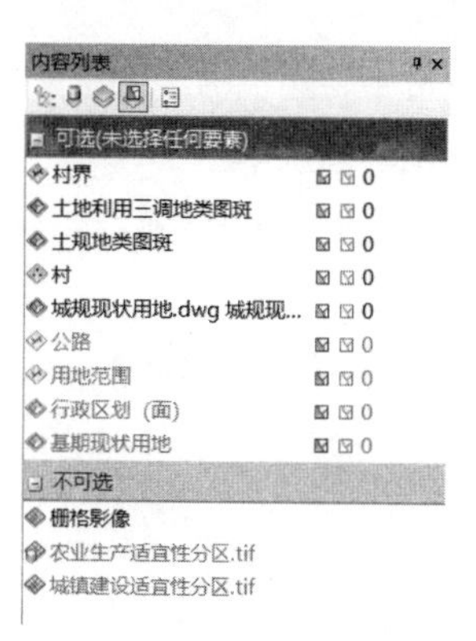

图 2-8　按选择列出的内容列表

2.1.3　浏览地图

ArcMap 的【工具】工具条上提供了一系列浏览地图的工具，包括放大、缩小、平移、全图等。有三种方式来使用浏览工具。

☞ **方式一：**用【工具】工具条上的浏览地图工具，如图 2-9 所示。

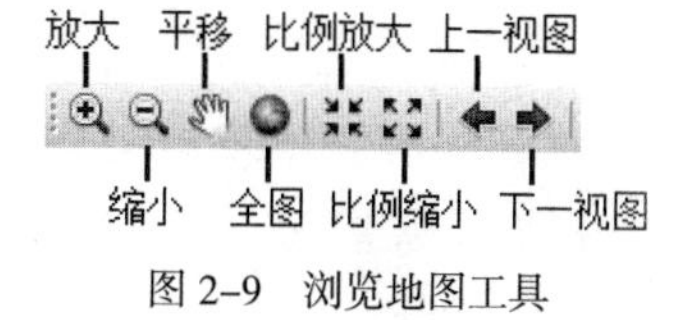

图 2-9　浏览地图工具

☞ **方式二：**用鼠标滑轮来浏览地图。

- 放大地图：鼠标在地图窗口时，向后滚动滑轮。
- 缩小地图：鼠标在地图窗口时，向前滚动滑轮。
- 平移地图：鼠标在地图窗口时，按下滑轮移动鼠标。

☞ **方式三：**用快捷键。

- 放大地图：按住键盘的“Z”键不放，用鼠标在地图窗口中点击要放大的位置。
- 缩小地图：按住键盘的“X”键不放，用鼠标在地图窗口中点击要缩小的位置。
- 平移地图：按住键盘的“C”键不放，在地图窗口中按住鼠标左键不松，移动鼠标。

> **说明一：**ArcMap用鼠标滑轮来缩放地图时，放大、缩小的默认滚动方向正好与AutoCAD相反，许多习惯AutoCAD的读者会很难适应。其实滚动缩放方式可以调整，具体操作为：在ArcMap主菜单下选择【自定义】→【ArcMap选项】，在弹出的【ArcMap选项】对话框中切换到【常规】选项卡，在【向前滚动/向上拖动】栏选择【放大】，单击【确定】按钮。如此设置后，滚动缩放的方向与AutoCAD变得一致。
>
> **说明二：**ArcMap更新图面的速度较慢，读者需要时间来适应。建议通过“方式三”用快捷键来浏览地图。

2.1.4　数据属性查询

GIS 中的每个几何对象（如地块，GIS 称为要素）都有各自的属性信息（如地类名称、面积等）。可通过利用识别工具、打开图层属性表等方式对属性进行查询浏览。

下面紧接之前步骤，介绍数据属性查询的基本方法。

☞ **方式一：**利用识别工具，查看指定要素的属性。

- 启用【识别】工具。

选择【工具】工具条上的【识别】工具 ，在图面上点击目标要素，即弹出【识别】对话框（图 2-10），可快速查看选定要素属性，但不可以进行编辑。

也可以在图面上按住鼠标左键拖拉一个矩形框，位于矩形框内的所有要素都会以列表的形式显示在【识别】对话框的上部，而下部则会显示要素列表中选中要素的属性。

➜ 了解【识别】对话框。

当多个图层重叠时，点击【识别范围】下拉菜单，可选择识别的范围。

可供选择的范围有【最顶部图层】(默认)、【可见图层】、【可选图层】、【所有图层】以及导入内容列表的各图层。选择识别范围后，在下方小窗口中进一步选择识别的元素。

对话框下部的左列为【字段】，右列为该要素对应的【字段值】。可以看出，该要素图斑的【地类名称】为【坑塘水面】，对应的【地类编码】为【1104】。

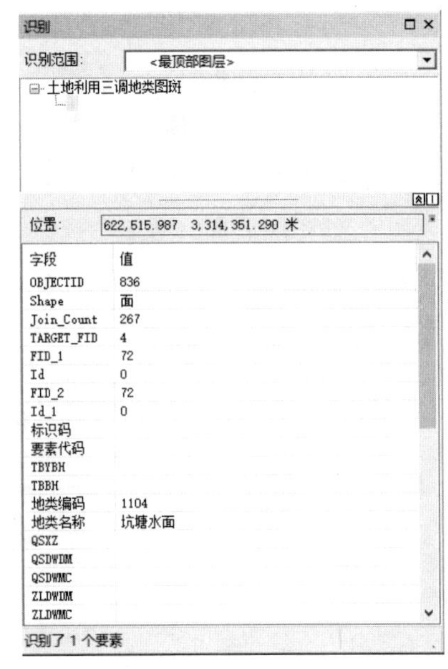

图 2-10 识别对话框

☞ **方式二：**利用图层属性表，集中显示和编辑某图层（GIS 也称为要素类）所有要素的属性。

➜ 显示图层属性表。

在【内容列表】面板中，右键单击指定图层，在弹出的菜单中选择【打开属性表】项（图 2-11），显示【表】对话框，该图层所有要素的属性即以表格形式列出（图 2-12）。

也可以按住 Ctrl 键，在【内容列表】面板中双击指定图层，弹出该图层的属性表窗口。

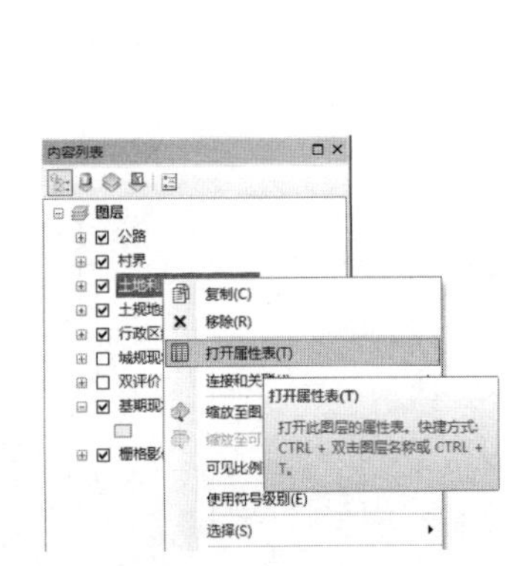

图 2-11 打开属性表的操作

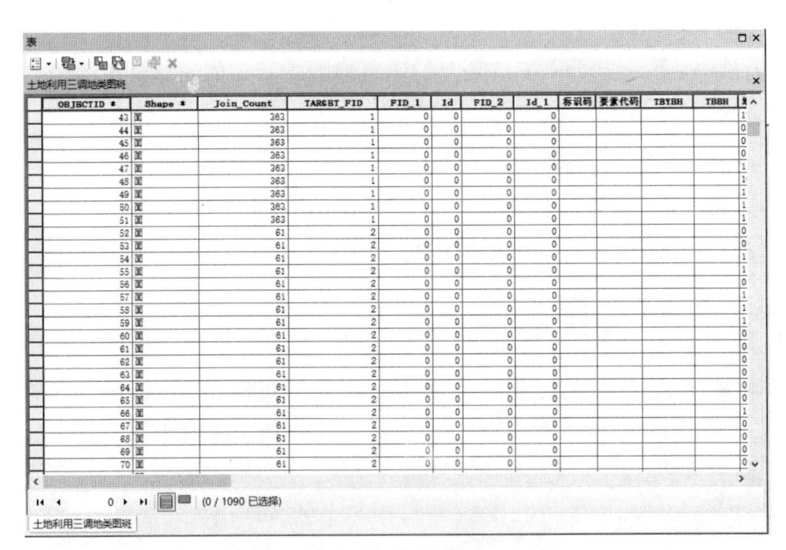

图 2-12 要素属性表

➜ 了解【字段】。

每个非空值的要素类、表格、shapefile 均有其属性表。属性表的列由各种各样的【字段】组成，而行代表各要素，每个元素均有对应的字段值（可以为空值）。

【字段】在创建时定义了其值的种类，有短整、长整、浮点、字符等。以【土地利用三调地类图斑】图层的【地类名称】字段为例，此字段为字符串字段，能够输入中英文、数字、符号等字符串。

➜ 借助属性表实现简单查询。

属性表中的每一行均对应地图窗口中的一个要素。点击每行第一列上的按钮会选中该行，图面上该行对应的几何图形也会被同步选中。

右键单击第一列的按钮，弹出菜单中的工具可用于查看该行对应的几何图形（图 2–13），包括在地图窗口中实现该要素的闪烁，将地图窗口平移、缩放至指定要素等。当然，也可以通过左键双击该按钮实现地图界面对指定要素的快速缩放。

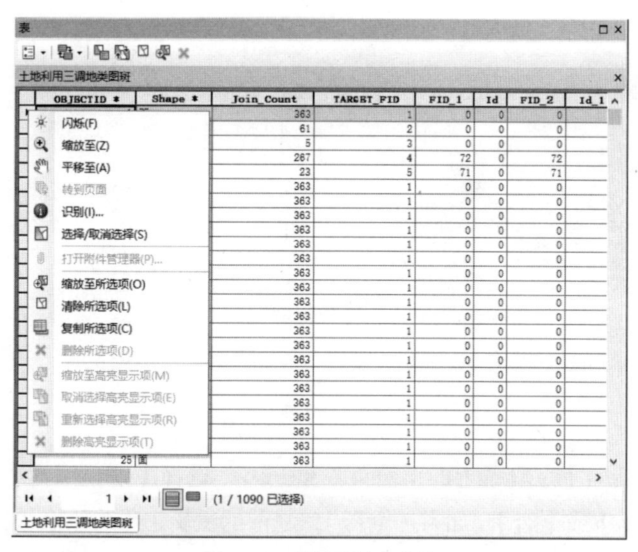

图 2–13　图层属性表查询

【表】对话框是编辑属性的主要界面。在对要素类开始编辑之后，可以对表中单元格的数值进行编辑。在后面的章节会详细介绍。

☞ **方式三：**【属性】面板，查看并编辑选定要素的属性。

➔ 显示【编辑器】工具条。

紧接之前步骤，点击【标准工具】工具条上的【编辑器工具条】按钮，显示【编辑器】工具条（图 2–14）；或者右键单击任意工具条，在弹出的菜单中选择【编辑器】（如果【编辑器】工具条本身已经出现，则无需上述操作，如果重复上述操作则会关闭该工具条）。

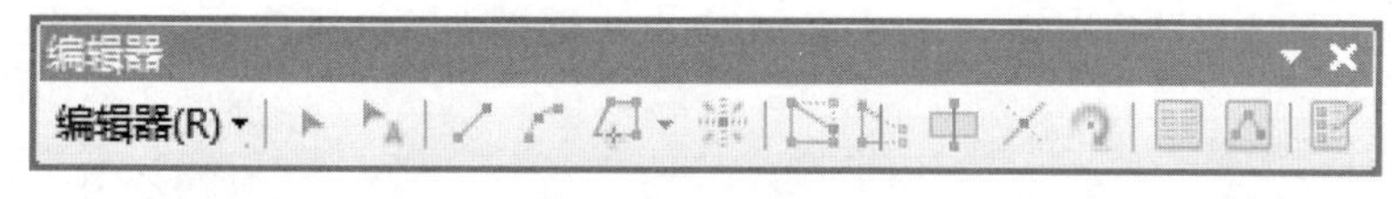

图 2–14　编辑器工具条

➔ 开始编辑。

点击【编辑器】工具条上的下拉菜单编辑器(R)，选择【开始编辑】项。在弹出的【开始编辑】对话框中选择要编辑的图层【土地利用三调地类图斑】（图 2–15），点击【确定】按钮。

➔ 显示【属性】面板。

在对要素类开始编辑之后，点击【编辑器】工具条上的【属性】工具，显示【属性】面板。【属性】面板用于显示和编辑那些被选中要素的属性（要使用该工具必须让图层进入编辑状态，否则该工具会显示为灰色）。

➔ 查看数据属性。

点击【编辑器】工具条上的【编辑工具】，在地图上选择一个要素。【属性】面板随即显示出选中要素的属性（图 2–16）。面板上部显示被选中要素的 ID 编号，面板的中部显示被选中要素的属性列表，不可以编辑的系统属性会显示为灰色（此方式除了查看外，还可以修改属性）。

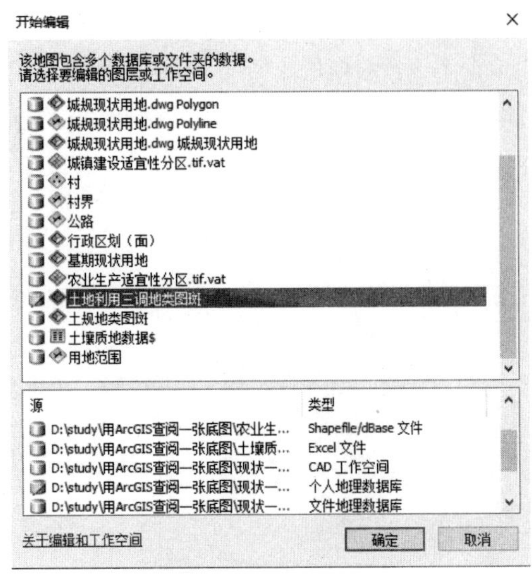

图 2-15　开始编辑对话框

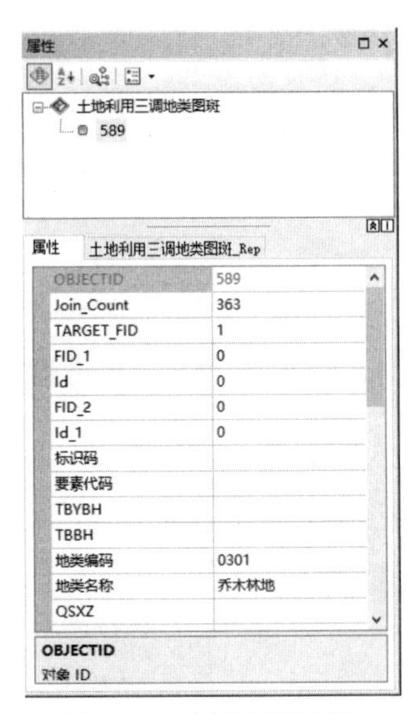

图 2-16　选中要素的属性

➜ 停止编辑。

完成查询后，点击【编辑器】工具条上的下拉菜单编辑器(R)▾，选择【停止编辑】项，这时系统会询问是否要保存编辑，根据情况选择【是】或【否】。如果选【否】，之前的编辑工作将不会被保存。

2.1.5　更改符号

“一张底图”中的每一个要素（连续栅格数据除外）都有由各种字段所构建的属性表，也能根据不同的【字段】值来确定其可视化的表达方式，呈现出使用者想要的地图效果。下面以【土地利用三调地类图斑】图层的符号更改为例，讲解符号选择器与符号系统的简单操作。

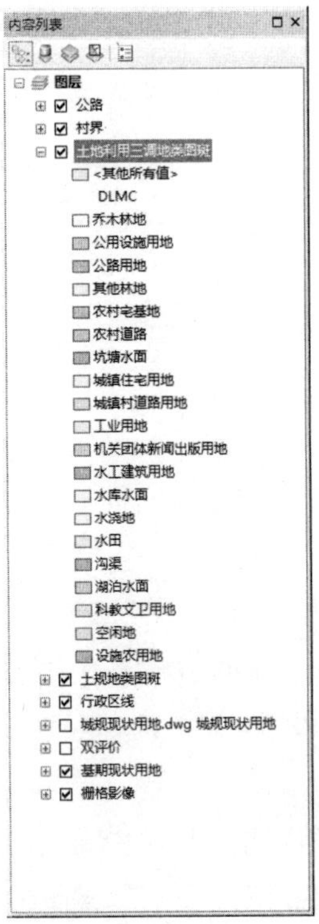

图 2-17　符号化图例

☞ **步骤 1**：更改符号。

➜ 方式一：使用符号选择器更改。

在【内容列表】面板中打开【土地利用三调地类图斑】图层的子目录，在其下方有一系列以面形式存在的符号化图例（图 2-17），左键单击【水田】前的图例，显示【符号选择器】对话框（图 2-18）。在对话框中可以对符号颜色、线宽等作简单调整，也能够通过【编辑符号】选项实现对符号的复杂编辑。编辑完成后，点击【确定】按钮，地图上【水田】类用地的样式都会被更改。

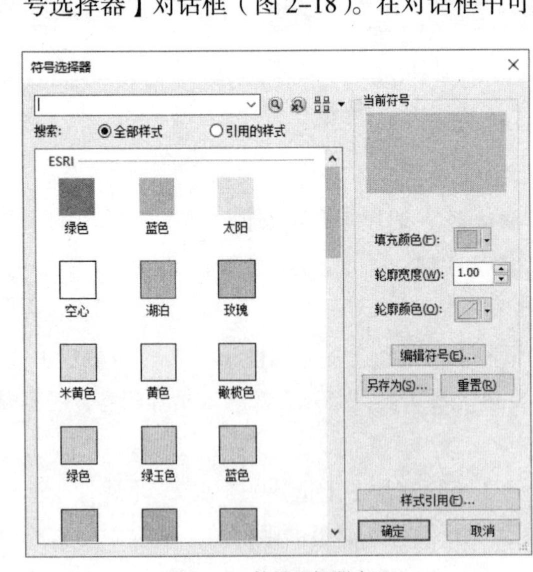

图 2-18　符号选择器窗口

➜ 方式二：利用符号系统调整。

符号系统能够根据要素的字段值实现差异化的符号表达。我们日常所看到的 GIS 底图大多是借助符号系统实现的。

➜ 右键单击【内容列表】面板中目标图层，在弹出的菜单中选择【属性】项，显示【图层属性】对话框，切换至【符号系统】选项卡（图 2-19）。

- 在选项卡中选择【显示：】栏下的【类别】→【唯一值】，点击下拉菜单【值字段】，选择【地类名称】。此时，再双击符号列表中的任意符号，进入【符号选择器】，实现对该类元素的可视化调整。

> 说明：当把某矢量数据内容作为图层添加到当前地图文档时，默认的符号化方式就是“单一符号”。单一符号用同样的颜色、线型等样式表达所有要素。

ArcMap10.7 提供了一个十分强大而完善的符号系统，除了【类别】→【唯一值】这一可视化方式外，还有多种符号化方式可供选择，包括单色、多色、渐变、分级、图表、多重判定等，在后续章节中将对其进一步介绍。

☞ **步骤 2：通过制图表达固定符号样式。**

符号化仅能够定义某一数据在此 mxd 地图文件中的可视化方式，若在新的 mxd 中打开同样的数据，则会随机生成其他表达方式。如果想把这一可视化表达与源数据绑定，可以尝试借助【制图表达】工具。

紧接之前步骤，继续如下操作。

- 在【内容列表】面板中，右键单击【土地利用三调地类图斑】，在弹出的菜单中选择【将符号系统转换为制图表达】项（图 2-20）（*要使用该命令必须让图层处于未编辑状态，否则该命令会显示为灰色*）。

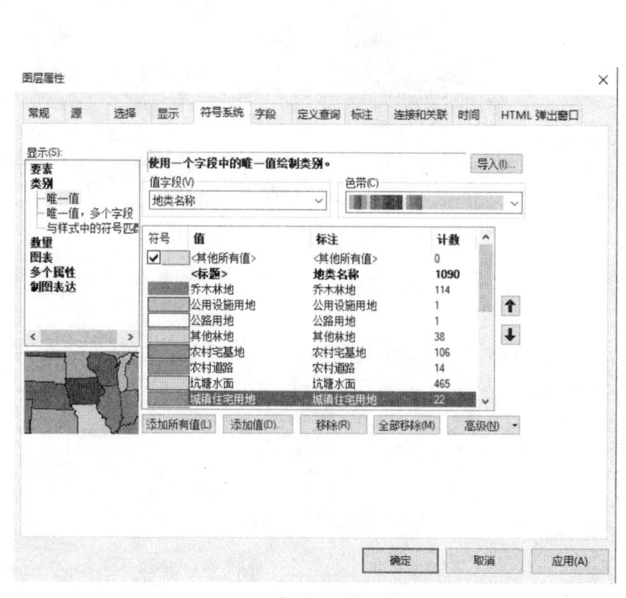

图 2-19　符号系统操作界面

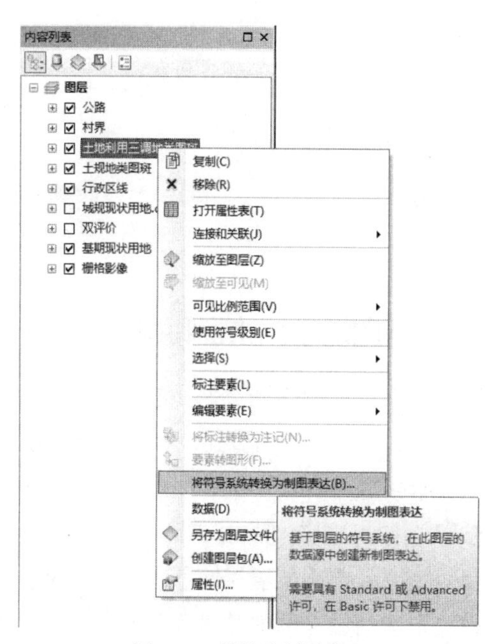

图 2-20　转换为制图表达

- 在弹出的对话框中，认可默认设置，点击【确定】按钮，在【内容列表】面板中便多了一个【土地利用三调地类图斑_Rep1】图层，该图层就已将符号与数据绑定，存入地理数据中。

随书数据中的要素类数据【chp02\练习结果示例\用ArcGIS查阅一张底图\更改符号\土地利用三调地类图斑_制图表达】已经设置了制图表达。可以尝试在【目录】中将其拖入任意 mxd 文件，会发现可视化的方式是固定的。生成和调整制图表达的具体操作将在后续章节中进一步介绍。

2.1.6　标注要素

在 ArcMap 中，标注是将描述性文本添加到要素图形旁的一种简单方法。使用 ArcMap 的标注功能，可以自动在所选要素上标注出属性数据，方便查看。

下面紧接之前步骤，介绍标注要素的基本方法。

☞ **打开标注对话框。**

在【内容列表】面板中，右键单击【土地利用三调地类图斑】图层，在弹出的菜单中选择【属性】项，显示

【图层属性】对话框，切换至【标注】选项卡，设置各项参数如图 2–21 所示。

➜ 勾选【标注此图层中的要素】。

➜ 在【标注字段】栏设置标注字段为【地类名称】。

➜ 认可字体、字体大小、颜色等选项的默认设置。

➜ 点击【确定】完成标注，标注效果如图 2–22 所示。

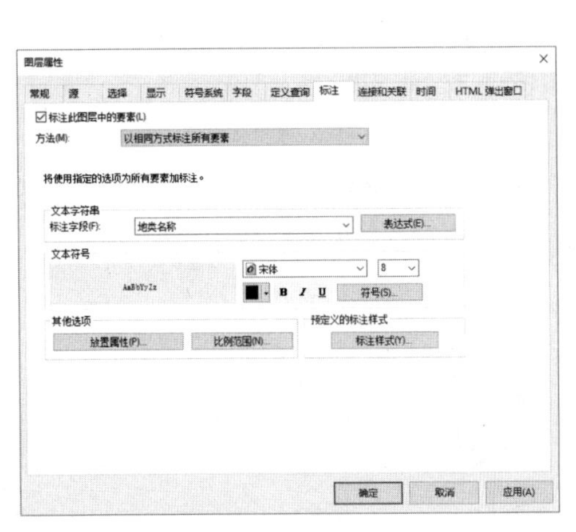

图 2–21　标注设置

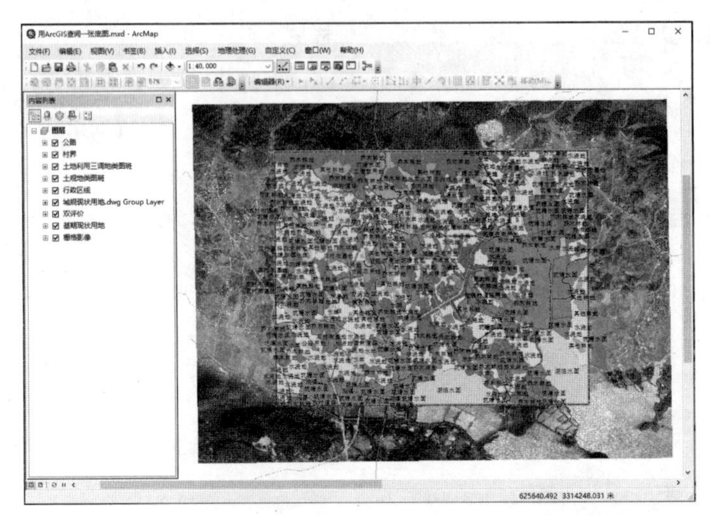

图 2–22　标注效果

2.1.7　查看图层数据来源和格式

国土空间规划的底图数据一般包括矢量数据、栅格数据、CAD 数据和表格数据等。由于不同的数据类型有不同的存储、显示、编辑方式，在进行数据处理前，首先需要查看这些数据的来源和格式。

下面紧接之前步骤，介绍查看数据来源、格式的基本方法。

☞ **步骤 1**：查看图层的数据来源。

➜ 方式一：在【图层属性】对话框中的【源】选项卡查看。

以【土地利用三调地类图斑】图层为例，在【内容列表】面板中右键单击【土地利用三调地类图斑】图层，在弹出的菜单中选择【属性】项，显示【图层属性】对话框，切换至【源】选项卡（图 2–23），可以在【数据源】栏查看该图层的数据来源（即存储路径）。

➜ 方式二：在【内容列表】面板中图层显示方式查看。

点击【内容列表】面板上部工具条的【按源列出】按钮，【内容列表】面板中的图层会变成按数据源分类列出（图 2–24）。从中可以看到各图层的数据来源。

☞ **步骤 2**：查看个人地理数据库中面状要素图层【土地利用三调地类图斑】的数据格式。

➜ 查看数据内容。

在【内容列表】面板中，仅勾选【土地利用三调地类图斑】图层，该图层在地图窗口中的显示效果如图 2–25 所示，可以看到这是一系列由封闭多边形构成的面。

➜ 查看数据格式与存储方式。

在【内容列表】面板中，通过查看数据来源可知，【土地利用三调地类图斑】图层的存储路径为【D:\study\chp02\练习数据\用 ArcGIS 查阅一张底图\现状一张图数据\XX 县国土三调数据库 .mdb】，与【目录】面板中的工作目录一致。

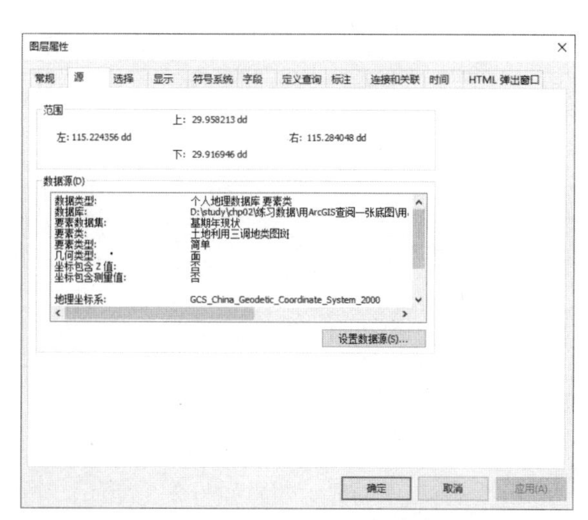

图 2-23 【图层属性】对话框中查看数据源

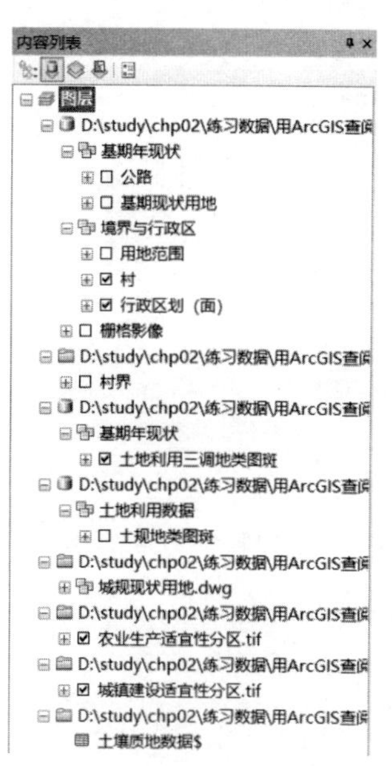

图 2-24 【内容列表】中的【按源列出】

展开【目录】面板中默认工作目录（即地图文档所在目录【D:\study\chp02\练习数据\用 ArcGIS 查阅一张底图】)，在【现状一张图数据】文件夹下找到【土地利用三调地类图斑】要素，从要素左侧的图标▣可以看出该要素为面状要素类，存储于个人地理数据库【XX 县国土三调数据库 .mdb】中（图 2-26）。

图 2-25 【土地利用三调地类图斑】图层显示效果

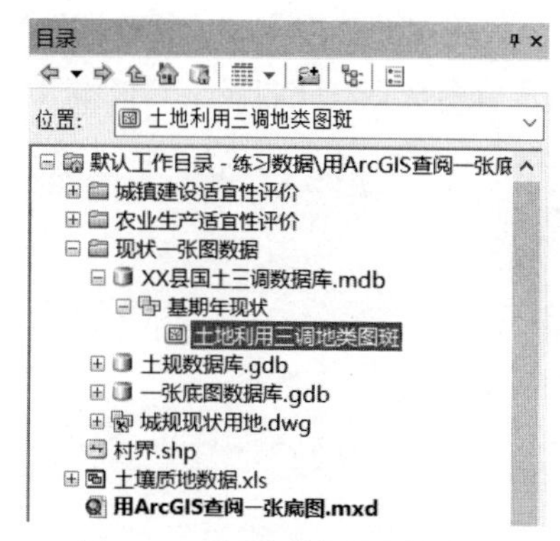

图 2-26 目录中数据的存储方式

然后用 Windows 资源管理器打开对应的物理文件夹【D:\study\chp02\练习数据\用 ArcGIS 查阅一张底图\现状一张图数据】，可以看到该图层数据的物理存储方式如图 2-27 所示，数据存储于 Microsoft Access 数据库文件内。对比这些数据与【目录】面板中数据的存储方式，会发现存在较大区别。

- **说明一：**【目录】面板类似于Windows资源管理器，在【目录】面板中可以添加、删除、移动文件夹及geodatabase、shapefile等数据。
- **说明二：**在【目录】面板中，不同的图标代表了不同的数据类型，如▭代表文件夹，▭代表地理数据库，▭代表地理数据库中的要素数据集，▣代表地理数据库中的面要素类，▭代表地理数据库中的线要素类，▭代表地理数据库中的点要素类，▦代表地理数据库中的栅格数据，▤代表地理数据库中的表等。
- **说明三：**步骤2中的地理数据库【××县国土三调数据库.mdb】，属于个人地理数据库类型。此类数据库是可存储、查询和管理空间数据与非空间数据的Microsoft Access 数据库。由于个人数据库存储在 Access 数据库中，因此其最大为 2 GB。此外，一次只有一个用户可以编辑个人地理数据库中的数据。
- **说明四：**地理数据库的层次结构是“地理数据库—要素数据集—要素类、对象类”。一个地理数据库下可以有多个要素数据集，它类似于文件夹，用于分类，而一个要素数据集下可以有多个要素类或对象类，这些要素类将共享同一地理坐标系。同时，一个要素类只能存储一种几何类型的要素，不能同时存放几种类型的要素，如面要素类只能存储面要素，无法存储点要素、线要素等。

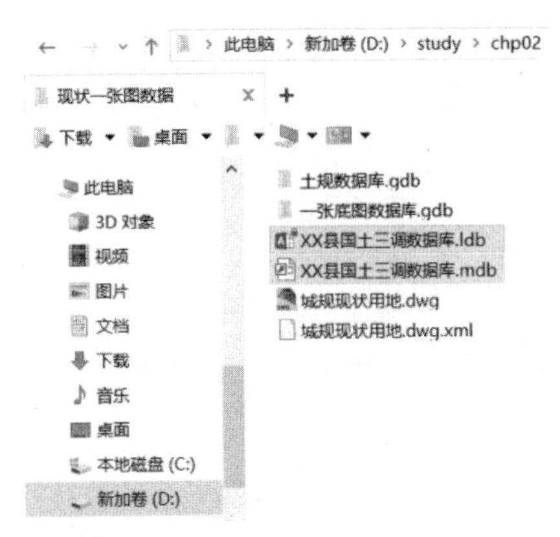

图 2-27　物理文件夹中数据的存储方式

图 2-28 【村】图层显示效果

☞ **步骤 3:** 查看文件地理数据库中点状要素图层【村】的数据格式。

➜ 查看数据内容。

在【内容列表】面板中，仅勾选【村】图层，该图层在地图窗口中的显示效果如图 2-28 所示，可以看到这是一系列由点构成的图形。

➜ 查看数据格式与存储方式。

在【内容列表】面板中，通过查看数据来源可知，【村】图层的存储路径为【D:\study\chp02\练习数据\用 ArcGIS 查阅一张底图\现状一张图数据\一张底图数据库 .gdb】，与【目录】面板中工作目录一致。

展开【目录】面板中默认工作目录，在【现状一张图数据】文件夹下找到【村】要素，从要素左侧的图标 可以看出该要素为点状要素类，存储于文件地理数据库【一张底图数据库 .gdb】中（图 2-29）。

用 Windows 资源管理器打开对应的物理文件夹【D:\study\chp02\练习数据\用 ArcGIS 查阅一张底图\现状一张图数据\一张底图数据库 .gdb】，可以看到该图层数据的物理存储方式如图 2-30 所示，存储于多个特定数据文件内。对比这些数据与【目录】面板中数据的存储方式，会发现存在较大区别。

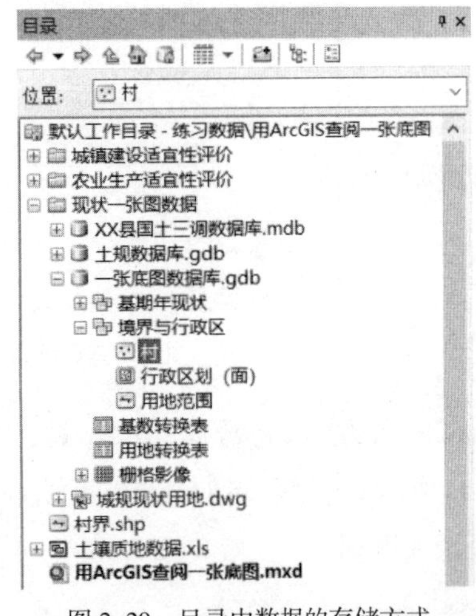

图 2-29　目录中数据的存储方式

图 2-30　物理文件夹中数据的存储方式

> **说明一：**步骤3中的地理数据库【一张底图数据库.gdb】，属于文件地理数据库类型。此类数据库是磁盘上某个文件夹中文件的集合，可以存储、查询和管理空间数据与非空间数据。
>
> **说明二：**单机环境下的地理数据库有两种类型：一种是【个人地理数据库】，它是一个Access的mdb数据库，最大只能存储2GB数据，且只能在Windows平台下使用；另一种是【文件地理数据库】，它是一个包含许多文件的文件夹，可存储1TB数据，可以跨操作系统多平台使用，它比个人地理数据库快0.2～10倍，磁盘空间占用可少50%～70%。所以一般使用文件地理数据库，需要值得注意的是，由于文件地理数据库采用文件夹存储方式，易造成内部文件的丢失，而带来数据损坏，非专业人员建议使用个人地理数据库。

☞ **步骤4：** 查看 ShapeFile 文件中线状要素图层【村界】的数据格式。

➜ 查看数据内容。

在【内容列表】面板中，仅勾选【村界】图层，该图层在地图窗口中的显示效果如图 2–31 所示，可以看到这是一系列由多段线构成的图形。

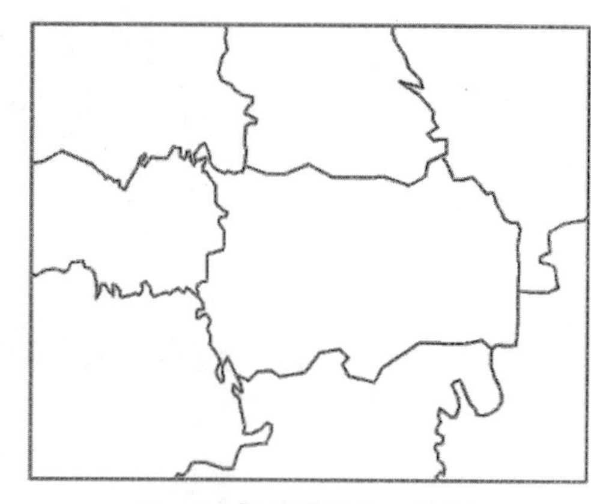

图 2–31 【村界】图层显示效果

➜ 查看数据格式与存储方式。

在【内容列表】面板中，通过查看数据来源可知，【村界】图层的存储路径为【D:\study\chp02\ 练习数据 \ 用 ArcGIS 查阅一张底图】，与【目录】面板中工作目录一致。

展开【目录】面板中默认工作目录，在【现状一张图数据】文件夹下找到【村界】要素，从要素左侧的绿色图标和 .shp 后缀可以看出该要素为线状要素类，存储于 ShapeFile 文件中（图 2–32）。

用 Windows 资源管理器打开对应的物理文件夹【D:\study\chp02\ 练习数据 \ 用 ArcGIS 查阅一张底图】，可看到该图层数据的物理存储方式如图 2–33 所示，存储于多个特定数据文件内。对比这些数据与【目录】面板中数据的存储方式，会发现存在较大区别。

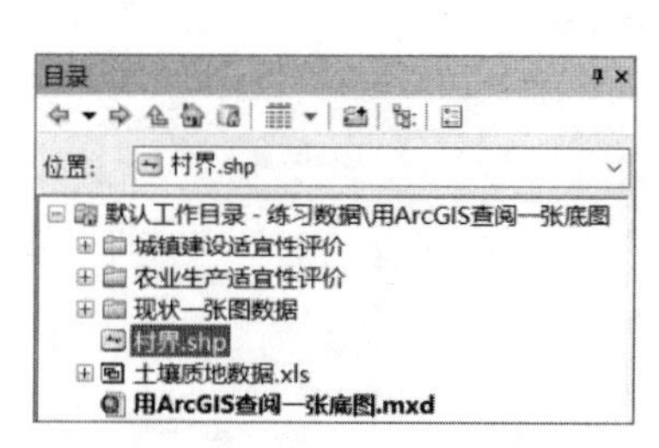

图 2–32　目录中数据的存储方式

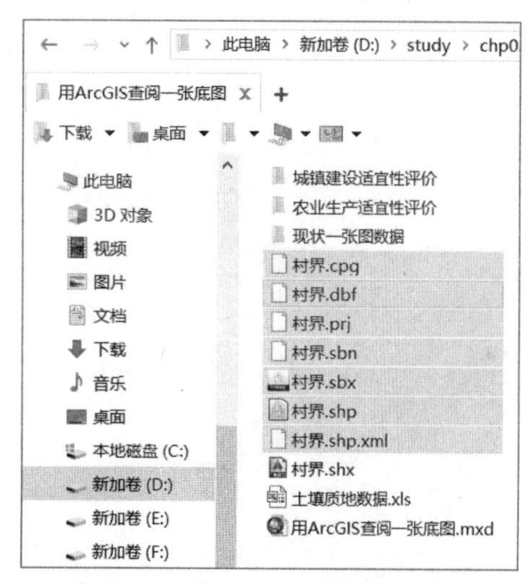

图 2–33　物理文件夹中数据的存储方式

> **说明一：** 步骤4展示的Shapefile文件，是一种用于存储地理要素的几何位置和属性信息的非拓扑简单格式。一个Shapefile文件是由多个文件组合而成的，它包括存储空间数据的.shp文件、存储属性数据的.dbf表和存储空间数据与属性数据关系的.shx文件，复制或移动时必须同时复制或移动。由于Shapefile文件格式是比较老的GIS格式，它不能存放拓扑结构，也不能存放弧或圆这类几何图形，其属性字段名最多只能存放8个字节，但它仍是以文件格式存储，较地理数据库格式更容易复制交换，所以目前它仍是主要的ArcGIS数据格式之一。
>
> **说明二：** 上述步骤2～4展示的点、线、面状图层数据，共同构成了GIS的矢量数据文件。该类型数据采用一系列x、y、z坐标对来存储信息，包括点、线、面三种基本对象类型，点对象由单个坐标对组成，线对象由首尾两个坐标对和中间拐点的坐标对组成，而面是由围合它的一组拐点的坐标对构成，代表一个闭合的区域。

☞ **步骤5：** 查看文件地理数据库中栅格图层【栅格影像】的数据格式。

➜ 查看数据内容。

在【内容列表】面板中，仅勾选【栅格影像】图层，该图层在地图窗口中的显示效果如图 2–34 所示，可以看到这是一幅多波段的影像栅格。

图 2-34 【栅格影像】图层显示效果

➜ 查看数据格式与存储方式。

在【内容列表】面板中，通过查看数据来源可知,【栅格影像】图层的存储路径为【D:\study\chp02\ 练习数据 \ 用 ArcGIS 查阅一张底图 \ 现状一张图数据 \ 一张底图数据库 .gdb】，与【目录】面板中工作目录一致。

展开【目录】面板中默认工作目录，在【现状一张图数据】文件夹下找到【栅格影像】要素，从要素左侧的图标▦可以看出该要素是栅格数据集的文件格式，存储在文件地理数据库【一张底图数据库 .gdb】中（图 2-35）。

用 Windows 资源管理器打开对应的物理文件夹【D:\study\chp02\ 练习数据 \ 用 ArcGIS 查阅一张底图 \ 现状一张图数据 \ 一张底图数据库 .gdb】，可看到该图层数据的物理存储方式如图 2-36 所示，存储于多个特定数据文件内。对比这些数据与【目录】面板中数据的存储方式，会发现存在较大区别。

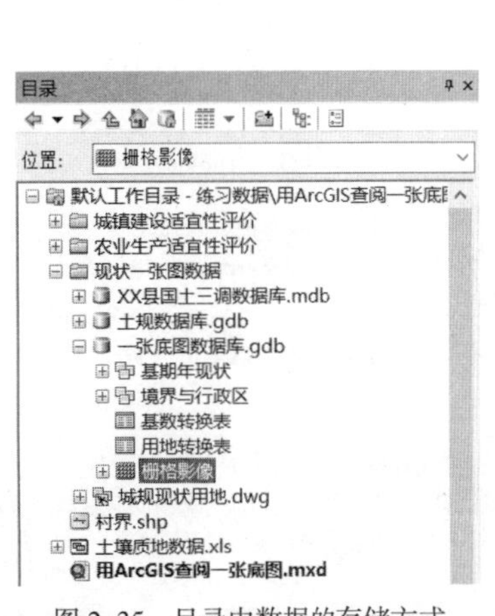

图 2-35 目录中数据的存储方式

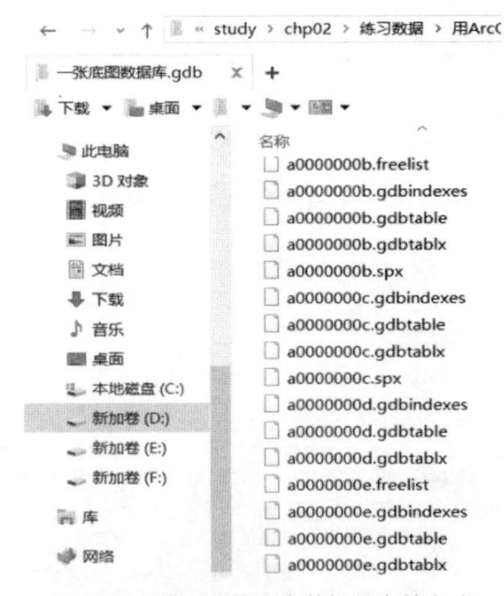

图 2-36 物理文件夹中数据的存储方式

> **影像栅格：** 影像栅格通常是航拍照片或卫星影像，它包含多个波段的数值阵列。彩色影像通常包含红色、绿色和蓝色波段，每个波段的像元值代表通过地面反射回来的光的亮度，各波段中的数值混合在一起便定义了其颜色。影像栅格没有属性表。

☞ 步骤 6： 查看文件夹中栅格图层【农业生产适宜性分区 .tif】的数据格式。

➜ 查看数据内容。

在【内容列表】面板中，仅勾选【农业生产适宜性分区 .tif】图层，该图层在地图窗口中的显示效果如图 2-37 所示，可以看到这是一幅离散栅格。

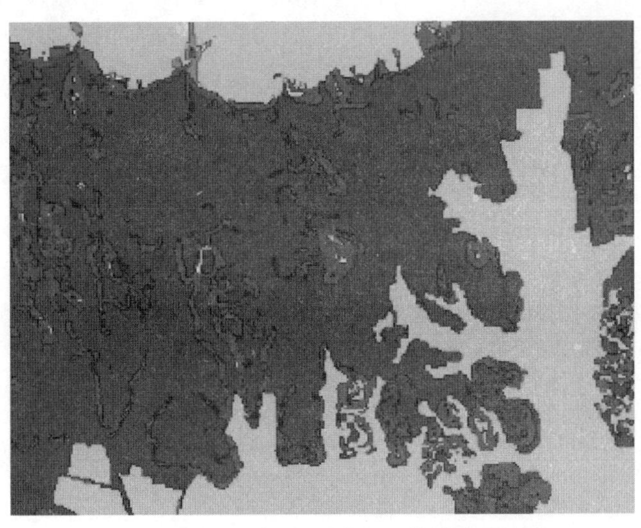

图 2-37 【农业生产适宜性分区 .tif】图层显示效果

➜ 查看数据格式与存储方式。

在【内容列表】面板中，通过查看数据来源可知，【农业生产适宜性分区 .tif】图层的存储路径为【D:\study\chp02\练习数据\用 ArcGIS 查阅一张底图\农业生产适宜性评价】，与【目录】面板中工作目录一致。

展开【目录】面板中默认工作目录，在【农业生产适宜性评价】文件夹下找到【农业生产适宜性分区 .tif】要素，从要素左侧的图标和 .tif 后缀可以看出该图层数据属于栅格数据集的文件格式，存储在 tif 文件中（图 2-38）。

用 Windows 资源管理器打开对应的物理文件夹【D:\study\chp02\练习数据\用 ArcGIS 查阅一张底图\农业生产适宜性评价】，可看到该图层数据的物理存储方式如图 2-39 所示，存储于多个特定数据文件内。对比这些数据与【目录】面板中数据的存储方式，会发现存在较大区别。

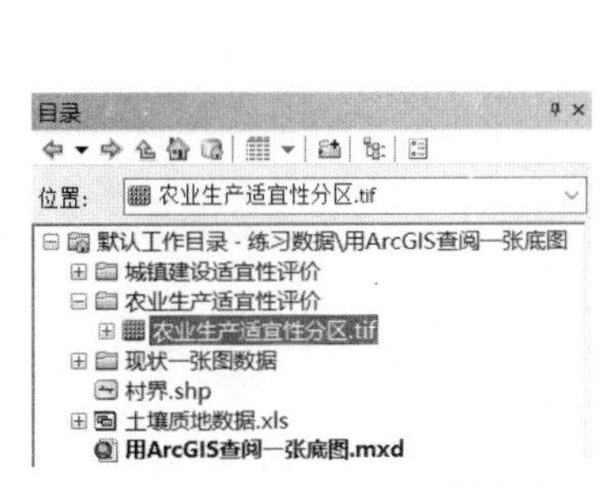

图 2-38　目录中数据的存储方式

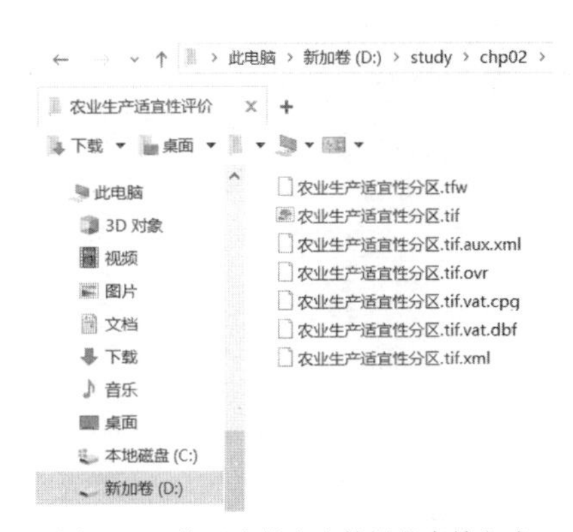

图 2-39　物理文件夹中数据的存储方式

> **离散栅格：**离散栅格是像元值不连续的栅格。例如，0、1、2到255的整数就是离散数值，因为两个整数之间没有小数，之间的过渡是不连续的，相反，如果允许的数值范围内，一个值可以平滑地过渡到另一个值，则是连续的，如从0到1之间如果允许任意位数的小数则它是连续的。离散栅格和要素类一样都有属性表，表里显示的是各离散值的像元个数。此外，还可以添加字段，或者基于离散的栅格值连入其他表格。

☞ **步骤 7：**查看文件夹中 CAD 数据图层【城规现状用地 .dwg 城规现状用地】的数据格式。

➜ 查看数据内容。

在【内容列表】面板中，仅勾选【城规现状用地 .dwg 城规现状用地】图层，该图层在地图窗口中的显示效果如图 2-40 所示，可以看到这是一系列由多段线构成的图形。

图 2-40 【城规现状用地 .dwg 城规现状用地】图层显示效果

➜ 查看数据格式与存储方式。

在【内容列表】面板中，通过查看数据来源可知，【城规现状用地 .dwg 城规现状用地】图层的存储路径为【D:\study\chp02\ 练习数据 \ 用 ArcGIS 查阅一张底图 \ 现状一张图数据】，与【目录】面板中工作目录一致。

展开【目录】面板中默认工作目录，在【现状一张图数据】文件夹下展开【城规现状用地 .dwg】数据集，可看出 Arcgis 识别了 CAD 数据的点、线、面、注记等要素类型，从要素左侧的图标可以看出【城规现状用地】属于面状要素类之一（图 2-41）。

用 Windows 资源管理器打开对应的物理文件夹【D:\study\chp02\ 练习数据 \ 用 ArcGIS 查阅一张底图 \ 现状一张图数据】，可看到该图层数据的物理存储方式如图 2-42 所示，存储于 dwg 文件内。

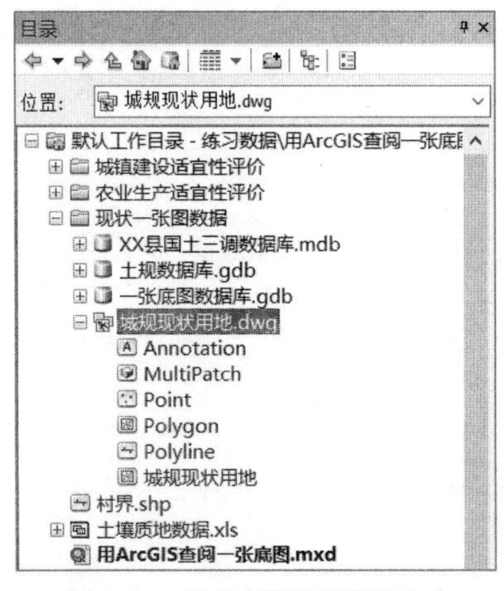

图 2-41　目录中数据的存储方式

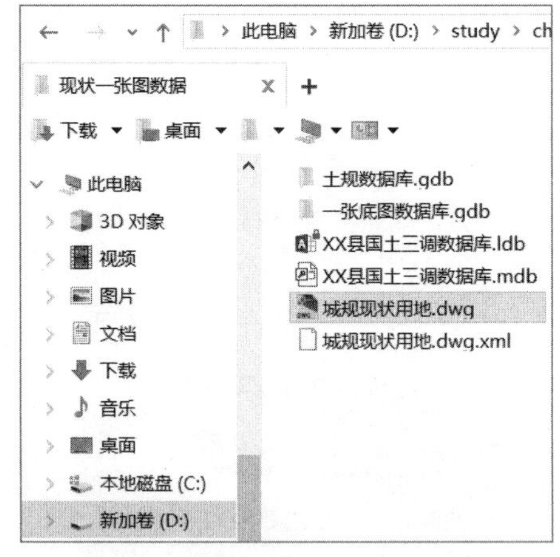

图 2-42　物理文件夹中数据的存储方式

上述步骤介绍了国土空间规划中常见的数据格式及其存储方式，总结起来如表 2-1 所示。

数据在 ArcGIS【目录】面板中的显示方式及其物理存储方式　　表 2-1

数据类型	【目录】面板中的显示方式	物理存储方式	说明
个人地理数据库	XX县国土三调数据库.mdb	XX县国土三调数据库.ldb XX县国土三调数据库.mdb	存储于 Microsoft Access 数据文件内，通常单机使用，最大存储 2GB 数据

续表

<table>
<tr><th colspan="2">数据类型</th><th>【目录】面板中的显示方式</th><th>物理存储方式</th><th>说明</th></tr>
<tr><td colspan="2">文件地理数据库</td><td>一张底图数据库.gdb</td><td>一张底图数据库.gdb</td><td>以文件夹形式存储，通常单机使用，最大存储 1TB 数据</td></tr>
<tr><td colspan="2">要素数据集</td><td>基期年现状</td><td>存放于地理数据库中</td><td>用于分组要素类</td></tr>
<tr><td rowspan="3">地理数据库中的矢量数据</td><td>面状要素</td><td>土地利用三调地类图斑</td><td rowspan="3">存放于地理数据库中</td><td rowspan="3">—</td></tr>
<tr><td>线状要素</td><td>现状道路</td></tr>
<tr><td>点状要素</td><td>村</td></tr>
<tr><td rowspan="3">ShapeFile 格式的矢量数据</td><td>面状要素</td><td>土地使用现状.shp</td><td rowspan="3">村界.cpg
村界.dbf
村界.prj
村界.sbn
村界.sbx
村界.shp
村界.shp.xml
村界.shx</td><td rowspan="3">ESRI 公司早期开发的一种非拓扑矢量数据开放格式，目前仍用于数据交换。一个 Shapefile 文件最少包括三个文件：主文件 *.shp、索引文件 *.shx、dBASE 表文件 *.dbf。复制或移动时必须同时进行</td></tr>
<tr><td>线状要素</td><td>村界.shp</td></tr>
<tr><td>点状要素</td><td>现状市政设施点.shp</td></tr>
<tr><td colspan="2">地理数据库中的栅格数据</td><td>栅格影像</td><td>存放于地理数据库中</td><td>如果存放于个人地理数据库，则并不放在 mdb 文件中，而是放在 .idb 后缀的文件夹中</td></tr>
<tr><td colspan="2">文件方式存放的栅格数据</td><td>农业生产适宜性分区.tif</td><td>农业生产适宜性分区.tfw
农业生产适宜性分区.tif
农业生产适宜性分区.tif.aux.xml
农业生产适宜性分区.tif.ovr
农业生产适宜性分区.tif.vat.cpg
农业生产适宜性分区.tif.vat.dbf
农业生产适宜性分区.tif.xml</td><td>*.tif 是 TIF 格式的图像文件，*.tfw 是关于 TIF 影像坐标信息的文本文件，*.ovr 存储了栅格金字塔数据</td></tr>
<tr><td colspan="2">CAD 数据</td><td>城规现状用地.dwg
Annotation
MultiPatch
Point
Polygon
Polyline
城规现状用地</td><td>城规现状用地.dwg</td><td>ArcGIS 自动将 CAD 数据识别成点、线、面、注记、多面体 5 个要素类，可分别加载</td></tr>
</table>

2.2 为“一张底图”处理多源数据

国土空间规划所涉及的数据包括 GIS、CAD 矢量数据与 DEM、TIF、JEPG 等栅格数据，如表 2-2 所示，种类繁多、标准不一，须在 ArcGIS 中经过一系列加载、转换、配准，才能形成统一的、符合国土空间规划“一张底图”标准的数据。数据的转换与处理主要包括以下工作。

- 统一表达方式：将各类数据的色彩、线型、注记等表达方式进行统一规范；
- 统一坐标系统：将西安 1980 坐标系、北京 1954 坐标系、WGS84 坐标系、地方坐标系等坐标系统一为 CGCS2000 坐标系；
- 统一数据格式：将 DWG、SHP、JEPG、Excel 等数据格式统一为 ArcGIS 中 Geodatabase 地理数据库格式；
- 表格空间化处理：将 TXT、Excel 等数据进行统一的空间化处理。

本节将以统一某地区国土空间规划相关底图数据为例，介绍多源数据在 ArcGIS 平台中的处理汇总方法，包括数据加载和符号化、坐标转换与配准校正、格式转换及数据空间化。

基础资料分类　　表 2-2

资料分类	资料名称	数据解释	数据格式
现状资料	行政区划	现状底图及规划所需行政边界	文本、图件、矢量数据（统一底图坐标系）
	人口数据	人口基本情况	文本、表格
		人口变动情况	文本、表格
	遥感影像	地形、高程影像图	遥感栅格数据（统一底图坐标系）
	自然资源及条件	气候气象、地貌、土壤、植被、水文、地质、自然灾害等情况，水资源、森林资源、矿产资源、生物资源、海洋资源、景观资源等情况	文本
	经济状况	经济社会综合发展状况、历年国内生产总值、财政收入、固定资产投资、人均产值、人均收入、农民纯收入、贫困人口脱贫等情况	文本、表格
		产业结构、主导产业状况及发展趋势、城镇化水平、村镇建设状况	文本、表格
	基本农田	巩固永久基本农田划定成果，完善保护措施，提高监管水平	矢量数据（统一底图坐标系）
	城乡建设情况	城镇化水平	文本、矢量数据（统一底图坐标系）
		基础设施建设情况	矢量数据（统一底图坐标系）
	生态环境状况	水土污染、流失退化，环境污染、保护防治	文本、成果报告
	道路交通	—	矢量数据（统一底图坐标系）
	自然保护地	国家公园、自然保护区、自然公园	矢量数据（统一底图坐标系）
	农田、水利、防护林建设	—	矢量数据（统一底图坐标系）
国土专项调查	国土调查成果	第三次全国国土调查数据成果	矢量数据（统一底图坐标系）
	专项调查成果	土地变更调查、森林资源二类调查以及水、海洋、草原、湿地、矿产、地质环境等数据	矢量数据（统一底图坐标系）
	土地调查评价	土壤普查、后备耕地调查评价、农用地分等定级调查评价、土地执法检查、土地督察、土地动态遥感监测等成果	成果报告、表格
相关规划成果	城市总体规划	上一轮市、县土地利用总体规划、城市总体规划，上级土地利用总体规划、城镇体系规划，海洋功能区划	规划文本、规划图纸矢量数据（统一底图坐标系）、附件
	土地利用规划		
	控制性详细规划		
	专项规划	工业、产业、交通、旅游、生态、市政、公服、乡村振兴等专项规划	

2.2.1　创建“一张底图”的地图文档

☞ **步骤 1**：创建地图文档。

- 启动 ArcMap，在弹出的【ArcMap - 启动】对话框中，点击左侧面板的【新建地图】项。
- 在右侧面板中选择【空白地图】作为版面模板（也可以选择其他版面模板，对话框右侧面板有模板的预览）。
- 点击【此地图的默认地理数据库：】栏的按钮，在弹出的【默认地理数据库】对话框中，点击【连接到文件夹】按钮，显示【连接到文件夹】对话框，找到目标数据库（D:\study\chp02\ 练习数据 \ 数据加载和符号化 \ 数据加载和符号化 .gdb）(图 2-43)。
- 点击【添加】按钮，返回【ArcMap - 启动】对话框（图 2-44）。
- 点击【确定】按钮，进入 ArcMap 主界面。

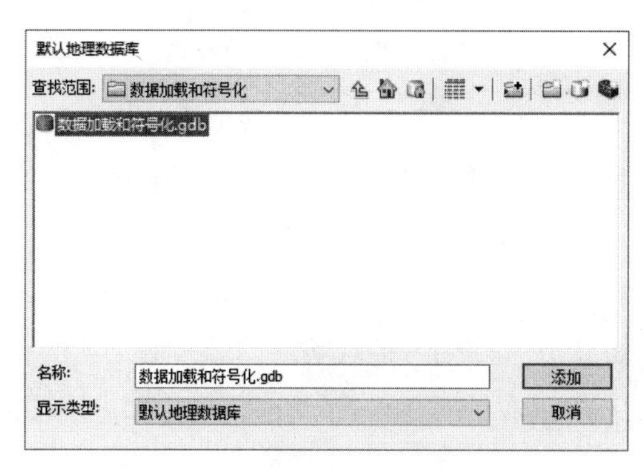

图 2–43　设置【默认地理数据库】

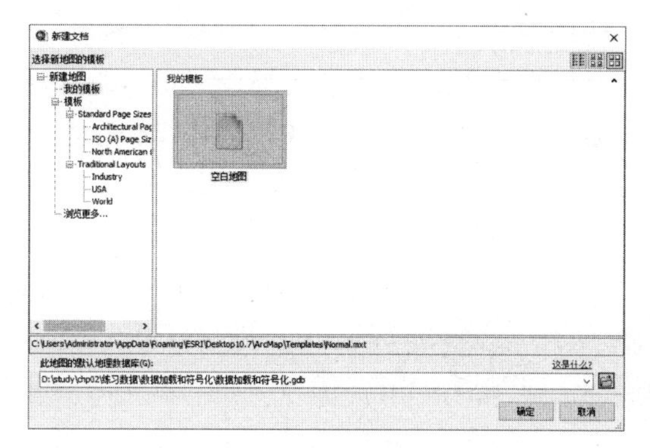

图 2–44　【ArcMap – 启动】对话框

☞ **步骤 2:** 设置地图文档。

- 点击主界面菜单【文件】→【地图文档属性...】，显示【地图文档属性】对话框。
- 勾选【路径名：】栏的【存储数据源的相对路径名】（图 2–45）。这是为了保证变更了数据的存储位置后，通过相对位置关系，地图文件仍能找到其中的数据文件（可同时在【描述】栏添加描述文字，地图打包处理时需填写）。

> **说明一：** 要特别注意地图文档和数据的存储位置。不同于AutoCAD将所有信息存储在一个文件下，ArcGIS的数据可能会存放在多个文件或多个数据库中，且地图文档也是独立于数据单独存放的。因而ArcGIS信息是分散的，需要特别关注这些分散信息的相互位置。
>
> **说明二：** 如果在【地图文档属性】对话框中选择了【存储数据源的相对路径名】，则一定要保证地图文档和数据的相对位置不能改变（如位于同一文件夹下，如果要移动位置则要一起移动），否则地图文档将找不到数据，当地图找不到数据时，图层会显示红色惊叹号，如 ☑! 现状影像图 。如果没有选择，则一定要保证数据的存储位置不可以变动，否则地图文档也将找不到数据，而地图文档可以随意移动或复制。
>
> 可以一劳永逸地将新建地图默认设置为【存储数据源的相对路径名】。具体操作为：在ArcMap主菜单下选择【自定义】→【ArcMap选项】，显示的【ArcMap选项】对话框，切换至【常规】选项卡，勾选【将相对路径设为新建地图文档的默认设置】。

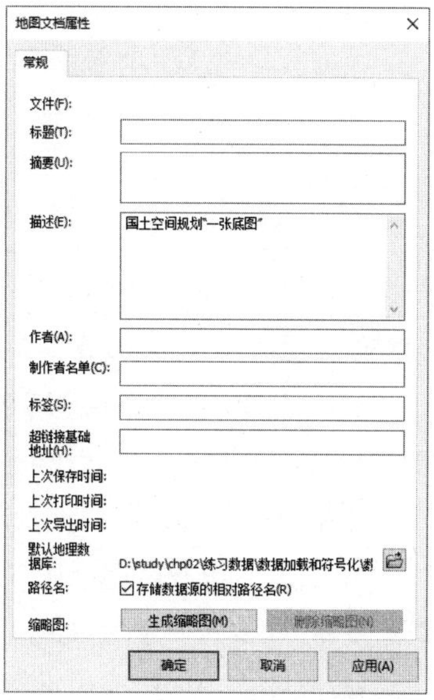

图 2–45　设置地图文档的存储参数

☞ **步骤 3:** 保存地图文档。

点击主界面菜单【文件】→【保存】，选择保存目录（例如，D:\study\chp02\练习数据\数据加载和符号化），保存为【国土空间规划“一张底图”.mxd】。ArcMap 地图文档以“.mxd”作为扩展名（图 2–46）。地图文档所在目录变成默认工作目录。

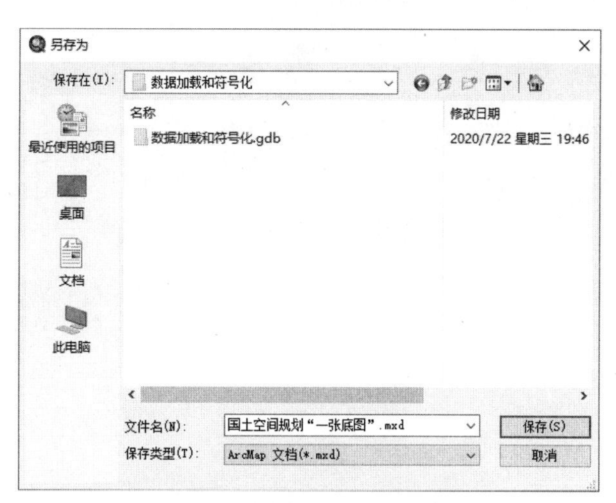

图 2–46　选择地图文档的保存位置

2.2.2 数据加载和符号化

对于现有地图，可以往其中添加 ArcMap 兼容的各类地理数据，如 GIS 数据、栅格数据、表格数据、CAD 数据等。符号化根据所加载地理数据的详细属性，将地图数据用符号化图形来表达，使得用户能够直观地理解数据内容。

在 ArcGIS 中，数据内容和数据表达是相对分离的。Geodatabase 和 Shapefile 文件存放的是数据内容，其本身只是一些数字，是不可视的。ArcGIS 通过符号化把这些数据转变成一幅幅可被理解的图像，而具体的符号化设置则主要保存在地图文档的图层中。并且对于同一份数据内容，可以有任意多种符号化方式，如不同颜色、线宽、符号等。

国土空间规划制图利用符号化，通过几个简单的参数设置便可以制作出复杂而精美的专题图纸。ArcMap 提供的符号化方式有单一符号、分类符号、分级色彩、分级符号等。

下面将介绍 ArcGIS 中多源数据的加载与符号化的主要类型，以便供读者参考和灵活使用。

> **说明一：** ArcMap中的地图结构是地图→图层→数据，一幅地图是由若干图层组成的，而每个图层都是某份数据内容的特定表达方式。
> **说明二：** 在ArcGIS中，数据内容和数据表达是相对分离的，"影像图.tif"文件是数据内容，而图层是其表达方式，对于同一份数据内容，可以有任意多种表达方式，如不同的名称、透明度、颜色、线宽等。修改图层的属性只是修改了对应数据的表达方式，而原始数据的内容并不会被改变。
> **说明三：** 保存地图文档实际上只是保存了地图对应数据内容的表达方式，其文件量非常小。因此，复制地图文档是不会复制其数据内容的。同理，保存地图文档也不会保存对数据内容的修改。如果数据内容丢失或改变了位置，打开地图文档，其对应的图层也不会显示图面内容，这时图层上会警示 ☑ 现状影像图，这时可以双击感叹号，在弹出的【设置数据源】对话框中重新设置图层对应的数据源路径。

2.2.2.1 GIS 数据的加载与符号化

要往地图文档中加载地理数据，主要有两种方法：一种是从【目录】面板中找到待加载数据，直接拖拉到地图窗口或【内容列表】面板中；另一种是通过【标准工具】工具条上的【添加数据】按钮来加载数据。本小节使用第一种方法加载 GIS 数据，下一小节使用第二种方法加载遥感影像数据。

1. 连接和查看工作目录

☞ **步骤 1：** 连接到工作目录。

- 启动 ArcMap，打开新的地图文档。
- 将鼠标移动到主界面右侧的【目录】按钮上时，将会浮动出【目录】面板。
- 右键单击【目录】面板下的【文件夹连接】文件夹，在弹出的菜单中选择【连接到文件夹...】项（图 2–47），显示【连接到文件夹】对话框。
- 在【连接到文件夹】对话框中将自己的工作目录（例如 D:\study\chp02\ 练习数据 \ 数据加载和符号化）加入进来，连接后的【目录】面板如图 2–48 所示。

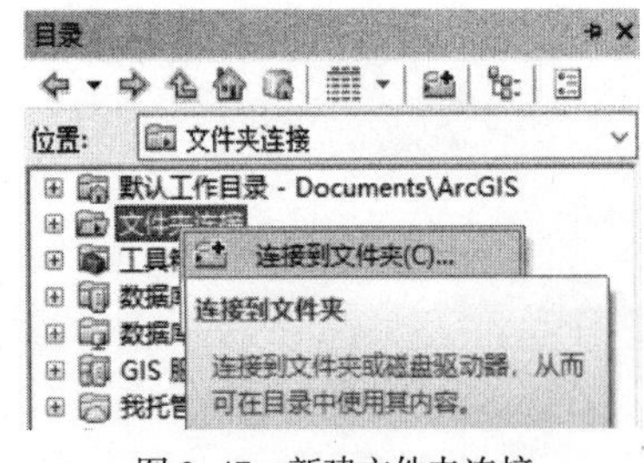

图 2–47 新建文件夹连接

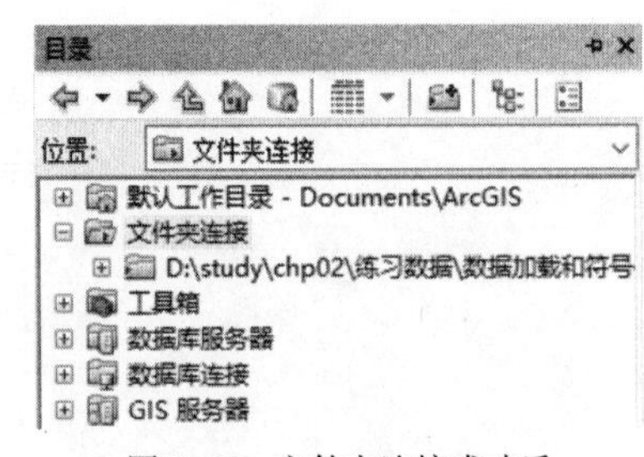

图 2–48 文件夹连接成功后

> **说明：**【文件夹连接】能够存储用户指定的文件夹路径，使用户能够更直接地访问这些文件夹中的数据，类似于各工作目录的快捷方式。

☞ **步骤 2：** 浏览所连接的文件夹的内容。

由 2.1.7 小节可知，地理数据库的层次结构是"地理数据库→要素数据集→要素类、对象类"。

展开【目录】面板中【文件夹连接】项，可浏览到【D:\study\chp02\ 练习数据 \ 数据加载和符号化】→【数据加载和符号化 .gdb】→【现状要素】→【村】、【村界】、【土地利用三调地类图斑】数据项（图 2–49）。

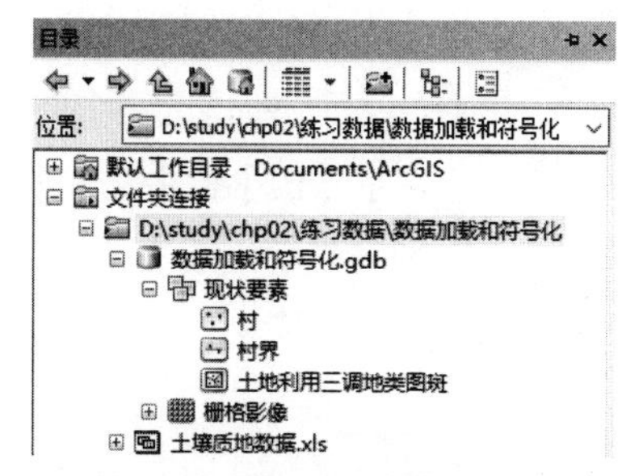

图 2–49　查看文件夹中的数据项

2. 面要素的加载与符号化

紧接之前步骤，继续操作如下。

☞ **步骤 1**：加载【土地利用三调地类图斑】要素类。

鼠标左键选中【目录】面板中【土地利用三调地类图斑】数据项，按住左键不放，将该项拖拉至【内容列表】面板，然后松开左键，【土地利用三调地类图斑】随之作为一个图层出现在【内容列表】面板，同时其图像也会显示出来（图 2–50）。

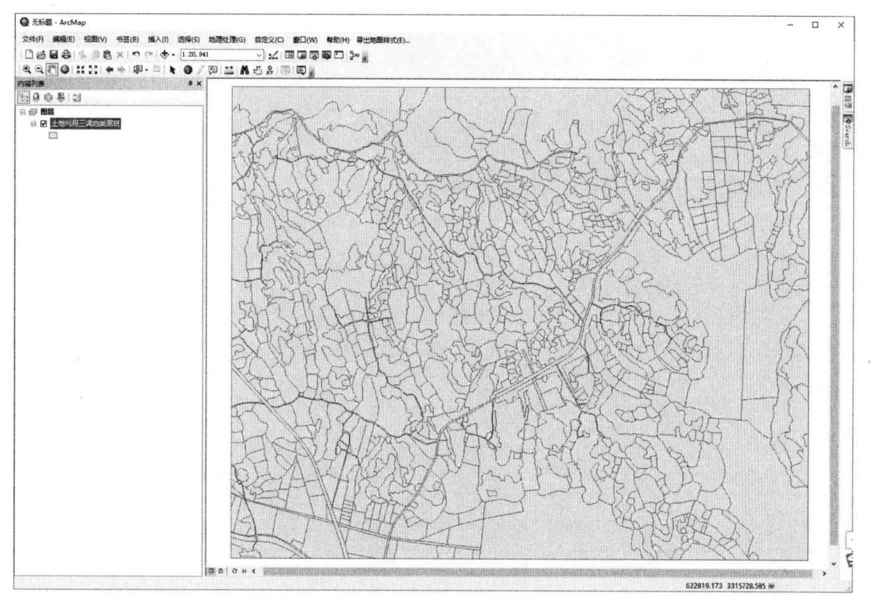

图 2–50 【土地利用三调地类图斑】加载结果

☞ **步骤 2**：自定义符号化【土地利用三调地类图斑】图层。

➜ 显示符号系统。

在【内容列表】面板中，右键单击【土地利用三调地类图斑】图层，在弹出的菜单中选择【属性】项，显示【图层属性】对话框，切换至【符号系统】选项卡，即可打开 ArcMap 符号化系统面板，进行数据内容的符号化设置（图 2–51）。

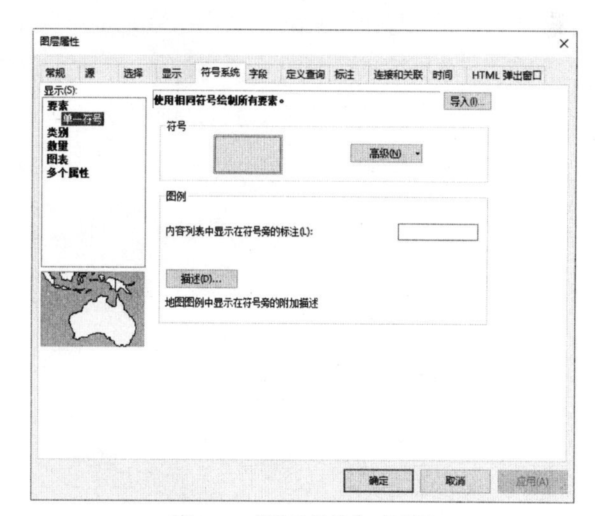

图 2–51 【图层属性】对话框

➜ 设置符号化类型。

在【显示：】栏下，选择符号化的方式，可供选择的符号化方式有【要素】、【类别】、【数量】、【图表】、【多个属性】。在此展开【类别】，选择【唯一值】，在【值字段】栏的下拉列表中，选择【地类名称】。这意味着【地类名称】属性中的值将作为要素分类的依据，属性值相同的要素将归入一类（如“地类名称”属性为乔木林地的所有要素），每一类要素将拥有一个专门的符号化方式。

➜ 设置类别。点击【添加所有值】按钮，即可自动为该字段所有值赋予符号样式（图 2–52）。

- 点击【添加值…】按钮，添加字段【地类名称】中没有的新类别。
  - 点击【添加值…】按钮，显示【添加值】对话框。
  - 在【新值】栏中输入【城镇住宅用地】，然后点击【添加至列表】按钮将其加入上一级【符号系统】中的列表框（图 2-53）。
  - 点击【确定】按钮，完成添加。

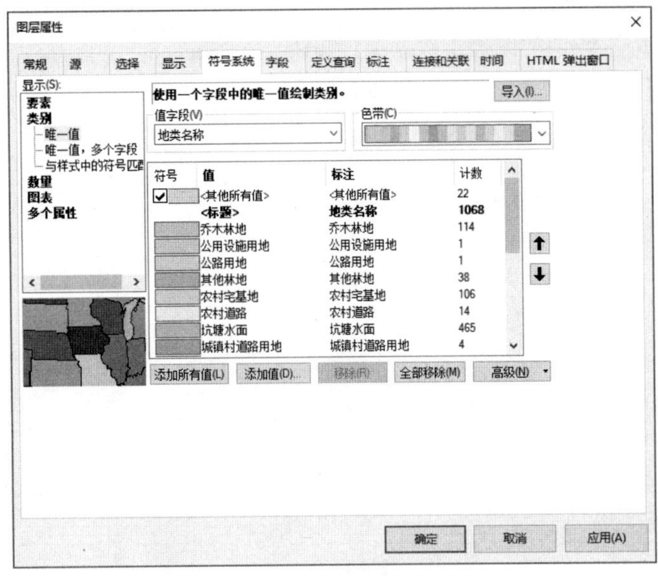

图 2-52 添加所有值

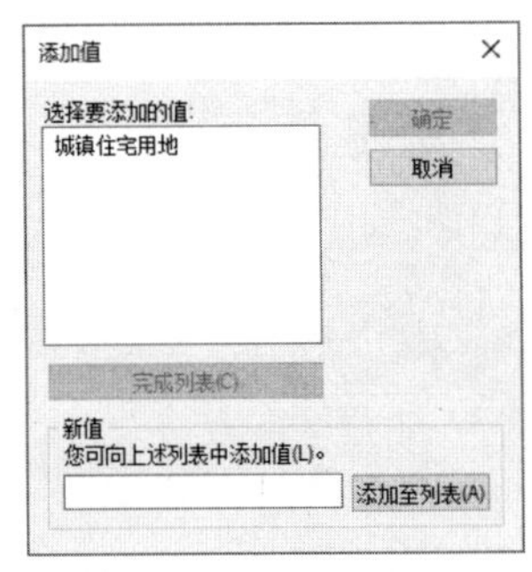

图 2-53 【添加值】对话框

> **说明**：【添加值】对话框中的【选择要添加的值：】一栏，只显示上一级【符号系统】选项卡中没有被添加的类别。
> **技巧**：如要选择【添加值】列表框中的所有属性值，可以选择第一项后，按住Shift键的同时选择最后一项；或者按住Ctrl键的同时逐一选择各项，然后点击【确定】按钮。这时所有属性值都被加入到符号化列表框中，每一个属性值都被随机指定了一个颜色。

- 设置符号。
  - 自制符号样式：双击符号列表中目标要素左侧的可视化符号，显示【符号选择器】对话框，进行符号颜色与样式的修改（图 2-54）；也可以点击【编辑符号】按钮，在弹出的【符号属性编辑器】对话框中作更精细的修改（图 2-55）。符号设置完成后，点击【符号选择器】对话框中【另存为…】按钮，将单个符号样式保存进自己的符号库。

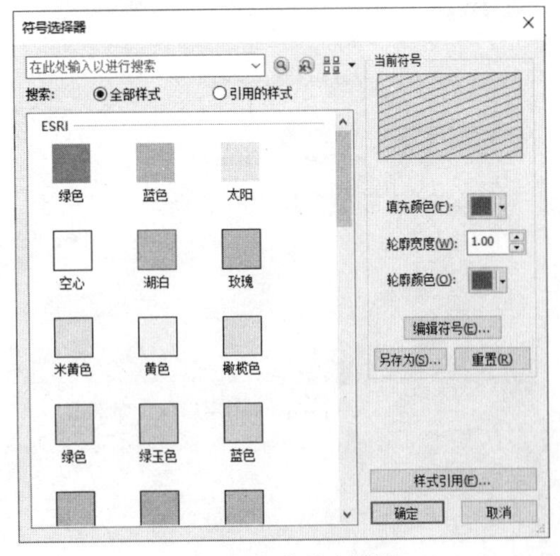

图 2-54 符号选择器

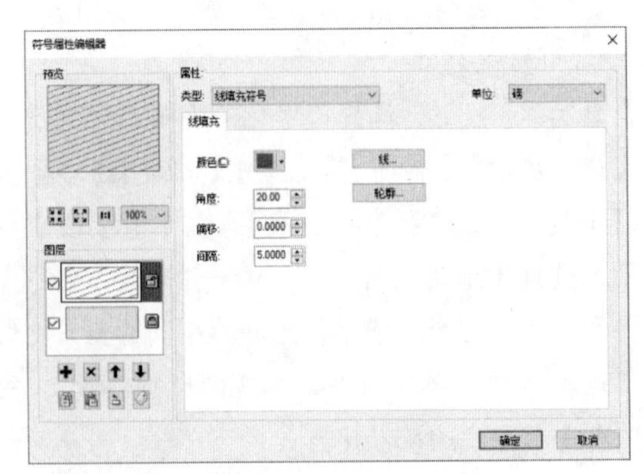

图 2-55 符号属性编辑器

- 使用 GIS 自带的色带：在【图层属性】对话框中，切换至【符号系统】选项卡，点击【色带】栏的下拉列表，选择符合要求的色带即可（图 2–56）。

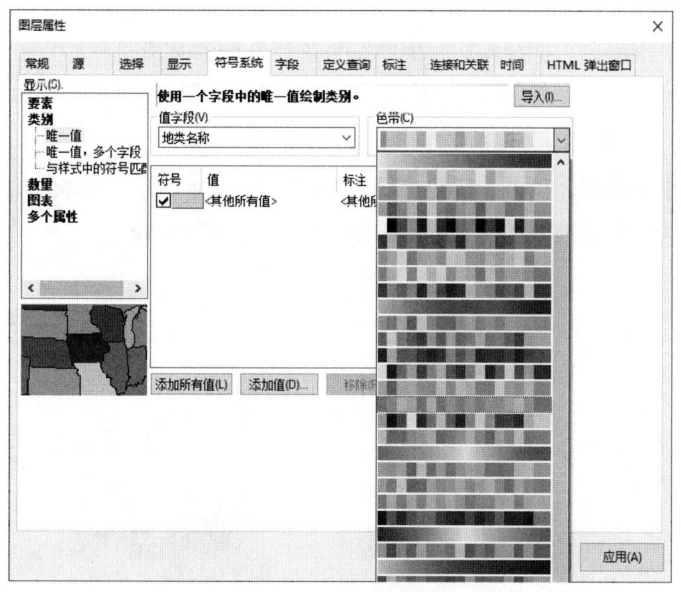

图 2–56 GIS 自带色带选择

☞ **步骤 3:** 使用预定义的符号系统。

自定义符号化费时费力，如果有预先制作好的符号系统，则可以将其导入直接使用。主要有以下两种预定义的符号系统。

- 导入图层文件中的符号系统。
  - 在【图层属性】对话框中，切换至【符号系统】选项卡，点击【导入 ...】按钮，显示【导入符号系统】对话框。
  - 选择【从地图中的其他图层或者图层文件导入符号系统定义】。
  - 然后点击【图层】栏按钮，显示【由图层导入符号系统】对话框，浏览到【D:\study\chp02\ 练习数据 \ 数据加载和符号化 \ 预定义符号系统 .lyr】，点击【添加】按钮，返回【导入符号系统】对话框。
  - 点击【确定】按钮，显示【导入符号系统匹配】对话框，在【值字段】下拉菜单选择【地类名称】，点击【确定】按钮（图 2–57），预定义的符号化样式会自动添加至符号列表。

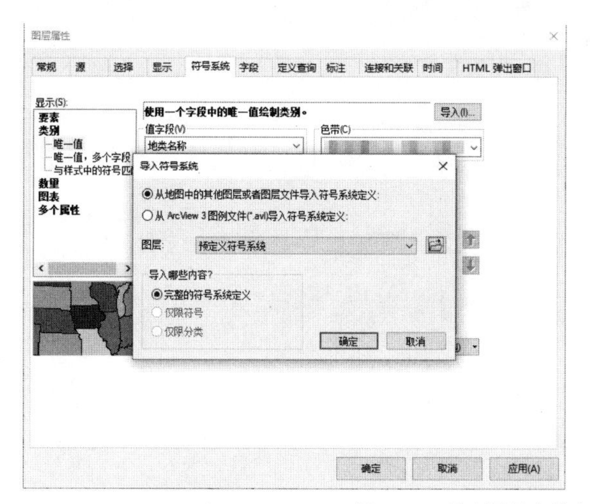

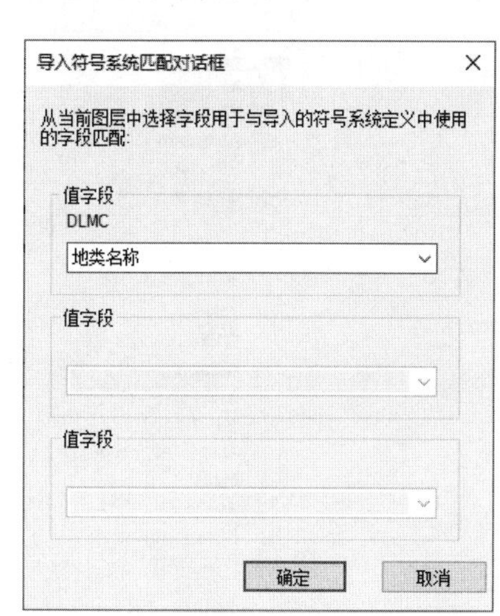

图 2–57 导入图层文件中的符号系统

◆ 导入地图样式库的符号系统。

- 在【图层属性】对话框中，切换至【符号系统】选项卡，在【显示：】栏下展开【类别】，选择【与样式中的符号匹配】。
- 点击【值字段】下拉菜单，选择与样式中的符号进行匹配的字段。
- 点击【浏览 ...】按钮，显示【打开】对话框，浏览到【D：study\chp02\练习数据\数据加载和符号化\styles\符号样式】（图 2–58），点击【打开】按钮。
- 返回【图层属性】对话框，点击【匹配符号】按钮，即可为字段中所有值赋予匹配的符号样式。
- 点击【确定】按钮，完成地图样式库中符号系统的导入（图 2–59）。

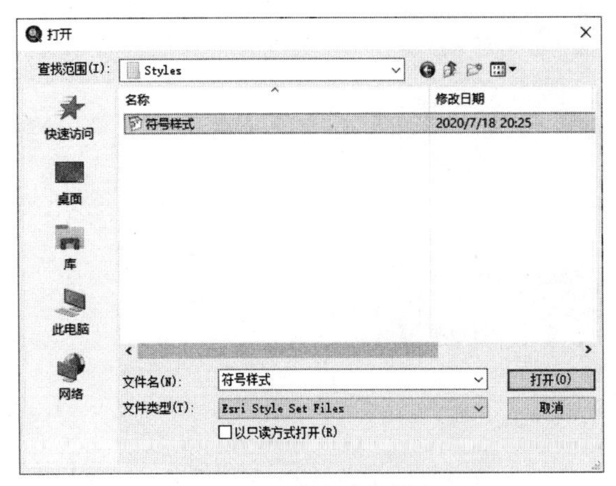

图 2–58　导入地图样式库的符号系统

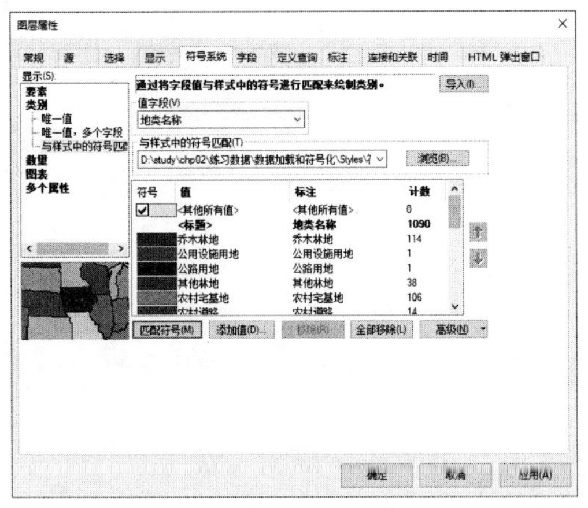

图 2–59　匹配已导出的符号样式

◆ 补充预定义符号系统中缺失的符号。

导入预定义符号系统后，若有值没有被赋予符号，则可点击【添加值 ...】按钮，补充设置符号。

☞ **步骤 4**：符号系统的导出。

◆ 导出图层文件。

所有符号设置完成后，在【内容列表】面板中，右键点击该图层，在弹出的菜单中选择【另存为图层文件】项，显示【保存图层】对话框，设置保存名称、保存类型及保存位置后，点击【保存】按钮，即可导出该图层所有符号样式（图 2–60），以便下次或者他人通过图层属性中符号系统的导入使用。

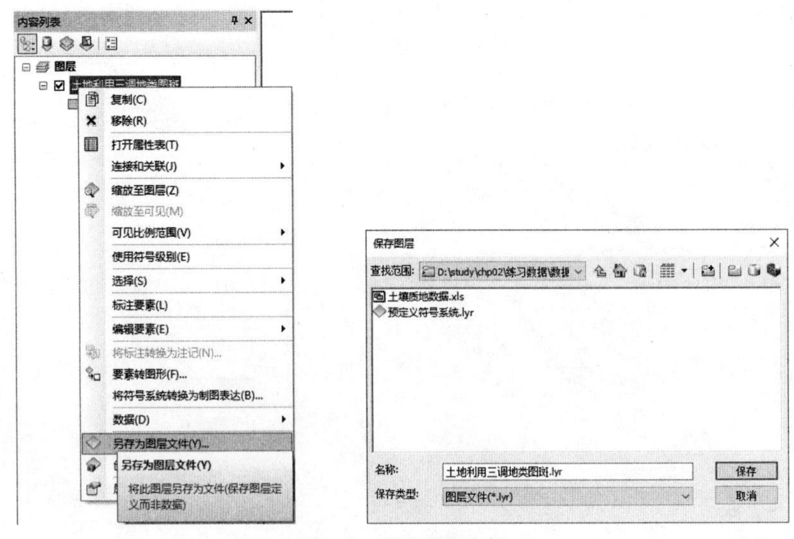

图 2–60　导出图层文件

➜ 导出地图样式。

- 点击主界面菜单【自定义】→【自定义模式 ...】，显示【自定义】对话框，切换至【命令】选项卡，在【类别：】栏下，选择【工具】项，在右侧【命令：】栏下找到【导出地图样式 ...】（图 2–61）。
- 鼠标左键选中【导出地图样式...】，按住左键不放，将该项拖拉至主界面菜单中，松开左键，【导出地图样式】工具则添加成功。
- 点击【导出地图样式...】按钮，显示【另存为】对话框，输入文件名为【符号样式 2】，点击【保存】按钮，即可直接保存为 style 样式（图 2–62）。

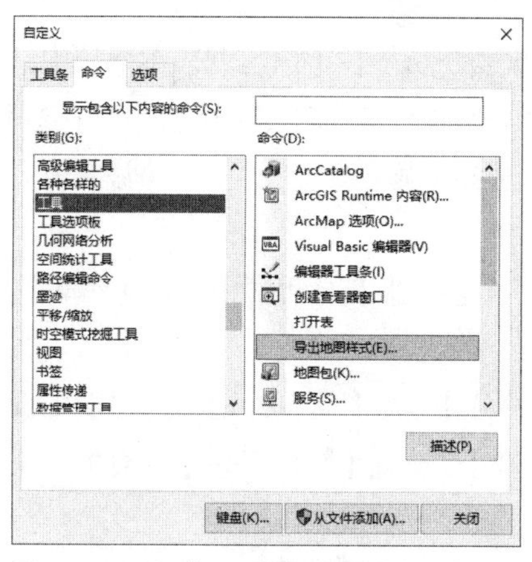

图 2–61　添加【添加导出地图样式...】工具

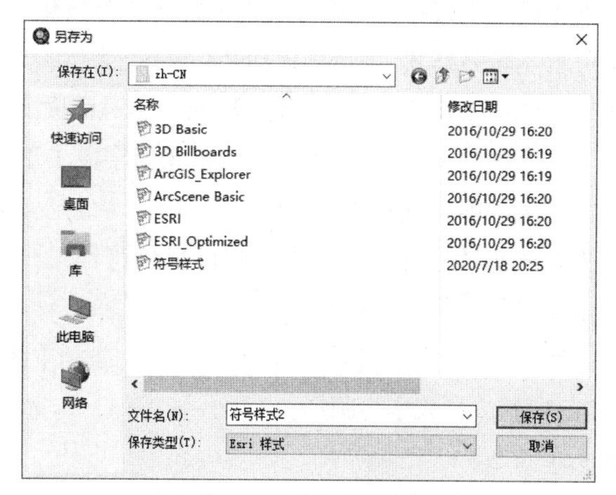

图 2–62　导出地图样式

3. 线要素的加载与符号化

☞ **步骤 1：**加载【村界】要素类。

鼠标左键选中【目录】面板中的【村界】数据项，拖拉至【内容列表】面板。

☞ **步骤 2：**符号化【村界】图层。

➜ 在【内容列表】面板中，点击【村界】图层下的线符号，显示【符号选择器】对话框。

➜ 可选择已有的符号样式，并更改颜色和线宽度，如选择【边界，镇区】样式，选择【颜色】为【火星红】，设置【宽度】为【1】。

➜ 点击【确定】按钮，完成【村界】要素的符号化（图 2–63）。若想自制符号样式，则可在【符号选择器】对话框中点击【编辑符号】按钮，在弹出的【符号属性编辑器】对话框中进行更精细的设置。例如，在【属性：】栏下的【类型】下拉菜单中选择【制图线符号】。在【制图线】选项卡下，设置颜色、宽度、线端头等，在【模板】选项卡下设置间距线样式，点击【确定】按钮，即完成符号样式的设置（图 2–64）。

图 2–63　村界符号化

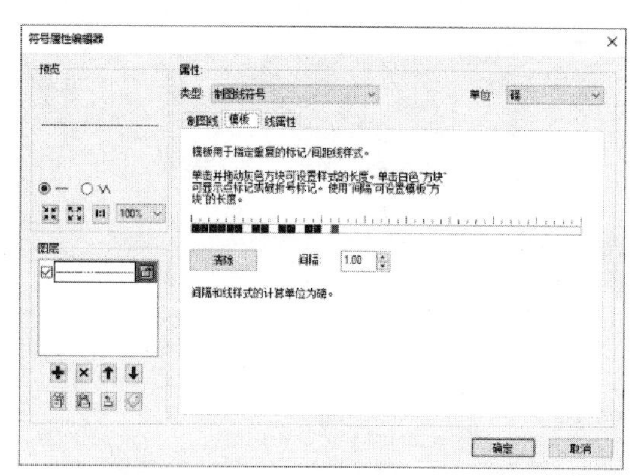

图 2–64　制图线符号

4. 点要素的加载与符号化

☞ **步骤 1**：加载【村】要素类。

鼠标左键选中【目录】面板中的【村】数据项，拖拉至【内容列表】面板。

☞ **步骤 2**：符号化【村】图层。

对于点要素的符号化，操作思路与线要素、面要素的符号化类似。

- 在【内容列表】面板中，点击【村】图层下的点符号，显示【符号选择器】对话框。
- 可选择已有的符号样式，并更改颜色、大小和角度。
- 点击【确定】按钮，完成【村界】要素的符号化。
- 也可自制符号样式，下面以村的等级分类为例，对其进行概要介绍。在【内容列表】面板中，双击【村】图层左侧可视化符号，显示【图层属性】对话框。切换至【符号系统】选项卡，在选项卡中选择【显示：】栏下的【类别】→【唯一值】，点击【值字段】下拉菜单，选择【村庄等级】，点击【添加所有值】按钮，符号列表中即出现绘制的所有村的类别。
- 双击符号列表中【中心村】左侧可视化符号，在弹出【符号选择器】对话框中点击【编辑符号】按钮，显示【符号属性编辑器】对话框。
- 在【属性：】栏下的【类型】下拉菜单中选择【简单标记符号】，在【简单标记】选项卡中设置【颜色】为牡丹粉，【样式】为圆形，【大小】为 15，勾选【使用轮廓】，设置【轮廓颜色】为灯笼海棠粉，【轮廓大小】为 2。
- 点击【添加图层】按钮，【图层】栏下即出现一个新的图层，然后在【简单标记】选项卡中设置【颜色】为无颜色，【样式】为圆形，【大小】为 23，勾选【使用轮廓】，设置【轮廓颜色】为牡丹粉，【轮廓大小】为 2。
- 点击【下移图层】按钮，将该图层移动至最底层（图 2-65）。
- 基层村、镇所在村的符号化操作与中心村类似，可设置单层圆和五角星样式，在此不做赘述。村要素符号化设置效果如图 2-66 所示。

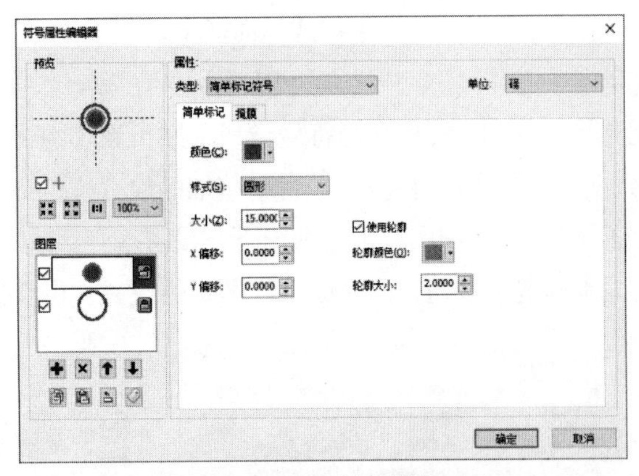

图 2-65 中心村符号设置

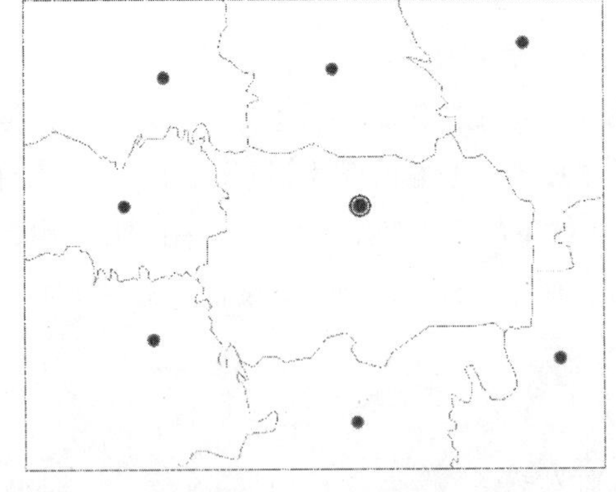

图 2-66 村要素符号化

矢量数据符号化类型介绍：

（1）单一符号

单一符号采用大小、形状、颜色都统一的点状、线状或者面状符号来表达数据内容。这种符号化方法忽略了要素的属性，而只反映要素的几何形状和地理位置。要使用单一符号，可在【图层属性】对话框的【符号系统】选项卡中选择【显示：】栏下的【要素】→【单一符号】。当把某矢量数据内容作为图层添加到当前地图文档时，默认的符号化方式就是“单一符号”。

（2）分类符号

类别符号直接根据要素属性值来划分类别，并对各类别分别设置地图符号。它把具有相同属性值的要素作为一类，同类要素采用相同的符号，不同类要素采用不同的符号，能够反映出要素的类型差异。在规划领域可用于分类表达城镇级别、各类用地、各级道路、各类管线、各类建筑、各类设施等。

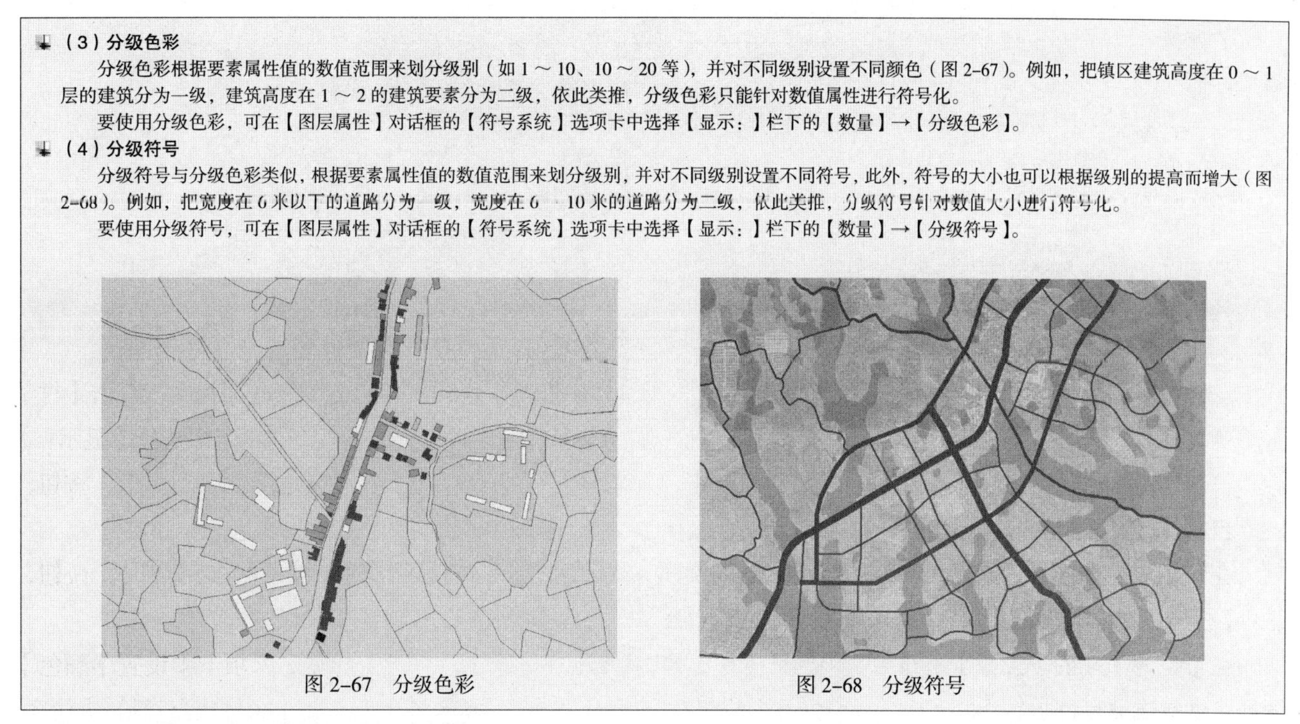

（3）分级色彩

分级色彩根据要素属性值的数值范围来划分级别（如 1 ~ 10、10 ~ 20 等），并对不同级别设置不同颜色（图 2-67）。例如，把镇区建筑高度在 0 ~ 1 层的建筑分为一级，建筑高度在 1 ~ 2 的建筑要素分为二级，依此类推，分级色彩只能针对数值属性进行符号化。

要使用分级色彩，可在【图层属性】对话框的【符号系统】选项卡中选择【显示：】栏下的【数量】→【分级色彩】。

（4）分级符号

分级符号与分级色彩类似，根据要素属性值的数值范围来划分级别，并对不同级别设置不同符号，此外，符号的大小也可以根据级别的提高而增大（图 2-68）。例如，把宽度在 6 米以下的道路分为一级，宽度在 6 ~ 10 米的道路分为二级，依此类推，分级符号针对数值大小进行符号化。

要使用分级符号，可在【图层属性】对话框的【符号系统】选项卡中选择【显示：】栏下的【数量】→【分级符号】。

图 2-67　分级色彩　　　　图 2-68　分级符号

2.2.2.2　遥感影像及栅格数据的加载

步骤 1：添加数据。

点击【标准工具】工具条上的【添加数据】按钮，显示【添加数据】对话框（图 2-69）。

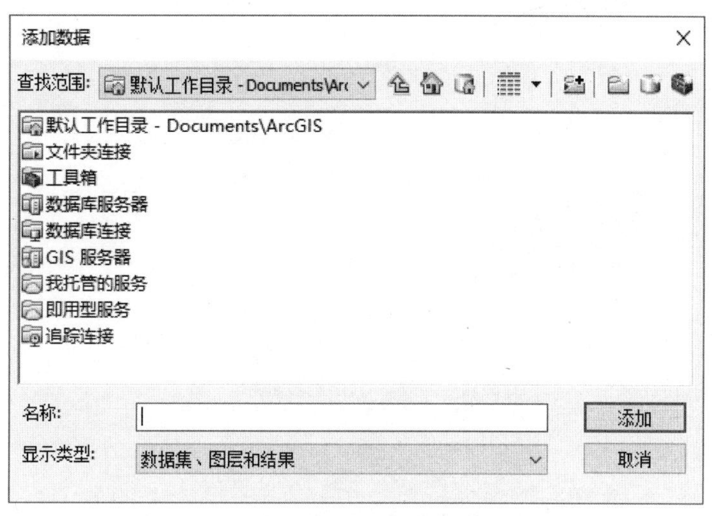

图 2-69 【添加数据】对话框

步骤 2：加载遥感影像及栅格数据。

点击【连接到文件夹】按钮，在弹出的【连接到文件夹】对话框（图 2-70）中找到随书数据【D:\study\chp02\练习数据\数据加载和符号化】（此步骤为先连接文件夹，只有文件夹连接成功后的数据才能找到），点击【确定】按钮，返回【添加数据】对话框，然后选择【栅格影像】文件，点击【添加】按钮（出现【未知的空间参考】对话框时，点击【确定】忽略这个问题），“栅格影像”就作为一个图层组出现在【内容列表】面板中，同时其图像也会显示出来（图 2-71）。

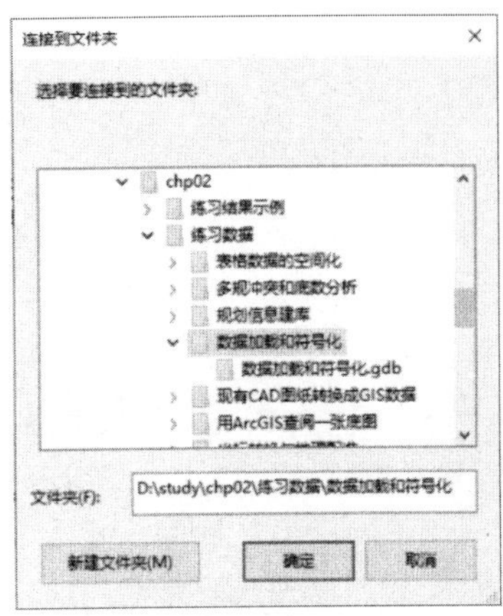

图 2-70 【连接到文件夹】对话框

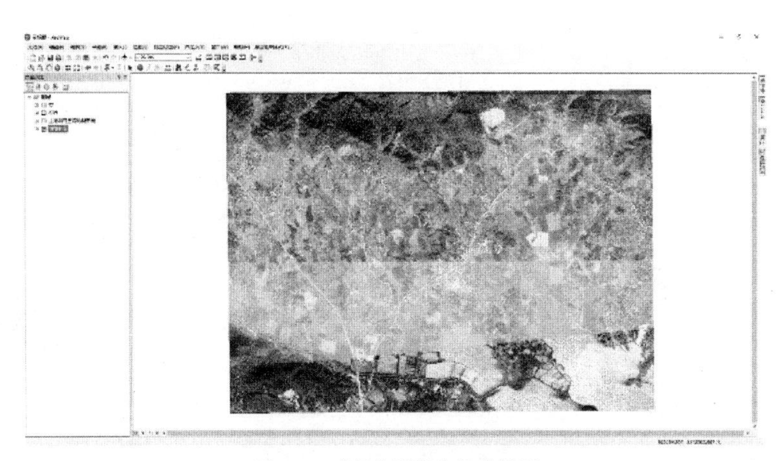

图 2-71 【栅格影像】加载结果

☞ **步骤 3：** 通过符号化还原真色彩。

在【内容列表】面板中，双击【栅格影像】图层，显示【图层属性】对话框，切换至【符号系统】选项卡，在【显示：】栏下可以看到栅格影像默认采用【RGB 合成】符号化。

在【拉伸】栏的【类型】下拉菜单中选择【无】（默认为【标准差】），点击【确定】按钮（图 2-72），影像图即可恢复成原有色彩。

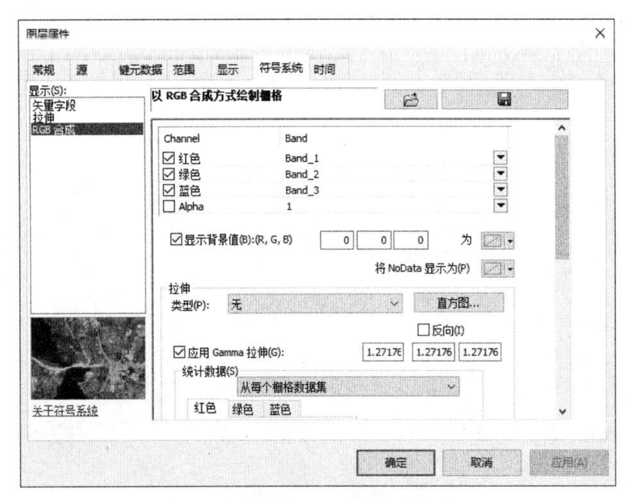

图 2-72　通过符号化设置还原真色彩

栅格数据的拉伸类型

栅格图像符号化中的拉伸功能，是一种图像增强处理的方法。当图像的某一属性值（如亮度）集中在一个很小的范围，可以通过扩大属性值的范围来提高图像的对比度，呈现更多的图像信息。加载栅格数据时默认采用【标准差】拉伸方式，此外还有直方图均衡化、最值、直方图规定化、百分比截断等拉伸方式。

（1）标准差拉伸：常用于使色调较暗的栅格数据集变亮。通过修剪影像极值，然后对其他像素值进行线性拉伸来使影像的对比度增加。

（2）直方图均衡化拉伸：属于直方图修正法，是非线性的拉伸方法。对图像进行非线性拉伸，重新分配图像的灰度值，使一定范围内图像的灰度值大致相等。

（3）最值拉伸：常用于拉伸像素值分布密集的栅格影像。通过设置最大、最小值作为端点，然后再对像素值进行线性拉伸，使得影像更易区分。

（4）直方图规定化拉伸：又称直方图匹配，用于将图像变换为某一特定的灰度分布。在某些情况下，需要有特定直方图的图像，以便增加图像中某部分灰度值的对比度。

（5）百分比截断拉伸：百分比截断常用于增强一幅较暗栅格图像的亮度。经过百分比裁剪拉伸后的图像会比原来的图像更加清晰，对比度增强。

☞ **步骤 4：** 离散栅格数据的加载和符号化。

➔ 加载离散栅格数据。

紧接之前步骤，同理加载【农业生产适宜性分区 .tif】数据项。

➜ 离散栅格数据的符号化。

在【内容列表】面板中，双击【农业生产适宜性分区 .tif】图层，显示【图层属性】对话框，切换至【符号系统】选项卡，在【显示：】栏下，可以看到离散栅格默认采用【唯一值】符号化。

双击符号列表中的符号，在弹出的色卡中可以更改颜色。

设置完成后，点击【确定】按钮，即完成离散栅格数据的符号化（图 2–73）。由此可见，离散栅格原始的颜色都可以通过符号化自行修改，但改变的只是离散栅格在当前地图文档中的显示方式，并不会修改原始文件。

2.2.2.3　表格数据的加载和表达

☞ **步骤 1：**添加数据。

操作同上，将随书数据【chp02\ 练习数据 \ 数据加载和符号化 \ 土壤质地数据 .xls】添加进来（图 2–74）。

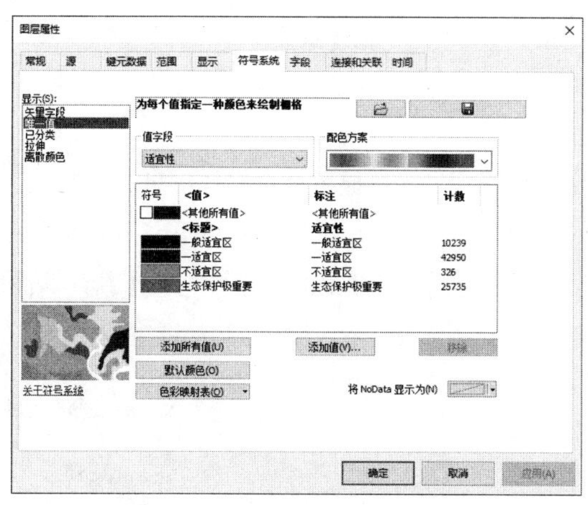

图 2–73　离散栅格数据符号设置

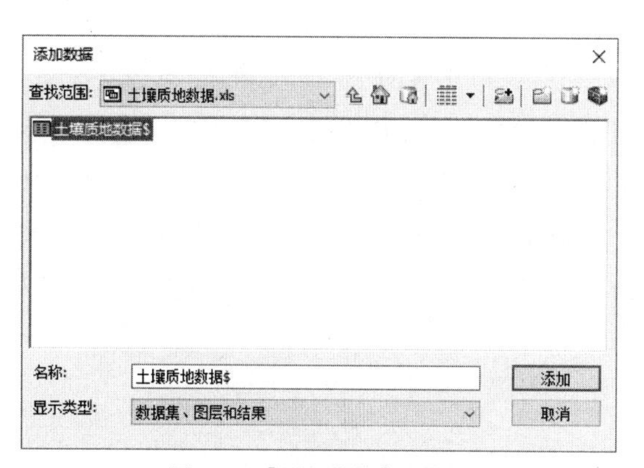

图 2–74　【添加数据】对话框

☞ **步骤 2：**查看属性表。

在【内容列表】面板中，右键点击【土壤质地数据】图层，在弹出的菜单中选择【打开】项，显示【表】对话框（图 2–75）。

表

土壤质地数据$

FID	OBJECTID	DLBM	DLMC	SHAPE_Leng	SHAPE_Area	TR
0	10	0701	城镇住宅用地	1296.768787	55990.385133	砂壤土
1	232			150.88666	1086.803205	砂壤土
2	519	0701	城镇住宅用地	1322.396269	21414.454883	砂壤土
3	566	0701	城镇住宅用地	1633.249267	46734.61786	砂壤土
4	573	0701	城镇住宅用地	902.729195	13192.147426	砂壤土
5	574	08H2	科教文卫用地	566.380687	17528.33399	砂壤土
6	575	08H1	机关团体新闻出	204.118955	2625.711135	砂壤土
7	576	0701	城镇住宅用地	816.659315	12999.468868	砂壤土
8	577	08H1	机关团体新闻出	233.658391	3567.347677	砂壤土
9	578	0601	工业用地	571.207408	19492.951623	砂壤土
10	585	08H1	机关团体新闻出	188.673539	2198.869222	砂壤土
11	586	08H2	科教文卫用地	154.945396	1459.562288	砂壤土
12	587	0701	城镇住宅用地	1625.525821	40781.727881	砂壤土
13	660	0809	公用设施用地	427.388888	9174.127168	砂壤土
14	697	0701	城镇住宅用地	159.819477	1380.309183	砂壤土
15	717			107.408399	613.684116	砂壤土
16	724	0701	城镇住宅用地	470.270538	6506.841504	砂壤土
17	800			283.256596	4364.893006	砂壤土
18	801			216.633121	2316.88818	砂壤土
19	802			136.802334	1142.30214	砂壤土

(0 / 35 已选择)

土壤质地数据$

图 2–75　【属性表】对话框

2.2.2.4　图层分组和显示加速

☞ **步骤 1：**图层分组。

图层组是一系列相关图层的组合，从而实现图层分组。图层组有助于对地图中相关类型的图层进行组织，使图层的显示更有秩序，并且可用于定义高级绘制选项。

➜ 创建图层组。

➜ 方式一：在【内容列表】面板中，右键点击【图层】，在弹出的菜单中选择【新建图层组】，列表中会新添一个名为【新建图层组】的项目，点击它，图层名变为可编辑状态，可进行重命名（图 2-76）。

➜ 方式二：按住 Ctrl 键的同时逐一选择需分组的各图层，然后右键点击其中一个图层，在弹出的菜单中选择【组】，列表中即会新添一个名为【新建图层组】的项目，点击其进行重命名（图 2-77）。

➜ 管理图层组中的图层。

➜ 添加图层：在【内容列表】面板中，鼠标左键选中目标图层，按住左键不放，将该项拖拉至图层组。

➜ 移除图层：在【内容列表】面板中，右键点击图层组中目标图层，直接将图层拖出图层组。

☞ **步骤 2**：显示加速。

在 ArcMap 中，可以通过一些操作来提高 ArcGIS 的显示性能，使用户在操作过程中更加流畅和稳定。下面介绍两种显示加速的操作方法。

➜ 方法一：创建底图图层。

底图图层属于一类地图图层，为地理信息的使用提供了稳定的环境和一个可显示动态操作信息的框架。其显示性能非常强大，只需计算一次，然后便可以多次重复使用。并且底图图层相对稳定，在典型设置下并不需要经常更新。

➜ 新建底图图层：在【内容列表】面板中，右键点击顶部的【图层】，在弹出的菜单中选择【新建底图图层】，列表中会新添一个名为【新建底图图层】的项目。选择目标图层拖拉至底图图层，即完成创建（图 2-78）。

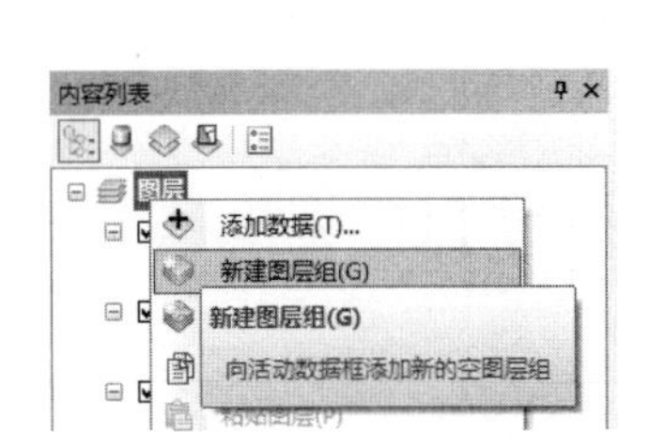

图 2-76　新建图层组（方法一）

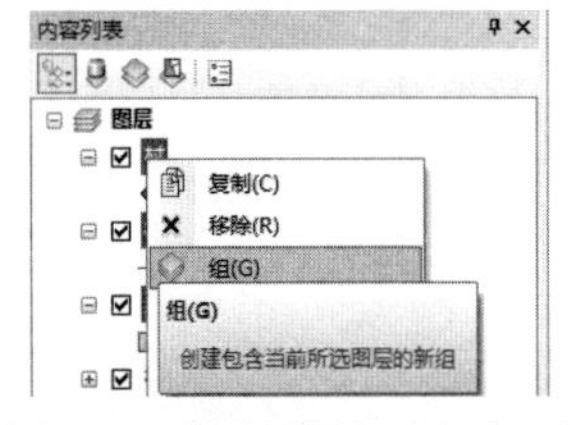

图 2-77　新建图层组（方法二）

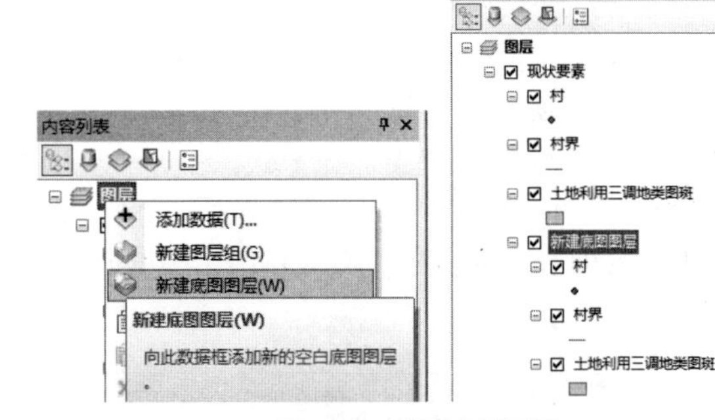

图 2-78　创建底图图层

➜ 分析底图图层：在新建底图图层后，对其进行分析，可以避免许多错误。在【内容列表】面板中，右键点击新建的底图图层，在弹出的菜单中选择【分析底图图层】，即启动图层性能分析，显示【准备】对话框，生成潜在绘制性能问题的诊断报告，根据错误提示修改即可（图 2-79）。

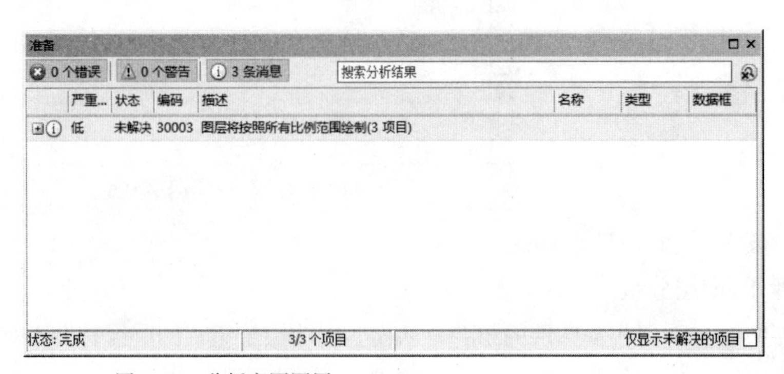

图 2-79　分析底图图层

➔ 方法二：硬件加速。

底图图层可与硬件加速结合使用，从而在地图的缩放、平移中获得流畅平滑的显示效果。硬件加速可利用显卡处理来进一步提升性能。

- 点击主界面菜单【自定义】→【ArcMap 选项 ...】，显示【ArcMap 选项】对话框，切换至【数据视图】选项卡，勾选【对支持的图层启用硬件加速】，点击【确定】完成设置（图 2-80）。

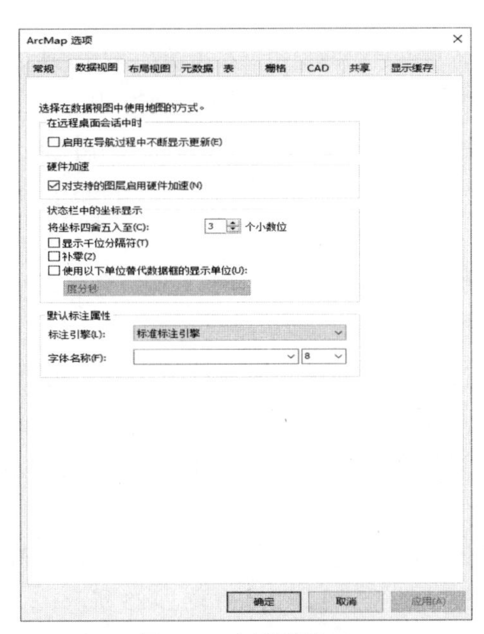

图 2-80　启用硬件加速

2.2.3　多源数据的坐标转换和配准校正

2.2.3.1　坐标转换

自 2018 年 7 月 1 日起，自然资源部全面启用 2000 国家大地坐标系，以此作为统一空间规划的一致性空间参考体系。在此背景下，规划师需要学会如何将多元数据在不同空间进行转换，尤其是转换为国家2000大地坐标系。

这里首先对坐标系进行整体认识，坐标系由大地基准面得来，大地基准面分为地心基准面及区域基准面，分别形成地心坐标系和参心坐标系。各坐标系间关系及相关变换操作如图 2-81 所示。

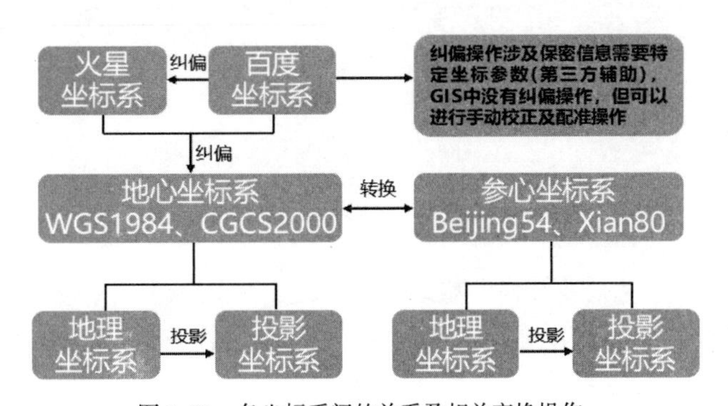

图 2-81　各坐标系间的关系及相关变换操作

坐标纠偏：将错误（加密）的“火星坐标系”和“百度坐标系”纠正为正确的地心坐标系。

坐标转换：不同的坐标系对应不同的旋转椭球体，所以坐标转换又包括两种形式——同一基准面下的坐标转换和不同基准面下的坐标转换，即基于不同的大地基准面间的坐标系间相互转换、同一个坐标系的地理坐标与投影坐标的相互投影。

投影：将地球的球面坐标（即地理坐标系）展开转换为平面坐标（即投影坐标系）的过程叫作投影。我国常用的投影方式为高斯－克吕格（Gauss-Kruger）投影，又称横轴墨卡托投影，转换成投影坐标系的关键是找投影带。

投影工具：矢量数据、栅格数据各自有自己的投影工具（图 2-82）。其中，矢量数据：【工具箱】→【系统工具箱】→【Data Management Tools.tbx】→【投影和变换】→【投影】；栅格数据：【工具箱】→【系统工具箱】→【Data Management Tools.tbx】→【投影和变换】→【栅格】→【投影栅格】。

- 投影和变换
  - 栅格
    - 从文件变换
    - 平移
    - 扭曲
    - 投影栅格
    - 旋转
    - 注册栅格
    - 翻转
    - 重设比例
    - 镜像
  - 创建空间参考
  - 创建自定义地理(坐标)变换
  - 定义投影
  - 批量投影
  - 投影
  - 转换坐标记法

图 2-82　矢量数据及栅格数据的投影工具

1．同一基准面下的坐标转换

下面以 CGCS_2000 投影坐标转换为 GCS_2000 地理坐标为例，介绍同一基准面下的坐标转换的基本操作。

☞ **步骤 1：**打开地图文档。

打开随书数据中的地图文档【chp02\练习数据\坐标转换与地理配准\坐标转换与地理配准.mxd】，该文档关联数据库【坐标转换】已建立，且地图文档中已经加载【土规用地】、【土地利用三调地类图斑】图层。

☞ **步骤 2：**坐标转换。

- 设置投影。在【目录】面板中，浏览到【工具箱\系统工具箱\Data Management Tools.tbx\投影和变换\投影】，双击该项打开该工具，设置【投影】对话框如图 2-83 所示。

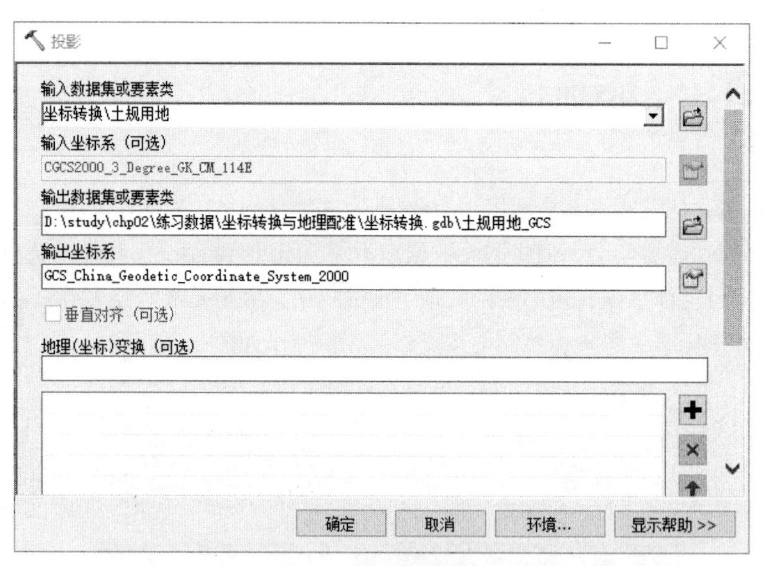

图 2-83　投影工具对话框

- 【输入数据集或要素类】为需要转换的数据，在此设置为【坐标转换\土规用地】。
- 【输出数据集或要素类】为转换坐标系的数据，设置为【D:\study\chp02\练习数据\坐标转换与地理配准\坐标转换\土规用地_GCS】。
- 【输出坐标系】为可选择的输出坐标系，设置为【GCS_China_Geodetic_Coordinate_System_2000】。
- 点击【确定】按钮，完成坐标转换。

注意： 此操作为投影坐标转换为地理坐标，所以在设置【输出坐标系】时，点击【输出坐标系】栏，显示【空间参考属性】对话框，找到要转为的坐标系，选择【XY坐标系】→【地理坐标系】→【Asia】→【GCS_China_Geodetic_Coordinate_System_2000】，如图 2-82所示，点击【确定】按钮。

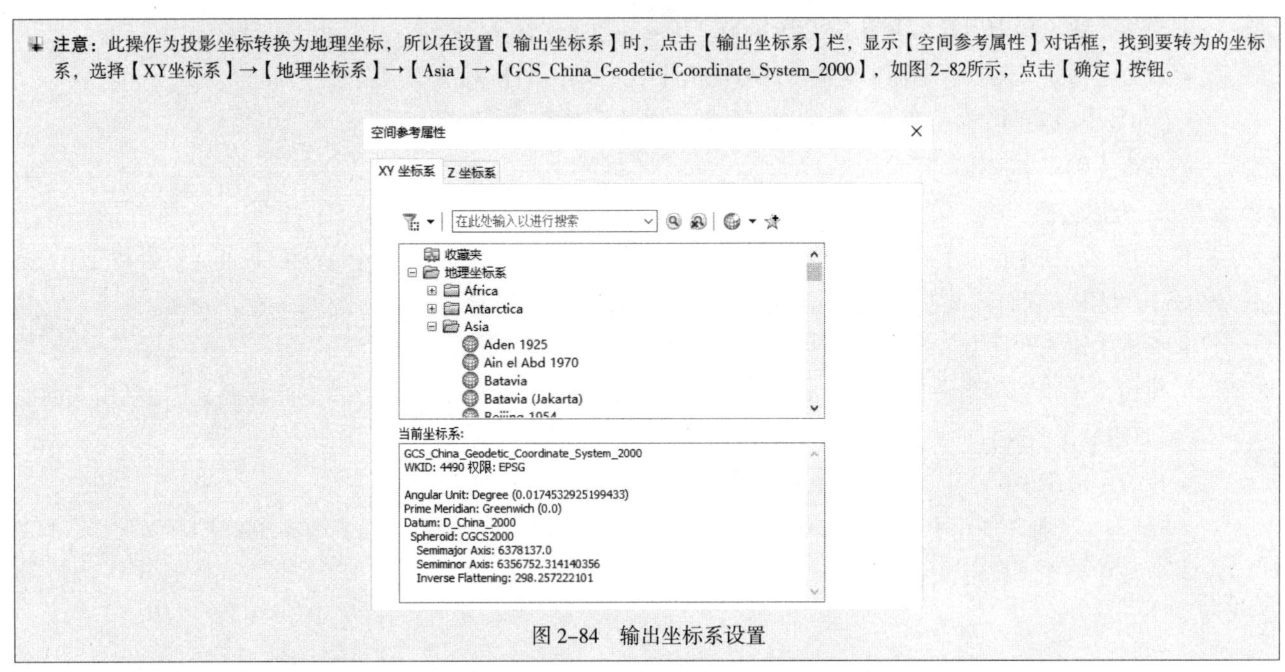

图 2-84 输出坐标系设置

2. 不同基准面下的坐标转换

北京 54、西安 80 以及 CGCS2000 等坐标系的坐标参数都是内置于 ArcGIS 系统中的，即可以直接拖入实现动态投影与变换，也可以通过 ArcGIS 的【Data Management Tools.tbx】→【投影和变换】工具操作完成。下面以 Xian 1980 坐标系转换为 CGCS2000 坐标系为例，介绍不同基准面下的坐标转换的基本操作。

紧接之前步骤，继续如下操作。

☞ **步骤 1：** 创建自定义坐标转换。

- 创建坐标转换。在【目录】面板中，浏览到【工具箱\系统工具箱\Data Management Tools.tbx\投影和变换\创建自定义地理（坐标）变换】，双击该项打开该工具，设置【创建自定义地理（坐标）变换】对话框如图 2-85 所示。
  - 设置【地理（坐标）变换名称】为【西安 80to2000】。
  - 设置【输入地理坐标系】为【Xian_ 1980_3Degree_GK_114E】。

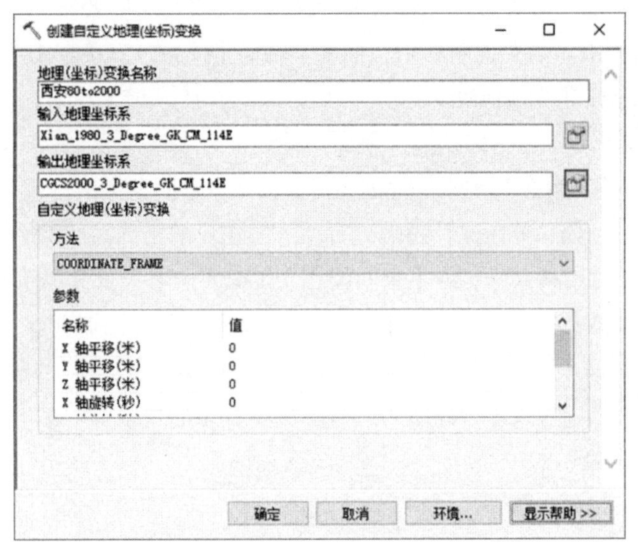

图 2-85 创建自定义坐标转换对话框

- 设置【输出地理坐标系】为【CGCS2000_3_Degree_GK_CM_114E】。
- 设置【自定义地理（坐标）变换】的方法为【COORDINATE_FRAME】。
- 【参数】项是两个坐标直接转换的对应参数，在此暂时不填[①]。
- 点击【确定】按钮，完成创建。

☞ **步骤 2：**坐标转换。

- 设置投影。在【目录】面板中，浏览到【工具箱 \ 系统工具箱 \Data Management Tools.tbx\ 投影和变换 \ 投影】，双击该项打开该工具，设置【投影】对话框如图 2-86 所示。
  - 设置【输入数据集】为【坐标转换 \ 土地利用三调地类图斑】。
  - 设置【输出数据集】为【D:\study\chp02\ 练习数据 \ 坐标转换与地理配准 \ 坐标转换 \ 土地利用三调地类图斑 _CGCS】。
  - 设置【输出坐标系】为【CGCS2000_3_Degree_GK_CM_114E】。
  - 【地理（坐标）变化】会自动添加有效的地理转换，即上一步生成的【西安 80to2000】。
  - 点击【确定】按钮，完成坐标转换。

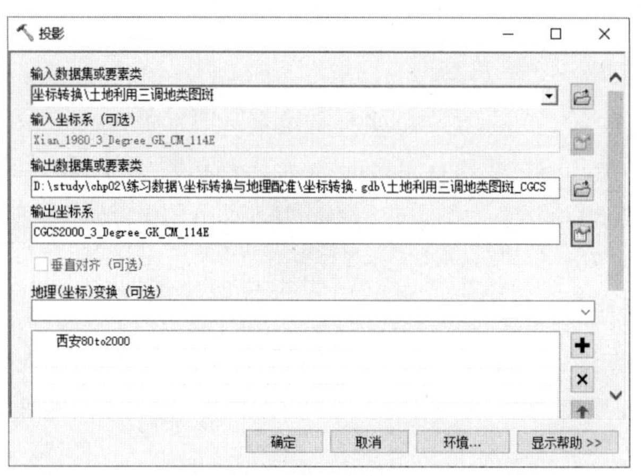

图 2-86 投影对话框

☞ **步骤 3：**坐标配准。

- 由于在创建地理转换时未设置参数，此时坐标转换后的要素与实际要素存在位置偏差。可通过下节介绍的相似变换方法进行配准。需要说明的是，如果不转换坐标系，直接校正往往难以达到满意的效果，因为数据在不同坐标系下是非线性地改变。

2.2.3.2 多源数据的配准校正

鉴于规划数据的多源性，在实际工作中常出现因参考底图缺少空间参考信息或参考信息涉密等原因坐标参数未公开而产生的参考底图错位、偏移等情况，影响分析及方案作业的精确性。除第三方辅助外，还可在 ArcMap 中利用【地理配准】工具（针对栅格数据）或【空间校正】工具（针对矢量数据），对不同参考系的多源数据进行空间上的配准校正，以此制作统一的底图参照系统，以便后续规划工作的展开。

1. 栅格图的配准

下面以配准遥感影像图为例，假设【公路】为具有标准坐标系的要素类（基准要素），【卫星影像图 .tif】为需要校正的要素类，对其进行讲解。

---

① 该参数是保密数据，在实际项目中可从测绘部门获取。如果不掌握该数据，可采用本书方法粗略转换。

紧接之前步骤，继续操作如下。

☞ **步骤 1：** 加载数据。

加载随书数据【chp02\练习数据\坐标转换与地理配准\地理配准\卫星影像图】和【公路】。

☞ **步骤 2：** 显示工具条，设置配准控制点更新数据。

➜ 显示【地理配准】工具条。

右键点击任意工具条，在弹出的菜单中选择【地理配准】，显示该工具条（图 2-87）。点击工具条上的【地理配准】按钮，在弹出的菜单中取消勾选【自动校正】。这将取消动态显示校正效果。

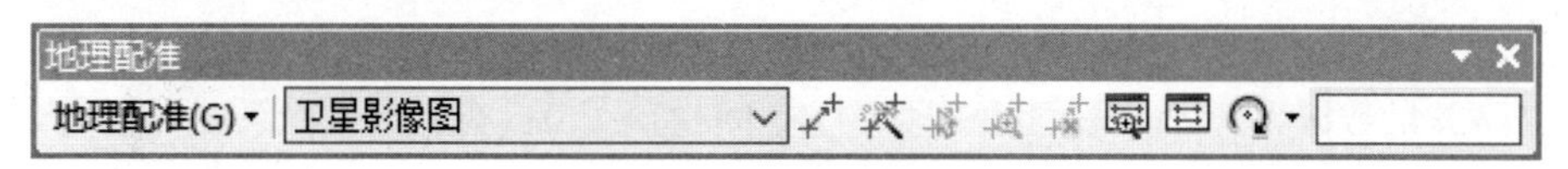

图 2-87　地理配准工具条

➜ 选择配准对象。

在工具条的【图层】栏选择【卫星影像图】，用于指定配准对象。

➜ 设置配准控制点。

- 点击【添加控制点】工具。
- 首先在【卫星影像图】上找到一个控制点，点击它，然后在【公路】上找到该控制点对应的准确位置，点击它；类似地，再绘制两对控制点，如图 2-88 所示，控制点对之间会有一条蓝线相连。

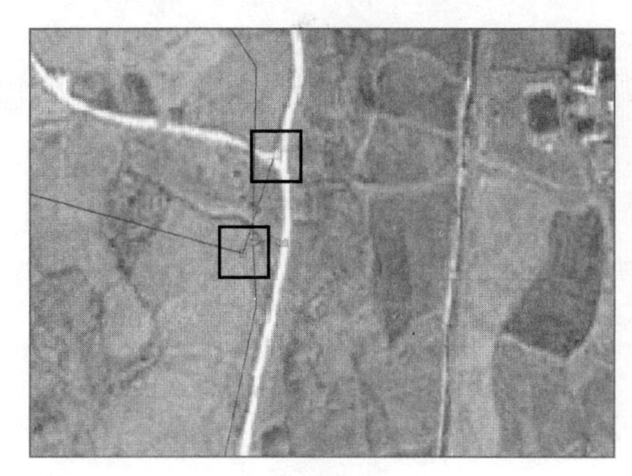

第一对控制点

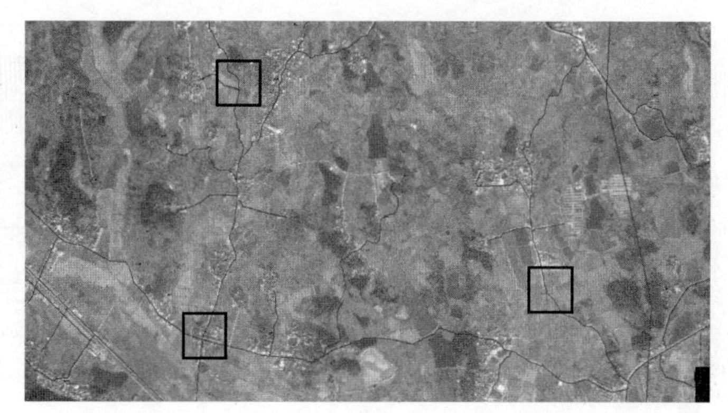

三对控制点

图 2-88　配准遥感影像图

- 点击【地理配准】按钮，在弹出的菜单中选择【更新显示】，随即显示配准后的效果。
- 如果配准效果不满意，一般是由于控制点没选对，可点击【查看链接表】工具，在【链接表】对话框中删除相应点对，然后再重新添加控制点。

➜ 保存配准好的图形。

点击【地理配准】按钮，在弹出的菜单中选择【校正】，显示【另存为】对话框，设置【输出位置】为【D:\study\chp02\练习数据\坐标转换与地理配准\地理配准】，设置【名称】为【影像图（已配准）】，如图 2-89 所示，点击【保存】按钮。

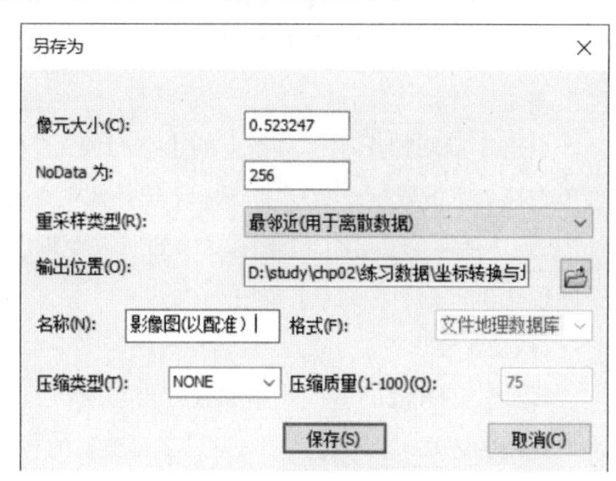

图 2-89　保存配准好的图纸

2. 矢量图的配准

矢量数据的配准要用到【空间校正】工具。在编辑环境中,【空间校正】工具提供了交互式方式，来对齐和整合数据。可执行的任务包括：将数据从一个坐标系转换到另一个坐标系中、纠正几何变形、沿着某一图层的边要素与邻接图层的边要素对齐，以及通过【属性传递】工具在图层之间复制属性。由于空间校正在编辑会话中执行，因此可使用现有编辑功能（*如捕捉*）来增强校正效果。校正的方法主要有：①校正变换；②橡皮页变换；③边匹配。

☞ **方式一：**校正变换。

空间校正变换用于将图层的坐标从一个位置转换到另一个位置，此过程通过用户定义的位移链接来缩放、平移和旋转要素。变换过程是针对某一图层的所有要素统一执行的，通常用于把以数字化为单位创建的数据转换成实际单位。

下面以配准公路矢量数据为例，假设【卫星影像图_空间校正】为具有标准坐标系的要素类（*基准要素*),【公路_空间校正】为需要校正的要素类，对其进行讲解。

➜ 加载数据。

紧接之前步骤，加载【chp02\练习数据\坐标转换与地理配准\空间校正\卫星影像图_空间校正】和【公路_空间校正】。

➜ 显示【空间校正】、【编辑器】工具条。

右键点击任意工具条，在弹出的菜单中选择【空间校正】，显示该工具条（图2–90）；重复此操作，加载【编辑器】工具条（图2–91）。

图2–90　空间校正工具条

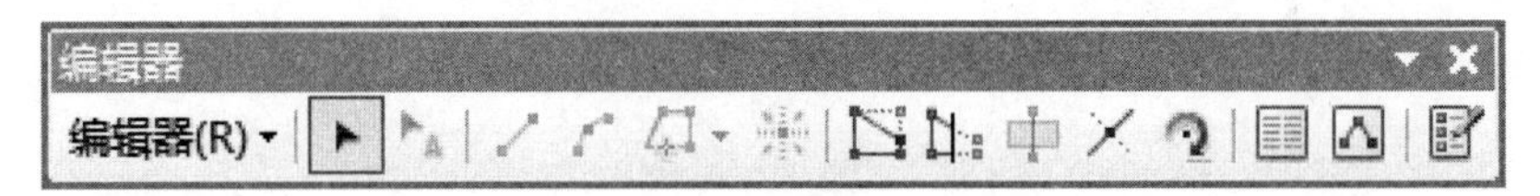

图2–91　编辑器工具条

➜ 开始编辑。

如果【空间校正】工具条是灰色的，说明没有在【编辑器】中启动编辑。点击【编辑器】工具条上的下拉菜单编辑器(R)▾，选择【开始编辑】，在弹出的【开始编辑】对话框中选择要编辑的图层【公路_空间校正】，如图2–92所示，点击【确定】按钮。

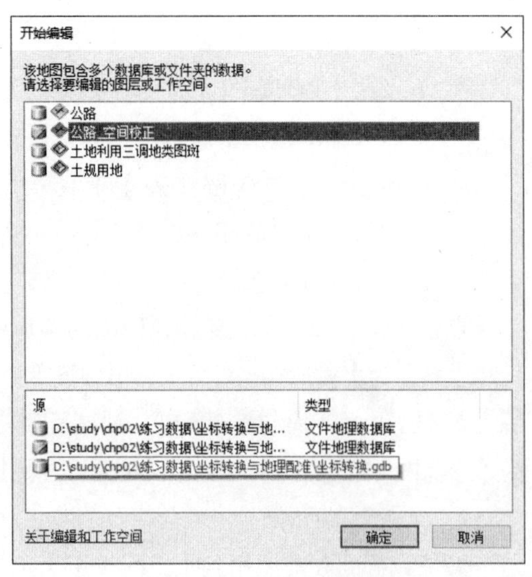

图2–92　开始编辑对话框

➜ 设置校正数据。

点击【空间校正】工具条上的【空间校正】按钮，在弹出的菜单中选择【设置校正数据】，显示【选择要校正的输入】对话框，如图2–93所示。点击【以下图层中的所有要素】，勾选【公路_空间校正】，点击【确定】按钮。

➜ 设置校正方法。

每种校正方法的适用范围和区别可参考帮助文件，仿射变换是最常用的方法。点击【空间校正】工具条上的【空间校正】按钮，在弹出的菜单中选择【校正方法】→【变换–仿射】(图2–94)。

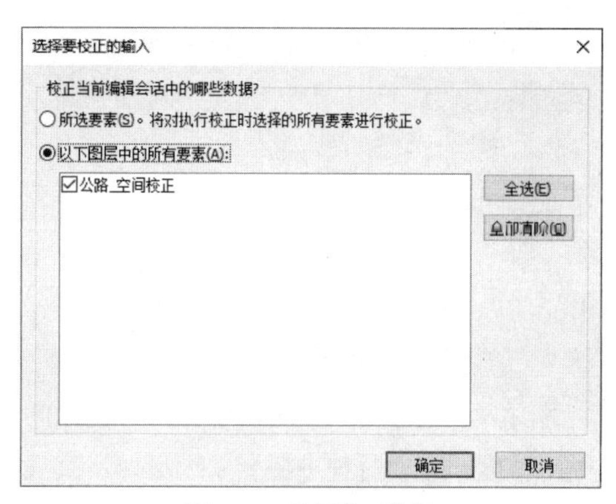

图 2–93 设置校正数据

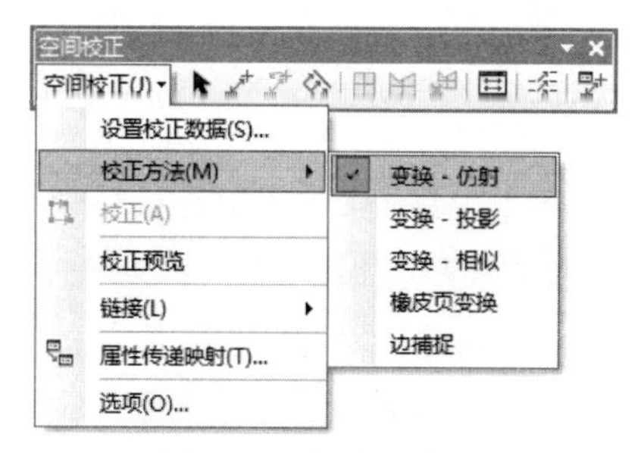

图 2–94 设置校正方法

三种校正变换方法：

（1）仿射变换：仿射变换可以实现四种坐标变换（非等比例缩放、倾斜、旋转、平移）。在使用仿射变换时，至少需要设 3 个移位连接线。

（2）相似变换：相似变换可以实现三种坐标变换（缩放、旋转和平移），使用相似变换时，适用于常用的直角坐标系中的变换，保持要素的相对形状条件下，避免图层扭曲，至少需要设 2 个移位连接线。

（3）投影变换：投影变换用到更为复杂的数学公式，使用投影变换时至少需要设 4 个移位连接线。

◆ 选择校正链接点。

点击【添加控制点】工具，首先在被校正要素【公路公路 _ 空间校正】上找到一个可捕捉、确切的点，点击它，然后在基准要素【卫星影像图公路 _ 空间校正】上找到该链接点对应的准确位置，点击它，这样便建立了一个置换链接。

用同样的方法再建立 4 个链接。理论上仿射变换建立 3 个置换链接即可，但实际使用中要尽量多建几个链接，尤其是在拐点等特殊点上，而且要均匀分布。如图 2–95 所示为建立好链接的情形。

图 2–95 5 个置换链接

> 注意：选完链接点后，可点击【查看链接表】工具，在【链接表】对话框中查看残差值较大的链接点，点击【删除链接】删除相应点对，然后再重新添加链接点。

➜ 空间校正。

点击【空间校正】工具条上的【空间校正】按钮，在弹出的菜单中选择【校正】，随即显示校正后的效果。

➜ 保存校正后的图形。

点击【编辑器】工具条上的【编辑器】按钮，在弹出的菜单中选择【保存编辑内容】。

☞ **方式二：**橡皮页变换。

橡皮页变换（俗称坐标拉伸）常用于两个或多个图层的对齐，也适用于校正数字化时产生的朝各方向不均匀伸缩、变形，进一步改善要素在现有图层或栅格数据集中的精度。变换过程中主要采用可保留直线的分段变换来移动图层中的要素，也就是将已知的精确位置（如已经与目标图层匹配的位置）与标识连接在一起保留在合适的位置。标识连接在特定点将表面"固定"。此外，橡皮页变换可以整体拉伸整个图层上的所有要素，也可以只拉伸选定的要素。在此使用【受限校正区域】工具定义面区域，以限制橡皮页变换调整该区域。

在使用时，通过设置控制点，与地图上的对应点进行比较，将对应点向控制点移动，同时也移动附近的要素，在使得整个地图总体变形最小的前提下，校正原始数据的空间坐标。使用橡皮拉伸时，如果控制点足够多，并且在图幅内均匀分布，经过变换，可以精确校正不均匀变形的数字化地图。

橡皮页变换和校正变换之间的主要差异，是距离要素的移动取决于与连接的接近程度以及该连接的长度。要素与位移连接越接近，移动就越远。

> **橡皮页变换校正有两个选项：**线性法和自然邻域法。这两个选项其实是用于创建临时 TIN 的插值法。线性法用于创建快速的 TIN 表面，并且当很多连接均匀分布在校正的数据上时可以生成不错的结果，但并不真正考虑邻域。自然邻域法（与反距离权重法相似）稍慢，但当位移连接不是很多并且在数据集中较为分散时，得出的结果会更加精确。

☞ **方式三：**边匹配。

边匹配常用于将某一图层的边上的要素与邻接图层的要素对齐。

具体操作同校正变换，在对要编辑的图层开始编辑后，设置校正数据与校正方法，在此校正方法选择【边捕捉】。

然后点击【空间校正】工具条上的【空间校正】按钮，在弹出菜单中选择【选项】，显示【校正属性】对话框，在【常规】选项卡下，设置【校正方法】为【边捕捉】，点击【选项】按钮，显示【边捕捉】对话框，进行捕捉方法选择，点击【确定】按钮，返回【校正属性】对话框，切换至【边匹配】选项卡，设置边匹配的源图层、目标图层与属性中相关参数。

设置完成后，在【空间校正】工具条上点击【边匹配工具】，再把鼠标移至绘图区域，拖出一个框，框选需要进行边匹配的要素，此时，连接线将源图层的边与目标图层的边连接起来。

执行校正前先预览，并根据需要修改链接，以实现预期的结果。执行校正后，保存校正后的图形。

> **边捕捉有两种方法：**平滑和线。"平滑"方法是默认方法，使用"平滑"边捕捉方法时，位于连接线源点的折点将被移动到目标点，其余折点也会被移动，从而产生整体平滑效果；而使用"线"边捕捉方法时，只有位于连接线源点的折点会被移动到目标点，要素上的其余折点保持不变。

2.2.4 CAD 图纸转换成 GIS 数据

如果读者不适应在 ArcMap 中绘图，也可以先在 AutoCAD 中绘好图纸，然后导入 ArcMap，或者直接使用现成的 AutoCAD 数据。

需要注意的是，AutoCAD 中不能为每个要素单独定义并赋予属性，但是拥有图层、颜色、线型等通用属性，所以通常会利用图层分类 CAD 中的要素。例如，将地块分别放入耕地、林地等图层中，并在导入 ArcMap 后，将

CAD 图层名作为要素的分类属性来使用。

2.2.4.1 直接加载 CAD 图纸

☞ **步骤 1：**打开地图文档。

打开随书数据中的地图文档【chp02\ 练习数据 \ 现有 CAD 图纸转换成 GIS 数据 \ 现有 CAD 图纸转换成 GIS 数据 .mxd】。

☞ **步骤 2：**显示【城规现状用地】。

在【目录】面板中，浏览到【D:\study\chp02\ 练习数据 \ 现有 CAD 图纸转换成 GIS 数据 \ 城规现状用地 .dwg】，展开该项目，将其下的【Polygon】面要素拖拉至【内容列表】面板（图 2–96）。

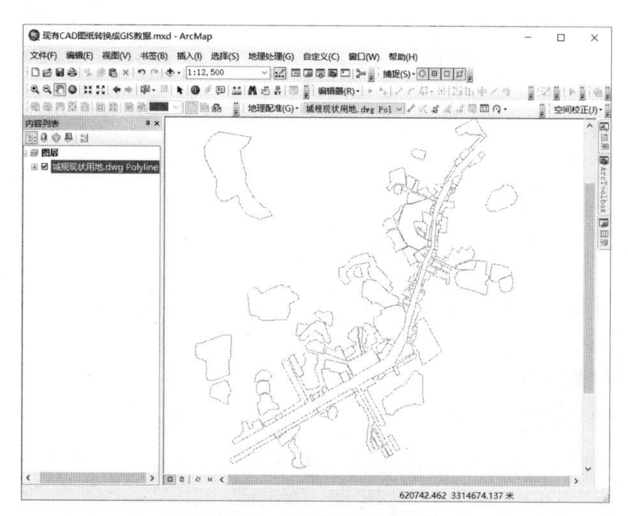

图 2–96 加载后的现状地块

☞ **步骤 3：**打开【城规现状用地】属性表。

在【内容列表】面板中，右键单击【城规现状用地 .dwgPolygon】图层，在弹出的菜单中选择【打开属性表】，显示【表】对话框。可以看到【Layer】字段是 AutoCAD 中的图层信息，这些图层的实际含义是地块的用地性质（图 2–97）。

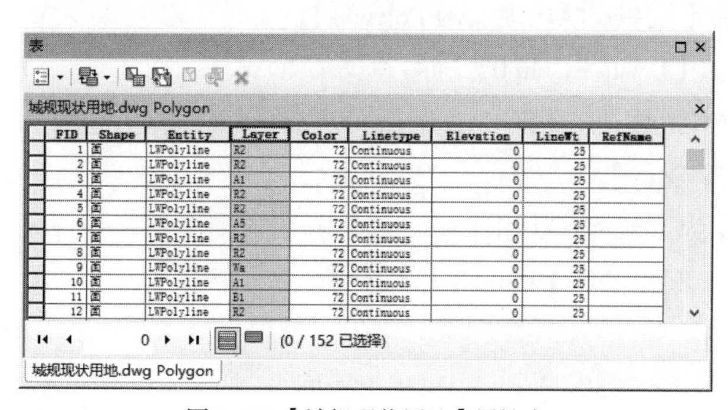

表

城规现状用地.dwg Polygon

FID	Shape	Entity	Layer	Color	Linetype	Elevation	LineWt	RefName
1	面	LWPolyline	R2	72	Continuous	0	25	
2	面	LWPolyline	R2	72	Continuous	0	25	
3	面	LWPolyline	A1	72	Continuous	0	25	
4	面	LWPolyline	R2	72	Continuous	0	25	
5	面	LWPolyline	R2	72	Continuous	0	25	
6	面	LWPolyline	A5	72	Continuous	0	25	
7	面	LWPolyline	R2	72	Continuous	0	25	
8	面	LWPolyline	R2	72	Continuous	0	25	
9	面	LWPolyline	Wa	72	Continuous	0	25	
10	面	LWPolyline	A1	72	Continuous	0	25	
11	面	LWPolyline	B1	72	Continuous	0	25	
12	面	LWPolyline	R2	72	Continuous	0	25	

(0 / 152 已选择)

城规现状用地.dwg Polygon

图 2–97 【城规现状用地】属性表

☞ **步骤 4：**符号化【城规现状用地 .dwg Polygon】。

- 右键单击【城规现状用地 .dwgPolygon】图层，在弹出的菜单中选择【属性】，显示【图层属性】对话框（图 2–98）。切换至【符号系统】选项卡。具体设置如下。
  - 设置符号化类型。在【显示】栏下展开【类别】，选择【唯一值】，在【值字段】栏的下拉列表中选择【Layer】。这意味着【Layer】属性中的值将作为要素分类的依据，即为按用地性质进行分类。
  - 点击【添加所有值】按钮，将会自动将其用地性质所有值添加到符号系统中。

- 双击符号化列表中的色块更改符号样式，依次修改各类符号的颜色。
- 点击【确定】按钮，应用符号。其最终效果如图2-99所示，可以看出CAD数据经过符号化也能取得和GIS数据符号化完全相同的效果。

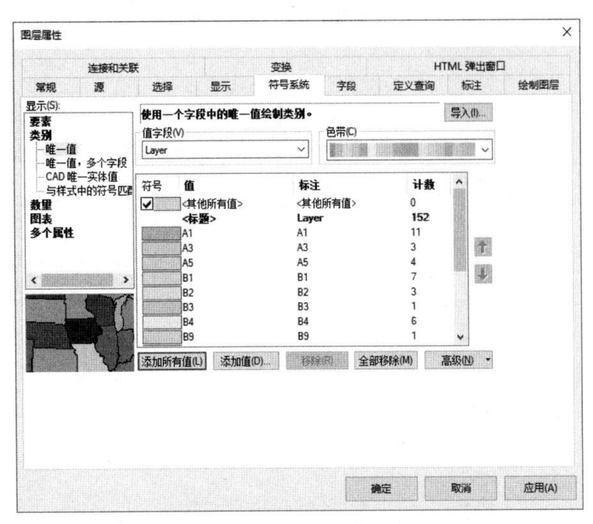

图2-98 【图层属性】对话框

图2-99 符号化之后的地块效果

2.2.4.2 导入CAD图纸至地理信息数据库

☞ **步骤1：**导入CAD数据至地理信息数据库。

- 在【目录】面板中浏览到【D:\study\chp02\练习数据\现有CAD图纸转换成GIS数据\现有CAD图纸转换成GIS数据.gdb】，展开该数据库，右键点击其下【基期年现状】要素数据集，在弹出的菜单中选择【导入】→【要素类（单个）】，显示【要素类至要素类】对话框（图2-100）。
  - 设置【输入要素】为【城规现状用地.dwg Polygon】。
  - 设置【输出位置】为【D:\study \chp02\练习数据\现有CAD图纸转换成GIS数据\现有CAD图纸转换成GIS数据.gdb\基期年现状】。
  - 设置【输出要素类】为【城规现状用地来自CAD】。
  - 在【字段映射】栏，删除除了【Layer】字段之外的所有其他CAD字段。
  - 点击【字段映射】栏中的【Layer】字段，出现编辑框，将其重命名为【用地性质】。
  - 点击【确定】按钮，完成CAD导入。

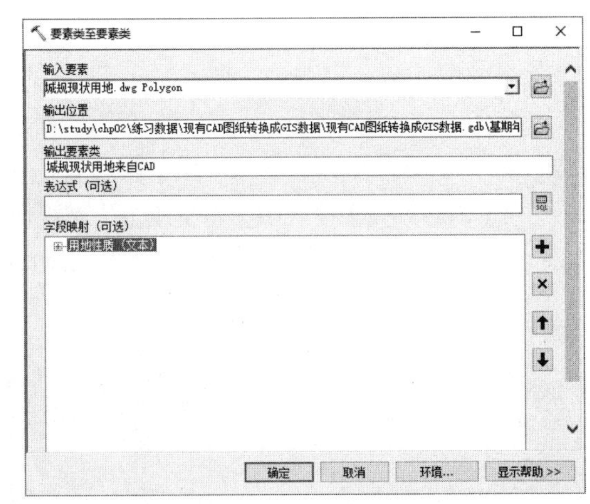

图2-100 【要素类至要素类】对话框

☞ **步骤2：**打开【城规现状用地来自CAD】的属性表。

在【内容列表】面板中，右键单击【城规现状用地来自CAD】图层，在弹出的菜单中选择【打开属性表】，显示【表】对话框（图2-101），可以看到它的字段只有【OBJECTID*】、【Shape*】、【用地性质】、【Shape_Length】、【Shape_Area】五个。

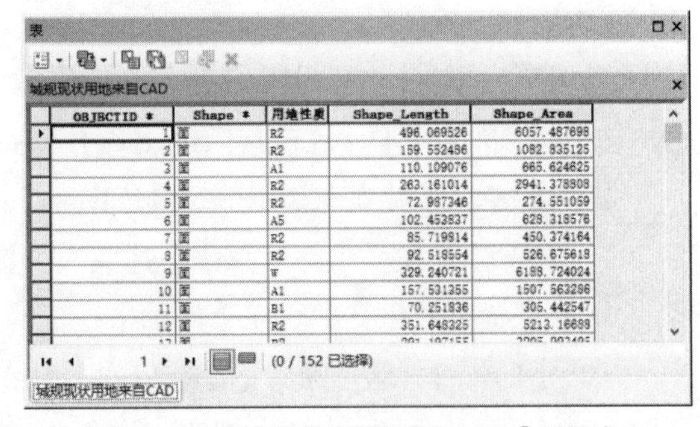

表

城规现状用地来自CAD

OBJECTID *	Shape *	用地性质	Shape_Length	Shape_Area
1	面	R2	496.069526	6057.487698
2	面	R2	159.552486	1082.835125
3	面	A1	110.109076	665.624625
4	面	R2	263.161014	2941.378808
5	面	R2	72.987346	274.551059
6	面	A5	102.453837	628.318576
7	面	R2	85.719914	450.374164
8	面	R2	92.518554	526.675619
9	面	W	329.240721	6188.724024
10	面	A1	157.531355	1507.563286
11	面	B1	70.251836	305.442547
12	面	R2	351.648325	5213.16689

(0 / 152 已选择)

城规现状用地来自CAD

图2-101 【城规现状用地来自CAD】属性表

2.2.4.3 CAD 线转 GIS 面

CAD 中的多义线如果没有封闭，那么 ArcGIS 是不会将其识别为面的。但可以使用【要素转面】工具，自动识别出 CAD 图面上用线围合出的所有面，即使是那些由多条线交叉或首尾相接形成的面。

☞ **步骤 1：** 加载数据。

紧接之前步骤，在【目录】面板中浏览到【D:\study \chp02\ 练习数据 \ 现有 CAD 图纸转换成 GIS 数据 \ 城规现状用地 .dwg】，展开该项目，将其下的【Polyline】线要素拖拉至【内容列表】面板。

☞ **步骤 2：** 打开【要素转面】工具。

- 在【目录】面板中，浏览到【工具箱 \ 系统工具箱 \Data Management Tools.tbx\ 要素 \ 要素转面】，双击该项打开该工具，设置【要素转面】对话框。各项参数如图 2-102 所示。
  - 设置【输入要素】为【城规现状用地 .dwg\Polyline】。
  - 设置【输出要素类】为【D:\study\chp02\ 练习数据 \ 现有 CAD 图纸转换成 GIS 数据 \ 现有 CAD 图纸转换成 GIS 数据 .gdb \ 基期年现状 \ 城规现状用地 _ToPolygon】。
  - 设置【标注要素】为【D:\study \chp02\ 练习数据 \ 现有 CAD 图纸转换成 GIS 数据 \ 城规现状用地 .dwg\ Annotation】；
  - 点击【确定】按钮，完成要素转面（图 2-103）。

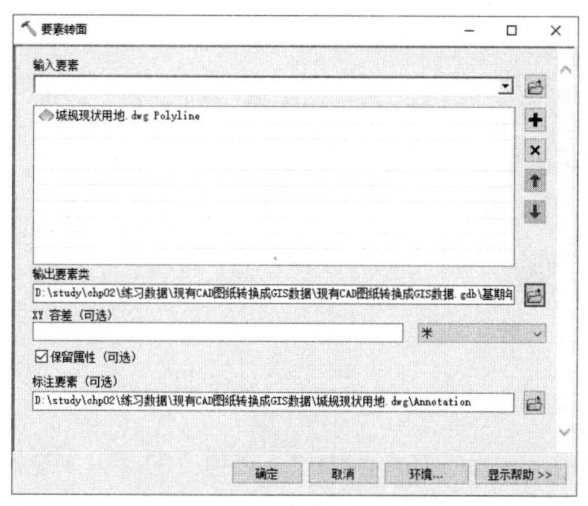

图 2-102 【要素转面】对话框

图 2-103 要素转面后的效果

☞ **步骤 3：** 查看结果。

打开【城规现状用地 _ToPolygon】图层的属性表，可以看到【城规现状用地 .dwg Annotation】中的用地分类属性已经赋予至新图层属性表的【TxtMemo】字段中（图 2-104）。

表

城规现状用地_ToPolygon

TxtDir	LnSpace	SpaceFct	TxtMemo	Shape_Length	Shape_Area
0	0	0	R2	501.229021	14142.682101
0	0	0	R2	132.917468	874.629029
0	0	0	R2	134.945357	863.540984
0	0	0	E1	385.716022	4581.683021
0	0	0	R2	143.001909	853.558618
0	0	0		36.784778	13.11006
0	0	0	R2	523.49501	4826.93922
0	0	0	R2	189.801115	1488.152836
0	0	0	R2	212.846038	1578.870589
0	0	0	E1	293.974557	4139.847399
0	0	0	R2	252.173482	1727.170842
0	0	0		3.473831	.116469
0	0	0	R2	496.069526	6057.487698
0	0	0	R2	159.703245	1082.718361

0 (0 / 285 已选择)

城规现状用地_ToPolygon

图 2-104 【城规现状用地 _ToPolygon】图层的属性表

需要注意的是，有些面的【TxtMemo】字段为空，说明面内没有标注，或者标注的基点不在面内，需要在AutoCAD中进行修改。另外，还有一些面积很小的面，可能源自绘图不够规范，如本应重叠的边出现缝隙，也要修改完善。

2.2.4.4　CAD 标注转 GIS 属性

CAD中的标注信息，如地名、路名、地块属性等，GIS可以根据标注的空间位置将其变成属性附着到就近的要素上。

☞ **步骤 1：** 加载数据。

紧接之前步骤，或者打开随书数据中的地图文档【chp02\练习数据\现有CAD图纸转换成GIS数据\现有CAD图纸转换成GIS数据.mxd】。

☞ **步骤 2：** 显示目标图层。

在【目录】面板中浏览到【D:\study\chp02\练习数据\现有CAD图纸转换成GIS数据\城规现状用地.dwg】，展开该项目，将其下的【Annotation】标注要素、【Polygon】面要素拖拉至【内容列表】。

☞ **步骤 3：** 打开【空间连接】工具。

- 在【目录】面板中，浏览到【工具箱\系统工具箱\Analysis Tools.tbx\叠加分析\空间连接】，双击该项打开该工具，设置【空间连接】对话框。各项参数如图2–105所示。
  - 设置【目标要素】为【城规现状用地.dwg Polygon】。
  - 设置【连接要素】为【城规现状用地.dwg Annotation】。
  - 设置【输出要素类】为【D:\study\chp02\练习数据\现有CAD图纸转换成GIS数据\现有CAD图纸转换成GIS数据.gdb\基期年现状\城规现状用地_SpatialJoin】。
  - 在【连接要素的字段映射】栏，删除除了【Text】字段之外的所有其他CAD字段，并右键点击该字段名称，在弹出的菜单中选择【重命名】，将该字段重命名为【用地性质】。
  - 设置【匹配选项】选择为【CLOSET】。
  - 点击【确定】按钮，完成空间连接。

☞ **步骤 4：** 查看数据连接。

在【内容列表】面板中，右键单击【城规现状用地_SpatialJoin】图层，在弹出的菜单中选择【打开属性表】，显示【表】对话框。可以看到【Annotation】属性表中【Text】字段的数据已经添加到【用地性质】字段中（图2–106）。

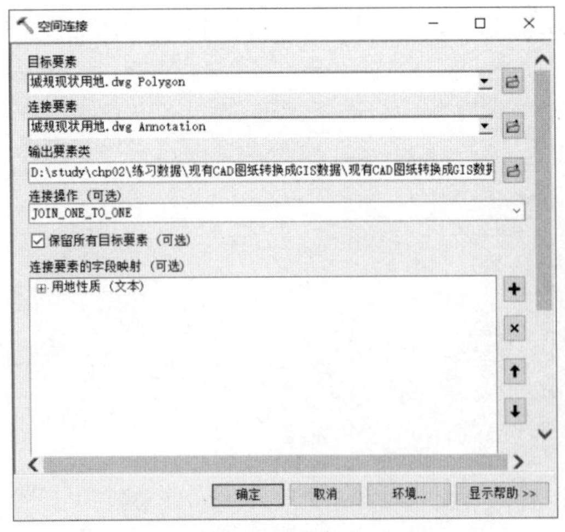

图2–105　【空间连接】对话框

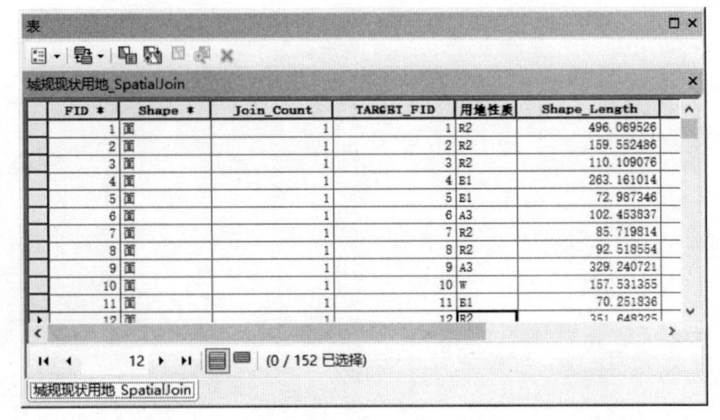

FID	Shape	Join_Count	TARGET_FID	用地性质	Shape_Length
1	面	1	1	R2	496.069526
2	面	1	2	R2	159.552486
3	面	1	3	R2	110.109076
4	面	1	4	B1	263.161014
5	面	1	5	B1	72.987346
6	面	1	6	A3	102.453837
7	面	1	7	R2	85.719814
8	面	1	8	R2	92.518554
9	面	1	9	A3	329.240721
10	面	1	10	W	157.531355
11	面	1	11	B1	70.251836
12	面	1	12	R2	351.648325

图2–106　【城规现状用地_SpatialJoin】属性表

随书数据的【chp02\ 练习结果示例 \ 现有 CAD 图纸转换成 GIS 数据 \ 现有 CAD 图纸转换成 GIS 数据 .mxd】，示例了本次练习的完整结果。

2.2.5　表格数据的空间化

国土空间规划会用到许多表格数据，如果能将表格数据变成地图，查看和分析起来会更加直观，这一过程被称为表格数据的空间化。具体主要有以下两种方法。

2.2.5.1　表格数据表连接到空间要素上

在 ArcMap 中，当两个属性表具有公共字段时（如相同含义的编号、地名等），可以实现属性表之间的连接，从而将一个表的字段全部连接到另一个表上。

下面将示例【社会经济数据表】按照【村庄名称】连接到【行政区划（面）】图层上。

☞ **步骤 1：**打开地图文档查看基础数据。

打开随书数据中的地图文档【chp02\ 练习数据 \ 表格数据的空间化 \ 表格数据的空间化 .mxd】。该文档的关联数据库【表格数据空间化】已建立，且地图文档中已经加载【用地范围】、【行政区划（面）】、【土地利用三调地类图斑】图层（图 2-107）。

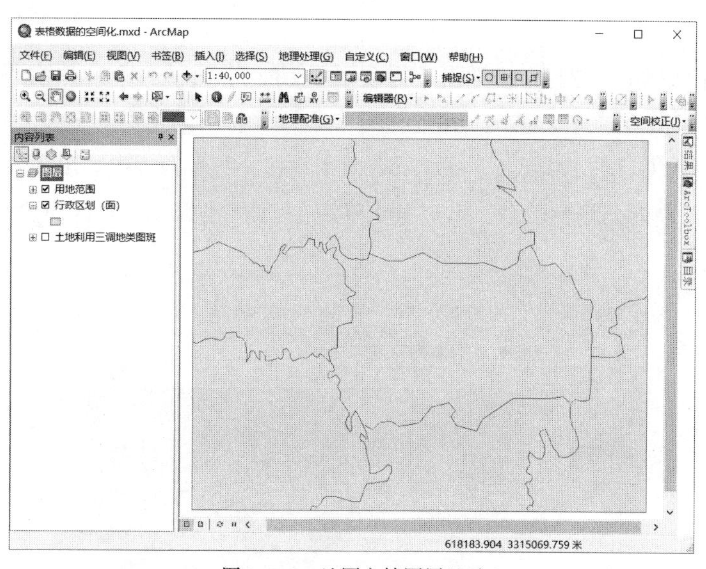

图 2-107　地图文档图层显示

☞ **步骤 2：**连接数据。

- 右键单击【行政区划（面）】图层，在弹出的菜单中选择【连接和关联】→【连接…】，显示【连接数据】对话框（图 2-108）。
  - 点击【要将哪些内容连接到该图层】下拉菜单，选择【某一表的属性】。
  - 设置【选择该图层中连接将基于的字段】为【村庄名称】。
  - 点击【选择要连接到此图层的表，或者从磁盘加载表】栏下浏览按钮，在弹出的【添加】对话框中将随书数据【D:\study\chp02\ 练习数据 \ 表格数据的空间化 \ 社会经济数据表 .xls】中的【sheet1$】添加进来。
  - 【选择此表中要作为连接基础的字段】默认为【村庄名称】，认可其他默认设置，点击【确定】完成连接。

☞ **步骤 3：**查看属性连接。

在【内容列表】面板中右键打开【行政区划（面）】属性表，可以看到【社会经济数据表】中的字段已经连接到其中（图 2-109）。

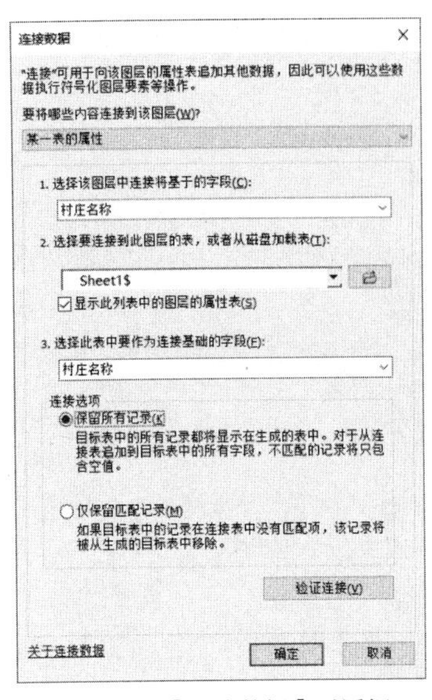

图 2-108 【连接数据】对话框

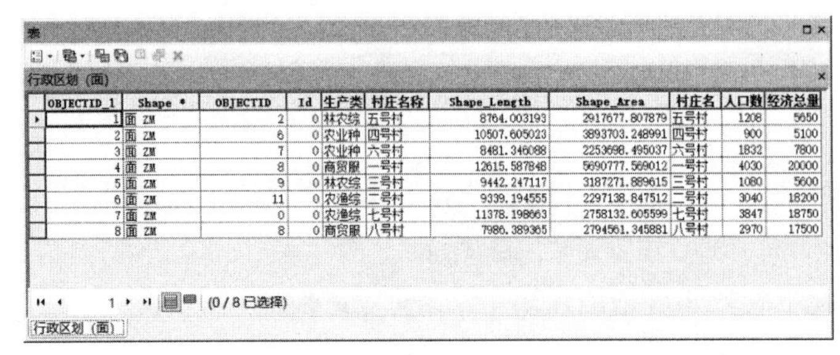

表

行政区划（面）

OBJECTID_1	Shape *	OBJECTID	Id	生产类	村庄名称	Shape_Length	Shape_Area	村庄名	人口数	经济总量
1	面 ZM	2	0	林农综	五号村	8764.003193	2917677.807879	五号村	1208	5650
2	面 ZM	6	0	农业种	四号村	10507.605023	3893703.248991	四号村	900	5100
3	面 ZM	7	0	农业种	六号村	8481.346088	2253698.495037	六号村	1832	7800
4	面 ZM	8	0	商贸服	一号村	12615.587848	5690777.569012	一号村	4030	20000
5	面 ZM	9	0	林农综	三号村	9442.247117	3187271.889615	三号村	1080	5600
6	面 ZM	11	0	农渔综	二号村	9339.194555	2297138.847512	二号村	3040	18200
7	面 ZM	0	0	农渔综	七号村	11378.198663	2758132.605599	七号村	3847	18750
8	面 ZM	8	0	商贸服	八号村	7986.389365	2794561.345881	八号村	2970	17500

(0 / 8 已选择)

行政区划（面）

图 2-109 连接字段后的【行政区划（面）】属性表

☞ **步骤 4**：按【人口数】进行符号化。

➜ 行政区面要素符号化。

- 在【内容列表】面板中，鼠标左键双击【行政区划（面）】图层，显示【图层属性】对话框。
- 切换至【符号系统】选项卡，在选项卡中选择【显示】栏下的【类别】→【唯一值】，点击【值字段】下拉菜单，选择【人口数】，点击【添加所有值】按钮，符号列表中即出现各行政区划人口数量。
- 点击【色带】下拉菜单，选择相应色带，点击【确定】按钮，即完成行政区面要素简单符号化（图 2-110）。

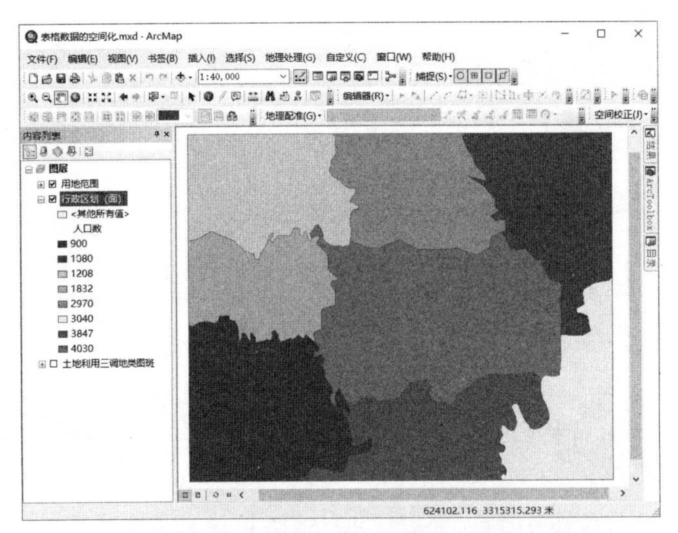

图 2-110 按【人口数】符号化后效果

☞ **步骤 5**：行政区面要素简单标注。

➜ 在【内容列表】面板中，鼠标左键双击【行政区划（面）】图层，显示【图层属性】对话框，切换至【标注】选项卡。

- 勾选【标注此图层中的要素】。
- 设置【标注字段】为【人口数】。
- 设置【标注字体】为【黑体】,【字体大小】为【12】。

- 点击【放置属性】按钮，显示【放置属性】对话框。勾选【面设置】栏下的【始终水平】和【同名标注】栏下的【每个要素放置一个标注】，取消勾选【仅在面内部放置标注】①。点击【确定】按钮，返回【图层属性】对话框。
- 点击【确定】按钮，即完成人口数的标注（图 2–111）。

图 2–111　标注人口数后效果

2.2.5.2　带坐标信息的表格数据转空间要素

有些表格数据自带经纬度或 XY 坐标，这时可以根据这些坐标将表直接转换成 GIS 中的点要素，实现表格数据的空间化。

紧接之前步骤，继续操作如下。

步骤 1：Excel 转表。

- 在【目录】面板中，浏览到【工具箱 \ 系统工具箱 \Conversion Tools.tbx\Excel 转表】，双击该项打开该工具，设置【Excel 转表】对话框如图 2–112 所示。
  - 设置【输入 Excel 文件】为【D:\study\chp02\ 练习数据 \ 表格数据的空间化 \ 气象类活动积温 .xls】。
  - 设置【输出表】为【D:\study\chp02\ 练习数据 \ 表格数据的空间化 \ 气象类活动积温 _ExcelToTablel】。
  - 设置【工作表（可选）】为【活动积温】。
  - 点击【确定】按钮，完成 Excel 转表。

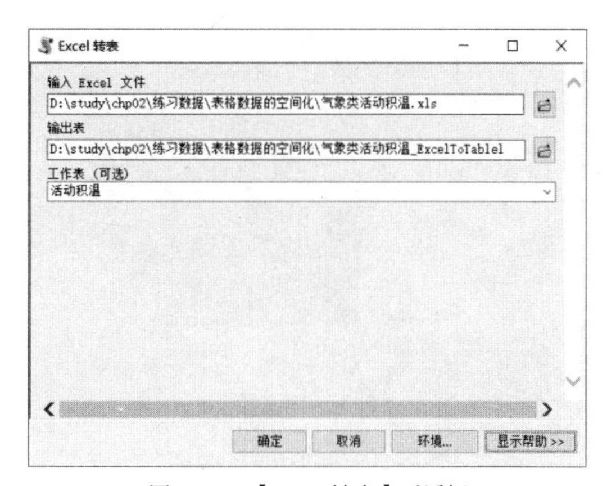

图 2–112　【Excel 转表】对话框

① 因为有些面放置不下标注文字，勾选后不会显示，本实验要求所有标注都要显示，因此需要取消勾选。

☞ **步骤 2**：将表格的坐标数据转为 ArcMap 中的点要素。

➜ 在【内容列表】面板中，右键单击【气象类活动积温 _ExcelToTable】图层，在弹出的菜单中选择【显示 XY 数据...】，显示【显示 XY 数据】对话框（图 2-113）。

- 设置【X 字段（X）】为【X 坐标】。
- 设置【Y 字段（Y）】为【Y 坐标】。
- 点击【编辑】按钮，在弹出的【空间参考属性】对话框中选择【CGCS2000_3_Degree GK_CM_114E】，点击【确定】按钮（图 2-114），返回【显示 XY 数据】对话框。

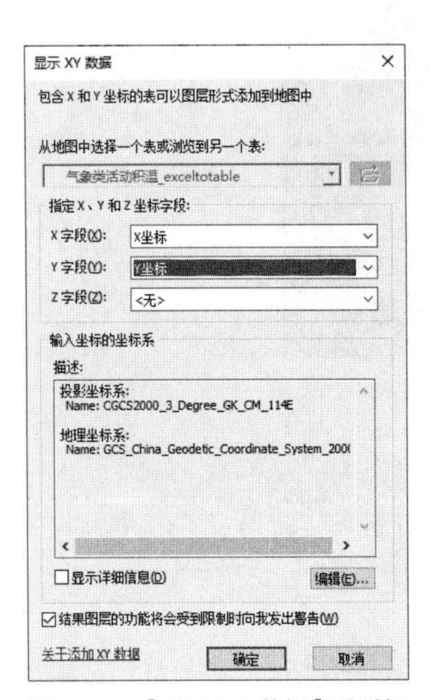

图 2-113 【显示 XY 数据】对话框

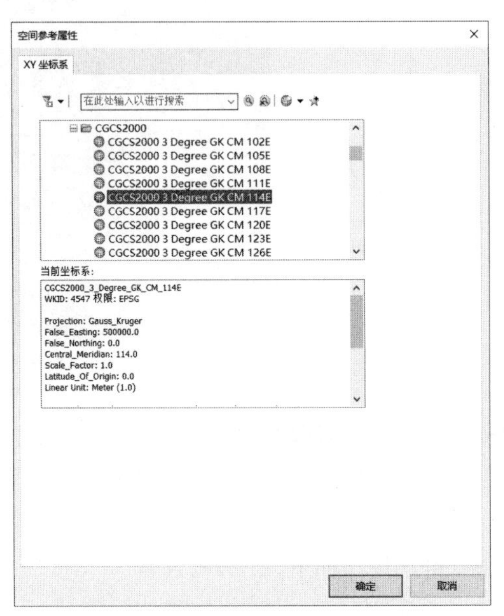

图 2-114 【空间参考属性】对话框

- 点击【确定】按钮，可以看到 Excel 中点的坐标已经转换为点要素显示出来（图 2-115）。

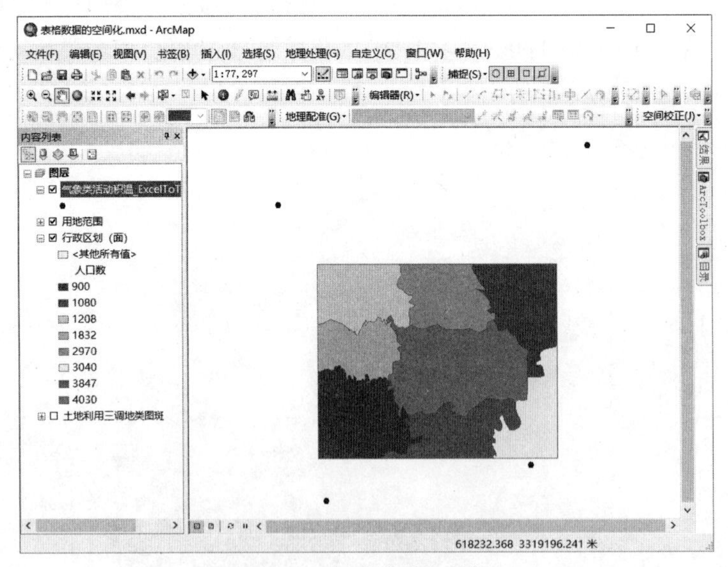

图 2-115 空间化的点要素

☞ **步骤 3**：调整点要素大小。

点击【内容列表】面板中【气象类活动积温 _exceltotable 个事件】图层下的点符号，显示【符号选择器】对话框，调整符号颜色及大小（图 2–116）。

打开【气象类活动积温 _exceltotable 个事件】图层的属性表，如图 2–117 所示，可以看到表格中的所有字段都被导入该图层。值得注意的是，【气象类活动积温 _exceltotable 个事件】只是个临时图层，存在于地图文档中，若要将其存入地理数据库，可以使用导入 / 导出功能。

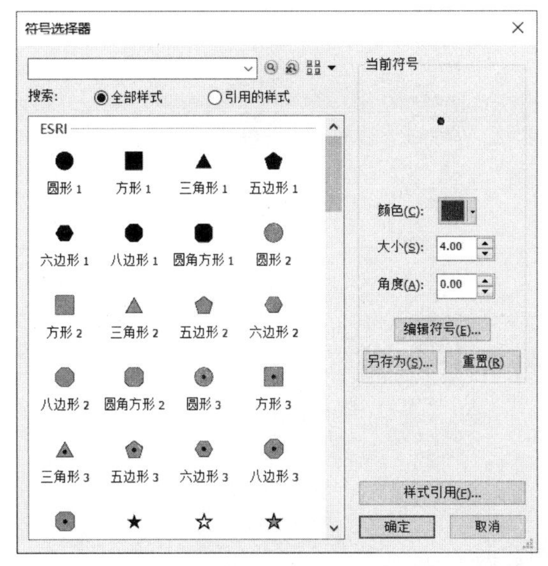

图 2–116 【符号选择器】对话框

Rowid	OBJECTID	活动积温	X坐标	Y坐标	形状 *
1	1	5672	624693.4202	3318865.2964	点
2	2	5703	617285.072	3317489.4603	点
3	3	5759	618422.7826	3310610.2799	点
4	4	5798	623338.7308	3311437.679	点

图 2–117 【气象类活动积温 _exceltotable 个事件】属性表

2.2.6 多规冲突和底数分析

我国以往空间规划之间的矛盾普遍存在，特别是土地利用规划（简称土规）和城市规划（简称城规）中存在多种图斑差异冲突，如城镇建设用地范围的差异、城镇建设用地与基本农田保护区的冲突等。因此，在构建“一张底图”时往往要开展用地分类统一转换、差异图斑符号化等前置处理和分析工作。

下面以土规和城规的冲突检测为例，分析两者在建设用地范围上的差异。

2.2.6.1 制作用地分类对照表

在进行多规冲突分析之前，需要先制作用地对照表，将地类转换为可以方便对比的地类名称。而对照表的制作可以在 Excel 中完成，方便修改。本书分别制作了城规用地性质转城规建设用地的对照表（图 2–118）、土规二级地类转土规建设用地和农用地的对照表（图 2–119）。接下来需要将 Excel 对照表导入 GIS，以备使用。

☞ **步骤 1:** 打开地图文档。

打开随书数据中的地图文档【chp02\ 练习数据 \ 多规冲突和底数分析 \ 多规冲突和底数分析 .mxd】，该文档关联数据库【城规数据库】和【土规数据库】已建立，且地图文档中已经加载【城规用地】、【土规用地】图层。

☞ **步骤 2:** 导入用地分类对照表至地理文件数据库。

- 在【目录】面板中，浏览到【工具箱 \ 系统工具箱 \Conversion Tools.tbx\ 转出至地理数据库 \ 表至表】，双击该项打开该工具，设置【表至表】对话框。各项参数如图 2–120 所示。
  - 设置【输入行】为【D:\study\chp02\ 练习数据 \ 多规冲突和底数分析 \ 冲突分析城规地类 .xls\Sheet1$】。
  - 设置【输出位置】为【D:\study \chp02\ 练习数据 \ 多规冲突和底数分析 \ 城规数据库 .gdb】。
  - 设置【输出表】为【冲突分析城规地类对照表】。
  - 点击【确定】按钮，完成城规用地分类对照表的导入。可以看到【冲突分析城规地类对照表】作为一个项目出现在按源列出的【内容列表】面板中。

城规用地性质	冲突分析城规地类
R	城规-建设用地
R1	城规-建设用地
R2	城规-建设用地
R3	城规-建设用地
R*	城规-建设用地
R1*	城规-建设用地
R2*	城规-建设用地
A	城规-建设用地
A1	城规-建设用地
A2	城规-建设用地
A3	城规-建设用地
A4	城规-建设用地
A5	城规-建设用地
A6	城规-建设用地
A7	城规-建设用地
A8	城规-建设用地
A9	城规-建设用地
B	城规-建设用地
B1	城规-建设用地
B2	城规-建设用地
B3	城规-建设用地
B4	城规-建设用地
B9	城规-建设用地
M	城规-建设用地
M1	城规-建设用地
M2	城规-建设用地
M3	城规-建设用地
W	城规-建设用地
W1	城规-建设用地
W2	城规-建设用地
W3	城规-建设用地
S	城规-建设用地
S1	城规-建设用地
S2	城规-建设用地
S3	城规-建设用地

图 2-118 冲突分析之城规地类对照表

土规用地分类二级类	冲突分析土规地类
水田	土规-耕地
水浇地	土规-耕地
旱地	土规-耕地
果园	土规-园地
茶园	土规-园地
橡胶园	土规-园地
其他园地	土规-园地
乔木林地	土规-林地
竹林地	土规-林地
红树林地	土规-林地
森林沼泽	土规-林地
灌木沼泽	土规-林地
灌丛沼泽	土规-林地
其他林地	土规-林地
天然牧草地	土规-草地
沼泽草地	土规-草地
人工牧草地	土规-草地
其他草地	土规-草地
零售商业用地	土规-建设用地
批发市场用地	土规-建设用地
餐饮用地	土规-建设用地
旅馆用地	土规-建设用地
商务金融用地	土规-建设用地
娱乐用地	土规-建设用地
其他商服用地	土规-建设用地
工业用地	土规-建设用地
采矿用地	土规-建设用地
盐田	土规-建设用地
仓储用地	土规-建设用地
城镇住宅用地	土规-建设用地
农村宅基地	土规-建设用地
机关团体用地	土规-建设用地
新闻出版用地	土规-建设用地
教育用地	土规-建设用地
科研用地	土规-建设用地

图 2-119 冲突分析之土规地类对照表

- 同理，将【冲突分析土规地类对照表.xls】导入【土规数据库.gdb】。

2.2.6.2 连接分类对照表

☞ **步骤：**连接表格字段到用地要素。

- 城规用地字段连接。在【目录】面板中，浏览到【工具箱\系统工具箱\Data Management Tools.tbx\连接\连接字段】，双击该项打开该工具，设置【连接字段】对话框。各项参数如图 2-121 所示。

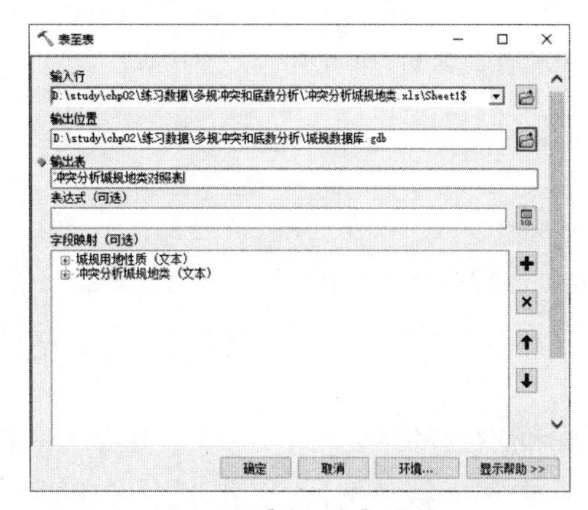

图 2-120 【表至表】对话框

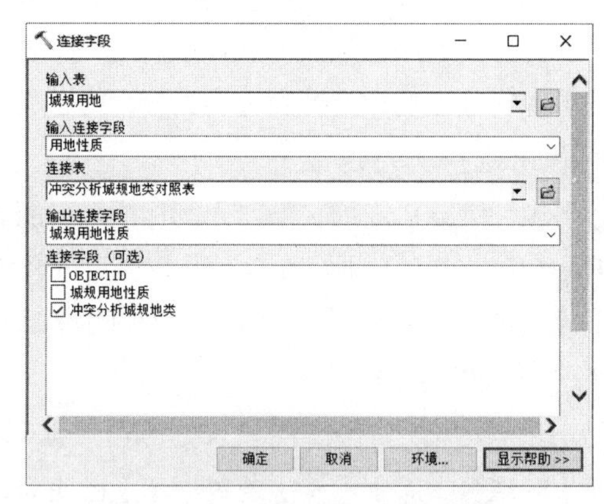

图 2-121 城规用地连接字段设置

- 设置【输入表】为【城规用地】。
- 设置【输入连接字段】为【用地性质】。
- 设置【连接表】为【冲突分析城规地类对照表】。
- 设置【输出连接字段】为【城规用地性质】。
- 设置【连接字段】为【冲突分析城规地类】。
- 点击【确定】按钮，完成【城规规划用地】连接字段。

- 土规用地字段连接。同理，进行【土规用地】字段连接，设置【连接字段】对话框。各项参数如图 2-122 所示。

- 设置【输入表】为【土规用地】。
- 设置【输入连接字段】为【地类名称】。
- 设置【连接表】为【冲突分析土规地类对照表】。
- 设置【输出连接字段】为【土规用地分类二级类】。
- 设置【连接字段】为【冲突分析土规地类】。
- 点击【确定】按钮，完成【土规用地】连接字段。

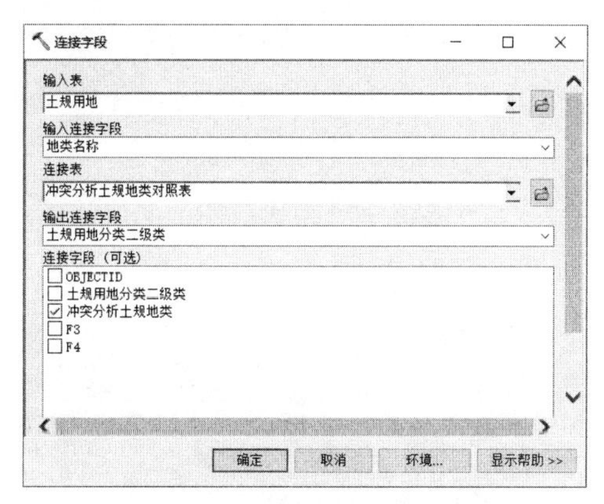

图 2-122　土规用地连接字段设置

➜ 查看用地属性表。在【内容列表】面板中，右键单击【城规用地】图层，在弹出的菜单中选择【打开属性表】，显示【表】对话框（图 2-123），可以看到表中已经列出刚连接的字段。同理，可查看【土规用地】属性表（图 2-124）。

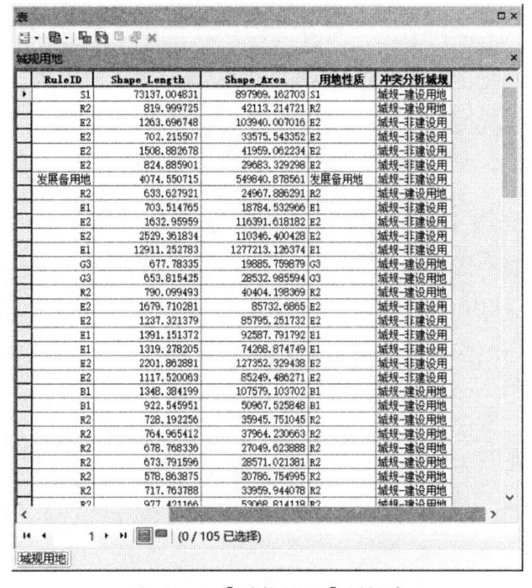

图 2-123 【城规用地】属性表

图 2-124 【土规用地】属性表

2.2.6.3　城规与土规的用地冲突分析检测

☞ **步骤 1：**联合城规与土规数据。

➜ 在【目录】面板中，浏览到【工具箱 \ 系统工具箱 \Analysis Tools.tbx\ 叠加分析 \ 联合】，双击该项打开该工具（或者点击主界面菜单【地理处理】→【联合】），设置【联合】对话框。各项参数如图 2-125 所示。

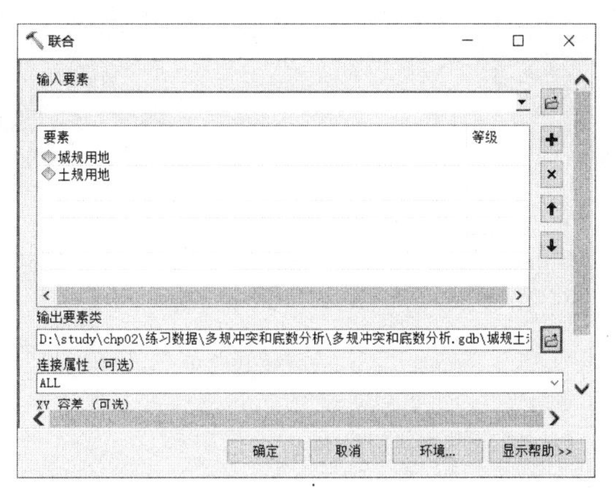

图 2-125 【联合面板】对话框

- 设置【输入要素】为【城规用地】、【土规数据】。
- 设置【输出要素类】为【D:\study\chp02\练习数据\多规冲突和底数分析\多规冲突和底数分析.gdb\城规土规冲突检测】。
- 点击【确定】按钮，完成联合，可以看到【城规土规冲突检测.shp】作为一个图层出现在【内容列表】面板。

> **说明**：常见的叠加分析有以下几种。
> （1）标识：得到输入要素，但被叠加要素分割。
> （2）相交：仅包含所有输入图层共有的要素。
> （3）交集取反：输入图层共有的要素或叠加图层共有的要素。
> （4）联合：所有输入和叠加要素。
> （5）更新：被更新图层替换后的输入要素。
> 因此，可以根据所需要的叠加类型，在输出图层中保留哪个输入要素和叠加要素来选择合适的叠加分析工具。

步骤2：冲突图斑符号化。

- 在【内容列表】面板中，鼠标左键双击【城规土规冲突检测】图层，显示【图层属性】对话框，切换至【符号系统】选项卡。
  - 在选项卡中选择【显示】栏下的【类别】→【唯一值，多个字段】，点击【值字段】下拉菜单，选择【冲突分析城规地类】、【冲突分析土规地类】。
  - 点击【添加值】按钮，显示【添加值】对话框。点击【完成列表】按钮，在【选择要添加的值：】列表中选择【城规－建设用地，土规－园地】，点击【确定】按钮，返回【图层属性】对话框，可以看到【城规－建设用地，土规－园地】已经添加至符号列表。
  - 依次添加【城规－建设用地，土规－耕地】、【城规－建设用地，土规－林地】、【城规－非建设用地，土规－建设用地】字段。
  - 此时，双击符号列表中【城规－建设用地，土规－园地】左侧的可视化符号，显示【符号选择器】对话框。设置【填充颜色】为【深紫色】（此处不作强制规定，可自行选择颜色对冲突图斑进行符号化），点击【确定】按钮，返回【图层属性】对话框。
  - 依次将其他冲突地类符号化（图2–126）。点击【确定】按钮，即完成城规、土规冲突图斑符号化，结果如图2–127所示。

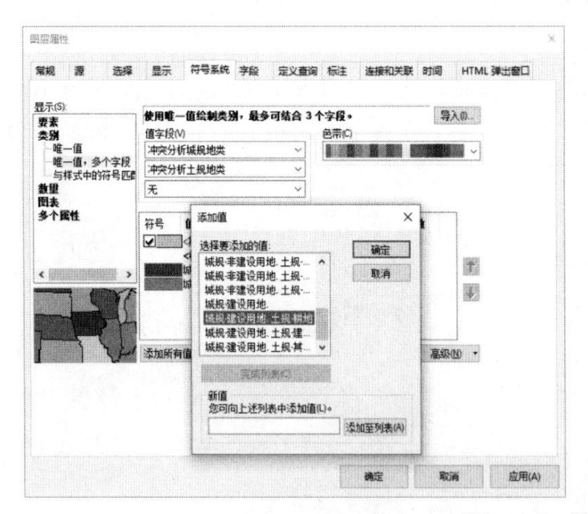

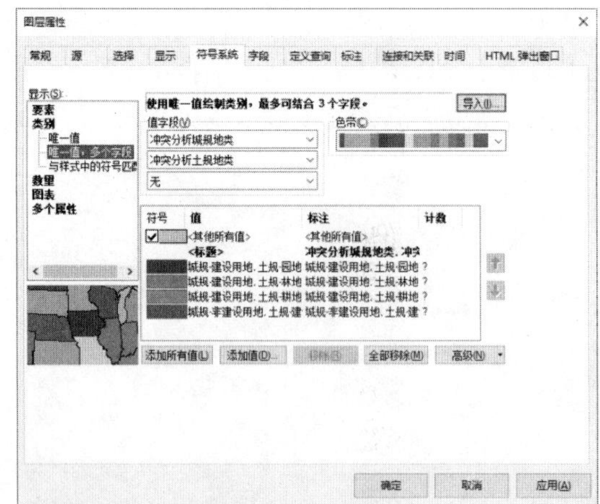

图2–126　符号系统设置

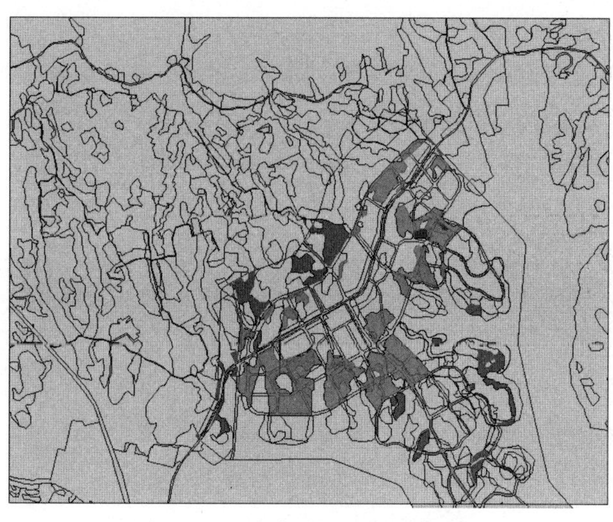

图 2–127　土规与城规用地的冲突图斑

2.2.6.4　统计分析

对于简单的统计分析，可以直接使用表中的【汇总】工具，对于复杂的多重分类底数分析，则需要借助工具箱中的【汇总统计数据】工具。

☞ **步骤 1：**生成城规用地汇总表。

- 在【内容列表】面板中，右键单击【城规用地】图层，在弹出的菜单中选择【打开属性表】，显示【表】对话框。属性表中已经提前生成绘制地块的面积字段【Shape_Area】。
- 右键单击【用地性质】列的列标题，在弹出的菜单中选择【汇总…】，显示【汇总】对话框。具体设置如下（图 2–128）。
  - 设置【选择汇总字段】为【用地性质】。勾选【汇总统计信息】栏下【Shape_Area】→【总和】项。
  - 设置【指定输出表】为【D:\study\chp02\ 练习数据 \ 多规冲突和底数分析 \ 多规冲突和底数分析 .gdb\ 城规汇总统计】。
  - 点击【确定】按钮。弹出的【汇总已完成】对话框会询问【是否要在地图中添加结果表】，选择【是】，结果表【城规汇总统计】将被加入到【内容列表】面板。
- 右键点击【城规汇总统计】，在弹出的菜单中选择【打开】，查看汇总统计结果（图 2–129）。

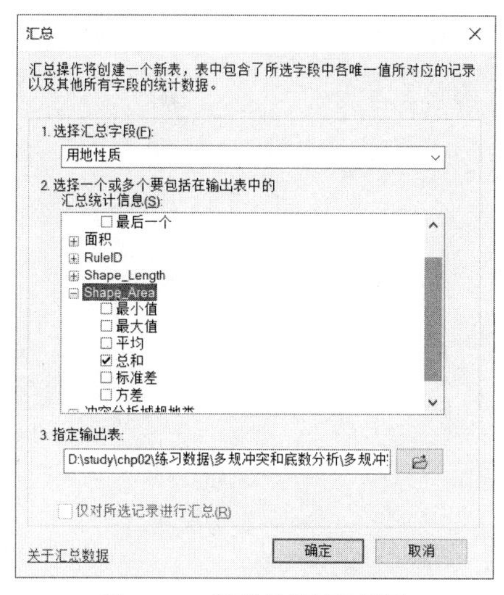

图 2–128　汇总城规用地图层

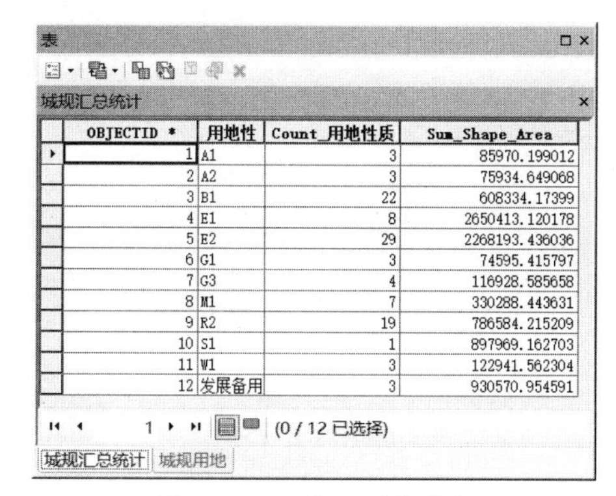

OBJECTID *	用地性	Count_用地性质	Sum_Shape_Area
1	A1	3	85970.199012
2	A2	3	75934.649068
3	B1	22	608334.17399
4	E1	8	2650413.120178
5	E2	29	2268193.436036
6	G1	3	74595.415797
7	G3	4	116928.585658
8	M1	7	330288.443631
9	R2	19	786584.215209
10	S1	1	897969.162703
11	W1	3	122941.562304
12	发展备用	3	930570.954591

图 2–129　城规汇总统计表

☞ **步骤 2：** 同理，生成土规用地汇总表。

- 在【内容列表】面板中，右键单击【土规用地】图层，在弹出的菜单中选择【打开属性表】，显示【表】对话框。属性表中已经提前生成绘制地块的面积。
- 右键单击【地类名称】列的列标题，在弹出的菜单中选择【汇总...】，显示【汇总】对话框。具体设置如下（图 2–130）。
  - 设置【选择汇总字段】为【地类名称】。勾选【汇总统计信息】栏下【Shape_Area】→【总和】项。
  - 设置【制定输出表】为【D:\study\chp02\ 练习数据 \ 多规冲突和底数分析 \ 多规冲突和底数分析 .gdb\ 土规汇总统计】。
  - 点击【确定】按钮。弹出的【汇总已完成】对话框会询问【是否要在地图中添加结果表】，选择【是】，结果表【土规汇总统计】将被加入【内容列表】面板。
- 右键点击【土规汇总统计】，在弹出的菜单中选择【打开】，查看汇总统计结果（图 2–131）。

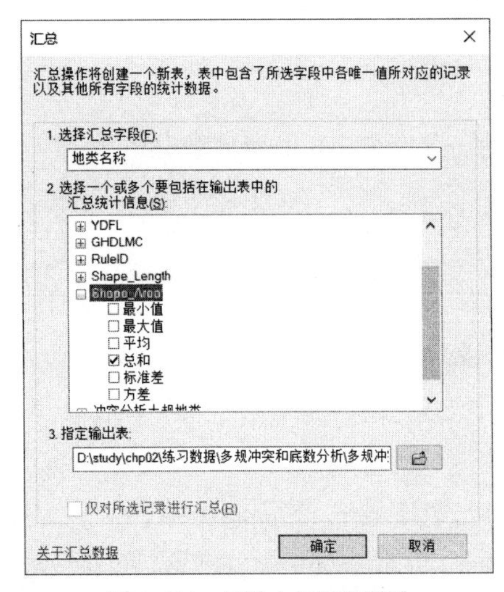

图 2–130 汇总土规用地图层

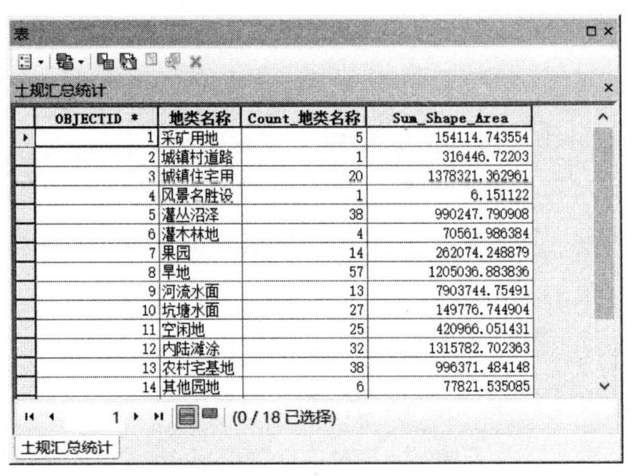

表

土规汇总统计

OBJECTID *	地类名称	Count_地类名称	Sum_Shape_Area
1	采矿用地	5	154114.743554
2	城镇村道路	1	316446.72203
3	城镇住宅用	20	1378321.362961
4	风景名胜设	1	6.151122
5	灌丛沼泽	38	990247.790908
6	灌木林地	4	70561.986384
7	果园	14	262074.248879
8	旱地	57	1205036.883836
9	河流水面	13	7903744.75491
10	坑塘水面	27	149776.744904
11	空闲地	25	420966.051431
12	内陆滩涂	32	1315782.702363
13	农村宅基地	38	996371.484148
14	其他园地	6	77821.535085

(0 / 18 已选择)

土规汇总统计

图 2–131 土规汇总统计表

☞ **步骤 3：** 统计城规和土规相冲突的图斑面积。

- 在【目录】面板中，浏览到【工具箱 \ 系统工具箱 \Analysis Tools.tbx\ 统计分析 \ 汇总统计数据】，双击该项打开该工具，设置【汇总统计数据】对话框。各项参数如图 2–132 所示。

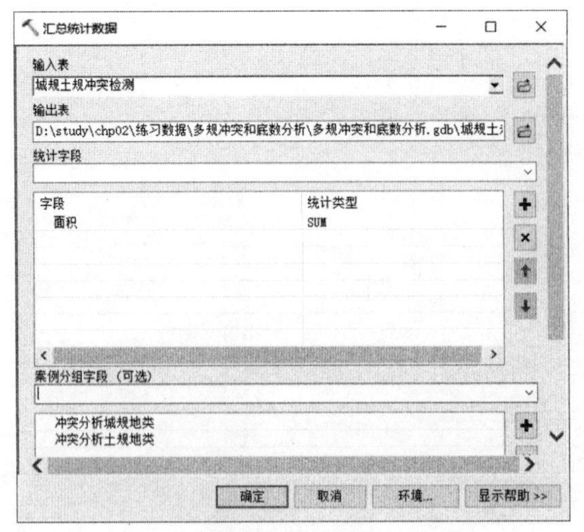

图 2–132 【汇总统计数据】对话框

- 设置【输入表】为【城规土规冲突检测】。
- 设置【输出表】为【D:\study\chp02\练习数据\多规冲突和底数分析\多规冲突和底数分析.gdb\城规土规汇总统计】。
- 设置【统计字段】为【面积】，在【统计类型】下拉菜单中选择【SUM】。
- 设置【案例分组字段（可选）】为【冲突分析城规地类】、【冲突分析土规地类】，意味着进行多重分类汇总统计。
- 点击【确定】按钮，完成汇总统计。

在【内容列表】面板中，右键单击【城规土规汇总统计】，在弹出的菜单中选择【打开】，显示【表】对话框（图2-133）。可以查看汇总统计结果，包括城规非建设用地与土规建设用地的冲突图斑面积，以及城规建设用地与土规耕地、林地、园地的冲突图斑面积。

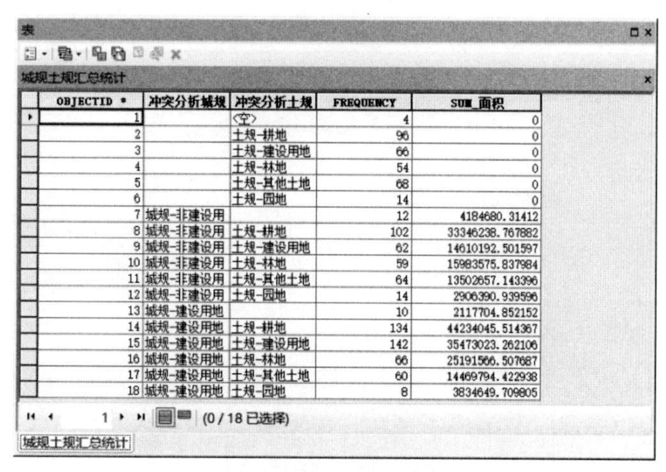
表
城规土规汇总统计

OBJECTID *	冲突分析城规	冲突分析土规	FREQUENCY	SUM_面积
1		<空>	4	0
2		土规-耕地	96	0
3		土规-建设用地	66	0
4		土规-林地	54	0
5		土规-其他土地	68	0
6		土规-园地	14	0
7	城规-非建设用		12	4184680.31412
8	城规-非建设用	土规-耕地	102	33346238.767882
9	城规-非建设用	土规-建设用地	62	14610192.501597
10	城规-非建设用	土规-林地	59	15983575.837984
11	城规-非建设用	土规-其他土地	64	13502657.143396
12	城规-非建设用	土规-园地	14	2906390.939596
13	城规-建设用地		10	2117704.852152
14	城规-建设用地	土规-耕地	134	44234045.514367
15	城规-建设用地	土规-建设用地	142	35473023.262106
16	城规-建设用地	土规-林地	66	25191566.507687
17	城规-建设用地	土规-其他土地	60	14469794.422938
18	城规-建设用地	土规-园地	8	3834649.709805

1 (0 / 18 已选择)
城规土规汇总统计

图2-133　汇总统计结果

随书数据的【chp02\练习结果示例\多规冲突和底数分析\多规冲突和底数分析.mxd】，示例了本次练习的完整结果。

2.3　规划信息建库和管理

国土空间规划数据体系十分庞杂，为了妥善管理数据，并能在完成规划后提交符合质量标准的数据，需要在工作初期就按照《市县级国土空间总体规划数据库标准（试行）》等标准建立规划数据库，并在整个规划过程中严格按照标准来制图和生产数据。

ArcGIS平台提供了功能强大而完善的数据库引擎，本节将介绍基于ArcGIS平台的国土空间规划数据库搭建方法。具体内容如下。

- ArcGIS平台的数据库结构；
- 调整数据结构和内容；
- 固化图层符号至数据库；
- 数据文件的导入、导出。

2.3.1　构建规划地理数据库和文件库

规划数据按照是否包含空间信息可分为空间数据和非空间数据，为了方便规划信息的整合和管理，通常构建两个库来分别管理这两类信息。其中，文件库（Window 系统文件夹）用来保存规划中用到和产生的非空间数据；而最重要的空间数据则利用 ArcGIS 的 Geodatabase 数据模型来组织，其过程与计算机中整理文件夹的过程类似。

Geodatabase 地理数据库是 ArcGIS 面向对象的数据模型，是按照一定的模型和规则组合起来的存储空间数据和属性数据的容器。在 Geodatabase 中所有图形都代表具体的地理对象，如代表道路的就仅代表道路，不能代表地块边界、电力线等其他地理对象。因此，创建 Geodatabase 的过程就是搭建对象模型框架的过程，而这个模型框架是与现实世界相对应的。构建市县级国土空间规划数据库，其内容应包括基础地理信息、分析评价信息和空间规划信息要素。

下面参照 2019 年 5 月出版的《市县级国土空间总体规划数据库标准（试行）》演示如何建库①。

☞ **步骤 1：** 新建工作目录。

利用 Windows 资源管理器创建一个新的文件夹，用作工作目录（例如 D：\study\chp02\ 练习数据 \规划信息建库）（图 2–134）。

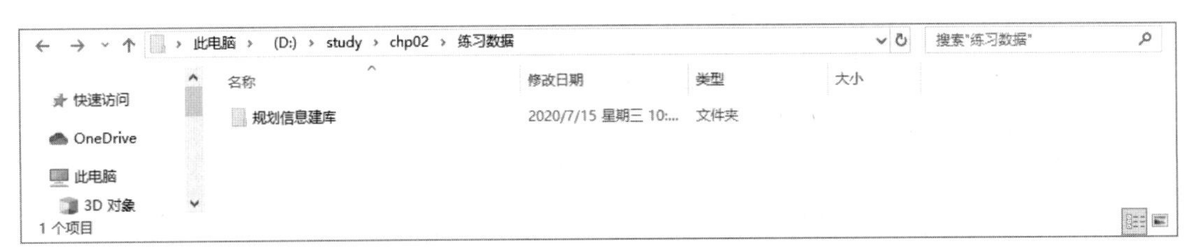

图 2–134　新建工作目录

☞ **步骤 2：** 新建文件地理数据库。

- 打开一空白地图文档，在【目录】面板中，【文件夹连接】项目下找到之前建立的工作目录【D：\study\chp02\ 练习数据 \ 规划信息建库】（如果找不到，就新建一个指向该目录的连接）。
- 右键单击【规划信息建库】文件夹，在弹出的菜单中选择【新建】→【文件地理数据库】，将其名称设置为【××县国土空间规划数据库】（图 2–135）。

图 2–135　新建文件地理数据库

☞ **步骤 3：** 新建要素数据集。

- 右键单击【××县国土空间规划数据库】，在弹出的菜单中选择【新建】→【要素数据集...】（图 2–136），显示【新建要素数据集】对话框。

图 2–136　新建要素数据集

- 设置【名称】为【境界与行政区】，点击【下一步】按钮（图 2–137）。
- 设置坐标系，选择【投影坐标系】→【Gauss Kruger】→【CGCS2000】→【CGCS2000–3–Degree–GK–CM–114E】，点击【下一步】按钮（图 2–138）②。
- 设置容差，认可默认设置。
- 点击【完成】结束。
- 重复上述操作，完成【分析评价信息】、【基期年现状】等其他要素数据集的创建（图 2–139）。

① 数据库标准请以最终发布的正式版为准，本书所建数据库仅用于演示。

② 以第三次全国国土调查成果为基础，统一采用“2000 国家大地坐标系（CGCS2000）”。

图 2-137　要素数据集命名

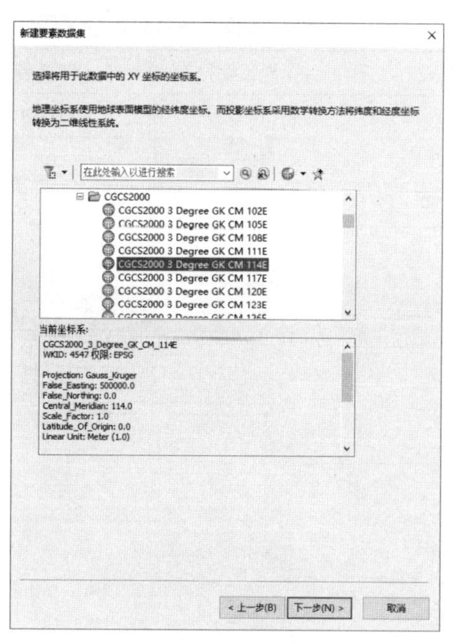

图 2-138　选择坐标系

XX县国土空间规划数据库.gdb
多规资料集
分析评价信息
规划栅格图
基期年现状
境界与行政区
目标年规划

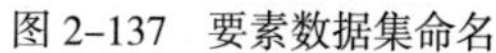

图 2-139　完成要素数据集创建

> **关于要素数据集和要素类的坐标系：**
>
> 如果使用者对要素数据集设置了坐标系，那么该数据集中的所有要素类都会默认使用该坐标系，除非使用者对某个要素类单独设置了坐标系。
>
> 当使用者把带坐标系的要素类加载到地图时，如果它和地图的坐标系不相同，将会弹出提示，要求使用者设置坐标系转换参数，通常接受默认参数即可，ArcGIS 会自动将其转换成地图所用坐标系加以显示，但仅仅用于显示，并不会改变要素类既定的坐标系。

☞ **步骤 4:** 新建要素类。

- 右键单击上一步生成的【境界与行政区】要素数据集，在弹出的菜单中选择【新建】→【要素类...】，显示【新建要素类】对话框。
  - 设置【名称】为【XZQXS】，别名为【县级行政区】(表 2-3)。

境界与行政区要素数据集中的要素类　　**表 2-3**

要素数据集	要素类	别名
境界与行政区	XZQDS	市级行政区
	XZQXS	县级行政区
	XZQXZ	乡镇级行政区

  - 设置【类型】为【面要素】，这意味着【县级行政区】要素只能用多边形作为几何图形，点击【下一步】按钮（图 2-140）。
  - 指定数据库存储配置，认可默认设置，点击【下一步】按钮。
  - 设置非空间属性。点击【字段名】列下的空白单元格，输入【BSM】，点击该行的【数据类型】单元格，选择【文本】类型，将【字段属性】栏下的【别名】设置为【标识码】，【长度】设置为【18】。这意味着为【县级行政区】要素增加了【标识码】字段属性，该属性的数据类型是文字，最长为 18 个字符。重复上述操作，参照表 2-4 完成其他字段输入（图 2-141）（参照市县级国土空间总体规划数据库标准）。
  - 点击【完成】结束。
- 重复上述步骤，新建【市级行政区】等其他要素类（图 2-142）。

市级、县级、乡镇级行政区属性结构 **表 2-4**

字段名	别名	字段长度	字段名	别名	字段长度
BSM	标识码	18	XZQMC	行政区名称	100
YSDM	要素代码	10	BZ	备注	255
XZQDM	行政区代码	12			

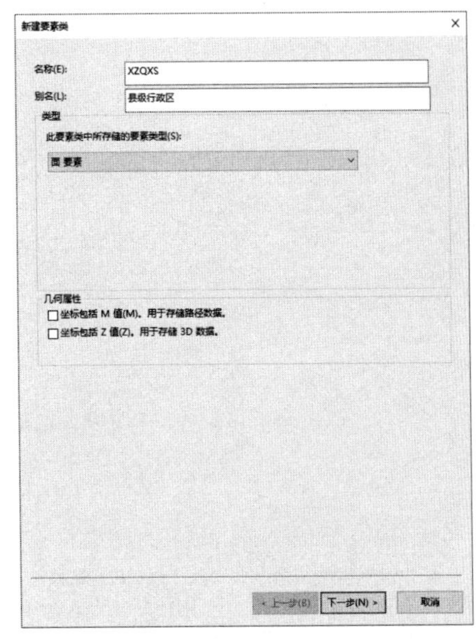

图 2-140　新建要素类

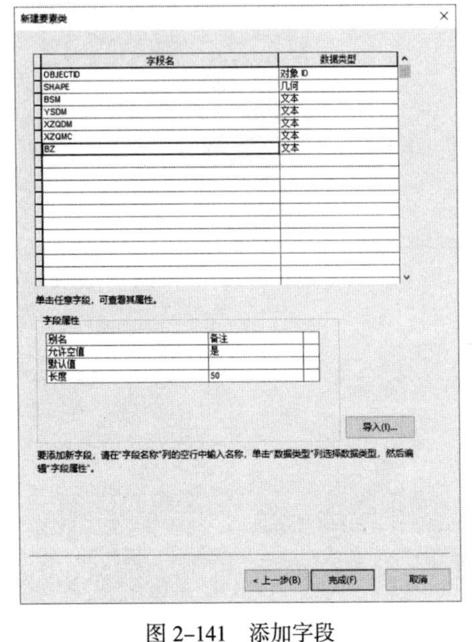

图 2-141　添加字段

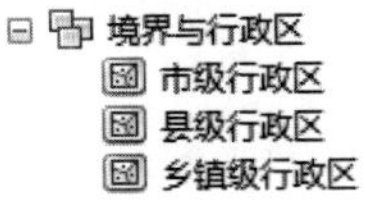

⊟ 境界与行政区
市级行政区
县级行政区
乡镇级行政区

图 2-142　完成要素类创建

☞ **步骤 5：** 更改字段名。

➜ 在【目录】面板中，右键单击目标要素类，在弹出的菜单中选择【属性】，显示【要素类属性】对话框（图 2-143）。

➜ 切换至【字段】选项卡，即可修改字段名及相关属性（图 2-144）。

➜ 点击【确定】按钮，已添加至【内容列表】面板的同一要素类会自动更改。

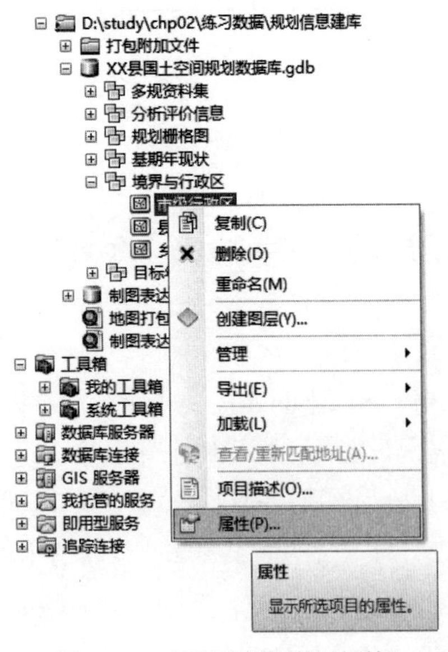

图 2-143　打开要素类属性对话框

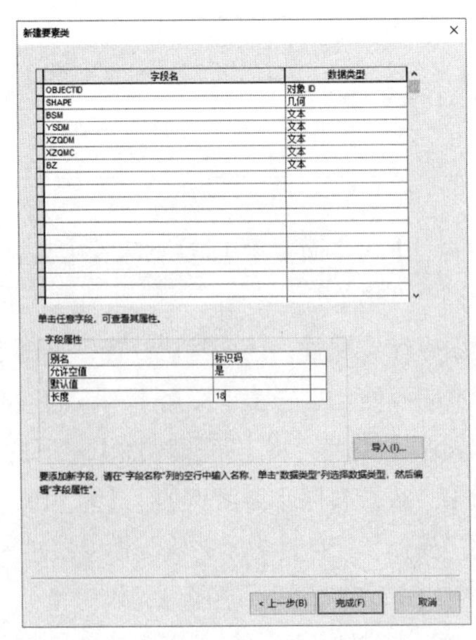

图 2-144　切换至字段选项卡

2.3.2　导入数据、调整数据结构

Geodatabase 可以从其他数据源导入要素类，这些要素源包括 Shapefile、Geodatabase 甚至 CAD 文件等。

☞ 导入单个要素类至要素数据集。

- 在【目录】面板中，右键单击目标要素数据集，在弹出的菜单中选择【导入】→【要素类(单个)...】(图 2-145)，显示【要素类至要素类】对话框。
  - 点击【输入要素】栏的，找到并选择需导入的要素类。
  - 设置【输出要素类】栏为导入后的要素类名称。
  - 在【字段映射】栏，右键单击需要修改的字段，在弹出的菜单中选择【属性】(图 2-146)，显示【输出字段属性】对话框，进行修改(图 2-147)。
  - 点击【确定】按钮，开始导入。

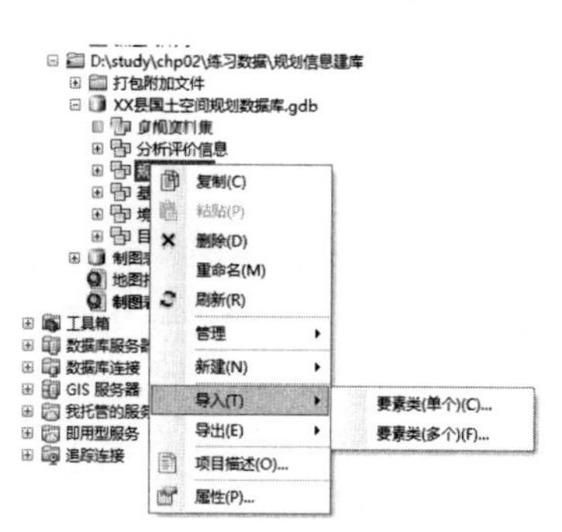

图 2-145　导入要素类

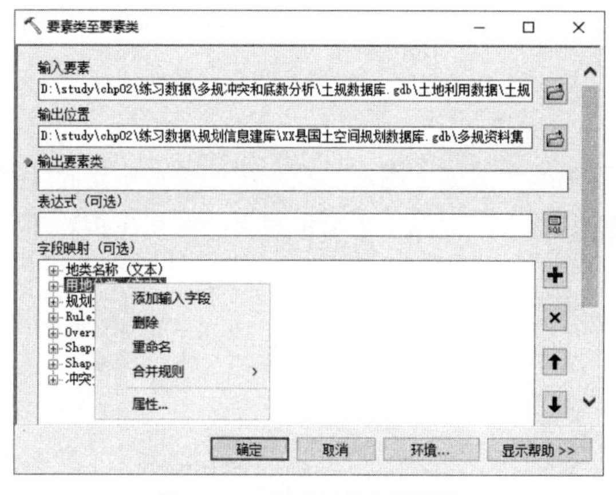

图 2-146　显示要素字段属性

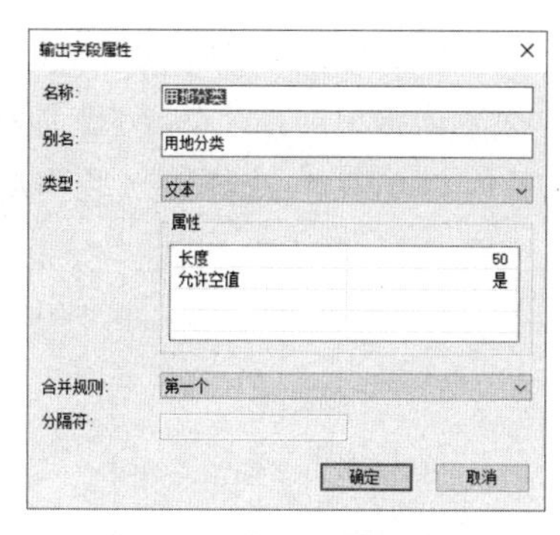

图 2-147　修改输出字段属性

☞ 导入多个要素类至要素数据集。

- 在【目录】面板中，右键单击目标要素数据集，在弹出的菜单中选择【导入】→【要素类(多个)...】，显示【要素类至地理数据库(批量)】对话框。
  - 点击【输入要素】栏的，可同时导入多个要素类(图 2-148)。
  - 点击【确定】按钮，开始导入。

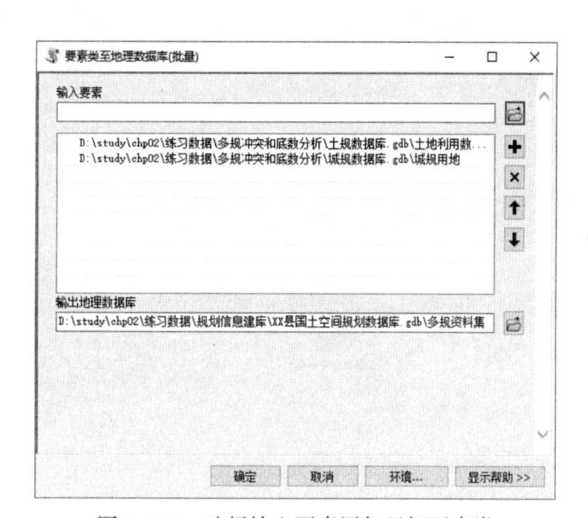

图 2-148　选择输入要素添加目标要素类

☞ **调整目录结构。**

在【目录】面板中，鼠标左键选中目标要素类，按住左键不放，将该项拖拉至目标要素数据集，然后松开左键，即可调整要素类的位置；也可以通过右键选择【复制\粘贴】命令或【导入】要素类来调整数据结构，但需记得删除原来要素数据集中的要素类图层[①]。

2.3.3 用制图表达固化图层符号至地理数据库

在 ArcGIS 制图体系中，标准的符号技术已经能符合绝大部分制图规范。但有些符号规则无法在标准符号体系中实现，只能考虑使用制图表达。制图表达的特点是允许将多个制图方案保存到地理数据库中，并可以随时快速更改。

将制图表达的符号固化，直接使用同一套符号表达，避免使用其他图形编辑软件二次编辑地图，可以减少人工制图编辑的工作量，方便后期制图。

☞ **步骤 1：**打开地图文档。

打开随书数据中的地图文档【D:\study\chp02\练习数据\规划信息建库\制图表达固化图层符号.mxd】，该地图文档中已经加载【土地利用三调地类图斑】图层。

☞ **步骤 2：**将符号系统转换为制图表达。

在【内容列表】面板中，右键点击【土地利用三调地类图斑】图层，在弹出的菜单中选择【将符号系统转换为制图表达】(图 2–149)。完成转换后，将自动生成一个以“–Rep”作为扩展名的图层出现在【内容列表】面板中（图 2–150），源数据也自动携带可视化表达方式。

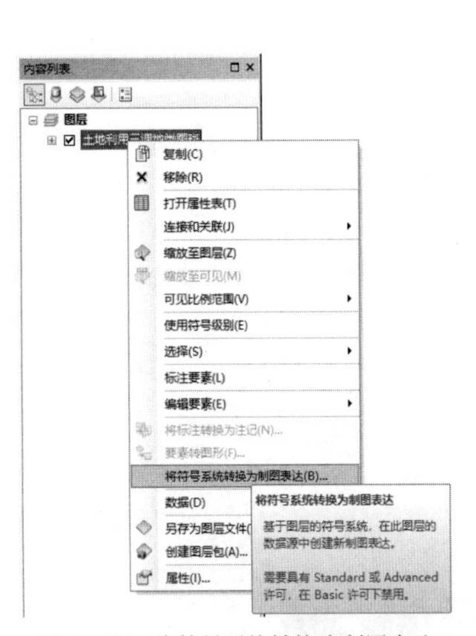

图 2–149 将符号系统转换为制图表达

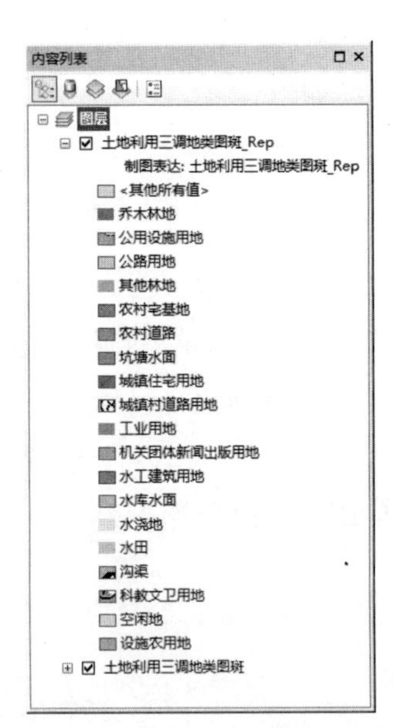

图 2–150 生成制图表达

☞ **步骤 3：**编辑制图表达。

源数据转换为制图表达后，可以进一步调整其可视化形式。右键点击【内容列表】面板中的目标图层，在弹出的菜单中选择【属性】，显示【图层属性】对话框，切换至【符号系统】选项卡，在【显示】栏下的【制图表达】中选中目标进行编辑（图 2–151）。

---

① 确保目标要素类与目标要素数据集坐标系一致，且目标要素数据集内未存在与目标要素类同名的其他要素类。

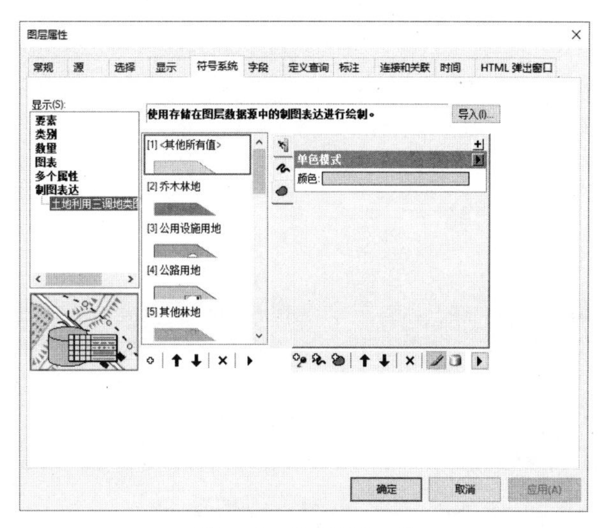

图 2-151　编辑制图表达

2.3.4　数据导出

地图文档保存的是数据内容的表现方式，数据并不会一同保存。可使用导出数据将数据统一至某数据库中。在导出时可选择导出为 ArcGIS 数据格式或者 CAD 文件格式。

Shapefile 文件格式是比较老的 GIS 格式，它不能存放拓扑结构，也不能存放弧或圆这几类几何图形，字段名只允许 9 个英文字符或 3 个汉字，但与 Geodatabase 数据库格式相比，它比较容易复制交换，所以目前仍是主要的 ArcGIS 数据格式。一个 Shapefile 文件只能存放一种几何类型，这与 CAD 有较大区别。设置【要素类型】为【折线（Polyline）】意味着该文件中的几何类型只能为折线，而不允许为点或面。

Shapefile 文件是由多个文件组合而成的，它包括存储空间数据的 .shp 文件、存储属性数据的 .dbf 表和存储空间数据与属性数据关系的 .shx 文件等（图 2–152）。

名称	日期	类型	大小	标记
基期现状用地.cpg	2020/2/4 12:56	CPG 文件	1 KB	
基期现状用地.dbf	2020/2/4 12:56	DBF 文件	1 KB	
基期现状用地.prj	2020/2/4 12:56	PRJ 文件	1 KB	
基期现状用地.sbn	2020/2/4 12:56	SBN 文件	1 KB	
基期现状用地.sbx	2020/2/4 12:56	Adobe Illustrato...	1 KB	
基期现状用地.shp	2020/2/4 12:56	AutoCAD 形源代码	1 KB	
基期现状用地.shx	2020/2/4 12:56	AutoCAD 编译的形	1 KB	

图 2–152　Shapefile 文件组成

☞ 导出为 shp 数据。

在【内容列表】面板中，右键单击目标图层，在弹出的菜单中选择【数据】→【导出数据...】（图 2–153），显示【导出数据】对话框，认可默认设置，点击【输出要素类】栏的【浏览】按钮，显示【保存数据】对话框，设置保存类型、保存位置等。在此【保存类型】选择【Shapefile】（图 2–154），点击【保存】即导出成功。若保存类型选择【文件和个人地理数据库要素类】，则保存位置必须在相应的地理数据库中（图 2–155）。

☞ 导出为 CAD 数据。

在【内容列表】面板中，右键单击目标图层，在弹出的菜单中选择【数据】→【导出至 CAD...】，显示【导出为 CAD】对话框，设置输入要素为目标要素，输出类型为 DWG 格式，点击【输出文件】栏的，选择输出文件位置，点击【确定】则可导出为 CAD 数据（图 2–156）。

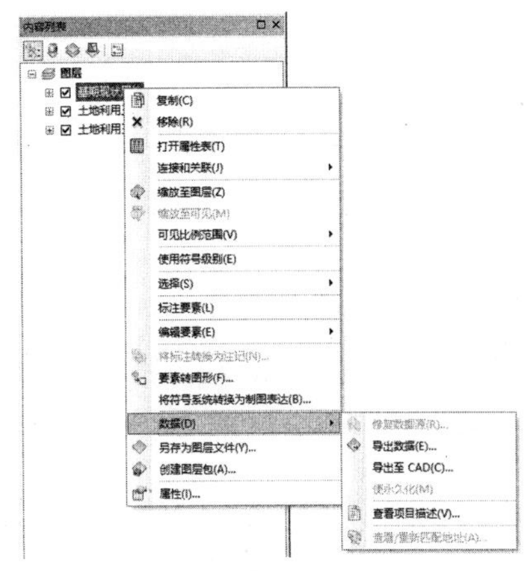

图 2-153　导出数据

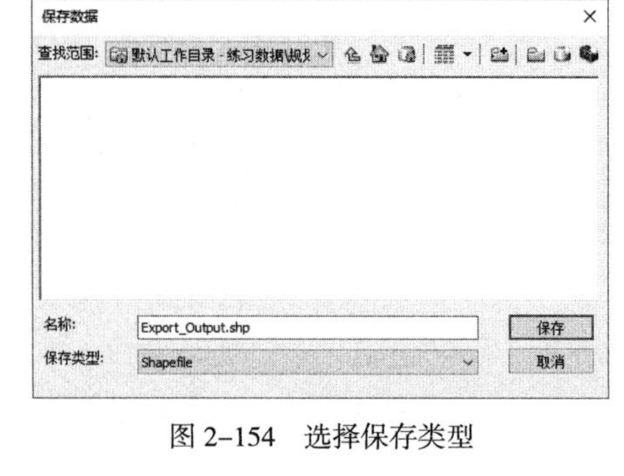

图 2-154　选择保存类型

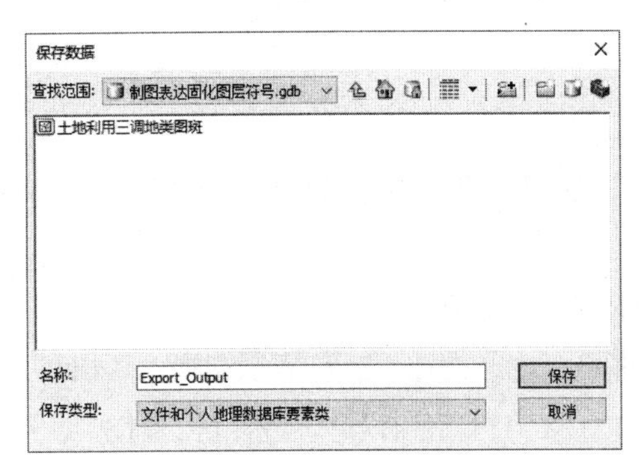

图 2-155　保存数据

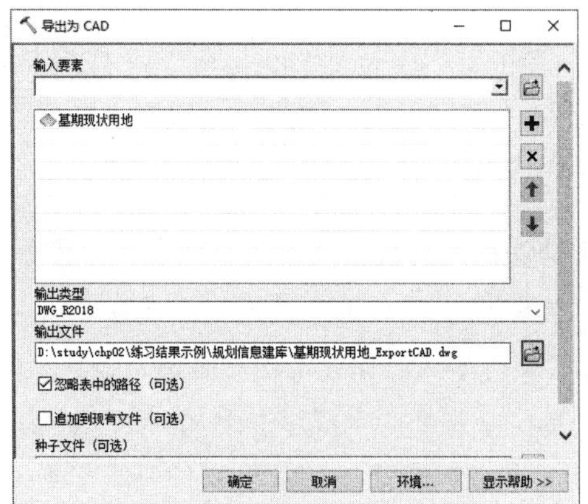

图 2-156　导出为 CAD 数据

2.4　数据分享和输出

2.4.1　数据分享——地图打包与图层打包

2.4.1.1　地图打包

地图打包是将地图文档和数据一同打包，可以避免数据来源不同，方便分享。其前提是需要对地图文档进行描述。

☞ **步骤 1：** 打开地图文档。

打开随书数据中的地图文档【chp02\练习数据\规划信息建库\地图打包与图层打包.mxd】，该地图文档中已经加载【道路中心线】、【基期现状用地】和【国土空间开发适宜性评价】图层[①]。

☞ **步骤 2：** 打包地图。

➜ 在【目录】面板中，浏览到【工具箱\系统工具箱\Data Management Tools.tbx\打包\打包地图】，双击该项打开该工具，设置【打包地图】对话框。各项参数如图 2-157 所示。

图 2-157　打包地图

① 本书所用数据仅用于演示，要素数据为空。同时应注意，地图文档属性中的描述已完成。

- 设置【输入地图文档】为【D:\study\chp02\ 练习数据 \ 规划信息建库 \ 地图打包与图层打包 .mxd】。
- 设置【输出文件】为【D:\study\chp02\ 练习数据 \ 规划信息建库 \ 地图打包 .mpk】。
- 在【包版本】中可选择打包生成的版本（图 2–158）（通常为保证数据的使用，选择 10.2 等低版本）。
- 设置添加【附加文件】，可将所有数据信息、文档资料等一同打包，方便分享及查阅（图 2–159）。
- 点击【确定】即完成地图打包（图 2–160）。

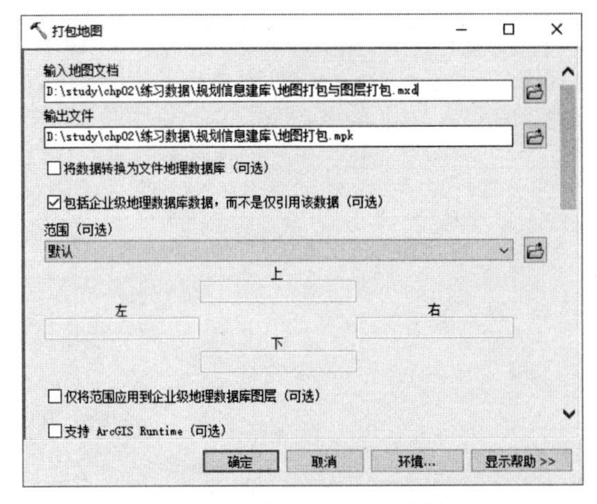

图 2–158　设置地图打包参数

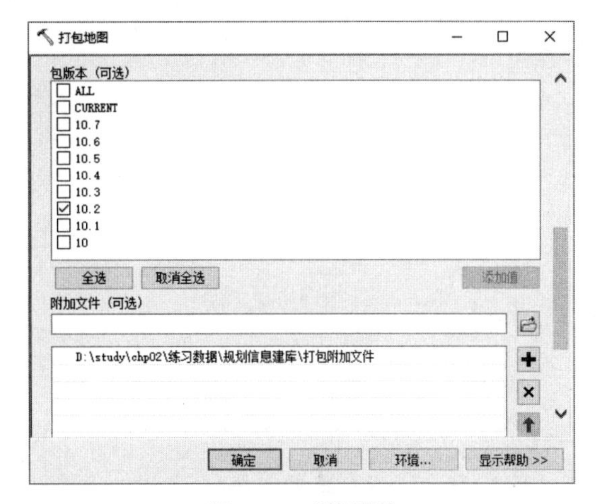

图 2–159　添加附件

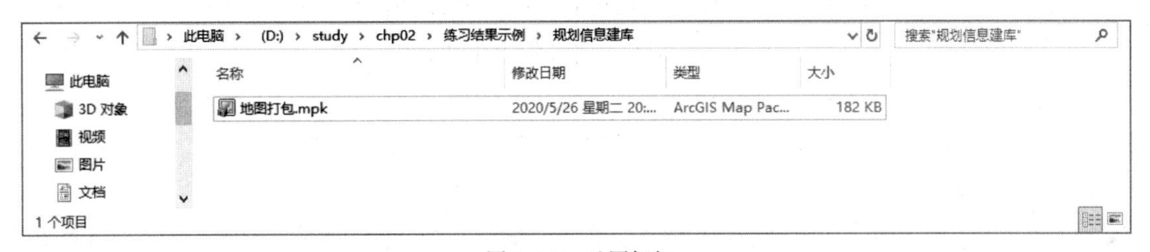

图 2–160　地图打包

☞ **步骤 3：**提取包。

在【目录】面板中，浏览到【工具箱 \ 系统工具箱 \Data Management Tools.tbx\ 打包 \ 提取包】，双击该项打开该工具，设置【输入包】为之前输出文件，设置输出位置，点击【确定】即可将打包数据提取还原。

2.4.1.2　图层打包

图层打包是将部分图层数据一起分享给他人，其前提是需要在【图层属性】中对图层进行描述（图 2–161）。

☞ **步骤 1：**打包图层。

- 在【目录】面板中，浏览到【工具箱 \ 系统工具箱 \Data Management Tools.tbx\ 打包 \ 打包图层】，双击该项打开该工具，设置【打包图层】对话框如图 2–162 所示。
  - 设置【输入图层】为需要打包的图层数据。
  - 设置【输出文件】为【D:\study\chp02\ 练习数据 \ 规划信息建库 \ 图层打包 .lpk】。
  - 同样，在【包版本】中可选择打包生成的版本，添加【附加文件】等。
  - 点击【确定】即完成图层打包（图 2–163）。

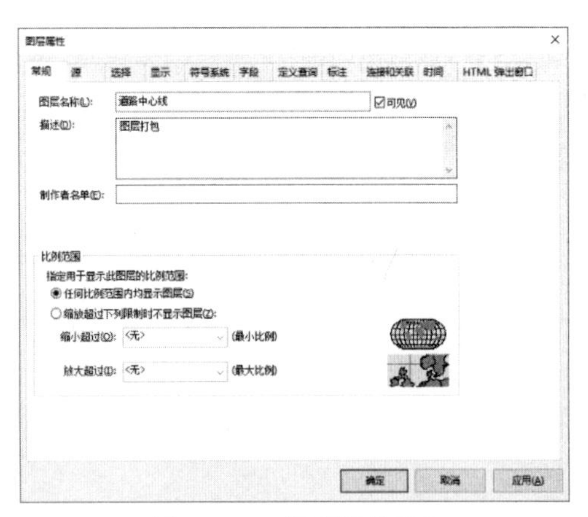

图 2-161　对图层进行描述

图 2-162　设置图层打包参数

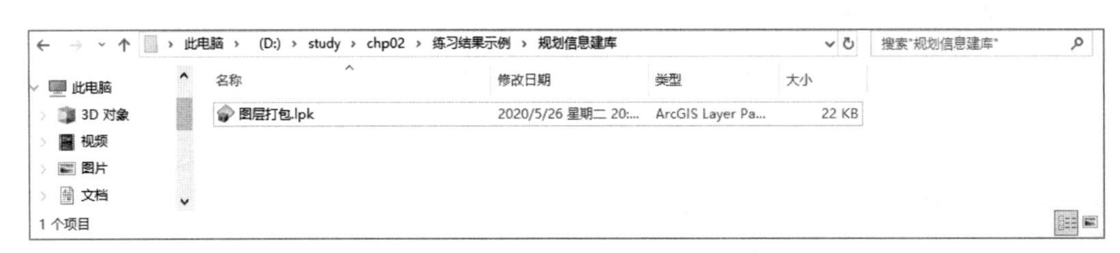

图 2-163　图层打包

☞ **步骤 2：**提取包。

在【目录】面板中，在【文件夹连接】项目下找到上一步打包的图层，右键点击该打包图层，在弹出的菜单中选择【解包】，即可将包中的图层解压，并添加进【内容列表】面板中。

2.4.1.3　图层导出与导入

如果源数据不变，可以只导出图层，而不用导出数据，相当于只导出了这些数据的符号化和标注等可视化方式。

☞ **步骤 1：**导出图层。

- 在【内容列表】面板中，右键单击目标要素，在弹出的菜单中选择【另存为图层文件】（图 2-164）。
- 在弹出的【保存图层】对话框中设置名称、保存位置及类型，点击【保存】即可完成图层导出（图 2-165）。

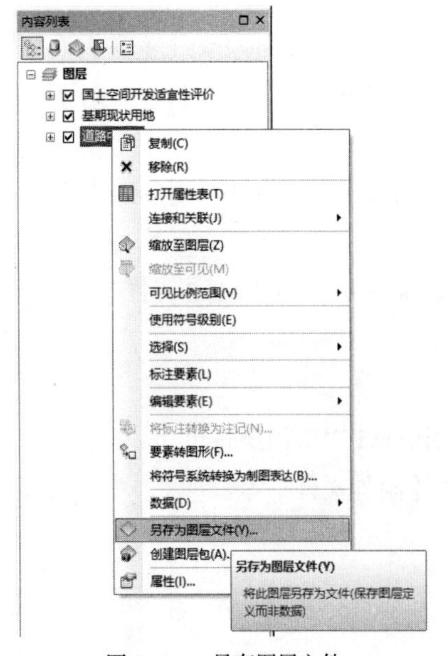

图 2-164　另存图层文件

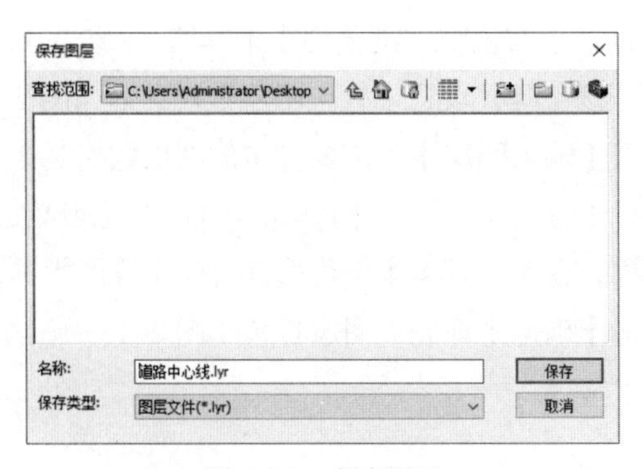

图 2-165　保存图层

☞ **步骤 2：**导入图层。

➜ 在【内容列表】面板中，右键单击【图层】，在弹出的菜单中选择【添加数据】(图 2–166)。

➜ 在弹出的【添加数据】对话框中，点击【连接到文件夹】按钮，选择需添加的目标图层，设置【图层】名称，点击【添加】即完成图层导入（图 2–167）。

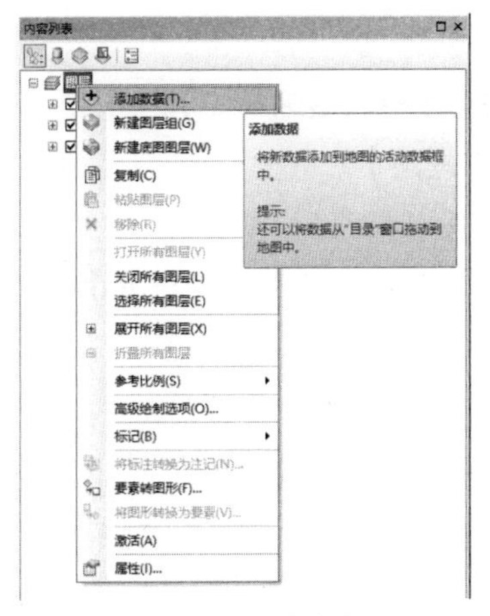

图 2–166　添加数据

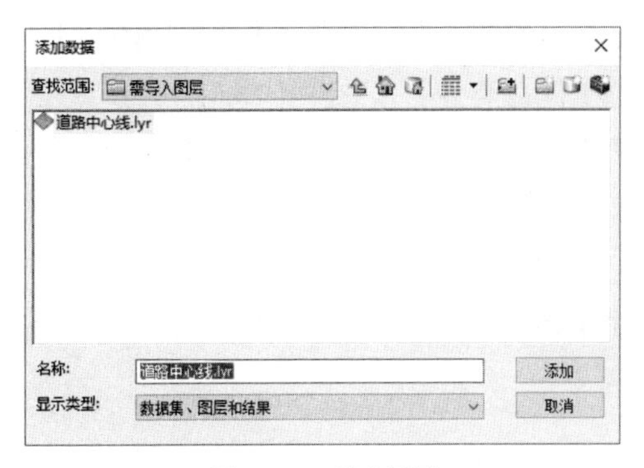

图 2–167　导入图层

2.4.2　导出图片和打印

2.4.2.1　导出图片

有时使用中需要输出图片格式，以便供 PhotoShop、ACDSee 等软件查看和加工。

☞ **切换至布局视图，导出图纸。**

➜ 切换至布局视图。点击地图窗口左下角工具条的【布局视图】按钮，切换至布局视图（图 2–168）。

➜ 导出图纸。点击主界面菜单【文件】→【导出地图...】，显示【导出地图】对话框，设置【保存类型】、【分辨率】、【文件名】和【保存路径】，点击【保存】按钮，即可保存为指定类型的图片文件（图 2–169）。

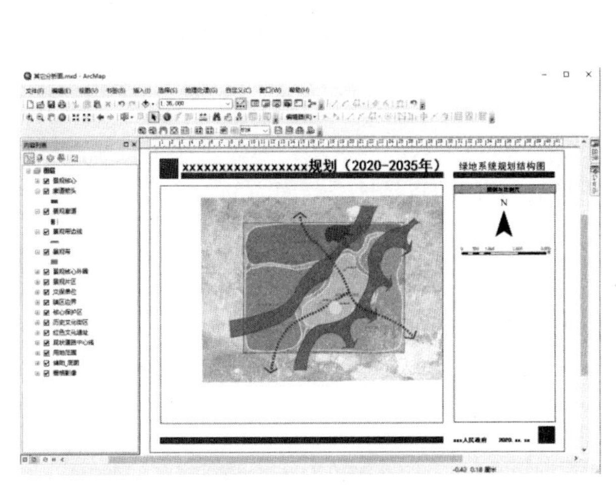

图 2–168　布局视图

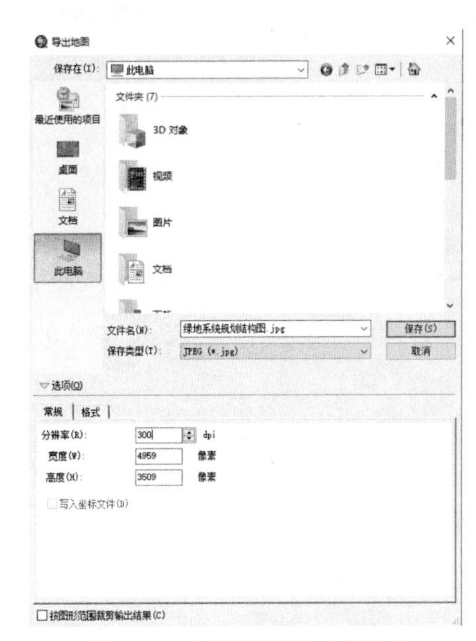

图 2–169　布局视图导出正式图纸

> 说明一：ArcMap有两种视图。数据视图是系统启动时的默认视图，该视图主要用于数据编辑，其中只显示数据内容，而不显示图框、比例尺、图例等非数据内容；布局视图主要用于最后出图排版，在该视图中可以绘制图名、图框、风玫瑰、比例尺、图例等。
> 说明二：如果ArcMap的当前视图是数据视图，导出的图片是当前地图窗口的内容；如果是布局视图，导出的图片是整个地图图面的内容。

☞ 切换至数据视图，导出带坐标的图片。

- 切换至数据视图。点击图面左下角工具条 的【数据视图】按钮，切换到数据视图（图 2–170）。
- 导出带坐标的图片。这一操作需在数据视图下进行，并勾选【写入坐标文件】。
  - 点击主界面菜单【文件】→【导出地图...】，显示【导出地图】对话框。
  - 设置【保存类型】为 TIFF（*.tif），并设置【文件名】和保存路径。
  - 点击【选项】栏下的【常规】选项卡，勾选【写入坐标文件】①，设置【分辨率】（图 2–171）。
  - 切换至【格式】选项卡，在【压缩：】下拉菜单中选择【LZW】②，设置【背景色：】为【北极白】，勾选【写入 GeoTIFF 标签】。
  - 点击【保存】按钮，即可保存为带坐标的图片文件。当加载该图片时，该图片会出现在对应的坐标位置。

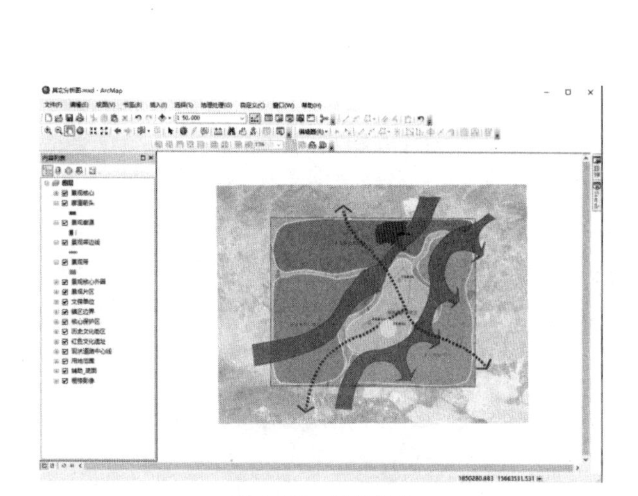

图 2–170　数据视图

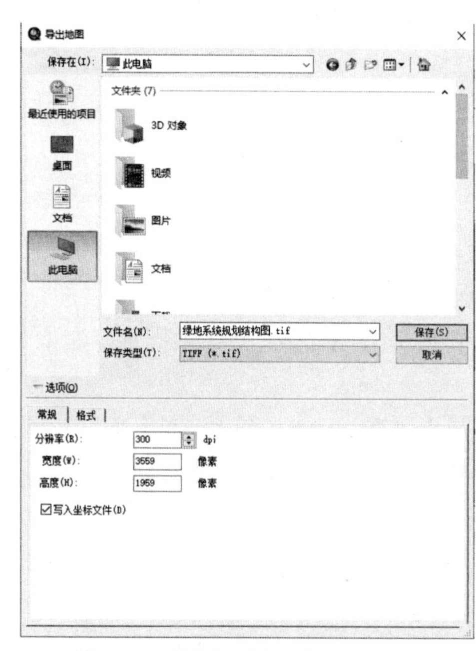

图 2–171　数据视图导出带坐标的图片

2.4.2.2　打印

规划工作中经常需要打印一些图纸，ArcMap 提供了便捷的打印工具。如果是在数据视图下打印，打印的将是地图窗口范围内显示的地图内容；如果是在布局视图下打印，打印的将是地图版面内的内容，超出版面的地图内容将不会被打印。

☞ 无比例打印。

如果不需要按照准确的比例来打印，这时可以减少设置步骤，按如下方式操作。

- 如果是在数据视图下，缩放到准备打印的区域；如果是在布局视图下，无须缩放。

---

① 生成图片会附带同名的 jgw 文件，加载影像时，原影像坐标位置不变。

② tiff 文件较大，需进行压缩，其中 LZW 压缩为无损压缩。

- 点击主界面菜单【文件】→【页面和打印…】，显示【页面和打印设置】对话框（图 2–172）。

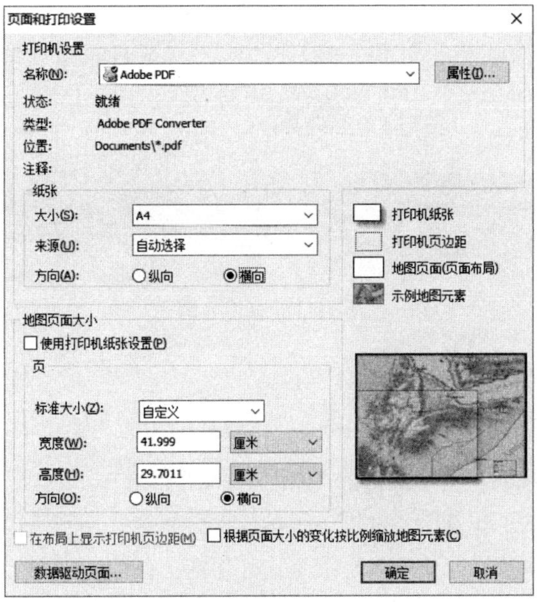

图 2–172 【页面和打印设置】对话框

  - 设置打印机类型。
  - 设置纸张【方向】为【横向】。
  - 设置纸张【大小】，如设为 A4。如果之前设置过页面大小，当打印机纸张大小和现有页面大小不一致时（*如地图页面是 A3，而打印纸张是 A4*），则必须首先在【地图页面大小】栏取消勾选【使用打印机纸张设置】，否则页面大小会随之更改为 A4，导致布局发生变化。

> **打印设置技巧：**当打印机纸张大小和现有页面大小不一致时，请一定要先取消勾选【使用打印机纸张设置】，然后再设置纸张大小，否则布局视图的版面大小会调整为纸张的大小，从而导致布局视图的变化。此外，请一定不要勾选【根据页面大小的变化按比例缩放地图元素】，这会导致布局视图中的图框、比例尺、图例等图面元素的大小变化，且不可逆。当然，有特殊需求的除外。

- 点击【确定】完成打印设置。
- 点击主界面菜单【文件】→【打印…】，显示【打印】窗口。点击【确定】开始打印。A3 的地图页面会自动缩放到 A4 纸张大小。

☞ **按比例打印。**

规划工作有时需要按照一定的比例尺精确打印，以便在纸质图上量算。这时只能在布局视图中打印。

- 切换到布局视图。点击图面左下角工具条的【布局视图】按钮，切换到布局视图。
- 在【工具】栏设置图纸比例尺为 1∶1000 1:1,000（*可在下拉菜单中选择预先设置好的比例，也可以手工输入*），数据框中的地图内容也随即缩放到该比例①。
- 点击主界面菜单【文件】→【页面和打印…】，显示【页面和打印设置】对话框。设置打印机类型，然后在【地图页面大小】栏取消勾选【使用打印机纸张设置】。在【纸张】栏设置纸张大小为 A4，设置【方向】为【横向】。点击【确定】完成打印设置。
- 点击主界面菜单【文件】→【打印…】，显示【打印】窗口。在【平铺】栏选择【将地图平铺到打印机

---

① 如果比例尺对话框灰色显示不能设置，是由于地图没有单位，可以在【内容列表】面板中双击顶部的【图层】，显示【数据框属性】对话框，切换至【常规】选项卡，设置【单位\地图】为【米】。

纸张上】。从其右侧的示意图可以看到，需要 4 张 A4 纸拼接在一起才可以容纳下该比例尺的图纸（图 2-173）。ArcMap 会自动分成 4 张纸打印。

➜ 点击【确定】开始逐张打印。

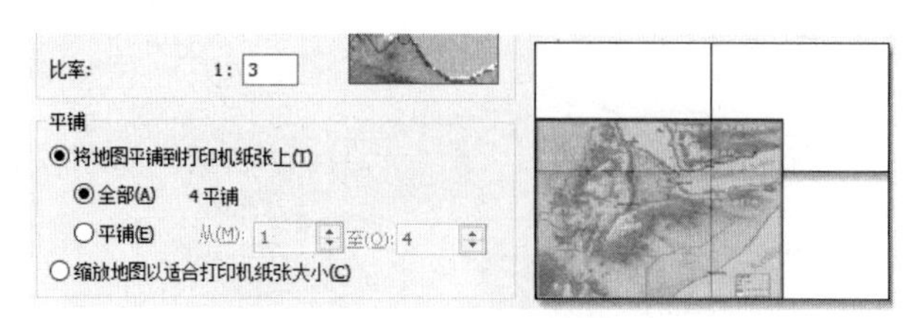

图 2-173　打印示意

2.5　本章小结

本章以查阅和制作国土空间规划“一张底图”为例，介绍了利用 ArcMap 进行规划前期数据整理和规划信息建库的基本方法，这是规划编制的工作基础。数据整理尽管十分繁琐，但却是信息综合和比对分析的前提。而规划信息建库可方便规划评估与方案绘制、修改等后续工作，保证工作的统一性和全局性，提高工作效率。

一般而言，数据整理和建库可以按以下步骤开展：①新建或打开地图文档；②多源数据的加载和转换；③多源数据的空间化和符号化表达；④多源数据的坐标转换和配准校正；⑤多规冲突分析和底数分析；⑥规划信息建库；⑦数据导出和分享。

本章技术汇总表

规划应用汇总	页码	信息技术汇总	页码
用 ArcMap 查阅“一张底图”	6	关闭 / 显示图层	7
操作图层	7	调整图层显示顺序	7
创建地图文档	22	调整图层的透明度	8
数据加载与符号化	24	切换图层显示方式	8
坐标转换和配准校正	35	浏览地图	9
调用 CAD 数据	42	查看数据属性	9
表格数据的空间化	47	标注要素	13
多规冲突和底数分析	51	查看图层数据来源和格式	14
规划信息建库	57	加载矢量数据与栅格数据	24
数据导出和集成分享	63	矢量数据与栅格数据的符号化表达	25
		图层分组与显示加速	33
		坐标转换	35
		数据的配准校正	38
		CAD 转换成 GIS 数据	42

续表

规划应用汇总	页码	信息技术汇总	页码
		CAD 线转 GIS 面	45
		CAD 标注转 GIS 属性	46
		编辑要素属性值	46
		属性表连接	47
		连接表格数据	47
		导入表格至地理文件数据库	51
		连接表格字段	52
		联合数据	53
		用地面积分类汇总	55
		多字段汇总统计	56
		构建地理数据库和文件库	58
		导入数据至数据库	61
		符号系统转换为制图表达	62
		数据文件导出	63
		地图打包	64
		图层打包	65
		图层导出与导入	66
		导出图片	67
		打印	68

第 3 章　用地现状图制作

为保证国土空间规划的现势性和科学性，首先需要根据用地、用海分类与基数转换规则，在三调基础上形成国土空间规划的基期现状用地数据。本章将以用地现状图的制作为例，介绍基于三调成果的国土空间规划地类改名、三调地类细分、结合土地管理和实际情况的三调地类转换三种方法，以完成用地现状图制作。本章是后续开展国土空间规划的基础。

基于 GIS 制作用地现状图涉及：

➢ 制作基于地类对应关系的基数转换表；

➢ 批量改名三调地类；

➢ 细分三调地类；

➢ 转换三调地类；

➢ 拓扑检查数据质量；

➢ 生成基数转换汇总表。

下面每一节将分别针对上述一项内容，详细介绍操作方法。

本章所需基础：

➢ 读者基本掌握本书第 2 章所介绍的 ArcGIS 要素类加载、查看和符号化等基础。

3.1　三调地类转换规则

根据《中共中央 国务院关于建立国土空间规划体系并监督实施的若干意见》（中发〔2019〕18 号）、《自然资源部关于全面开展国土空间规划工作的通知》（自然资发〔2019〕87 号）要求，本轮国土空间规划编制统一采用第三次全国国土调查数据（简称“三调”数据）作为规划现状底数和底图基础。

但由于“三调”数据是采用的是“三调”工作分类（13 个一级类，68 个二级类），国土空间规划编制采用国土空间规划用途分类[①]（24 个一级类，106 个二级类，39 个三级类），两者在分类、深度、范围及认定方式上都存在一定的差异。

所以，各地逐步发布《国土空间总体规划基数转换技术指南》（例如《山东省国土空间总体规划基数转换技术指南》（征求意见稿）），制定了将“三调”成果转换到国土空间规划用地、用海分类的规则（称为“基数转换”）。这是国土空间规划编制的重要基础，其成果也是“一张底图”的重要内容。

国土空间规划基数转换可通过直接改名、细分、转换等方式完善“三调”成果，在需要的情况下补充用海地类，最终生成国土空间规划现状用地，其中：

（1）直接改名可用于“三调地类”和“规划地类”为“一对一”对应关系的地类（表 3-1），例如三调中的“红树林地（0303）”对应规划中的“红树林地（0507）”。这种情况直接根据对应关系更改地类名称和编码即可。

---

① 本书采用的是《国土空间调查、规划、用途管制用地用海分类指南（试行）》（2020 年 11 月），读者可按照最新分类标准或地方标准更新之后的对应表。

（2）地类细分可用于“三调地类”和“规划地类”为“一对多”关系的地类（表3–1），例如三调中的“科教文卫用地（08H2）”对应规划中的“文化用地（0803）”“教育用地（0804）”和“体育用地（0805）”等。这种情况需要结合外业补充调查，利用地形图、高分辨率影像判读、POI数据、城乡用地监测数据、城乡规划数据等进行地类细分。

（3）地类转换可用于已验收耕地、已批未用、原有存量建设用地、绿地与广场用地、“三调”建设用地中地类明显与实际不符等地类的转换更改，需要结合土地管理和实际情况来转换。

表3–1针对县市级国土空间规划需求，梳理了第三次全国国土调查工作分类[①]（以下简称“三调地类”）和国土空间调查、规划、用途管制用地用海分类[②]（以下简称“规划地类”）的二级地类对应关系。

基于对应关系表制作基数转换表 表3–1

三调二级地类编码	三调二级地类名称	规划二级地类编码	规划二级地类名称	基数转换类型
05H1	商业服务业设施用地	N/A	城镇社区服务设施用地（0702），农村社区服务设施用地（0704），商业用地（0901），商务金融用地（0902），娱乐康体用地（0903），其他商业服务业用地（0904）	一对多，调研后细分
0508	物流仓储用地	N/A	物流仓储用地（1101），储备库用地（1102）	一对多，调研后细分
08H2	科教文卫用地	N/A	科研用地（0802），文化用地（0803），教育用地（0804），体育用地（0805），医疗卫生用地（0806），社会福利用地（0807），城镇社区服务设施用地（0702），农村社区服务设施用地（0704）	一对多，调研后细分
0809	公用设施用地	N/A	供水用地（1301），排水用地（1302），供电用地（1303），供燃气用地（1304），供热用地（1305），通信用地（1306），邮政用地（1307），广播电视设施用地（1308），环卫用地（1309），消防用地（1310），其他公用设施用地（1313）	一对多，调研后细分
0810	公园与绿地	N/A	公园绿地（1401），防护绿地（1402），广场用地（1403）	一对多，调研后细分
09	特殊用地	N/A	军事设施用地（1501），使领馆用地（1502），宗教用地（1503），文物古迹用地（1504），监教场所用地（1505），殡葬用地(1506),其他特殊用地(1507)	一对多，调研后细分
1001	铁路用地	N/A	铁路用地(1201),交通场站用地(1208)	一对多，调研后细分
1004	城镇村道路用地	N/A	城镇道路用地（1207），乡村道路用地（0601）	一对多，调研后细分
1005	交通服务场站用地	N/A	交通场站用地（1208），其他交通设施用地（1209）	一对多，调研后细分
1006	农村道路	N/A	乡村道路用地（0601），田间道（2303）	一对多，调研后细分
1008	港口码头用地	N/A	港口码头用地（1204），交通场站用地（1208）	一对多，调研后细分
1107	沟渠	N/A	沟渠（1705），干渠（1311）	一对多，调研后细分
1202	设施农用地	N/A	种植设施建设用地（0602），畜禽养殖设施建设用地（0603），水产养殖设施建设用地（0604）	一对多，调研后细分
0303	红树林地	0507	红树林地	一对一，直接改名
0304	森林沼泽	0501	森林沼泽	一对一，直接改名

① 《第三次全国国土调查技术规程》（2019年2月1日）。

② 《国土空间调查、规划、用途管制用地用海分类指南（试行）》（2020年11月）。建议具体实践中采用所在地发布的技术指南或最新的国土空间规划用地、用海分类指南。

续表

三调二级地类编码	三调二级地类名称	规划二级地类编码	规划二级地类名称	基数转换类型
0306	灌丛沼泽	0502	灌丛沼泽	一对一，直接改名
0402	沼泽草地	0503	沼泽草地	一对一，直接改名
0603	盐田	1003	盐田	一对一，直接改名
1105	沿海滩涂	0505	沿海滩涂	一对一，直接改名
1106	内陆滩涂	0506	内陆滩涂	一对一，直接改名
1108	沼泽地	0504	其他沼泽地	一对一，直接改名
0101	水田	0101	水田	一对一，直接改名
0102	水浇地	0102	水浇地	一对一，直接改名
0103	旱地	0103	旱地	一对一，直接改名
0201	果园	0201	果园	一对一，直接改名
0202	茶园	0202	茶园	一对一，直接改名
0203	橡胶园	0203	橡胶园	一对一，直接改名
0204	其他园地	0204	其他园地	一对一，直接改名
0301	乔木林地	0301	乔木林地	一对一，直接改名
0302	竹林地	0302	竹林地	一对一，直接改名
0305	灌木林地	0303	灌木林地	一对一，直接改名
0307	其他林地	0304	其他林地	一对一，直接改名
0401	天然牧草地	0401	天然牧草地	一对一，直接改名
0403	人工牧草地	0402	人工牧草地	一对一，直接改名
0404	其他草地	0403	其他草地	一对一，直接改名
0601	工业用地	1001	工业用地	一对一，直接改名
0602	采矿用地	1002	采矿用地	一对一，直接改名
0701	城镇住宅用地	0701	城镇住宅用地	一对一，直接改名
0702	农村宅基地	0703	农村宅基地	一对一，直接改名
08H1	机关团体新闻出版用地	0801	机关团体用地	一对一，直接改名
1002	轨道交通用地	1206	城市轨道交通用地	一对一，直接改名
1003	公路用地	1202	公路用地	一对一，直接改名
1007	机场用地	1203	机场用地	一对一，直接改名
1009	管道运输用地	1205	管道运输用地	一对一，直接改名
1101	河流水面	1701	河流水面	一对一，直接改名
1102	湖泊水面	1702	湖泊水面	一对一，直接改名
1103	水库水面	1703	水库水面	一对一，直接改名
1104	坑塘水面	1704	坑塘水面	一对一，直接改名
1109	水工建筑用地	1312	水工设施用地	一对一，直接改名

续表

三调二级地类编码	三调二级地类名称	规划二级地类编码	规划二级地类名称	基数转换类型
1110	冰川及永久积雪	1706	冰川及常年积雪	一对一，直接改名
1201	空闲地	2301	空闲地	一对一，直接改名
1203	田坎	2302	田坎	一对一，直接改名
1204	盐碱地	2304	盐碱地	一对一，直接改名
1205	沙地	2305	沙地	一对一，直接改名
1206	裸土地	2306	裸土地	一对一，直接改名
1207	裸岩石砾地	2307	裸岩石砾地	一对一，直接改名

资料来源：参考《国土空间调查、规划、用途管制用地用海分类指南（试行）》（2020 年 11 月）。

可以首先在 Excel 中完成地类基数转换表的制作，然后将其导入 GIS 中，后面就可以基于该表来开展地类转换。

☞ **步骤 1：**在 Excel 中制作基数转换表。

随书数据已经提供了基于表 3-1 制作的 Excel 格式的基数转换表 .xls，具体制作方法这里就不再赘述。但特别需要注意的是需要把两个二级编码列改为【文本】类型，否则第一个编码为“0”的将省略“0”，例如“0105”会变为“105”。另外只能保存为 xls 或者 csv 格式，默认的高版本的 xlsx 暂时不被 ArcGIS10.7 支持。

☞ **步骤 2：**导入地类基数转换表。

- 打开随书数据中的地图文档【chp03\练习数据\基于三调地类字段转换\国土用地现状图绘制 .mxd】。该文档关联数据库已建立。且地图文档中已经加载【土地利用三调地类图斑】、【栅格影像】图层。
- 启动【Excel 转表】工具，生成 GIS 格式基数转换表。在【目录】面板中浏览到【工具箱\系统工具箱\Conversion Tools.tbx\Excel\Excel 转表】，双击启动该工具，显示【Excel 转表】对话框，设置如下（图 3-1）：

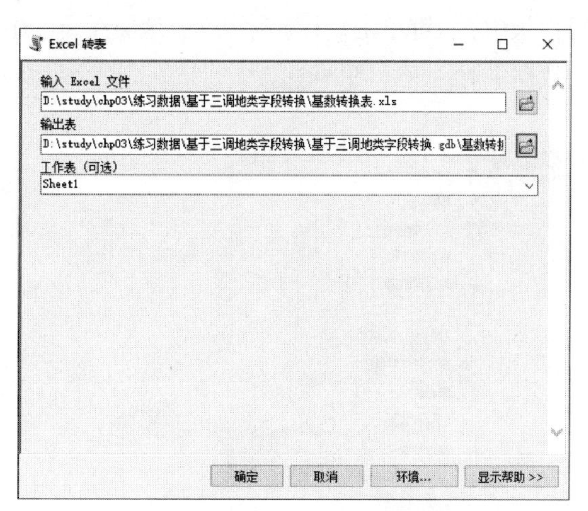

图 3-1 【Excel 转表】对话框

- 设置【输入 Excel 文件】为【D：\study\chp03\练习数据\基于三调地类字段转换\基数转换表 .xls】。
- 设置【输出表】为【D：\study\chp03\练习数据\基于三调地类字段转换\基于三调地类字段转换 .gdb\基数转换表 _ExcelToTable】。
- 点击【确定】按钮，完成转换（图 3-2）。

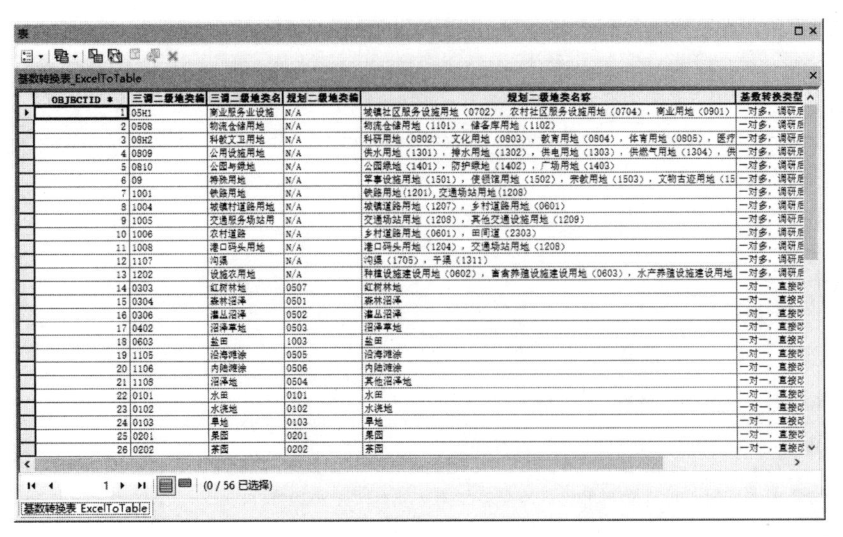

表

基数转换表_ExcelToTable

OBJECTID *	三调二级地类编	三调二级地类名	规划二级地类编	规划二级地类名称	基数转换类型
1	05H1	商业服务业设施	N/A	城镇社区服务设施用地（0702），农村社区服务设施用地（0704），商业用地（0901）	一对多，调研后
2	0508	物流仓储用地	N/A	物流仓储用地（1101），储备库用地（1102）	一对多，调研后
3	08H2	科教文卫用地	N/A	科研用地（0802），文化用地（0803），教育用地（0804），体育用地（0805），医疗	一对多，调研后
4	0809	公用设施用地	N/A	供水用地（1301），排水用地（1302），供电用地（1303），供燃气用地（1304），供	一对多，调研后
5	0810	公园与绿地	N/A	公园绿地（1401），防护绿地（1402），广场用地（1403）	一对多，调研后
6	09	特殊用地	N/A	军事设施用地（1501），使领馆用地（1502），宗教用地（1503），文物古迹用地（15	一对多，调研后
7	1001	铁路用地	N/A	铁路用地(1201), 交通场站用地(1208)	一对多，调研后
8	1004	城镇村道路用地	N/A	城镇道路用地（1207），乡村道路用地（0601）	一对多，调研后
9	1005	交通服务场站用	N/A	交通场站用地（1208），其他交通设施用地（1209）	一对多，调研后
10	1006	农村道路	N/A	乡村道路用地（0601），田间道（2303）	一对多，调研后
11	1008	港口码头用地	N/A	港口码头用地（1204），交通场站用地（1208）	一对多，调研后
12	1107	沟渠	N/A	沟渠（1705），干渠（1311）	一对多，调研后
13	1202	设施农用地	N/A	种植设施建设用地（0602），畜禽养殖设施建设用地（0603），水产养殖设施建设用地	一对多，调研后
14	0303	红树林地	0507	红树林地	一对一，直接改
15	0304	森林沼泽	0501	森林沼泽	一对一，直接改
16	0306	灌丛沼泽	0502	灌丛沼泽	一对一，直接改
17	0402	沼泽草地	0503	沼泽草地	一对一，直接改
18	0603	盐田	1003	盐田	一对一，直接改
19	1105	沿海滩涂	0505	沿海滩涂	一对一，直接改
20	1106	内陆滩涂	0506	内陆滩涂	一对一，直接改
21	1108	沼泽地	0504	其他沼泽地	一对一，直接改
22	0101	水田	0101	水田	一对一，直接改
23	0102	水浇地	0102	水浇地	一对一，直接改
24	0103	旱地	0103	旱地	一对一，直接改
25	0201	果园	0201	果园	一对一，直接改
26	0202	茶园	0202	茶园	一对一，直接改

(0 / 56 已选择)

基数转换表 ExcelToTable

图 3-2　Excel 转表后的基数转换表

3.2　直接改名三调地类

如前所述，对于表 3-1 中“三调地类”和“规划地类”为“一对一”对应关系的地类，可以直接改名，具体操作如下。

3.2.1　复制三调数据

首先将【土地利用三调地类图斑】导出为【基期现状用地】，然后按照数据标准对其数据结构进行调整，得到国土空间规划现状用地要素类。

紧接之前步骤，继续操作如下。

☞ **步骤 1**：通过导出数据得到【基期现状用地】。

➜ 导出数据。在【内容列表】面板中，右键单击【土地利用三调地类图斑】图层，在弹出菜单中选择【数据】→【导出数据】，显示【导出数据】对话框（图 3-3）。

图 3-3　识别窗口

- 在【导出数据】对话框中，设置【输出要素类】为【D:\study\chp03\练习数据\基于三调地类字段转换\基于三调地类字段转换.gdb\基期年现状\基期现状用地】。
- 设置【保存类型】为【文件和个人地理数据库要素类】。
- 点击【确定】按钮，完成数据导出（图3-4）（为保证数据内容的完整性，建议导出至文件地理数据库）。
- 当窗口弹出【是否要将导出的数据添加到地图图层中？】，点击【是】按钮，即可将导出数据添加到该地图文档中。

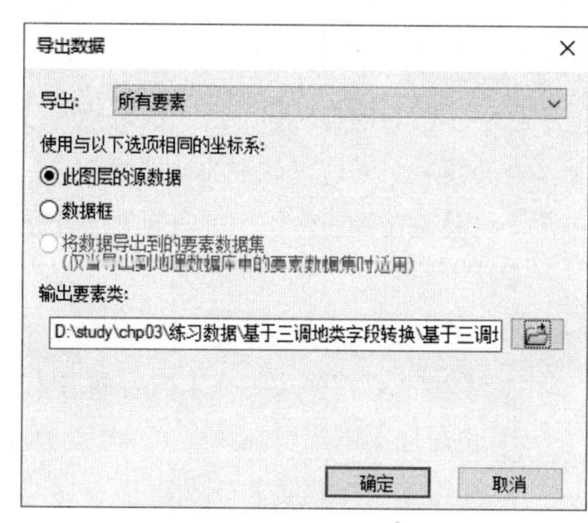

图3-4　导出数据面板图

☞ **步骤2**：删除不需要的字段。

- 在【目录】面板中，【文件夹连接】下找到新生成的【基期现状用地】，右键单击该图层，弹出菜单中选择【属性】，显示【要素类属性】对话框，切换至【字段】选项卡（图3-5）。单击列表中不需要的字段的行首，选中该行，按【Delete】键即可删除该字段。
- 重复此操作，删除掉其他不需要的字段，最终可只保留【BSM】（别名为【标识码】）、【YSDM】（别名为【要素代码】）、【DLMC】（别名为【地类名称】）、【DLBM】（别名为【地类编码】）字段。

☞ **步骤3**：添加字段。

紧接上一步的操作，仍旧在此【要素类属性】对话框中的【字段】选项卡下，在空白行处的【字段名】下，新增【基期现状用地】中的字段。

- 输入【字段名】为【FLDM】，【数据类型】为【文本】，在下方的【字段属性】表中【别名】处输入【国土用途规划分类代码】，【长度】设置为【10】。
- 类似的添加字段【FLMC】（别名为【国土用途规划分类名称】，【文本】型，长度为【20】）；字段【YDMJ】（别名为【用地面积】，【浮点】型）等（图3-6）。
- 点击【确定】按钮，【内容列表】中该图层即会自动更新。

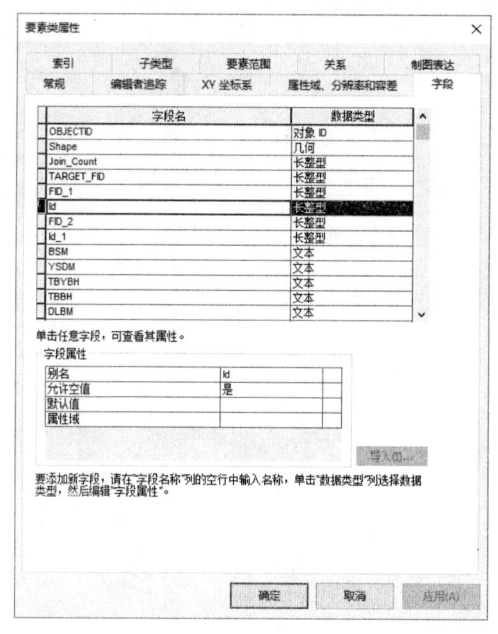

图3-5　要素类属性对话框

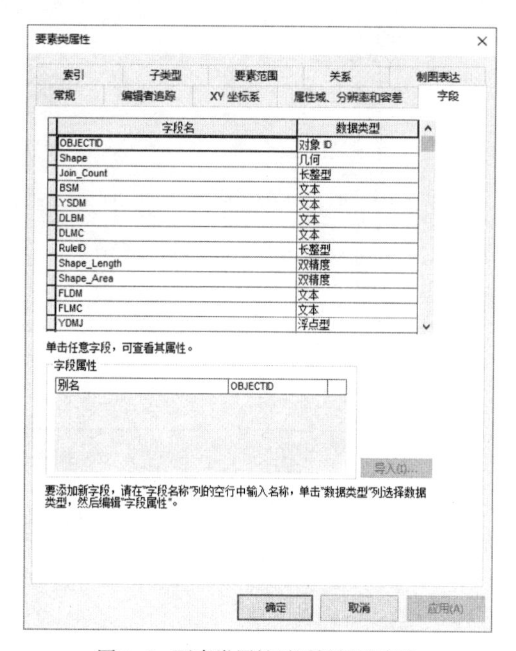

图3-6　要素类属性对话框新增字段

3.2.2　批量自动改名

在将三调的地类转换为国土的地类的过程中，可基于前节制作的地类基数转换表，通过三调中的地类编码或者是地类名称，将其作为连接字段，将基数转换表中国土空间规划的分类连接至三调的属性表中。

紧接之前步骤，继续操作如下：

☞ **步骤 1**：连接基数转换表中的字段。

- 连接基数转换表。在【内容列表】面板中，右键单击【基期现状用地】图层，在弹出菜单中选择【连接和关联】→【连接】，显示【连接数据】对话框。
  - 设置【要将哪些内容连接到该图层】为【某一表的属性】。
  - 设置【选择该图层中连接将基于的字段】为【地类名称】（或者地类编码）。
  - 设置【选择要连接到此图层的表，或者从磁盘加载表】为【基数转换表 _ExcelToTable】。
  - 设置【选择此表中要作为连接基础的字段】为【三调二级地类名称】（或者三调二级地类编码）。
  - 点击【确定】按钮，完成连接（图 3-7）。

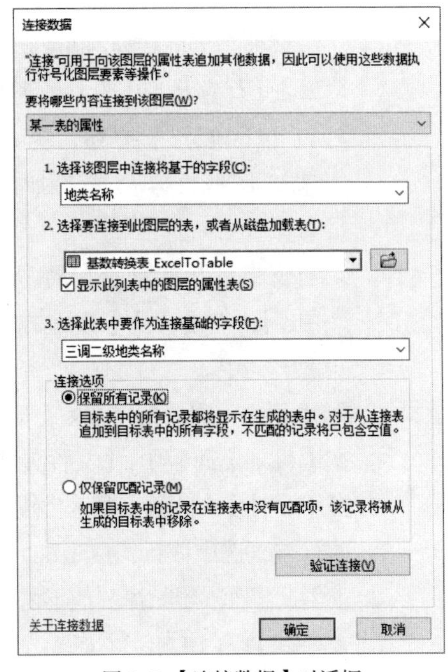

图 3-7　【连接数据】对话框

- 查看连接字段。在【内容列表】面板中，右键单击【基期现状用地】图层，在弹出菜单中选择【打开属性表】，查看【表】对话框中连接字段信息可以看到，基数转换表的信息已经连接上（图 3-8）。

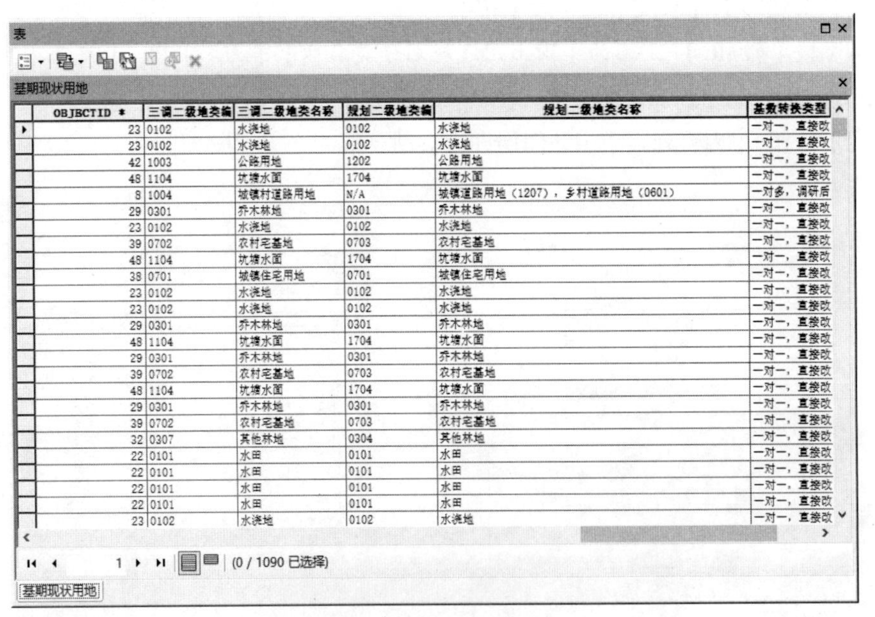

表

基期现状用地

OBJECTID *	三调二级地类编	三调二级地类名称	规划二级地类编	规划二级地类名称	基数转换类型
23	0102	水浇地	0102	水浇地	一对一，直接改
23	0102	水浇地	0102	水浇地	一对一，直接改
42	1003	公路用地	1202	公路用地	一对一，直接改
48	1104	坑塘水面	1704	坑塘水面	一对一，直接改
8	1004	城镇村道路用地	N/A	城镇道路用地（1207），乡村道路用地（0601）	一对多，调研后
29	0301	乔木林地	0301	乔木林地	一对一，直接改
23	0102	水浇地	0102	水浇地	一对一，直接改
39	0702	农村宅基地	0703	农村宅基地	一对一，直接改
48	1104	坑塘水面	1704	坑塘水面	一对一，直接改
38	0701	城镇住宅用地	0701	城镇住宅用地	一对一，直接改
23	0102	水浇地	0102	水浇地	一对一，直接改
23	0102	水浇地	0102	水浇地	一对一，直接改
29	0301	乔木林地	0301	乔木林地	一对一，直接改
48	1104	坑塘水面	1704	坑塘水面	一对一，直接改
29	0301	乔木林地	0301	乔木林地	一对一，直接改
39	0702	农村宅基地	0703	农村宅基地	一对一，直接改
48	1104	坑塘水面	1704	坑塘水面	一对一，直接改
29	0301	乔木林地	0301	乔木林地	一对一，直接改
39	0702	农村宅基地	0703	农村宅基地	一对一，直接改
32	0307	其他林地	0304	其他林地	一对一，直接改
22	0101	水田	0101	水田	一对一，直接改
22	0101	水田	0101	水田	一对一，直接改
22	0101	水田	0101	水田	一对一，直接改
22	0101	水田	0101	水田	一对一，直接改
23	0102	水浇地	0102	水浇地	一对一，直接改

1　(0 / 1090 已选择)

基期现状用地

图 3-8　连接后的属性表

- 通过【按属性选择】的方式筛选【基数转换表 _ExcelToTable. 规划二级地类编码】为【N/A】的数据。点击【表】对话框的工具条上的【表选项】工具，在弹出菜单中选择【按属性选择...】，显示【按属性选择】对话框（图 3-9）。
  - 选择上部列表框中的【基数转换表 _ExcelToTable. 规划二级地类编码】字段，然后点击【获取唯一值】

按钮，【基数转换表_ExcelToTable. 规划二级地类编码】字段的值将显示在中部列表框中。

- 点击下部输入框，然后双击【基数转换表_ExcelToTable. 规划二级地类编码】字段，单击【=】按钮，双击中部列表框中的【N/A】。从而构建了一个表达式【基数转换表_ExcelToTable. 规划二级地类编码 = ' N/A '】。其含义是选择“基数转换表_ExcelToTable. 规划二级地类编码”字段值为“N/A”的要素。
- 点击【应用】按钮，可以发现【表】对话框中所有符合条件的要素均被选中。
- 关闭【按属性选择】对话框。

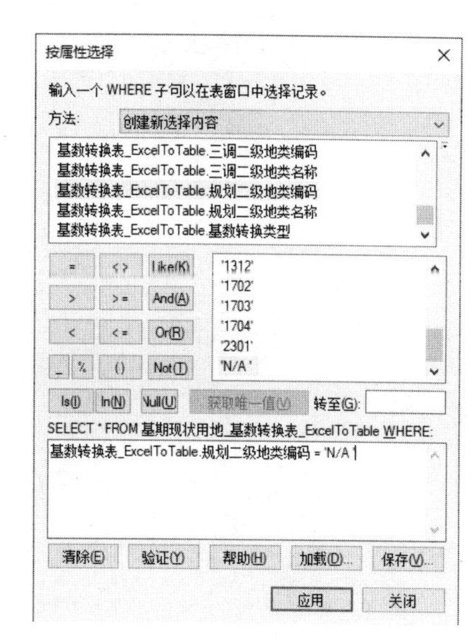

图 3-9　按属性选择

- 显示所选记录。点击【表】对话框底部的【显示所选记录】按钮，将隐藏未被选中的记录，仅显示选中的记录。按钮旁的文字显示 1090 中的 36 行符合条件。若要显示所有记录请点击【显示所有记录】按钮。可以看到研究区域中的城镇村道路用地、农村道路、沟渠、设施农用地、科教文卫用地、公用设施用地这六类用地需进一步细分（图 3-10）。

表

基期现状用地

OBJBCTID *	三调二级地类编	三调二级地类名称	规划二级地类编	规划二级地类名称	基数转换类型
13	1202	设施农用地	N/A	种植设施建设用地（0602），畜禽养殖设施建设用地（060	一对多，调研后
10	1006	农村道路	N/A	乡村道路用地（0601），田间道（2303）	一对多，调研后
10	1006	农村道路	N/A	乡村道路用地（0601），田间道（2303）	一对多，调研后
10	1006	农村道路	N/A	乡村道路用地（0601），田间道（2303）	一对多，调研后
13	1202	设施农用地	N/A	种植设施建设用地（0602），畜禽养殖设施建设用地（060	一对多，调研后
13	1202	设施农用地	N/A	种植设施建设用地（0602），畜禽养殖设施建设用地（060	一对多，调研后
8	1004	城镇村道路用地	N/A	城镇道路用地（1207），乡村道路用地（0601）	一对多，调研后
3	08H2	科教文卫用地	N/A	科研用地（0802），文化用地（0803），教育用地（0804	一对多，调研后
3	08H2	科教文卫用地	N/A	科研用地（0802），文化用地（0803），教育用地（0804	一对多，调研后
10	1006	农村道路	N/A	乡村道路用地（0601），田间道（2303）	一对多，调研后
10	1006	农村道路	N/A	乡村道路用地（0601），田间道（2303）	一对多，调研后
13	1202	设施农用地	N/A	种植设施建设用地（0602），畜禽养殖设施建设用地（060	一对多，调研后
4	0809	公用设施用地	N/A	供水用地（1301），排水用地（1302），供电用地（1303	一对多，调研后
12	1107	沟渠	N/A	沟渠（1705），干渠（1311）	一对多，调研后
10	1006	农村道路	N/A	乡村道路用地（0601），田间道（2303）	一对多，调研后
10	1006	农村道路	N/A	乡村道路用地（0601），田间道（2303）	一对多，调研后
10	1006	农村道路	N/A	乡村道路用地（0601），田间道（2303）	一对多，调研后
3	08H2	科教文卫用地	N/A	科研用地（0802），文化用地（0803），教育用地（0804	一对多，调研后
13	1202	设施农用地	N/A	种植设施建设用地（0602），畜禽养殖设施建设用地（060	一对多，调研后
8	1004	城镇村道路用地	N/A	城镇道路用地（1207），乡村道路用地（0601）	一对多，调研后
12	1107	沟渠	N/A	沟渠（1705），干渠（1311）	一对多，调研后
10	1006	农村道路	N/A	乡村道路用地（0601），田间道（2303）	一对多，调研后
10	1006	农村道路	N/A	乡村道路用地（0601），田间道（2303）	一对多，调研后
10	1006	农村道路	N/A	乡村道路用地（0601），田间道（2303）	一对多，调研后

0　(36 / 1090 已选择)

基期现状用地

图 3-10　需细分用地

☞ **步骤 2：**将连接表字段值复制到【FLDM】和【FLMC】列。

由于此种方式的数据连接是一个临时连接，基数转换表的内容并未物理存储在此图层上，因此需要通过复制操作，将临时连接的内容迁移到本表。这里只需要复制不需要进一步细分的数据，即一对一类型的数据，对于一对多类型，由于不知道要转换的地类名称，所以不能复制，需留待下一步细分。另外，如果复制一对多类型地类名称，由于【FLMC】字段长度只有 20，可能会出现因为长度不够而报错的情况。

- 选择不需要进一步细分的数据。点击【表】对话框上的【表选项】工具，在弹出菜单中选择【切换选择】，进行反向选择，选择到一对一的要素（图 3-11）。
- 通过【字段计算器】复制字段内容。右键点击【国土用途规划分类代码】列名，在弹出菜单中选择【字段计算器】，显示【字段计算器】对话框。
  - 在【字段】栏下，双击选择【基数转换表_ExcelToTable. 规划二级地类编码】，从而构成“基期现状用

OBJECTID *	三调二级地类编	三调二级地类名称	规划二级地类编	规划二级地类名称	基数转换类型
48	1104	坑塘水面	1704	坑塘水面	一对一，直接改
29	0301	乔木林地	0301	乔木林地	一对一，直接改
39	0702	农村宅基地	0703	农村宅基地	一对一，直接改
48	1104	坑塘水面	1704	坑塘水面	一对一，直接改
29	0301	乔木林地	0301	乔木林地	一对一，直接改
39	0702	农村宅基地	0703	农村宅基地	一对一，直接改
32	0307	其他林地	0304	其他林地	一对一，直接改
22	0101	水田	0101	水田	一对一，直接改
22	0101	水田	0101	水田	一对一，直接改
22	0101	水田	0101	水田	一对一，直接改
22	0101	水田	0101	水田	一对一，直接改
23	0102	水浇地	0102	水浇地	一对一，直接改
29	0301	乔木林地	0301	乔木林地	一对一，直接改
23	0102	水浇地	0102	水浇地	一对一，直接改
48	1104	坑塘水面	1704	坑塘水面	一对一，直接改
48	1104	坑塘水面	1704	坑塘水面	一对一，直接改
23	0102	水浇地	0102	水浇地	一对一，直接改
39	0702	农村宅基地	0703	农村宅基地	一对一，直接改
39	0702	农村宅基地	0703	农村宅基地	一对一，直接改
29	0301	乔木林地	0301	乔木林地	一对一，直接改
39	0702	农村宅基地	0703	农村宅基地	一对一，直接改
29	0301	乔木林地	0301	乔木林地	一对一，直接改

图 3-11 无需细分用地

地 .FLDM=【基数转换表 _ExcelToTable. 规划二级地类编码】” 的表达式。

- 点击【确定】按钮，完成【FLDM】内容的复制（图 3-12）。
- 类似地，完成【FLMC】的复制。

◆ 完成字段的复制后，可移除表格的连接。在【内容列表】面板中，右键单击【基期现状用地】图层，在弹出菜单中选择【连接和关联】→【移除连接】→【移除所有连接】即可。如此，就将一对一的三调地类批量改名为国土空间规划地类名称。

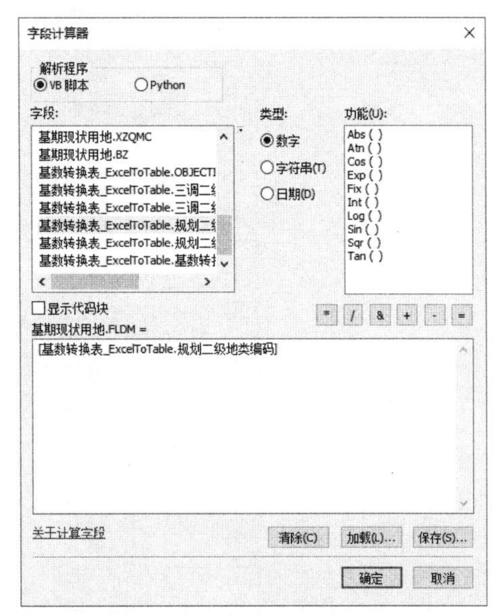

图 3-12 【字段计算器】对话框

3.3 细分三调地类

3.3.1 细分依据

上述步骤只能完成“一对一”情形下的地类转换。对于地类“一对多”的情况，则需要单独分析，具体的细分方式主要有如下四种：

➢ **方式一：**基于 POI 辅助用地细分。

城市兴趣点（Point of Interest,POI）主要指的是与人们生活密切相关的一些地理实体，承载着这些地理实体的属性信息，例如名称、经纬度等。通过对 POI 数据的分析，能从侧面获得地理特征（土地开发类型、城市功能区等）。通过抓取网络电子地图中的 POI 数据，经过处理分析，可以辅助帮助现状用地识别，细分三调地类。

➢ **方式二：**基于地形图辅助用地细分。

不同用地上的建设情况不同，根据不同用地和地物类型的对应关系，可以通过分析地形图实现相关用地的细分，例如教科文卫用地的细分就可根据地物类型和图中注记从地形图上倒推。

➢ **方式三：**基于影像判读辅助用地细分。

栅格影像是对现状地理特征的直观的反映。通过判读高清的影像图数据，可以帮助细分用地的分类。例如城镇村道路用地细分为城镇道路用地和乡村道路用地，由于城市和农村地理景观特征不同，通过影像图可方便地分辨出两类道路。

➢ **方式四**：基于补充调查辅助用地细分。

对于“一对多”中需要分的类较细或者类型较相似的用地，可能借助影像图、POI 等手段无法准确识别出差异（例如规划地类三级用地分类中的一类工业用地、二类工业用地和三类工业用地），那么可以借助补充调查的手段，通过实地调研等方式完成用地细分。

对于前一步骤剩下的四类用地进行细分，其中教科文卫用地的划分使用“POI+ 地形图”的方式，城镇村道路用地和农村道路、沟渠细分使用方式三的影像判读，设施农用地使用方式四补充调查的方式，公用设施用地采用“补充调查 +POI”的方式。

3.3.2 细分编辑

下面以某一条城镇村道路的细化为例，进行细化编辑。具体操作思路为：首先对基期现状用地图层符号化，以凸显要细分的用地；接着开启编辑，按照影像图的内容分割用地；最后对分割的用地赋予相应的属性。

类似地，读者可自行完成科教文卫用地、农村道路和公用设施用地等其他各类的细分，在此不做赘述。

紧接之前步骤，继续操作如下。

☞ **步骤 1**：符号化【基期现状用地】。

- 导入外界符号化样式。右键单击【基期现状用地】图层，在弹出菜单中选择【属性】，显示【图层属性】对话框。切换到【符号系统】选项卡，在选项卡中选择【显示：】栏下的要素【要素】→【单一符号】，点击【导入...】按钮，显示【导入符号系统】对话框（图 3-13）。
  - 点击【图层：】栏右侧的图标，弹出【由图层导入符号系统】对话框，添加随书数据中的样式【chp03\ 练习数据 \ 基于三调地类字段转换 \ 基期现状用地 .lyr】。
  - 点击【确定】按钮，显示【导入符号系统匹配对话框】对话框。
  - 设置【值字段】为【国土用途规划分类名称】。
  - 点击【确定】按钮，完成符号的导入。

☞ **步骤 2**：凸显待细分用地。

在之前的基数转换中，对于“一对多”的情况并未细化，其【FLMC】的值为空，而导入的用地符号化并没有相应的此类型，因此这些地类都取【其他所有值】的符号。为方便之后的用地分割，需首先在【符号系统】中对【其他所有值】通过特殊的符号让其凸显出来（这里采用底色填充加晕线的方式）。

- 紧接之前步骤，在【基期现状用地】图层的【符号系统】选项卡下，可以看到此时【显示】栏选择的是【类别】→【唯一值】，【值字段】为【国土用途规划分类名称】。
  - 勾选【<其他所有值>】，让其显示出来。
  - 双击其左侧可视化符号，显示【符号选择器】对话框。点击【编辑符号】按钮，显示【符号属性编辑器】对话框。设置【颜色】为【芒果色】（此处不作强制规定，可自行选择颜色对冲突图斑进行符号化）。
  - 点击【添加图层】按钮，【图层】栏中即出现一个新的图层，然后在【属性】栏下的【类型】下拉菜单中选择【线填充符号】，设置【角度】为【25】，其他可不作设置。
  - 点击【确定】按钮，返回【符号选择器】对话框。再次点击【确定】按钮，返回【图层属性】对话框（图 3-14）。
  - 点击【确定】按钮，即完成待细分用地的凸显，结果如图 3-15 所示。

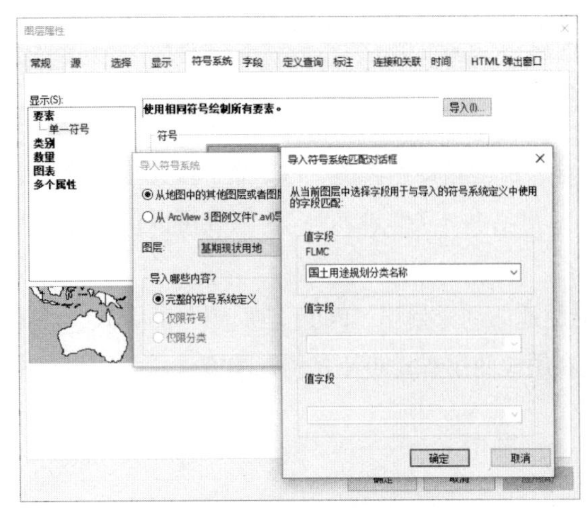

图 3-13 导入符号样式

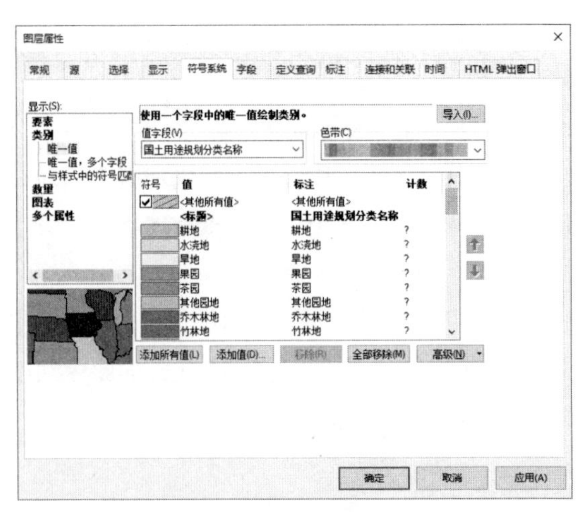

图 3-14 符号系统设置

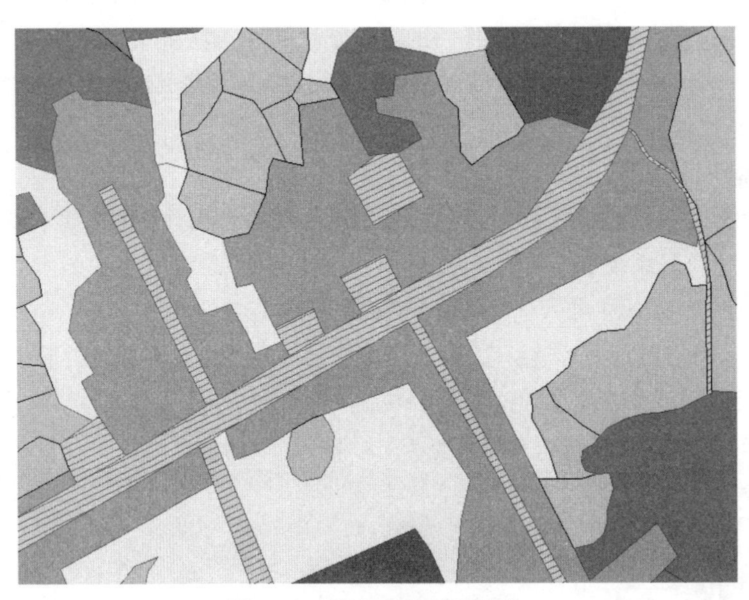

图 3-15 其他所有值地类符号化

☞ **步骤 3：**分割用地。

- 设置【基期现状用地】图层透明度。右键单击【基期现状用地】图层，在弹出菜单中选择【属性...】，显示【图层属性】对话框，切换到【显示】选项卡，设置【透明度】栏为【50%】，意味着图层将变为50%透明度。点击【确定】按钮，会发现【基期现状用地】图层变得透明，底层影像图的内容也显现出来。
- 开启编辑。点击【编辑器】工具条上的 编辑器(R)▾ 下拉菜单，选择【开始编辑】。在弹出的【开始编辑】对话框中选择要编辑的图层【基期现状用地】，点击【确定】按钮。
- 选择模板。此时主界面右侧会显示【创建要素】面板（若未出现，可点击【编辑器】工具条上的【创建要素】按钮，即可调出）。面板上部显示了可以编辑的要素类的绘图模板（由于上一步已经完成符号化，此时【创建要素】面板中会显示所有模板）。选择相应模板后，面板下部会显示对应的构造工具，这时可以开始绘图了。
- 根据影像图切分地块。点击【编辑器】工具条上的【编辑工具】，选中待细分的城镇村道路用地，然后点击【编辑器】工具条上的【裁剪面工具】。

> 说明一：对某个图层要素开启编辑后，所有已加载至【内容列表】中，并与此图层要素处于同个数据库下的要素类都会处于可编辑状态。
> 说明二：在【符号系统】中对【基期现状用地】图层设置了专题符号后，可以将每一类符号变成一个绘图模板，该模板类似于一个绘图工具，按照该模板绘制的要素就自动拥有了符号对应的属性值和图形样式。如此，绘图工作变得更加直观了。
> 说明三：选中【创建要素】面板中的绘图模板后，默认使用的绘图工具是【创建要素】面板中亮显的工具。对于【面】类型的要素类，默认工具是【面】，其他可用的工具还有矩形、圆形、椭圆、手绘、自动完成面等。
> 说明四：本章暂时不使用这些绘图工具，读者可自行尝试，下一章将对其进行详细讲解。

- 绘制分割线。根据影像图描绘出城镇道路用地和乡村道路用地之间的分割线，确保此分割线的起点和终点都在选中的面的边线上，双击结束绘制，此地块被自动分为两个地块，如图 3–16 所示。

图 3–16　用地分割

☞ 步骤 4：属性赋予。

- 通过属性对话框编辑属性。点击【编辑器】工具条上的【属性】工具 ，显示【属性】对话框。【属性】对话框用于显示和编辑那些被选中的要素的属性。
  - 点击【编辑器】工具条上的【编辑工具】，选中某一个刚被分割的乡村道路用地面，【属性】对话框会显示该面的属性，在【国土用途规划分类名称】一行点击【…】按钮，选择【乡村道路用地】，在【国土用途规划分类代码】行输入【0601】（图 3–17）。

图 3–17　【属性】对话框赋予

> 说明：由于之前步骤中符号化设置使用的是【国土用途规划分类名称】的字段，因此在【属性】对话框的【国土用途规划分类名称】字段行会出现【…】按钮，并有预设值供选择。其他的字段则无预设值，在修改时需手动输入。

  - 依次将其他“一对多”的地类赋属性（图 3–18）。

☞ 步骤 5：停止编辑。

在完成一个阶段的编辑任务后，记得保存内容。点击【编辑器】工具条上的 编辑器(R)▾ 下拉菜单，选择【停止编辑】，这时系统会询问是否要保存编辑，选择【是】，完成修改保存。

标识码	要素代码	地类编码	地类名称	行政区代码	行政区	国土用途规划分	国土用途规划分类名称	用地面积	备注	Shape_Length
		1004	城镇村道路	<空>	<空>	1207	城镇道路用地	<空>	<空>	13320.384779
		1006	农村道路	<空>	<空>	0601	乡村道路用地	<空>	<空>	1072.666499
		1107	沟渠	<空>	<空>	1705	沟渠	<空>	<空>	595.830236
		1107	沟渠	<空>	<空>	1705	沟渠	<空>	<空>	1166.22818
		1107	沟渠	<空>	<空>	1705	沟渠	<空>	<空>	1824.641998
		1006	农村道路	<空>	<空>	0601	乡村道路用地	<空>	<空>	694.392775
		1107	沟渠	<空>	<空>	1705	沟渠	<空>	<空>	1065.574501
		1202	设施农用地	<空>	<空>	0602	种植设施建设用地	<空>	<空>	500.272094
		1202	设施农用地	<空>	<空>	0602	种植设施建设用地	<空>	<空>	457.444347
		1202	设施农用地	<空>	<空>	0602	种植设施建设用地	<空>	<空>	474.600735
		1202	设施农用地	<空>	<空>	0602	种植设施建设用地	<空>	<空>	477.961641
		1006	农村道路	<空>	<空>	0601	乡村道路用地	<空>	<空>	7068.320867
		1202	设施农用地	<空>	<空>	0602	种植设施建设用地	<空>	<空>	333.489021
		1006	农村道路	<空>	<空>	0601	乡村道路用地	<空>	<空>	4592.900503
		1006	农村道路	<空>	<空>	0601	乡村道路用地	<空>	<空>	1788.309151
		1006	农村道路	<空>	<空>	0601	乡村道路用地	<空>	<空>	2131.611088
		1202	设施农用地	<空>	<空>	0602	种植设施建设用地	<空>	<空>	1060.874233
		1202	设施农用地	<空>	<空>	0602	种植设施建设用地	<空>	<空>	1009.854127
		1004	城镇村道路	<空>	<空>	1207	城镇道路用地	<空>	<空>	536.520545
		08H2	科教文卫用	<空>	<空>	0804	教育用地	<空>	<空>	566.380925
		08H2	科教文卫用	<空>	<空>	0804	教育用地	<空>	<空>	154.945072
		1006	农村道路	<空>	<空>	0601	乡村道路用地	<空>	<空>	5661.979796

图 3-18　用地细分后

3.4　转换三调地类

国土空间总体规划基数转换中，应结合土地管理的实际情况，对表 3-2 中的六种类型进行国土空间规划地类转换。其中 E、F 类转换与上一节细分三调地类的方法类似，本节不再赘述。

基数转换类型对应表　　表 3-2

序号	基数转换内容	转换要求	类别编号	证明材料要求
1	已验收土地开发、复垦、整理地块，但“三调”中仍为验收前地类	按验收文件中新增地类进行转换	A	1. 验收文件扫描件； 2.shp 格式验收地块
2	已批农转用地块、已批海域使用权或已办土地使用权证，但地类与“三调”不一致	按审批文件中地类进行转换或经认定的海域使用权证和土地使用权证对应范围红线归入相应地类	B	1. 审批文件、海域使用权证或土地使用权证扫描件； 2.shp 格式农转用或使用权证范围红线
3	批而未用地块，但地类与“三调”不一致	按批地文件中地类进行转换	C	1. 批地文件扫描件； 2.shp 格式地块范围线
4	“三调”建设用地中地类明显与实际不符的	按县级自然资源主管部门证明材料进行转换	D	1. 市、县级自然资源主管部门证明材料； 2.shp 格式地块范围线
5	现状城镇建成区范围内的绿地与广场用地，“三调”中调查为林地等其他地类	转换为公园绿地、防护绿地或广场用地	E	1. 市、县级自然资源主管部门证明材料； 2.shp 格式现状建成区范围线
6	现状城镇建成区范围内的河流水面、湖泊水面，“三调”中调查为绿地与广场用地	转换为河流水面、湖泊水面	F	1. 市、县级自然资源主管部门证明材料； 2.shp 格式地块范围线

3.4.1　基于批地数据更新三调用地

本小节以表 3-2 中的 B、C 类转换为例，利用批地数据，批量转换三调地类。已验收土地开发、复垦、整理地块的转换也与之类似。操作流程是联合【基期现状用地】和【批地数据】中的数据，从中找出地类不一致的地块，即【需转换地类】，然后利用联合叠加的方法，用【需转换地类】更新【基期现状用地】，并识别基数转换类型。也可以直接用【基期现状用地】和【批地数据】的联合数据，但这时会出现很多破碎面，因为即使两者地类相同，其边界不一致，也会将面打碎。

紧接之前步骤，继续操作如下。

☞ **步骤 1**：加载批地数据。

➜ 加载随书数据中的要素类【chp03\ 练习数据 \ 基于三调地类字段转换 \ 基于三调地类字段转换 .gdb\ 批地数据】，鼠标左键选中【批地数据】数据项，按住左键不放，将该项拖拉至【内容列表】面板。然后松开左键，可以看到【批地数据】作为一个图层出现在【内容列表】面板，同时其图像也会显示出来（图 3-19）。

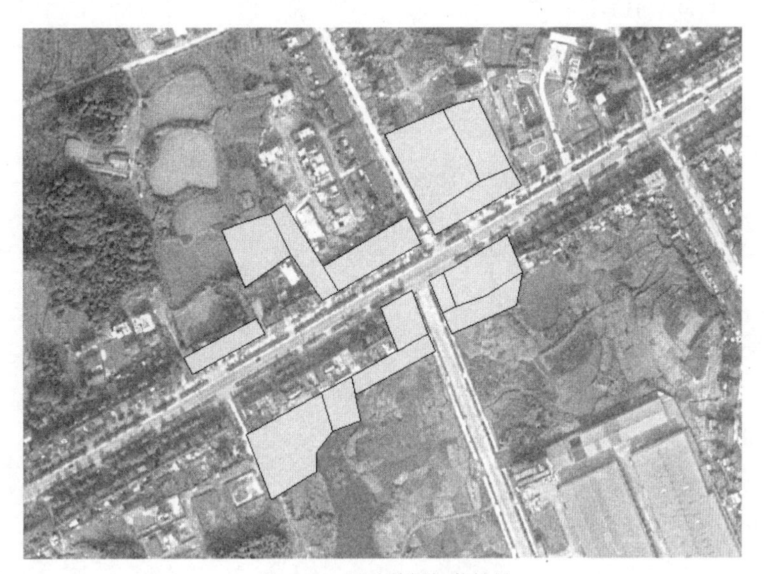

图 3-19 批地数据加载结果

➜ 查看批地项目属性。在【内容列表】面板中右键单击【批地数据】图层，选择【打开属性表】，可以看到【批地数据】属性表中，有【标识码 _ 项目】、【项目编号】、【项目名称】等字段（图 3-20）。

表

批地数据

标识码_项目	项目编号	项目名称	项目类型名称	项目用途名称	批
#YDSP2016082740117	#YDSP2016082740117	XX县2016年度第8批城市建设用地	城市分批次建设用	住宅用地	XX7
#YDSP2017122740765	#YDSP2017122740765	XX县2017年度第7批农用地转用	城市分批次建设用	住宅用地	XX7
#YDSP2016072242927	#YDSP2016072242927	XX县2016年度第22城市建设用地	城市分批次建设用	住宅用地	XX7
#YDSP2017082342727	#YDSP2017082342727	XX县2017年度第12批农用地转用	城市分批次建设用	住宅用地	XX7
#YDSP2016112040716	#YDSP2016112040716	XX县2016年度第27批农用地转用	城市分批次建设用	住宅用地	XX7
#YDSP2016030942115	#YDSP2016030942115	XX县2016年度第11批城市建设用	城市分批次建设用	公共管理与公共服务用	XX7
#YDSP2016040740118	#YDSP2016040740118	XX县2016年度第20批农用地转用	城市分批次建设用	公共管理与公共服务用	XX7
#YDSP2017082442769	#YDSP2017082442769	XX县2017年度第9批农用地转用	城市分批次建设用	公共管理与公共服务用	XX7
#YDSP2016042140118	#YDSP2016030942115	XX县2016年度第3批农用地转用	城市分批次建设用	公共管理与公共服务用	XX7
#YDSP2016050340115	#YDSP2016050340115	XX县2016年度第7批城市建设用地	城市分批次建设用	住宅用地	XX7
#YDSP2017051841339	#YDSP2017051841339	XX县2016年度第44批城市建设用	城市分批次建设用	住宅用地	XX7
#YDSP2016090940114	#YDSP2016090940114	XX县2016年度第17批城市建设用	城市分批次建设用	住宅用地	XX7

0 (0 / 14 已选择)

批地数据

图 3-20 土地供应属性表

☞ **步骤 2**：联合【基期现状用地】和【批地数据】中的数据。

➜ 规范【批地数据】要素类中的土地用途名称。

- 在【批地数据】要素类中新建【PDDLMC】字段（别名为【批地地类名称】，文本型）。
- 复制【批地数据】要素类中【项目用途名称】字段的值至【批地地类名称】。

- 修改【批地地类名称】字段内容。在对【批地数据】要素开始编辑后，打开其属性表，浏览到【批地地类名称】字段，将其中的值改为对应的国土空间规划地类。例如将【住宅用地】修改为【城镇住宅用地】。修改完毕后停止并保存编辑。

◆ 使用联合工具综合上述两个要素类。在【目录】面板中，浏览到【工具箱\系统工具箱\Analysis Tools.tbx\叠加分析\联合】，双击该项打开该工具，设置【联合】对话框，如图 3-21 所示。

- 设置【输入要素】为【批地数据】、【基期现状用地】。
- 设置【输出要素类】为【D:\study\chp03\练习数据\基于三调地类字段转换\基于三调地类字段转换.gdb\现状和批地冲突分析】。
- 设置【连接属性】为【ALL】。
- 点击【确定】按钮，完成联合，结果如图 3-22 所示（需把批地数据放置于最上层）。

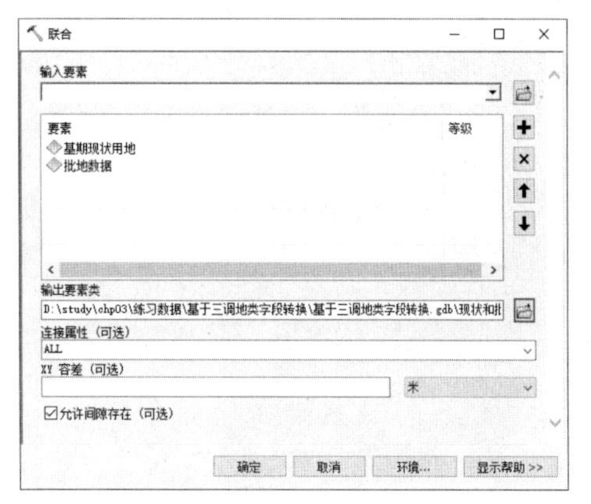

图 3-21 【联合】对话框

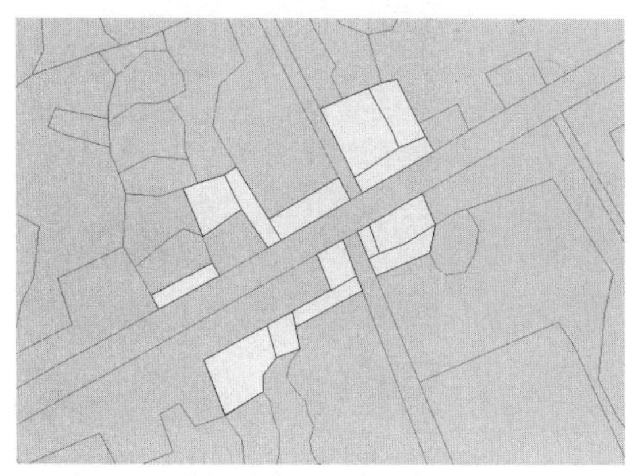

图 3-22 【现状和批地冲突分析】结果

☞ **步骤 3:** 提取需转换的地类。

◆ 选中需转换地类。在【现状和批地冲突分析】图层的属性表中，对比【FLMC】（原【基期现状用地】字段，别名为【国土用途规划分类名称】）与【PDDLMC】（原【批地数据】字段，别名为【批地地类名称】）字段中内容，选中不一致的地块。

- 在【内容列表】面板中，右键单击【现状和批地冲突分析】图层，在弹出菜单中选择【打开属性表】，显示【表】对话框。点击【表】对话框的工具条上的【表选项】工具，在弹出菜单中选择【按属性选择...】，显示【按属性选择】对话框（图 3-23）。
- 上部列表框中的字段，可选择作为要处理的对象。点击选择后即出现在下方框中。
- 通过选择字段和运算方式，构建如下表达式：【基期现状用地_FLMC <> PDDLMC AND PDDLMC <> '' 】。其含义是选择“FLMC”字段值与“PDDLMC”字段值内容不同，且“PDDLMC”字段值非空的数据①。
- 点击【应用】按钮，可以发现【表】对话框中所有需转换的地类

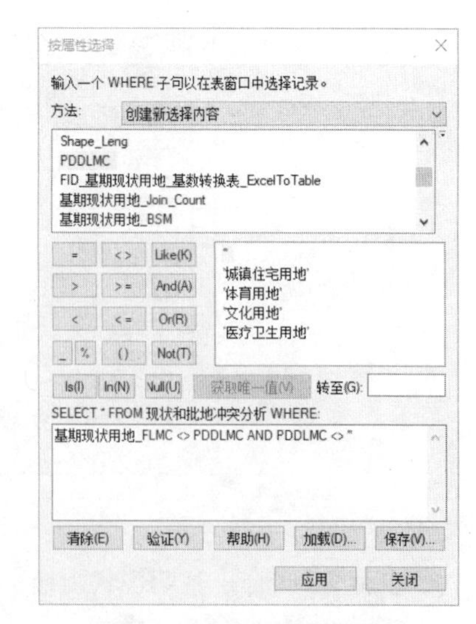

图 3-23 【按属性选择】对话框

① “注意”是两个英文单引号，<> 是不等于的符号，【PDDLMC】为空的地块是批地数据之外的基期现状用地地块，联合后由于这些地块没有批地数据，所以【PDDLMC】字段为空值。

均被选中。

- 关闭【按属性选择】对话框。

- 导出需转换地类。在【内容列表】面板中右键单击【现状和批地冲突分析】图层，弹出菜单中选择【数据】→【导出数据】，显示【导出数据】对话框，设置如图 3-24 所示。
  - 设置【导出】为【所选要素】。
  - 设置【输出要素类】为【D:\study\chp03\练习数据\基于三调地类字段转换\基于三调地类字段转换.gdb\需转换地类】。
  - 点击【确定】按钮，完成数据导出，可以看到【需转换地类】已加载至【内容列表】面板，结果如图 3-25 所示。

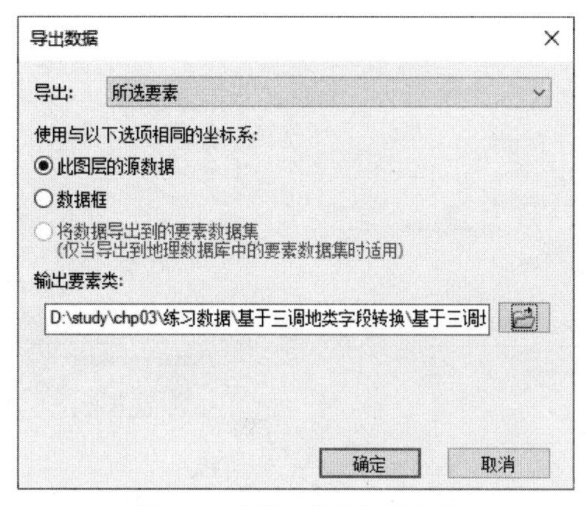

图 3-24 【导出数据】对话框

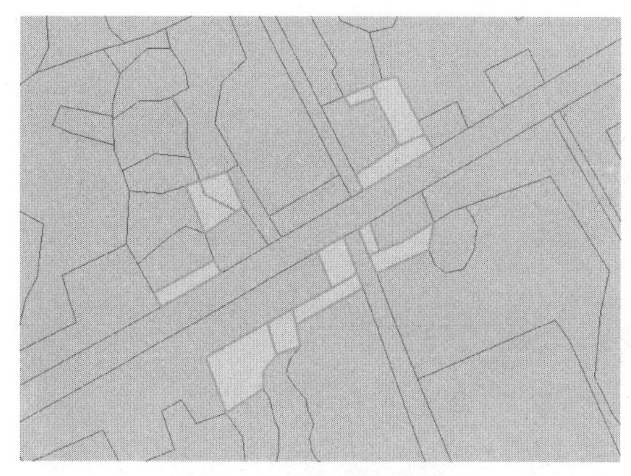

图 3-25 【需转换数据】结果

- 删除【需转换地类】中不需要的字段。打开【需转换地类】图层的属性表，删除除【批准文函】、【项目名称】、【批地地类名称】以外其他不需要的字段（可在【目录】面板中，通过要素类属性删除）。

☞ **步骤 4**：用【需转换地类】更新【基期现状用地】要素类。

- 联合【需转换地类】与【基期现状用地】。在【目录】面板中，浏览到【工具箱\系统工具箱\Analysis Tools.tbx\叠加分析\联合】，双击该项打开该工具，设置【联合】对话框，如图 3-26 所示。
  - 设置【输入要素】为【需转换地类】、【基期现状用地】。
  - 设置【输出要素类】为【D:\study\chp03\练习数据\基于三调地类字段转换\基于三调地类字段转换.gdb\基期年现状\基期现状用地（地类转换）】。
  - 设置【连接属性】为【ALL】。
  - 点击【确定】按钮，完成联合。

- 符号化【基期现状用地（地类转换）】（参考 3.3.2 节步骤 1：符号化【基期现状用地】）。

- 转换地类名称并设置地类转换类型。
  - 打开【基期现状用地（地类转换）】图层的属性表。添加文本字段【ZHLX】（别名为【转换类型】）、文本字段【ZHHFLMC】（别名为【转换后国土用途规划分类名称】）、文本字段【ZHHFLDM】（别名为【转换后国土用途规划分类代码】）。
  - 将【国土用途规划分类名称】的字段属性复制到新建的【转换后国土用途规划分类名称】。
  - 同样地，将【国土用途规划分类代码】的字段属性复制到新建的【转换后国土用途规划分类代码】。
  - 筛选出【国土用途规划分类名称】与【批地地类名称】的字段值不一致的地块（通过按属性选择，直接筛选【批地地类名称】字段不为空的数据，因为【需转换地类】中的所有地块都是两者不一致的地块，而这些地块的【批地地类名称】都不为空）。

- 在【内容列表】面板中右键单击【基期现状用地（地类转换）】图层，在弹出菜单中选择【选择】→【根据所选要素创建图层】，可以看到【内容列表】中自动生成一个新图层【基期现状用地（地类转换）选择】，其中只有选中的要素，可聚焦编辑对象，保存后源图层也会更新，因为两者基于同一个要素类（图3-27）。

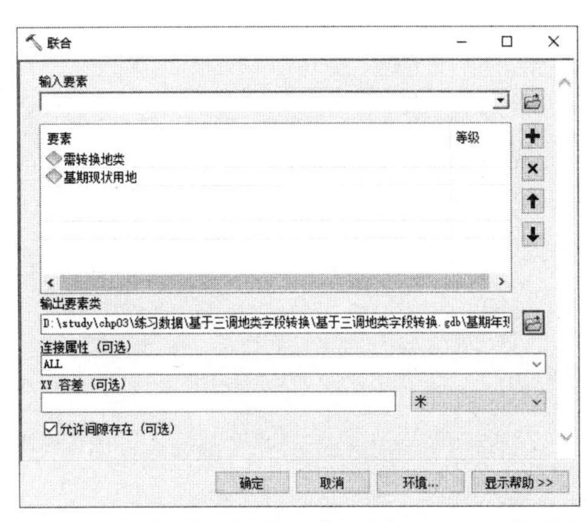

图3-26　【需转换地类】与【基期年现状用地】联合

图3-27　根据所选要素创建图层

- 对【基期现状用地（地类转换）选择】图层开始编辑后，在属性表的【转换类型】字段中输入地块转换类型编号。若【国土用途规划分类名称】显示的不是农用地，则说明批地地类或土地使用权证地类与三调地类不相符，则在【转换类型】中输入类型编号【B】；若【国土用途规划分类名称】是农用地，则说明是批而未用土地，在【转换类型】中输入类型编号【C】（图3-28）。
- 用【字段计算器】复制【批地地类名称】的值至【转换后国土用途规划分类名称】字段（本书假设批地地类都是正确的，据此调整三调地类，实际工作中需要逐个地块核对，有时三调地类是正确的）。
- 通过连接国土用途分类代码表，批量赋值【转换后国土用途规划分类代码】字段（类似于"3.2.2 批量自动改名"的操作，读者可自行制作国土用途分类代码表，这里不再赘述）。
- 完成后停止编辑并保存编辑内容。

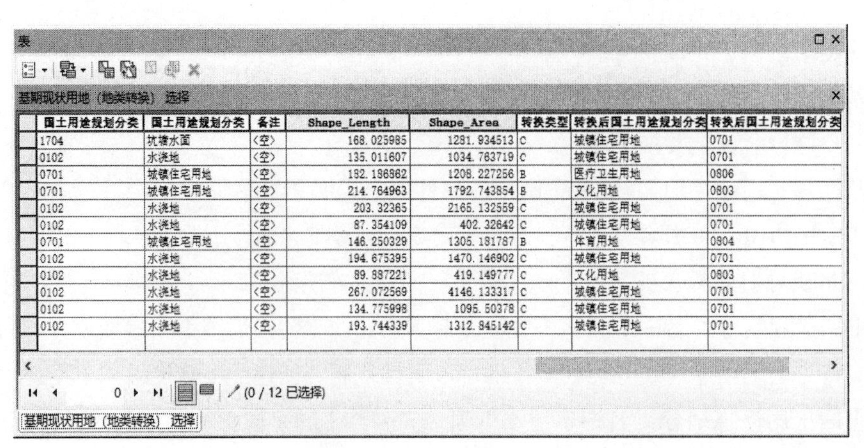

表

基期现状用地（地类转换）选择

国土用途规划分类	国土用途规划分类	备注	Shape_Length	Shape_Area	转换类型	转换后国土用途规划分类	转换后国土用途规划分类
1704	坑塘水面	<空>	168.025985	1281.934513	C	城镇住宅用地	0701
0102	水浇地	<空>	135.011607	1034.763719	C	城镇住宅用地	0701
0701	城镇住宅用地	<空>	182.186862	1208.227256	B	医疗卫生用地	0806
0701	城镇住宅用地	<空>	214.764963	1792.743854	B	文化用地	0803
0102	水浇地	<空>	203.32365	2165.132559	C	城镇住宅用地	0701
0102	水浇地	<空>	87.354109	402.32642	C	城镇住宅用地	0701
0701	城镇住宅用地	<空>	146.250329	1305.181787	B	体育用地	0804
0102	水浇地	<空>	194.675395	1470.146902	C	城镇住宅用地	0701
0102	水浇地	<空>	89.887221	419.149777	C	文化用地	0803
0102	水浇地	<空>	267.072569	4146.133317	C	城镇住宅用地	0701
0102	水浇地	<空>	134.775998	1095.50378	C	城镇住宅用地	0701
0102	水浇地	<空>	193.744339	1312.845142	C	城镇住宅用地	0701

(0 / 12 已选择)

基期现状用地（地类转换）选择

图3-28　批地数据更新后

3.4.2 与实际不符的三调地类修改

如果存在这种情况，则需要对不符地块进行修改。常见的修改对象包括：更改地类、更改边界、更新地块等。更改地类比较简单，只需在地块的【转换后国土用途规划分类名称】字段填写新的用地类别值，然后设置【转换类型】的值为【D】即可。下面重点介绍更改边界、更新地块这两类修改。

3.4.2.1 更改边界

如果要调整地块边界，实际上是要调整边界周边地块的国土用途规划分类名称。这时不建议直接编辑地块边界，因为这样不会记录下调整前后地类面积的变化。建议采用首先沿新边界分割地块，然后更改分类名称并录入转换类型的方式。

紧接之前步骤，继续操作如下。

☞ **步骤**：修改与实际不符的三调地类地块。

- 分割与实际不符的三调地类地块。在对【基期现状用地（地类转换）】要素开始编辑后，点击【编辑器】工具条上的【编辑工具】▸，选择与实际不符的地块（按住shift键的同时点选可以同时选中多个待修改的用地）（图3–29），然后点击【编辑器】工具条上的【裁剪面】工具，根据栅格影像图对所选地块进行分割（图3–30），确保此分割线的起点和终点都在所选面的边线上，双击结束绘制。

图3–29 选择与实际不符的地块

图3–30 地块分割结果

- 更改地类名称并输入转换类型。点击【编辑器】工具条上的【编辑工具】▸，逐个选择分割后生成的新地块，然后点击【编辑器】工具条上的属性工具，显示【属性】对话框。点击【转换后国土用途规划分类名称】栏旁的单元格，设置新的分类名称，点击【转换后国土用途规划分类代码】栏旁的单元格，设置新的分类代码，点击【转换类型】栏旁的单元格输入转换类型编号【D】(图3–31)。

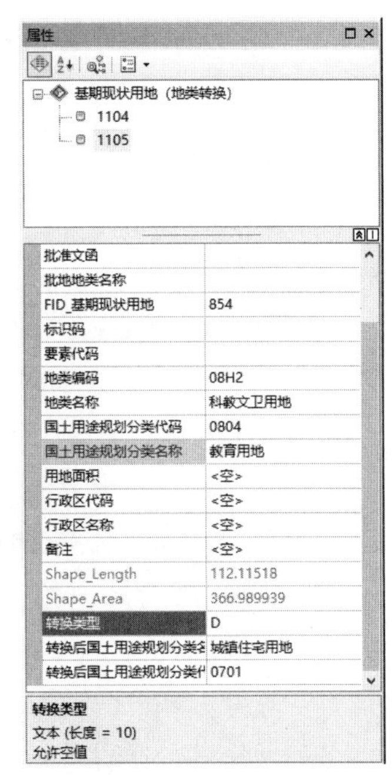

图3–31 【属性】对话框

3.4.2.2　用新地块直接更新

如果存在需要用局部地块更新三调地块时，可以不使用3.4.1节中批量更新的方式，而采用在编辑状态下，用新地块的边界直接分割现状地块，最后更改地类名称并录入转换类型的方式。下面以增加一条城镇道路为例，示例操作过程。

紧接之前步骤，继续操作如下。

☞ **步骤1**：加载【新建支路】面要素类。

加载随书数据中的要素类【chp03\练习数据\基于三调地类字段转换\基于三调地类字段转换.gdb\新建支路】(图3–32)。

图3–32　新建支路

☞ **步骤2**：用支路分割现状地块。

- 加载【高级编辑】工具条。右键单击任意工具条，在弹出菜单中选择【高级编辑】，即可调出工具条。
- 开启对【基期现状用地（地类转换）】图层的编辑。
- 选中【新建支路】图层中的道路。点击【编辑器】工具条上的【编辑工具】▸，选中道路面。由于有多个面重叠，可能不方便一次选中道路，这时可以点击所选要素旁的切换工具，切换点击位置的要素。
- 使用【分割面】工具裁剪地块。点击【高级编辑】工具条上的【分割面】工具，显示【分割面】对话框(图3–33)，设置【目标】为【基期现状用地（地类转换）】，默认【拓扑容差】，点击【确定】按钮，完成支路对地块的分割。
- 选中切割后的用地。切割后，【新建支路】面仍处于选中状态，且在【基期现状用地（地类转换）】图层之上显示。首先在【内容列表】中，关闭【新建支路】的显示。点击【编辑器】工具条上的【编辑工具】▸，按住 Shift 键不放，点选多个切割后的用地面。

- 批量为分割后的面赋予分类名称。点击【编辑器】工具条上的属性工具▤，显示【属性】对话框。点击对话框上部的对象 ⊟◈ 基期现状用地（地类转换）（意味着下列的所有用地都被选中）。之后同样在【转换后国土用途分类代码】、【转换后国土用途分类名称】输入“城镇道路用地”和相应编码，在【转换类型】栏旁的单元格输入转换类型编号【D】（图 3-34）。如此可一次性赋值多个地块同样的属性。

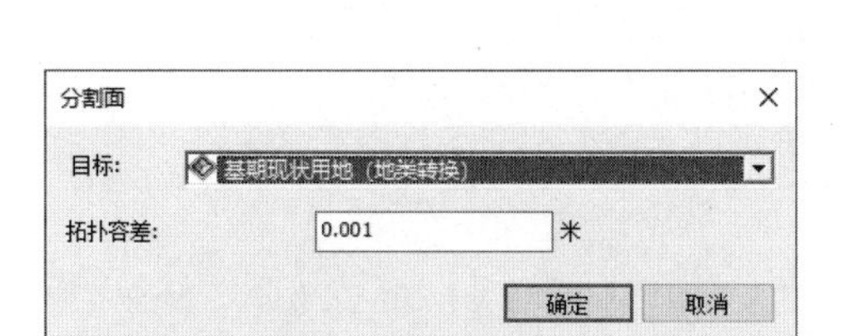

图 3-33 【分割面】对话框

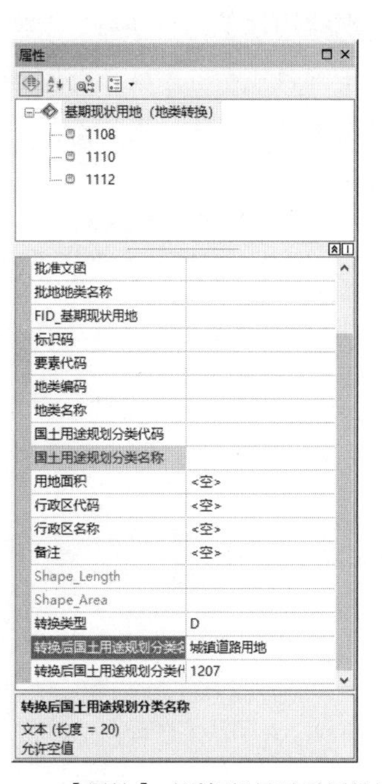

图 3-34 【属性】对话框批量赋予属性图

- 完成后如图 3-35 所示。对于涉及数量较多的地块的分割时，该方法较为方便。

图 3-35　基于新建道路批量分割地块完成图

☞ **步骤 3**：保存编辑内容。

同理，可完成其他类型的用地的转换。注意，记得在【转换类型】字段中输入相应的转换类型，用于之后的表格汇总。完成后，点击主界面菜单【文件】→【保存】，保存地图文档。

随书数据的【chp03\ 练习结果示例 \ 基于三调地类字段转换 \ 国土用地现状图绘制 .mxd】示例了本节练习的完整结果。

3.5 拓扑检查数据质量

在完成【基期现状用地】的转换后，要素数据可能存在重叠、空隙等错误。因此，需要进行拓扑验证，保证数据的拓扑关系是正确且完整的。无拓扑问题后才能入库提交和使用。具体包括拓扑创建、拓扑错误检测、拓扑错误修改、拓扑编辑等基本操作。要注意的是，构建拓扑的前提是此要素图层在要素数据集之下。

知识点：拓扑和验证拓扑

在地理数据库中，拓扑是点要素、线要素以及多边形要素共享重叠几何的排列布置。例如，相邻的地块多边形共享公共边界，路灯在照明电力线上等。在构建拓扑时会指定一系列类似的拓扑规则。本节要使用的拓扑规划如下表所示。

现状用地拓扑检查所用规则 表 3-3

拓扑规则	规则描述	图示
不能重叠	一个区域不能与同一图层的另一个区域叠置	
不能有空隙	同一图层中的区域之间不能存在空隙	

验证地理数据库拓扑时，会运行一系列检查，以确定是否违反了为拓扑定义的规则，例如相邻地块是否有重叠区域，路灯是否不在照明电力线上等。

步骤 1：打开地图文档，查看实验数据。

- 打开随书数据中的地图文档【chp03\ 练习数据 \ 拓扑检查 \ 拓扑检查数据质量 .mxd】。该文档关联数据库已建立。且地图文档中已经加载按之前步骤完成的【基期现状用地（地类转换）】、【栅格影像】图层。其中【基期现状用地（地类转换）】故意复制了某个地块，两者重叠在一起，通常肉眼看不出来，这是经常会发生的误操作，但通过拓扑检查可以无一遗漏地将其查出。

步骤 2：新建拓扑。

- 显示【新建拓扑】对话框。在【目录】面板中，右键单击【基期年现状】要素数据集，选择【新建】→【拓扑】，显示【新建拓扑】对话框（图 3-36）（*注意这里操作的对象是要素数据集【基期年现状】，不是要素类*）。
  - 设置【输入拓扑名称】为【基期年现状 _Topology】。
  - 【输入拓扑容差】设为默认。
  - 点击【下一步】按钮。
  - 选择要参与到拓扑中的要素类，勾选【基期现状用地（地类转换）】。
  - 【指定拓扑规则】时，点击【添加规则...】，显示【添加规则】对话框。
  - 将【规则】设为【不能重叠】，点击【确定】按钮。再次点击【添加规则...】，显示【添加规则】对话框，将【规则】设为【不能有空隙】，点击【确定】按钮（图 3-37）。
  - 点击【完成】按钮。
  - 在弹出的【新建拓扑】对话框中，询问“是否要立即验证”，点击【是】按钮，生成拓扑。

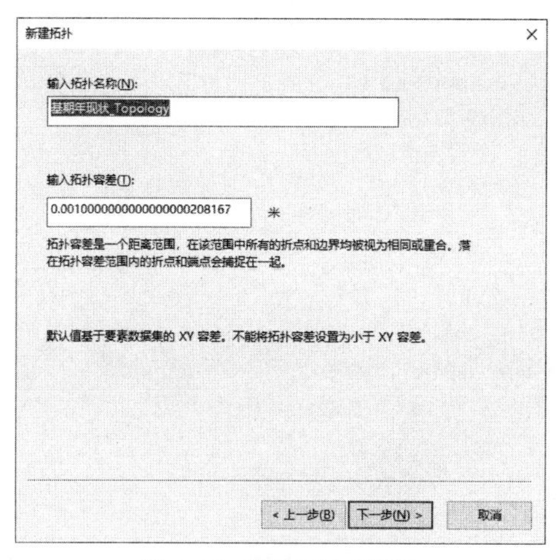

图 3-36　新建拓扑对话框

图 3-37　拓扑规则赋予

➜ 查看拓扑验证结果。在【目录】面板中，【拓扑检查数据质量 .gdb】数据库下，浏览到【基期年现状 _Topology】拓扑对象，鼠标左键选中，按住左键不放，将该项拖拉至【内容列表】面板中图层最上方，然后松开左键。【基期年现状 _Topology】作为一个图层出现在【内容列表】面板中（图 3-38），同时其拓扑错误之处也会显示（图 3-39）。

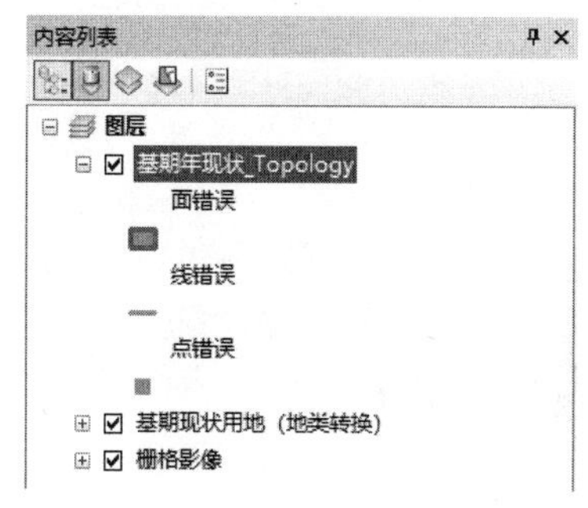

图 3-38　加载拓扑要素

☞ **步骤 3**：查看拓扑错误。

➜ 开始编辑。点击【编辑器】工具条上的 编辑器(R) 下拉菜单，选择【开始编辑】，在弹出的【开始编辑】对话框中选择要编辑的图层【基期现状用地（地类转换）】，点击【确定】按钮。

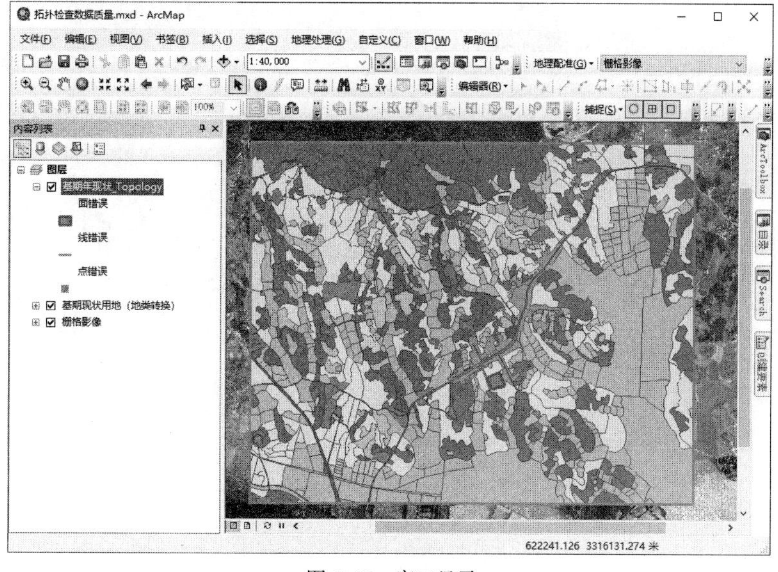

图 3-39　窗口显示

➜ 显示【拓扑】工具条。右键单击任意工具条，在弹出菜单中选择【拓扑】，显示该工具条（图 3-40）。

➜ 选择拓扑。点击【拓扑】工具条上的【选择拓扑】工具，显示【选择拓扑】对话框（图 3-41）。

- 点击【地理数据库拓扑】栏的下拉列表中选择【基期年现状 _Topology】。
- 点击【确定】按钮。

图 3-40 拓扑工具条

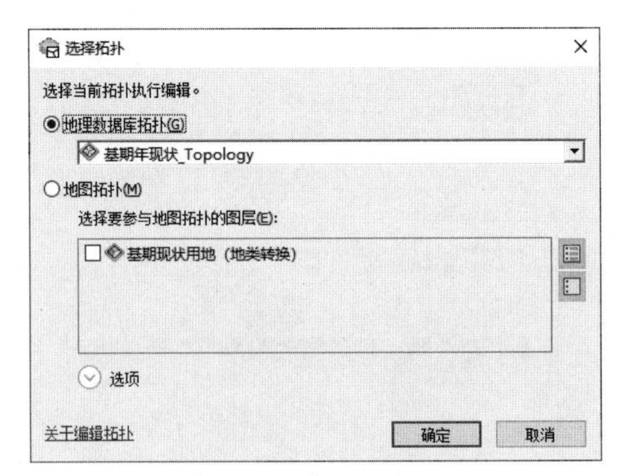

图 3-41 选择拓扑对话框

- **地理数据库拓扑：** 地理数据库拓扑是在地理数据库中创建和储存拓扑，它定义了要素集之间的关系规则。拓扑规则可以另存为规则集进行共享和重复使用，其可以作为图层添加在地图中。对要素类执行拓扑编辑后，必须进行拓扑验证，查看是否违反任何拓扑规则。地理数据库拓扑的要素是地理数据库geodatabase中的简单要素类，可以是点、线和多边形。拓扑的所有要素类使用同一个坐标系并组织成同一要素数据集。
- **地图拓扑：** 地图拓扑为临时拓扑，仅在编辑期间有效，不会作为图层永久储存或显示在地图中。参与地图拓扑的数据必须位于同一文件夹或同一地理数据库内，要素可位于一个或多个图层中，并具有不同的图层类型。任何Shapefile文件或要素类数据都可创建地图拓扑，但注记、标注和关系类及几何网络要素类不能参加。每次编辑状态下只能定义一个地图拓扑，且地图拓扑不涉及任何拓扑规则，无需进行拓扑验证。

- 显示拓扑错误。点击【拓扑】工具条上的【错误检查器】工具，将在主界面下方显示【错误检查器】面板。取消勾选【仅搜索可见范围】，点击【立即搜索】即可显示所有拓扑错误。双击列表中的任意错误，地图就会漫游到该错误所在位置，方便逐个修改（图 3-42）。

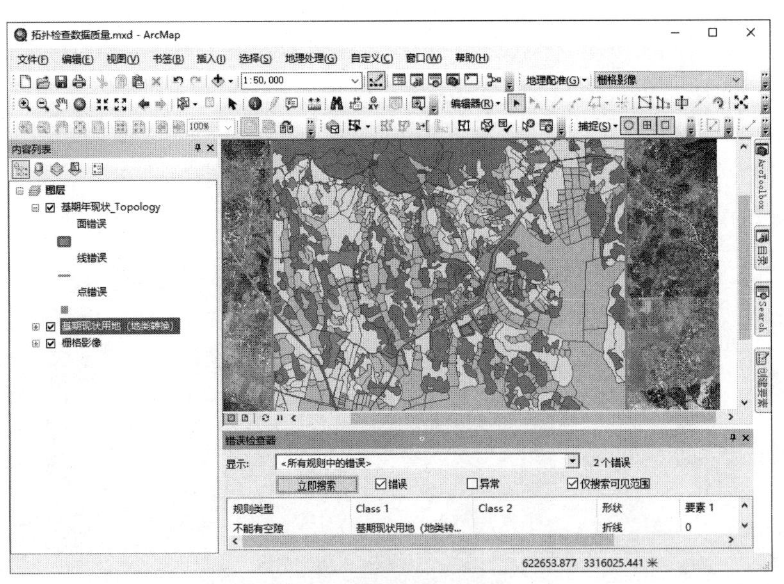

图 3-42 错误检查器面板

步骤 4： 修改拓扑错误。

- 删除重叠部分。
  - 显示拓扑错误位置。在【错误检查器】面板中，选中【规则类型】为【不能有重叠】，右键单击它，在弹出的菜单中选择【缩放至】，工作窗口即会显示所选的拓扑错误所在位置。
  - 修改重叠处的错误。点击【拓扑】工具条上的【修复拓扑错误工具】，点选重叠处的面要素，右键单击任一位置，在弹出菜单中选择【合并】。【合并】操作和【编辑器】下的合并操作类似，选择将与错误合并的要素后，点击【确定】按钮（图 3-43）。

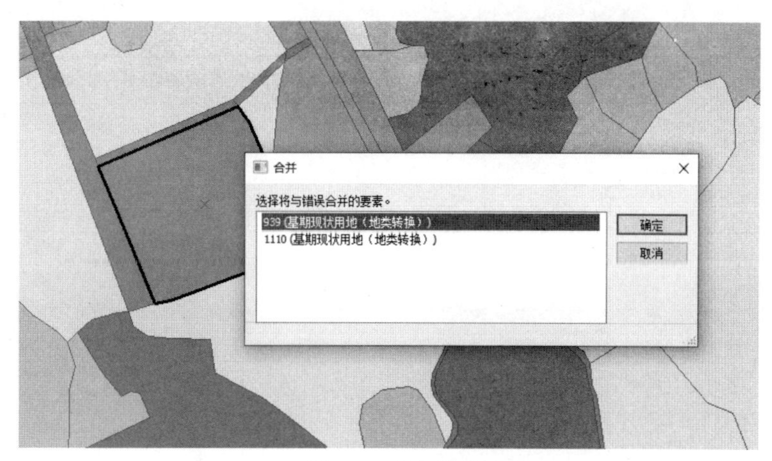

图 3–43 叠加处理

- 标记异常。
  - 由于用地面要素边界线外侧无面，拓扑检查中会显示为【不能有空隙】的错误。在【错误检查器】中右键单击该行，在弹出的菜单中选择【标记为异常】即可（图 3–44）。

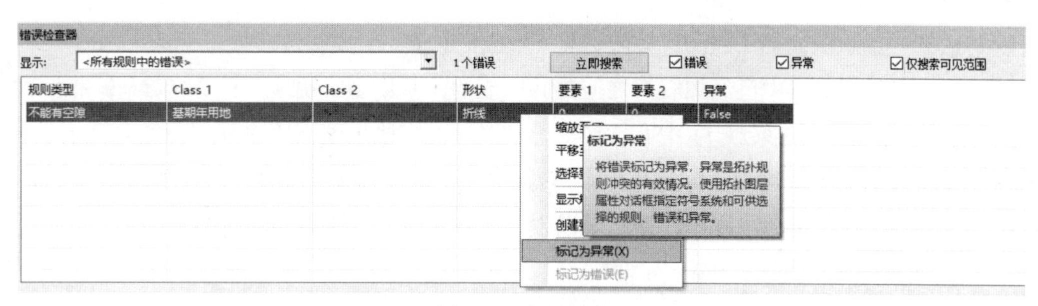

图 3–44 标记异常

- 再次验证。
  - 按照上述步骤依次将【错误检查器】中的所有错误修改完成。

☞ **步骤 5**：保存编辑内容。

- 点击【拓扑】工具条上的【验证当前范围中的拓扑】工具，并点击【错误检查器】中的【立即搜索】。若还有错误，则继续修改。
- 完成后，保存编辑内容，并保存文档。点击【编辑器】工具条上的 编辑器(R)▾ 下拉菜单，选择【停止编辑】，这时系统会询问是否要保存编辑，选择【是】按钮，完成修改保存。随书数据的【chp03\练习结果示例\拓扑检查\拓扑检查数据质量.mxd】示例了本节练习的完整结果。

3.6 生成基数转换汇总表

在完成基数转换和拓扑检查修改后，还需制作一系列统计表格，用于审批和上报。下面以制作基数转换汇总表（表 3–4）为例，介绍统计方法。

基数转换汇总表 （单位：公顷） **表 3–4**

地类	现状数据	转换后基数	A 类转换	B 类转换	C 类转换	D 类转换	E 类转换	F 类转换
区域总面积								

续表

<table>
<tr><th colspan="3">地类</th><th>现状数据</th><th>转换后基数</th><th>A 类转换</th><th>B 类转换</th><th>C 类转换</th><th>D 类转换</th><th>E 类转换</th><th>F 类转换</th></tr>
<tr><td rowspan="7">农林用地</td><td colspan="2">小计</td><td></td><td></td><td></td><td></td><td></td><td></td><td></td><td></td></tr>
<tr><td rowspan="3">耕地</td><td>水田</td><td></td><td></td><td></td><td></td><td></td><td></td><td></td><td></td></tr>
<tr><td>水浇地</td><td></td><td></td><td></td><td></td><td></td><td></td><td></td><td></td></tr>
<tr><td>旱地</td><td></td><td></td><td></td><td></td><td></td><td></td><td></td><td></td></tr>
<tr><td rowspan="2">种植园用地</td><td>果园</td><td></td><td></td><td></td><td></td><td></td><td></td><td></td><td></td></tr>
<tr><td>……</td><td></td><td></td><td></td><td></td><td></td><td></td><td></td><td></td></tr>
<tr><td>……</td><td></td><td></td><td></td><td></td><td></td><td></td><td></td><td></td><td></td></tr>
<tr><td>……</td><td></td><td></td><td></td><td></td><td></td><td></td><td></td><td></td><td></td><td></td></tr>
</table>

资料来源：参考《山东省国土空间总体规划技术转换技术指南》附表 1-1 制作。

该表要统计的内容包括各地类的现状面积、转换后面积、各类型转换（A 类到 F 类）的面积。

☞ **步骤 1**：打开地图文档，查看实验数据。

- 打开随书数据中的地图文档【chp03\ 练习数据 \ 生成汇总表 \ 生成基数转换汇总表 .mxd】。该文档关联数据库已建立。且地图文档中已经加载按之前步骤完成的【基期现状用地（地类转换）】和【栅格影像】图层。【基期现状用地（地类转换）】中有转换前地类名称的字段【国土用途规划分类名称】、转换后地类名称的字段【转换后国土用途规划分类名称】、转换类型字段【转换类型】，以及三调中的要素代码、批地数据中的字段、验收数据的字段等，据此可以生成基数转换审查所需要的各类表格。

☞ **步骤 2**：汇总各地类的现状面积和转换后面积。

- 计算所有图斑的用地面积。
  - 在【内容列表】面板中，右键单击【基期现状用地（地类转换）】图层，弹出菜单中选择【打开属性表】，显示【表】对话框。属性表中已经提前建好用地面积字段【YDMJ】（别名：【用地面积】）。
  - 右键单击【用地面积】列的列标题，在弹出菜单中选择【计算几何...】，显示【计算几何】对话框，设置【属性】为【面积】，设置【单位】为【公顷】，点击【确定】按钮完成用地面积计算。
- 汇总各地类的现状面积。
  - 右键点击【国土用途规划分类名称】列的列标题，在弹出菜单中选择【汇总...】，显示【汇总】对话框（图 3-45）。
  - 设置【选择汇总字段】为【FLMC】（别名：【国土用途规划分类名称】）。勾选【汇总统计】栏下【YDMJ】→【总和】项。
  - 设置【指定输出表：】为【D：\study\chp03\ 练习数据 \ 生成汇总表 \ 基数转换汇总 .gdb\ 现状用地面积分类汇总表】。
  - 设置保存类型为【文件和个人地理数据库表】。
  - 点击【确定】按钮。弹出的【汇总已完成】对话框会询问【是否要在地图中添加结果表】，点击【是】按钮，转换后的【现状用地面积分类汇总表】将被加入【内容列表】面板。汇总结果如图 3-46 所示。
- 同理，汇总各地类的转换后面积。按【ZHHFLMC】（别名：【转换后国土用途规划分类名称】）分类汇总【YDMJ】，设置【指定输出表：】为【D：\study\chp03\ 练习数据 \ 生成汇总表 \ 基数转换汇总 .gdb\ 转换后用地面积分类汇总表】。

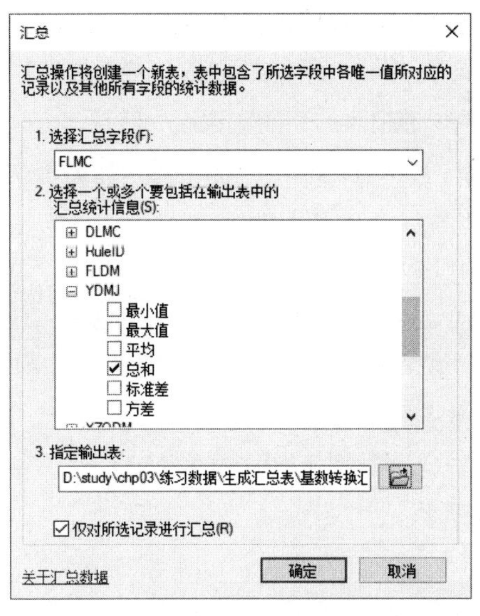

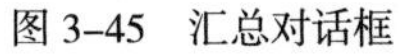

图 3-45　汇总对话框

现状用地面积分类汇总表

OBJECTID *	FLMC	Count_FLMC	Sum_YDMJ
1	城镇道路用地	3	12.913014
2	城镇住宅用地	29	48.689576
3	工业用地	3	4.984059
4	公路用地	1	7.403258
5	供电用地	1	0.917413
6	沟渠	6	8.066276
7	湖泊水面	2	162.047615
8	机关团体用地	3	0.839193
9	教育用地	5	3.962275
10	坑塘水面	466	713.692293
11	空闲地	5	6.184803
12	农村宅基地	106	121.011607
13	其他林地	38	137.735535
14	乔木林地	114	529.40356
15	水工设施用地	2	2.120682
16	水浇地	250	696.047655
17	水库水面	2	5.08083
18	水田	51	84.321663
19	乡村道路用地	15	15.97405
20	种植设施建设	9	17.89793

(0 / 20 已选择)

图 3-46　汇总后数据属性表

☞ **步骤 3：**统计各现状地类中各转换类型的用地面积。

➜ 汇总统计各转换类型的用地面积。在【目录】面板中，浏览到【工具箱 \ 系统工具箱 \Analysis Tools.tbx \ 统计分析 \ 汇总统计数据】，双击该项打开该工具，显示【汇总统计数据】对话框。具体设置如下（图 3-47）。

- 设置【输入表】为【基期现状用地（地类转换）】。
- 设置【输出表】为【D：\study\chp03\ 练习数据 \ 生成汇总表 \ 基数转换汇总 .gdb\ 类型转换汇总统计】。
- 设置【统计字段】为【YDMJ】，在【统计类型】下拉菜单中选择【SUM】。
- 设置【案例分组字段（可选）】为【FLMC】（*别名：*【*国土用途规划分类名称*】）、【ZHLX】（*别名：*【*转换类型*】）。
- 点击【确定】按钮，完成汇总统计。汇总结果如图 3-48 所示[①]。

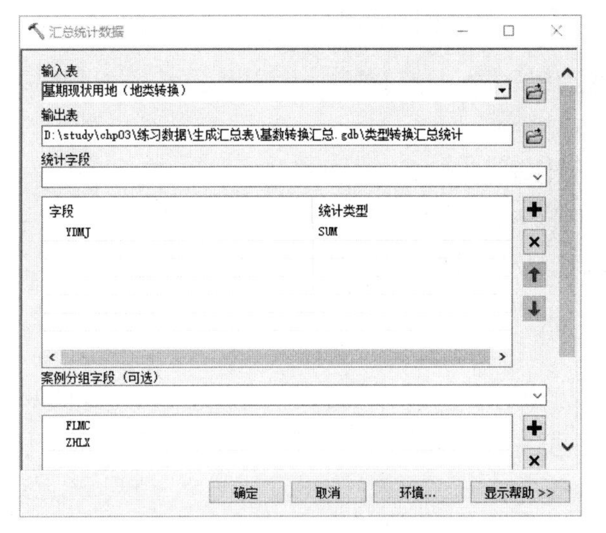

图 3-47　【汇总统计数据】对话框

类型转换汇总统计

OBJECTID *	国土用途规划分类	转换类型	FREQUENCY	SUM_YDMJ
1	城镇道路用地	<空>	3	12.913014
2	城镇住宅用地	<空>	23	48.111894
3	城镇住宅用地	B	3	0.430615
4	城镇住宅用地	D	3	0.147067
5	工业用地	<空>	2	4.843487
6	工业用地	D	1	0.140572
7	公路用地	<空>	1	7.403258
8	供电用地	<空>	1	0.917413
9	沟渠	<空>	6	8.066276
10	湖泊水面	<空>	2	162.047615
11	机关团体用地	<空>	3	0.839193
12	教育用地	<空>	3	3.910765
13	教育用地	D	2	0.05151
14	坑塘水面	<空>	465	713.564099
15	坑塘水面	C	1	0.128193
16	空闲地	<空>	5	6.184803
17	农村宅基地	<空>	106	121.011607
18	其他林地	<空>	38	137.735535
19	乔木林地	<空>	114	529.40356
20	水工设施用地	<空>	2	2.120682
21	水浇地	<空>	241	694.787856
22	水浇地	C	8	1.2046

(0 / 27 已选择)

图 3-48　汇总统计结果

① 【转换类型】为空值的表示用地只经过 3.2 直接改名三调地类和 3.3 细分三调地类的操作，没有进行 3.4 转换三调地类中的六种类型的转换。

- 【转换类型】字段列转行。图 3-48 中的 A-F 转换类型都是放在同一列【转换类型】中，另起一列存放面积，而基数转换汇总表中每个类型一列，对应行中存放面积（表 3-4）。所以需要将【转换类型】中的各值拆分成多个字段，每个字段中存入对应的面积。可以利用数据透视表的功能实现这一转换。
  - 在【目录】面板中，浏览到【工具箱 \ 系统工具箱 \Data Management Tools.tbx\ 表 \ 数据透视表】，双击该项打开该工具，显示【数据透视表】对话框。具体设置如下（图 3-49）。
  - 设置【输入表】为【类型转换汇总统计】。
  - 设置【输入字段】为【FLMC】（别名：【国土用途规划分类名称】，这是要保留的列）。
  - 设置【透视表字段】为【ZHLX】（别名：【转换类型】，这是要拆分的列）。
  - 设置【值字段】为【SUM_YDMJ】（这是要填入的拆分后各列中的值）。
  - 设置【输出表】为【D：\study\chp03\ 练习数据 \ 生成汇总表 \ 类型转换数据透视表】。
  - 点击【确定】按钮，完成数据透视表。结果如图 3-50 所示。

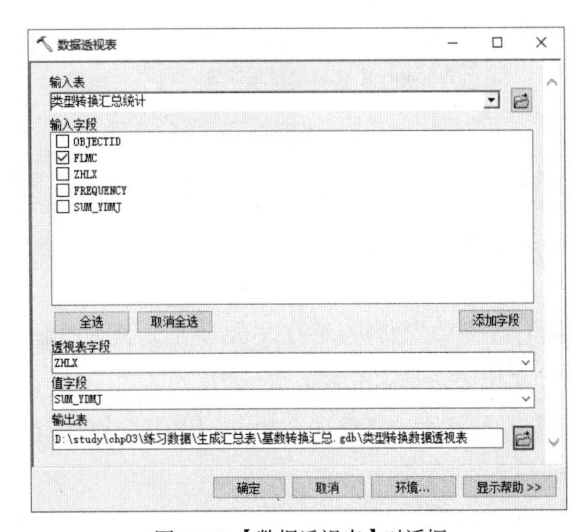

图 3-49 【数据透视表】对话框

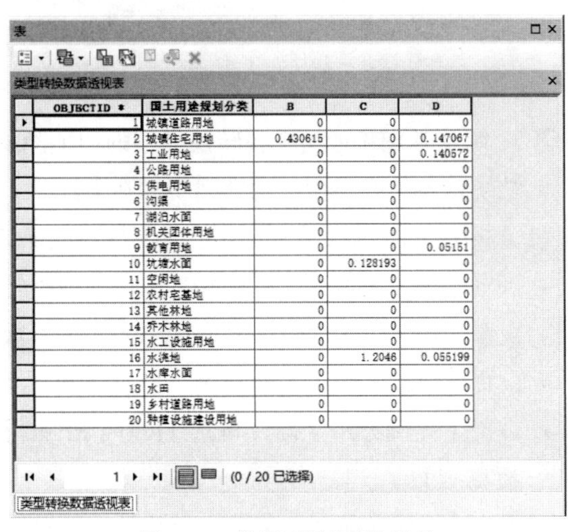

OBJECTID *	国土用途规划分类	B	C	D
1	城镇道路用地	0	0	0
2	城镇住宅用地	0.430615	0	0.147067
3	工业用地	0	0	0.140572
4	公路用地	0	0	0
5	供电用地	0	0	0
6	沟渠	0	0	0
7	湖泊水面	0	0	0
8	机关团体用地	0	0	0
9	教育用地	0	0	0.05151
10	坑塘水面	0	0.128193	0
11	空闲地	0	0	0
12	农村宅基地	0	0	0
13	其他林地	0	0	0
14	乔木林地	0	0	0
15	水工设施用地	0	0	0
16	水浇地	0	1.2046	0.055199
17	水库水面	0	0	0
18	水田	0	0	0
19	乡村道路用地	0	0	0
20	种植设施建设用地	0	0	0

图 3-50　数据透视表转换结果

步骤 4： 连接上述三个表，生成最后的汇总表。

- 连接数据。在【内容列表】中，右键单击【现状用地面积分类汇总表】图层，在弹出菜单中选择【连接和关联】→【连接】，显示【连接数据】对话框。
  - 设置【要将哪些内容连接到该图层】为【某一表的属性】。
  - 设置【选择该图层中连接将基于的字段】为【FLMC】（别名：【国土用途规划分类名称】）。
  - 设置【选择要连接到此图层的表，或者从磁盘加载表】为【转换后用地面积分类汇总表】。
  - 设置【选择此表中要作为连接基础的字段】为【ZHHFLMC】（别名：【转换后国土用途规划分类名称】）。
  - 点击【确定】按钮，完成连接（图 3-51）。
- 查看连接字段。打开【现状用地面积分类汇总表】图层的属性表，可以看到【转换后用地面积分类汇总表】的信息已经连接上。由于有两个【SUM_YDMJ】字段，可右键点击其中一个字段，在弹出菜单中选择【属性】，在【字段属性】中根据名称前缀添加别名以区分。
- 同理，将【类型转换数据透视表】连接到【现状用地面积分类汇总表】。在【连接数据】对话框中，设置【选择该图层中连接将基于的字段】为【FLMC】，设置【选择此表中要作为连接基础的字段】为【国土用途规划分类名称】（图 3-52）。

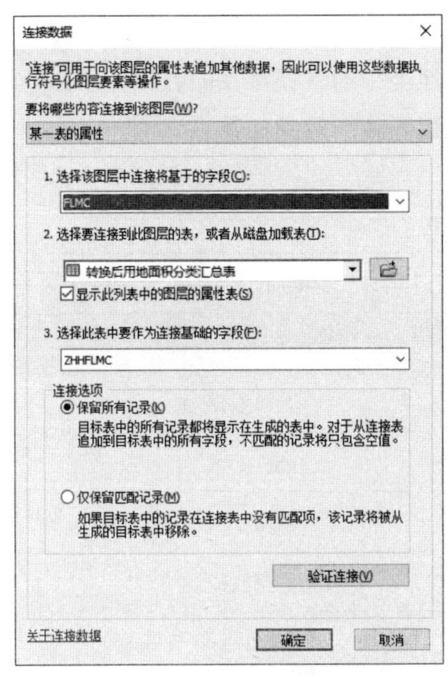

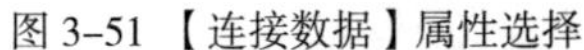

图 3-51 【连接数据】属性选择

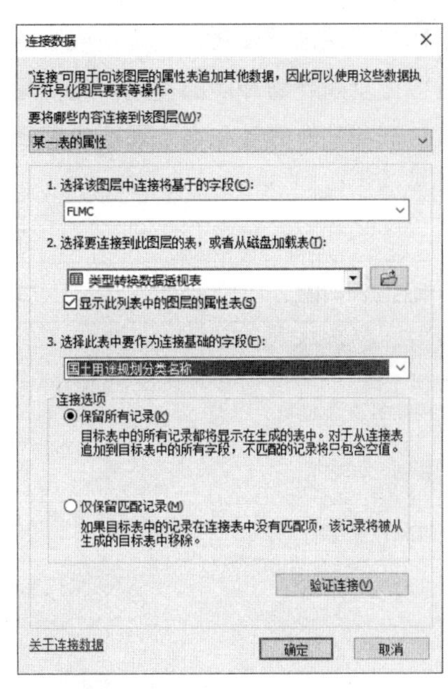

图 3-52 【连接数据】属性选择

- 导出汇总表。完成后，打开【现状用地面积分类汇总表】图层的属性表。关闭不需要的字段后，结果如图 3-53 所示。由于此连接方式得到的汇总表是暂时的，因此，可以将表格导出成新表以固定连接的内容。

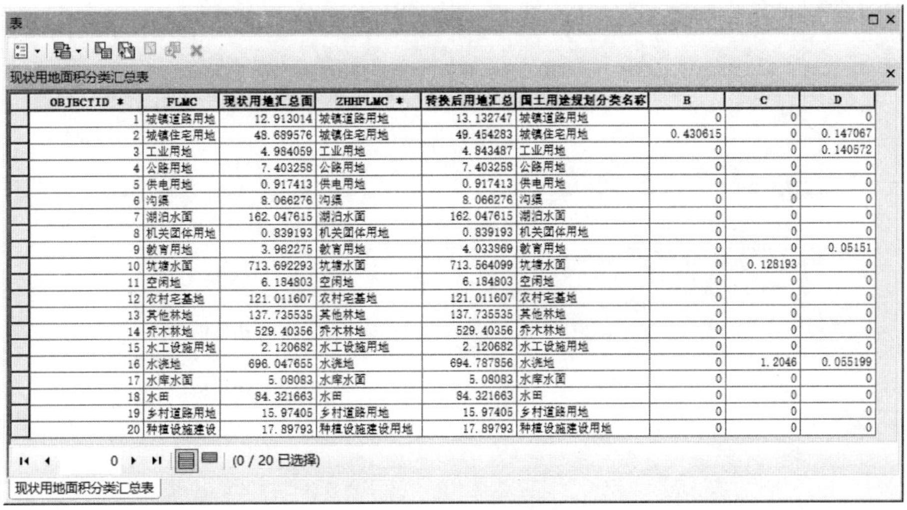

表

现状用地面积分类汇总表

OBJECTID *	FLMC	现状用地汇总面	ZHHFLMC *	转换后用地汇总	国土用途规划分类名称	B	C	D
1	城镇道路用地	12.913014	城镇道路用地	13.132747	城镇道路用地	0	0	0
2	城镇住宅用地	48.689576	城镇住宅用地	49.454283	城镇住宅用地	0.430615	0	0.147067
3	工业用地	4.984059	工业用地	4.843487	工业用地	0	0	0.140572
4	公路用地	7.403258	公路用地	7.403258	公路用地	0	0	0
5	供电用地	0.917413	供电用地	0.917413	供电用地	0	0	0
6	沟渠	8.066276	沟渠	8.066276	沟渠	0	0	0
7	湖泊水面	162.047615	湖泊水面	162.047615	湖泊水面	0	0	0
8	机关团体用地	0.839193	机关团体用地	0.839193	机关团体用地	0	0	0
9	教育用地	3.962275	教育用地	4.033869	教育用地	0	0	0.05151
10	坑塘水面	713.692293	坑塘水面	713.564099	坑塘水面	0	0.128193	0
11	空闲地	6.184803	空闲地	6.184803	空闲地	0	0	0
12	农村宅基地	121.011607	农村宅基地	121.011607	农村宅基地	0	0	0
13	其他林地	137.735535	其他林地	137.735535	其他林地	0	0	0
14	乔木林地	529.40356	乔木林地	529.40356	乔木林地	0	0	0
15	水工设施用地	2.120682	水工设施用地	2.120682	水工设施用地	0	0	0
16	水浇地	696.047655	水浇地	694.787856	水浇地	0	1.2046	0.055199
17	水库水面	5.08083	水库水面	5.08083	水库水面	0	0	0
18	水田	84.321663	水田	84.321663	水田	0	0	0
19	乡村道路用地	15.97405	乡村道路用地	15.97405	乡村道路用地	0	0	0
20	种植设施建设	17.89793	种植设施建设用地	17.89793	种植设施建设用地	0	0	0

0　(0 / 20 已选择)

现状用地面积分类汇总表

图 3-53　三表连接后结果

- 点击【表】对话框的工具条上的【表选项】工具，在弹出菜单中选择【导出】，显示【导出数据】对话框。
- 设置【输出表】为【D: \study\chp03\ 练习数据 \ 生成汇总表 \ 基数转换汇总 .gdb\ 基数转换汇总表】，点击【确定】，即可完成汇总表导出。

3.7　本章小结

本章以国土空间规划基期现状用地的制作为例，介绍了三调转国土的基数转换方法。主要分为直接修改名称、细分三调，以及结合土地管理的实际情况对六种类型的用途进行国土空间规划用途分类转换三种，同时通过拓扑检查和修改对用地完整性进行校对，最终生成所需的汇总统计表。

此项操作是国土空间规划开展的基础。在实际项目中，用地类型的转换涉及的数据较多，也较为复杂。因此在充分利用现有数据和基数的基础上，需要规划师具有相当的耐心和细致的操作。

本章技术汇总表

规划应用汇总	页码	信息技术汇总	页码
制作基数转换表	75	Excel（Excel 转表）	75
直接改名三调地类	76	导出数据	76
复制三调数据	76	删除字段	77
批量自动改名	78	新增字段	77
地类细分编辑	80	表格连接	78
基于批地数据更新三调用地	84	按属性选择	78
修改与实际不符的三调地类	89	字段计算器赋值	79
用新地块直接更新	90	外界符号化样式导入	81
拓扑检查与修改	92	要素编辑	82
生成基数转换汇总表	95	创建要素	82
		叠加分析（联合）	86
		根据所选要素创建图层	87
		批量赋予属性	88
		高级编辑工具	90
		分割面工具	90
		拓扑创建	92
		拓扑检查	93
		拓扑修改	94
		汇总	96
		汇总统计	97
		表（数据透视表）	98

第 4 章　设施及其他现状图绘制

本章在国土空间规划现状用地的基础上，介绍利用 GIS 平台进行现状设施、道路交通、社会经济要素、空间结构等其他现状图纸的绘制方法。这些方法同样也适用于规划图纸的绘制，后面就不再赘述。

传统使用 CAD 或 PS 的绘制方法工作量较大，且存在现状资料变动时不能批量修改的问题。本章介绍基于 ArcMap 的绘制方法，操作简洁直观，可达到传统 CAD+PS 的制图效果，同时可大幅度提高绘图工作效率。

基于 GIS 绘制设施和其他现状图，具体涉及：

➢ 现状图的底图制作；
➢ 设施点、线、面的绘制和符号化；
➢ 综合交通现状图制作；
➢ 社会经济分析图制作；
➢ 空间结构图制作等。

下面针对上述内容，详细介绍操作方法。

本章所需基础：

➢ 读者基本掌握本书第 2 章所介绍的 ArcGIS 要素类加载、查看和符号化等基础。

4.1　现状设施分布图绘制

现状设施主要包括公共服务设施和市政公用设施。

公共服务设施是指为城市或一定范围内的居民提供基本的公共文化、教育、体育、医疗卫生和社会福利等服务的、不以营利为目的的公益性公共设施。公共服务设施应根据人口与服务半径形成相应等级配置。现状公共服务设施分布图的内容包含现状设施点分布情况、设施点符号化以及服务半径绘制。

市政公用设施包括城市道路、供水、排水、电力电信、燃气、环卫等相关工程。现状市政公用设施分布图的内容包含市政设施点分布情况、管网布置情况以及相关标注。

本节以绘制公服和市政设施点、电力和排水管线以及相关设施面为例，介绍现状设施点、线、面的绘制方法。为减少实践工作量，本次实验以镇区为研究范围。

4.1.1　【基期现状用地】基础上制作底图

为保证之后现状图绘制的美观性，首先需要制作统一底图，以凸显图面要素。具体原理为：复制一个【基期现状用地】要素类，作为修改基底；在【符号系统】中按地类名称分类进行符号化，最后设置图层透明度。具体操作如下。

☞ **步骤 1**：打开地图文档。

➜ 打开随书数据中的地图文档【chp04\练习数据\现状设施分布图绘制\现状设施分布图底图 .mxd】，该文档的关联数据库【现状设施分布 .gdb】已建立，且地图文档中已经加载【栅格影像】图层。

☞ **步骤 2**：设置底图。

➜ 加载默认工作目录【chp04\练习数据\现状设施分布图绘制\现状设施分布 .gdb\基期年现状】中的【基

期现状用地】要素类，在【内容列表】中将其重命名为【现状底图】(图 4–1)。

- 根据【国土用途规划分类名称】字段，分类符号化。
  - 在【内容列表】面板中，鼠标左键双击【现状底图】图层，弹出【图层属性】对话框，切换到【符号系统】选项卡，在选项卡中选择【显示：】栏下的【类别】→【唯一值】，点击【值字段】下拉菜单，选择【国土用途规划分类名称】，点击【添加值】按钮，弹出【添加值】对话框（图 4–2）。

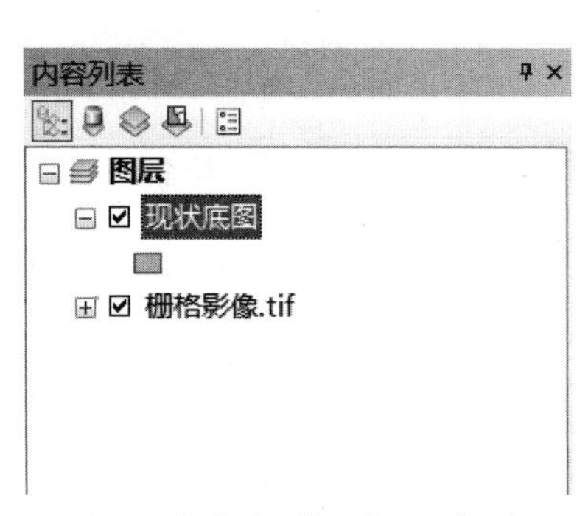

图 4–1　加载【基期现状用地】图层

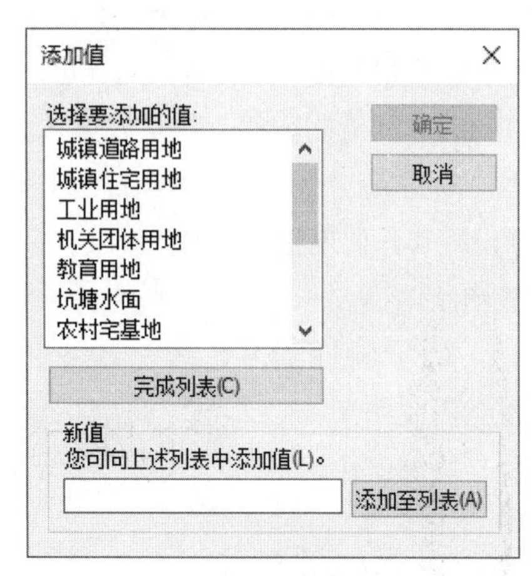

图 4–2　【添加值】对话框

  - 在【选择要添加的值：】栏中，按住 Ctrl 键，选择【城镇住宅用地】、【工业用地】、【机关团体用地】、【教育用地】这些城镇建设用地，然后点击【确定】按钮，这时所选的属性值都被添加至符号列表中。
  - 按住 Ctrl 键不放，多选符号列表中【城镇住宅用地】、【工业用地】、【机关团体用地】、【教育用地】，然后右键点击符号列表表头中的【符号】栏，弹出菜单中选择【所选符号的属性...】，显示【符号选择器】对话框，可批量设置所选符号的属性。设置【填充颜色】为【暗浅珊瑚红】,【轮廓颜色】为【无颜色】，点【确定】按钮。
  - 按照相同方法，将【农村宅基地】添加到符号列表中，设置【填充颜色】为【蔷薇石英色】,【轮廓颜色】为【无颜色】。
  - 将【坑塘水面】添加到符号列表中，设置【填充颜色】为【磷灰石蓝色】,【轮廓颜色】为【无颜色】。
  - 将【乡村道路用地】、【城镇道路用地】添加到符号列表中，设置【填充颜色】为【灰色 50%】,【轮廓颜色】为【无颜色】。
  - 最后将符号列表中的【<其他所有值>】，设置【填充颜色】为【无颜色】,【轮廓颜色】为【无颜色】。
  - 设置完相应的符号颜色后（图 4–3），在【图层属性】对话框中点【确定】按钮，完成底图要素符号化。
- 调整图层透明度。
  - 紧接之前步骤，在【图层属性】对话框中切换至【显示】选项卡，设置【透明度】栏为【30】，点击【确定】按钮。
  - 重复上述操作，将【栅格影像】图层同样设置【透明度】栏为【70】，点击【确定】按钮，即完成图层透明度的修改（图 4–4）。

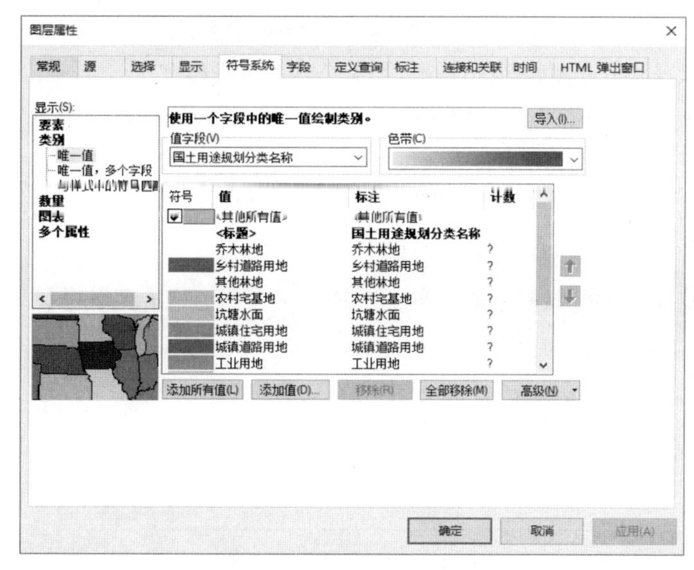

图 4–3 【现状底图】符号化设置

图 4–4　底图设置结果

☞ **步骤 3**：保存地图文档。

完成对底图的绘制后，点击主界面菜单【文件】→【保存】，或点击主工具条上的【保存】按钮，保存底图。

4.1.2　现状设施点绘制

现状设施点的绘制主要基于 ArcGIS 点要素的绘制方法，其属性录入要使用一个特殊功能——属性域。根据《市县级国土空间总体规划数据库标准》，存放设施类型的字段【SSLX】（别名：【设施类型】）须存储设施类型代码，每个代码对应一类设施，例如 10101 代表社区服务站。由于代码不方便查阅和编辑，规划师更习惯使用中文设施名，为此需要使用 ArcGIS 中的属性域，建立代码和设施名之间的对应关系，实现类似代码表的功能，同时规避录入错误代码，因为只能在属性域中选择设施类型，不能手动输入。

另外设施点的符号化比较精细，会出现大量类似㊥、✚、👫的符号。所以，要么使用预定义符号样式，要么自定义符号样式。其中自定义符号样式主要用到图片符号标记、文本符号标记等。下面以公共服务设施点及市政公用设施点的绘制为例，对其进行详细讲解。

4.1.2.1　公共服务设施点绘制——使用预定义的属性域和符号系统

紧接之前步骤，在现状设施分布图底图的基础上绘制公共服务设施点。

☞ **步骤 1**：创建公共服务设施点要素类【GGFWSSD】。

- 在【目录】面板中，【文件夹连接】项目下找到之前所连工作目录下的要素类【D:\study\chp04\练习数据\标准数据库模板\××县国土空间规划数据库.gdb\目标年规划\GGFWSSD】(别名:【公共服务设施(点)】)，右键单击该要素类，在弹出菜单中选择【复制】。
- 然后展开默认工作目录下的【现状设施分布.gdb】数据库，右键单击其中的【公共服务设施】要素数据集，在弹出菜单中选择【粘贴】，弹出【数据传输】对话框，接受默认设置。其中与【GGFWSSD】要素类绑定的【公共服务设施类型】属性域也会随之传输(图 4–5)。

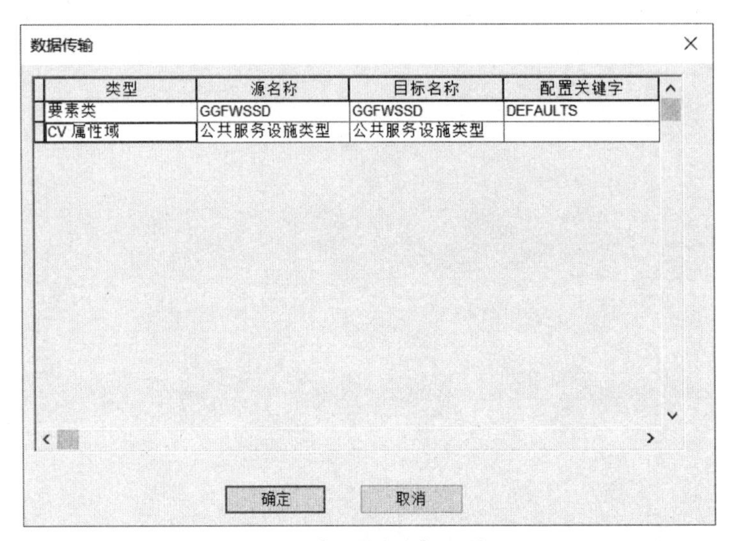

图 4–5　【数据传输】对话框

☞ **步骤 2**：查看字段【SSLX】(别名：设施类型)的属性域。

- 查看【公共服务设施类型】属性域设置。在【目录】面板中，右键单击默认工作目录下的【现状设施分布.gdb】，在弹出菜单中选择【属性】，显示【数据库属性】对话框，切换至【属性域】选项卡，可以看到上一步导入的属性域【公共服务设施类型】。在【属性域属性：】栏中，可看到该属性域的字段类型为【文本】，属性域类型为【编码值】；在【编码值：】栏中，已设定好各公服设施类型的编码值及其设施名称描述(图 4–6)。
- 查看字段【SSLX】的属性域。右键单击复制粘贴后的要素类【GGFWSSD】，在弹出菜单中选择【属性】，弹出【要素类属性】对话框，切换至【字段】选项卡，选择其中的【SSLX】字段，在下方的【字段属性】列表中可以看到已将【属性域】设置为【公共服务设施类型】(图 4–7)，说明已经绑定完成，之后点击【确定】关闭该对话框。

> **知识点：属性域**
>
> 属性域是描述字段合法值的规则，提供了一种增强数据正确性的方法。属性域用于约束表或要素类的任意特定属性中的允许值。如果一个属性域与某个属性字段相关联，则只有该属性域内的值才有效。也就是说，此字段不会接受不属于该属性域的值。
>
> 有两种类型的属性域：
>
> (1)范围属性域，用于指定数值属性的有效值范围。创建值域范围时，需要输入一个最小有效值和一个最大有效值。可将范围属性域应用于短整型、长整型、浮点型、双精度浮点型和日期属性类型。
>
> (2)编码属性域，用于为属性指定有效的值集，例如本书中各类设施类型的编码，10101、10202 等。编码值属性域既包括存储在数据库中的实际值，也包括对值的实际含义的用户友好型描述(例如数据库中的实际存储值为“10101”，但显示为“社区服务站”)。编码值属性域可以应用于任何类型的属性，包括文本、数值和日期等。
>
> 本节使用的就是编码属性域。

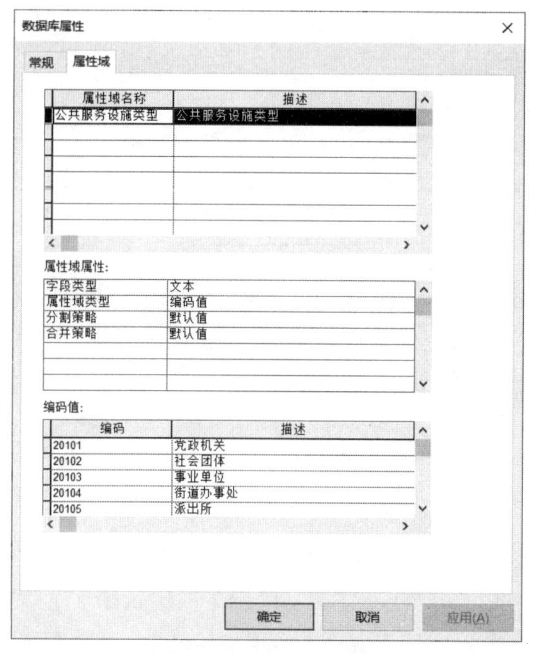

图 4-6　查看属性域设置

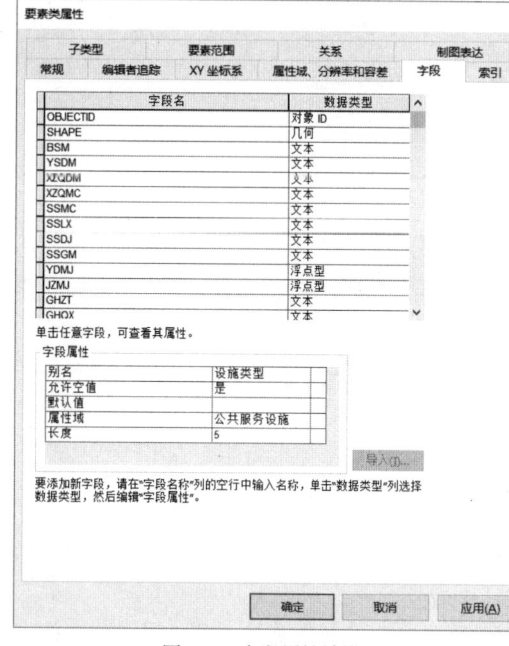

图 4-7　字段属性域设置

☞ **步骤 3:** 公共服务设施点符号化。

- 加载要素类【GGFWSSD】。可以看到【内容列表】面板中显示的是其别名【公共服务设施（点）】。
- 符号样式库导入。
  - 点击主界面菜单【自定义】→【样式管理器...】，显示【样式管理器】对话框（图 4-8）。

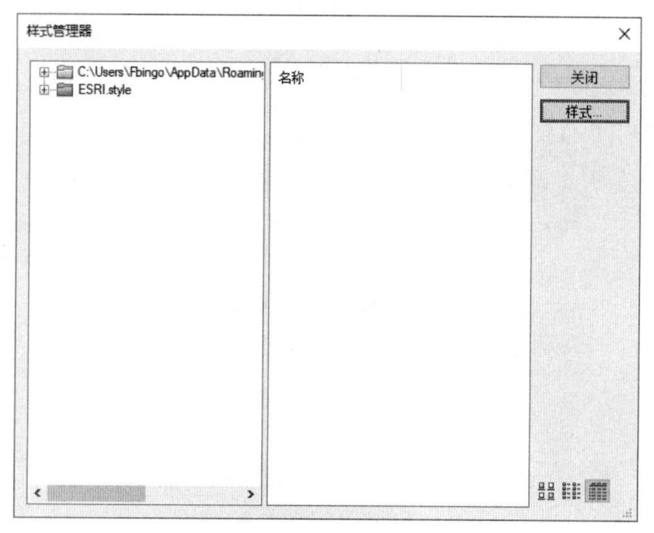

图 4-8　【样式管理器】对话框

  - 点击【样式管理器】对话框右侧的【样式...】按钮，弹出【样式引用】对话框（图 4-9），点击【将样式添加至列表】按钮，弹出【打开】对话框（图 4-10）。
  - 点击【查找范围】下拉菜单，依次展开【D:\study\chp04\练习数据\设施图标】，选择【公共服务设施图标 .style】，点【打开】按钮。
  - 返回【样式引用】对话框，点击【确定】按钮，返回【样式管理器】对话框，点击【关闭】按钮，即完成符号样式导入。

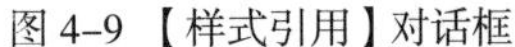

图 4-9 【样式引用】对话框

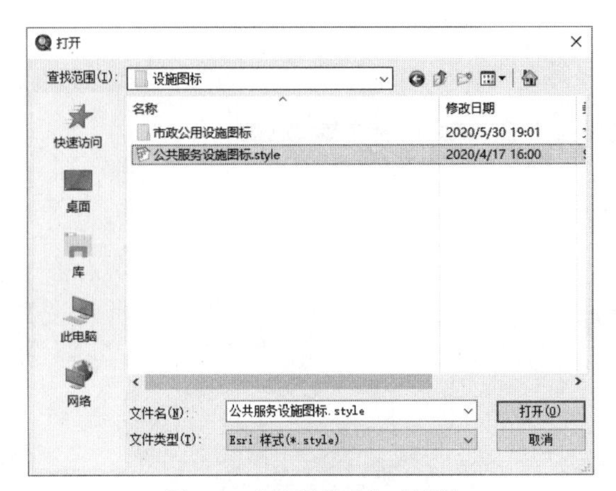

图 4-10 【选择样式】对话框

- 公共服务设施点符号化。
  - 在【内容列表】面板中，鼠标左键双击【公共服务设施（点）】图层，弹出【图层属性】对话框，切换到【符号系统】选项卡，在选项卡中选择【显示：】栏下的【类别】→【唯一值】，点击【值字段】下拉菜单，选择【设施类型】（即【SSLX】字段），点击【添加所有值】按钮。
  - 可以看到尽管图中没有一个设施，但符号列表中加载了所有设施类型，这正是源自之前绑定到【SSLX】字段的【公共服务设施类型】属性域，域中存储了所有设施的代码和对应的中文设施名。
  - 以【中学】属性值的符号化为例，双击符号列表中目标元素左侧的可视化符号，弹出【符号选择器】对话框，找到之前导入的符号样式库，选择相应符号，点【确定】按钮（图 4-11）。依次将其他类型设施符号化，点【确定】按钮，即完成公共服务设施点符号化[①]。

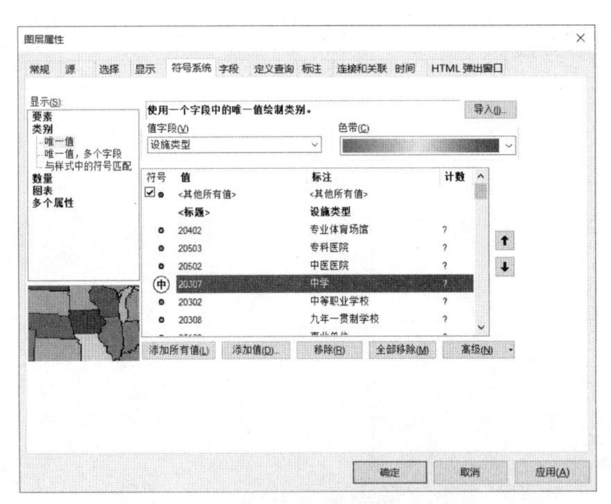

图 4-11 【中学】属性值的符号化修改

☞ **步骤 4**：公共服务设施点绘制。

- 点击【编辑器】工具条上的 编辑器(R)▾ 下拉菜单，选择【开始编辑】。
- 点击【编辑器】工具条上的【创建要素】工具，主界面右侧会显示【创建要素】面板（图 4-12）。
- 【创建要素】面板上部显示了可以编辑的要素类的绘图模板，点击【中学】模板，面板下部会显示对应的

---

① 本节实验需要进行符号化的公共服务设施类型包括【党政机关】、【派出所】、【老年活动中心】、【小学】、【中学】、【社区卫生服务中心】、【其他行政办公设施】。

构造工具，选择【点】。

- 这时把鼠标移至绘图区域，图标会变为符号化后的图标㊥，意味着可以开始绘制，在中学所在位置单击一下，即可在该处绘制一个中学的点。
- 参照图 4–13 绘制其他设施。

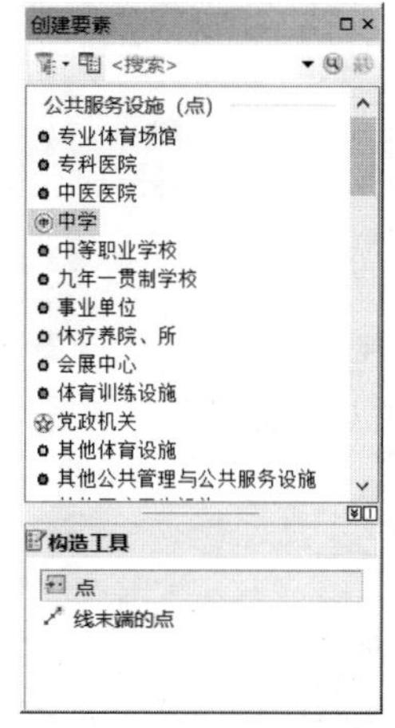

图 4–12 【创建要素】对话框

图 4–13　公共服务设施点绘制结果

> **说明：ArcMap的绘图流程**
>
> （1）开启编辑。
>
> （2）选择绘图模板。位于【创建要素】面板上部。绘图模板源自所编辑要素类的符号化类型，和【内容列表】中的符号保持一致，包括分类、符号和属性。如果创建要素面板被关闭了，可以点击【编辑器】工具条上的【创建要素】工具将其再次打开。
>
> （3）选择构造工具。每类模板都有一系列构造工具，当你选中模板之后，它们就会罗列在【创建要素】面板下部，例如点类型的模板有【点】、【线末端的点】两种构造工具，线类型的模板有【线】、【矩形】、【圆】、【椭圆】、【手绘】五种构造工具，默认使用第一种，也可以选择其他构造工具。
>
> （4）在地图窗口绘图。选中构造工具后才能绘图，这时鼠标会变为绘图工具的样子，例如点、十字等，如果鼠标没有转变，则说明没有选择构造工具。
>
> （5）绘图时还可以使用【编辑器】工具条中具体的绘图工具，包括直线、弧线、正切曲线、贝塞尔曲线、中点、交点等，它们是构造工具下的绘图工具，所以要首先选中构造工具，这些绘图工具才会激活。如果绘点则直接单击完成单点绘制，如果绘线或绘面则需要单击开始，双击结束。
>
> （6）录入属性。点击【编辑器】工具条上的【属性】工具，显示【属性】面板，在其中录入相关属性的值。另外，模板中默认的分类属性会在绘图时自动带入要素。
>
> （7）保存或停止编辑。

步骤 5: 更改所绘公共服务设施点的类型。

- 在属性域内更改公共服务设施点类型。
  - 以绘制的设施点【中学】更改为【小学】为例，选中绘制的【中学】设施点，再点击【编辑器】工具条上的【属性】工具，显示【属性】对话框。可以看到其【设施类型】属性已被自动赋值【中学】，这是随着中学模板自动带入的。
  - 在【属性】对话框中部，点击【设施类型】栏旁的单元格右侧的...按钮，会弹出【选择符号类】对话框，显示的正是该字段的编码属性域（图 4–14），选择类型为【小学】。
  - 点击【确定】按钮，可看到该设施点类型已修改为【小学】停止并保存编辑。这一操作极大地降低了属性录入工作量，且不可以录入属性域规定之外的属性，保证了规范性。

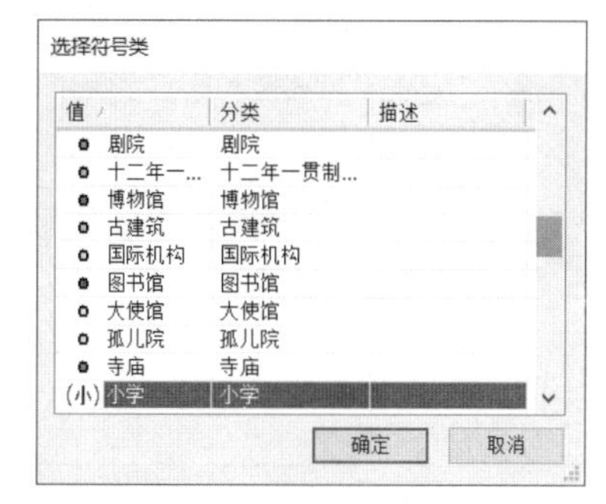

图 4–14 【选择符号类】对话框

- 解除绑定属性域，自行设定公共服务设施点类型。
  - 在【目录】面板中，右键点击刚刚创建的要素类【GGFWSSD】，在弹出菜单中选择【属性】，显示【要素类属性】对话框，切换到【字段】选项卡，选择其中的【SSLX】字段，在下方的【字段属性】列表中将【属性域】设置为【 】，即解除了该字段的属性域（图 4–15）。

- 再次开启编辑，点击刚刚修改的【小学】设施点，再打开【属性】对话框，可看到该点的设施类型已还原为在属性域中【小学】对应的代码值【20306】(图 4–16)，此时再对设施类型进行修改，即可自由输入内容，不再受属性域的限制。

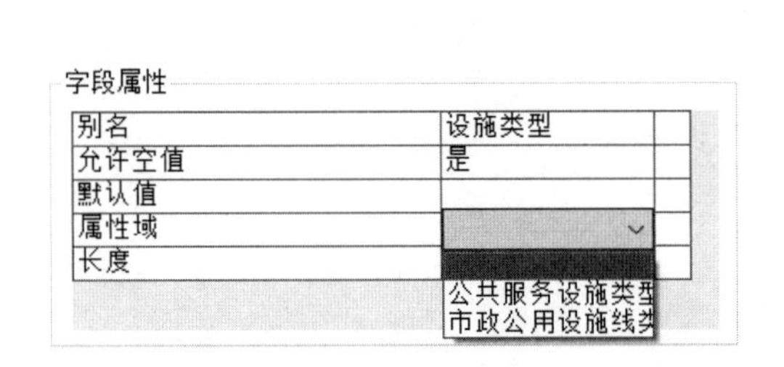

图 4–15 解除字段绑定的属性域

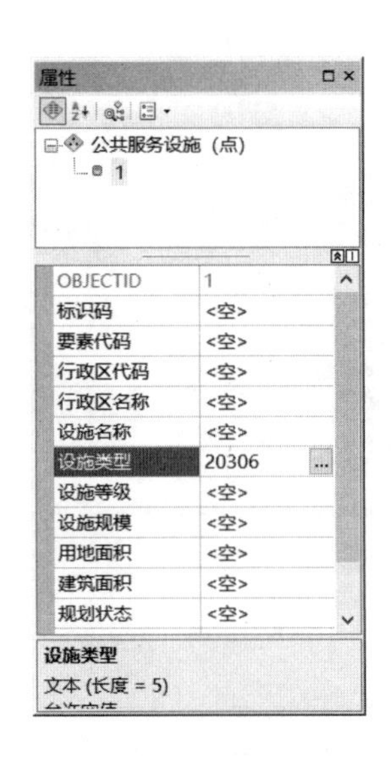

图 4–16 解除属性域后的设施类型

☞ **步骤 6：**另存为地图文档。

完成对公共服务设施点的绘制后，点击主界面菜单【文件】→【另存为】，选择保存目录（例如 D:\study\chp04\练习数据\现状设施分布图绘制），保存为【现状公共服务设施分布图.mxd】。

至此，现状公共服务设施点分布图已经绘制完毕。随书数据的【chp04\练习结果示例\现状设施分布图绘制\现状公共服务设施分布图.mxd】，示例了本节练习的完整结果。

4.1.2.2 市政公用设施点绘制——自定义属性域和符号样式

打开 4.1.1 节制作的底图【现状设施分布图底图.mxd】，继续绘制市政公用设施点。

☞ **步骤 1：**创建市政公用设施点要素类【SZGYSSD】。

- 在【目录】面板中，【文件夹连接】项目下找到之前连接的工作目录下的要素类【D:\study\chp04\练习数据\标准数据库模板\××县国土空间规划数据库.gdb\目标年规划\SZGYSSD】(别名：【市政公用设施(点)】)，右键单击该要素类，在弹出菜单中选择【复制】。
- 然后展开默认工作目录下的【现状设施分布.gdb】数据库，右键单击其中的【市政公用设施】要素数据集，在弹出菜单中选择【粘贴】。

☞ **步骤 2：**创建市政公用设施点类型属性域。

- 创建代码表 Excel 文件。通过查询《市县级国土空间总体规划数据库标准》中各市政公用设施点类型对应的代码，将表4–1所示的设施点类型代码表输入到一个新建Excel文件中，并另存为97–2003版Excel（其后缀名为 xls，理由是 ArcGIS10.7 暂不支持高版本的 xlsx 格式），【保存路径】可设置为【D:\study\chp04\练习数据\现状设施分布图绘制\市政公用设施点类型代码表.xls】。

市政公用设施点类型代码表 表 4–1

代码	设施线类型	代码	设施线类型
50105	供水管理用房	50301	变电站

续表

代码	设施线类型	代码	设施线类型
50602	邮政支局	50802	公共厕所
50702	通信端局	50390	其他供电设施

- 将 Excel 文件转为属性表。回到 ArcMap 主界面，在【目录】面板中，找到刚刚创建的 Excel 文件【市政公用设施点类型代码表 .xls】，展开该文件，右键点击其中的【Sheet1$】，在弹出菜单中选择【导出】→【导出到地理数据库（单个）】，显示【表至表】对话框，设置各参数如图 4–17 所示。
  - 设置【输出位置】为【D:\study\chp04\ 练习数据 \ 现状设施分布图绘制 \ 现状设施分布 .gdb】。
  - 设置【输出表】为【市政公用设施点类型代码表】。
  - 在【字段映射（可选）】栏中右键单击【代码（双精度）】，弹出菜单中选择【属性】，弹出【输出字段属性】对话框（图 4–18）。
  - 点击【类型：】下拉菜单，选择【文本】，之后将【属性】列表中的【长度】改为【5】，再点击【确定】按钮，完成字段属性的修改。

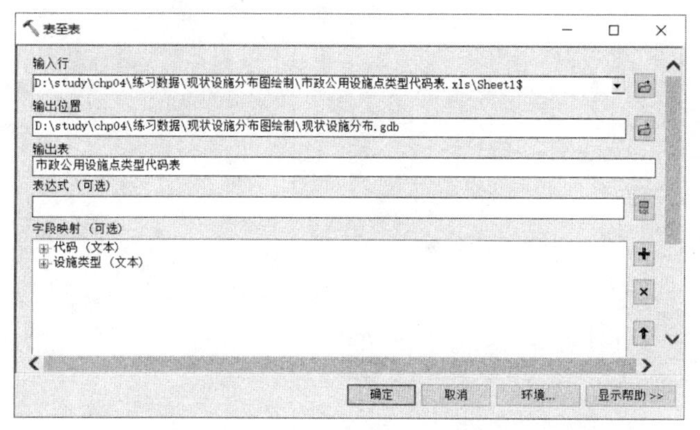

图 4–17 【表至表】对话框

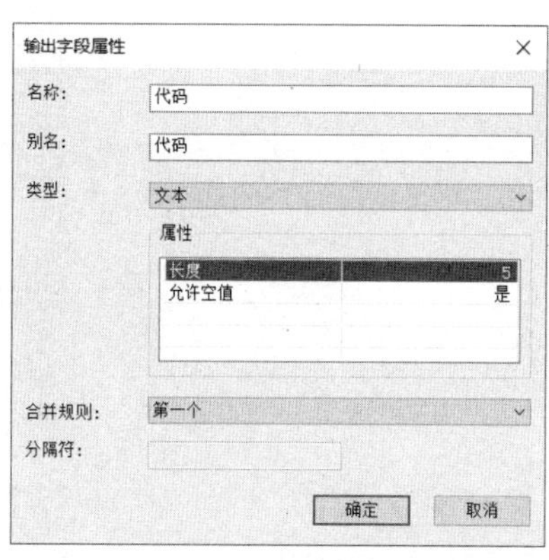

图 4–18 【代码】字段类型修改

说明：在对要素类的特定字段设置属性域时，需要保证属性域的字段类型与要素类中的字段类型一致，否则属性域将不会应用于要素类的字段中。根据《市县级国土空间总体规划数据库标准》规定，市政公用设施点要素的【设施类型】字段为【Char】（文本）类型，字段长度为5，其属性值为各类市政公用设施点对应的代码。所以在Excel转成数据库中的代码表时，需要将代码字段从【双精度】改为【文本】类型，才能保证后续在表转属性域时，生成属性域的字段类型为文本。

- 在数据库中添加属性域。在【目录】面板中，浏览到【工具箱 \ 系统工具箱 \Data Management Tools.tbx\ 属性域 \ 表转属性域】，双击该项打开该工具，显示【表转属性域】对话框，设置各参数如图 4–19 所示。

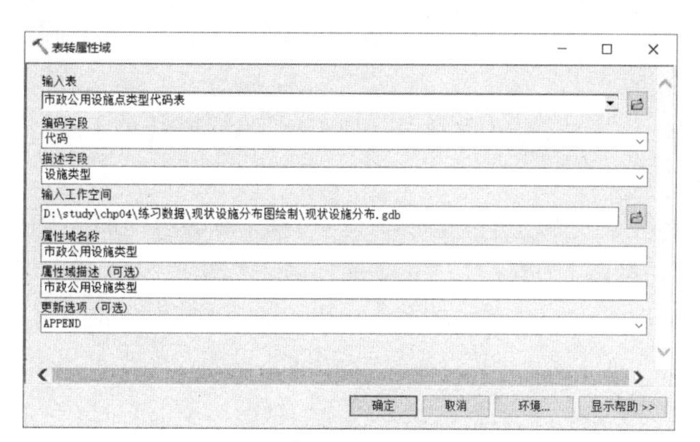

图 4–19 【表转属性域】对话框

- 设置【输入表】为【市政公用设施点类型代码表】。
- 设置【编码字段】为【代码】。
- 设置【描述字段】为【设施线类型】。
- 设置【输入工作空间】为【D:\study\chp04\ 练习数据 \ 现状设施分布图绘制 \ 现状设施分布 .gdb】。
- 设置【属性域名称】和【属性域描述（可选）】为【市政公用设施类型】。
- 点击【确定】，完成【现状设施分布 .gdb】数据库中新属性域的添加。

☞ **步骤 3**：设置字段【SSLX】（*别名：设施类型*）的属性域。

- 在【目录】面板中，右键单击步骤 1 创建的要素类【SZGYSSD】，在弹出菜单中选择【属性】，弹出【要素类属性】对话框，切换到【字段】选项卡，选择其中的【SSLX】字段，在下方的【字段属性】列表中将【属性域】设置为【市政公用设施类型】（图 4–20），然后点击【确定】按钮，完成属性域设置。

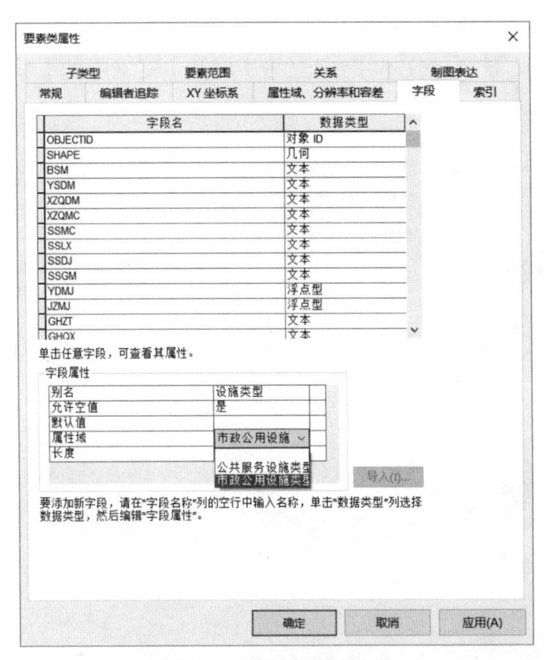

图 4–20 字段属性域设置

☞ **步骤 4**：用图片标记符号化市政公用设施点。

- 加载【SZGYSSD】要素类，可以看到【内容列表】面板中显示是其别名【市政公用设施（点）】。
- 用图片标记符号化市政公用设施点。
  - 在【内容列表】面板中，鼠标左键双击【市政公用设施（点）】图层，弹出【图层属性】对话框，切换至【符号系统】选项卡。
  - 在选项卡中选择【显示：】栏下的【类别】→【唯一值】，点击【值字段】下拉菜单，选择【设施类型】，点击【添加所有值】按钮。
  - 双击符号列表中目标元素左侧的可视化符号（*下面以【公共厕所】属性值符号化为例，对其进行概要介绍*），弹出【符号选择器】对话框，点击【编辑符号】按钮，显示【符号属性编辑器】对话框，如图 4–21 所示，在【属性】栏下的【类型】下拉菜单中选择【图片标记符号】，弹出【打开】对话框，选择随书数据中的图片文件【chp04\ 练习数据 \ 设施图标 \ 市政公用设施图标 \ 公共厕所 .png】。
  - 点【打开】按钮，返回【符号属性编辑器】对话框，设置【大小】为【15】，点【确定】按钮，返回【符号选择器】对话框，再点【确定】按钮，返回【图层属性】对话框。

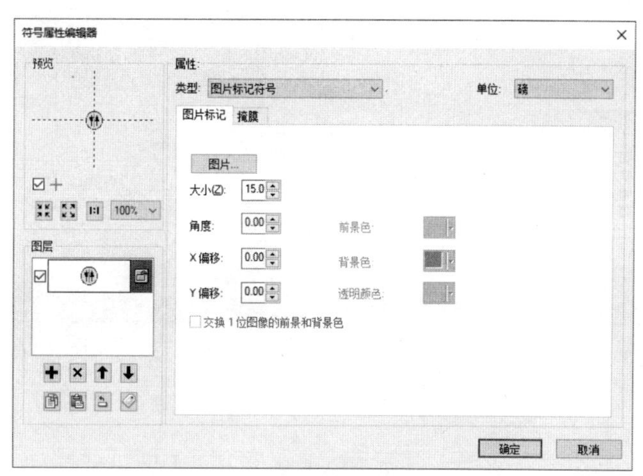

图 4-21 【符号属性编辑器】对话框

- 依次将其他类型设施符号化[①]。点【确定】按钮，即完成图片符号标记。

☞ **步骤 5**：绘制市政公用设施点要素。在对【市政公用设施（点）】要素开始编辑后，根据现状用地和资料绘制市政公用设施点要素。绘制结果如图 4-22 所示。

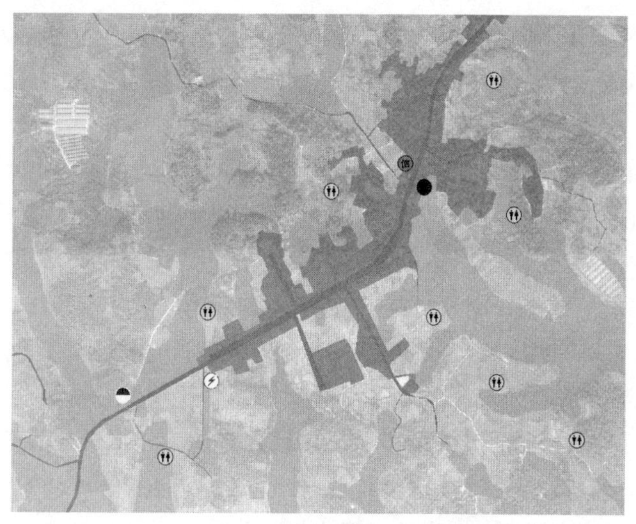

图 4-22　市政公用设施（点）符号化结果

☞ **步骤 6**：更改【通信端局】、【邮政支局】设施点为文本符号标记。

- 在【内容列表】面板中，点击【市政公用设施（点）】图层中的【通信端局】符号，弹出【符号选择器】对话框，点击【编辑符号】按钮，显示【符号属性编辑器】对话框，设置如下。
  - 在【属性】栏下的【类型】下拉菜单中选择【字符标记符号】，设置【Unicode】为【20449】（即“信”字，相应文字的 Unicode 编码可在网络 Unicode 编码转换工具中获得），设置【大小】为【18】（图 4-23）。
  - 点击【添加图层】按钮⊞，【图层】栏中即出现一个新的图层，然后在【属性】栏下的【类型】下拉菜单中选择【字符标记符号】，在符号列表中选择圆形符号【○】（其 Unicode 为【40】），设置其【大小】为【20】。
  - 点【确定】完成该符号的制作。
  - 同理，用文本符号标记符号化邮政支局设施点（“邮”字的 Unicode 编码为 37038），结果如图 4-24 所示。

① 需要进行符号化的市政公用设施类型包括【公共厕所】、【通信端局】、【邮政支局】、【变电站】、【供水管理用房】。

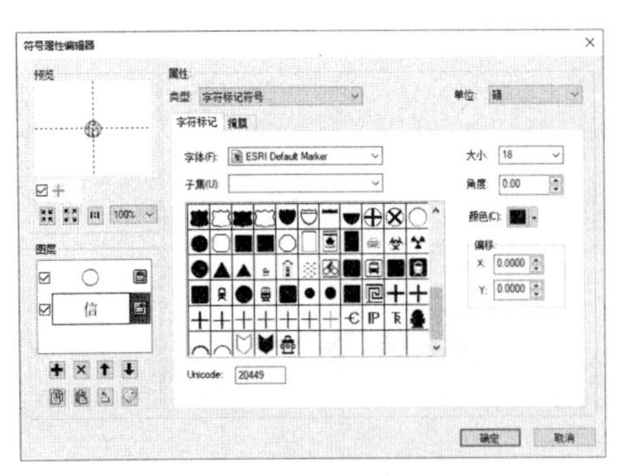
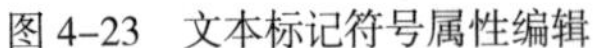

图 4-23　文本标记符号属性编辑

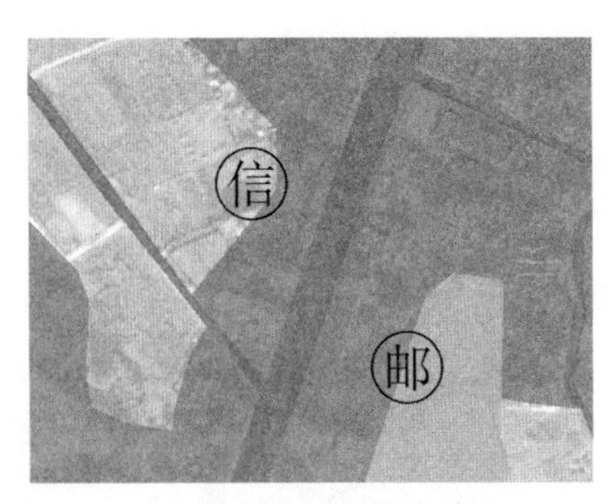

图 4-24　文本标记符号结果

☞ **步骤 7：** 另存为地图文档。

完成对市政公用设施点的绘制后，点击主界面菜单【文件】→【另存为】，选择保存目录（例如 D:\study\chp04\ 练习数据 \ 现状设施分布图绘制），保存为【现状市政设施分布图 .mxd】。

至此，现状市政公用设施点分布图已经绘制完毕。随书数据的"chp04\ 练习结果示例 \ 现状设施分布图绘制 \ 现状市政设施分布图 .mxd"，示例了本节练习的完整结果。

4.1.3　工程管网绘制

本小节以电力工程管线与现状排水工程管线绘制为例进行演示。4.1.3.1 讲述电力工程管线的绘制及符号化；4.1.3.2 讲述排水工程管线的绘制及符号化。主要内容包括绘制电力管线、绘制排水管线，标注排水管线管径大小、排水方向。

4.1.3.1　电力工程管线绘制

市区内电力网络按规划的不同时期、不同变电站的服务范围进行铺设，使变电站能够就近供电给市区的负荷中心。其中，110kV 电力管线在城市规划区范围外构成环状输电网，以减少对城市的干扰，10kV 电力管线主要沿城市道路铺设，构成环状供电网。在供电环网内外地带，再铺设树枝状供电线路。

打开 4.1.1 节制作的底图【现状设施分布图底图 .mxd】，继续绘制电力工程管线。

☞ **步骤 1：** 创建市政工程管线要素类。

- 在【目录】面板中，【文件夹连接】项目下找到之前连接的工作目录下的要素类【D：\study\chp04\ 练习数据 \ 标准数据库模板 \ × × 县国土空间规划数据库 .gdb\ 目标年规划 \SZGYSSX】（别名：市政公用设施（线）），右键单击该要素类，在弹出菜单中选择【复制】。
- 然后展开默认工作目录下的【现状设施分布 .gdb】数据库，右键单击其中的【市政公用设施】要素数据集，在弹出菜单中选择【粘贴】。

☞ **步骤 2：** 设置字段【SSLX】（别名：设施类型）的属性域。

- 创建【市政公用设施线类型】属性域。与 4.1.2.2 节步骤 2 类似，根据表 4-2 创建 Excel 文件【市政公用设施线类型代码表 .xls】，并将其转为属性域【市政公用设施线类型】。

市政公用设施线类型代码表　　**表 4-2**

代码	设施线类型	代码	设施线类型
10101	给水管线	10102	再生水管线
10201	雨水管线	10202	污水管线
10203	雨污合流管线	10501	燃气管线

续表

代码	设施线类型	代码	设施线类型
10301	电力管线	10601	热力管线
10401	电信管线	19001	综合管廊
10402	有线电视	19901	其他市政公用设施线

- 绑定【市政公用设施线类型】属性域至字段【SSLX】。在【目录】面板中，右键单击步骤1创建的要素类【SZGYSSX】，在弹出菜单中选择【属性】，弹出【要素类属性】对话框，切换到【字段】选项卡，选择其中的【SSLX】字段，在下方的【字段属性】列表中将【属性域】设置为【市政公用设施线类型】(图4–25)，然后点击【确定】按钮，完成属性域设置。

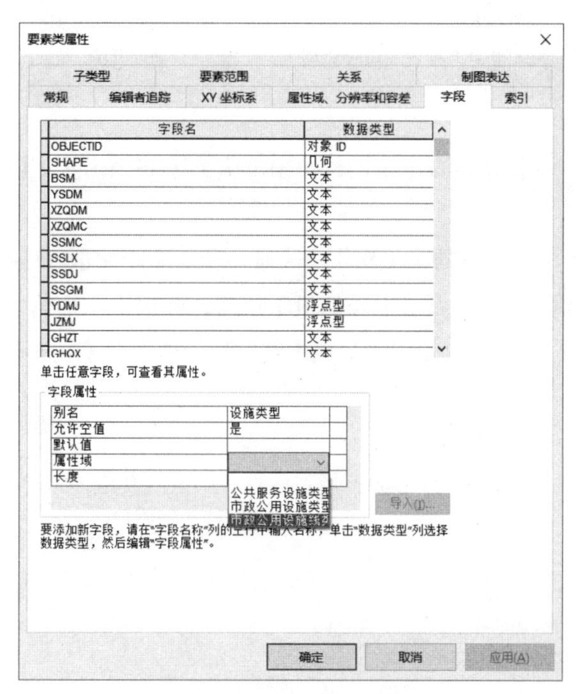

图4–25 字段属性域设置

步骤3: 电力工程管线绘制。

- 加载【SZGYSSX】要素类，可以看到【内容列表】面板中显示是其别名【市政公用设施（线）】。
- 开启编辑，绘制电力工程管线要素。在对【市政公用设施（线）】要素类开始编辑后，点击【编辑器】工具条上的【创建要素】工具，在【创建要素】面板中选择【市政公用设施（线）】模板，【线】工具，开始绘制。
- 为电力工程管线要素添加属性。根据现状用地和资料绘制电力管线，先绘制一段10kV电力管线，然后点击【编辑器】工具条上的【属性】工具，显示【属性】对话框。在【属性】对话框中部，点击【设施类型】栏旁的单元格，会出现一个列表，为该字段的编码属性域（图4–26），选择类型为【电力管线】，在【电压】栏旁的单元格，输入电力管线电压大小为【10】(图4–27)。

图 4-26　设置电力工程管线设施类型

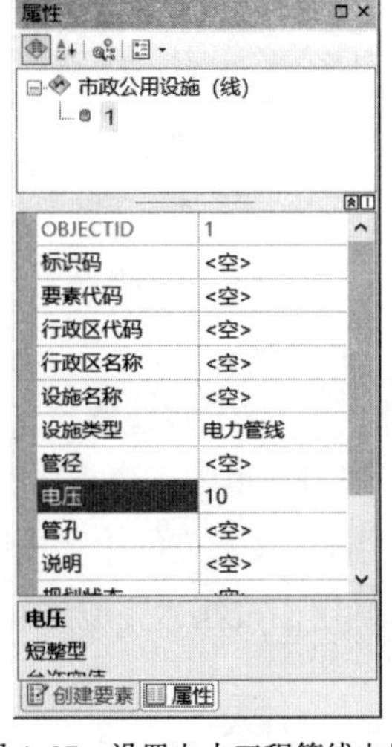

图 4-27　设置电力工程管线电压

☞ **步骤 4:** 电力工程管线符号化。

- 在【内容列表】面板中，鼠标左键双击【市政公用设施（线）】图层，弹出【图层属性】对话框，切换到【符号系统】选项卡。
  - 在选项卡中选择【显示：】栏下的【类别】→【唯一值，多个字段】，点击【值字段】下拉菜单，依次选择【设施类型】、【电压】，再点击【添加值】按钮，弹出【添加值】对话框，可看到在【选择要添加的值：】栏中已存在上一步绘制的 10kV 电力线的属性值组合【10301, 10】(图 4–28)。

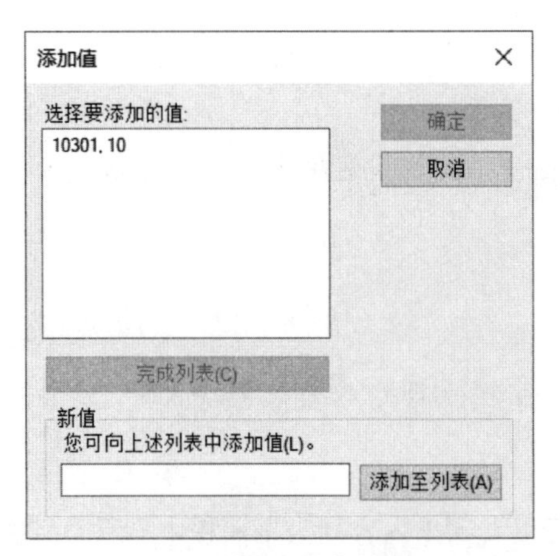

图 4–28 【添加值】对话框

  - 在【新值】栏中输入【10301,110】①。然后点击【添加至列表】将其加入上部的列表框。
  - 在【选择要添加的值：】栏同时选中【10301, 10】和【10301, 110】(注意不要遗漏该操作)，然后点【确定】，输入的类型即被加入到符号列表中。
- 双击符号列表中【10301, 10】左侧可视化符号，弹出【符号选择器】对话框，设置【颜色】为【深紫色】，【宽度】为【2】。点击【确定】按钮，返回【图层属性】对话框。
- 然后，双击符号列表中【10301,110】左侧可视化符号，弹出【符号选择器】对话框，设置【颜色】为【超蓝】，【宽度】为【1】，再点击【编辑符号】按钮，显示【符号属性编辑器】对话框（图 4–29）。

---

① 根据表 4-2，10301 为电力管线的代码 ,110 为电压，中间用英文逗号分隔，注意逗号后必须要有一个空格。

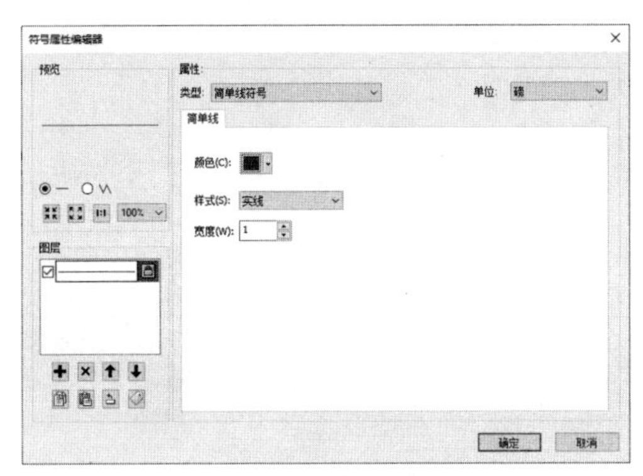
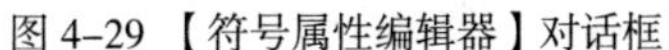

图 4-29 【符号属性编辑器】对话框

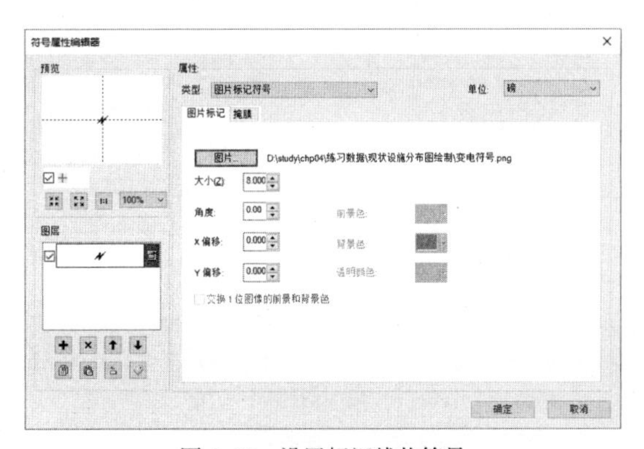

图 4-30 设置标记线状符号

- 点击【添加图层】按钮，【图层】栏下即出现一个新的图层，然后在【属性】栏下的【类型】下拉菜单中选择【标记线状符号】，点击【标记线】栏下的【符号 ...】按钮，弹出【符号选择器】对话框。
- 在弹出的【符号选择器】对话框中，点击【编辑符号 ...】，弹出【符号属性编辑器】对话框，在【属性】栏下的【类型】下拉菜单中选择【图片标记符号】，弹出【打开】对话框，选择随书数据中的图片文件【chp04\ 练习数据 \ 现状设施分布图绘制 \ 变电符号 .png】，设置【大小】为【8】(图 4-30)。
- 此时，再点击【添加图层】按钮，添加一个新的图层，然后在【属性】栏下的【类型】下拉菜单中选择【字符标记符号】，在符号列表中选择圆形符号【○】(其 Unicode 为【40】)，设置其【大小】为【20】，点击【确定】按钮，返回【符号选择器】对话框，再次点击【确定】，返回【符号属性编辑器】对话框。
- 切换至【模板】选项卡，调整样式长度标尺，设置【间隔】为【4】，结果如图 4-31 所示。
- 点【确定】按钮，返回【符号选择器】对话框，再次点【确定】按钮，返回【图层属性】对话框。

- 在符号列表中将绘制的两类线要素的标注分别设置为【电力 10kV】和【电力 110kV】，完成 10kV 电力管线和 110kV 电力管线符号化。
- 将符号列表中【< 其他所有值 >】的符号设置为【颜色】为【灰色 40%】，【宽度】为【1】的浅灰色细线。这些都是其他类型的管线。结果如图 4-32 所示。

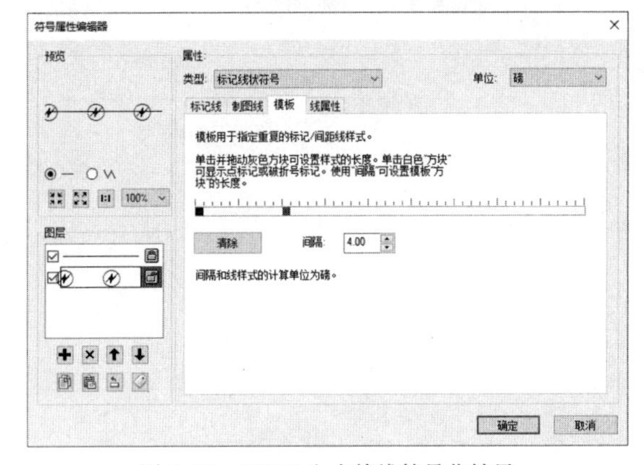

图 4-31 110kV 电力管线符号化结果

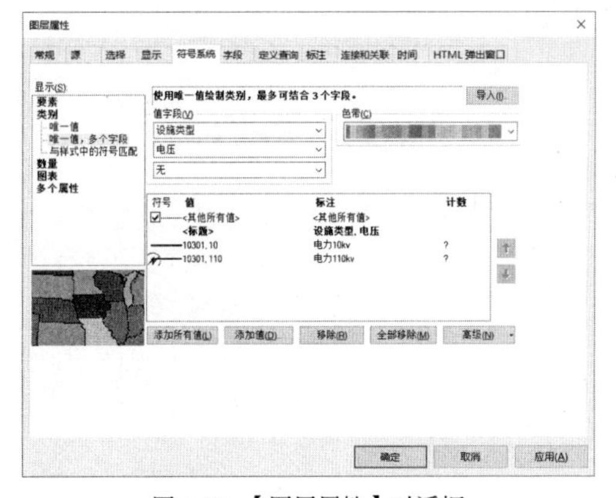

图 4-32 【图层属性】对话框

步骤 5：利用模板绘制电力管线。

- 新建组织要素模板。点击【编辑器】工具条上的【创建要素】工具，在【创建要素】面板中，单击【组织模板】按钮，弹出【组织要素模板】对话框。然后，点击【新建模板】按钮，显示【创建新模板向导】对话框（图 4-33）。
    - 勾选【市政公用设施（线）】，点击【下一步】按钮。

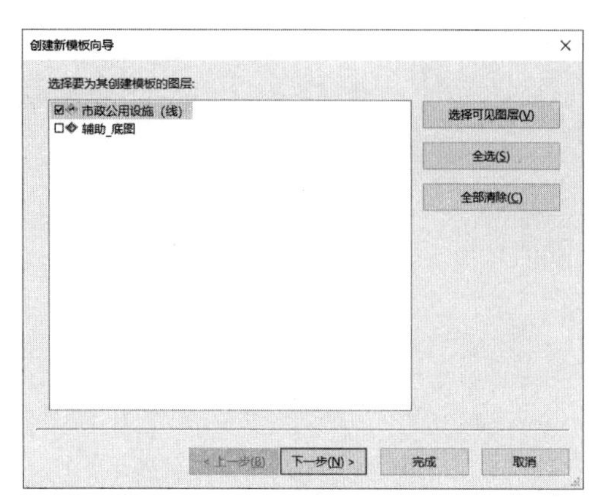

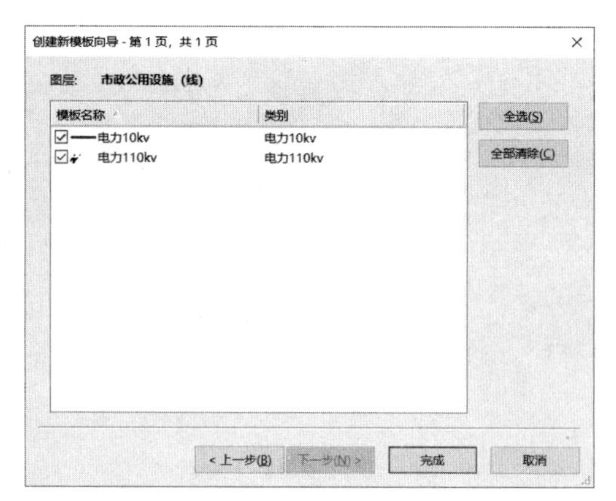

图 4-33　新建组织要素模板

- 勾选【电力 10kV】和【电力 110kV】模板，点击【完成】按钮，返回【组织要素模板】对话框，可以看到已经加载上一步骤符号化之后的模板。
- 在【组织要素模板】对话框中，右键单击之前默认创建的【市政公用设施（线）】模板，在弹出菜单中选择【删除】，只保留此步骤创建的两个模板（图 4-34）。

- 继续利用模板绘制电力管线。在【创建要素】面板中，选择【市政公用设施（线）】模板中的 —电力10kv 选项（图 4-35），把鼠标移至绘图区域，根据现状用地和资料继续完成 10kV 电力管线绘制，这时所绘电力管线的【设施类型】字段被自动赋予【电力管线】属性，且【电压】字段赋予【10】属性，无需再人工输入。

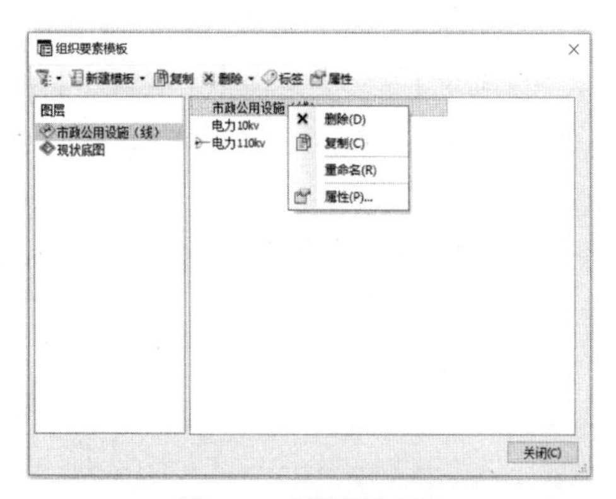

图 4-34　删除原有模板

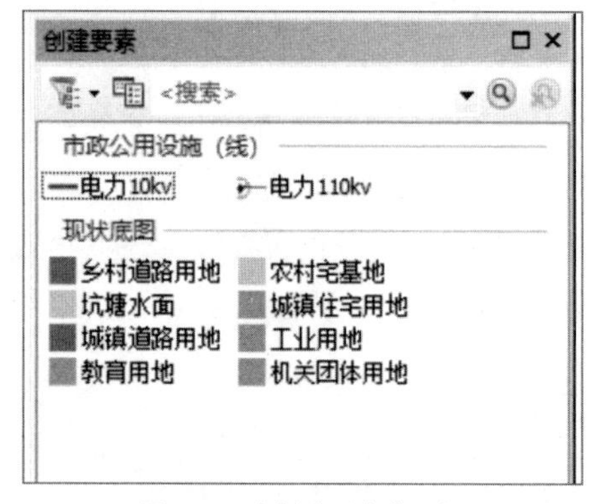

图 4-35　【创建要素】面板

- 同理完成 110kV 电力管线绘制，绘制结果如图 4-36 所示。

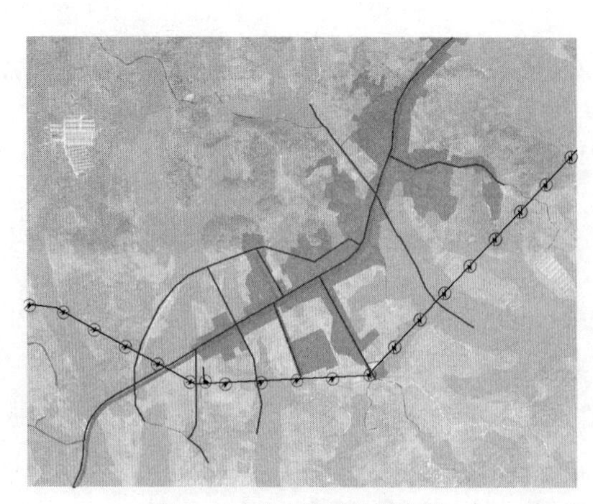

图 4-36　电力管线绘制结果

◆ 绘制完成后停止并保存编辑。

☞ **步骤 6**：另存为地图文档。

完成对电力工程管线的绘制后，点击主界面菜单【文件】→【另存为】，选择保存目录（例如 D:\study\chp04\练习数据\现状设施分布图绘制），保存为【现状电力工程管线分布图 .mxd】。

至此，现状电力工程管线分布图已经绘制完毕。随书数据的【chp04\练习结果示例\现状电力工程管线分布图 .mxd】，示例了本节练习的完整结果。

4.1.3.2　排水工程管线绘制

在排水设施规划布局时，一般使排水主干管沿城市主干道布置，次干管由主干管中树枝状接出，汇集各地排水，最后由主干管送至污水处理厂。本小节主要演示绘制排水主次干管、标注管径大小和排水方向。

打开 4.1.1 节制作的底图【现状设施分布图底图 .mxd】，继续绘制排水工程管线。

☞ **步骤 1**：排水工程管线符号化。

◆ 加载上一节创建的市政工程管线要素类【现状设施分布 .gdb\市政公用设施\SZGYSSX】。
◆ 在【内容列表】面板中，鼠标左键双击【市政公用设施（线）】图层，弹出【图层属性】对话框，切换到【符号系统】选项卡。
  ◆ 在选项卡中选择【显示：】栏下的【类别】→【唯一值，多个字段】，点击【值字段】下拉菜单，依次选择【设施类型】、【管径】，点击【添加值】按钮，弹出【添加值】对话框。
  ◆ 在【新值】栏中输入【10203,600】①。然后点击【添加至列表】按钮将其加入到上部的列表框，再在【新值】栏中输入【10203,400】添加至列表。
  ◆ 在【选择要添加的值：】栏中拉框选中这两个类型，点【确定】，输入的两种类型被加入符号列表中。
◆ 双击符号列表中排水主干管【10203, 600】左侧可视化符号，弹出【符号选择器】对话框（图 4–37）。

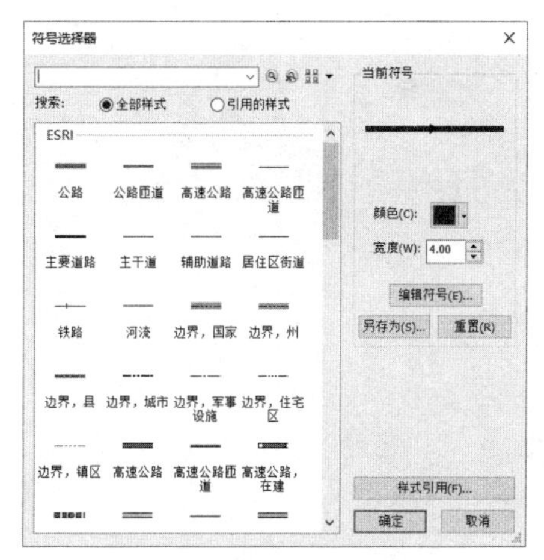

图 4–37　排水主干管符号设置

  ◆ 在符号样式列表中选择【箭头在右侧中间】样式【—►—】，设置【颜色】为【超蓝】，设置【宽度】为【4】，点【确定】按钮，返回【图层属性】对话框。
◆ 继续双击符号列表中排水次干管【10203,400】左侧可视化符号，弹出【符号选择器】对话框。
  ◆ 在符号列表中选择【箭头在右侧中间】样式【—►—】，设置【颜色】为【代尔夫特蓝】，设置【宽度】为【2】，点【确定】按钮，返回【图层属性】对话框。

---

① 10203 为雨污合流管线代码 ,600 为管径，注意逗号后有一个空格。

- 最后双击符号列表中【<其他所有值>】左侧可视化符号，弹出【符号选择器】对话框，设置【颜色】为【灰色 40%】,【宽度】为【1】，点【确定】按钮，返回【图层属性】对话框。
- 在符号列表中将两类要素的标注分别设置为【雨污 DN600】和【雨污 DN400】，再次点【确定】按钮，完成排水管线符号化（图 4–38）。

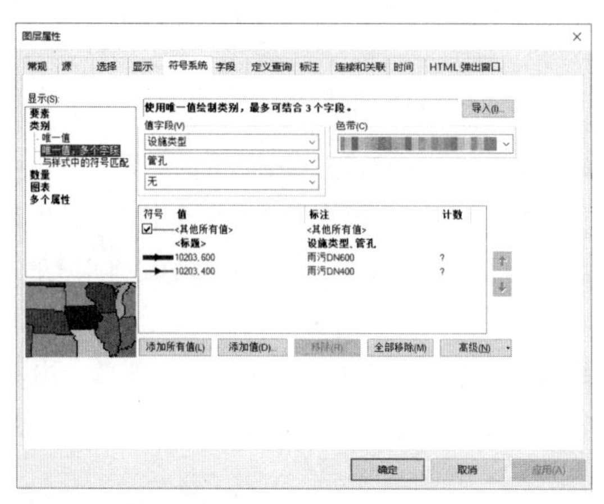

图 4–38　排水管线符号设置

☞ **步骤 2:** 创建排水管线组织要素模板。

- 开启编辑，新建组织要素模板。在对【市政公用设施（线）】要素开始编辑后，点击【编辑器】工具条上的【创建要素】工具，在【创建要素】面板中，单击【组织模板】按钮，弹出【组织要素模板】对话框，然后，点击【新建模板】按钮，显示【创建新模板向导】对话框（图 4–39）。

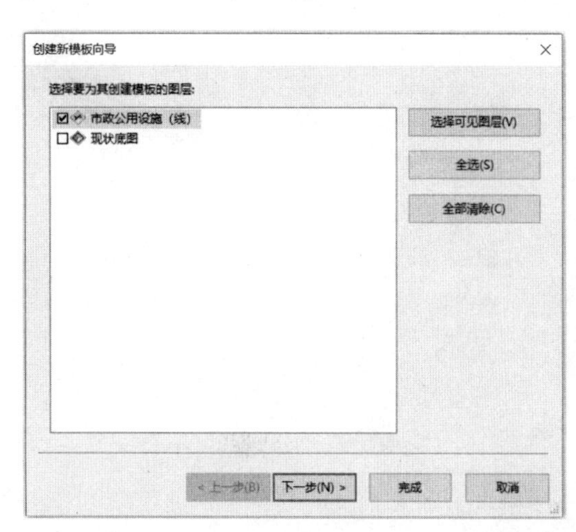

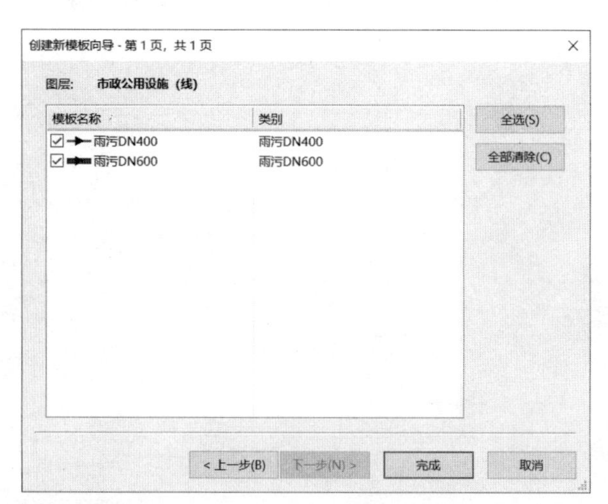

图 4–39　新建组织要素模板

- 勾选【市政公用设施（线）】，点击【下一步】按钮。
- 勾选【雨污 DN400】和【雨污 DN600】模板，点击【完成】按钮，可以看到【创建要素】面板中已经加载上一步骤符号化之后的模板（图 4–40）。

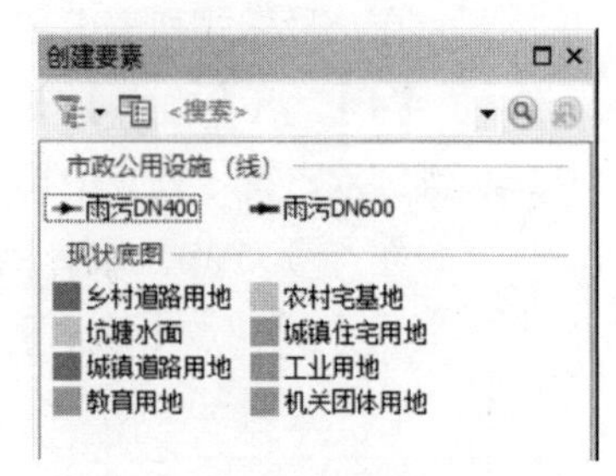

图 4–40 【创建要素】面板

☞ **步骤 3:** 排水工程管线绘制。

- 绘制排水工程管线。在【创建要素】面板中，选择【市政公用设施（线）】模板中的雨污DN600选项，把鼠标移至绘图区域，根据现状用地和资料继续完成排水主干管绘制；同理完成排水次干管绘制，绘制结果如图 4–41 所示。

图 4–41　排水管线符号化结果

- 手动调整排水方向错误的排水管线。
  - 点击【编辑器】工具条上的【编辑工具】，选择需要修改的排水管线（图 4–42）。
  - 双击该线进入编辑折点状态，或者右键单击该线，在弹出菜单中选择【编辑折点】，再次右键单击该线，在弹出菜单中选择【翻转】，可以看到选中的排水管线的标注箭头已反向。
  - 依次修改其他排水方向错误的排水管线，修改完成后停止并保存编辑，修改结果如图 4–43 所示。

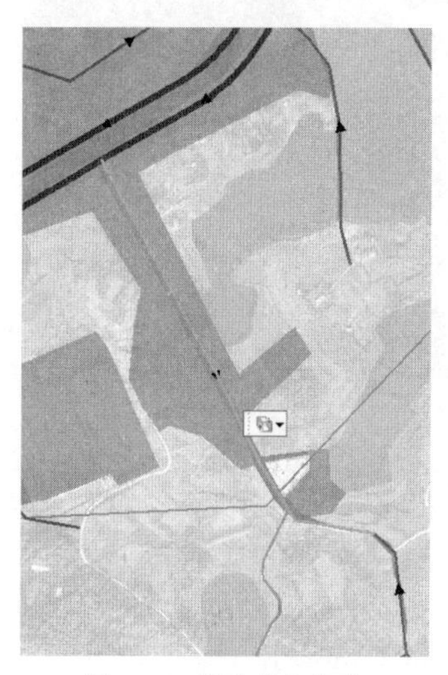

图 4–42　排水方向修改

图 4–43　排水方向修改结果

步骤 4：标注排水管网管径大小。

- 在【内容列表】面板中，鼠标左键双击【市政公用设施（线）】图层，弹出【图层属性】对话框，切换到【标注】选项卡。
  - 勾选【标注此图层中的要素】。
  - 在【文本字符串】栏中点击【表达式】按钮，弹出【标注表达式】对话框，在【表达式】栏中输入【"DN"+[GJ]】（图 4–44），其含义是在管径标注前加上“DN”字符，点击【确定】按钮，返回【图层属性】对话框。
  - 在【文本符号】栏进行字体的相关设置（图 4–45）。

- 点击【放置属性…】按钮，弹出【放置属性】对话框（图 4–46），设置【方向】为【平行】，在【同名标注】栏选择【每个要素放置一个标注】，点【确定】按钮，返回【图层属性】对话框；
- 点【确定】按钮，即完成标注设置，标注结果如图 4–47 所示。

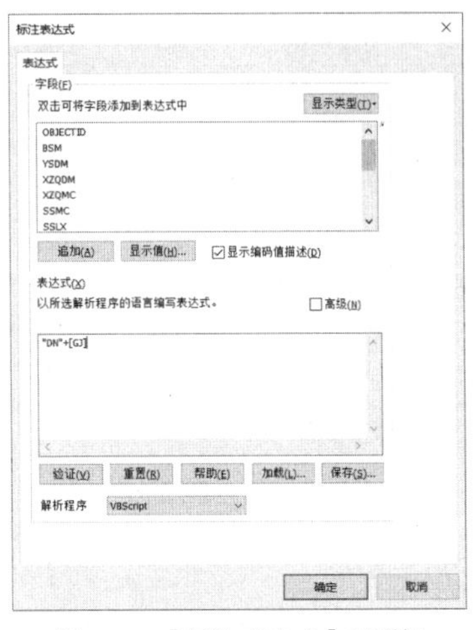

图 4–44 【标注表达式】对话框

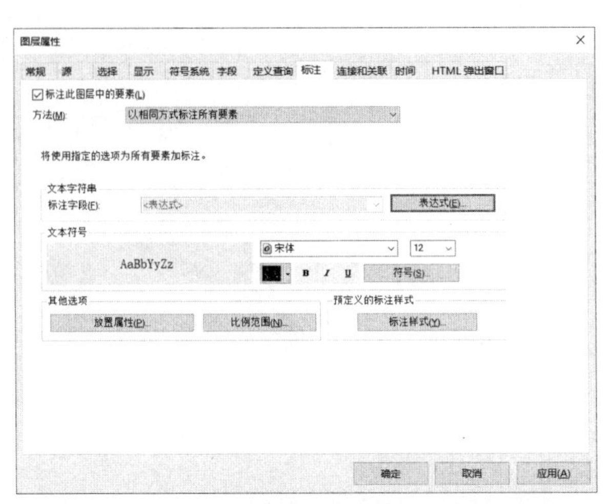

图 4–45 标注设置

图 4–46 标注放置属性设置

图 4–47 排水管网管径标注结果

☞ **步骤 5**：另存为地图文档。

完成对排水工程管线的绘制后，点击主界面菜单【文件】→【另存为】，选择保存目录（例如 D:\study\chp04\练习数据\现状设施分布图绘制），保存为【现状排水工程管线分布图 .mxd】。

至此，现状排水工程管网分布图已经绘制完毕。随书数据的【chp04\练习结果示例\现状设施分布图绘制\现状排水工程管线分布图 .mxd】，示例了本节练习的完整结果。

4.1.4 相关面要素绘制

4.1.4.1 公共服务设施用地绘制

打开 4.1.2.1 节保存的地图文档【现状公共服务设施分布图 .mxd】，继续操作如下。

☞ **步骤 1**：创建公共服务设施面要素类。

- 在【目录】面板中，【文件夹连接】项目下找到之前连接的工作目录下的要素类【D:\study\chp04\练习数据\标准数据库模板\× × 县国土空间规划数据库 .gdb\目标年规划\GGFWSSM】（别名：【公共服务设施

（面）】)，右键单击该要素类，在弹出菜单中选择【复制】。

- 然后展开默认工作目录下的【现状设施分布.gdb】数据库，右键单击其中的【公共服务设施】要素数据集，在弹出菜单中选择【粘贴】。
- 右键单击复制粘贴后的要素类【GGFWSSM】，在弹出菜单中选择【属性】，弹出【要素类属性】对话框，切换至【字段】选项卡，选择其中的【SSLX】字段，在下方的【字段属性】列表中将【属性域】设置为【公共服务设施类型】，然后点击【确定】按钮，完成属性域设置。
- 加载【GGFWSSM】要素类，可以看到【内容列表】面板中显示是其别名【公共服务设施（面）】。

☞ **步骤 2**：绘制小学用地面要素。在对【公共服务设施（面）】要素开始编辑后，根据现状用地和资料绘制小学用地面要素。

☞ **步骤 3**：赋予设施地块属性。点击【编辑器】工具条上的【编辑】工具，选择绘制的小学设施用地。点击【编辑器】工具条上的【属性】工具，显示【属性】对话框，在【属性】对话框中部的【设施类型】栏旁的单元格，选择【公共服务设施（面）】类型为【小学】，完成后停止并保存编辑。

☞ **步骤 4**：小学用地面要素符号化。

- 在【内容列表】面板中，鼠标左键双击【公共服务设施（面）】图层，弹出【图层属性】对话框，切换到【符号系统】选项卡。
- 选择【显示：】栏下的【类别】→【唯一值】，点击【值字段】下拉菜单，选择【设施类型】，点击【添加值】按钮，在弹出的【添加值】对话框中选择【小学】，点击【确定】完成添加。
- 双击符号列表中设施类型【小学】左侧可视化符号，弹出【符号选择器】对话框，设置【填充颜色】为【电子金色】，点击【确定】按钮，返回【图层属性】对话框。
- 将4.1.2.2节绘制的【公共服务设施（点）】图层叠加显示在该面要素图层上，即完成小学用地符号化，绘制结果如图4–48所示。

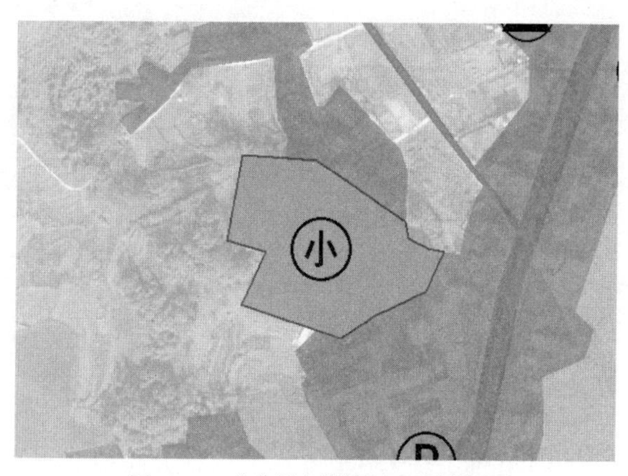

图4–48　公共服务设施用地绘制结果

4.1.4.2　变电站用地绘制

打开4.1.2.2节保存的地图文档【现状市政设施分布图.mxd】，继续操作如下。

☞ **步骤 1**：创建市政公用设施面要素类。

- 在【目录】面板中，【文件夹连接】项目下找到之前连接的工作目录下的要素类【D:\study\chp04\练习数据\标准数据库模板\××县国土空间规划数据库.gdb\目标年规划\SZGYSSM】（别名：【市政公用设施（面）】)，右键单击该要素类，在弹出菜单中选择【复制】。
- 然后展开默认工作目录下的【现状设施分布.gdb】，右键单击其中的【市政公用设施】要素数据集，在弹出菜单中选择【粘贴】。

- 右键单击复制粘贴后的要素类【SZGYSSM】，在弹出菜单中选择【属性】，弹出【要素类属性】对话框，切换到【字段】选项卡，选择其中的【SSLX】字段，在下方的【字段属性】列表中将【属性域】设置为【市政公用设施类型】，然后点击【确定】按钮关闭该对话框，完成属性域设置。
- 加载【SZGYSSM】要素类，可以看到【内容列表】面板中显示是其别名【市政公用设施（面）】。

☞ **步骤 2**：绘制变电站设施用地面要素。在开启对【市政公用设施（面）】要素类的编辑后，根据现状用地和资料绘制变电站设施用地面要素。

☞ **步骤 3**：赋予设施地块属性。点击【编辑器】工具条上的【编辑工具】，选择绘制的变电站设施用地。点击【编辑器】工具条上的【属性】工具，显示【属性】对话框。点击【属性】对话框中部的【设施类型】栏旁的单元格，选择类型为【变电站】，完成后停止并保存编辑。

☞ **步骤 4**：符号化变电站设施用地面要素。参考 4.1.4.1 步骤 4 符号化操作，这里不再赘述。绘制结果如图 4–49 所示。

4.1.4.3 电力工程高压电力线走廊绘制，完成后停止并保存编辑

☞ **步骤 1**：绘制高压电力线走廊。紧接之前操作，再次开启对【市政公用设施（面）】要素类的编辑，根据现状用地和资料绘制高压电力线走廊面要素①。

☞ **步骤 2**：赋予设施地块属性。选择绘制的高压电力线走廊，点击【编辑器】工具条上的【属性】工具，显示【属性】对话框。点击【属性】对话框中部的【设施类型】栏旁的单元格，选择类型为【其他供电设施】，完成后停止并保存编辑。

☞ **步骤 3**：符号化高压电力线走廊面要素，并将 4.1.3.1 节绘制的【市政公用设施（线）】图层叠加显示在该面要素图层上，完成高压电力线走廊的符号化。绘制结果如图 4–50 所示。

图 4–49 变电站用地绘制结果

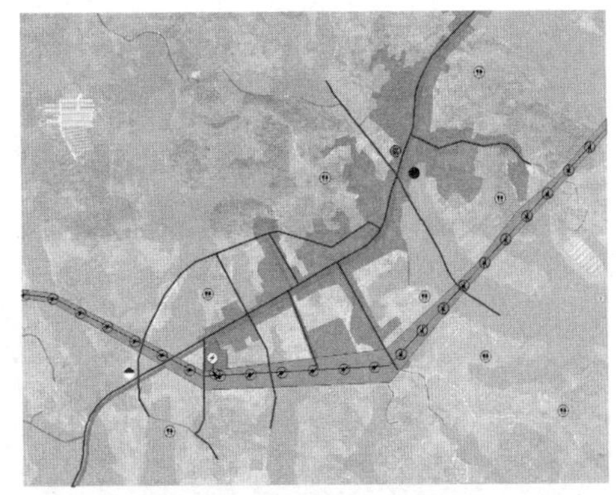

图 4–50 高压走廊绘制结果

至此，现状设施面要素分布图已经绘制完毕。随书数据的“chp04\ 练习结果示例 \ 现状设施分布图绘制 \ 现状公共服务设施分布图 .mxd”和“chp04\ 练习结果示例 \ 现状设施分布图绘制 \ 现状市政设施分布图 .mxd”，示例了本练习的完整结果。

4.1.5 符号化锁定

☞ **步骤 1**：符号转样式。

绘制现状设施分布图后，可将符号导出至样式库，方便下次使用。下面以【通信端局】设施点符号转样式为例，进行概要介绍。

① 高压走廊经过非建设区时，高压电力线走廊宽度为 40m；高压走廊经过建成区时，高压电力线走廊宽度不小于 40m。

- 紧接之前步骤，在【内容列表】面板中，打开【市政公用设施（点）】图层的子目录，单击【通信端局】前的可视化符号，弹出【符号选择器】对话框。
- 点击【另存为...】按钮，显示【项目属性】对话框（图 4–51）。
  - 设置【名称】为【通信端局】，点击【样式】栏后的...按钮，弹出【打开】对话框，设置【文件类型】、【文件名】和保存路径，点击【打开】按钮，返回【项目属性】对话框，点击【完成】按钮，即可将符号导出至指定样式库（图 4–52）。

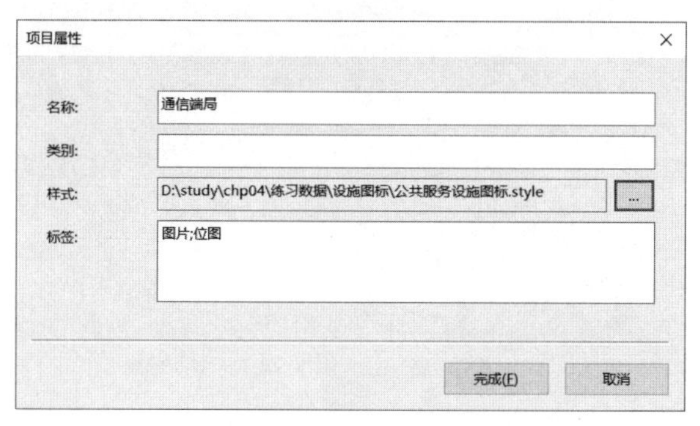

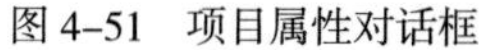
图 4–51 项目属性对话框

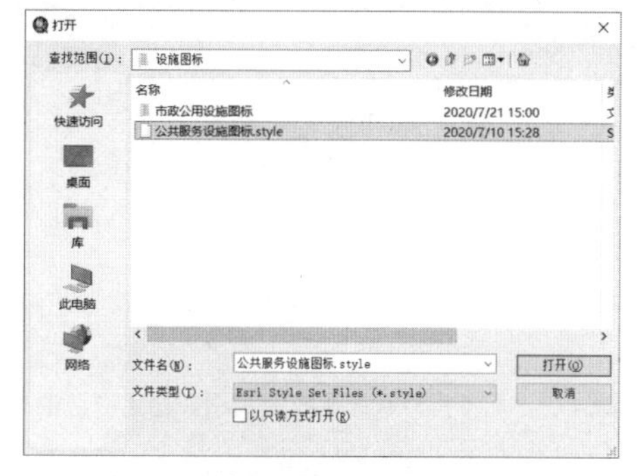

图 4–52 符号样式导出至指定样式库

  - 由于本机在本节开始就已添加该样式库，因此导出的样式会立即出现在【符号选择器】的符号样式列表中（图 4–53）。

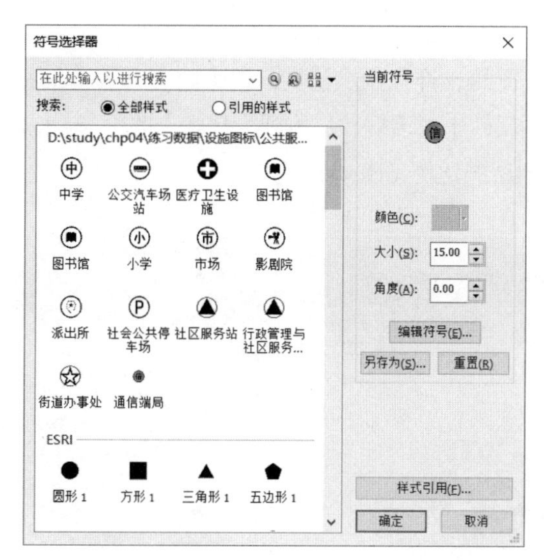

图 4–53 样式库中导入的【通信端局】符号

☞ **步骤 2**: 符号化转制图表达。

将符号系统转换为制图表达可将设置的符号信息随图层要素一同保存，方便图层的分享。下面以【市政公用设施（点）】符号系统转换为制图表达为例，对其进行概要介绍。

- 确认【内容列表】面板中 ⊟ ☑ 市政公用设施（点） 处于勾选状态。
- 在【内容列表】面板中，鼠标右键单击【市政公用设施（点）】图层，在弹出菜单中选择【将符号系统转换为制图表达】，显示【将符号系统转换为制图表达】对话框（图 4–54）。
  - 设置【名称】为【市政公用设施（点）_Rep】。
  - 其他设置保持默认。点击【转换】按钮，即完成转换。

可以看到【市政公用设施（点）_Rep】自动加载至【内容列表】面板，此时在新的 mxd 中打开【市政公用设施（点）】数据，会发现可视化的方式是固定的，不会随机生成其他的表达样式（图 4–55）。

图 4–54 【将符号系统转换为制图表达】对话框

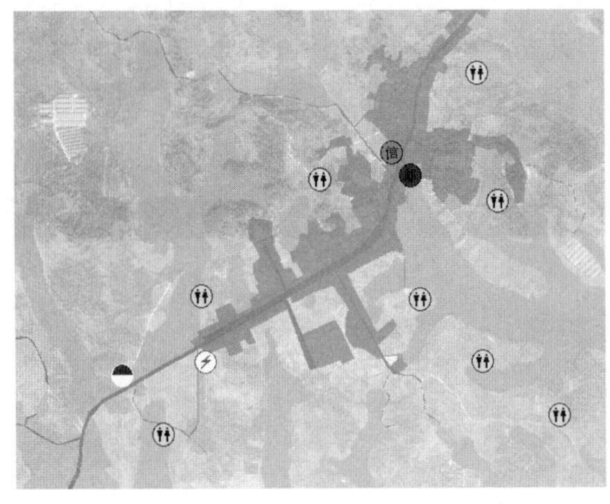

图 4–55　符号化转制图表达结果

☞ **步骤 3:** 符号化比例锁定。

符号化设置完成后，前后滚动滑轮缩放地图，可以看到符号会随着缩放比例大小而变化，不便读取图面信息。通过锁定其比例，可以解决这一问题。

紧接之前步骤，继续操作如下。

➔ 设置图层参考比例。

前后滚动滑轮来缩放地图至合适的点符号显示比例，在【内容列表】面板中，右键单击 图层 ，在弹出菜单中选择【属性】，显示【数据框属性】对话框。切换到【常规】选项卡，点击【参考比例】下拉菜单，选择【<使用当前比例>】，即可锁定所有图层的比例（图 4–56）。

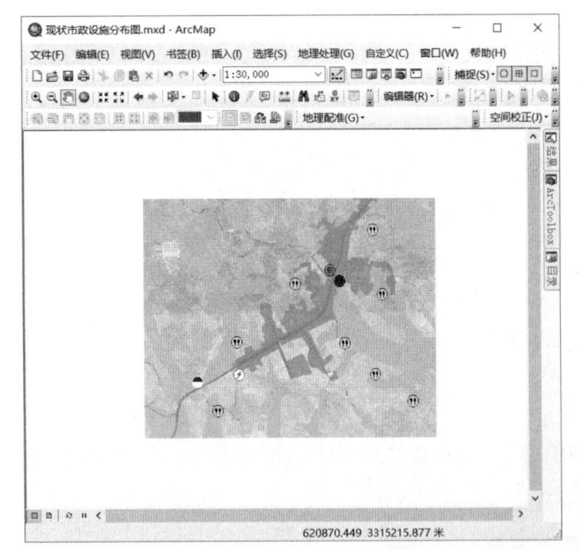

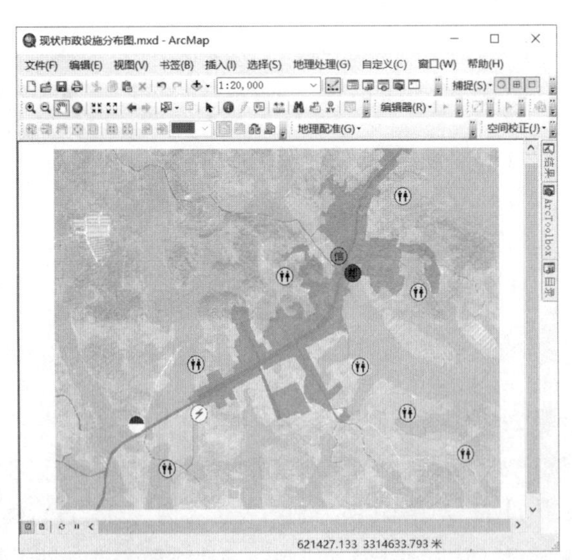

图 4–56　设置参考比例后缩放效果演示

➔ 单个图层比例解锁。

若某个图层需要解锁，可在【内容列表】面板中，鼠标左键双击该图层，弹出【图层属性】对话框，切换至【显示】选项卡，取消勾选【设置参考比例时缩放符号】即可。

4.2　各类分析图绘制

分析图是在已有空间要素的基础上，快速、便捷地呈现分析内容和结果的一种工具。本节将以绘制综合交通现状图、社会经济分析图、空间结构图为例，介绍利用 ArcMap 平台进行各类现状分析图绘制的基本方法，为规划方案的实施提供基础。

4.2.1　综合交通现状图

综合交通体系是指各种交通方式之间分工协作、协调发展，形成一体化的交通运输系统。通过分类表达各级道路与各类设施，使查看和分析更加直观。下面依据【辅助_底图】、【栅格影像】、【现状道路中心线】数据，对综合交通现状图的绘制方法进行概要介绍。其中【现状道路中心线】的绘制方法与下一章"5.1.1 绘制单线规划路网"方法相同，这里先直接给出绘制结果（读者也可自行绘制）。

☞ **步骤 1**：打开地图文档，查看实验数据。

打开随书数据中的地图文档【chp04\练习数据\各类分析图绘制\综合交通现状图.mxd】，该文档关联数据库已建立。且地图文档中已经加载【用地范围】、【栅格影像】、【现状道路中心线】和【辅助_底图】图层。

☞ **步骤 2**：符号化现状道路要素。

- 在【内容列表】面板中，鼠标左键双击【现状道路中心线】图层，显示【图层属性】对话框（图 4–57），切换到【符号系统】选项卡。
- 在选项卡中选择【显示：】栏下的【类别】→【唯一值】，点击【值字段】下拉菜单，选择【道路类型】，点击【添加所有值】按钮，符号列表中即出现道路类型的四个类别。
- 此时，双击符号列表中【公路】左侧的符号，在弹出的【符号选择器】对话框中，设置相应的符号样式、颜色和宽度，依次将其他类型道路符号化，点击【确定】按钮，即完成现状道路要素的符号化（图 4–58）。

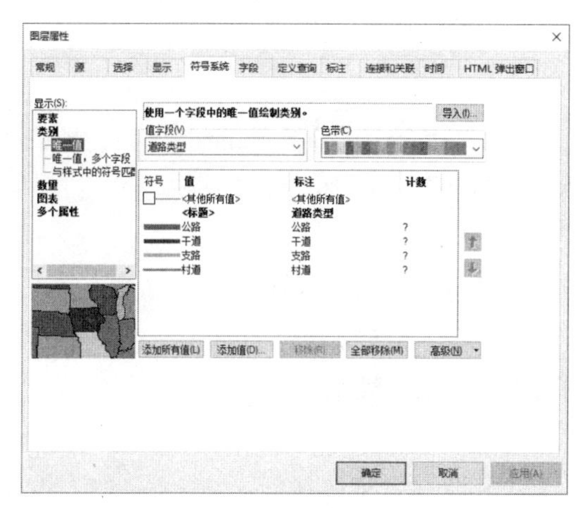

图 4–57　道路符号化设置

图 4–58　道路符号化

☞ **步骤 3**：使用符号级别调整图层顺序。

- 经过之前步骤，道路交通体系虽然已进行符号化设置，但在路口处存在低等级道路压盖高等级道路的问题。为使各道路层次分明，可以在【图层属性】对话框中，切换至【符号系统】选项卡，点击【高级】下拉菜单，选择【符号级别...】，显示【符号级别】对话框（图 4–59）。
  - 勾选【使用下面指定的符号级别来绘制此图层】，选择目标图层，然后使用符号列表右侧的箭头标志调整图层顺序，由此形成"公路 – 干道 – 支路 – 村道"的图层顺序，点击【确定】按钮，完成图层顺序调整（图 4–60）。

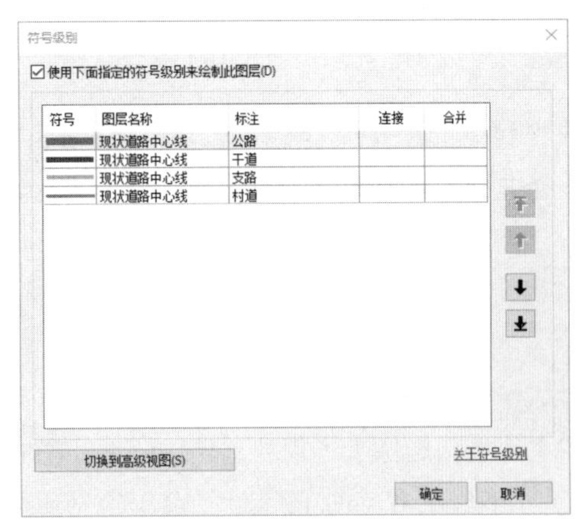

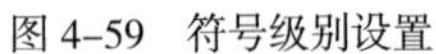
图 4-59　符号级别设置

图 4-60　综合交通现状图

☞ **步骤 4**：现状交通设施的绘制。

现状交通设施包括客运站、货运站、码头、停车场等，它们的绘制及符号化与点、线要素的绘制及其符号化方法类似，这里不再赘述（具体绘制与符号化操作可参考第 4 章"4.1 节 现状设施分布图绘制"）。

☞ **步骤 5**：保存地图文档。

完成对现状各级道路及交通设施的绘制后，点击主界面菜单【文件】→【保存】。

至此，综合交通现状图已经绘制完毕。随书数据的"chp04\ 练习结果示例 \ 各类分析图绘制 \ 综合交通现状图 .mxd"示例了本节练习的完整结果。

4.2.2　社会经济分析图

社会经济数据多以统计表的形式列出。利用 GIS 平台进行空间化，将表格数据连接到行政区空间要素，进而通过符号化等操作实现数据可视化。

☞ **步骤 1**：打开地图文档，查看实验数据。

打开随书数据中的地图文档【chp04\ 练习数据 \ 各类分析图绘制 \ 社会经济分析图 .mxd】，该文档关联数据库已建立。且地图文档中已经加载【辅助 _ 行政区划（点）】和【辅助 _ 行政区划（面）】图层。

☞ **步骤 2**：连接社会经济数据。

- 社会经济表格数据连接。在【内容列表】面板中，右键单击【辅助 _ 行政区划（点）】图层，弹出菜单中选择【连接和关联】→【连接...】，显示【连接数据】对话框（图 4-61）。
  - 点击【要将哪些内容连接到该图层】下拉菜单，选择【某一表的属性】。
  - 设置【选择该图层中连接将基于的字段】为【村庄名称】。
  - 点击【选择要连接到此图层的表，或者从磁盘加载表】栏下浏览按钮，在弹出的【添加】对话框中将随书数据【chp04\ 练习数据 \ 各类分析图绘制 \ 社会经济要素 .xls】中的【sheet1$】添加进来。
  - 【选择此表中要作为连接基础的字段】默认为【村庄名称】，默认【连接选项】设置，点击【确定】完成连接。
- 同理，将社会经济表格数据连接到【辅助 _ 行政区划（面）】图层。

☞ **步骤 3**：查看数据。

- 通过属性表查看字段信息。在【内容列表】面板中，右键单击【辅助 _ 行政区划（点）】图层，弹出菜单中选择【打开属性表】。此时，可以发现社会经济要素表格数据已经连接到【表】中（图 4-62）。

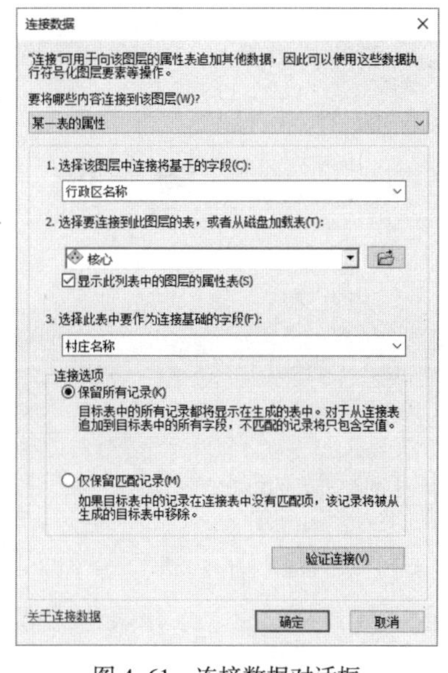

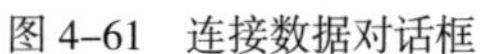
图 4–61　连接数据对话框

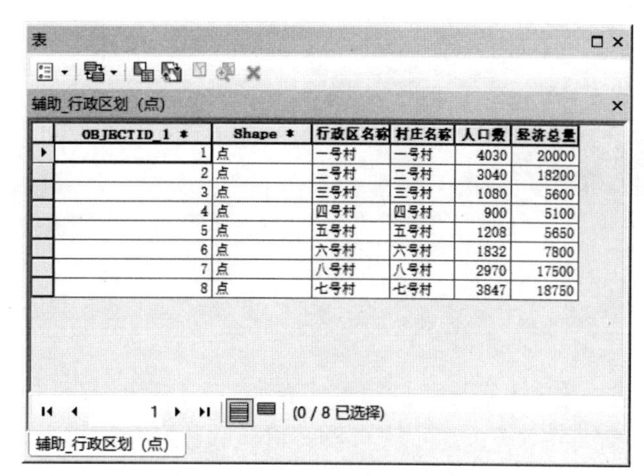
表
辅助_行政区划（点）

OBJECTID_1 *	Shape *	行政区名称	村庄名称	人口数	经济总量
1	点	一号村	一号村	4030	20000
2	点	二号村	二号村	3040	18200
3	点	三号村	三号村	1080	5600
4	点	四号村	四号村	900	5100
5	点	五号村	五号村	1208	5650
6	点	六号村	六号村	1832	7800
7	点	八号村	八号村	2970	17500
8	点	七号村	七号村	3847	18750

(0 / 8 已选择)
辅助_行政区划（点）

图 4–62　连接数据后属性表

☞ **步骤 4:** 生成柱状图。

- 行政区面要素符号化。
  - 在【内容列表】面板中，鼠标左键双击【辅助 _ 行政区划（面）】图层，显示【图层属性】对话框，切换至【符号系统】选项卡。
  - 在选项卡中选择【显示：】栏下的【数量】→【分级色彩】，点击【字段】栏下的【值】，在下拉菜单选择【人口数】，符号列表中即出现不同人口数的范围分级。
  - 在【分类】栏下的【类】中设置分级数。
  - 点击【色带】下拉菜单，选择相应色带。
  - 点击【确定】按钮，即完成行政区面要素按人口数符号化。
- 社会经济要素的符号化。
  - 在【内容列表】面板中，复制【辅助 _ 行政区划（点）】图层（防止符号化结果进行覆盖）。
  - 鼠标左键双击【辅助 _ 行政区划（点）】图层，显示【图层属性】对话框（图 4–63），切换至【符号系统】选项卡。
  - 在选项卡中展开【显示：】栏下的【图表】，有三种图表可供选择，这里以【条形图 / 柱状图】为例，进行概要介绍。
  - 选择【字段选择】栏下的【经济总量】字段，然后点击 › 按钮，可将其添加到右侧【符号】列表。
  - 点击【配色方案】下拉菜单，选择相应色带，也可以双击【符号】列表中【经济总量】左侧的可视化符号，在弹出的【符号选择器】中进行颜色修改。
  - 点击【属性】按钮，显示【图表符号编辑器】对话框，在此可对图表符号进行更详细的设置。勾选【以 3–D 方式显示】，通过拖动【厚度】滑块，适当增减柱状图的厚度。取消勾选【牵引线】栏中 显示(H) ☑ 后的小勾（图 4–64），完成设置后，点【确定】按钮，返回【图层属性】对话框。
  - 点【确定】按钮，即完成社会经济要素的符号化。
- 社会经济要素的标注。
  - 在【内容列表】面板中，鼠标左键双击【辅助 _ 行政区划（面）】图层，显示【图层属性】对话框，切换至【标注】选项卡。

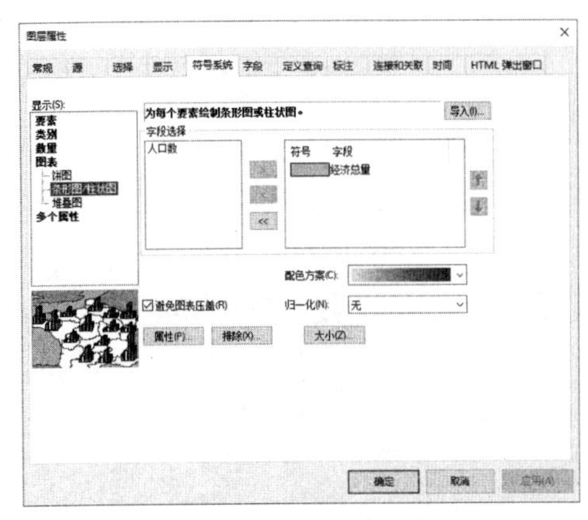

图 4–63 社会经济要素的符号化设置

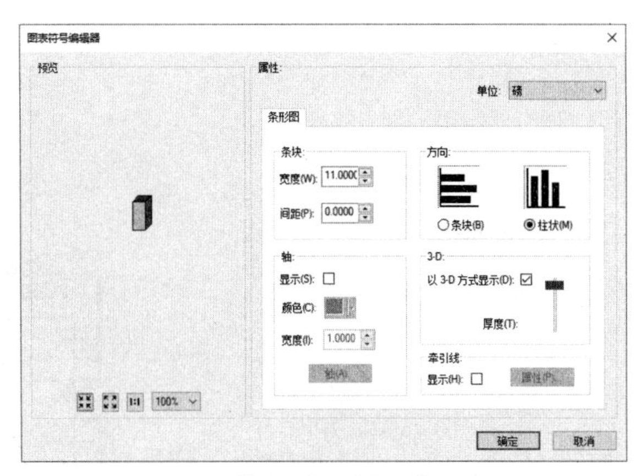

图 4–64 【图标符号编辑器】对话框

- 点击【文本字符串】栏下的【表达式...】按钮，显示【标注表达式】对话框（图 4–65）。点击下部输入框，输入一个表达式【"人口数 :"+ [人口数]+ VbCrLf + "经济总量 :"+ [经济总量]】。该表达式将【人口数】和【经济总量】组合起来标注，VbCrLf 代表换行，即【经济总量】将标注在第二行（引号为英文状态下输入）。

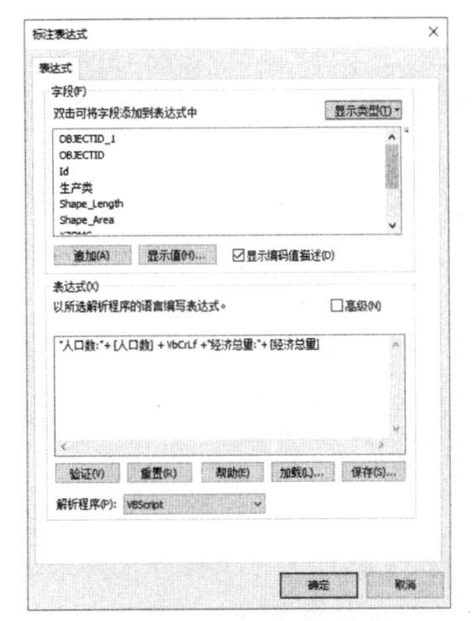

图 4–65 设置标注表达式

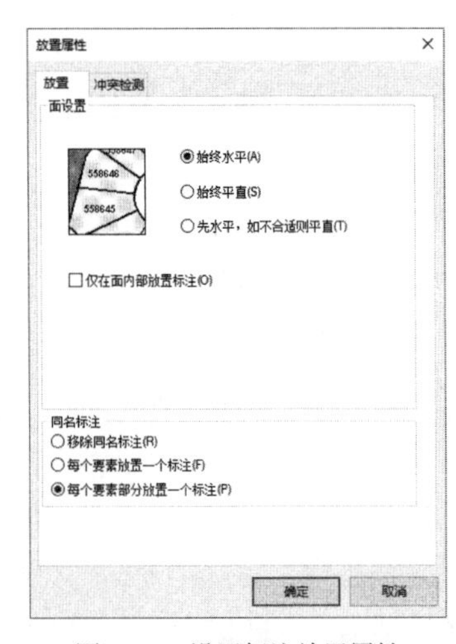

图 4–66 设置标注放置属性

- 点【确定】按钮，返回【图层属性】对话框。
- 在【文本符号】栏处，设置标注字体为【黑体】，字号为【11】。
- 点击【放置属性】按钮，显示【放置属性】对话框（图 4–66），勾选【面设置】栏下的【始终水平】和【同名标注】栏下的【每个要素放置一个标注】，取消勾选【仅在面内部放置标注】，因为有些面放置不下标注文字，勾选后不会显示。
- 点【确定】按钮，返回【图层属性】对话框。
- 勾选【标注此图层中的要素】，设置【方法】为【以相同方式标注所有要素】（图 4–67）。
- 点【确定】按钮，即完成社会经济要素的标注，标注效果如图 4–68 所示。

☞ **步骤 5：**保存地图文档。

完成对社会经济要素的绘制后，点击主界面菜单【文件】→【保存】。

至此，社会经济分析图已经绘制完毕。随书数据的【chp04\ 练习结果示例 \ 各类分析图绘制 \ 社会经济分析图 .mxd】，示例了本节练习的完整结果。

图 4-67　设置【图层属性】对话框

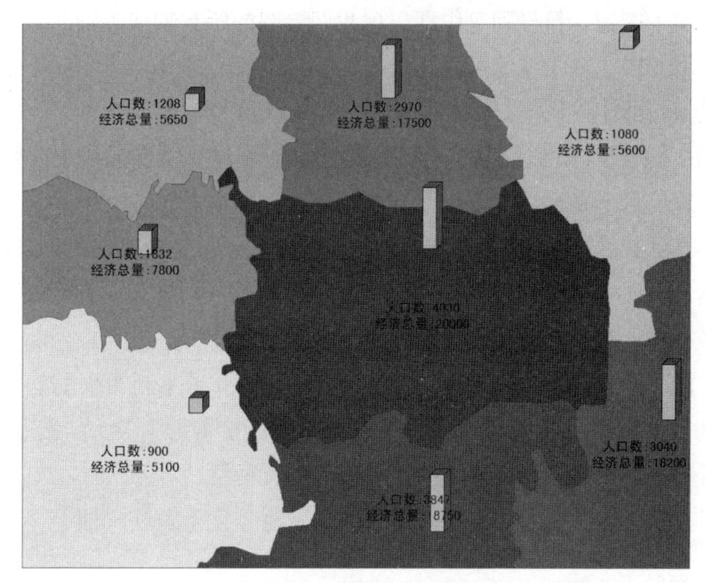

图 4-68　社会经济要素的标注

4.2.3　空间结构图

空间结构图是对规划区域内要素信息的高度总结概括，是在调研和分析后对空间层级、功能划分、区域联系等信息的展现。下面以空间结构图的绘制为例，对其进行概要介绍。本次实践是对之前章节所介绍制图技巧的综合演练。

4.2.3.1　轴线的绘制

轴线的绘制与线要素的绘制方法相似，关键是通过符号化做出美观的效果，下面以轴线的绘制为例，对此进行概要介绍。

☞ **步骤 1：**打开地图文档，查看实验数据。

打开随书数据中的地图文档【chp04\ 练习数据 \ 各类分析图绘制 \ 空间结构图 .mxd】，该文档关联数据库已建立。且地图文档中已经加载【核心】、【轴线】、【箭头】、【带】和【分区】等图层。

☞ **步骤 2：**轴线绘制及其符号化。

- 绘制轴线并添加属性。
  - 绘制轴线。在对【轴线】要素开始编辑后，点击【编辑器】工具条上的【创建要素】工具，在【创建要素】面板中选择【轴线】模板，在其下部的【构造工具】栏选择【线】工具；此时，再点击【编辑器】工具条或【要素构造】浮动工具条上的【追踪】工具，在下拉菜单中选择【贝塞尔曲线段】工具。参照图 4–71，绘制出南北走向的主发展轴。
  - 赋予属性。对于刚绘制的要素，它默认处于选中状态。点击【编辑器】工具条上的【属性】工具，显示【属性】对话框，在【属性】对话框中部的【轴线类别】栏旁的单元格，输入该轴线名称为【发展主轴】（*读者可自行拟定轴线名称*）。
  - 同理绘制出东西走向的次发展轴，并编辑其【轴线类别】属性为【发展次轴】。
- 轴线符号化。
  - 在【内容列表】面板中，双击【轴线】图层，显示【图层属性】对话框，切换至【符号系统】选项卡。
  - 在选项卡中选择【显示：】栏下的【类别】→【唯一值】，点击【值字段】下拉菜单，选择【轴线类别】，点击【添加所有值】按钮，符号列表中即出现我们绘制的所有轴线类别。
  - 双击符号列表中【发展主轴】左侧可视化符号，显示【符号选择器】对话框，点击【编辑符号】按钮，显示【符号属性编辑器】对话框。
  - 在【属性】栏下的【类型】下拉菜单中选择【制图线符号】，在【制图线】选项卡中设置【颜色】为【灯笼 – 海棠粉】，【宽度】为 20。
  - 切换至【模板】选项卡，拖动刻度上的灰色方块，在灰色方块前会出现白色方块，代表重复样式的长度；白色方块被点击后会变成黑色，反之亦然，将这一不断重复的样式设置成图 4–69 所示形式，可以看到左下角【图层】栏会同步显示线型设置的结果。
  - 点击【添加图层】按钮，【图层】栏下即出现一个新的图层，在【制图线】选项卡中，设置【颜色】为【白色】，【宽度】为【22】，【线端头】为【平端头】，【线连接】为【尖头斜接】。
  - 通过点击【下移图层】按钮，将该白色图层移动至最底层。
  - 点【确定】按钮，完成【发展主轴】符号化。同理，符号化【发展次轴】（图 4–70）。

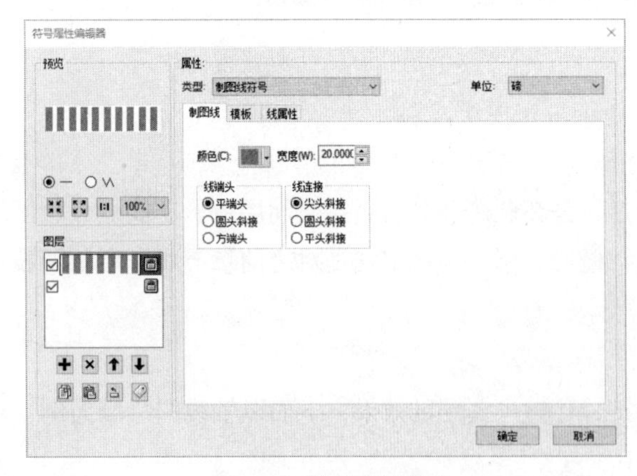

图 4–69　轴线符号设置

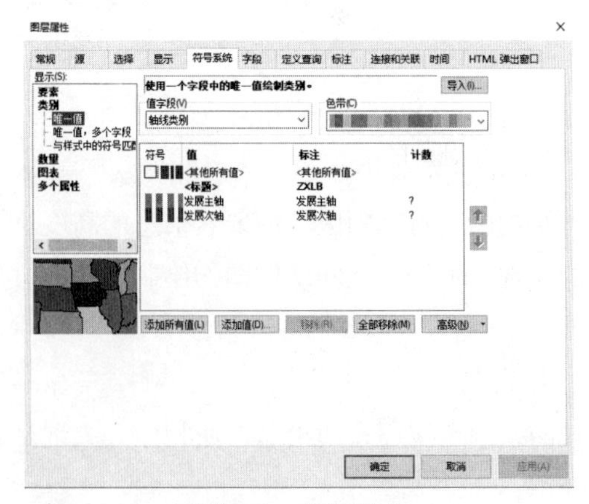

图 4–70　轴线样式

  - 也可自行设置符号样式，这里仅展示点划线类型轴线，符号化结果如图 4–71 所示。

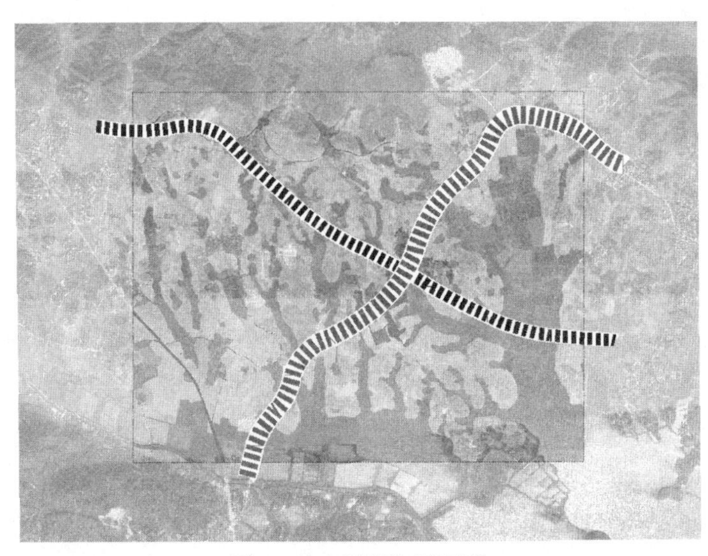

图 4–71　点划线样式的轴线

➜ 标注设置。

轴线的标注操作同社会经济要素的标注，在此不作赘述。

4.2.3.2　轴线箭头的绘制

若轴线与箭头样式一致，可在绘制完轴线后直接绘制箭头，再将轴线和箭头合并。下面以箭头和轴线样式不一致为例，概要介绍轴线箭头的绘制方法。

☞ **步骤 1**：添加【比例】和【镜像要素】工具。

➜ 点击主界面菜单【自定义】→【自定义模式...】，显示【自定义】对话框，切换至【命令】选项卡。

- 在选项卡中点击【类别】栏下的【编辑器】，右侧【命令】栏会显示对应的工具命令。
- 鼠标左键选中【比例】 比例 命令，按住左键不放，将该项拖拉至【编辑器】工具条上，然后松开左键，【比例】工具则添加成功。
- 同理，添加【镜像要素】 镜像要素 工具。

☞ **步骤 2**：绘制轴线箭头及符号化。

➜ 绘制主轴一端箭头。

- 在对【箭头】要素开始编辑后，在【创建要素】面板上选择【箭头】模板，在其下部的【构造工具】栏选择【线】工具。
- 捕捉到轴线的一端，绘制出箭头的一半，右键选择【完成草图】。
- 点击【编辑器】工具条上的【编辑工具】，选中刚绘制的箭头要素。然后点击【编辑器】工具条上的【镜像要素】工具，这时把鼠标移至绘图区域，图标会变成十字图标，单击箭头和轴线的交点，沿着轴线方向，单击第二个点，由此生成箭头的另一半，并与原来的箭头呈轴对称关系。
- 按住键盘的“shift”键不放，同时选中箭头的两条线。点击【编辑器】工具条上的 编辑器(R)▾ 下拉菜单，选择【合并...】，将其合并成一个完整的箭头（图 4–72）。
- 点击【属性】对话框中部的【箭头类别】栏旁的单元格，输入箭头名称【主轴箭头】（读者自行拟定箭头具体名称）。

➜ 完善主轴另一端箭头。

- 点击【编辑器】工具条上的【编辑工具】，选中刚合并的箭头要素，复制（用快捷键 Ctrl+C），然后粘贴（用快捷键 Ctrl+V）至本图层，选中新复制的箭头，拖动到轴线另一端。

- 使用【编辑器】工具条上的【旋转工具】，调整箭头的方向。
- 依次绘制所有其他轴线的箭头（图 4-73）。

- 箭头符号化。
  - 箭头的符号化与轴线的符号化类似，在此不作赘述。但在【符号属性编辑器】对话框中，在【属性】栏下的【类型】下拉菜单中选择【制图线符号】。在【制图线】下，须设置【线端头】为平端头，【线连接】为尖头斜接。读者也可自行设置。

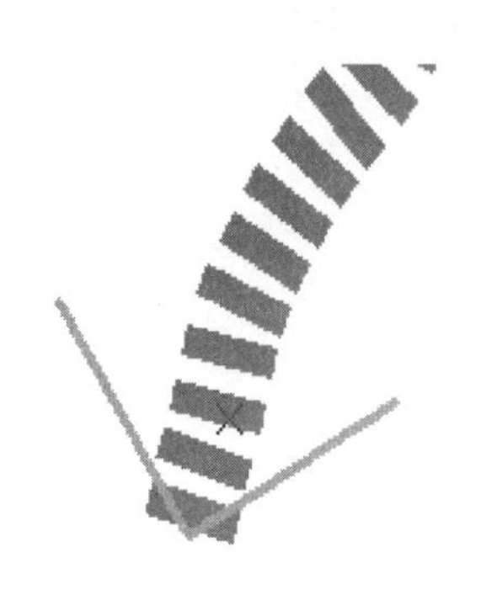

图 4-72 合并箭头线

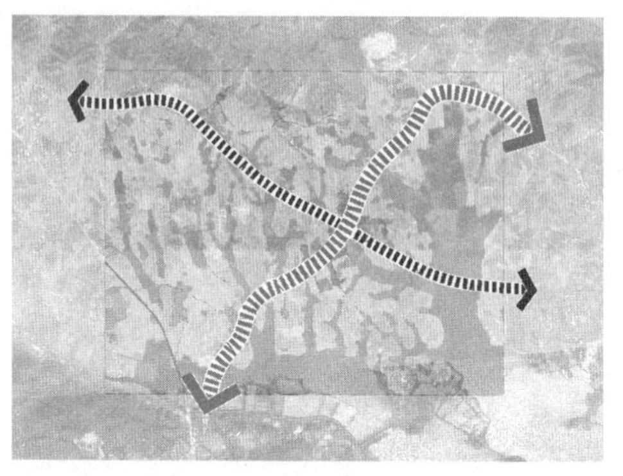

图 4-73 带箭头的轴线绘制

上述方式为线要素类型的箭头及其符号化。读者也可用面要素绘制箭头，丰富箭头样式，然后放到轴线端点处。图 4-74 展示了几种面要素绘制的箭头样式，在此不作赘述。

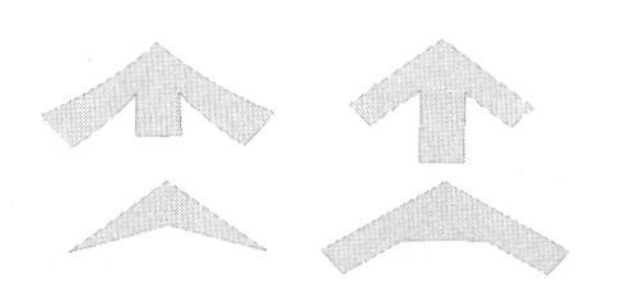

图 4-74 面要素箭头

4.2.3.3 核心的绘制

核心的绘制与圆形面要素的绘制方法相同，关键是通过符号化做出美观的效果，在此以核心的绘制为例，对其进行概要介绍。

☞ **步骤 1:** 核心的绘制及其符号化。

- 绘制核心。在对【核心】要素开始编辑后，点击【编辑器】工具条上的【创建要素】工具，在【创建要素】面板中选择【核心】模板，在其下部的【构造工具】栏选择【圆形】工具。此时，把鼠标移至绘图区域，鼠标左键单击确定起点，移动鼠标，当浮现出的圆大小合适时，点击【确定】，绘制核心点[①]。
- 赋予属性。点击【编辑器】工具条上的【属性】工具，显示【属性】对话框。在【属性】对话框中部的【核心类别】栏旁的单元格，输入该核心名称为【主核】。
- 核心符号化。
  - 在【内容列表】面板中，双击【核心】图层，显示【图层属性】对话框。切换至【符号系统】选项卡。
  - 在选项卡中选择【显示：】栏下的【类别】→【唯一值】，点击【值字段】下拉菜单，选择【核心类别】，点击【添加所有值】按钮，符号列表中即出现绘制的所有核心类别。

---

① 可使用【编辑器】中的【编辑工具】选中、移动圆；使用【比例】工具，对圆进行大小的调整。

- 双击符号列表中【主核】左侧可视化符号，弹出【符号选择器】对话框，在【填充颜色】中设置【颜色】为【暗黄色】,【轮廓宽度】为 3,【轮廓颜色】为【暗红黄色】(图 4–75)。
- 点【确定】按钮，即完成【主核】的符号化。

- 类似的，完成【次核】的绘制及符号化。

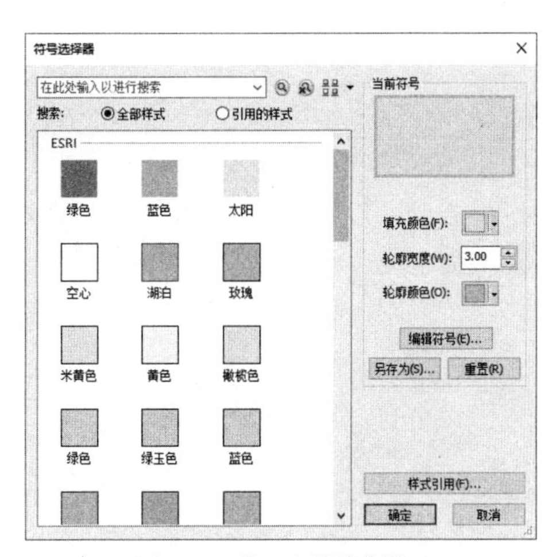

图 4–75　核心点符号化设置

步骤 2：主核心符号精细化。

对于主核，一般会被制作得更为醒目。主核心符号精细化有多种方式，下面以双层圆圈型为例，进行概要介绍，读者可自行设置。

- 在【内容列表】面板中，点击【主核】图层下的可视化符号，弹出【符号选择器】对话框，点击【编辑符号...】按钮，显示【符号属性编辑器】对话框。
- 点击左下的【添加图层】按钮✚，选中添加后的图层，在【类型】下拉菜单中选择【简单填充符号】，设置【颜色】为【无颜色】(图 4–76)。

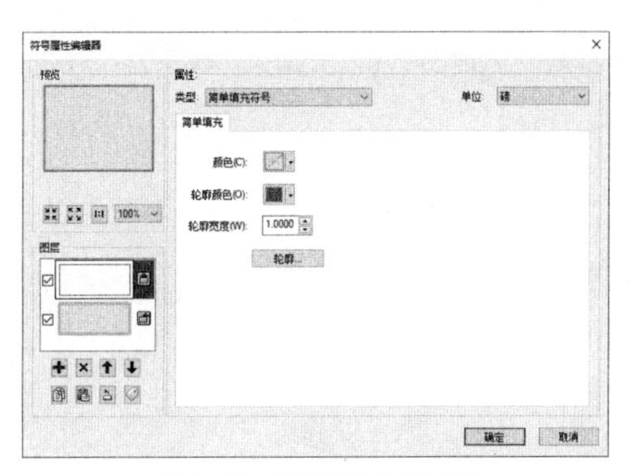

图 4–76　添加核心外层图层

- 点击【轮廓...】按钮，弹出【符号选择器】对话框，点击【编辑符号...】按钮，显示【符号属性编辑器】对话框。
  - 在【类型】下拉菜单中选择【制图线符号】，在【制图线】选项卡下设置【颜色】为【暗红黄色】,【宽度】为【3】(图 4–77)。
  - 在【模板】选项卡下设置间隔样式如图 4–78 所示。
  - 在【线属性】选项卡下设置【偏移】为【10】(相当于增加了该圈的半径)(图 4–79)。

- 为外圈增加底色。点击【添加图层】按钮（也可选中该图层，依次点击【复制】按钮、【粘贴】按钮），选中添加的该图层，在【类型】下拉菜单中选择【制图线符号】，在【制图线】选项卡下设置【颜色】为【北极白】，【宽度】为【5】（图 4–80），在【模板】选项卡下不设置间隔样式，在【线属性】选项卡下设置【偏移】为【10】，点击【下移图层】按钮将该图层置于上一图层之下。
- 点击【确定】按钮，返回【符号选择器】对话框，再次点击【确定】按钮，返回【符号属性编辑器】对话框。

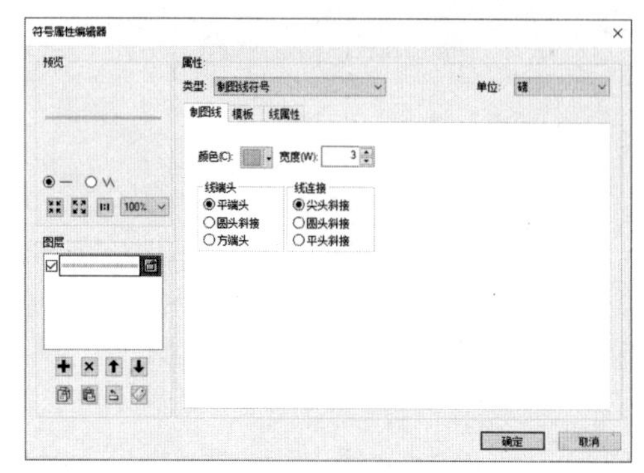
图 4–77 符号化主核心外层图形（1）

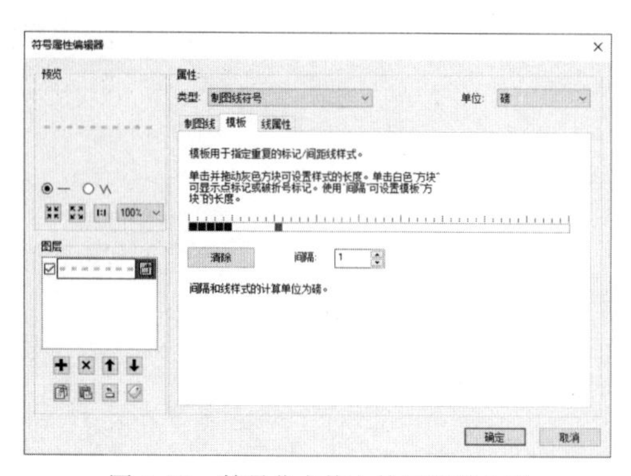
图 4–78 符号化主核心外层图形（2）

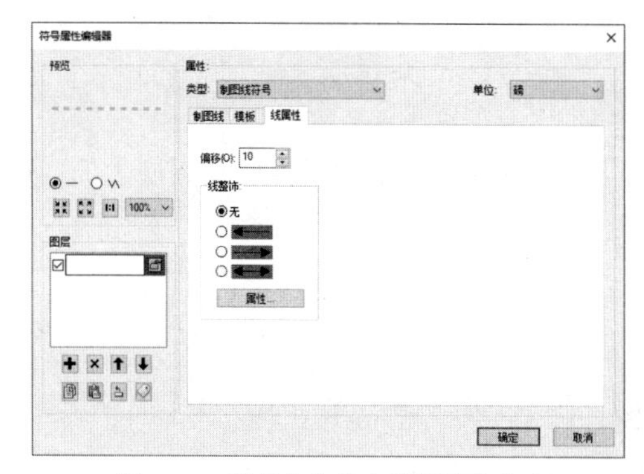
图 4–79 符号化主核心外层图形（3）

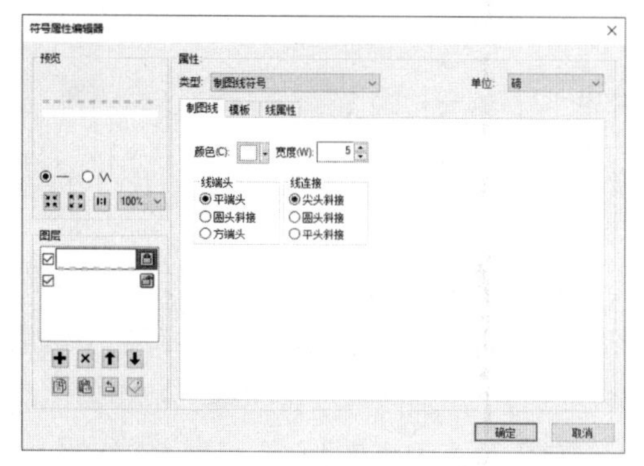
图 4–80 符号化主核心外层图形（4）

- 此时，可以看到【图层】栏显示已完成设置的该图层可视化符号（图 4–81），点击【确定】，即完成主核心符号精细化，效果如图 4–82 所示。

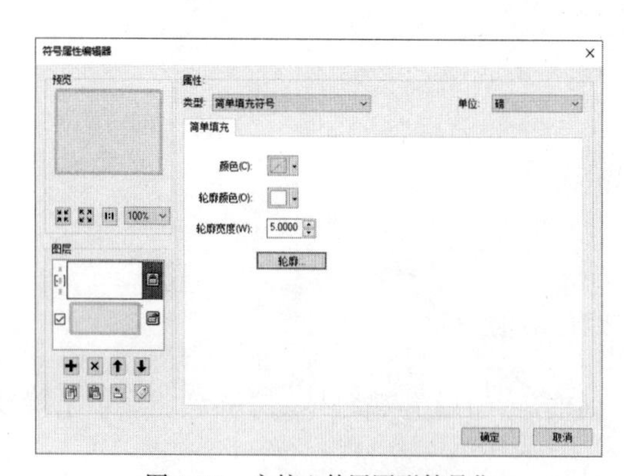
图 4–81 主核心外层图形符号化

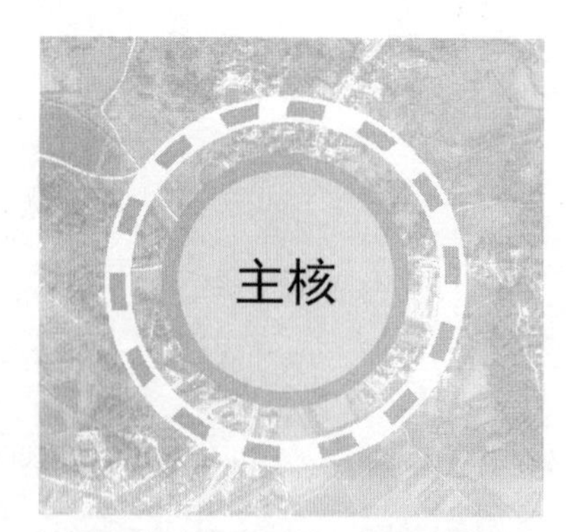

图 4–82 主核心符号化最终效果

4.2.3.4 功能分区的绘制

功能分区的绘制与面要素的绘制方式相似，关键是通过符号化做出美观的效果，下面以功能分区的绘制为例，对此进行概要介绍。

☞ **步骤 1：**分区的绘制及其符号化。

- 绘制分区面要素。在对【分区】要素开始编辑后，点击【编辑器】工具条上的【创建要素】工具，在【创建要素】面板中选择【分区】模板，在其下部的【构造工具】栏选择【面】工具。再把鼠标移至绘图区域，绘制出各个分区的范围（注意各个分区之间可保留一定的空隙）。
- 赋予属性。点击【编辑器】工具条上的【属性】工具，显示【属性】对话框。在【属性】对话框中部的【功能分区】栏旁的单元格，输入该分区的名称。
- 绘制完成后，参照面要素的符号化，进行各功能分区的符号化设置。
  - 在【内容列表】面板中，双击【分区】图层，弹出【图层属性】对话框，切换至【符号系统】选项卡。
  - 在选项卡中选择【显示：】栏下的【类别】→【唯一值】，点击【值字段】下拉菜单，选择【功能分区】，点击【添加所有值】按钮，符号列表中即出现我们绘制的所有分区类别。
  - 双击符号列表中【城镇中心服务区】左侧可视化符号，弹出【符号选择器】对话框，点击【编辑符号】按钮，显示【符号属性编辑器】对话框。
  - 在【属性】栏下的【类型】下拉菜单中选择【简单填充符号】，在此可对分区符号进行更详细的设置，方法与上述相同①。
  - 如此，完成所有的功能分区的符号化设置（图 4-83），效果如图 4-84 所示。

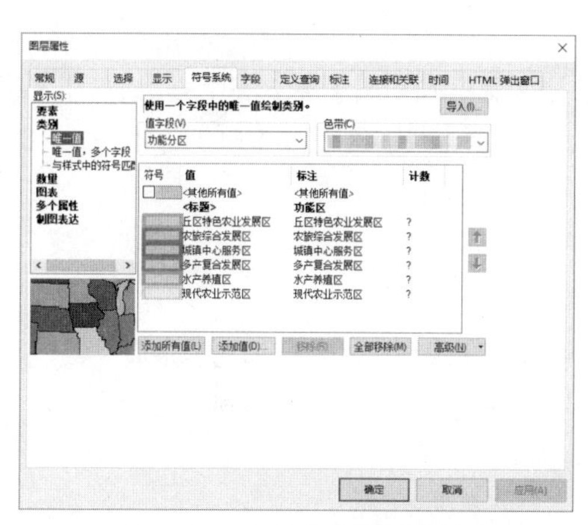

图 4-83　功能分区的符号化设置

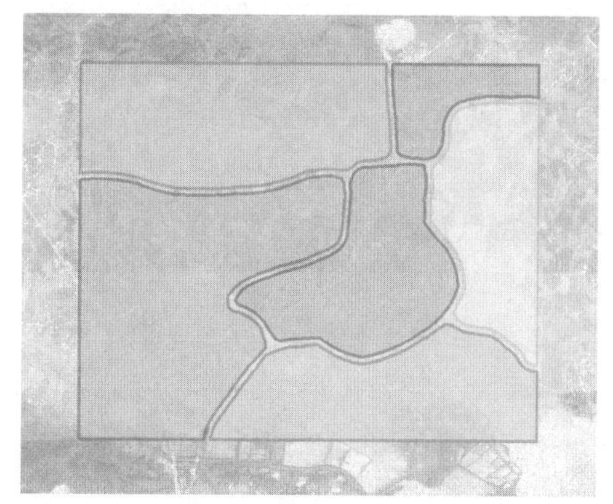
图 4-84　功能分区效果

☞ **步骤 2：**通过制图表达精细设置符号效果。

- 转换为制图表达。在【内容列表】面板中，右键单击【分区】图层，弹出菜单选择【将符号系统转换为制图表达】。在弹出的对话框中，点击【转换】，在【内容列表】中就会生成一个【分区 _Rep】的图层要素。
- 显示制图表达的设置对话框。
  - 在【内容列表】中，双击【分区 _Rep】图层，弹出【图层属性】对话框，切换至【符号系统】选项卡。
  - 在【显示】下，选择【制图表达】中的【分区 _Rep】。接下来对每一个功能分区模板进行设置，在此以【[1] 丘区特色农业发展区】为例示意。
- 填充面的缓冲区设置，以实现内缩效果。
  - 点击选中【[1] 丘区特色农业发展区】模板，点击中间的，在右侧出现一个【单色模式】的面填充层。
  - 点击右上角，在弹出的【几何效果】对话框中（图 4-85），选择【面输入】系列中的【缓冲区】，点击【确

---

① 填充色和轮廓色可设置同一色系，但挑选亮度、饱和度较低的轮廓色，以凸显填充色。

定】，就增加了一个【缓冲区】效果。

- 在【缓冲区】效果中，设置大小为【-5 pt】。完成后点【确定】即可达到填充面内缩的显示效果（图4-86）。

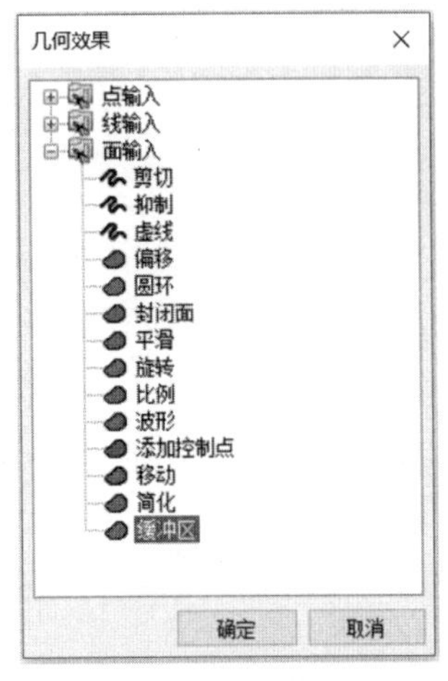

图4-85　几何效果对话框

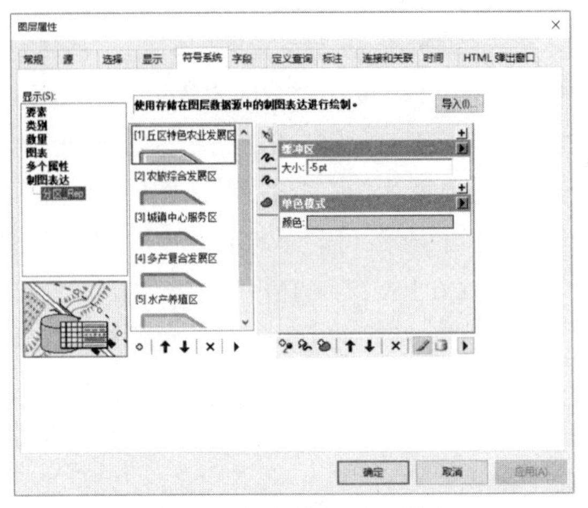

图4-86　填充面的缓冲区设置

- 功能分区面的轮廓线阴影设置。
  - 仍旧选中【[1] 丘区特色农业发展区】模板，点击【添加新笔画图层】，在上方出现一个线图层。
  - 点击该线层右上角+，在弹出的【几何效果】对话框中，选择【线输入】系列中的【移动】，点击【确定】，就增加了一个【移动】效果。
  - 在【移动】效果中，设置 X 偏移为【-2pt】,Y 偏移为【-2pt】。
  - 设置线宽度为【3pt】。
  - 点击中间的，使用最下方的【下移图层】↓，将该拥有阴影效果的线层移动至最底一层。
  - 完成后点【确定】，即可达到简单阴影显示的效果（图4-87）。
  - 同样的，完成所有分区的效果制作（图4-88）。

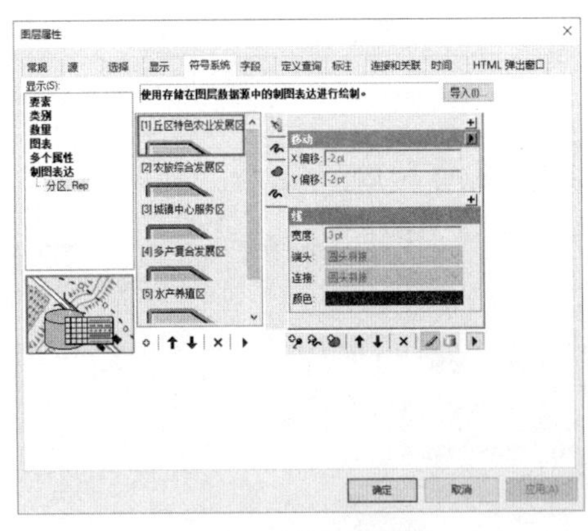

图4-87　阴影效果制作

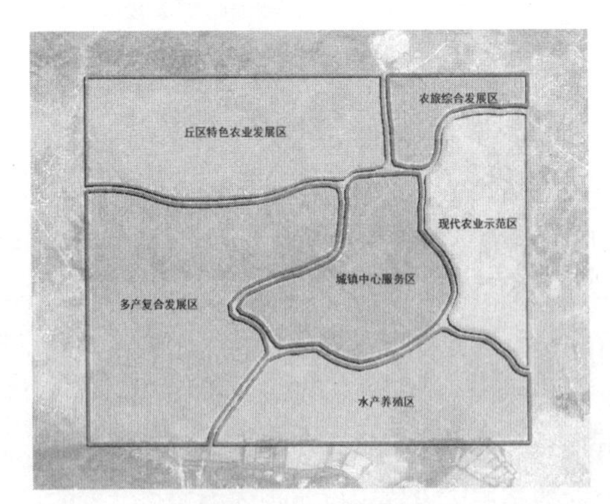

图4-88　分区制图表达效果

☞ **步骤3**：设置标注。

分区的标注操作同上，在此不作赘述。

最终可以得到一张 ArcMap 中制作的结构图（图4-89）。在此仅作为一个方法的简单演示，读者可自行继续深入美化。

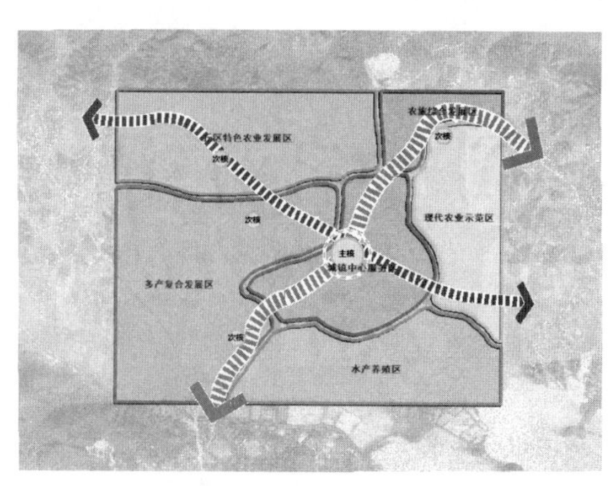

图 4-89　空间结构图

☞ **步骤 4**：保存地图文档。

完成对空间结构的绘制后，点击主界面菜单【文件】→【保存】。

至此，空间结构图已经绘制完毕。随书数据的【chp04\ 练习结果示例 \ 各类分析图绘制空间结构图 .mxd】，示例了本节练习的完整结果。

4.3　本章小结

本章主要介绍了利用 GIS 平台进行现状设施分布图、综合交通现状图、社会经济分析图、空间结构图等图纸的基本绘制方法。一般而言，设施及其他现状图绘制可以按以下步骤开展：①制作底图；②创建分析要素类，并绘制点、线、面；③符号化要素；④标注要素。

传统使用 CAD 或 PS 的绘制方法工作量较大，且不便修改，基于 ArcMap 的绘制方法，操作简洁直观，效果良好，便于修改，可大幅度提高绘图工作效率。

本章技术汇总表

规划应用汇总	页码	信息技术汇总	页码
制作现状底图	101	符号样式库导入	105
绘制现状公共服务设施点	104	用模板绘图	106
绘制现状市政公用设施点	108	编辑要素属性	107
绘制电力工程管线	112	创建属性域	108
绘制排水工程管线	117	图片符号标记	110
绘制公共服务设施用地	120	文本符号标记	111
绘制市政公用设施用地	121	【唯一值，多个字段】符号化	117
绘制现状道路交通体系图	125	符号系统转制图表达	123
绘制社会经济要素分析图	126	符号化比例锁定	124
绘制空间结构图（轴线）	129	设置参考比例	124
绘制空间结构图（轴线箭头）	131	要素表格数据连接	126
绘制空间结构图（核心）	132	【比例】和【镜像要素】工具	131
绘制空间结构图（功能分区）	134	轮廓符号精细化	133
		设置面轮廓线阴影	136

第 5 章　国土空间总体规划编制

本书前面的章节介绍了利用 GIS 平台进行数据整理与规划信息建库、现状用地和设施等的绘制方法，本章将介绍基于 GIS 的国土空间总体规划编制的基本方法。一般而言，在规划阶段，首先绘制规划路网，形成城乡骨架，然后在现状用地的基础上修改需要改变国土用途的图斑；当需要修改集中连片的大范围用地时（一般为城镇开发边界内用地），可以先把范围内的用地提取出来单独绘制，然后再批量更新回去；当需要对规划方案进行大改时，可以将图斑的面转换为线来修改，甚至可以把这些线导出到 CAD 中修改。最后添加风玫瑰、比例尺、图例、表格等，生成全要素地图。

本章将对这些方法进行详细介绍，具体包括：

- 道路规划；
- 用地规划；
- 规划大改技巧；
- 联合 CAD 制图；
- 出图等。

本章所需基础：

- 读者基本掌握本书第 2 章所介绍的 ArcGIS 要素类加载、查看和符号化等基础。

5.1　绘制规划路网

道路网络绘制是规划编制重要组成部分和首要工作，也是规划用地绘制的基础工作。本节以绘制单线规划路网和道路红线为例，介绍规划路网的绘制方法。

5.1.1　绘制单线规划路网

绘制单线规划路网可用于快速绘制规划方案，为成图做准备。然后可通过符号化设置，用线型区分道路类型，用线宽表征道路宽度，甚至用三线等方式来表达道路方案。

☞ **步骤 1**：打开实验地图文档，创建【道路中心线】要素类。

- 打开随书数据中的地图文档【chp05\ 练习数据 \ 绘制规划路网 \ 绘制规划路网 .mxd】，该文档关联数据库【规划路网 .mdb】已建立，且地图文档中已经加载【辅助 _ 底图】、【规划范围】和【栅格影像 .tif】图层。
- 根据标准数据库模板创建【道路中心线】要素类。
  - 在【目录】面板中，【文件夹连接】项目下找到之前连接工作目录下的要素类【D:\study\chp05\ 练习数据 \ 标准数据库模板 \ × × 县国土空间规划数据库 .gdb\ 交通设施 \DLZXX】（别名：【道路中心线】），右键单击该要素类，在弹出菜单中选择【复制】。
  - 然后在【目录】面板，浏览到连接的默认工作目录【D:\study\chp05\ 练习数据 \ 绘制规划路网 \ 规划路网 .mdb】，右键单击其中的【交通设施】要素数据集，在弹出菜单中选择【粘贴】，并将其名称重命名为【道路中心线】。

☞ **步骤 2**：直线段道路绘制。

- 加载要素。将上一步创建的【道路中心线】要素类加载至【内容列表】面板中。
- 启动编辑。在【编辑器】工具条上的编辑器(R)▾下拉菜单中，选择【开始编辑】，在弹出的【开始编辑】对话框中，选择【道路中心线】，之后点击确定开始编辑。
- 点击【编辑器】工具条上的【创建要素】工具，在【创建要素】面板中选择【道路中心线】模板,【线】工具。
- 点击【编辑器】工具条上的【直线段】工具，如图5-1所示绘制直线段规划道路[①]。

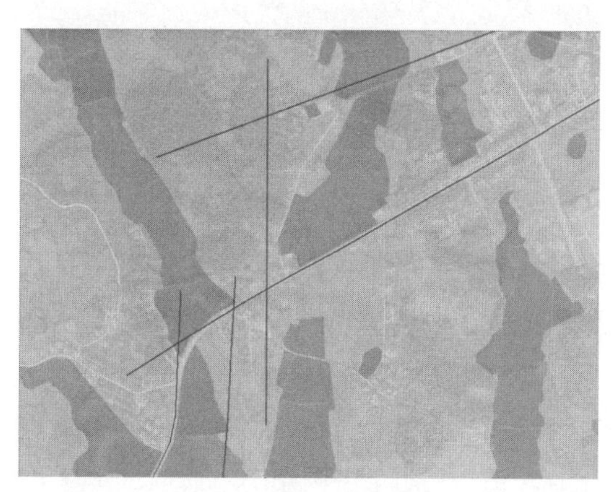

图5-1　直线段绘制结果

步骤3：内切弧线段道路绘制。

- 方法一：绘制自由半径的内切弧线。
  - 绘制弧线。点击【高级编辑】工具条上的【内圆角工具】，依次选择内切弧线两端的两条直线段要素（选中对象会变成灰色），然后，在选中对象内侧移动鼠标，会出现两者的内切弧线，移动鼠标可以调整弧线的弧度（图5-2）。
  - 设置模板。调整到合适的弧度后，单击鼠标左键，弹出【内圆角】对话框（图5-3），设置【模板...】为【道路中心线】，点【确定】按钮，完成内切弧线段道路绘制。

图5-2　内圆角工具画内切弧

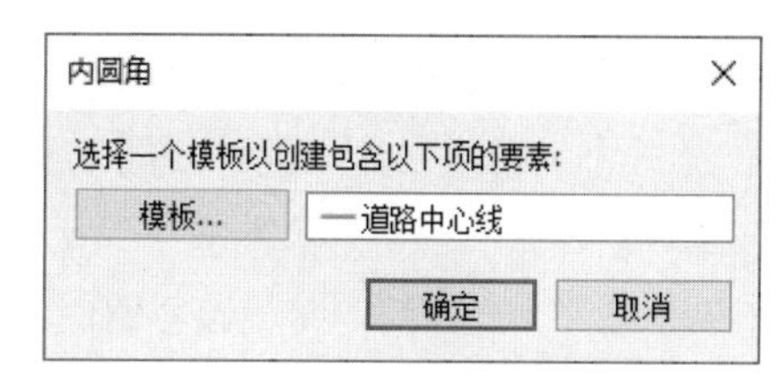

图5-3　【内圆角】对话框

- 方法二：绘制整数半径的内切弧线。
  - 固定半径。点击【高级编辑】工具条上的【内圆角工具】，依次选择内切弧线两端的两条直线段要素

① 绘制相交的两条道路时，线条尽量相交出头，以免出现不相交的情况。

素，然后在选中对象内侧移动鼠标，移动到合适弧度后，点击鼠标右键，在弹出菜单中勾选【固定半径】（图 5-4），之后弧度不再可调。

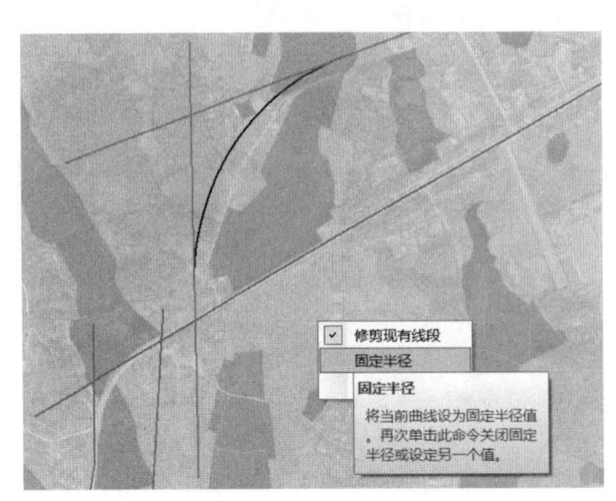

图 5-4 固定半径

- 设置半径。再次点击鼠标右键，在弹出菜单中选择【设置半径】，显示【半径】对话框（图 5-5），查看此时固定的半径值，输入接近的整数值（如输入“649”，其单位是 m），按键盘的“Enter”键完成设置，之后在合适的位置单击鼠标左键，显示【内圆角】对话框，设置【模板 ...】为【道路中心线】，完成整数半径的内切弧线段道路绘制（图 5-6）。

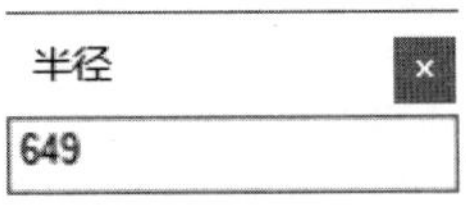

半径 ×
649

图 5-5 设置半径

图 5-6 平滑的曲线段

☞ **步骤 4：**垂直道路绘制。

按照图 5-7 所示绘制垂直道路。绘制垂直线，可以使用垂直约束工具。

- 开始绘制。点击【编辑器】或【要素构造】工具条上的【直线段】工具，然后在图面上点击放置线段起点，开始绘制道路。
- 选择垂直参考对象。当需要与某段路垂直时，右键点击该垂直参考对象，在弹出菜单中选择【垂直】，选中的垂直参考对象会随之闪烁一下。
- 绘制垂直线。选择垂直参考对象后移动鼠标，会发现所绘线段被强行约束为与所选参考对象垂直，点击下一点完成垂直线段绘制，或者按【Esc】键退出垂直约束（图 5-7）。

☞ **步骤 5：**平行道路绘制。

- 绘制平行线，可以使用平行约束工具。具体操作与垂直约束工具相同，在右键点击平行参考对象后，弹出菜单中选择【平行】，绘制结果如图 5-8。

图 5-7　垂直道路绘制

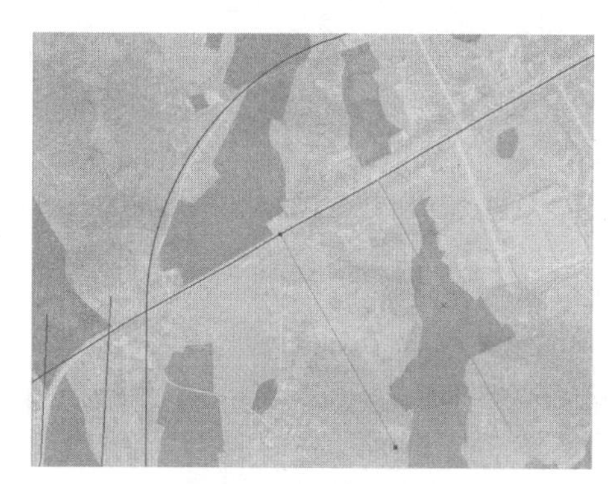

图 5-8　平行道路绘制

☞ **步骤 6:** 延伸道路。

➜ 点击【编辑器】工具条上的【编辑工具】，如图 5-9 所示选中延伸参考对象。然后点击【高级编辑】工具条上的【延伸工具】，选择需要延伸的线要素，会发现所绘线段自动延伸至所选参考对象（图 5-10）。

图 5-9　选择延伸参考对象

图 5-10　延伸道路结果

☞ **步骤 7:** 剪切道路。

➜ 点击【编辑器】工具条上的【编辑工具】，选中要作为切割线的要素（图 5-11）。然后点击【高级编辑】工具条上的【修剪工具】，将鼠标移至需要修剪的线要素上，点击需要修剪的一侧，线要素即被所选参考对象修剪（图 5-12）。

图 5-11　选择剪切参考对象

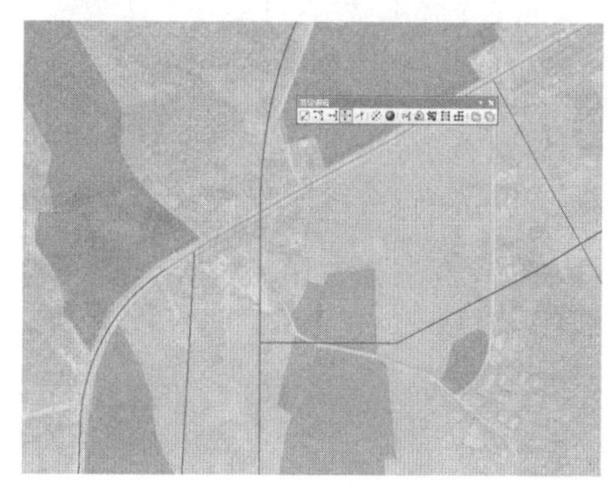

图 5-12　剪切道路

☞ **步骤 8:** 为道路中心线赋予【道路类型】、【道路宽度】属性。

➜ 在道路中心线绘制完成后，点击【编辑器】工具条上的【编辑工具】，选择其中一个线要素。然后点击【编辑器】工具条上的【属性】工具▤，显示【属性】对话框。

- 点击【属性】对话框中部的【道路类型】栏旁的单元格，输入所选线要素道路类型【干道】。
- 依次编辑其他道路中心线的道路类型属性，也可选中多条道路后批量赋予属性。

- 类似的，编辑道路中心线的【道路宽度】属性。
- 属性输入完成后，停止并保存编辑。

步骤 9：道路符号化。

道路符号化包括多种方式，下面介绍按【道路类型】分类符号化、按【道路宽度】符号化、按道路类型和宽度同时符号化以及三线方式符号化这四种方式。

- 按【道路类型】分类符号化。在【内容列表】面板中，鼠标左键双击【道路中心线】图层，弹出【图层属性】对话框，切换到【符号系统】选项卡（图 5–13）。
  - 在选项卡中选择【显示：】栏下的【类别】→【唯一值】，点击【值字段】下拉菜单，选择【道路类型】，点击【添加所有值】按钮，添加所有道路类型。
  - 双击目标元素左侧可视化符号，弹出【符号选择器】对话框，进行符号颜色与宽度的修改，使图面表达更清楚。符号化设置效果如图 5–14 所示。

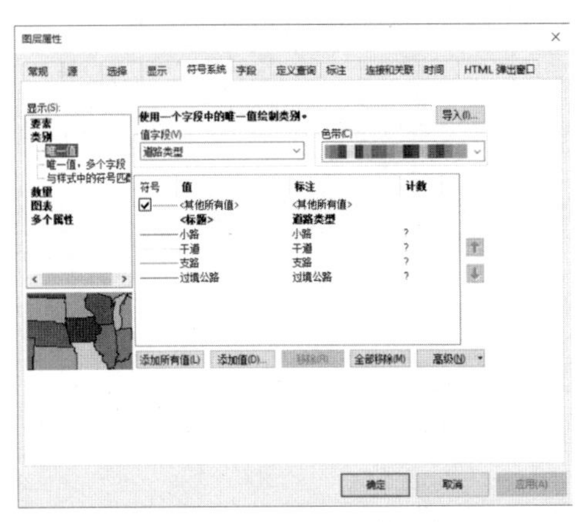

图 5–13　按道路类型符号化

图 5–14　道路类型符号化结果

- 按【道路宽度】符号化。打开【道路中心线】图层的【图层属性】对话框，切换到【符号系统】选项卡（图 5–15）。
  - 在选项卡中选择【显示：】栏下的【数量】→【比例符号】。
  - 点击【值】下拉菜单，选择【道路宽度】。
  - 点击【单位】下拉菜单，选择【米】。
  - 设置【数据表示】为【宽度】。符号化结果如图 5–16 所示。
- 道路类型和宽度同时符号化。打开【道路中心线】图层的【图层属性】对话框，切换到【符号系统】选项卡，设置如下。
  - 在选项卡中选择【显示：】栏下的【多个属性】→【按类别确定数量】。
  - 点击【值字段】下拉菜单，选择【道路类型】和【道路宽度】，点击【添加所有值】按钮，添加所有道路类型。
  - 点击【符号大小 ...】按钮，弹出【使用符号大小表示数量】对话框，点击【值】下拉菜单，选择【道路宽度】（图 5–17），点击【分类】按钮，弹出【分类】对话框。
  - 在【分类】对话框中，点击【方法】下拉菜单，选择【相等间隔】。

图 5–15　按道路宽度设置比例符号

图 5–16　道路宽度符号化结果

- 点击【类别】下拉菜单，选择【10】，点【确定】按钮（图 5–18），返回【使用符号大小表示数量】对话框。

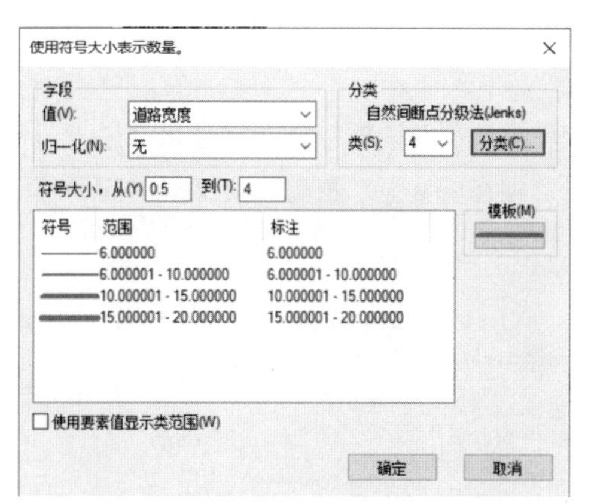

图 5–17　【使用符号大小表示数量】对话框

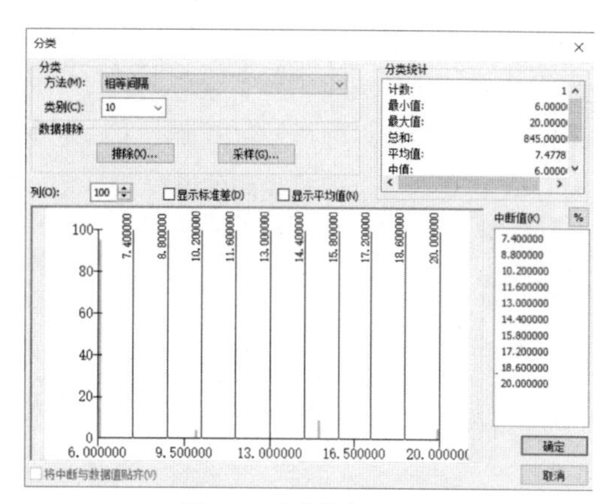

图 5–18　【分类】对话框

- 点【确定】按钮，返回【图层属性】对话框，即完成用符号大小代表路宽的符号化。
- 此时，可在符号系统中依次双击符号列表中目标元素左侧的可视化符号，弹出【符号选择器】对话框，设置符号颜色（图 5–19），点【确定】按钮，完成符号化结果如图 5–20 所示。

图 5–19　设置符号化颜色

图 5–20　符号化结果

- 三线方式符号化。该符号化方法可将道路中心线要素绘制为带有道路中心线、两条边线的复杂线型。打开【道路中心线】图层的【图层属性】对话框，切换到【符号系统】选项卡，设置如下。

- 在选项卡中选择【显示：】栏下的【类别】→【唯一值】，点击【值字段】下拉菜单，选择【道路类型】，点击【添加所有值】按钮。
- 再双击符号列表中目标元素左侧的可视化符号（下面以【小路】线要素符号化为例，对其进行概要介绍），弹出【符号选择器】对话框，点击【编辑符号】按钮，显示【符号属性编辑器】对话框，在【属性】栏下的【类型】下拉菜单中选择【制图线符号】，在【制图线】栏下，设置【颜色】为【黑色】，设置【宽度】为【0.6】。
- 切换到【模板】选项卡，鼠标左键单击并拖动刻度条上的灰色方块，设置样式的长度，单击白色“方块”可显示点标记或破折号标记。使用【间隔】可设置“方块”的长度（图 5–21）。
- 点击【添加图层】按钮➕，【图层】栏下即出现一个新的图层，选中该图层，然后点击【下移图层】按钮⬇，将该图层置于第一个图层下方，之后在【属性】栏下的【类型】下拉菜单中选择【制图线符号】，在【制图线】栏下，设置【颜色】为【太阳黄】，设置【宽度】为【4】。
- 再次点击【添加图层】按钮➕，将新建的图层下移至最底层，在【属性】栏下的【类型】下拉菜单中选择【制图线符号】，在【制图线】栏下，设置【颜色】为【黑色】，设置【宽度】为【6】（图 5–22），点击【确定】完成【小路】线要素的符号化。
- 依次将其他类型道路符号化，点击【确定】关闭【图层属性】对话框，查看符号化结果（图 5–23）。

➜ 此时，规划路网虽然已按我们的设置符号化，但道路线仍存在要素显示覆盖或交叉等的问题（图 5–24）。

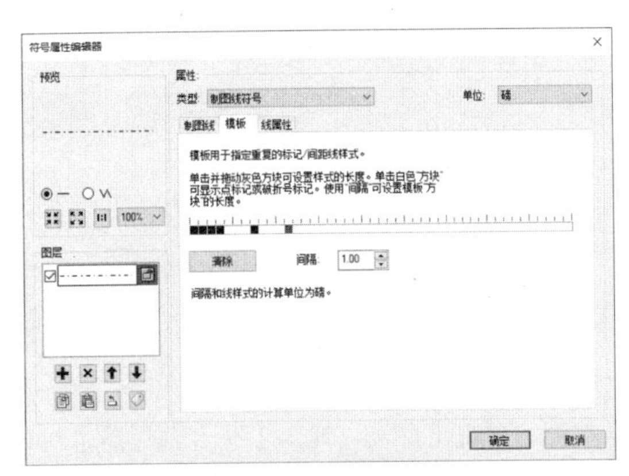

图 5–21　设置间距线样式

图 5–22　设置双边线样式

图 5–23　三线方式符号化初步结果

图 5–24　三线方式符号化显示问题

- 再次打开【道路中心线】的【图层属性】对话框，切换至【符号系统】选项卡，先取消勾选【<其他所有值>】的显示，再点击【高级】下拉菜单，选择【符号级别…】，弹出【符号级别】对话框（图 5–25）。

- 勾选【使用下面指定的符号级别来绘制此图层】，确认符号列表中【连接】与【合并】列下的小勾都处于勾选状态，再使用符号列表右侧的箭头标志调整图层顺序，形成“过境公路－干道－支路－小路”的图层顺序[①]。
- 点击【确定】按钮，返回【图层属性】对话框，点击【确定】按钮，完成符号级别优化结果如图5–26所示。

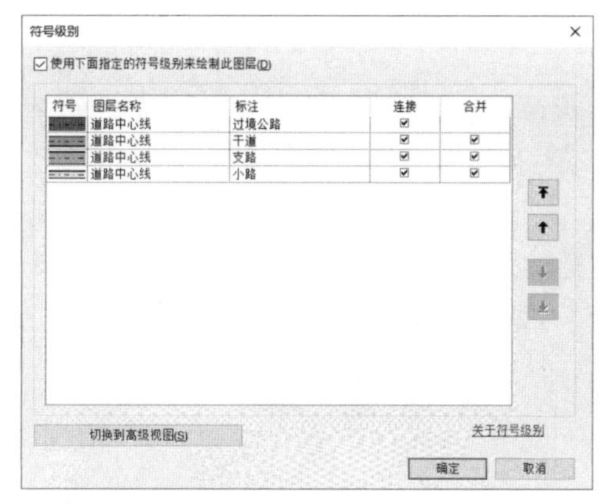

图5–25 【符号级别】对话框

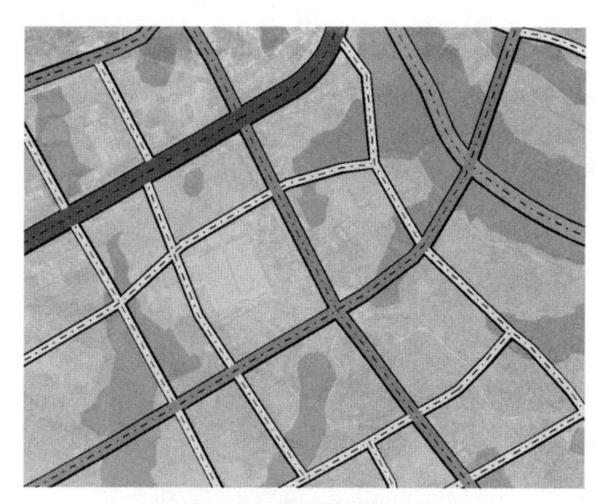

图5–26　三线符号化修正结果

5.1.2　绘制道路红线

道路红线指规划的城市道路（含居住区级道路）用地的边界线，绘制道路红线是为接下来绘制规划地块作准备。本小节主要介绍绘制道路红线的两种方法。

紧接之前步骤，继续操作如下。

☞ **方法一：**逐条绘制道路红线。

- 创建【道路红线（方法一）】要素类。
  - 在【目录】面板中，【文件夹连接】项目下找到之前连接的工作目录【D:\study\chp05\练习数据\绘制规划路网\规划路网.mdb】，右键单击其中的【交通设施】要素数据集，在弹出菜单中选择【新建】→【要素类】，类型选择【线要素】，命名为【道路红线（方法一）】，新建要素类会自动加载至【内容列表】面板中。
- 加载辅助绘制图层。
  - 在【内容列表】面板中，先关闭上一节绘制的【道路中心线】图层，再在【目录】面板中，浏览到上一节创建的【D:\study\chp05\练习数据\绘制规划路网\规划路网.mdb\交通设施\道路中心线】要素类，再次将其加载至【内容列表】面板中。
  - 此时在【内容列表】面板中，出现了两个【道路中心线】图层，将其中未进行符号化的图层重命名为【辅助绘制中心线】。
- 平行复制道路中心线，生成道路红线。在【内容列表】面板中，确保【辅助绘制中心线】图层处于打开状态，右键单击【道路红线（方法一）】图层，在弹出菜单中选择【编辑要素】→【开始编辑】，然后点击【编辑器】工具条上的【编辑工具】▸，选择需要平行复制的道路中心线，再点击【编辑器】工具条上的 编辑器(R)▾ 下拉菜单，选择【平行复制】，设置【平行复制】对话框如图5–27所示（此处以生成一条过境公路的道路红线为例）。
  - 设置【模版】为【道路红线（方法一）】。

① 该设置使同级符号无重叠，不同级的符号在叠加部分能自动修饰，避免线要素的相互重叠。

- 设置【距离】为【10】。
- 设置【侧】为【两侧】。
- 其他设置保持默认，点击【确定】，完成道路中心线的平行线复制，结果如图 5-28 所示。
- 同理，将干道的【距离】设为【7.5】，将支路的【距离】设为【5】，将小路的【距离】设为【3】，其余设置保持不变，完成全部道路红线的生成。

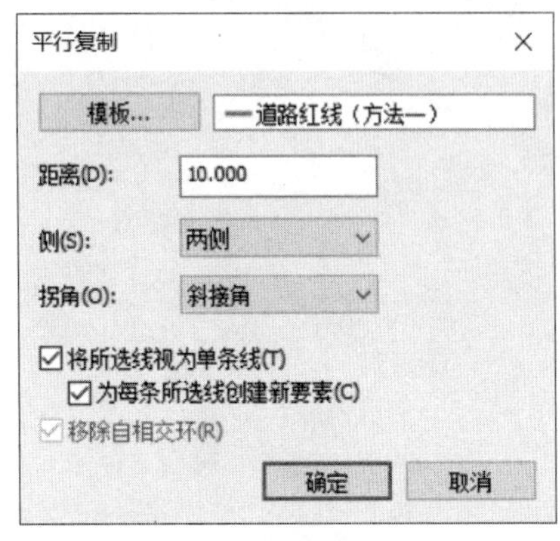

图 5-27 【平行复制】对话框

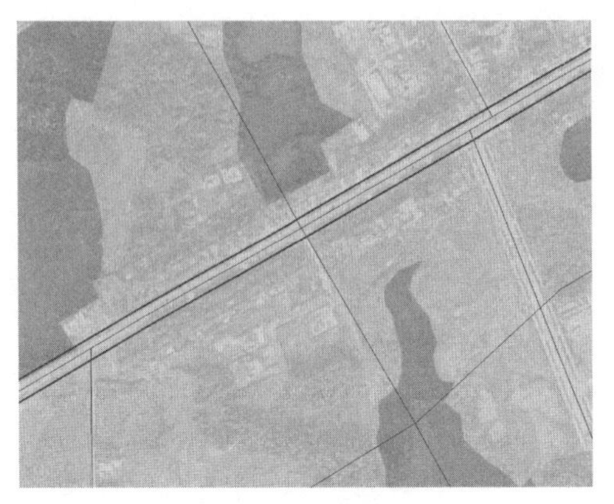

图 5-28 平行复制结果

- 延伸路口道路红线。路口相邻红线若出现未相交的状况，则需要利用【延伸工具】对未相交的红线部分进行延长。
- 打断路口内的红线。平行复制批量生成的道路红线，会存在大量红线穿越路口的情况（图 5-29），由于原则上路口内部不应该有红线，所以要将其截断，并删除。
  - 方法一：使用【打断相交线】工具。点击【编辑器】工具条上的【编辑工具】，选中路口相交的线，点击【高级编辑】工具条上的【打断相交线】。在弹出的【打断相交线】的对话框中，默认拓扑容差，点击【确定】，路口的边线将被打断，再删除多余线，如图 5-30 所示。
  - 方法二：使用分割工具。点击【编辑器】工具条上的【编辑工具】，选中待分割的线，点击【编辑器】工具条上的【分割工具】，点击该线与另一条边线的相交处，将该线分割成两段，再将多余线删除。
  - 方法三：使用【线相交】工具。点击【高级编辑】工具条上的【线相交】，然后依次点选相交的两条线，再单击空白处，相交线即被互相打断。
- 删除路口内红线。选择路口中多余红线，按【Delete】删除键，删除结果如图 5-30 所示。

图 5-29 选择相交道路红线

图 5-30 打断相交线并删除多余线段

- 绘制道路转角。具体操作与绘制内圆角相同，这里不再赘述，绘制结果如图 5-31 所示。

图 5-31　道路转角绘制图

- 道路尽端封口。平行复制所得到的道路尽端都是未封口的线段，需要补绘道路红线，将道路尽端封口，便于后面一键生成道路面。
- 其他道路绘制技巧。
  - 编辑折点。初步绘制的道路需稍作修改时，点击【编辑器】工具条上的【编辑工具】▸，双击该线条，通过拖动折点进行编辑，完成后在空白处单击退出。
  - 批量延伸或修剪道路。点击【编辑器】工具条上的【编辑工具】▸，选中多个参考线，再用【延伸工具】或【修剪工具】修改系列目标线，提高效率。
  - 绘制过程中，时常点击【编辑器】工具条上的编辑器(R)▾下拉菜单，选择【保存编辑内容】，以防数据丢失。
- 完成所有道路红线的绘制，停止并保存编辑，结果如图 5-32 所示。

图 5-32　平行复制绘制道路红线

- 最后进行拓扑检查，保证没有悬挂点。
  - 在【目录】面板中，找到连接的工作目录【D:\study\chp05\练习数据\绘制规划路网\规划路网.mdb】，右键单击其中的【交通设施】要素数据集，在弹出菜单中选择【新建】→【拓扑】，显示【新建拓扑】对话框，点击【下一步】。

- 默认【输入拓扑名称】为【目标年规划 _Topology】。默认【输入拓扑容差】，点击【下一步】（图 5-33）。

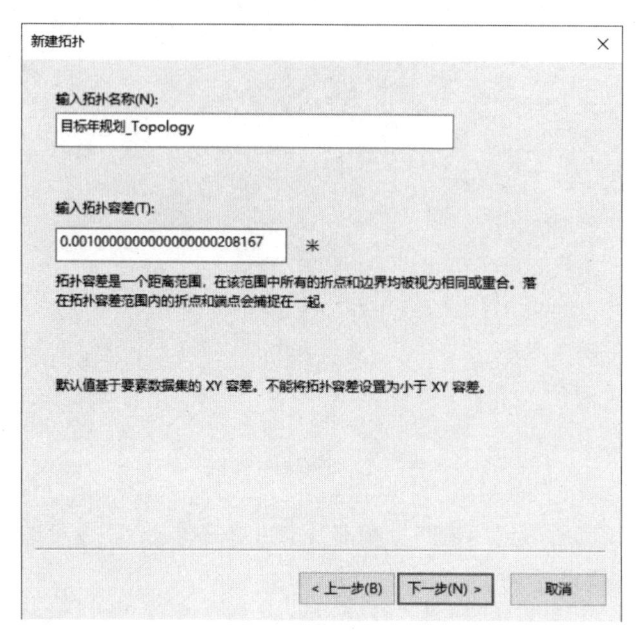

图 5-33 【新建拓扑】对话框

- 选择要参与到拓扑中的要素类，勾选【道路红线（方法一）】，点击【下一步】。
- 为参与拓扑的要素类指定等级，默认【道路红线（方法一）】要素类的等级为【1】，点击【下一步】。
- 指定拓扑规则时，点击【添加规则...】，弹出【添加规则】对话框，将【规则】设为【不能有悬挂点】，点击【确定】（图 5-34）。

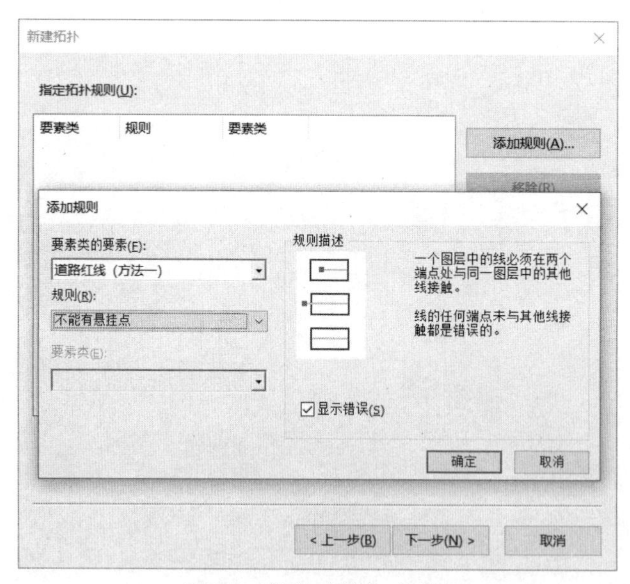

图 5-34 【添加规则】对话框

- 点击【下一步】，再点击【完成】，在弹出的【新建拓扑】对话框中提示【已创建新拓扑。是否要立即验证？】，点击【是】，此时【目录】面板中的【目标年规划】要素数据集下，自动生成了【目标年规划 _Topology】拓扑要素集。
- 在【目录】面板，浏览到【目标规划年 _Topology】拓扑要素集，鼠标左键单击选中，按住不放，将该项拖拉至【内容列表】面板的图层最上方，然后松开左键。

- 此时弹出【正在添加拓扑图层】对话框，询问【是否还要将参与到“目标年规划.Topology”中的所有要素类添加到地图？】，点击【否】,【目标规划年_Topology】作为一个图层出现在【内容列表】面板（图5–35），同时其拓扑错误之处也会在地图上显示（图5–36）。

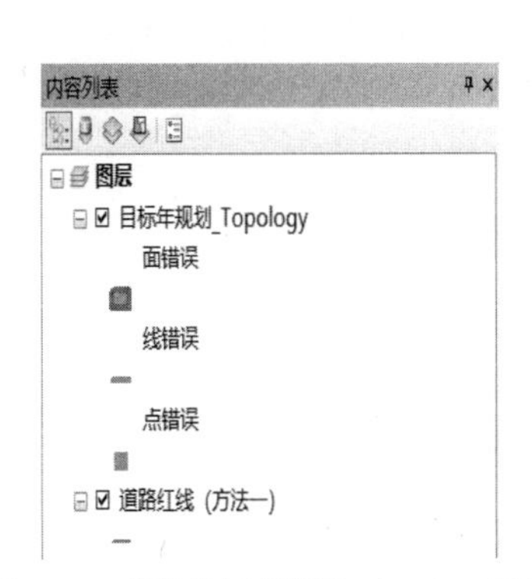

图5–35　公路及城市道路_Topology图层

图5–36　拓扑错误显示

- 右键点击【道路红线（方法一）】图层，启动编辑，然后右键单击任意工具条，在弹出菜单中选择【拓扑】，显示【拓扑】工具条（图5–37）。

图5–37　拓扑工具条

- 显示【错误检查器】对话框。点击【拓扑】工具条上的【错误检查器】按钮，将在工作主界面下方显示【错误检查器】面板，点击【立即搜索】即可显示所有拓扑错误，方便对照修改（图5–38）。

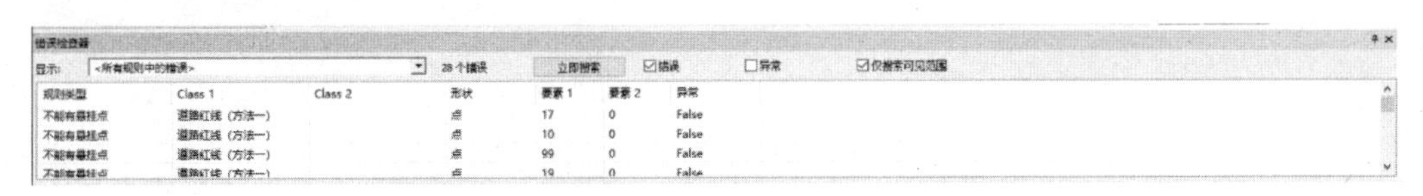

图5–38　错误检查器

- 修改拓扑错误。在【错误检查器】中，选中某一行，右键单击它，在弹出的菜单中选择【缩放至】，工作窗口即会显示所选的错误之处，然后对错误的悬挂点进行修改。
- 标记异常。由于道路红线绘制到规划范围线处结束，拓扑检查中会显示为【不能有悬挂点】的错误，找出这类悬挂点，在【错误检查器】中右键单击该行，在弹出的菜单中选择【标记为异常】即可消除错误。
- 错误修改完成后，再次验证，点击【拓扑】工具条上的【验证当前范围中的拓扑】按钮，并点击【错误检查器】中的【立即搜索】，若还有错误，则继续修改，直至拓扑验证没有错误为止。

☞ **方法二：**批量生成道路红线。

- 创建道路红线要素。
  - 创建要素类【道路红线（方法二）】，具体操作与方法一相同，存储在【D:\study\chp05\练习数据\绘制规划路网\规划路网.mdb\交通设施】中。

- 在【内容列表】面板中，右键单击【辅助绘制中心线】图层，弹出菜单中选择【打开属性表】，显示【表】对话框，点击【表选项】按钮，在弹出菜单中选择【添加字段】，弹出【添加字段】对话框，设置【名称】为【辅助_缓冲区】，选择【类型】为【双精度】，右键单击【辅助_缓冲区】列的列标题，弹出菜单中选择【字段计算器...】，显示【字段计算器】对话框（图 5-39）。
- 点击下部输入框，输入“[DLKD] /2”，即路宽的一半。点击【确定】按钮开始计算，此时，【辅助_缓冲区】字段数值是道路宽度的一半，再使用缓冲区工具时生成的缓冲区才是正确的道路宽度。

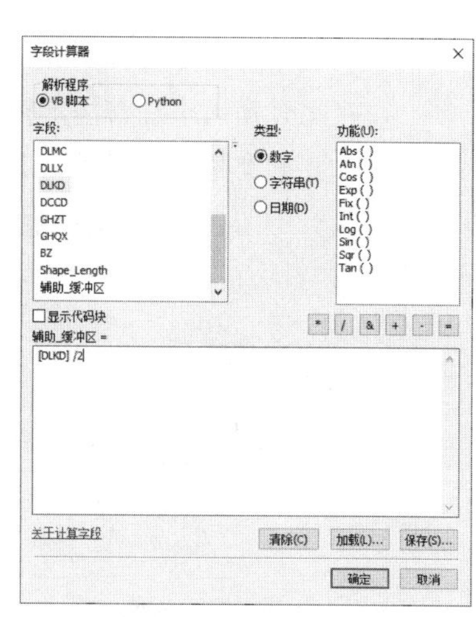

图 5-39 【字段计算器】对话框

- 设置缓冲区。在【目录】面板中，浏览到【工具箱\系统工具箱\Analysis Tools.tbx\邻域分析\缓冲区】，双击该项打开该工具，设置【缓冲区】对话框如图 5-40 所示。

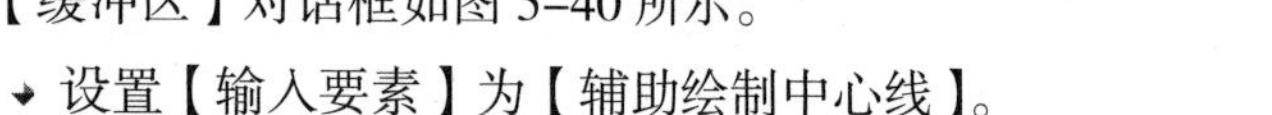

  - 设置【输入要素】为【辅助绘制中心线】。
  - 设置【输出要素类】为【D:\study\chp05\练习数据\绘制规划路网\规划路网.mdb\交通设施\辅助_缓冲区】。
  - 在【距离[值或字段]】中勾选【字段】，并点击其下拉菜单，选择【辅助_缓冲区】。
  - 设置【侧类型】为【FULL】，意味着线两侧都要缓冲。
  - 设置【末端类型】为【FLAT】，意味着缓冲区的末端平整或为方形，且在输入线要素的端点处终止。
  - 设置【融合类型】为【ALL】，意味着将所有缓冲区融合为单个要素，移除所有重叠部分。
  - 其他设置保持默认，点【确定】按钮，完成缓冲区分析，分析结果如图 5-41 所示（生成的缓冲区为面要素）。

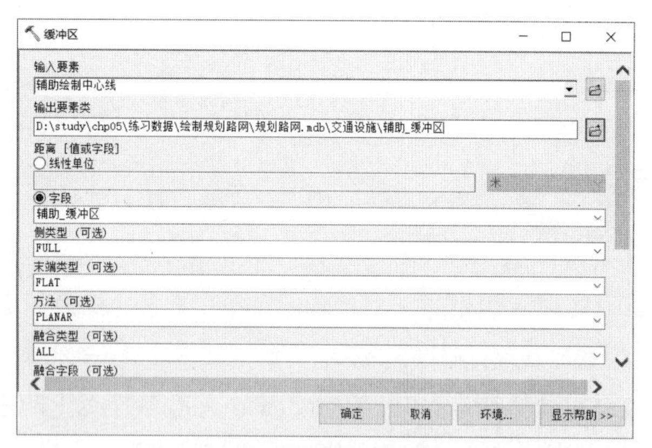

图 5-40 【缓冲区】对话框

图 5-41 缓冲区结果示例

- 复制要素至【道路红线（方法二）】图层。
  - 在对【道路红线（方法二）】要素开始编辑后，点击【编辑器】工具条上的【编辑工具】，选择【辅助_缓冲区】图层所有面要素。
  - 右键单击选择【复制】（可用快捷键 Ctrl+C），然后粘贴（用快捷键 Ctrl+V），弹出【粘贴】对话框。
  - 点击【目标】下拉菜单，选择【道路红线（方法二）】，点【确定】按钮（图 5-42）。结果如图 5-43 所示。

◆ 绘制道路转角。具体操作与绘制内圆角相同，这里不再赘述。停止并保存编辑，结果如图 5-44 所示。

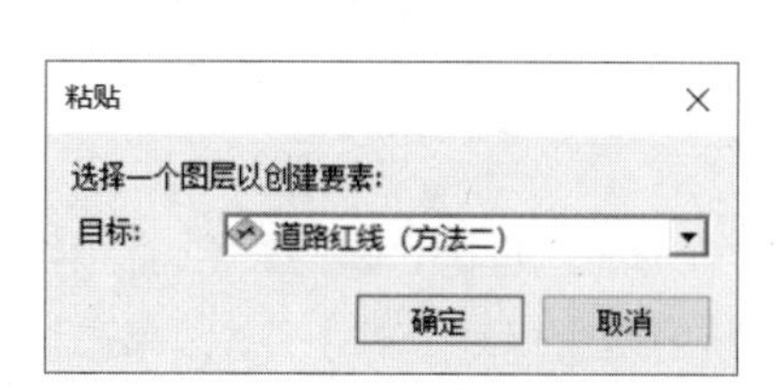

图 5-42 【粘贴】对话框

图 5-43 【辅助 _ 缓冲区】复制粘贴结果

图 5-44　道路转角绘制结果

5.2　规划地块绘制方法一：直接修改方式

需要变更用途和边界的规划地块主要位于城镇开发边界内，边界内的规划地块基本上需要重新绘制，而边界外的用地变化较小，可以在基期现状用地的基础上作局部编辑，具体方法和第三章用地现状图的制作方式相同，不再赘述。

下面重点介绍城镇开发边界内的规划地块绘制技巧，以及边界内、外地块的拼合技巧。

首先介绍第一种方法，直接修改方式。在将现状用地的表属性调整为规划用地的表属性结构后，清空规划区的面，然后用道路红线批量分割出规划区的街坊，并进一步分割街坊内的地块，最后得到规划图。

5.2.1　现状用地转规划用地

☞ **步骤**：根据现状用地，创建【国土用途规划分类】要素类。

◆ 加载数据。打开随书数据中的地图文档【chp05\ 练习数据 \ 直接修改方式绘制规划地块 \ 直接修改方式绘制规划地块 .mxd】，该文档关联数据库已建立。且地图文档中已经加载【道路红线（方法一）】、【规划范围】、【基期现状用地】、【城镇开发边界】和【栅格影像 .tif】图层。

- 导入要素，使用【要素类至要素类】工具将【基期现状用地】要素类导入至【直接修改方式绘制规划地块.mdb】数据库，命名为【国土用途规划分类】。
  - 在【目录】面板中，浏览到连接的默认工作目录【D:\study\chp05\练习数据\直接修改方式绘制规划地块\直接修改方式绘制规划地块.mdb】，右键单击其中的【规划用地】要素数据集，在弹出菜单中点击【导入】→【要素类（单个）】，出现【要素类至要素类】对话框。
  - 设置【输入要素】为【基期现状用地】，【输出位置】为【D:\study\chp05\练习数据\直接修改方式绘制规划地块\直接修改方式绘制规划地块.mdb\规划用地】，【输出要素类】为【国土用途规划分类】，点击【确定】（图5-45）。
- 调整【国土用途规划分类】表属性结构[①]。
  - 在【目录】面板的默认工作目录下，找到创建的要素类【D:\study\chp05\练习数据\直接修改方式绘制规划地块\直接修改方式绘制规划地块.mdb\规划用地\国土用途规划分类】，右键单击该要素类，在弹出菜单中选择【属性】，显示【要素类属性】对话框，切换至【字段】选项卡。
  - 新增字段。点击【字段名】列下的空白单元格，输入【GHQX】，设置其【数据类型】为【文本】，【别名】为【规划期限】，【长度】为【20】，从而给【国土用途规划分类】要素类增加了【规划期限】字段属性。
  - 点【确定】按钮，即完成【国土用途规划分类】表属性结构的修改（图5-46）。

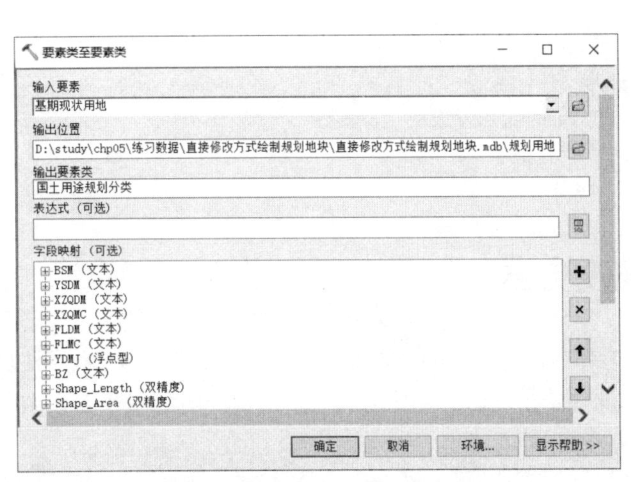

图5-45 【要素类至要素类】对话框

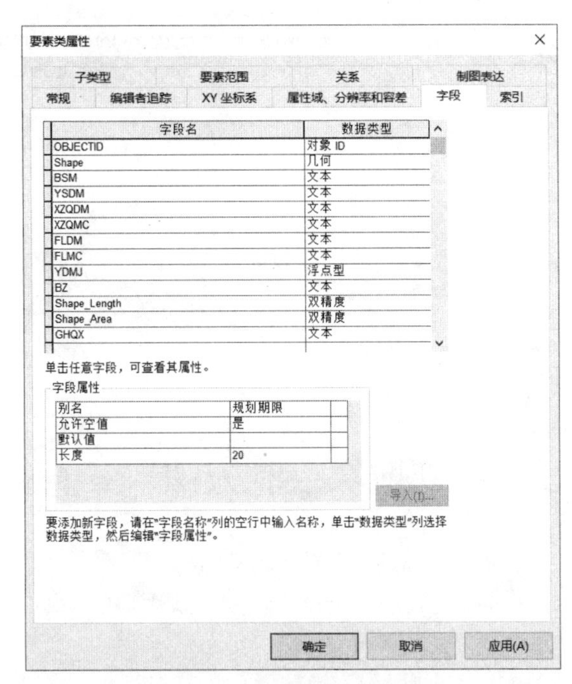

图5-46 【要素类属性】对话框

5.2.2 清空城镇开发边界内的用地

步骤1： 添加城镇开发边界。

- 在【内容列表】面板中，启动编辑【国土用途规划分类】图层，用Ctrl+C、Ctrl+V的方式复制【城镇开发边界】图层中的要素到【国土用途规划分类】图层，此时城镇开发边界覆盖在【国土用途规划分类】要素类上（图5-47）。

① 参照《市县级国土空间总体规划数据库标准（试行）》（2019年5月）。

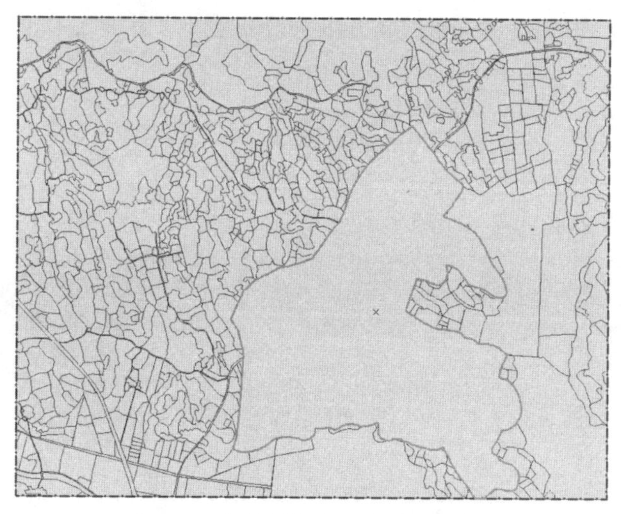
图 5-47　复制城镇开发边界要素后结果

☞ **步骤 2**：城镇开发边界内的用地清零。

➜ 选中刚复制生成的新要素（注意不要多选），然后点击【编辑器】工具条上的 编辑器(R)▾ 下拉菜单，选择【裁剪】，弹出【裁剪】对话框（图 5-48）。设置【缓冲距离】为【0】，勾选【丢弃相交区域】，点【确定】按钮，即完成城镇开发边界内的用地清零（此时城镇开发边界地块内已经无其他现状用地图斑存在）（图 5-49）。

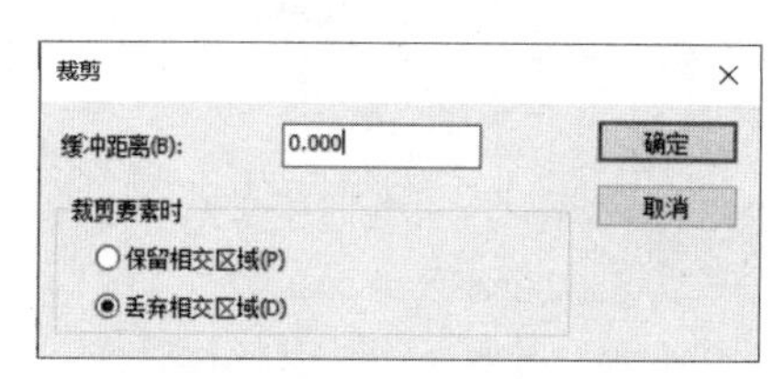

图 5-48　【裁剪】对话框

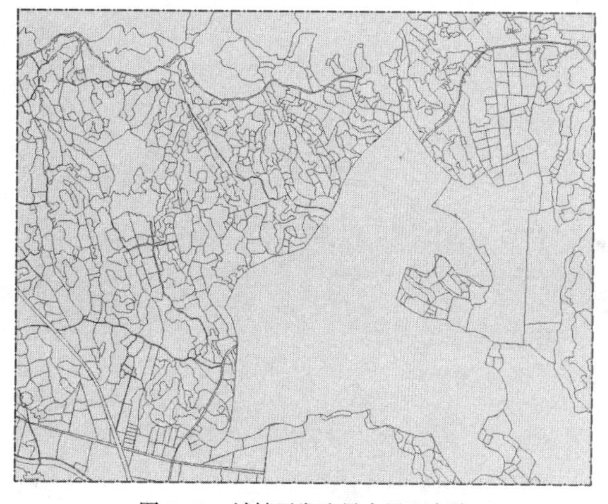
图 5-49　城镇开发边界内用地清零

5.2.3　用规划道路批量分割出规划区域的地块

☞ **步骤 1**：用规划道路红线分割出规划区域内的地块。

➜ 用【城镇开发边界】裁剪【道路红线（方法一）】。在【目录】面板中，浏览到【工具箱 \ 系统工具箱 \ Analysis Tools.tbx \ 提取分析 \ 裁剪】，双击该项打开【裁剪】工具，弹出【裁剪】工具对话框，设置对话框如下（图 5-50）。

- 设置【输入要素】为【道路红线（方法一）】。
- 设置【裁剪要素】为【城镇开发边界】。
- 设置【输出要素类】为【D:\study\chp05\ 练习数据 \ 直接修改方式绘制规划地块 \ 直接修改方式绘制规划地块 .mdb\ 裁剪道路红线】。

- 点击【确定】按钮，即完成【道路红线（方法一）】的裁剪，裁剪效果如图 5-51 所示。

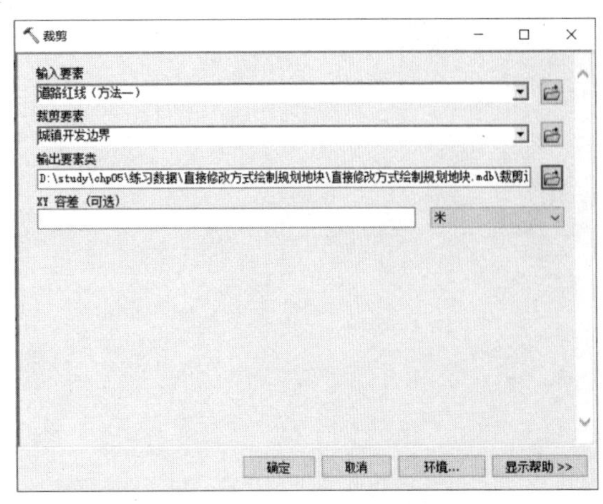

图 5-50 【裁剪】工具对话框

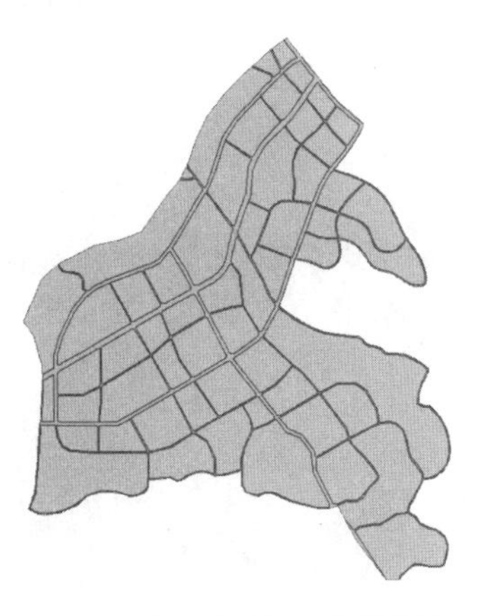

图 5-51　规划道路红线裁剪效果

- 用【裁剪道路红线】批量分割出规划区域内的地块。
  - 选中【裁剪道路红线】图层中所有要素，点击【高级编辑】工具条上的【分割面】工具，弹出【分割面】对话框（图 5-52），设置【目标】图层为【国土用途规划分类】，默认拓扑容差，点击【确定】，即完成规划区域地块的分割（图 5-53）。

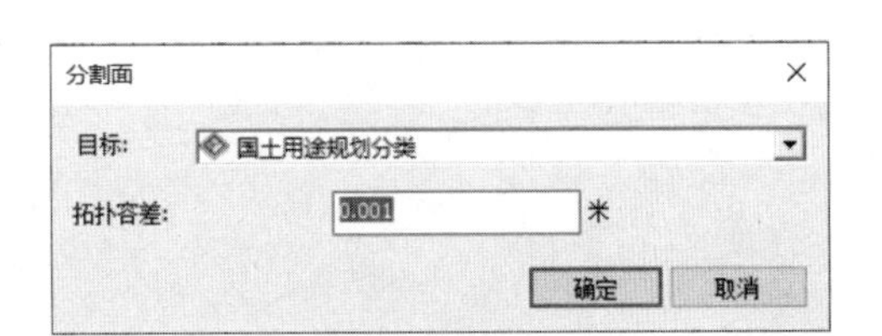

图 5-52 【分割面】对话框

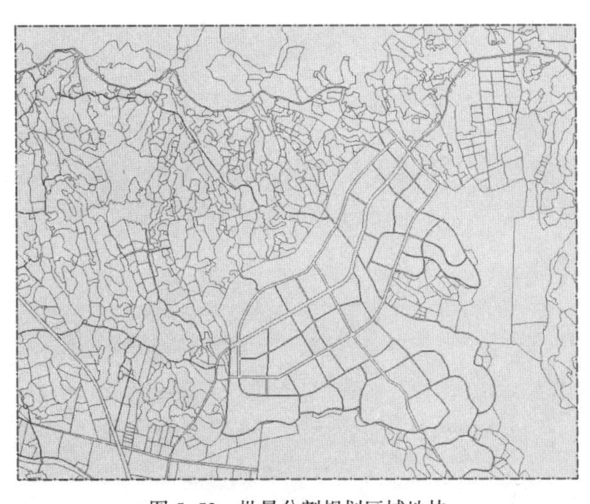

图 5-53　批量分割规划区域地块

步骤 2：对规划地块进行细化。

- 根据现状用地和上一节中绘制的规划路网，在生成的各规划地块内继续绘制。首先将【国土用途规划分类】图层设置透明度为 50%（也可根据实际情况自行设置透明度），使卫星底图能显示清晰，方便绘制。
  - 点击【编辑器】工具条上的【编辑工具】，选择需要绘制的规划地块，然后点击【编辑器】工具条上的【裁剪面工具】，把鼠标移至绘图区域，开始绘制。
  - 按照图 5-54 所示，点击地块边线上任意一点，再在地块内依次点击想要绘制分割地块的顶点，最后回到建成区边线上点击任意一点，双击完成绘制。
  - 依次完成城镇开发边界范围内其他规划地块的绘制（图 5-55）。

步骤 3：赋予地块用途属性。

- 方法一：逐一编辑地块用途属性。

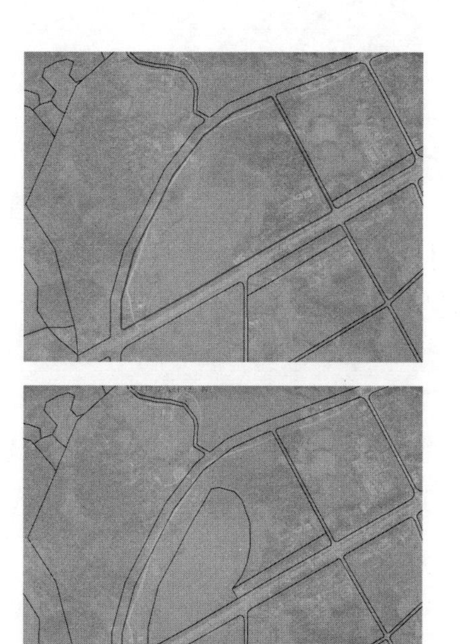

图 5-54 选择分割对象（上）分割面结果（下）

图 5-55 规划地块绘制结果

- 点击【编辑器】工具条上的【编辑工具】，选择其中一个需要赋予属性的面要素。
- 然后点击【编辑器】工具条上的【属性】工具，在界面右侧显示【属性】面板。
- 点击面板中【国土用途规划分类名称】栏旁的单元格，输入所选面要素的分类名称（图 5-56）。
- 依次编辑其他规划地块的分类名称属性，完成地块属性赋值，之后保存编辑内容。

- 方法二：批量编辑地块用途属性。
  - 在地图中选中多个需要被赋予相同属性的地块（按住 Shift 键可以加选）。此时可以看到右侧【属性】面板上部窗格显示了图层中被选中的所有要素（图 5-57）。

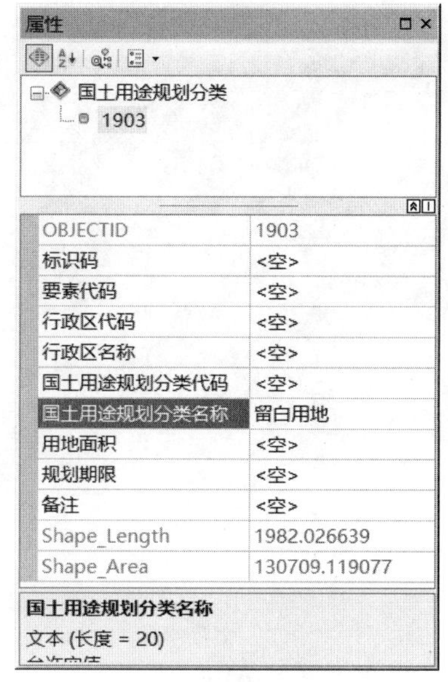

图 5-56 【属性】面板

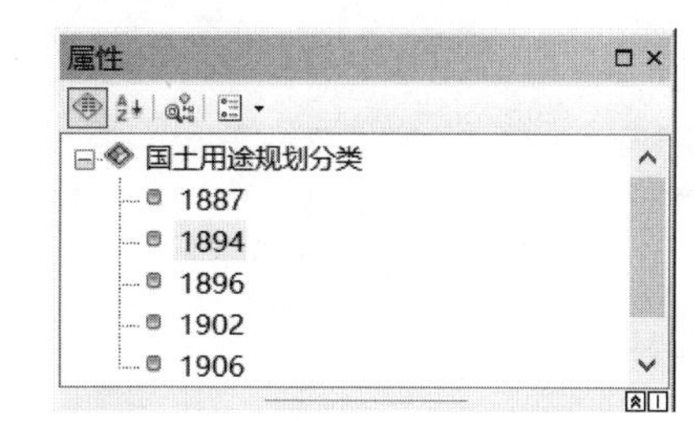

图 5-57 【属性】面板窗格中显示的被选中要素

  - 在【属性】面板上部窗格中选择【国土用途规划分类】，然后点击面板下部【国土用途规划分类名称】栏旁的单元格，输入所选面要素的分类名称，按键盘的【Enter】键，完成对所选要素属性的批量编辑（图 5-58）。

- 待地块属性全部输入完毕后，保存编辑。

☞ **步骤 4：** 整理破碎地块。在城镇开发边界附近，会产生很多因批量分割造成的破碎地块，需要对它们进行处理。

- 合并破碎地块。点击【编辑器】工具条上的【编辑工具】▸，选择破碎地块与其周边地块面要素，然后点击【编辑器】工具条上的编辑器(R)▾下拉菜单，选择【合并】，弹出【合并】对话框（图 5-59），在【选择将与其他要素合并的要素】栏中选择将与其他要素合并的要素，点击【确定】，完成地块合并。

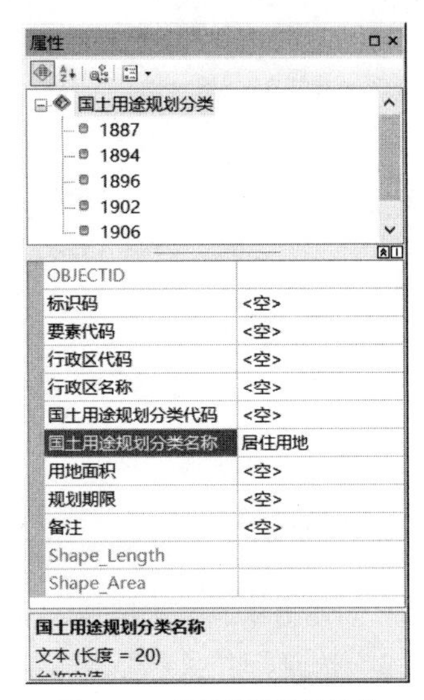

图 5-58　批量编辑地块属性

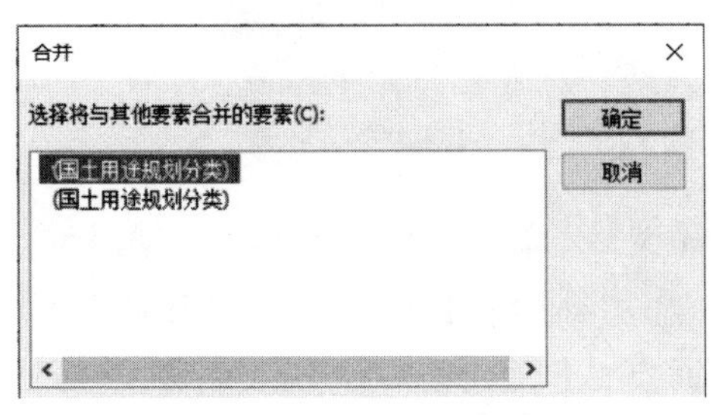

图 5-59　【合并】对话框

- 拆分多部件要素。如果一个地块要素由多个分离地块构成，说明它是多部件要素，需要首先把它拆解成多个要素。选择某个需要拆解的地块，然后点击【高级编辑】工具条上的【拆分多部件要素】工具，完成地块拆解，再进行要素的合并（图 5-60）。

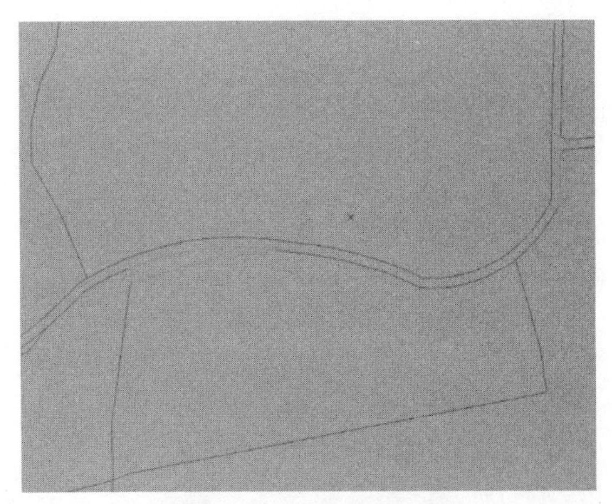

图 5-60　拆分多部件要素的地块

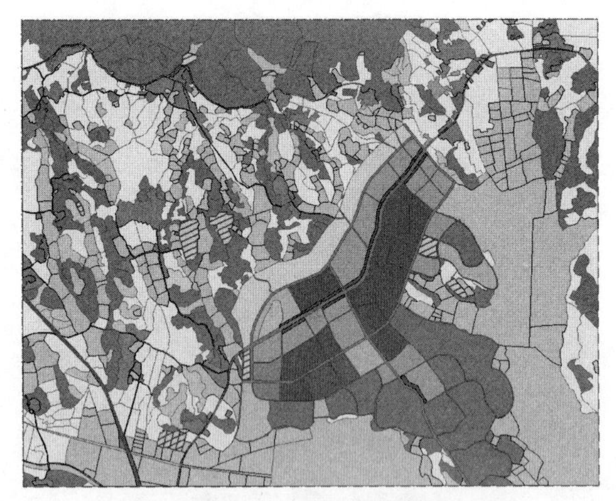

图 5-61　国土用途规划分类符号化结果

☞ **步骤 5：** 规划地块符号化。

- 具体操作与道路类型符号化相同，这里不再赘述，符号化结果如图 5-61 所示。

☞ **步骤 6：** 拓扑检查。

- 具体操作与逐条绘制道路红线处拓扑检查相同，但使用拓扑规则【不能重叠】、【不能有空隙】，更正相关错误。这里不再赘述。

5.3 规划地块绘制方法二：批量更新方式

上一节介绍了在现状用地数据基础上，使用直接修改的方法绘制规划地块。本节介绍第二种方式：批量更新方式。首先把现状用地的数据调整为规划用地的表属性结构（与5.2节相同，本节不再赘述），然后基于路网绘制城镇开发边界内的用地，最后使用更新工具，批量更新边界内的用地，整理更新边缘区域零碎地块后得到规划图。该方法同样适用于方案迭代过程中用规划区的新方案更新旧方案。

5.3.1 绘制城镇开发边界内的地块

打开随书数据中的地图文档【chp05\练习数据\批量更新方式绘制规划地块\批量更新方式绘制规划地块.mxd】，该文档关联数据库已建立。且地图文档中已经加载【道路红线（方法一）】、【规划范围】、【国土用途规划分类（现状）】、【城镇开发边界】和【栅格影像.tif】图层。其中【国土用途规划分类（现状）】是按照“5.2.1 现状用地转规划用地”一节的操作，从【基期现状用地】转换而来。

☞ **步骤1**：创建【国土用途规划分类（开发边界内）】要素类。

- 根据标准数据库模板创建【国土用途规划分类（开发边界内）】要素类。
  - 在【目录】面板中，【文件夹连接】项目下找到之前连接工作目录下的要素类【D:\study\chp05\练习数据\标准数据库模板\××县国土空间规划数据库.gdb\目标年规划\GTYTGHFL】（别名：【国土用途规划分类】），右键单击该要素类，在弹出菜单中选择【复制】。
  - 然后在【目录】面板，浏览到连接的默认工作目录【D:\study\chp05\练习数据\批量更新方式绘制规划地块\批量更新方式绘制规划地块.mdb】，右键单击其中的【规划用地】要素数据集，在弹出菜单中选择【粘贴】，并将其名称和别名均改为【国土用途规划分类（开发边界内）】。

☞ **步骤2**：裁剪掉外围公路。

- 根据【城镇开发边界】要素，用【裁剪】工具对【道路红线（方法一）】要素进行裁剪，裁剪掉位于边界外道路，设置【裁剪】对话框如图5-62。
- 设置输出要素类为【D:\study\chp05\练习数据\批量更新方式绘制规划地块\批量更新方式绘制规划地块.mdb\裁剪道路红线】，点击【确定】按钮，完成裁剪，裁剪后效果如图5-63所示。

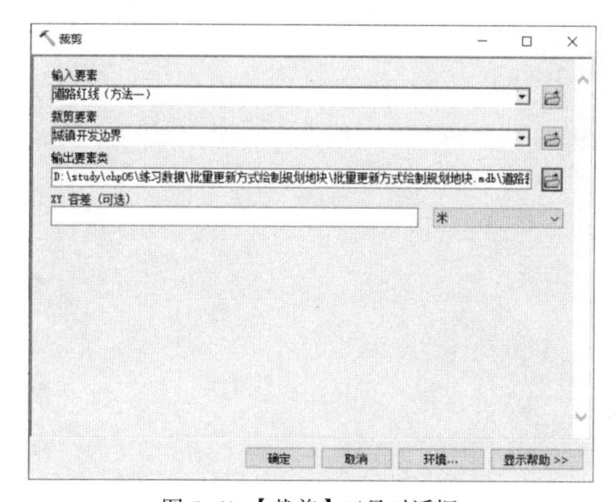

图5-62 【裁剪】工具对话框

图5-63 裁剪后效果

☞ **步骤3**：根据道路红线和规划范围线批量构建地块。

- 加载要素。将步骤1创建的【国土用途规划分类（开发边界内）】要素类加载至【内容列表】面板。
- 构造面。在开启对【国土用途规划分类（开发边界内）】图层的编辑后，选中【裁剪道路红线】、【城镇开发边界】图层所有要素，然后点击【高级编辑】工具条上【构造面】工具，弹出【构造面】对话框，设置【模板】为【国土用途规划分类（开发边界内）】，点击【确定】按钮，完成构造面（图 5-64）。

图 5-64 构造面结果

步骤 4: 对规划地块进行细化。

- 选中要分割的地块，使用【裁剪面工具】，绘制分割线后将地块一分为二。方法与 5.2.3 节步骤 2“对规划地块进行细化”相同，在此不再赘述，绘制完成后效果如图 5-65 所示。

图 5-65 分割地块效果

步骤 5: 赋予地类编码属性并符号化。具体操作前文已经作了详细介绍，这里不再赘述，结果如图 5-66 所示。

图 5-66 符号化结果

5.3.2　用规划地块更新现状地块并整理

紧接之前步骤，继续操作如下。

☞ **步骤 1**：将绘制好的规划地块叠加到【国土用途规划分类（现状）】图层进行更新。

- 在【目录】面板中，浏览到【工具箱\系统工具箱\Analysis Tools.tbx\叠加分析\更新】，双击该项打开该工具，设置【更新】对话框如图 5-67 所示。
  - 设置【输入要素】为【国土用途规划分类（现状）】。
  - 设置【更新要素】为【国土用途规划分类（开发边界内）】。
  - 设置【输出要素类】为【D:\study\chp05\练习数据\批量更新方式绘制规划地块\批量更新方式绘制规划地块.mdb\规划用地\国土用途规划分类】。
  - 点击【确定】，完成更新，可以看到【国土用途规划分类】图层已经加载至【内容列表】面板。

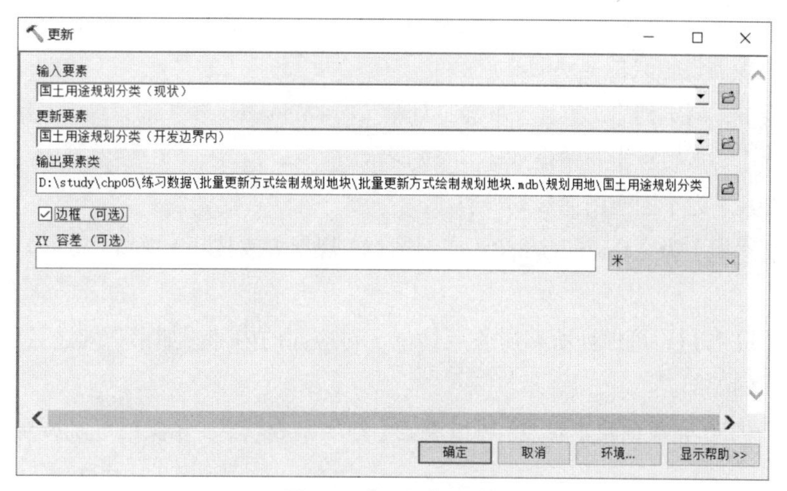

图 5-67　【更新】对话框

☞ **步骤 2**：整理破碎地块。更新后在规划范围边缘，会产生很多破碎地块，需要对它们进行处理。具体操作与 5.2.3 节步骤 4“整理破碎地块”相同，不再赘述。

☞ **步骤 3**：停止并保存编辑，按国土用途规划分类符号化后的结果如图 5-68 所示。

图 5-68　国土用途规划分类符号化结果

☞ **步骤 4:** 拓扑检查。

- 具体操作与逐条绘制道路红线处拓扑检查相同，但使用拓扑规则【不能重叠】、【不能有空隙】，更正相关错误。这里不再赘述。

5.4　规划大改技巧

实际工作中，有时规划方案会面临大改，例如要调整几条干道的走线，沿线的所有地块都要变动，如果逐个地块调整就会非常费时费力。这时可以将所有地块都转成线，然后对道路红线、地块边线进行调整，最后再生成面。由于对线的调整比对面的调整要高效得多，如此可以大幅度提升修改效率。

☞ **步骤 1:** 打开地图文档。

- 打开随书数据中的地图文档【chp05\练习数据\规划大改技巧\规划大改技巧.mxd】，该文档关联数据库已建立。且地图文档中已经加载【国土用途规划分类】、【规划范围】、【栅格影像.tif】图层。

☞ **步骤 2:** 生成带有地块属性信息的地块质心点。

- 在【目录】面板中，浏览到【工具箱\系统工具箱\Date Management Tools\要素\要素转点】，双击该项打开该工具，设置【要素转点】对话框如图 5-69 所示。
  - 设置【输入要素】为【国土用途规划分类】。
  - 设置【输出要素类】为【D:\study\chp05\练习数据\规划大改技巧\规划大改技巧.mdb\规划用地\地块质心点】。
  - 勾选【内部（可选）】，可保证所有质心点均位于对应面的内部。如果不勾选，则对于凹多边形，质心点可能位于面的外部。
  - 点击【确定】按钮，完成面要素转点，可以看到【地块质心点】要素类已经加载至【内容列表】面板（图 5-70）。

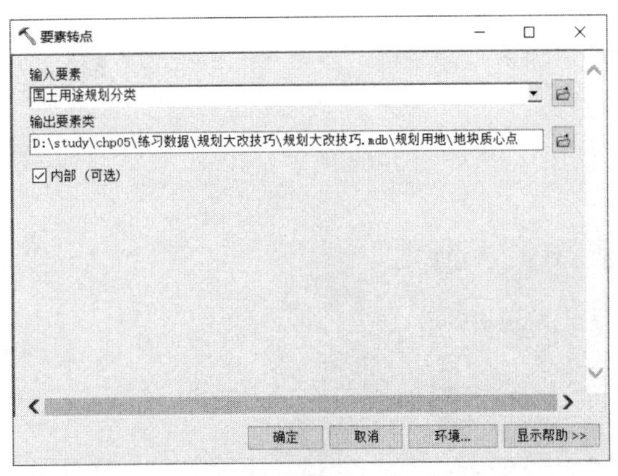

图 5-69 【要素转点】对话框

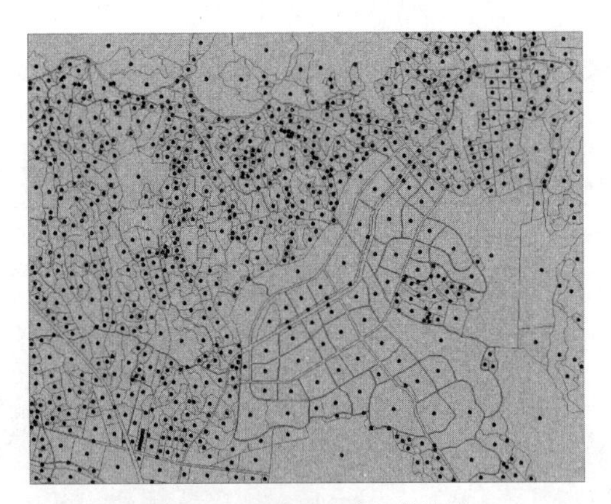

图 5-70　地块质心点加载结果

- 打开【地块质心点】要素类的属性表，可以看到它完整地包含了【国土用途规划分类】要素类的属性（图 5-71）。

☞ **步骤 3:** 生成地块边线。

- 在【目录】面板中，浏览到【工具箱\系统工具箱\Date Management Tools.tbx\要素\面转线】，双击该项打开该工具，设置【面转线】对话框如图 5-72。
  - 设置【输入要素】为【国土用途规划分类】。

OBJECTID *	Shape *	标识码	要素代码	行政区名	行政区代	国土用途规划分类	国土用途规划分类	用地面积	备注	ORIG_FID
1	点					0102	水浇地	5.02094		1
2	点					0102	水浇地	7.01133		2
3	点					1202	公路用地	7.40326		3
4	点					1704	坑塘水面	1.82983		4
5	点					1207	城镇道路用地	11.7225		5
6	点					0301	乔木林地	42.0934		6
7	点					0102	水浇地	3.98444		7
8	点					0703	农村宅基地	2.27165		8
9	点					1704	坑塘水面	1.62677		9
10	点					0102	水浇地	3.61562		10
11	点					0102	水浇地	.264813		11
12	点					0301	乔木林地	.388326		12
13	点					1704	坑塘水面	1.23364		13
14	点					0301	乔木林地	1.92804		14
15	点					0703	农村宅基地	.336850		15
16	点					1704	坑塘水面	.654339		16
17	点					0301	乔木林地	1.90977		17

图 5-71 【地块质心点】属性表

- 设置【输出要素】为【D:\study\chp05\练习数据\规划大改技巧\规划大改技巧.mdb\规划用地\地块边线】。
- 勾选【识别和存储面邻域信息（可选）】，这样相邻面之间的公共边就只会转出为一条边，而不会转出为两条重叠的边。如果没有勾选，那么每个面的边界均将变为一条线要素。
- 点击【确定】按钮，完成面要素转线，可以看到【地块边线】要素类已经加载至【内容列表】面板（图 5-73）。

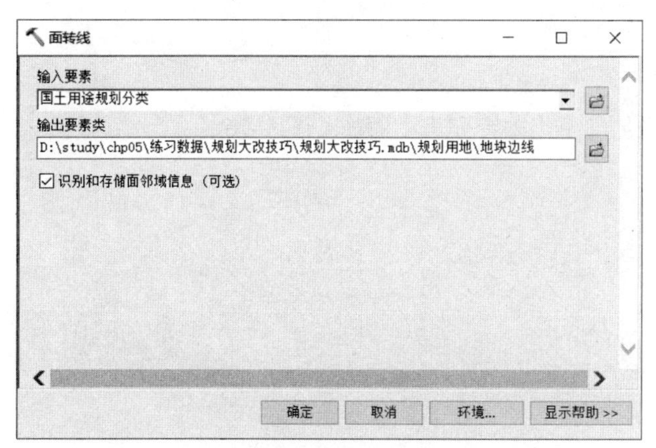

图 5-72 【面转线】对话框

图 5-73 地块边线加载结果

☞ **步骤 4：**修改地块边线及质心点。

- 修改地块边线。开启对【地块边线】图层的编辑，根据规划需要修改地块边线，对其中一个规划地块的修改如图 5-74 所示。
- 地块边线修改完成后，相应地也要对地块质心点进行修改。由于地块的属性全部在质心点上，所以要保证修改地块后，质心点在地块内部，每个地块有且仅有一个质心点。
  - 对【地块质心点】要素按其属性【国土用途规划分类名称】进行标注，以方便质心点修改。
  - 如果修改地块后，质心点在地块外面，则需要移动质心点位置，使用【编辑器】上的【编辑工具】，将该质心点移动至地块质心点位置。
  - 如果删除了地块，也要删除对应的质心点。
  - 如果新增了地块，则需要复制一个地块属性相同或相近的质心点，粘贴到该地块内部，并修改【国土用途规划分类名称】等相关属性。
  - 如果要修改地块的分类名称和代码，则直接修改质心点要素的对应属性。修改结果如图 5-74 所示。

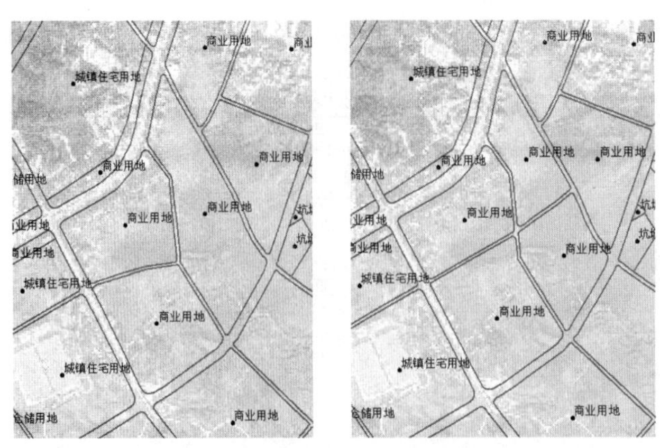

图 5-74　地块边线及质心点修改前后示意

☞ **步骤 5：** 地块边线转面，以质心点为标注要素。

➜ 在【目录】面板中，浏览到【工具箱 \ 系统工具箱 \Date Management Tools.tbx\ 要素 \ 要素转面】，双击该项打开该工具，设置【要素转面】对话框如图 5-75 所示。

- 设置【输入要素】为【地块边线】。
- 设置【输出要素类】为【D:\study\chp05\ 练习数据 \ 规划大改技巧 \ 规划大改技巧 .mdb\ 规划用地 \ 国土用途规划分类 2】。
- 勾选【保留属性（可选）】，点击【标注要素】下拉菜单，选择【地块质心点】，点【确定】按钮，即完成地块边线转面。
- 可以看到【国土用途规划分类 2】要素类已经加载至【内容列表】面板（图 5-76）。

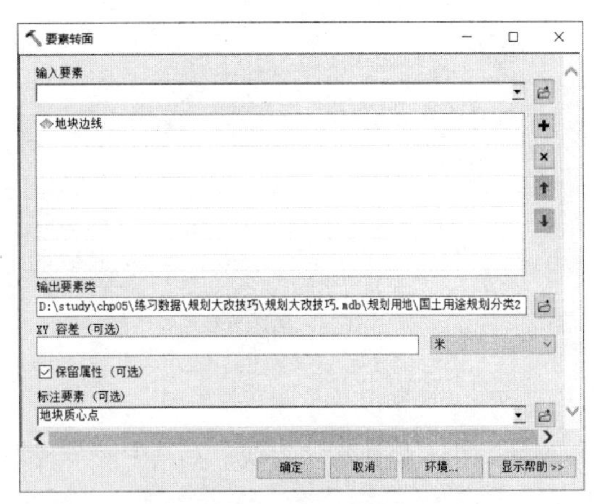

图 5-75　【要素转面】对话框

图 5-76　【国土用途规划分类 2】加载结果

5.5　与 CAD 联合制图

在规划制图中，规划人员习惯使用 CAD 与 GIS 联合制图。一般情况下，CAD 的图像编辑功能强于 GIS 软件，因此规划人员可将地块的边界导出为 CAD 文件，利用 CAD 软件对地块边线要素进行修改，发挥它的绘图优势；同时在 GIS 中加载 CAD 文件，实时看到对地块边线的修改；然后在 GIS 中通过质心点维护地块的属性，发挥 GIS 管理非空间属性的优势；最后导回成 GIS 文件。

☞ **步骤 1：** 打开地图文档。

➜ 打开随书数据中的地图文档【chp05\ 练习数据 \ 与 CAD 联合制图 \ 与 CAD 联合制图 .mxd】，该文档关联数据库已建立。且地图文档中已经加载【国土用途规划分类】、【地块边线】、【地块质心点】、【规划范围】、【栅格影像 .tif】图层。

☞ **步骤 2：** 标注【国土用途规划分类名称】，并转为注记。

➜ 标注要素。在【内容列表】面板中，双击【国土用途规划分类】图层，显示【图层属性】对话框，切换到【标注】选项卡，设置如下。

- 勾选【标注此图层中的要素】。
- 在【标注字段】栏设置标注字段为【国土用途规划分类名称】，其余按默认设置。
- 点【确定】完成标注，可以看到每个地块都标注了相应的分类名称（图 5-77）。

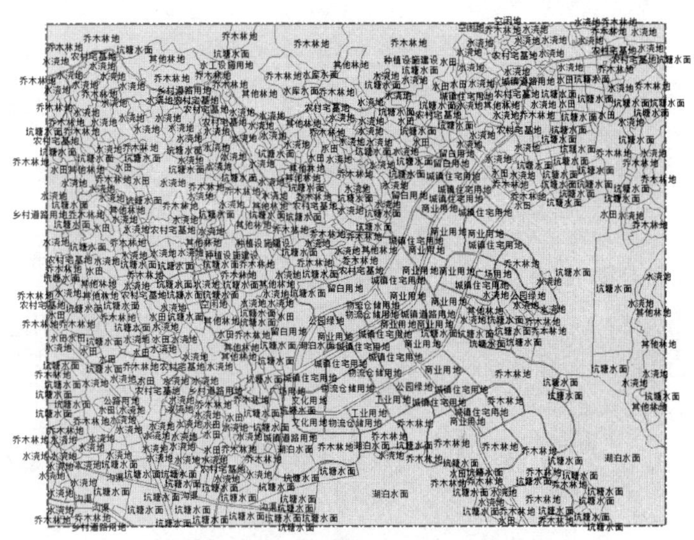

图 5-77 【国土用途规划分类】标注效果

➜ 将标注转为注记。在【内容列表】面板中，右键单击【国土用途规划分类】图层，弹出菜单中选择【将标注转为注记】，弹出【将标注转为注记】对话框（图 5-78），按默认选项进行设置，点击【转换】按钮，即完成标注转为注记。

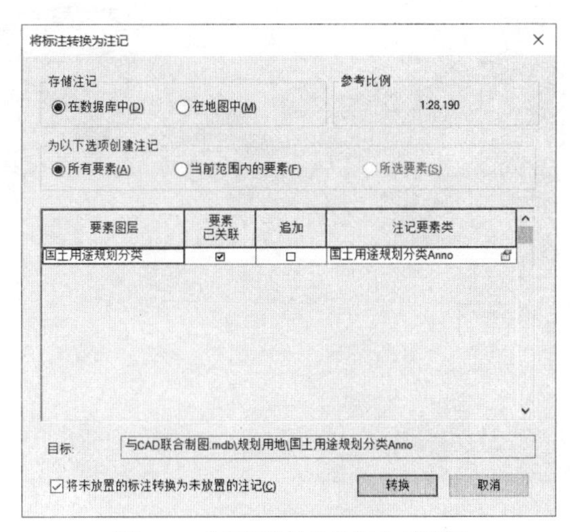

图 5-78 【将标注转为注记】对话框

☞ **步骤 3：** 导出地块边线和注记至 CAD。

➜ 导出至 CAD。在【内容列表】面板中，右键单击【地块边线】图层，在弹出菜单中选择【数据】→【导出至 CAD...】，设置【导出为 CAD】对话框如图 5-79。

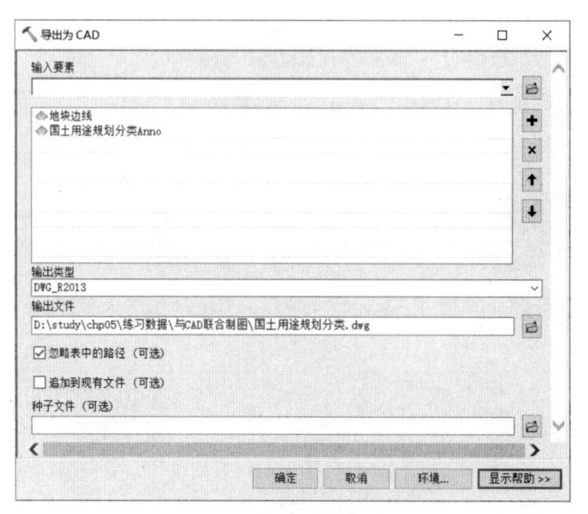

图 5-79 【导出至 CAD】对话框

- 设置【输入要素】为【地块边线】、【国土用途规划分类 Anno】。
- 点击【输出类型】下拉菜单，选择适合自己的 CAD 版本。
- 设置【输出文件】为【D:\study\chp05\ 练习数据 \ 与 CAD 联合制图 \ 国土用途规划分类 .dwg】。
- 点击【确定】，完成 CAD 的导出。

☞ **步骤 4：**在 CAD 中修改边线。

规划人员往往习惯使用 CAD 进行方案绘制。在精细化调整和修改方案时，使用 CAD 更为方便快捷。并且 GIS 加载 CAD 文件后，图中内容会随着 CAD 保存而实时更新。

- 打开 CAD，查看导出数据。找到数据导出的文件位置，打开导出的【国土用途规划分类 .dwg】文件。此时 CAD 中只显示地块边线，看不到地类名称注记，将 CAD 背景色设置为白色后即可显示注记（图 5-80）。

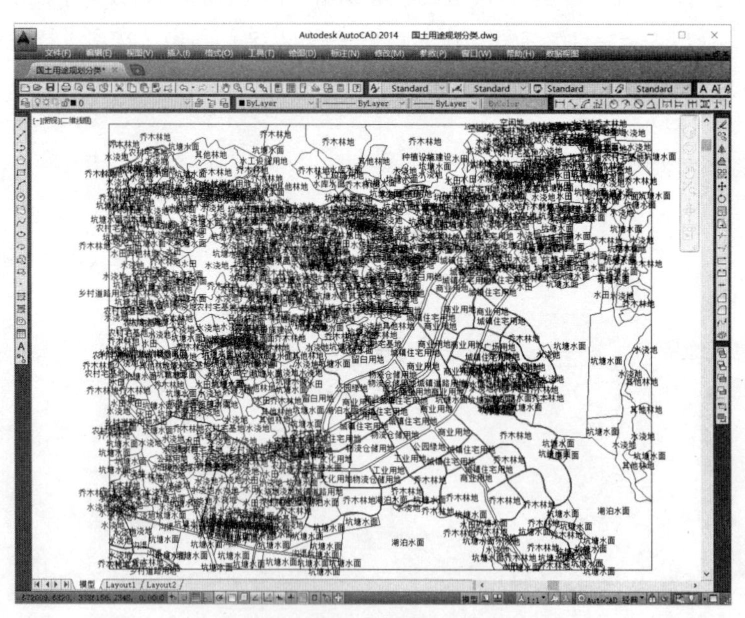

图 5-80 CAD 中查看数据

- 按照规划需求修改地块边线。根据图 5-81 所示道路走向修改地块边线。在 CAD 中编辑修改时应保证所有地块边线不要有悬挂点。

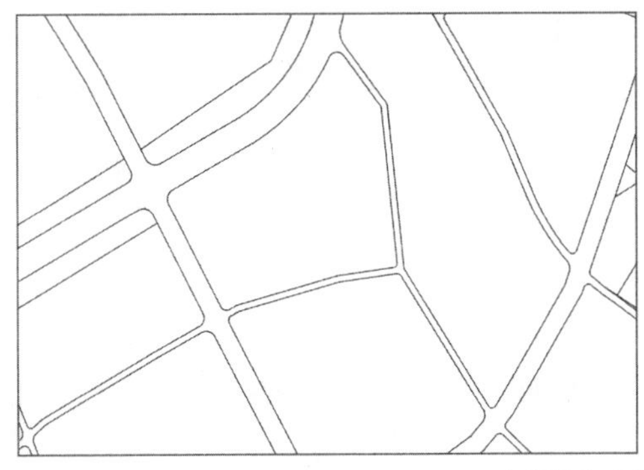
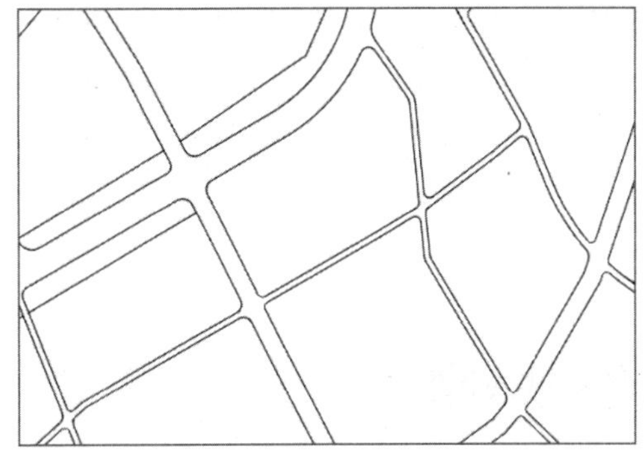

图 5-81 CAD 中数据修改前（左）和 CAD 中数据修改后（右）

☞ **步骤 5：** 在 GIS 中加载 CAD 图纸。

在 CAD 中修改好地块边线后，可导入 ArcMap 中对修改的各地块赋予属性，这里采用直接加载 CAD 数据的方法，之后还可以在 CAD 中继续调整边线，保存后 GIS 中会实时更新。

- 在【目录】面板中，浏览到默认工作目录下的【D:\study\chp05\ 练习数据 \ 与 CAD 联合制图 \ 国土用途规划分类 .dwg】，展开该项目，将其下的【Polyline】线要素拖拉至【内容列表】面板，可看到修改后的地块边线图层【国土用途规划分类 .dwg Polyline】已加载至【数据视图】窗口。

☞ **步骤 6：** 在 GIS 中修改质心点。

- 对【地块质心点】要素按其属性【国土用途规划分类名称】进行标注，以方便质心点修改。
- 在对【地块质心点】开启编辑后，使用【编辑器】上的【编辑工具】▸，根据在 CAD 中修改的地块边线增、减或移动质心点。修改完质心点后的结果如图 5-82 所示。

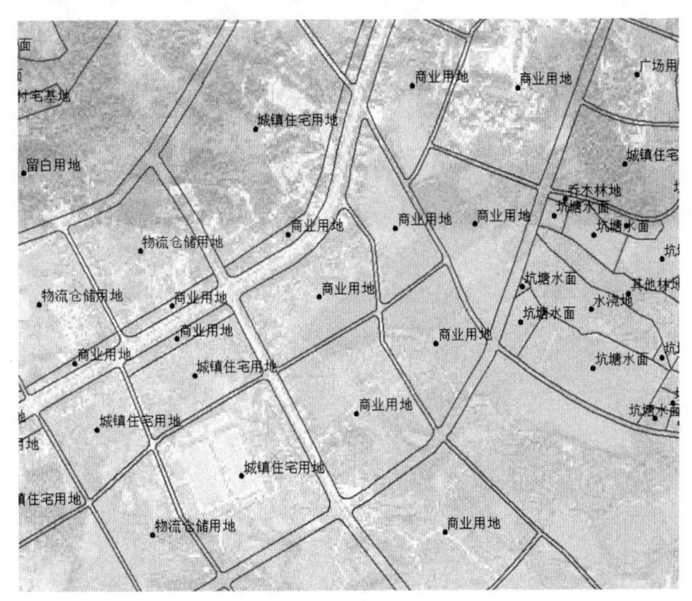

图 5-82 GIS 中修改相应质心点之后

☞ **步骤 7：** 修改地块属性。如果要改变地块的属性，只需要修改地块质心点的【国土用途规划分类名称】等相关属性，这里不再赘述。修改完成后停止并保存编辑。

☞ **步骤 8：** 要素转面，用质心点作标注要素。

- 在【目录】面板中，浏览到【工具箱 \ 系统工具箱 \Date Management Tools.tbx\ 要素 \ 要素转面】，双击该项打开该工具，设置【要素转面】对话框如下。

- 设置【输入要素】为【国土用途规划分类 .dwg Polyline】。
- 设置【输出要素类】为【D:\study\chp05\ 练习数据 \ 与 CAD 联合制图 \ 与 CAD 联合制图 .mdb\ 规划用地 \ 国土用途规划分类 2】。
- 勾选【保留属性（可选）】，点击【标注要素】下拉菜单，选择【地块质心点】，点【确定】按钮，即完成要素转面。

5.6 制作规划图纸

以上章节完成了用地总体规划图中方案绘制的内容，但要制作一幅完整的国土空间总体规划用地规划图，还需要添加图框、指北针、比例尺、图名、图例等图纸构件，而这些工作都可以在 ArcGIS 中完成。

5.6.1 设置图纸页面

☞ **步骤 1**：打开地图文档。

- 打开随书数据中的地图文档【chp05\ 练习数据 \ 制作规划图纸 \ 制作规划图纸 .mxd】，该文档关联数据库已建立。且地图文档中已经加载【国土用途规划分类 2】、【规划范围】图层，该图层已预先进行符号化。
- 切换到【布局视图】。在用地方案完善之后，点击图面左下角工具条 的【布局视图】按钮，切换到布局视图。在布局视图中，【布局】工具条将被激活。如果要返回到数据视图，请点击【数据视图】按钮。

☞ **步骤 2**：设置页面尺寸。

- 点击主界面菜单【文件】→【页面和打印设置...】，显示【页面和打印设置】对话框，在【纸张】栏，设置【大小】为【A3】，【方向】为【横向】，如图 5-83 所示[①]。

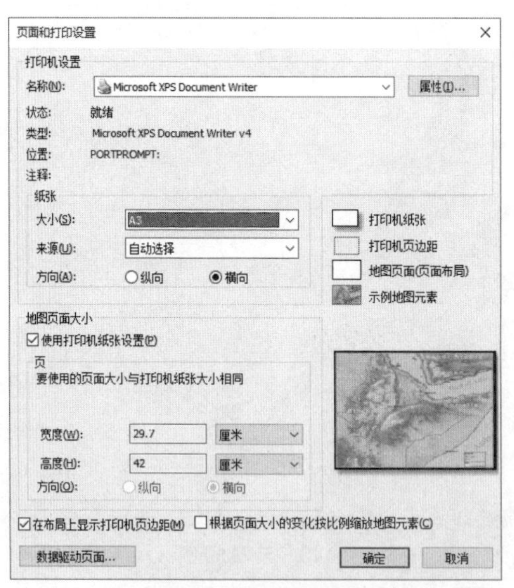

图 5-83 【页面和打印设置】对话框

- 点击【确定】后可以看到页面已变成设定尺寸。这时数据框的大小、位置和数据内容还不正确，需要进一步调整。

① 如果读者希望自定义图面尺寸，可以在【地图页面大小】栏取消勾选【使用打印机纸张设置】，然后在【宽度】和【高度】栏输入希望的尺寸。

5.6.2　设置数据框

☞ **步骤 1：** 调整数据框大小和样式。

- 在【布局视图】中打开【数据框属性】。布局视图中的地图内容框就是数据框（图 5–84），它是对数据视图中地理数据的引用。
  - 在 ArcMap 布局视图中，右键单击数据框，弹出菜单中选择【属性】，弹出【数据框属性】对话框，切换到【数据框】选项卡（图 5–85）。

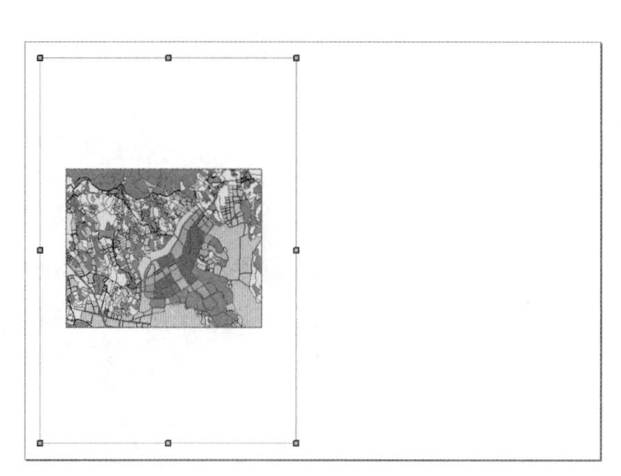

图 5–84　布局视图中的数据框

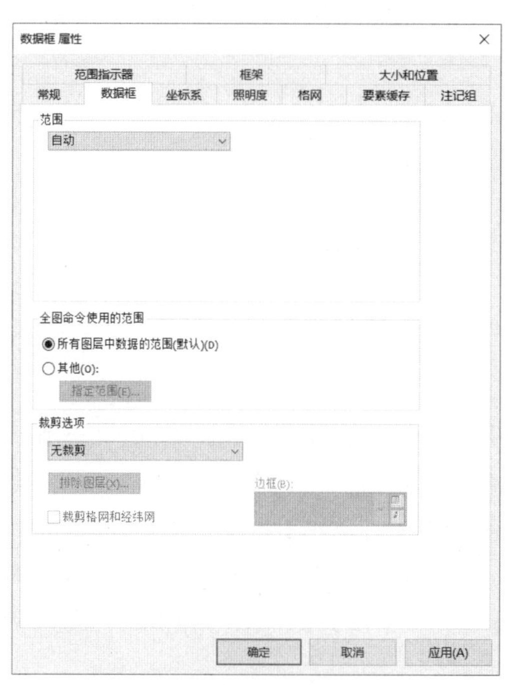

图 5–85　【数据框属性】对话框

- 设置数据框中地图内容的范围。【数据框】选项卡中的【范围】栏有【自动】、【固定比例】和【固定范围】三个选项，是调整数据框范围的三种选择。
  - 【自动】模式：数据框的范围会自动调整，且不会锁定【数据视图】中数据的显示范围和比例，是调整数据框最常用的模式。需要注意的是，在【自动】模式下，如果在【数据视图】中调整数据的显示范围和比例，【布局视图】中的显示也会随之改变。
  - 【固定比例】模式：数据框按固定比例缩放，适合固定比例尺地图的制作，但会锁定【数据视图】中数据的显示。
  - 【固定范围】模式：数据框显示的范围可以指定，且能自由缩放大小，但也会锁定【数据视图】中数据的显示。
  - 在此实践中，选择【自动】模式。
- 调整布局视图中数据框大小。
  - 点击【工具】工具条上的【选择元素】按钮，点击数据框，框上出现编辑点，通过拖拉编辑点可调整数据框尺寸。
  - 将鼠标移动到数据框内侧，按住鼠标左键不放，移动鼠标图框也会随之移动。
  - 左键点击页面视图上侧与左侧标尺，拖动箭头可设置参考线，移动或调整数据框大小时，会捕捉到参考线。

- 设置数据框样式。调整好数据框大小后，右键单击数据框，弹出菜单中选择【属性】，弹出【数据框属性】对话框，切换到【框架】选项卡。设置【边框】为【1.0磅】，颜色为【黑色】,【间距】为【0】(图5-86)。

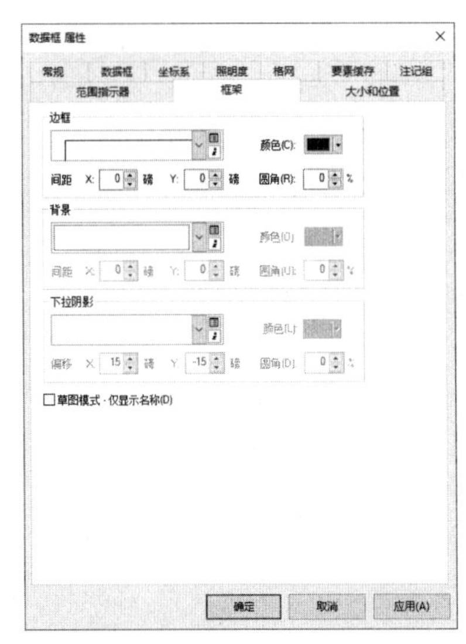

图5-86 【数据框属性】对话框

☞ 步骤2：调整数据框的出图比例和出图范围。

- 如果数据框中的内容太大或太小，则需要调整图面比例。可以使用【工具】工具条上的【放大】、【缩小】工具或者【固定比例放大】、【固定比例缩小】工具进行图形放大和缩小。这时工具条上的比例尺 1:20,000 会实时显示当前A3图纸中图面的比例。
- 使用【平移】工具可调整图面范围。调整图面比例和范围如图5-87所示。

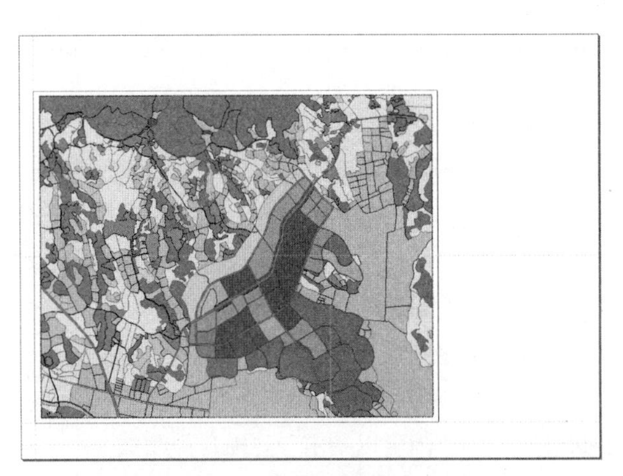

图5-87 数据内容比例调整

> 说明：ArcMap中的地图漫游工具有两套。一套是针对数据的，位于【工具】工具栏内，它们用于漫游数据内容，如果在布局视图中使用它们，只会调整数据框内数据内容的大小（即比例）、范围；另一套是针对出图页面的，位于【布局】工具栏内，用于布局页面整体的放大、缩小、平移等。布局视图中，使用鼠标中键缩放、平移的对象也是整个布局页面。

5.6.3 添加内图廓线和文本

ArcMap布局视图中的图框可以使用内图廓线来制作。

紧接之前步骤，继续操作如下。

☞ **步骤 1**：插入内图廓线。

- 插入内图廓线。点击传统菜单【插入】→【内图廓线...】，显示【内图廓线】对话框，设置如图 5–88。
  - 勾选【在页边距之内放置】；把【间距】设为【0】，【边框】选择【1.0 磅】，【背景】选择【超蓝】，点击【确定】，会出现一个覆盖整个页面的内图廓线。
  - 点击【工具】工具条上的【选择元素】按钮，点击内图廓线，出现编辑点，通过拖拉、平移，调整内图廓线，依次使用复制粘贴新增其他内图廓线，放置在合适的位置（图 5–89）。

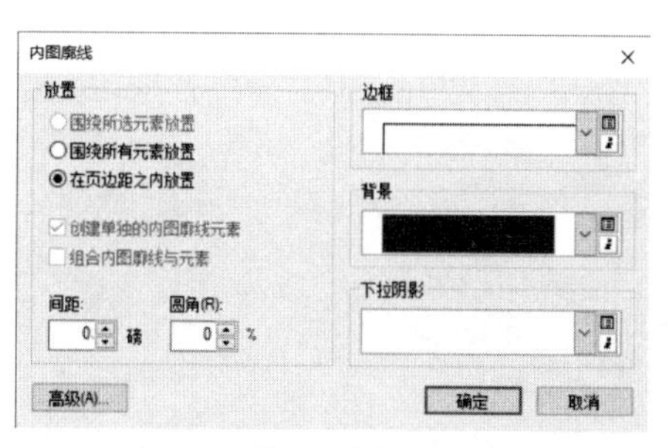

图 5–88 【内图廓线】对话框

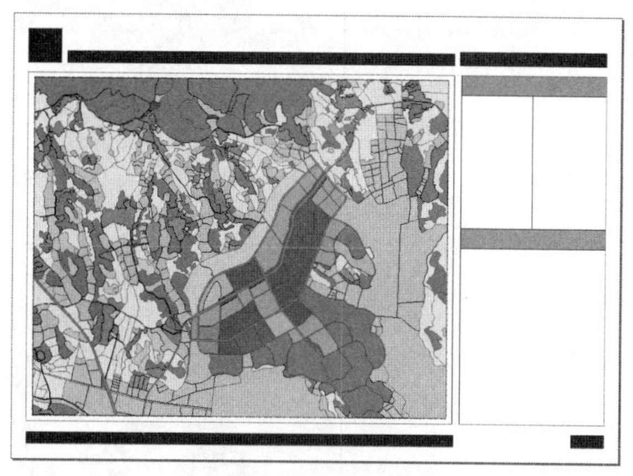

图 5–89 内轮廓线调整结果

☞ **步骤 2**：插入、编辑文本。

- 插入文本。
  - 点击菜单【插入】→【文本】。工作窗口会自动出现一个文本框。点击文本，按住鼠标不放，可将新添的文本移动到合适的位置。
- 输入文字。
  - 双击文本框，显示【属性】对话框（图 5–90）。在【文本】栏将原本的“文本”二字替换成“××××××××××××××××× 规划（2020—2035 年）”。
  - 点击【更改符号 ...】按钮，显示【符号选择器】对话框。
  - 设置字体为【黑体】，大小为【40】，点击【确定】，应用设置，并将该标题文本调整到合适位置。
- 使用同样的方法，插入其他文本，结果如图 5–91 所示。

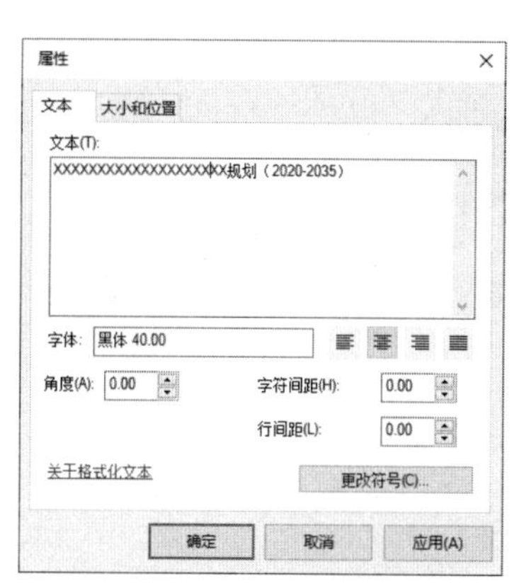

图 5–90 【属性】对话框

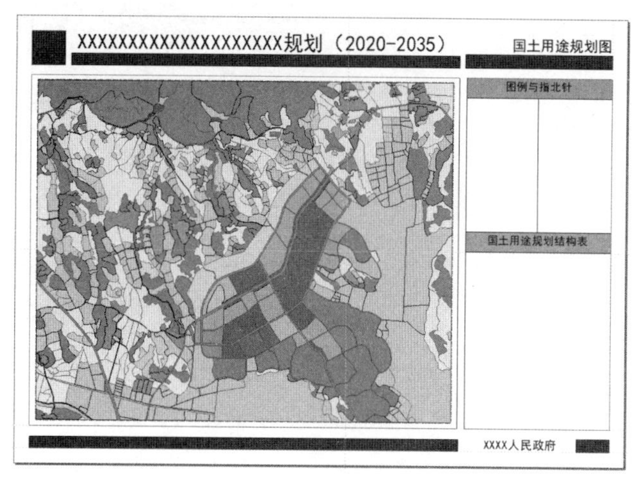

图 5–91 添加文字结果

5.6.4 添加指北针和比例尺

☞ **步骤 1：** 插入自定义的风玫瑰指北针。

- 点击菜单【插入】→【指北针...】，显示【指北针 选择器】对话框（图 5–92）。点击【属性】按钮，显示【指北针】对话框。
- 点击【符号】按钮，显示【符号选择器】对话框，此处使用图片标记符号，操作与第四章 4.1.2.2 节步骤 4 相同，不再赘述（图片选择【D:\study\chp05\练习数据\制作规划图纸\风玫瑰图.png】）。
- 点击【确定】应用。插入后的结果如图5–95所示。ArcMap会根据数据框中数据的方向，自动调整指北针的方向。
- 在图面通过拖拉编辑点缩放至合适的大小，并拖至合适位置。

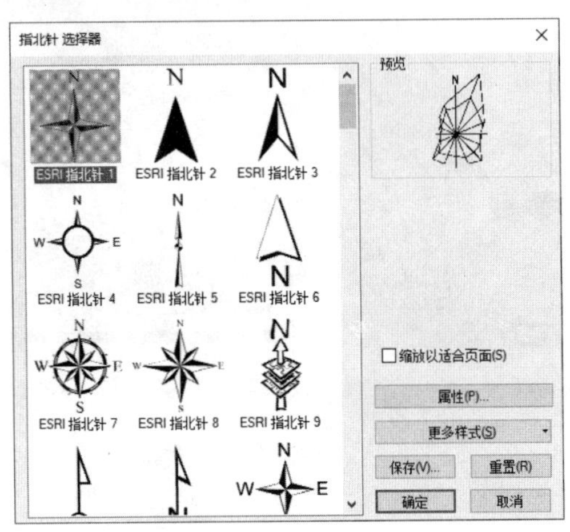

图 5–92 【指北针 选择器】对话框

☞ **步骤 2：** 插入比例尺。

- 点击菜单【插入】→【比例尺】，显示【比例尺 选择器】对话框（图 5–93）。选择名称为【双重黑白相间比例尺 1】的比例尺（加入比例尺前需要确保所绘地图文档设置了单位）。

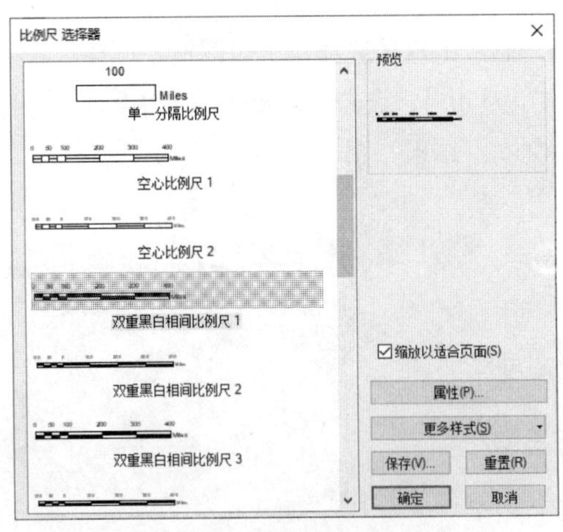

图 5–93 【比例尺 选择器】对话框

- 设置比例尺属性。若要修改比例尺的相应属性，可点击【比例尺 选择器】对话框右侧的【属性】，在弹出的【比例尺】对话框中作进一步的修改，如图 5–94 所示设置。完成后，点击【确定】[①]。

① 若在此步骤未修改属性，之后在工作界面中可直接双击比例尺，显示比例尺属性对话框，再作修改。

- 回到工作界面，点击比例尺，通过拖拉其编辑点使其显示长度为800m，并拖放至合适的位置。
- 点击菜单【插入】→【比例尺文本】，显示【比例尺文本 选择器】对话框。选择名称为【绝对比例】的比例尺文本。点击比例尺，拖拉至合适位置，结果如图5-95所示。

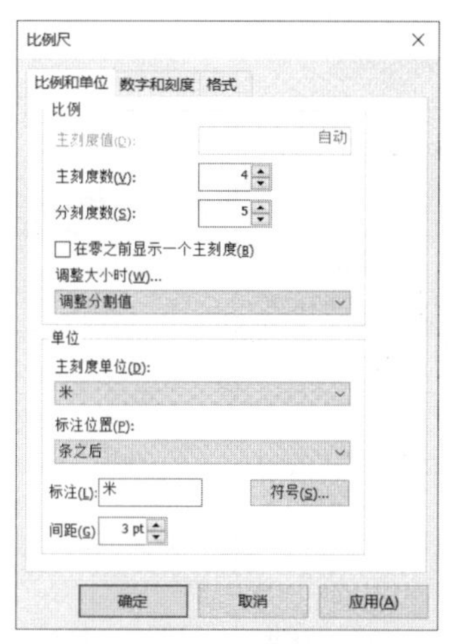

图5-94 【比例尺】对话框

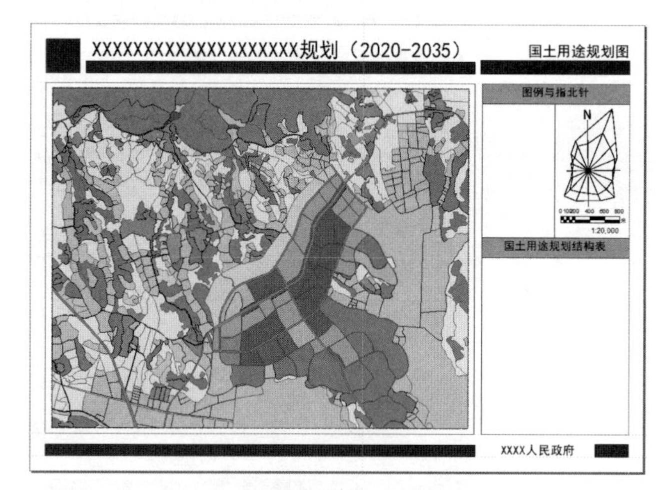

图5-95　风玫瑰指北针、比例尺添加结果

5.6.5　添加图例

ArcMap提供了强大的图例自动生成工具，并且图例和数据的符号化方式是同步更新的（例如填充颜色），这为规划制图提供了极大便利。

紧接之前步骤，继续操作如下。

☞ **步骤1**：插入图例。

- 在菜单中选择【插入】→【图例】，显示【图例向导】，如图5-96所示。
  - 调整图例项。中间的 > 等四个按钮可以将【地图图层】添加或移除至【图例项】中，只有【图例项】中的图层才会添加至图例。
  - 调整图例项的顺序。【图例项】右侧的 ↑ 等四个按钮，可以改变【图例项】中图层的位置，并决定最终生成图例的顺序。
  - 设置图例中的列数为【2】。
  - 点击【下一步】进入设置标题的向导，在此设置字体和字号（图5-97）。

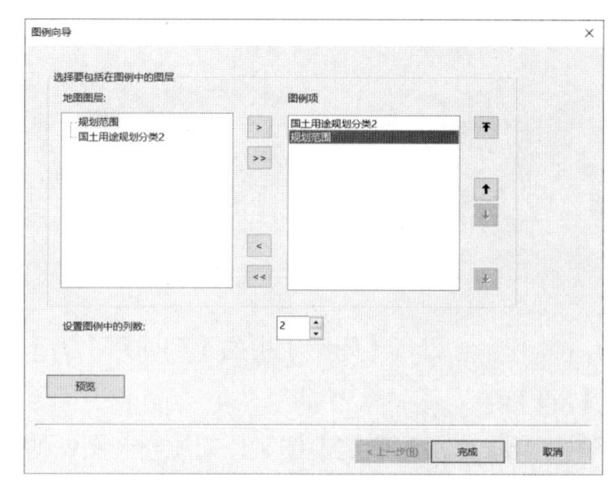

图5-96 【图例向导】对话框

图5-97　设置图例字体和字号

- 之后可一直点击【下一步】。在此过程中根据需要可设置图例或者默认设置，直到【完成】。
- 点击图例，通过拖拉编辑点调整大小，同样拖放至合适的位置即可，结果如图 5–98 所示。

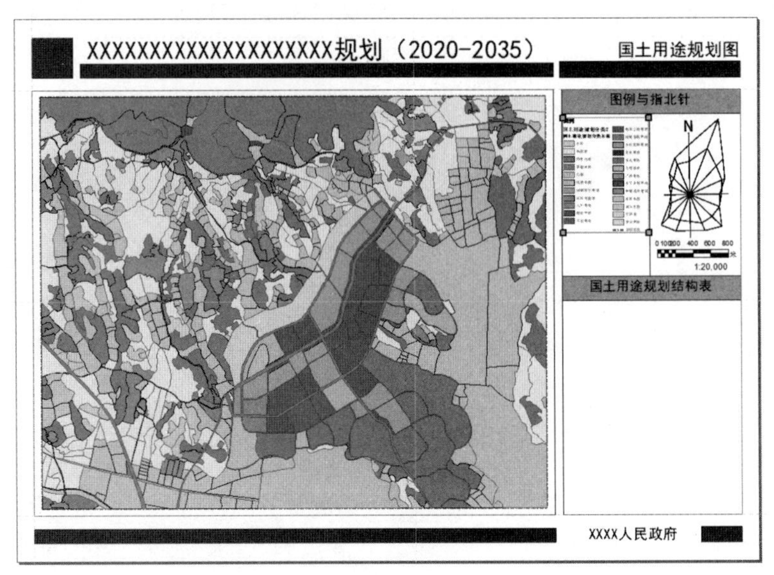

图 5–98 图例添加结果

☞ **步骤 2**：优化图例样式。

- 设置显示外观。
  - 双击图例，弹出【图例 属性】对话框（图 5–99）。
  - 切换至【项目】选项卡，在左侧栏中右键单击【国土用途规划分类 2】，在弹出菜单中选择【属性】，显示【图例项属性】对话框（图 5–100）。
  - 切换至【常规】选项卡，取消勾选【显示图层名称】和【显示标题】，点击【确定】。
  - 回到【图例 属性】对话框，点击【应用】。

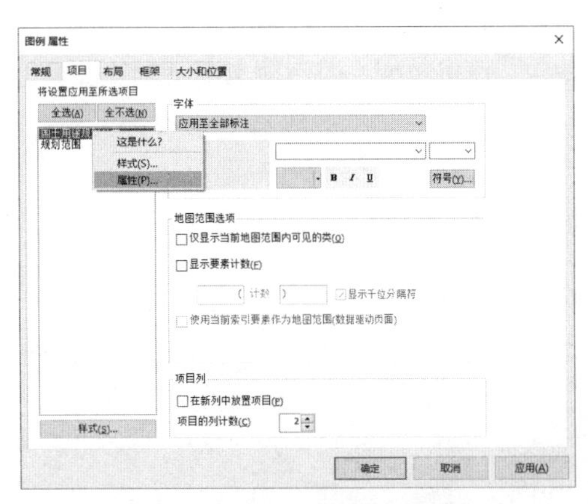

图 5–99 【图例属性】对话框

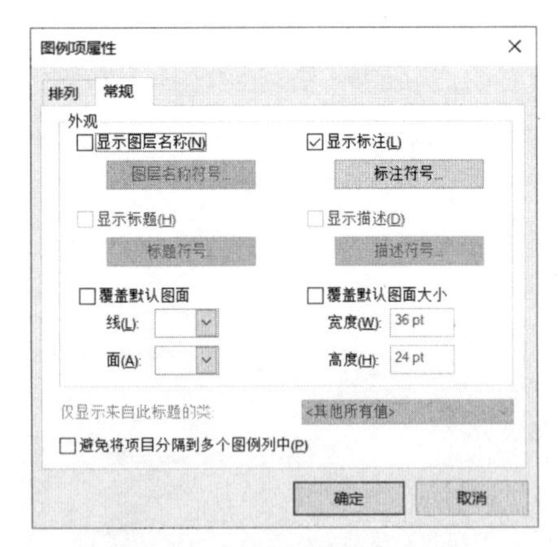

图 5–100 【图例项属性】对话框

- 优化图例布局。
  - 在【图例 属性】中切换到【布局】选项卡，如图 5–101 所示，设置【间距】中的【列间距】为【3pt】，【默认图面】中的【宽度】为【16 pt】，【高度】为【8pt】。
  - 切换到【常规】选项卡，取消勾选【地图连接】下的选项。点击【确定】按钮，完成整个图例的布局，结果如图 5–102 所示。

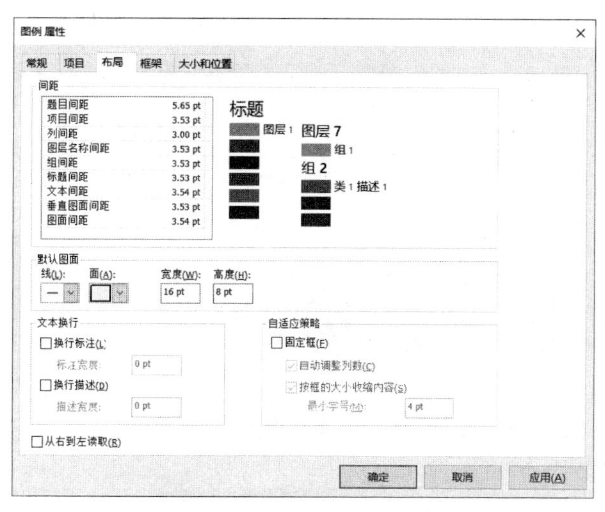

图 5-101　图例布局设置

☞ **步骤 3**：图例转换为图形后，精细化调整。

- 将图例要素转化为图形。鼠标右键单击选中图例要素，在弹出菜单中选择【转换为图形】，完成后再次右键单击图例，弹出菜单中选择【取消分组】，可以看到图例中每一项分类都变为可以编辑的要素。
- 对图例内容进行精细化调整。将图例中的要素通过拖拉、平移的方式，分成农用地、其他农用地、其他土地、建设用地四个组别，并插入合适大小及字体的组名文字，调整结果如图 5-103 所示。

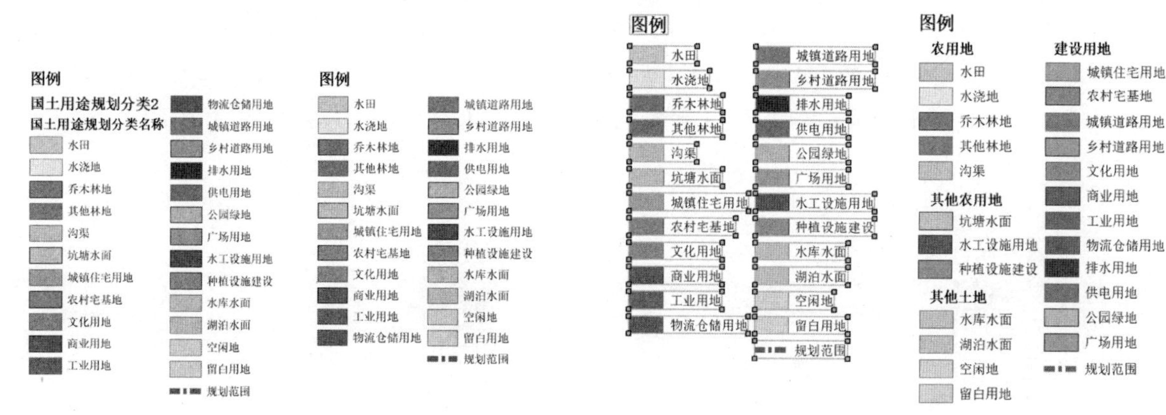

图 5-102　图例外观优化前后　　图 5-103　图例精细化调整前后

5.6.6　插入表格

☞ **步骤**：插入图表至布局视图。

- 在菜单中选择【插入】→【对象】，显示【插入对象】对话框（图 5-104）。可以选择【新建】，直接新建表格；也可以提前在外部做好表格，选择【由文件创建】，插入表格。结果如图 5-105 所示[①]。

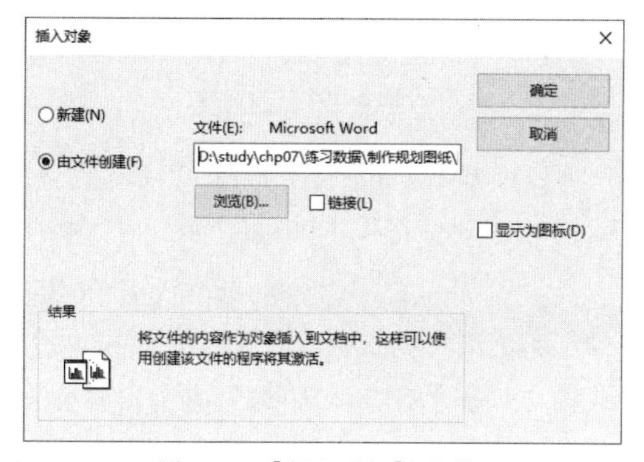

图 5-104 【插入对象】对话框

① ArcGIS 可能无法识别由 WPS 制作的表格，建议使用 Office 办公软件完成此步骤。

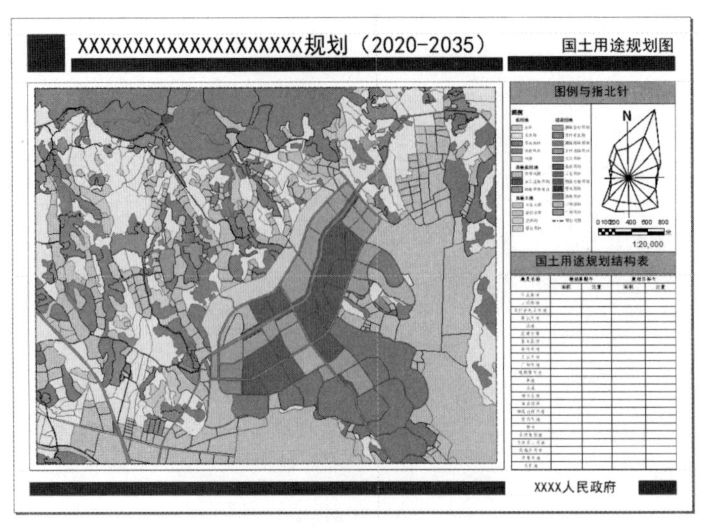

图 5-105　表格添加结果

5.6.7　添加经纬网格

☞ **步骤：** 插入经纬网至布局视图。

- 创建经纬网。右键单击【内容列表】图层。在弹出菜单中选择【属性】，弹出【数据框 属性】切换至【格网】选项卡，点击【新建格网】按钮，弹出【格网和经纬向导】对话框（图 5-106）。
  - 点击【下一步】按钮，显示【创建经纬网】对话框，在【外观】面板中选择【仅标注】。
  - 点击【下一步】按钮，显示【轴和标注】对话框，设置长短轴主刻度线样式【颜色】为【黑色】、【宽度】为【1】，设置文本样式【颜色】为【黑色】，【字体】为【宋体】，【大小】为【6】（图 5-107）。

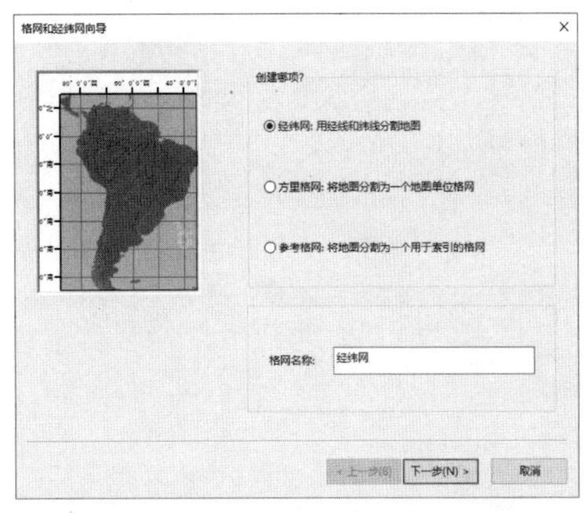

图 5-106 【格网和经纬向导】对话框

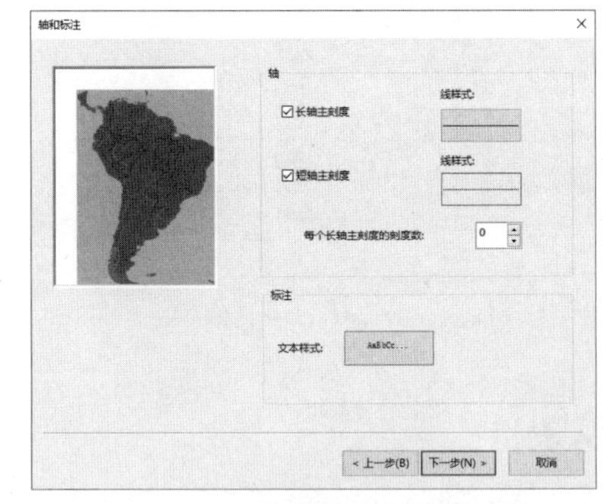

图 5-107 【轴和标注】对话框

  - 点击【下一步】按钮，显示【创建经纬网】对话框，设置保持默认，点击【完成】按钮，返回【数据框】。
  - 点击【确定】按钮，弹出【警告】对话框，点击【是】按钮，完成添加经纬网，可以看到经纬网已经加载至绘图区域，结果如图 5-108 所示。
- 此时可以看到左右两侧经纬度的标注方向是水平的，超出了图纸范围，需要手动调整。右键单击【内容列表】图层 图层。在弹出菜单中选择【属性】，弹出【数据框 属性】切换至【格网】选项卡，点击【属性】按钮，弹出【参考系统属性】，切换至【标注】选项卡，在【标注方向】垂直标注面板勾选【左】、【右】（图 5-109），点击【确定】按钮返回至【数据框 属性】对话框，点击【确定】按钮，完成标注调整，结果如图 5-110 所示。

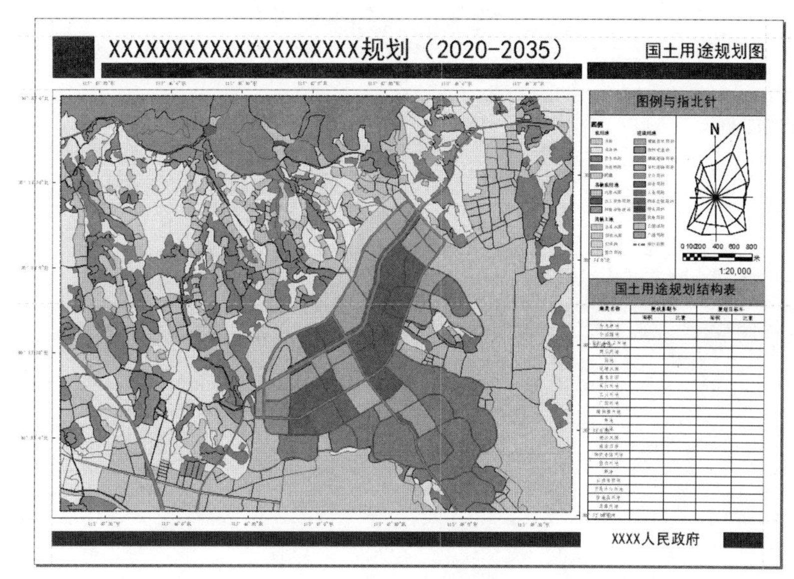

图 5-108　经纬格网添加结果

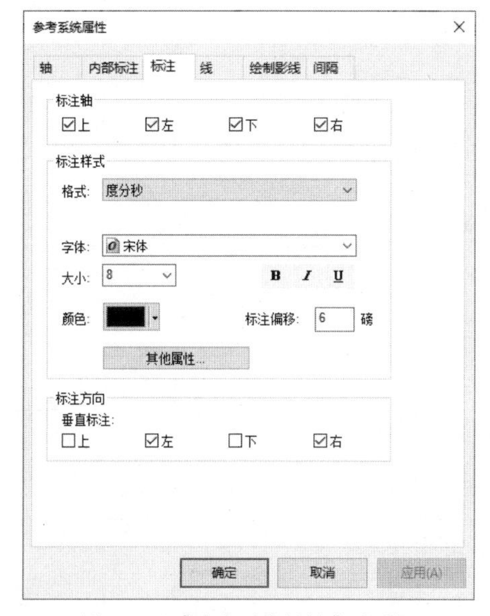

图 5-109 【参考系统属性】对话框

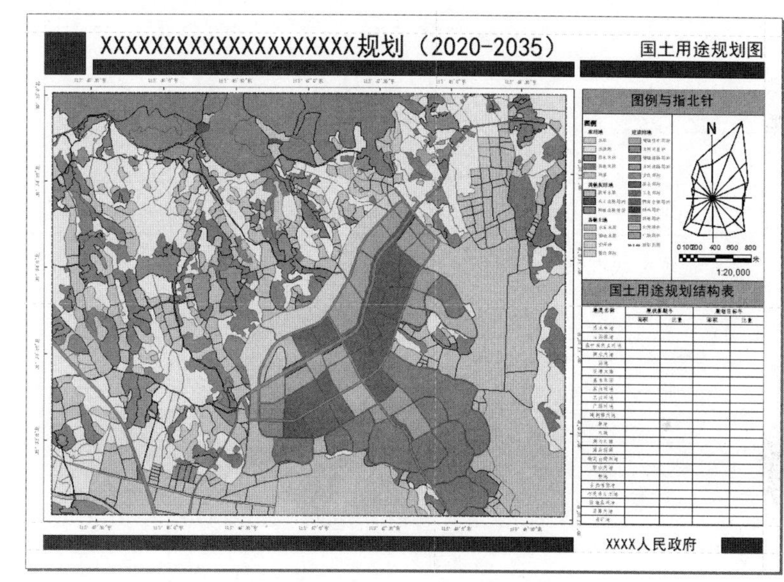

图 5-110　国土空间用地规划图结果

5.7　本章小结

本章介绍了基于 GIS 的国土空间总体规划编制的基本方法，详细介绍了绘制规划路网、规划地块、规划方案修改、联合 CAD 制图以及规划图纸制作等一系列方法。

传统的总体规划编制工作中，多在 AutoCAD 中成图，由于难以检查错误，导致问题较多，并且 AutoCAD 中没有【面】这一对象，只能用封闭多义线来代替面，从而带来填色难、修改难、地块属性管理难等问题。

现在改为在 GIS 中制图，便可以直接绘制要素、自动填色、拓扑检查错误、数据统一管理等，绘图过程方便快捷，可大幅度提高绘图工作效率和质量。同时还有许多软件企业在开发基于 GIS 的规划制图工具，可进一步方便规划师的制图工作。

本章技术汇总表

规划应用汇总	页码	信息技术汇总	页码
绘制单线规划路网	138	根据模板创建要素类	138
绘制道路红线	145	内切弧线绘制	139
绘制规划地块	151	垂直约束与平行约束	140
规划大改方法	160	高级编辑工具	141
与 CAD 联合制图	162	按道路类型分类符号化	142
制作规划图纸	166	平行复制工具	145
		缓冲区工具	150
		表属性调整	152
		裁剪工具	153
		分割面工具	154
		裁剪面工具	154
		合并工具	156
		构造面	157
		叠加分析（更新）	159
		要素转点	160
		面转线	160
		要素转面	162
		导出数据至 CAD	163
		页面尺寸设置	166
		数据框属性设置	167
		添加内图廓线	169
		文本插入	169
		添加指北针和比例尺	170
		添加图例	171
		插入表格	173
		添加经纬网格	174

第 6 章　详细规划总平面图绘制

第 5 章介绍了基于 GIS 编制国土空间总体规划的基本方法，其实国土空间详细规划中绘制道路和地块的方法也与之类似，本书在此不再赘述。下面重点介绍用 GIS 开展详细规划总平面方案设计的方法。

传统的详细规划总平面方案设计，一般首先在 CAD 中分图层绘制，然后分层导出并在 Photoshop 中上色。其工作量较大，且在修改时往往需要大幅度返工，效率不高。

而基于 GIS，规划人员不仅能像 CAD 一样绘制建筑、用地、道路、景观等要素，还能自动对图面美化，直接得到美观的总平面图，方便快捷且便于修改。另外，得到的数据还可以直接和三维建模软件、空间分析模块对接，方便后续研究。

本章将对这些方法进行详细介绍，具体包括：

- 建筑要素绘制；
- 道路和交通设施绘制；
- 绿植绘制；
- 铺地和水面绘制；
- 景观小品绘制。

本章所需基础：

- 读者基本掌握本书第 2 章所介绍的 ArcGIS 要素类加载、查看和符号化等基础。

6.1　建筑要素绘制（屋顶、阴影）

☞ **步骤 1：**打开随书文档。

打开随书数据【chp06\练习数据\国土空间详细规划编制\国土空间详细规划总平面方案.mxd】。该文档关联【国土空间详细规划编制数据库】已建立，且地图文档中已经加载【用地范围】、【栅格影像】、【建筑】等图层。

☞ **步骤 2：**建筑要素的绘制和加载。

建筑面要素的绘制或者加载是总平面绘制中重要的一步。如果规划建筑已经在 CAD 中绘制完成，且功能、层数等注记也已完成，则可以直接在 GIS 中联动 CAD，将数据加载并导成带属性的 GIS 文件。详细步骤见第 2 章“2.2.4 CAD 图纸转换成 GIS 数据”一节。

若需要在 GIS 中自绘，则对【建筑】图层开启编辑，运用绘制面的方式绘制出相应的建筑面。同时，点击【编辑器】工具条上的属性按钮，在弹出的【属性】面板下的相应字段中输入功能、层数、新旧状况等图层属性。在此演示绘制建筑的一些技巧。

- 绘制水平线。对【建筑】图层开启编辑后，打开【创建要素】面板，选择【建筑】模板，在【构造工具】栏中选择【面】。回到地图窗口，在适宜位置单击确定起点，再点击鼠标右键，在弹出的菜单中选择【方向】(图 6-1)。在【方向】对话框中，输入 0，按回车键确定后，此时移动鼠标，发现线只能随水平向移动。
- 绘制直角。直角的绘制也可使用【方向】来进行。若想绘制直角的另一条边，则可使用【要素构造】工具条中的【约束垂直】（图 6-2）。在点击该工具后，鼠标右下角出现字母【y】，点击已有一条直角边后，发现移动鼠标，待绘制的线被约束为与之垂直（点击【要素构造】工具条【追踪】工具旁的下拉箭头，选择【直角】工具，也可以实现绘制直角的另一条边）。

- 绘制指定长度。在绘制过程中，单击鼠标右键弹出的菜单中选择【长度】，在【长度】对话框中输入指定的长度后，按回车键即可（图 6–3）。
- 绘制指定角度与长度。方法同绘制水平线，只要输入指定角度即可。在单击鼠标右键弹出的菜单中选择【方向 / 长度】即可绘制指定长度和方向的线（图 6–4）。

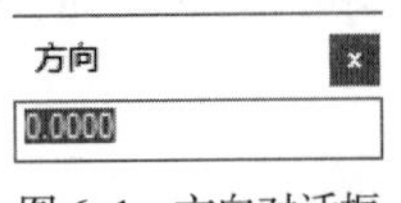

图 6–1　方向对话框

图 6–2　要素构造工具条

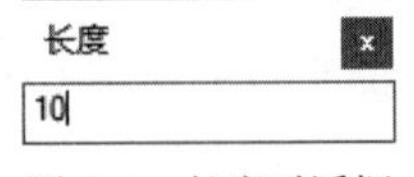

图 6–3　长度对话框

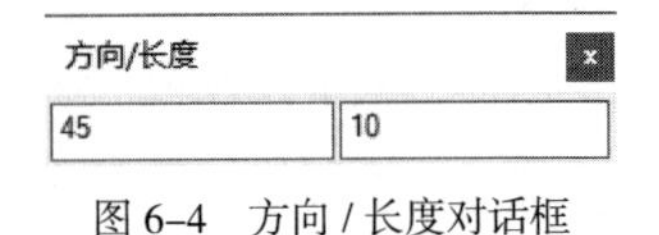

图 6–4　方向 / 长度对话框

- 添加直角。在绘制到最后一个直角时，为保证此直角的待绘制直角边能恰好与起始边垂直，可单击鼠标右键，在弹出的菜单中选择【添加直角并完成】（图 6–5），该建筑平面即自动完成最后一个直角的绘制（图 6–6）。

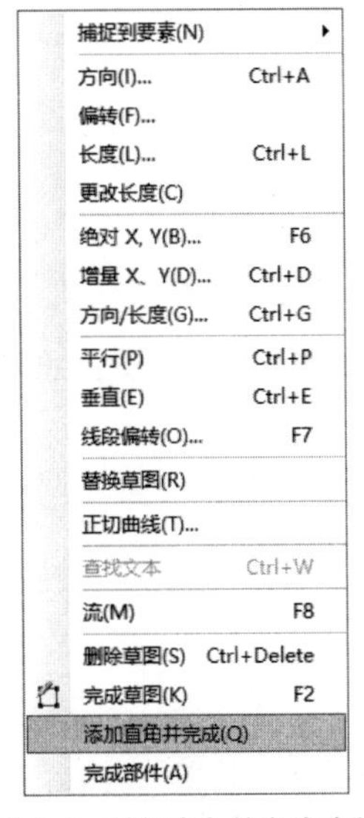

图 6–5　添加直角并完成步骤

图 6–6　绘制结果

- 对于复杂的建筑平面，可使用辅助线。通过新建【辅助_建筑】线要素类，在【辅助—建筑】图层绘制出辅助线要素，生成建筑轮廓。最后在【建筑】图层通过【高级编辑】工具栏中的【构造面】工具生成建筑面。

☞ **步骤 3：** 建筑阴阳面生成及符号化。

- 复制【建筑】，生成【建筑阴阳面】要素。在【目录】面板下的该节关联数据库【国土空间详细规划编制数据库 .gdb】中，找到【总平面方案绘制】要素数据集。
  - 右键单击其中的【建筑】要素类，在弹出的菜单中选择【复制】。
  - 右键单击【总平面方案绘制】要素数据集，在弹出菜单中选择【粘贴】，并重命名为【建筑阴阳面】。
- 添加辅助字段。在【目录】面板下，右键单击【建筑阴阳面】要素类，在弹出菜单中选择【属性】，显示【要素类属性】对话框（图 6–7）。
  - 在对话框中切换至【字段】选项卡，在【字段名】列输入辅助字段【YYM】，设置其【数据类型】为【短整型】，别名为【阴阳面】。
  - 点击【确定】按钮，完成添加属性。
  - 左键单击该要素类，按住鼠标不放，将其拖入【内容列表】面板。
- 开启中点捕捉。右键单击任意工具条，在弹出菜单中选择【捕捉】，显示捕捉工具条。点击 捕捉(S)▾，在下拉菜单中选择【中点捕捉】(图 6–8)。

➜ 区分建筑阴面与阳面。开启对【建筑阴阳面】图层的编辑，使用【编辑器】工具条上的【裁剪面工具】分割建筑面。

- 使用 ，选中单个面，点击【裁剪面工具】，移动鼠标至建筑的边线中点时，会出现“图层面：中点”的字样，单击三角形即可捕捉。之后按照分割面的方式完成(图 6–9)。

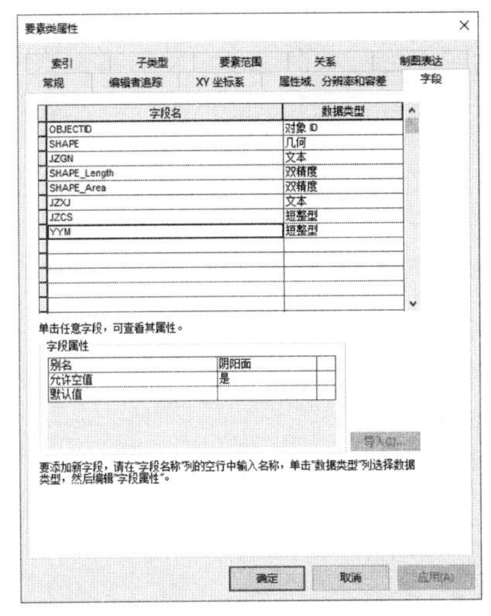

图 6–7　添加辅助字段

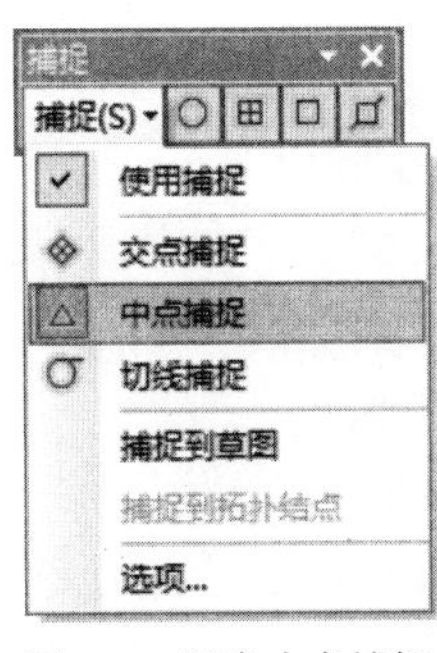

图 6–8　开启中点捕捉

图 6–9　捕捉边线中点

➜ 输入阴阳面属性。在分割完阴阳面后，点击【编辑器】上的【属性】，弹出【属性】对话框。

- 在对话框中的【阴阳面】字段处，输入相应要素的阴阳面分类。阳面可输入“0”，阴面则输入“1”。如此完成所有面的属性赋予。

➜ 对阴阳面以符号化区分。

- 双击【建筑阴阳面】图层，弹出【图层属性】对话框，切换至【符号系统】选项卡(图 6–10)。
- 选择【显示：】→【类别】→【唯一值，多个字段】,【值字段】选择【建筑功能】和【阴阳面】。
- 点击【添加所有值】，之后对每个类别分别进行设置，方法与之前的符号化设置类似。
- 点击【编辑器】工具条上的下拉菜单 编辑器(R)▾，选择【停止编辑】，这时系统会询问是否要保存编辑，选择【是】。至此对【建筑阴阳面】的编辑工作已经全部完成(图 6–11)[①]。

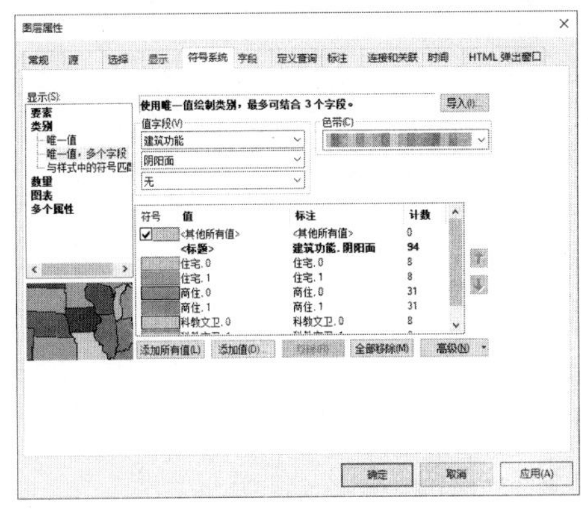

图 6–10　建筑阴阳面符号化设置

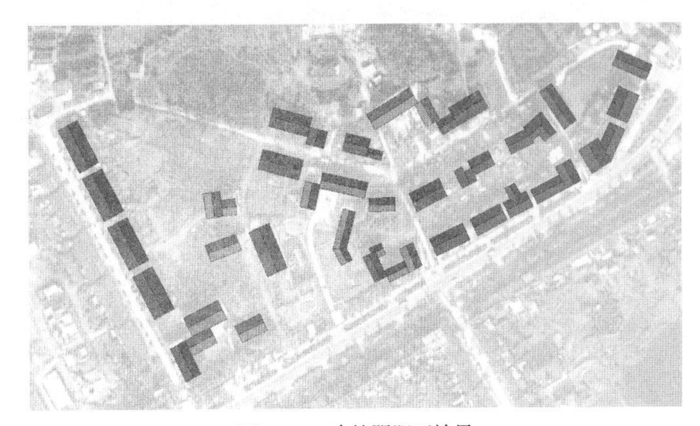

图 6–11　建筑阴阳面效果

① 应注意在操作过程中时不时点击 编辑器(R)▾，选择【保存编辑内容】，及时保存编辑内容。

☞ **步骤 4：** 制图表达制作建筑阴影。

在总平面的绘制中，建筑阴影的添加是一个点睛之笔。传统的做法是在 PS 软件中使用复制和平移；而在 GIS 中，延续同样的操作模式：仍旧是“复制、平移”，只是都在“制图表达”中完成。

- 生成制图表达图层。在【内容列表】面板中，右键单击【建筑】图层，在弹出的菜单中选择【将符号系统转化为制图表达】。点击【转换】后，【内容列表】面板中会出现一个新的图层【建筑 _Rep】，可以将其更名为【建筑阴影】方便识别。
- 制图表达阴影设置。双击【建筑阴影】图层，弹出【图层属性】对话框，切换至【符号系统】选项卡。
  - 在【显示】下，选择【制图表达】中的【建筑 _Rep】。接下来对【Rule_1】模板进行设置（图 6-12）。
  - 点击【添加新填充图层】按钮，在上方出现一个面填充层，再点击【下移图层】按钮，将该图层置于最底层。
  - 点击右上角✚，在弹出的【几何效果】对话框中，选择【面输入】系列中的【移动】，点击【确定】，便增加了一个【移动】效果（图 6-13）。

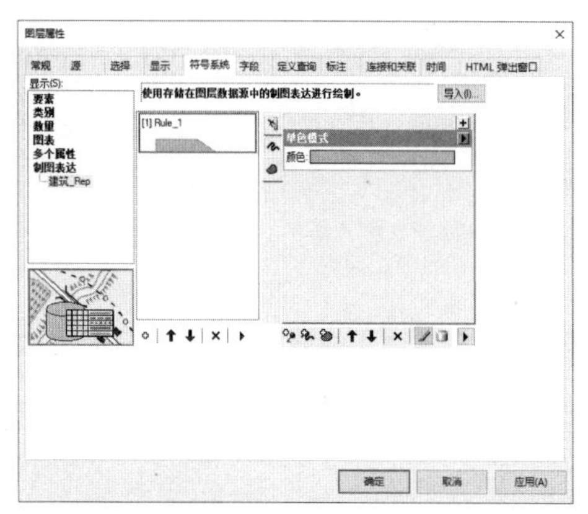

图 6-12　显示制图表达

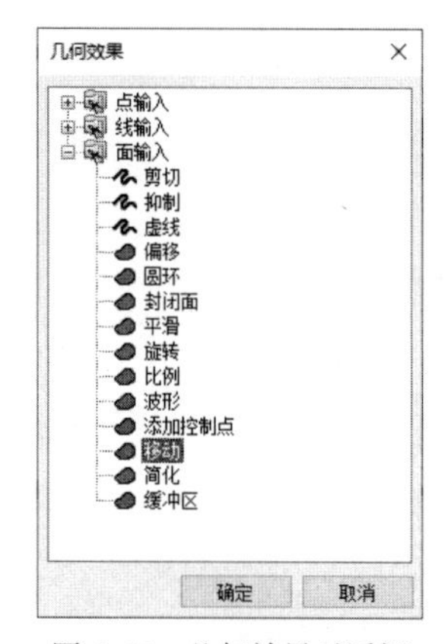

图 6-13　几何效果对话框

  - 在【移动】效果中，设置偏移的 X 和 Y 坐标（图 6-14）。完成后点击【确定】即可达到简单阴影显示的效果（图 6-15）。

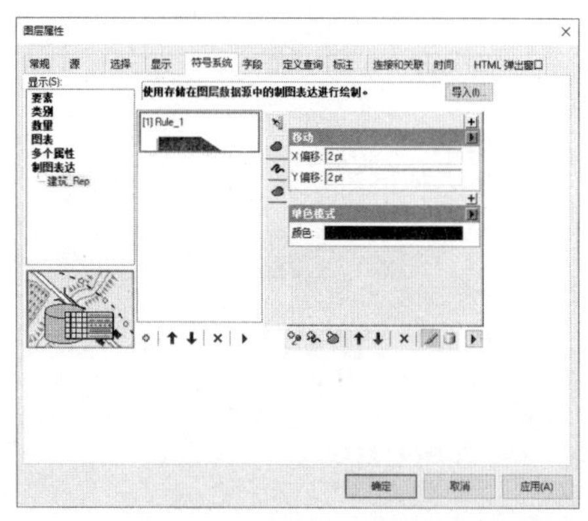

图 6-14　移动效果设置

图 6-15　建筑阴影制作

- 阴影显现渐变效果。若觉得纯黑阴影过于生硬，可点击【单色模式】效果最右侧的▶，在弹出的菜单中选择【渐变】，接着在【渐变模式】效果下作调整，如图 6-16 所示。至此，对【建筑阴影】的设置便已完成。

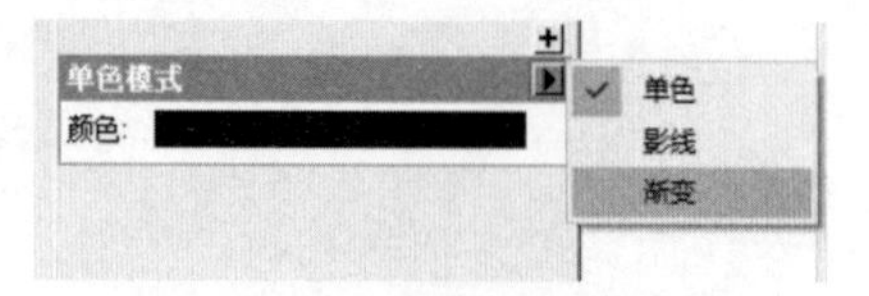

图 6-16　阴影渐变模式设置

☞ **步骤 5:** 标注建筑层数。

建筑层数的标注方式与其他要素的标注相同。双击【建筑阴影】图层，在弹出的【图层属性】对话框中，切换至【标注】选项卡。之后的具体步骤在此不做赘述。最终标注结果如图 6–17 所示。

图 6–17　建筑层数标注效果

☞ **步骤 6:** 绘制平屋顶建筑女儿墙。

对于平屋顶的建筑，有时需要绘制双线，从而展示出女儿墙的存在。在 GIS 中，对于双线的绘制，可以使用符号化的手法（此处仅为一个操作演示，默认该方案都是平屋顶）。

- 复制【建筑】，生成【平屋顶女儿墙】要素类。在【目录】面板中，找到【建筑】要素类，通过复制、粘贴和重命名，在【总平面方案绘制】要素数据集中生成【平屋顶女儿墙】要素类，并加载至【内容列表】面板中。
- 建筑面双线设置。在【内容列表】面板中，点击【平屋顶女儿墙】图层下的可视化符号，弹出【符号选择器】对话框。点击【编辑符号】，弹出【符号属性编辑器】对话框。
  - 在【颜色】下拉菜单中选择【哈密瓜色】。
  - 点击【轮廓】按钮 轮廓... ，弹出【符号选择器】对话框，再次点击【编辑符号】，弹出【符号属性编辑器】对话框（图 6–18），在【类型】下拉菜单中选择【制图线符号】。点击左下的【添加图层】✚，选择其中某一图层，在【线属性】中设置【偏移】的距离，在此输入“3”示意。点击【确定】完成。
- 此时建筑拼接处仍会出现女儿墙重叠的现象。可通过复制一层建筑平面，设置相同颜色作为叠加（注意该新图层在【内容列表】面板中要处在【平屋顶女儿墙】的上方）。
- 同样地，可通过导入符号样式的方法做出更精致美观的女儿墙。此处笔者仅做一简单演示（图 6–19）。

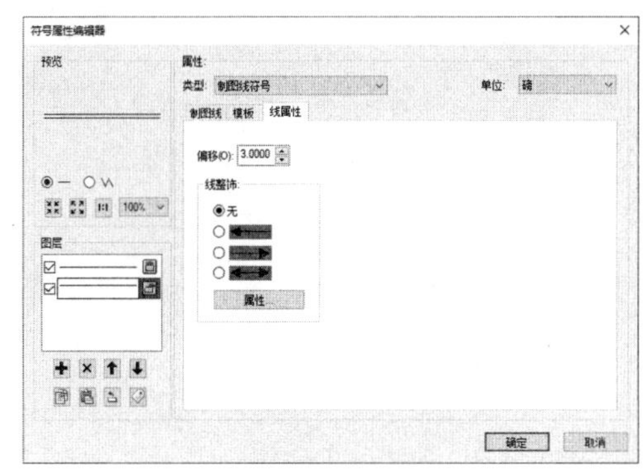

图 6–18　轮廓线设置

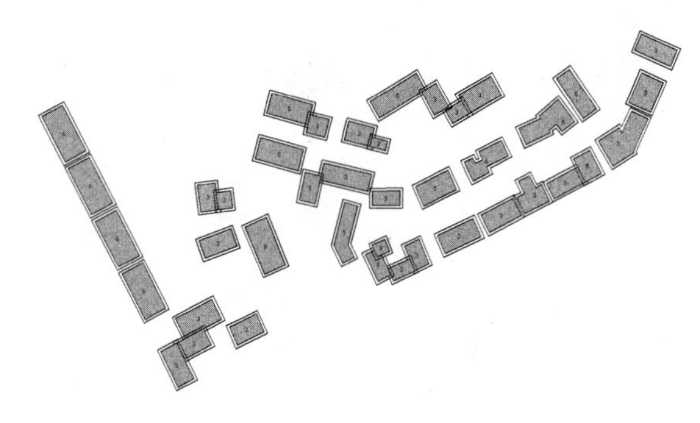

图 6–19　平屋顶建筑女儿墙

6.2 道路交通及其附属设施绘制（道路、停车场）

6.2.1 道路

紧接之前步骤，继续操作如下。

☞ **步骤 1：** 加载图层要素。

在目录面板中加载随书数据【D:\study\chp06\练习数据\国土空间详细规划编制\国土空间详细规划编制数据库.gdb\总平面方案绘制】中的要素类【道路中心线】、【道路红线】、【道路路缘石】至【内容列表】面板（图 6–20）。

☞ **步骤 2：** 区分人行道和车行道面。

总平面阶段的道路在图上显示有五线，即上一步加载显示的样式。使用【构造面】工具，分别得到人行道面和车行道面，再基于面作符号化处理。

- 新建要素类。在【总平面方案绘制】要素数据集下新建要素类【人行道（面）】和【车行道（面）】，并加载至【内容列表】面板中，开启编辑。
- 使用道路要素批量构建面。使用编辑工具 ▸ ，框选中所有的道路要素，点击【高级编辑】工具栏中的【构造面】工具，在弹出的对话框中，可将模板设置为【车行道（面）】，默认拓扑容差，点击【确定】。这样，所有围合的面都生成在【车行道（面）】图层中，然后删除道路红线围合出的用地面。
- 转移要素到另一个图层。使用编辑工具 ▸ ，点选属于人行道的面，通过 Ctrl+X 和 Ctrl+V 的组合将其剪切至【人行道（面）】中（图 6–21）。

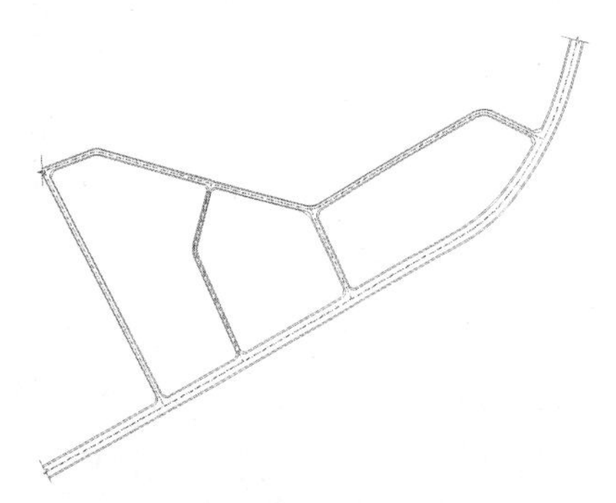

图 6–20　道路线图层的显示

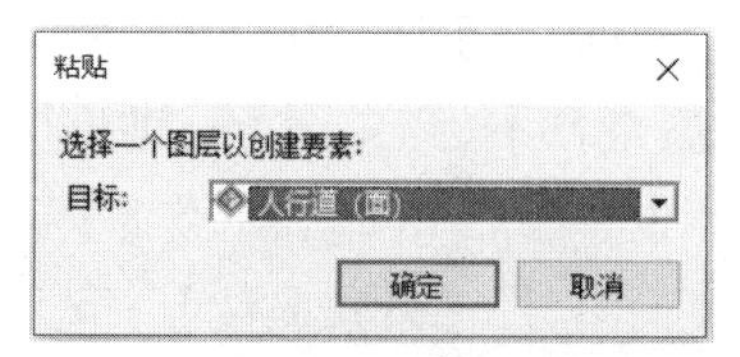

图 6–21　剪切道路面要素

☞ **步骤 3：** 道路的符号化。

- 对车行道的符号化。在【内容列表】面板中，点击【车行道（面）】图层下的可视化符号，弹出【符号选择器】对话框。在其中设置相应的颜色和轮廓的样式后，点击【确定】即可。
- 对人行道的符号化。同样在【符号选择器】对话框中，设置相应颜色和轮廓样式，完成后点击【确定】。
- 道路中心线设置样式。在【符号选择器】中点击【编辑符号】按钮，显示【符号属性编辑器】对话框，选择【类型】为【制图线符号】，设置【模板】、【宽度】和【颜色】等。方法与 5.1.1 节步骤 9 “道路符号化” 中的三线方式符号化类似，在此不作赘述（图 6–22）。

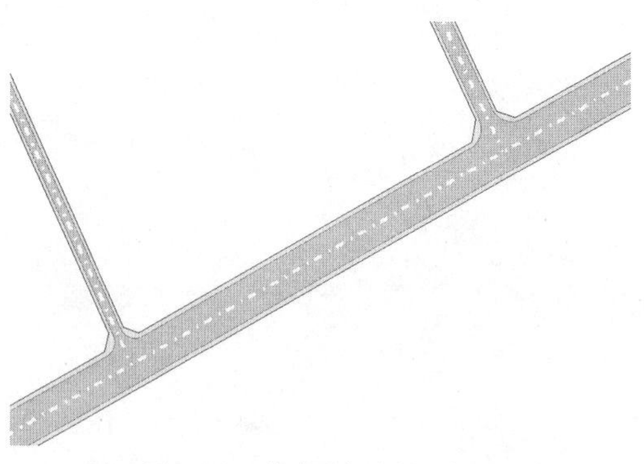

图 6–22　道路要素绘制局部图

6.2.2　停车场

停车场要素也是总平面绘制过程中重要的一项。在此项实践演示中，将介绍绘制停车场面要素，以及通过排列和样式修改等操作实现在 GIS 中停车场要素的绘制。

☞ **步骤 1**：停车场面要素的绘制。

紧接之前步骤，继续操作如下。

- 新建【停车场】面要素。在【目录】面板中【总平面方案绘制】要素数据集下新建【停车场】面要素，并加载至【内容列表】面板，开启编辑。
- 绘制矩形车位。
  - 打开【创建要素】面板，选择【停车场】模板，选择【矩形】构造工具。回到工作窗口，在合适的位置单击确定第一个点位，移动鼠标点击第二个点，确定矩形的方向，鼠标右键单击空白处，在弹出的菜单中选择【长度】，输入数值【6】，按回车键确定（图 6-23）。
  - 继续右键单击选择弹出菜单中的【宽度】，输入值【2.5】，按回车键。这时会发现一个车位绘制成功。
- 修改矩形车位位置。
  - 使用【编辑器】上的【编辑工具】▶，点选中该停车位面要素，选择【编辑器】上的【旋转工具】。回到要素图形上，按住鼠标左键不放，略加移动鼠标即可旋转。若要精准偏移，则可按字母【A】，在弹出的【角度】对话框中输入具体数值，按回车键即可（图 6-24）。

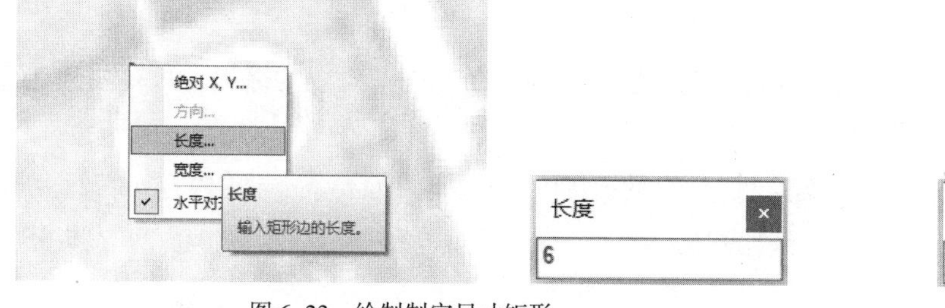

图 6-23　绘制制定尺寸矩形

图 6-24　角度对话框

- 复制并排列停车场位。
  - 绘制完一个车位后可使用“复制 - 粘贴”的功能，在同一图层要素下批量做出多个。使用【编辑工具】，点选待移动图形，按住鼠标左键不放移动，重新排列。若想精准排列，可使用选中的面中出现的基点“×”，按住 Ctrl 键，将该“×”拖动至某个边角上（图 6-25）。这样再次移动该新面，便可通过该点自动捕捉端点，从而无缝对接（图 6-26）。

图 6-25　移动至边角

图 6-26　自动捕捉

☞ **步骤 2**：停车场样式设置。

停车场要素较为简单，因此直接在【符号选择器】对话框中设置颜色和轮廓线即可，在此不作赘述。随书数据【chp06\练习结果示例\国土空间详细规划编制\国土空间详细规划总平面方案.mxd】，示例了该练习的完整结果（图 6-27）。

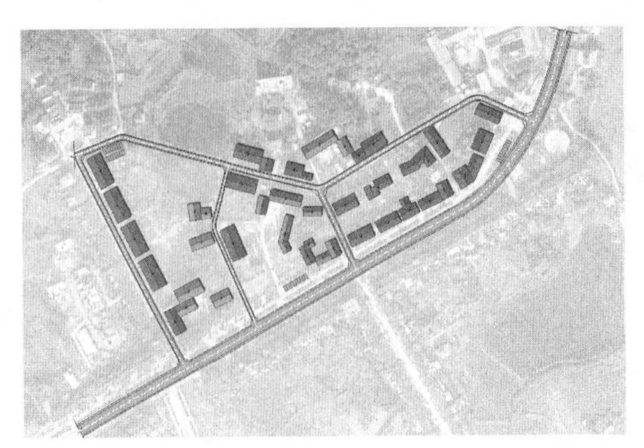

图 6–27 增加绘制停车场

6.3 绿植绘制（绿地、乔木、灌木）

对于总平面中的绿植，可从底层向上大致分为绿地、灌木、乔木树种等几类。因此，在此实践中，将演示【绿地】、【灌木丛】、【行道树】、【景观树】这四类绿植的绘制方法。

6.3.1 绿地要素

紧接之前步骤，继续操作如下。

☞ **步骤 1**：绿地面的绘制。

绿地要素是置于最底的一层，因此可以直接将规划用地的整个范围都设置为绿地。只要注意在【内容列表】面板中将该图层要素放置于最下面即可。

- 在【目录】面板中加载【总平面方案绘制】要素数据集中的【绿地】面要素类至【内容列表】面板，开启编辑，使用【构造面】工具，根据道路红线绘制出绿地面。具体过程可参考 6.2.1 节步骤 2，在此不再赘述。

☞ **步骤 2**：绿地面的符号化。

绿地要素的符号化较为简单，可直接在【符号选择器】中自制。若想使用更为精致的绿地，可导入外界的符号样式。

- 导入绿地符号样式。点击【内容列表】面板中【绿地】图层下的可视化符号，弹出【符号选择器】对话框，点击【编辑符号...】，打开【符号属性编辑器】对话框，在【类型】下拉菜单中选择【图片填充符号】，导入 png 图片样式。此类格式的图片可先在 Photoshop 等软件中处理，不设置背景图层，且保存为 png 格式即可。练习数据中有已处理好的绿地 png 图片，可供练习使用。符号化结果如图 6–28 所示。

图 6–28 增加绘制绿地

6.3.2　灌木丛要素

灌木丛是第二层级的绿植。可通过对点要素的符号化，将灌木丛样式赋予绘制的点。但在此过程中，简单的做法只能绘制出一样大小和样式的灌木丛，缺乏灵活性和美观度。故可以通过随机大小和随机旋转的做法丰富图面。

☞ **步骤 1：** 灌木丛的符号化设置。

紧接之前步骤，继续操作如下。

- 在【目录】面板中加载【总平面方案绘制】要素数据集中的【灌木丛】点要素类至【内容列表】面板。
- 设置【灌木丛】符号样式。在【内容列表】面板中双击【灌木丛】图层，弹出【图层属性】对话框，切换至【符号系统】选项卡，在【要素 / 单一符号】下，点击【符号】旁的可视化符号，弹出【符号选择器】，点击【编辑符号...】按钮，显示【符号属性编辑器】对话框。
  - 在【属性】栏下的【类型】下拉菜单中选择【字符标记符号】，字体选择【ESRI Enviro Hazard Analysis】，设置【Unicode】为【110】，设置【大小】为【18】，设置【颜色】为【龙蒿绿】。
  - 点击添加图层按钮，【图层】栏中即出现一个新的图层，参考上一步骤添加同样的符号，设置【颜色】为【深橄榄色】。在【偏移】下设置【X】值为【1】，【Y】值为【1】。将新图层移到上一图层下方，做灌木阴影。
  - 点击【确定】按钮，返回【符号选择器】对话框，设置【大小】为【18】，点击【确定】返回【图层属性】对话框（图 6–29）。

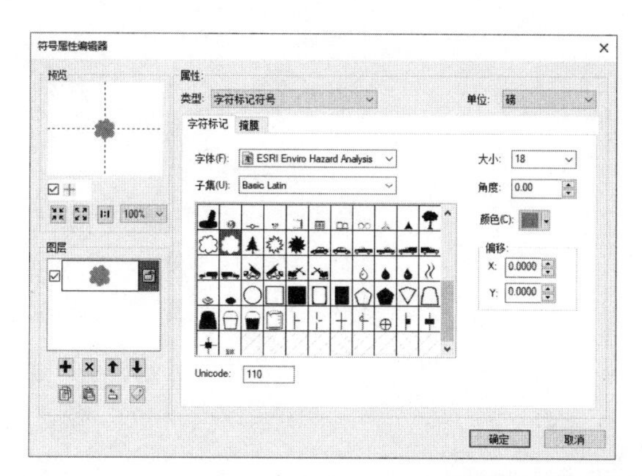

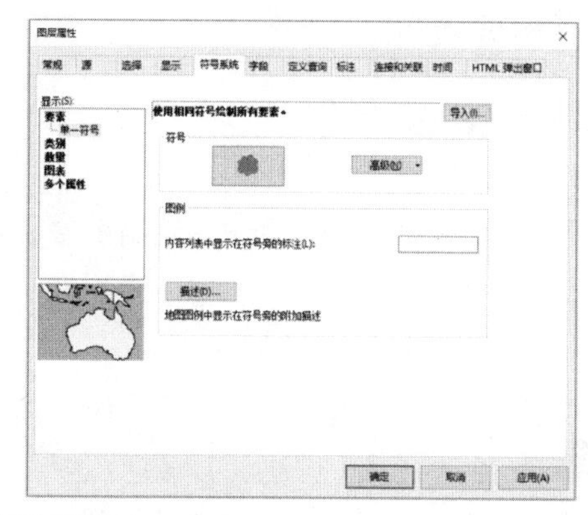

图 6–29　灌木丛的符号化设置

- 点击【高级（N）】高级(N) ▾，在下拉菜单中选择【旋转】。在弹出的对话框中的【按此字段中的角度旋转点（R）】中选择【<随机>】，最小值和最大值可保持默认，点击【确定】（图 6–30）。
- 同样，在【高级（N）】中点击【大小】，在弹出的对话框中的【按此字段中的值调整点的大小（S）】中选择【<随机>】，最小值处填入【1】，最大值处填入【20】，点击【确定】，完成符号化设置（图 6–31）。

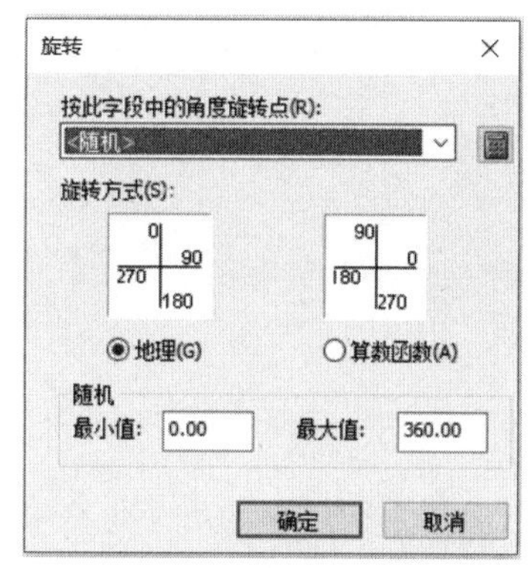

图 6–30　随机旋转设置

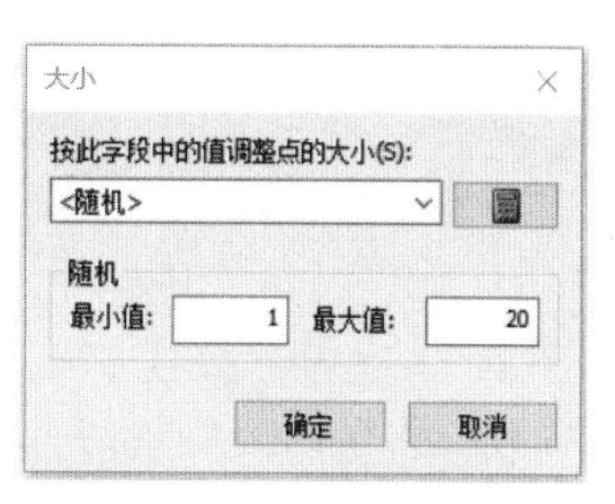

图 6–31　随机大小设置

☞ **步骤 2：** 灌木丛点要素的绘制。

在编辑状态下，选择【创建要素】面板下的【灌木丛】模板，构造工具选为【点】。在图面的适当位置单击绘制即可。可以发现每次单击后生成的灌木都是不同的，这就是步骤 1 设置后的效果（图 6-32）。

图 6-32　增加绘制灌木丛

6.3.3　行道树要素

紧接之前步骤，继续操作如下。

☞ **步骤 1：** 加载图层要素。

在【目录】面板中的【总平面方案绘制】要素数据集下新建【行道树】点要素，并加载到【内容列表】面板中，开启编辑。

☞ **步骤 2：** 行道树的生成。

- 使用构造点命令生成点位。使用【编辑器】上的【编辑工具】，点选某一条道路边线，在下拉菜单 编辑器(R) 中，选择【构造点】，弹出【构造点】对话框（图 6-33）。
  - 在对话框中，设置【模板】为【行道树】，在【距离】项输入间隔，此处示范输入“10”，点击【确定】，便会自动在【行道树】图层生成点。如此，完成所有道路边线构造点的生成（图 6-34）。

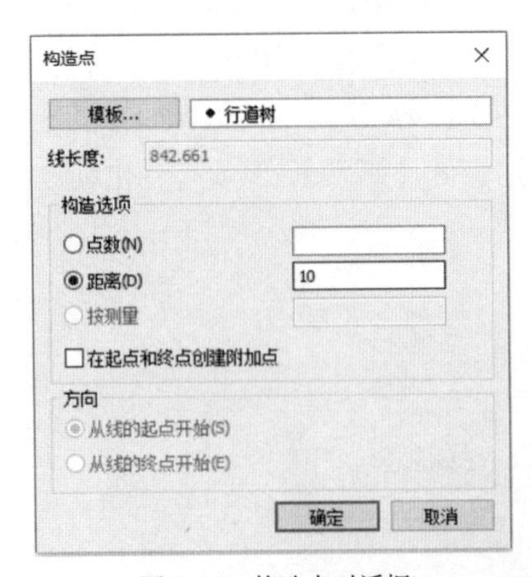

图 6-33　构造点对话框

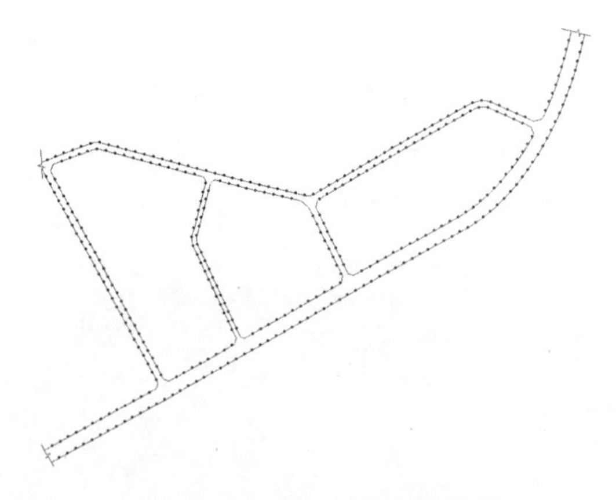

图 6-34　批量生成道路行道树点位

- 行道树的符号化设置。点击【内容列表】面板中【行道树】图层下的可视化符号，弹出【符号选择器】对话框。

- 点击【样式引用】，弹出【样式引用】对话框。点击【将样式添加至列表】，弹出【打开】对话框，找到随书样式库【chp06\ 练习数据 \ 国土空间详细规划编制 \ 样式库】，点击【打开】。
- 此时回到【样式引用】对话框，发现刚才添加的样式库路径已勾选，点击【确定】，【符号选择器】中即会出现添加的符号样式（图 6–35）。
- 选择适合的行道树样式，调整大小后，点击【确定】，便可以完成行道树符号化（图 6–36）。此处样式仅供练习使用，可自行添加样式绘制更精美的图面。

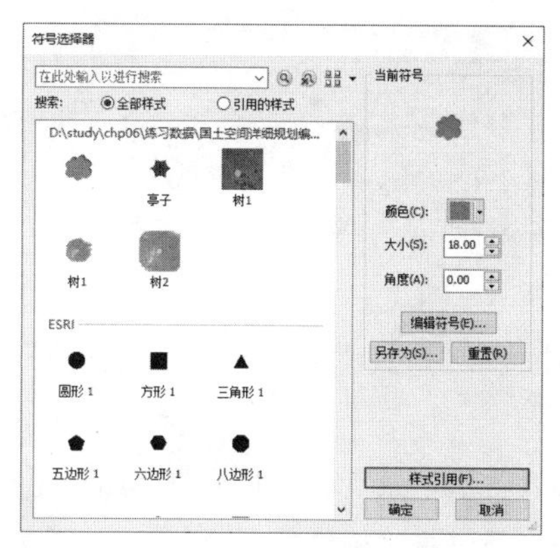

图 6–35　行道树样式设置

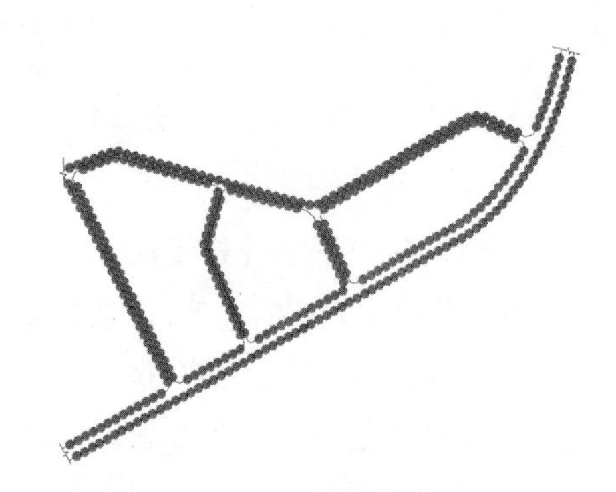
图 6–36　行道树符号化

- 锁定图层比例。右键单击【内容列表】面板中的【图层】，在弹出的菜单中选择【属性】，显示【数据框 属性】对话框。切换到【常规】选项卡，在【参考比例】下选择【<使用当前比例>】，点击【确定】，即可锁定所有图层的比例。
- 解锁单个图层比例 。双击该目标图层，在弹出的【图层属性】对话框中切换至【显示】选项卡，取消勾选【设置参考比例时缩放符号】即可。

6.3.4　景观树要素

☞ **步骤 1**：景观树的符号化设置。

- 图片样式导入。在【目录】面板中的【总平面方案绘制】要素数据集下新建【景观树】点要素类，添加字段【SLB】，设置【数据类型】为【文本】，【别名】为【树类别】，以便符号化中能设置多种景观树样式并将其加载至【内容列表】面板。
  - 点击【内容列表…】面板中【景观树】图层下的可视化符号，弹出【符号选择器】对话框。
  - 点击【编辑符号…】按钮，弹出【符号属性编辑器】。在【属性】栏下的【类型】下拉菜单中选择【图片标记符号】，弹出【打开】对话框。
  - 选择随书数据中的图片文件【chp06\ 练习数据 \ 国土空间详细规划编制 \ 景观树 1.png】，点击【确定】按钮，返回【符号选择器】对话框。
  - 点击【另存为】按钮，弹出【项目属性】对话框（图 6–37）。设置【名称】为【树 1】，点击【样式】栏按钮，弹出【打开】对话框。
  - 设置【文件名】为上一步加载的库（文件路径为 D:\study\chp06\ 练习数据 \ 国土空间详细规划编制 \ 样式库），点击【打开】（图 6–38），返回【项目属性】对话框，点击【完成】，返回【符号选择器】，点击【完成】。
- 同理可将其他需要的符号样式导入【样式库 .style】（随书数据【chp06\ 练习数据 \ 国土空间详细规划编制】文件夹中准备了其他样式）。
- 符号样式设置。双击【景观树】图层，弹出【图层属性】对话框，切换至【符号系统】选项卡，按照【树类别】字段进行【类别\唯一值】符号化，为不同景观树设置不同的样式。

- 在选项卡左边【显示】栏中选择【类别】→【唯一值】。

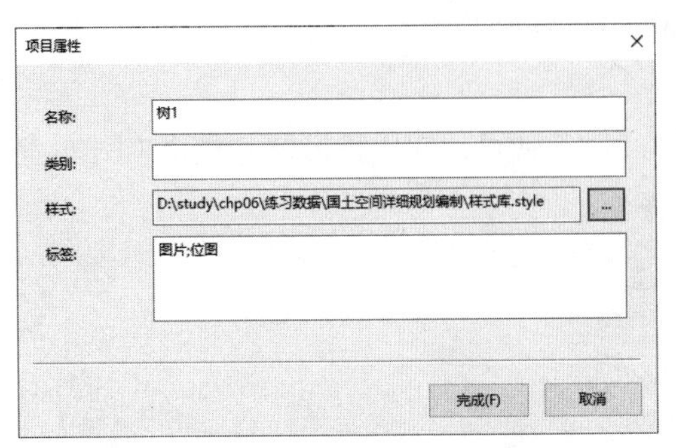

图 6–37 【项目属性】对话框

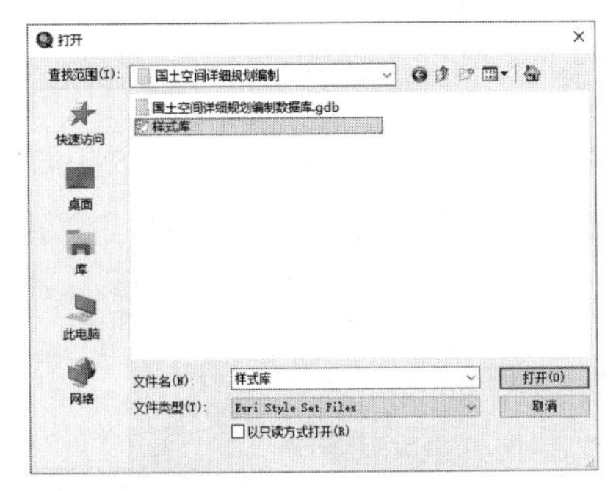

图 6–38 【打开】对话框

- 【值字段】下拉列表中选择【树类别】。
- 点击【添加值】，弹出对话框。在下方的【新值】输入框中输入“景观树 1”，点击【添加至列表】(图 6–39)。
- 点击【选择要素添加的值】中的该类。
- 点击【确定】按钮返回【图层属性】对话框，此时可以看到【景观树 1】成功添加至【符号系统】选项卡中(图 6–40)，点击【景观树 1】前的可视化符号，设置景观树样式。
- 同理，可添加“景观树 2”“景观树 3”等的符号化。

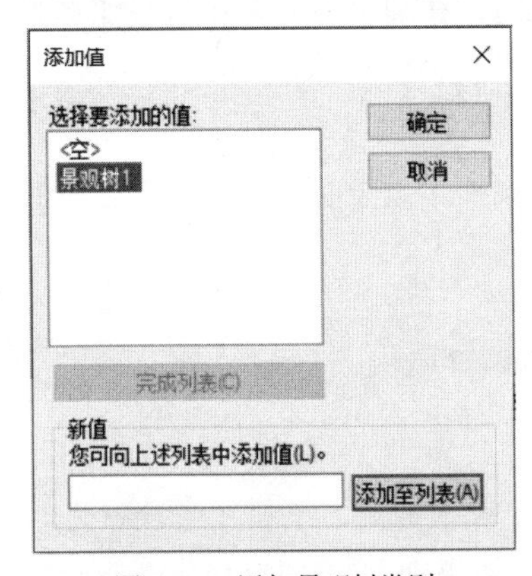

图 6–39 添加景观树类别

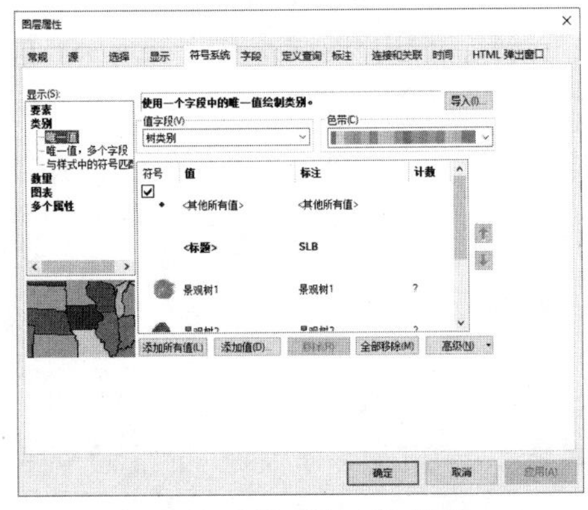

图 6–40 景观树 1 添加结果

☞ **步骤 2**：景观树点要素的绘制。

景观树要素的绘制方法和灌木丛一致，可以借鉴。同样在编辑状态下，选择【创建要素】下的任意一个景观树模板，构造工具选为【点】，在图面的适当位置绘制即可(图 6–41)。

图 6–41 绿植绘制效果图

6.4 铺地和水面绘制

在绘制完绿地的基础上，可以对地面进行进一步分割，叠加上【铺地】要素和【水面】要素，从而完成地面部分的绘制。

6.4.1 铺地要素

紧接之前步骤，继续操作如下。

☞ **步骤 1:**【铺地】面要素的绘制。

- 在【目录】面板中加载【总平面方案绘制】要素数据集下的【铺地】面要素类至【内容列表】面板，开始编辑。
- 点击【创建要素】面板中的【铺地】绘图模板，把鼠标移至绘图区域，图标会变成十字图标，在合适的位置绘制出需要铺装的面。

☞ **步骤 2:** 为已绘【铺地】添加属性【铺地类型】。

- 在【内容列表】面板中，右键单击【铺地】图层，在弹出的菜单中选择【打开属性表】，显示【表】对话框。
- 点击【表】对话框上的表选项按钮，在弹出的菜单中选择【添加字段...】，显示【添加字段】对话框。
- 设置【名称】为【PDLX】,【类型】为【文本】,【别名】为【铺地类型】。点击【确定】，完成【铺地类型】属性添加。

☞ **步骤 3:** 编辑【铺地】属性值【铺地类型】。

- 在图面上用或工具选择某一个面要素后，【表】对话框中与之对应的属性行将会被同步选中。
- 为【铺地】的【铺地类型】属性输入一系列铺地类型名称，如铺地 1、铺地 2、铺地 3、铺地 4 等。

☞ **步骤 4:**【铺地】面要素的符号化。

- 在【内容列表】面板中双击【铺地】图层，显示【图层属性】对话框，切换到【符号系统】选项卡。
  - 在【显示:】栏下选择【类别】→【唯一值】，在【值字段】栏的下拉列表中选择【铺地类型】。
  - 点击【添加所有值】，将会自动将铺地 1、铺地 2、铺地 3、铺地 4 四个值添加到符号系统中。
  - 双击符号化列表左侧的可视化符号，在【符号选择器】对话框中，依次修改各类符号的填充颜色。或者在【符号选择器】对话框中，点击【编辑符号...】，在弹出的【符号属性编辑器】对话框中，设置相应铺地的符号样式，也可直接使用导入的符号样式（图 6–42）。具体方法参考 6.3 节中的绿植绘制，完成后，点击【确定】。

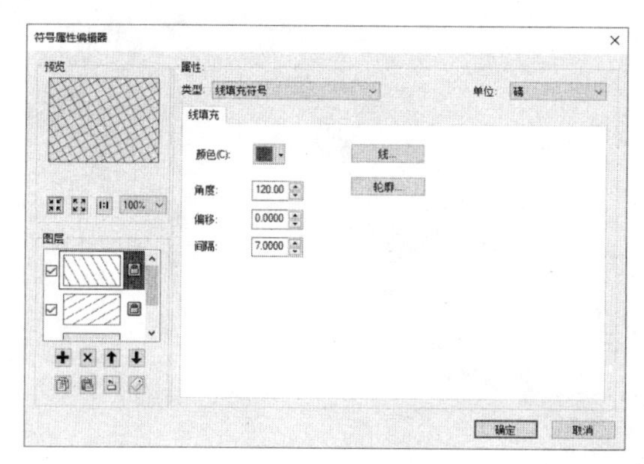

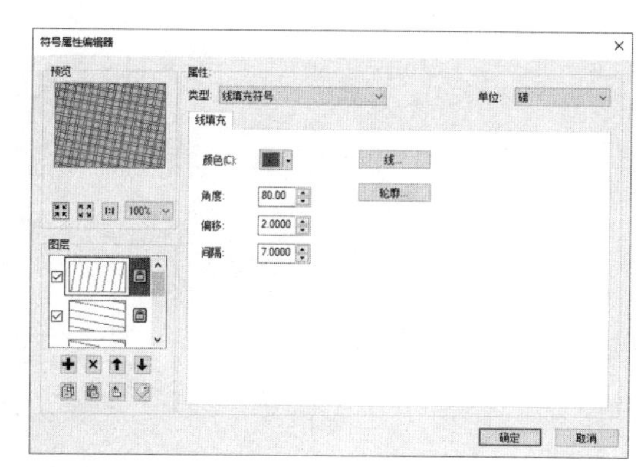

图 6–42 铺装符号化设置

☞ **步骤 5:** 调整图层显示顺序。

拖拉【内容列表】面板中的【铺地】，使它置于【绿地】图层之上、其他图层要素之下，以保证该图层上的图形不会被绿地遮挡住。

6.4.2 水面要素

水体作为规划设计一种重要的景观元素，能增添图面的活跃感与灵动感。在用 GIS 绘制平面图中，对于水面要素的绘制，大体思路也是先绘制出面要素，再符号化。

紧接之前步骤，继续操作如下。

☞ **步骤 1：**【水面】面要素的绘制。

- 在【目录】面板中加载【总平面方案绘制】要素数据集下的【水面】面要素类至【内容列表】面板，开始编辑。
- 点击【创建要素】面板中的【水面】模板，在合适的位置绘制出水面。可使用【面】构造工具，结合【直线段】、【正切曲线段】等编辑器工具进行绘制。

☞ **步骤 2：**【水面】面要素的符号化。

- 在【内容列表】面板中，点击【水面】图层下的可视化符号，弹出【符号选择器】对话框。点击【编辑符号...】，弹出【符号属性编辑器】对话框。也可直接使用导入的符号样式。
  - 将【类型】设为【渐变填充】。
  - 将【色带 / 样式】设为一种合适的色带。
  - 将【间隔】设为【50】，【百分比】设为【20】，【角度】设为【90】。
  - 点击【轮廓...】，弹出【符号选择器】对话框，调整轮廓显示的【颜色】为【灰色】，【宽度】为【1.00】，如图 6–43 所示。

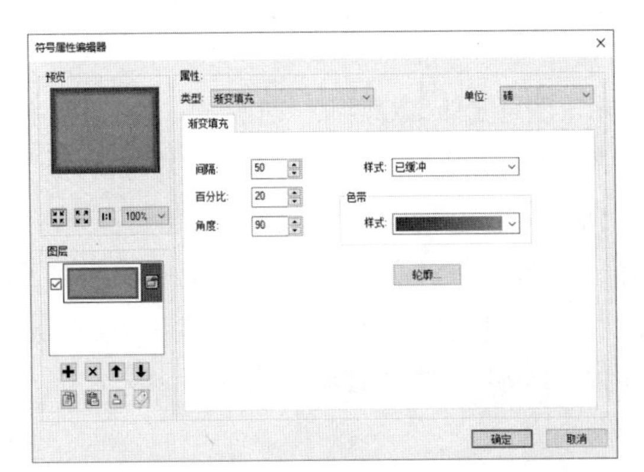

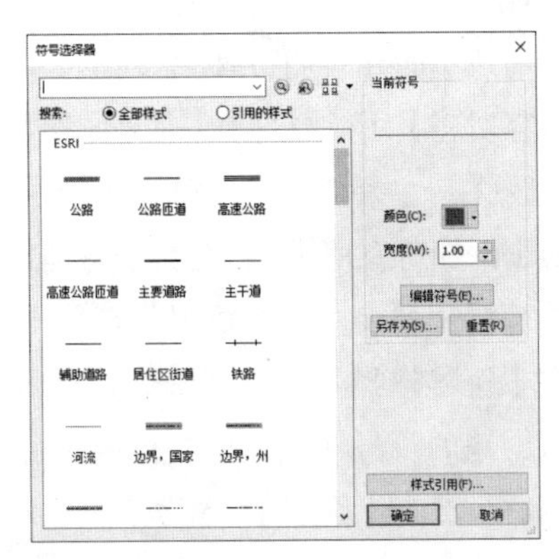

图 6–43 水面渐变样式设置

  - 点击【确定】，完成符号化设置。最终效果如图 6–44所示。

图 6–44 添加绘制铺地及水面要素

6.5 运动场所绘制（篮球场、田径运动场）

在总平面图上，除了常规要素如建筑、道路、绿植等外，还有其他公共空间和设施要素的绘制。本节中以运动场所的绘制作为示意，供绘制其他要素时参考。

6.5.1 运动场所——田径运动场

由于在运动场的绘制中，涉及面分割等的操作繁多，因此可直接使用外界的图片样式，使用方式与 6.3 节中绿植绘制的方式一致。将代表运动场的点要素符号化为预先准备的运动场图片样式，并适当调整符号化后运动场点的角度和大小，此种方式的具体步骤不再赘述。

在接下来的实践中，将介绍如何在 GIS 中使用【制图表达】功能，绘制出精细的田径运动场。

紧接之前步骤，继续操作如下。

步骤 1：场所单要素的绘制。

- 在【目录】面板中的【总平面方案绘制】要素数据集下新建【田径运动场】面要素类，加载至【内容列表】面板中，开始编辑。
- 绘制简单的场所轮廓。点击【创建要素】面板中的【田径运动场】模板，参照运动场地尺寸，在此图层中绘制出一个大小、方向都合适的运动场轮廓。停止并保存编辑。
- 将【田径运动场】图层转换为制图表达。右键单击该图层，在弹出菜单中选择【将符号系统转换为制图表达...】，点击【转换】，生成新图层【田径运动场 _Rep】。
- 显示【制图表达】工具条。右键单击任意工具条，在弹出菜单中选择【制图表达】工具条。
- 显示【自由式制图表达编辑器】对话框。
  - 对【田径运动场 _Rep】图层开启编辑 。
  - 点击【编辑器】工具条上的【编辑工具】，选中要素，然后点击【制图表达】工具条上的下拉菜单 制图表达(A)，选择【自由式制图表达】→【转为自由式制图表达】，如图 6–45 所示。
  - 点击【制图表达】工具条上的下拉菜单 制图表达(A)，选择【自由式制图表达】→【编辑自由式制图表达...】，弹出【自由式制图表达编辑器】对话框，如图 6–46 所示。

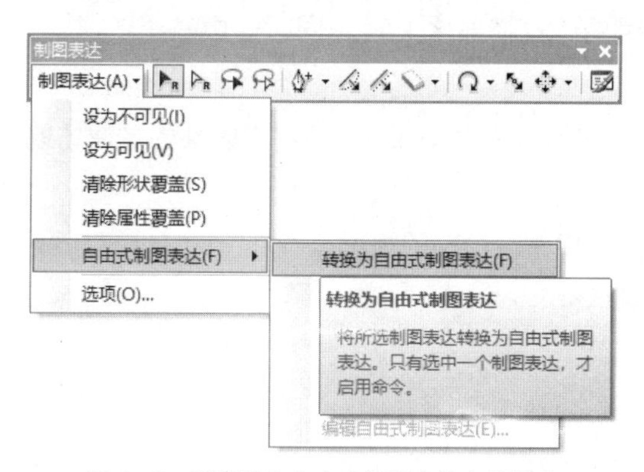

图 6–45 要素转为自由式制图表达自带样式

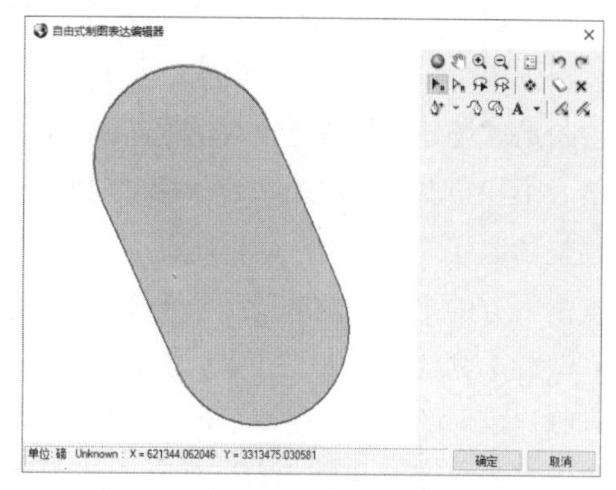

图 6–46 自由式制图表达编辑器对话框

在此模式下，可使用制图工具，以及制图表达的规则和效果工具，一同编辑制作该场所。首先，绘制出运动场中的跑道，跑道可以简化为与该场所轮廓边缘一致的形状。

- 使用【内缓冲区】工具做出多圈跑道。
  - 点击对话框右侧的【选择部件】，选中图形。点击下方的【增加新笔画图层】，弹出【线】对话框。

- 对该线层做【内缓冲区】的效果。点击【线】对话框上方的 +，弹出【几何效果】对话框，如图 6–47 所示，选择【线输入】→【缓冲区】。添加【缓冲区】效果，设置【大小】为【–1 pt】。在【线】对话框中，设置【宽度】为【0.4pt】，设置【颜色】为【白色】，如图 6–48 所示。
- 同样的操作多次重复，可制作出多层的跑道。注意，每次缓冲区的大小是一个等差数列，在此为 –1 pt、–2 pt、–3 pt、–4 pt。

图 6–47　绘制缓冲区

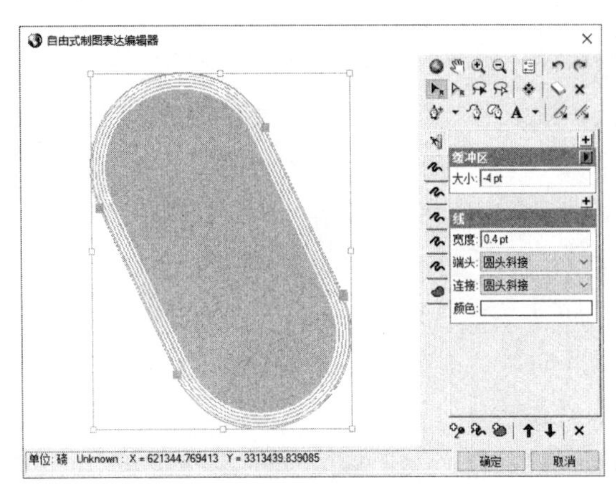

图 6–48　绘制跑道

☞ **步骤 2：**场所内部运动场绘制。

- 绘制绿地。
  - 方式一：点击【自由式制图表达编辑器】对话框右侧的【创建面】，沿着最内圈的跑道细致地绘制。绘制完后，在右侧的【单色模式】对话框中，设置【颜色】为【叶片绿】。此法较为粗糙。
  - 方式二：点击【自由式制图表达编辑器】对话框右侧的【创建字形】下拉菜单 A ▾，选择【创建方形】，窗口会弹出一个黑色方形，在右侧的【单色模式】对话框中，设置【颜色】为【叶片绿】。点击对话框右侧的【选择部件】，通过调整各控制点对图形进行偏移、修改，使得绿地能放置在最内圈的跑道中。此步骤需要一定的耐心和细心。继续点击对话框右侧的下拉菜单 ▾，选择【创建圆】，调整大小，设置【颜色】为【叶片绿】，让它的直径和矩形的宽重合。再次复制一样的圆，移动至另一矩形的宽上，便可以组合成需要的绿地形状。点击对话框右侧的【选择部件】，同时选中三个图形，右键单击，在弹出菜单中选择【合并】，将其组合在一起。
- 绘制足球场地。继续点击对话框右侧的下拉菜单 ▾，选择【创建方形】，绘制出内部的足球场地，通过调整大小和角度，使边线贴合绿色草地的边线。
- 调整场地样式。点击对话框右侧的【选择部件】，选中刚刚绘制的矩形，点击下方的【添加新笔划图层】，弹出【线】对话框。
  - 设置【宽度】为【0.3pt】，设置【颜色】为【白色】。
  - 删除矩形的面层，仅留下足球场的轮廓线。
- 足球场地的细化。利用对话框右侧的【创建线】和【创建面】，绘制足球场地的内部白线，最终效果如图 6–49 所示。

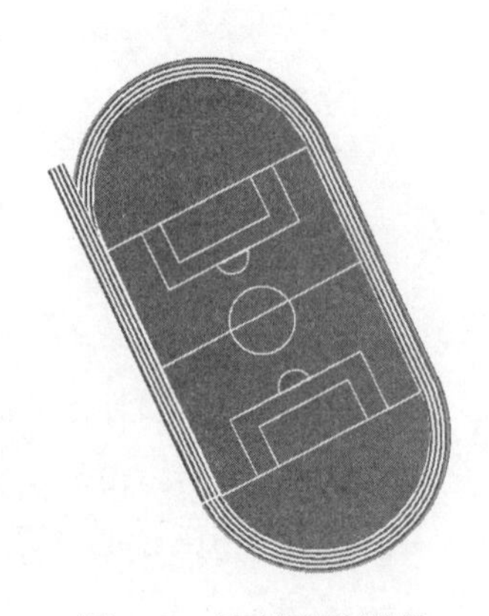
图 6–49　足球场绘制效果

在使用【自由式制图表达】的过程中，记得随时点击【确定】保存，不然很容易由于关闭编辑窗口而失去编辑的内容。

除此之外，转换为自由式制图表达后，图形无法移动、旋转，因此在初步绘制轮廓并转换为制图表达前就需要调整好。但删除原要素，制图表达会随之消失。

6.5.2　运动场所——篮球场

对于运动场所中篮球场、羽毛球场、网球场等场地设施的绘制，方法类似，可以使用外界的导入图片样式，也可在【自由式制图表达】中绘制。在此仅做一个篮球场绘制的示范。

☞ **步骤 1：**场所要素的绘制。

- 简单绘制场地面。新建面要素图层【篮球场】，参照停车场的画法步骤，在合适位置完成多个篮球场地面要素的绘制在此不作赘述，具体操作参照 6.2.2 节中的停车场。

☞ **步骤 2：**制图表达符号化。

同样地，将绘制后的【篮球场】图层转换为【制图表达】，再至【编辑自由式制图表达】中进行细致操作，完成的篮球场绘制效果如图 6–50 所示，具体操作参照 6.5.1 节中的运动场所——田径运动场。

在 GIS 中绘制运动场所难度较大，建议使用外界导入的图片填充，效果更为理想。

图 6–50　篮球场绘制效果

6.6　景观小品绘制

小品类要素在总平面方案中能起到美化图面整体效果的作用。在绘图中，一般涉及的要素有游廊、座椅、亭子、路灯等。在此挑选其中几个主要的要素，做简单示范。

6.6.1　游廊

游廊是公园景观中常见的一种要素。在 GIS 中绘制，可以将其简化为线要素，并在此基础上进行符号化设置。紧接之前步骤，继续操作如下。

☞ **步骤 1：**【游廊】线要素的绘制。

- 在【目录】面板中【总平面方案绘制】要素数据集下新建【游廊】线要素类，加载至【内容列表】面板中，开始编辑。
- 绘制线要素【游廊】。点击【创建要素】面板中的【游廊】绘图模板，使用弧线或者贝塞尔曲线绘制出景观游廊的线型。停止并保存编辑。

☞ **步骤 2：**【游廊】线要素的符号化。

- 显示【符号属性编辑器】。在【内容列表】面板中，点击【游廊】图层下方的可视化符号，弹出【符号选择器】对话框。点击【编辑符号…】，弹出【符号属性编辑器】对话框。
- 设置【游廊】样式。点击【添加图层】✚三次，新建出三个图层，分别对四个线层进行操作。
  - 第一层是屋脊线。设置【类型】为【制图线符号】，设置【颜色】为【黑色】，设置【宽度】为【0.3】。
  - 第二层的虚线制作，模拟出游廊木板排列分割的效果。设置【类型】为【制图线符号】，切换到【模板】选项卡，设置虚线的【间隔】分布，切换到【制图线】选项卡，设置【颜色】为【黑】，设置【宽度】为【1.6】。
  - 第三层是线颜色的显示。设置【类型】为【制图线符号】，切换到【制图线】选项卡，设置【颜色】为【桔子粉末】，设置【宽度】为【1.6】。
  - 第四层是一个轮廓底层。设置【颜色】为【黑】，设置【宽度】为【2】，游廊符号化设置如图 6–51 所示，最终的游廊效果如图 6-52 所示。

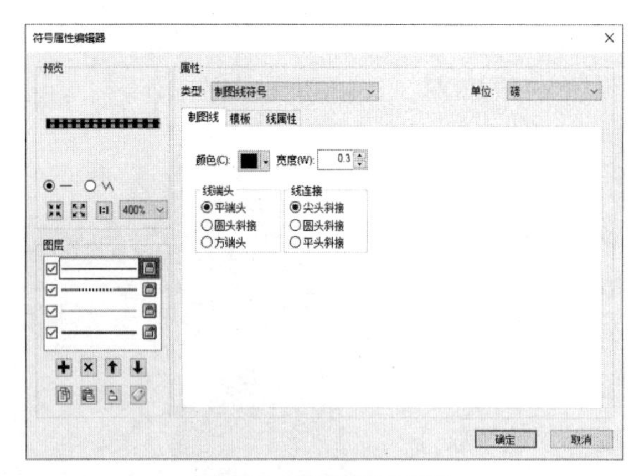

图 6-51　游廊符号化设置

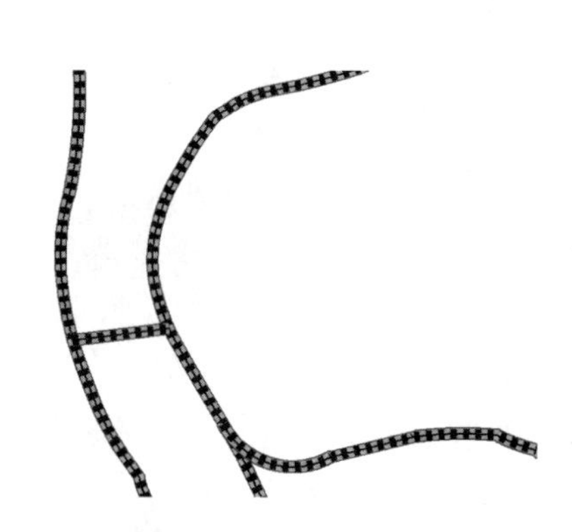

图 6-52　游廊绘制效果

6.6.2　亭子

亭子也是较为常见的建筑景观小品。亭子的绘制有两种思路：一种为参考绘制建筑要素的方式，进行简单绘制；另一种是使用对点要素的符号化来实现。本小节介绍第二种符号化的做法。

紧接之前步骤，继续操作如下。

☞ **步骤 1：【亭子】点要素的绘制。**

➜ 在【目录】面板中【总平面方案绘制】要素数据集下新建【亭子】点要素类，并加载至【内容列表】面板中，开始编辑。

➜ 绘制【亭子】点要素位置。点击【创建要素】面板中的【亭子】绘图模板，在适当的位置确定亭子的点位。

☞ **步骤 2：【亭子】点要素的符号化。**

➜ 显示【符号属性编辑器】对话框。在【内容列表】面板中，点击【亭子】图层下方的可视化符号，弹出【符号选择器】对话框。点击【编辑符号...】，弹出【符号属性编辑器】对话框。

➜ 选择外界样式。设置【类型】为【图片标记符号】，切换到【图片标记】选项卡，点击【图片...】，弹出【打开】对话框，加载【亭子】图片样式所在的位置【D:\study\chp06\练习数据\国土空间详细规划编制\亭子.png】，设置【大小】为【18】，如图 6-53 所示，点击【确定】，完成的效果如图 6-54。

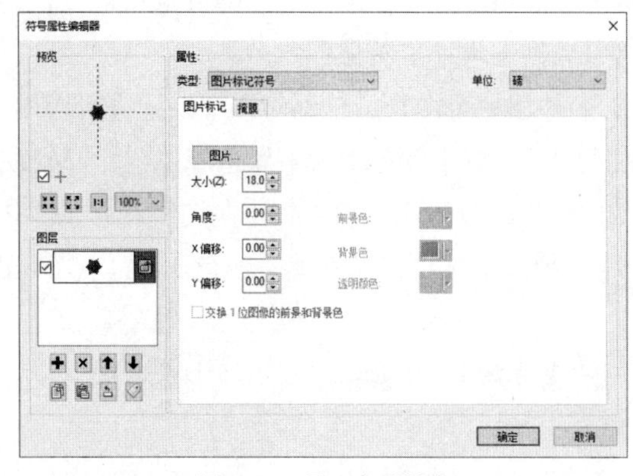

图 6-53　导入亭子样式

图 6-54　亭子绘制效果

6.6.3 其他要素

在 GIS 中，建筑景观小品的绘制，总结即为要素的绘制和符号化。座椅、雕塑、花池、路灯等，都可以通过此方式完成。当然也可以参照建筑要素绘制的方式直接绘制，只是这种方式速度较慢。

运用【制图表达】来绘制也是一种精细绘制的可靠方式。在转换成制图表达后，不管要素是点、线还是面，都可使用点线面的规则和几何效果，方便做更细致的操作。读者若有兴趣，可继续探索，GIS 制图表达的功能还有待挖掘。

在绘制完成所有的总平面要素之后，可将整套符号样式导出，保存在一个样式库之中，便于多个使用者之间分享。具体操作可见 4.1.5 符号化锁定。

至此，一张国土空间详细规划编制总平面方案图已经绘制完毕。按照以上步骤操作后的成果如图 6–55 所示。随书数据【chp06\ 练习结果示例 \ 国土空间详细规划总平面方案 .mxd】展示了完整成果。

图 6–55　方案绘制展示

6.7 本章小结

本章主要介绍了国土空间修建性详细规划总平面图在 GIS 中的详细绘制方法。具体从建筑、道路、停车场、绿植、铺地、水面、运动场所、景观小品等方面进行讲解，大到整体调色，小到阴影绘制。

传统的详细规划编制，往往涉及 CAD、PS 等多个软件，存在诸多转换。而使用 GIS 既能进行方案绘制与方案美化，还能保留图层中的数据属性，能更有效地对上位规划和其他相关规划进行衔接、传导，从而实现“多规合一”，加强了规划之间的协调性和科学性。

本章技术汇总表

规划应用汇总	页码	信息技术汇总	页码
建筑要素绘制	177	复制图层	178
道路交通及其附属设施绘制	182	添加字段	178
绿植绘制	184	中点捕捉	178
铺地和水面绘制	189	裁剪面工具	179
运动场绘制	191	编辑要素属性值	179
建筑和景观小品绘制	193	符号化（类别符号）	179
		制图表达	180
		符号化（制图表达）	180
		标注	181
		编辑符号	181
		构造面工具	182
		创造要素	183
		旋转工具	183
		构造点工具	186
		调整图层显示顺序	189
		内缓冲区工具	191
		创建字形	192

第7章 协同规划

协同规划是当下规划行业技术亟待更新的一个重要方向，也是技术发展的必然趋势。通过建立统一的技术标准与协同设计平台，基于网络，可实现多人同步编辑一个地理数据库，资源共建、共享，减少由于沟通不畅或沟通不及时导致的错、漏、碰、缺，真正实现所有信息元的单一性、一处修改其他自动修改，提升规划效率和质量，同时也可对规范化管理起到重要作用。

本章根据国土空间规划协同编辑的要求，介绍利用 SQL Server 数据库平台，在 GIS 中创建 SDE 数据库并协同编辑的操作。具体涉及：

- 安装、配置数据库管理平台；
- 创建企业级地理数据库；
- 创建用户，分配权限；
- 数据库直连；
- 注册版本，创建子版本；
- 不同组织流程下的协同编辑；
- 版本回退；
- 数据离线编辑。

下面将针对上述内容详细介绍操作方法。

本章所需基础：

- 读者基本掌握本书第 2 章所介绍的 ArcGIS 要素类加载、查看和符号化等基础；
- 读者基本掌握本书第 3、4 章所介绍的新建要素类、编辑要素等的操作方法。

7.1 前期准备及数据库构建

如果需要多名规划师同时远程访问和编辑同一套国土空间规划数据，则需要基于现有的数据库管理平台，创建企业级地理数据库，直连该数据库。常用的数据库管理平台有 SQL Server、Oracle、PostgreSQL 等。本次实践中使用 Microsoft 公司推出的 SQL Server 数据库平台搭建数据库管理系统，该平台操作方便，容易上手。

下面介绍该软件的安装及配置。

7.1.1 安装配置 SQL Server

Microsoft SQL Server 是一个全面的数据库平台，提供了企业级的数据管理，具有使用方便、可伸缩性好，以及与相关软件集成程度高等优点，同时其安装与操作上也较为简单。

☞ **步骤 1：** 软件下载。

➔ SQL Server 下载。可在浏览器上打开如下官方网站，下载免费的 SQL Server 2019Express 专用版。

> SQL Server 2019 Express专用版官方下载地址：https://www.microsoft.com/zh-cn/sql-server/sql-server-downloads#
> SQL Server 2019安装硬件与软件要求：https://docs.microsoft.com/zh-cn/sql/sql-server/install/hardware-and-software-requirements-for-installing-sql-server-ver15?view=sql-server-ver15

☞ **步骤 2：**SQL Server 安装及配置。

- SQL Server 安装。
  - 双击刚下载的 SQL2019-SSEI-Expr.exe 文件，在弹出窗口中选择安装类型为【基本】(图 7-1)，按提示步骤完成操作，安装完成后可看到已创建默认实例【SQLEXPRESS】(图 7-2)。
  - 安装 SQL Server 后，还需继续安装 SQL Server Management Studio①。在图 7-2 所示的窗口中，点击【安装 SSMS】，可跳转到官网进行下载和安装。其安装过程按提示操作即可，在此不再赘述。

图 7-1 选择【基本】安装类型

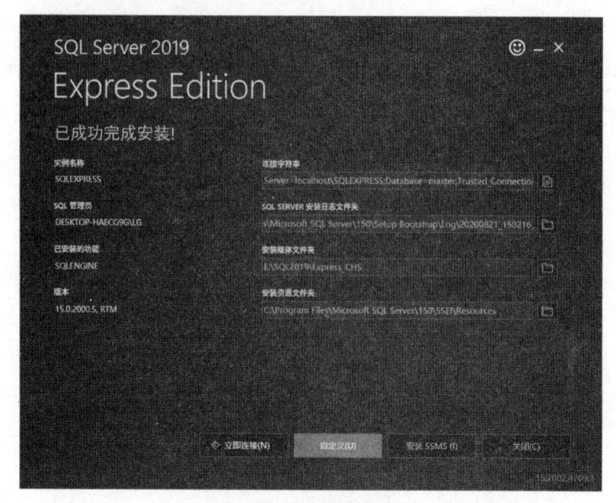

图 7-2 已创建的实例

SQL Server Management Studio官方下载地址：https://docs.microsoft.com/en-us/sql/ssms/download-sql-server-management-studio-ssms?view=sql-server-2017

- SQL Server 配置。
  - 启动程序。点击 Windows 任务栏的【开始】按钮，找到【所有程序】→【Microsoft SQL Server Tools 18】→【SQL Server Management Studio 18】程序项，点击启动该程序。
  - 连接到服务器。在弹出的【连接到服务器】对话框中，选择【服务器名称】为【DESKTOP-HAECG9G\SQLEXPRESS】②，选择【身份验证】为【Windows 身份验证】，点击【连接】完成对服务器的连接。
  - 启动管理员用户登录名。在【对象资源管理器】面板中，找到【安全性\登录名】，右键点击其中的【sa】项，在弹出菜单中选择【属性】(图 7-3)，弹出【登录属性 -sa】对话框，在【选项页】栏中的【常规】选项卡，将【密码】重新设置为【123456】(*也可自行设定为其他密码*)，然后切换到【状态】选项卡，将【登录名：】设置为【启动】，然后点击【确定】关闭对话框(图 7-4)。
  - 设置服务器身份验证模式。在【对象资源管理器】面板中，右键点击已连接的服务器【DESKTOP-HAECG9G\SQLEXPRESS】，在弹出菜单中选择【属性】，弹出【服务器属性】对话框，切换到【选项页】栏中的【安全性】选项卡，将【服务器身份验证】设置为【SQL Server 和 Windows 身份验证模式】③。然后点击【确定】按钮，会弹出提示“直到重新启动 SQL Server 后，您所作的某些配置更改才会生效”，继续点击【确定】按钮(图 7-5)。

---

① 简称 SSMS，是提供配置、监视和管理 SQL Server 及数据库实例的工具。

② 此处的“DESKTOP-HAECG9G”为 Windows 系统设置的计算机名，不同电脑其名称不同。

③ 因为后面的地理数据库设置需要用到 SQL Server 身份验证，默认用 Windows 身份验证会无法进行后续的步骤。

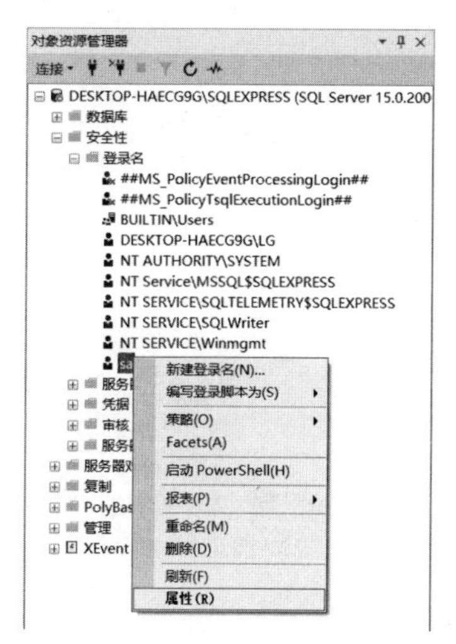

图 7-3 设置 sa 用户属性

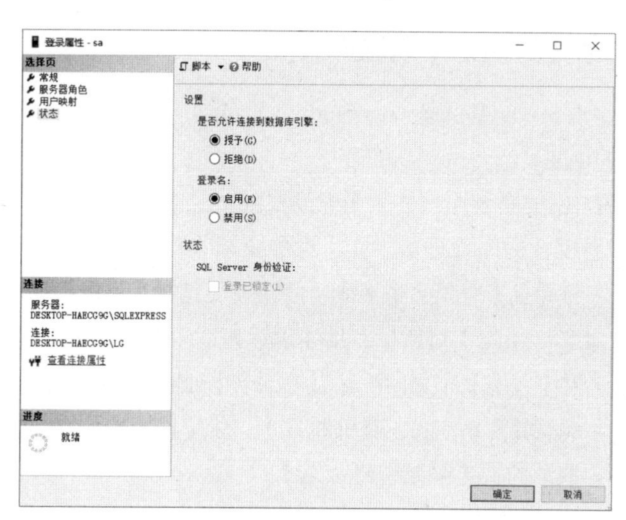

图 7-4 启动 sa 用户登录名

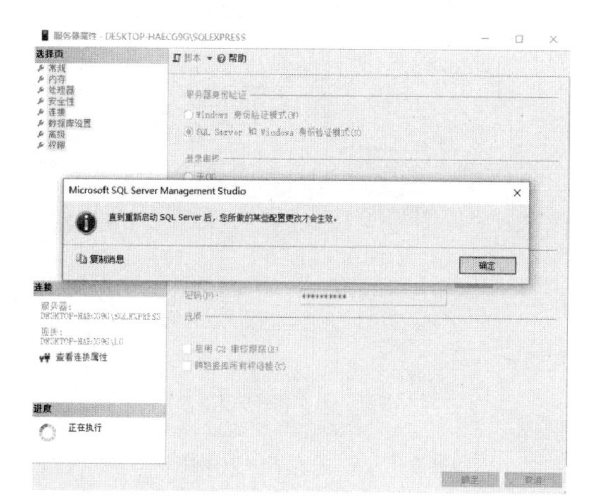

图 7-5 启动 SQL Server 身份验证模式

- 重启服务器完成设置。在【对象资源管理器】面板中，右键点击已连接的服务器【DESKTOP-HAECG9G\SQLEXPRESS】，在弹出菜单中选择【重新启动】(图7-6)，在弹出的对话框中直接点击【是】，等待服务器图标由变为，即完成服务器的重启。
- 此时将服务器断开连接，再重新连接到该服务器时，即可选择以【SQL Server 身份验证】的方式登录，对应【登录名】为【sa】，【密码】为【123456】(图 7-7)。

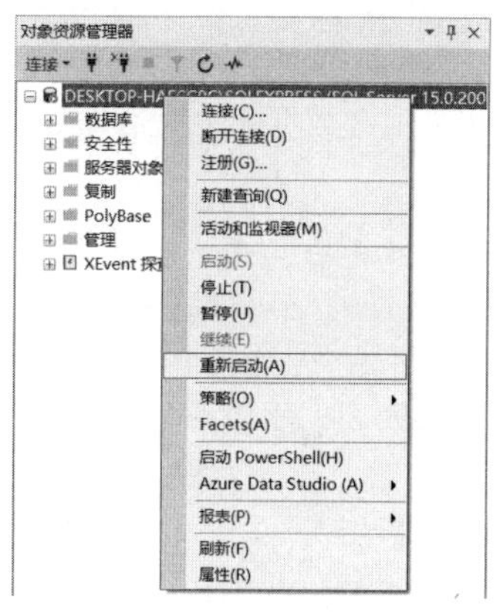

图 7-6 重启服务器

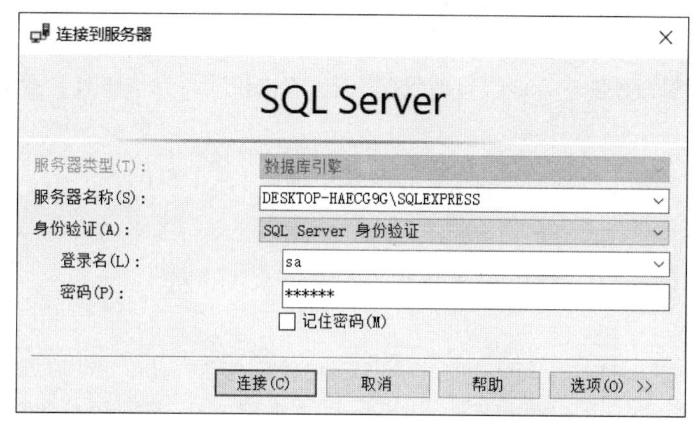

图 7-7 以【SQL Server 身份验证】连接到服务器

7.1.2 创建最高权限数据库管理员

在 SQL Server Management Studio（SSMS）中创建最高权限数据库管理员，用于后期的企业级地理数据库和普通用户的创建[①]。

☞ **步骤：**创建登录用户并赋予最高权限。

- 创建数据库管理员。在【对象资源管理器】下，找到【安全性\登录名】，右键单击【登录名】，在弹出菜单中，选择【新建用户名】（图 7-8），显示【登录名 - 新建】对话框。具体设置如下（图 7-9）。
  - 在【常规】选项卡中，在【登录名】处输入创建的用户名字【ZYH】（*主用户*）。
  - 勾选【SQL Server 身份验证】，输入【密码】，在此示意为【123456】。
  - 取消勾选【强制密码过期】。

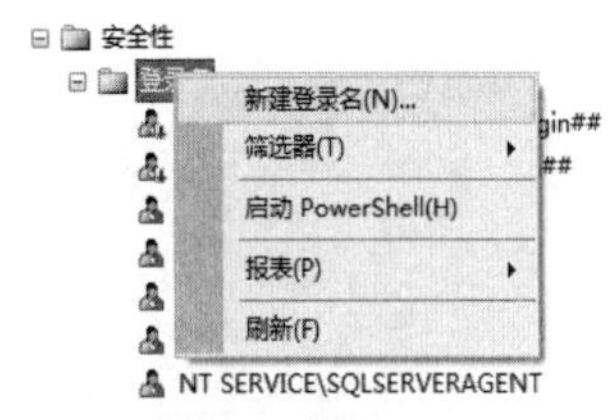

图 7-8 新建登录名命令

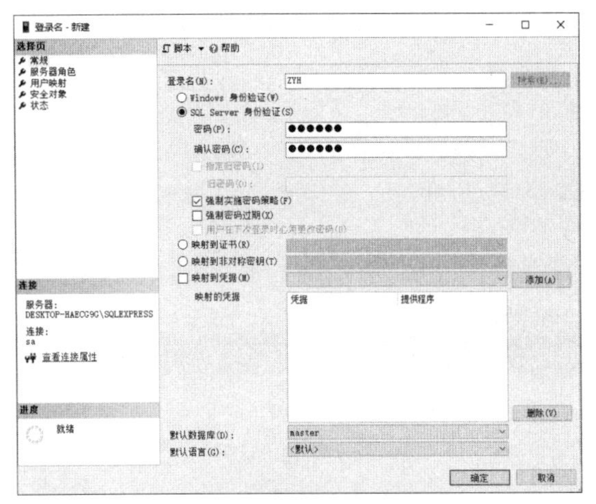

图 7-9 新建登录名参数设置

图 7-10 服务器角色选择

  - 切换至【服务器角色】选项卡，可将【服务器角色】下的选项都勾选（图 7-10）。
  - 完成后，点击【确定】，此时【对象资源管理器\安全性\登录名】下出现了新建的管理员【ZYH】。

7.1.3 创建企业级地理数据库

下面将基于 SQL Server 数据库平台搭建国土空间规划网络数据库（*ArcSDE 地理数据库*），实现数据可被所有成员远程查看和利用，并借助 ArcMap 桌面工具，实现对数据的协同编辑。

☞ **步骤：**创建企业级地理数据库。

- 打开 ArcMap，在【目录】面板中，浏览到【工具箱\系统工具箱\Data Management Tools.tbx\地理数据库管理\创建企业级地理数据库】，双击该项打开该工具，设置【创建企业级地理数据库】对话框如图 7-11 所示。
  - 在【数据库平台】下拉菜单中选择【SQL Server】（*也可使用其他的数据库平台，但需要安装相应的数据库平台软件*）。
  - 设置【实例】为【localhost\SQLEXPRESS】[②]。

---

① 其目的为使后期所有操作只涉及一个高权限用户，便于展示和理解。也可跳过此步骤，直接使用 sa 账户。

② 由于数据库安装在本机上，所以填 localhost，如果不在本机，需要填写数据库的 IP 或者主机名；SQLEXPRESS 为安装 SQL Server 时默认创建的实例名。

- 设置【数据库（可选）】为【国土空间规划数据库】。
- 设置【数据库管理员】为【ZYH】，设置【数据库管理员密码】为【123456】①。
- 取消勾选【Sde 拥有的方案】②。
- 设置【授权文件】为【D:\ArcGIS10.7\server.ecp】③。
- 点击【确定】按钮，若设置无误，弹出对话框中会显示【已完成】（图 7-12）。
- 点击【关闭】按钮，完成企业级地理数据库的创建。

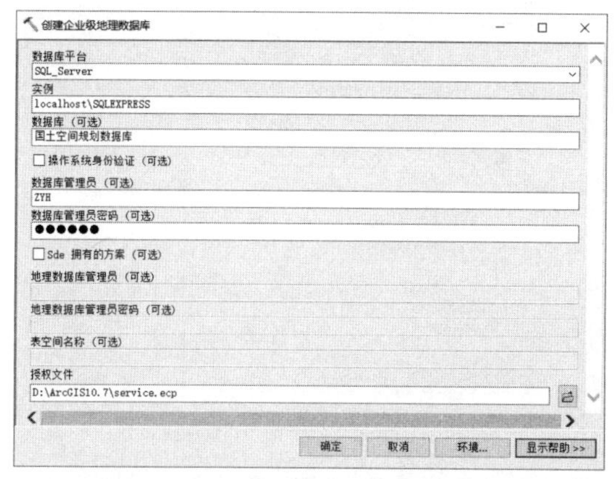

图 7-11 创建企业级地理数据库对话框

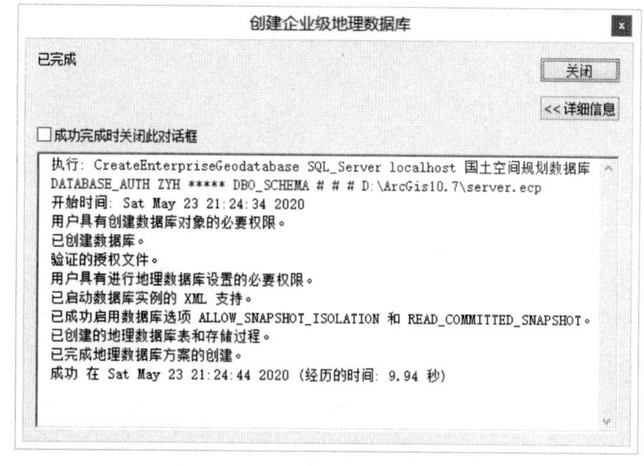

图 7-12 创建成功

- 查看新建数据库。打开 SQL Server Management Studio，可以看到【国土空间规划数据库】已经加载至【对象资源管理器\数据库】中（图 7-13）。

> - **数据库管理员：**用户名为sa，或者上文新建的数据库管理员【ZYH】，是具有高权限的用户，拥有创建其他用户的权利。
> - **地理数据库管理员：**在创建企业级地理数据库中可选择创建默认名为sde的用户。该用户同样具有对数据库修改、查看、升级等权限，但默认情况下无法创建普通用户。
> - **普通用户：**是在协同规划中各组员所扮演的角色。普通用户可通过数据库管理员sa或新建的【ZYH】进行创建，也可在用【sa】或【ZYH】用户进行数据库直连后，通过【管理/添加用户】创建。

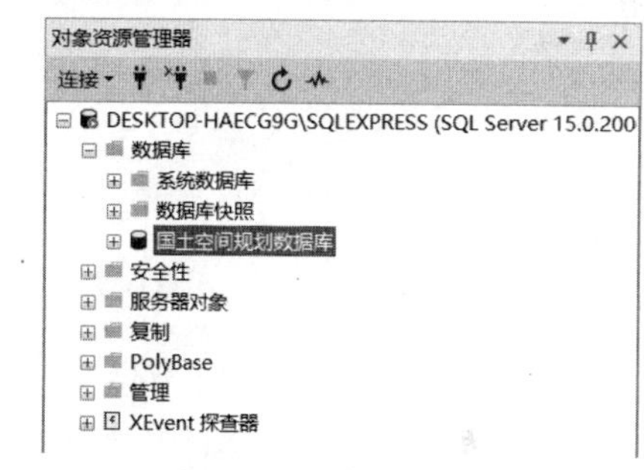

图 7-13 SSMS 中查看生成的数据库

7.1.4 数据库直连

以前在 ArcGIS 中连接数据库都是依靠 ArcSDE 的中介引擎来实现，当 GIS 更新至 10.1 版本后，可采用直连的方式连接数据库。

紧接之前步骤，继续操作如下。

☞ **步骤：**数据库连接。

- 打开 ArcMap，在【目录】面板中，浏览到【数据库连接\添加数据库连接】，双击该项打开该工具，设置【数据库连接】对话框，如图 7-14 所示。
  - 设置【数据库平台】为【SQL Server】。
  - 设置【实例】为【localhost\SQLEXPRESS】（*或者填写数据库所在机器的 IP 地址*）。
  - 点击【身份验证类型】下拉菜单，选择【数据库身份验证】，设置【用户名】为【ZYH】，设置【密码】

---

① 该用户和密码是在上一小节的操作中创建的。统一使用此用户，也可使用 sa 用户。

② 该操作是为了避免再生成 Sde 管理员用户。为简化之后操作，便于理解，本实践不再创建其他地理数据库管理员，统一使用 ZYH 管理员账户。

③ 该文件是 ArcGIS Server 的授权许可文件，购买后才拥有此授权，故不在随书数据中，读者需自行获取。

为【123456】[1]。

- 在【数据库】下拉菜单中选择【国土空间规划数据库】。
- 点击【确定】按钮，完成数据库连接。可以看到【连接到localhost.sde】数据库已经加载至【目录】面板中【数据库连接】项目下，但图表中有个小叉，代表尚未连接。
- 双击【连接到localhost.sde】，启动连接。然后将其重命名为【localhost.sde By ZYH.sde】，以区别于已有数据库，如图7-15所示。

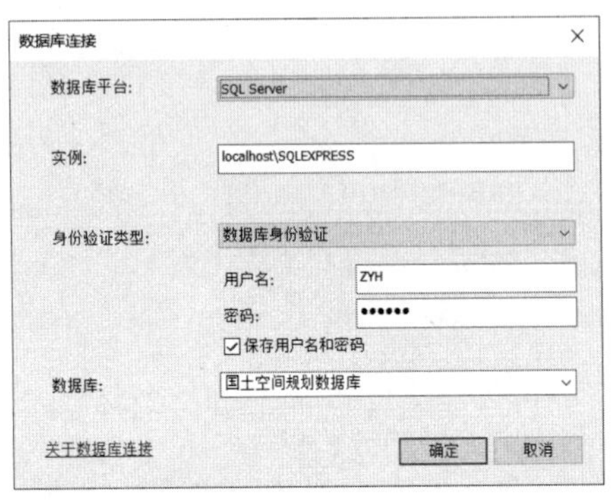

图7-14　ZYH用户直连

图7-15　直连后数据库展示

> **说明一：**上述方法为先创建企业级地理数据库再直连，灵活性大，并可在之后对数据库进行编辑和版本管理。
> **说明二：**在【数据库连接】对话框中可以设置【身份验证类型】为【操作系统身份验证】，但此方式仅适用于在本机上操作。
> **说明三：**可以不建立企业级地理数据库，直接连接SQL Server数据库。首先使用【sa】作为登录名在SQL Server Management Studio中登录成功，并在其中建立一个新的数据库【TEST】。然后在GIS中进行数据库直连，具体操作与7.1.4节中的数据库直连相同，在选择【数据库身份验证】后，设置【用户名】为【ZYH】，【数据库】选择为【TEST】。此方法可以在数据库中建立要素，但无法注册版本，也无法编辑，只能先在其他文件地理数据库或者个人地理数据库中编辑再导入，不建议使用。

7.1.5　数据的导入、导出与要素新建

在【目录】面板中的【数据库连接】项目下找到之前连接的SDE数据库【localhost.sde By ZYH.sde】，右键单击它，在弹出菜单中可选择要素类的新建、导入、导出及其他命令（图7-16）。具体操作与个人地理数据库或文件地理数据库对于数据的操作相同，都可以实现要素类、表、栅格数据的导入，同时也支持将SDE数据库中数据导出为CAD、Coverage数据、Shapefile数据或dBASE数据，或者转入其他数据库中。

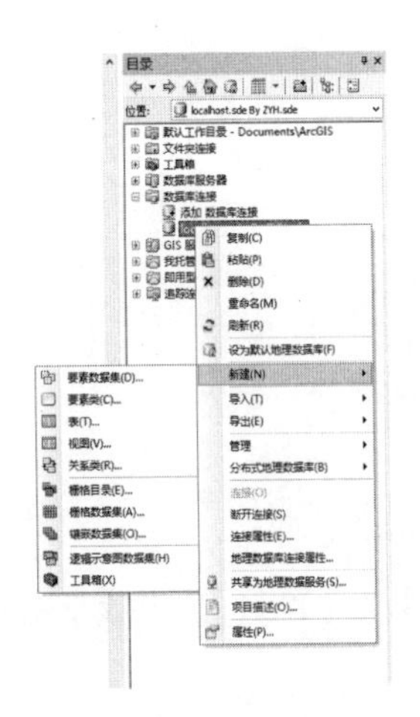

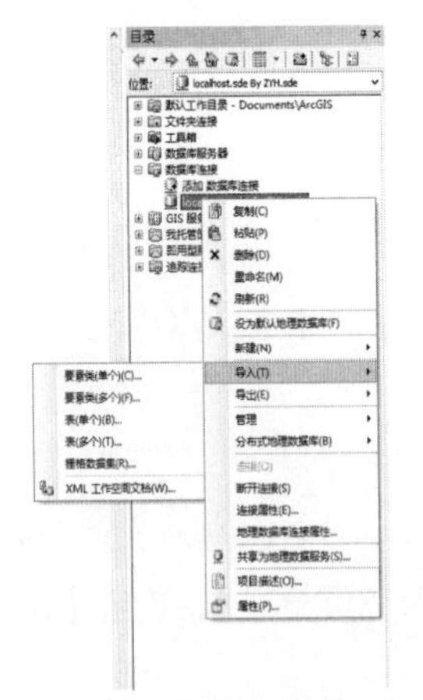

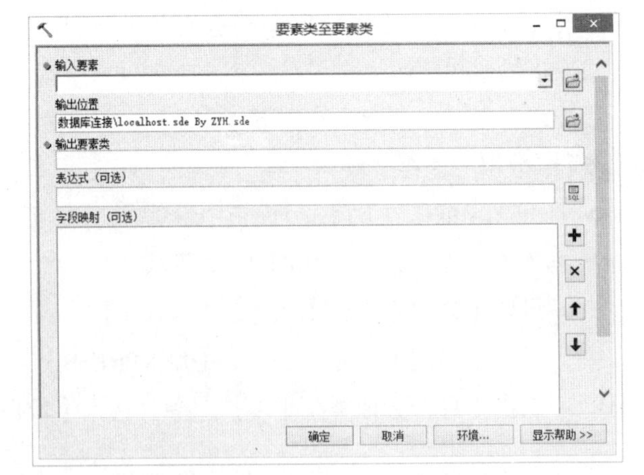

图7-16　要素类新建、导入与导出等命令

[1] 该用户名和密码为之前在SSMS中创建的，普通用户被授权使用后可以输入自己的用户账号来直连，不同的用户名意味着在数据库中拥有不同的操作权限。

下面将本地国土空间规划数据库中数据导入直连数据库，具体可分为两种方式。

☞ **方式一：**复制要素数据集至国土空间规划数据库。

- 复制要素数据集。在【目录】面板中的【文件夹连接】项目下，连接到本章的随书数据，右键单击其中的【D:\study\chp07\ 练习数据 \ 前期准备及数据库构建 \×× 县国土空间规划数据库 .gdb\ 基期年现状】要素数据集，在弹出菜单中选择【复制】。
- 粘贴要素数据集。然后在【数据库连接】项目下找到【localhost.sde By ZYH.sde】数据库，右键单击它，在弹出菜单中选择【粘贴】，弹出数据传输对话框，接受默认设置，点击【确定】。可以看到【基期年现状】要素数据集及其中的要素类【JQXZYD】(别名：【基期现状用地】)和【YDFW】(别名：用地范围)已经复制到【localhost.sde By ZYH.sde】数据库中。
- 复制其他数据按照相同方法，将【文件夹连接】项目下的【D:\study\chp07\ 练习数据 \ 前期准备及数据库构建 \×× 县国土空间规划数据库 .gdb\ 目标年规划】要素数据集和【D:\study\chp07\ 练习数据 \ 前期准备及数据库构建 \×× 县国土空间规划数据库 .gdb\ 栅格影像】要素数据集复制到【localhost.sde By ZYH.sde】数据库中（图 7-17）。

此方法不需要另建要素数据集，且能保存要素类的别名，简单方便，推荐使用。若此方式无法使用，可选用方式二。

☞ **方式二：**导入要素类至国土空间规划数据库。

- 创建要素数据集。以【基期年现状】要素数据集的导入为例，在【目录】面板中的【数据库连接】项目下找到之前连接的【localhost.sdeBy ZYH】数据库，右键单击它，在弹出菜单中选择【新建】→【要素数据集】，显示【新建要素数据集】对话框，设置【名称】为【基期年现状】，设置相应的坐标系为【CGCS2000_3_Degree_GK_CM_114E】。
- 要素类导入至地理数据库。右键单击该要素数据集，在弹出菜单中选择【导入 / 要素类（多个）】，显示【要素类至地理数据库（批量）】对话框。设置对话框如图 7-18 所示。
  - 设置【输入要素】为【D:\study\chp07\ 练习数据 \ 前期准备及数据库构建 \×× 县国土空间规划数据库 .gdb\ 基期年现状 \JQXZYD】、【D:\study\chp07\ 练习数据 \ 前期准备及数据库构建 \×× 县国土空间规划数据库 .gdb\ 基期年现状 \YDFW】。
  - 默认【输出地理数据库】的位置。
  - 点击【确定】按钮，完成导入。之后将这两个要素类的别名重新设置为【基期现状用地】和【用地范围】。

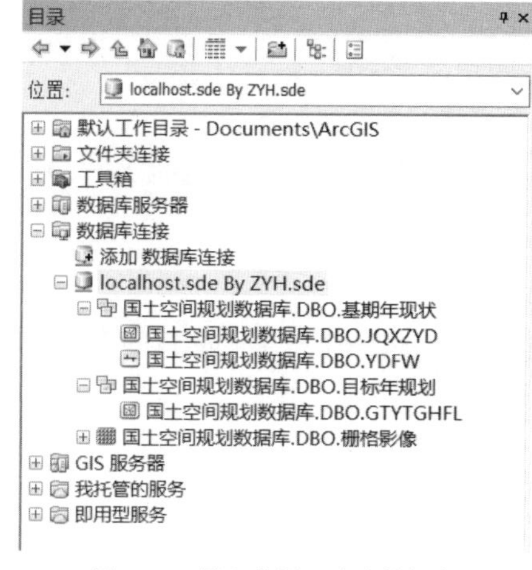

图 7-17　导入数据至直连数据库

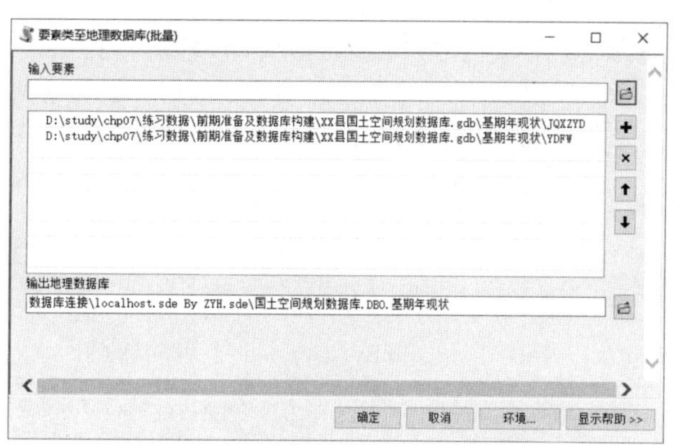

图 7-18　要素至地理数据库（批量）对话框

7.1.6 创建普通用户

通过 ZYH 管理员账户或者 sa 账户直连数据库后，都可创建普通用户。在此说明，之后所有涉及高权限的数据库管理员操作，都使用 ZYH 管理员账户直连的数据库作进一步演示。

紧接之前步骤，继续操作如下。

☞ **步骤 1：** 创建普通用户。

- 在【目录】面板中，浏览到【数据库连接 \localhost.sde By ZYH.sde】数据库，右键单击它，在弹出的菜单中选择【管理】→【添加用户】，显示【创建数据库用户】对话框，设置如图 7-19 所示。

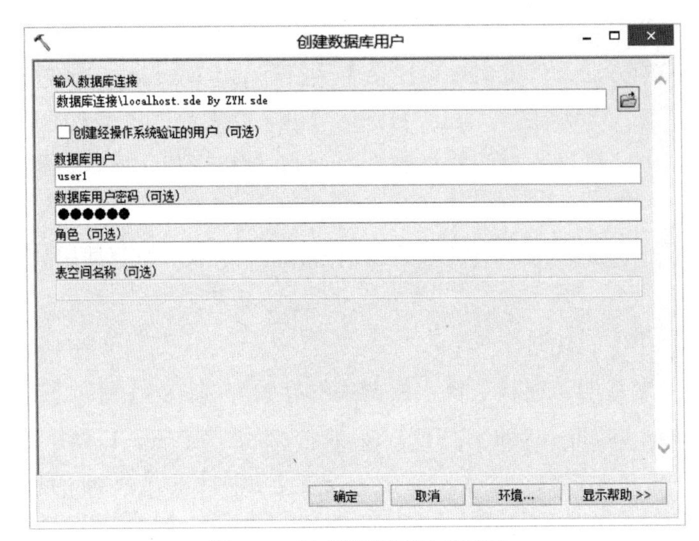

图 7-19 创建数据库用户对话框

- 设置【输入数据库连接】为【数据库连接 \localhost.sde By ZYH.sde】。
- 设置【数据库用户名】为【user1】，设置【数据库密码】为【123456】（此处可自行设置数据库用户名与密码）。
- 点击【确定】按钮，完成数据库用户创建。

☞ **步骤 2：** 普通用户直连验证。

- 用户直连数据库。紧接之前步骤，在【目录】面板中浏览到【数据库连接 \ 添加数据库连接】，双击该项，显示【数据库连接】对话框，设置如图 7-20 所示。
  - 设置【数据库平台】为【SQL Server】。
  - 设置【实例】为【localhost\SQLEXPRESS】。
  - 在【身份验证类型】下拉菜单中选择【数据库身份验证】。设置【用户名】为【user1】，设置【密码】为【123456】（与之前步骤设置一致）。
  - 设置【数据库】为【国土空间规划数据库】。
  - 点击【确定】按钮，完成数据库连接，可以看到连接数据库已经加载至【目录】面板的【数据库连接】中，将其重命名为【localhost.sde By user1.sde】以示区别（图 7-21）。
  - 双击【localhost.sde By user1.sde】启动连接。

> **说明：** 在ArcMap的SDE数据库中，可由一台计算机同时创建和使用多个用户来连接同一数据库，且各用户享受各自的权限。但在实际项目工作中，多是由不同用户在不同的计算机登录，分别连接并同步编辑一个数据库。本书为了方便读者演练，所展示的步骤全部在一台计算机中进行，使用多个用户来连接同一个数据库，其结果和多台计算机分别连接和编辑同一数据库是一致的。

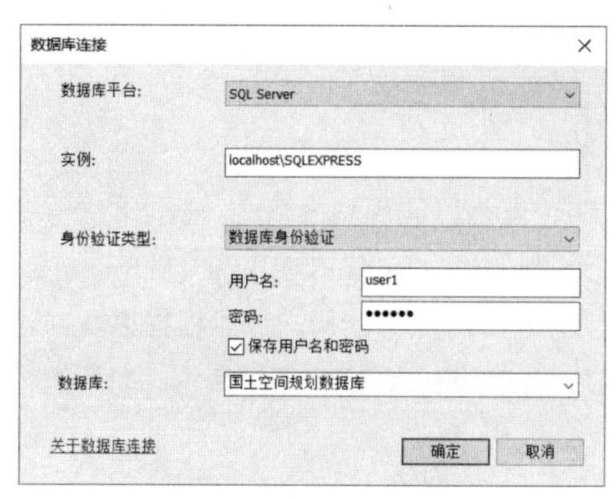

图 7-20　数据库连接对话框

图 7-21　查看普通用户直连数据库

☞ **步骤 3**: 赋予数据访问权限，加载查看。

在使用普通账户直连后，数据库中并没有任何数据。这是因为相应的权限并没有赋予新创建的普通用户。

- ZYH 管理员账户赋予权限。在【目录】面板中，浏览到【数据库连接 \localhost.sde By ZYH.sde\ 国土空间规划数据库 .DBO. 基期年现状】(*注意这是要素数据集*)，右键单击它，在弹出菜单中选择【管理】→【权限】，显示【Privileges】对话框，设置如图 7-22 所示。
  - 点击【Add】按钮，弹出【User/Role】对话框，勾选【user1】用户，点击【OK】按钮。
  - 在【User/Role】栏中，勾选 user1 所需的功能(*可全选*)。
  - 点击【OK】按钮，完成对【user1】用户的权限设置。

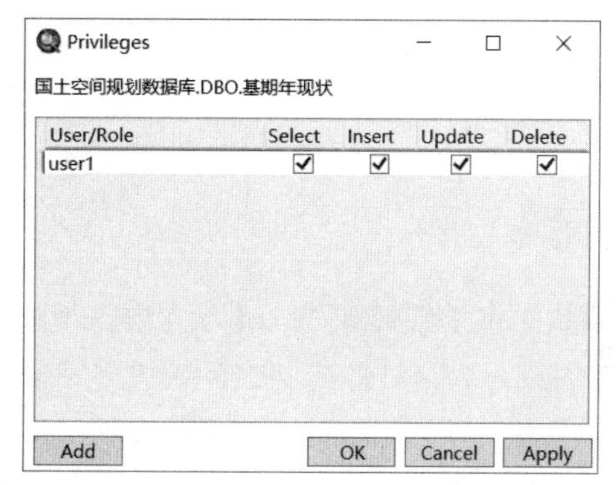

图 7-22 【Privileges】对话框

- 普通用户查看数据。在【目录】面板下，浏览到【数据库连接 \localhost.sde By user1.sde】，右键单击它，在弹出的菜单中选择【刷新】，这时可以看到【国土空间规划数据库 .DBO. 基期年现状】数据集及其中的要素类已经加载至【localhost.sde By user1.sde】数据库(图 7-23)。

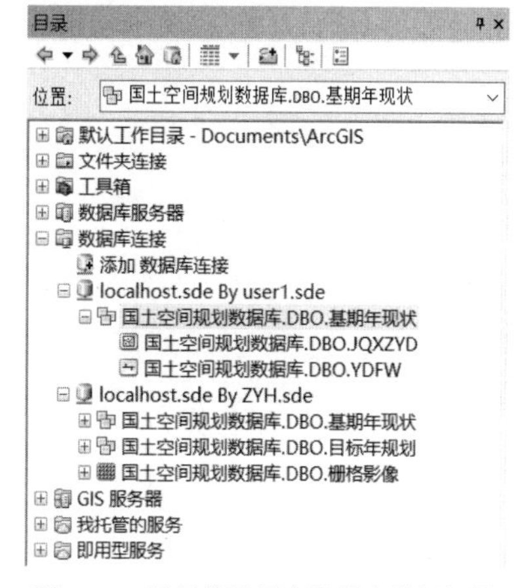

图 7-23　赋予普通用户数据库访问权限

7.2　ArcSDE 版本功能的介绍

国土空间规划将“多规”统一到一个平台后，数据量变得巨大，仅凭几个人是无法完成对数据的处理和规划的编制。这时协同编辑就是关键。ArcSDE 数据库的最大优势是，多用户的数据共同存放在 SQL Server 数据库平台，实现多用户同时对同一数据进行协同编辑，并且每个用户都能实时地看到数据的变化，这时需要用到 ArcSDE 版本功能。

7.2.1　版本功能介绍

版本功能是 ArcSDE 地理数据库管理数据的一种机制，也是协同规划的核心。版本的本质是对 Geodatabase 数据库数据某一时刻状态的快照，但并不需要对数据进行复制。利用 ArcSDE 创建和管理的企业级地理数据库（在工作空间搭建中创建的共享工作区）都具有默认父版本 DEFAULT。不同用户可以根据需要创建不同的子版本，编辑子版本并提交到父版本。同时，可以对同一版本进行共同编辑，或者对不同版本编辑后进行协调，再提交。这些是多用户同时编辑操作的基础（图 7–24）。

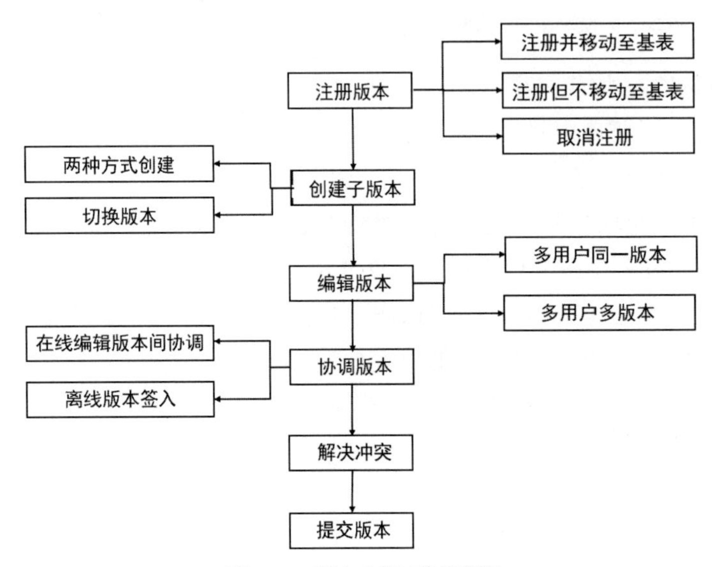

图 7–24　版本功能工作流程图

7.2.2　注册版本

在将要素数据从直连数据库中加载至【内容列表】后，如果要对它进行编辑，必须要先对要素类进行版本化，即注册版本。注册后，会对要素类创建【添加】表和【删除】表，以及属性索引，之后无论用户何时进行编辑，都会向其中一个表或两个表添加一行内容，从而记录下编辑的全过程。如果不进行版本化，在启动编辑时将出现错误从而无法对数据进行编辑，如图 7–25 所示。

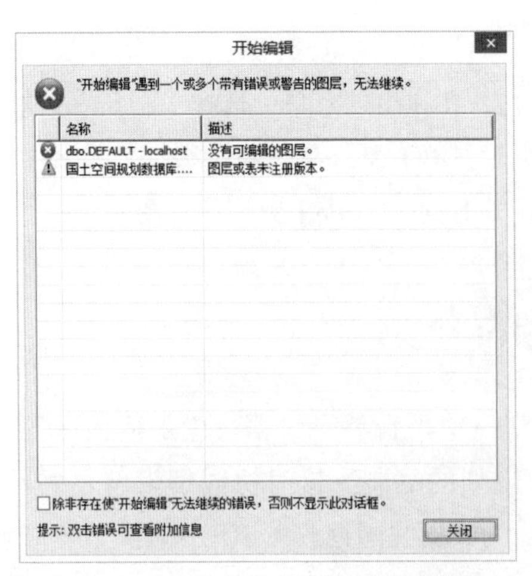

图 7–25　未版本化时启动编辑的错误提示

☞ **步骤 1：**对数据进行版本化。

- 注册版本。在【目录】面板中，浏览到要素数据集【数据库连接 \localhost.sde By ZYH.sde\ 国土空间规划数据库.DBO.基期年现状】，右键单击它，在弹出的菜单中选择【管理】→【注册版本】（图 7–26），显示【注册版本】对话框，可按以下两种方式进行设置。
- 方式一：不勾选【注册所选对象并将编辑内容移动到基表】，直接点击【确定】按钮，完成【注册版本】，如图 7–27 所示。

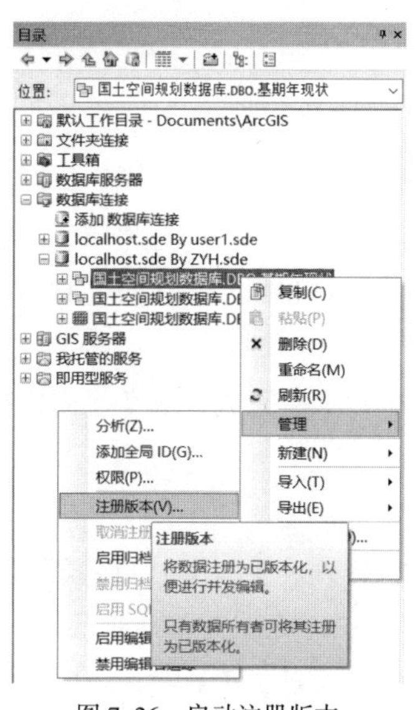

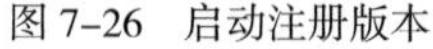
图 7–26 启动注册版本

图 7–27 注册版本对话框

此模式为“注册为版本但不将编辑内容移动到基表”[①]。在该模式下，对所有版本进行的编辑（包括 DEFAULT 版本）将保留在增量表中（即【添加】表和【删除】表），而不会存入基表。但需注意，若之后取消注册版本，未提交的内容会丢失，且注册为版本的数据不能进行如下操作。

- 创建拓扑。
- 创建几何网络。
- 从几何网络添加或删除要素类。
- 创建网络数据集。
- 从网络数据集添加或者删除要素类或者进行其他方案变更。

- 方式二：勾选【注册为版本并将编辑内容移动到基表】，点击【确定】按钮，完成【注册版本】。

此模式为“注册为版本并将编辑内容移动到基表”，在该模式下，已经保存到 DEFAULT 版本的编辑内容（无论是直接编辑的还是从其他版本合并的）将保存到基表中，而其他版本进行的编辑将保留在增量表中；且中途取消注册版本，编辑内容由于保存到基表也不会丢失。另外，需注意此模式除不能进行上述操作外，还不能进行以下操作。

- 编辑参与拓扑、网络数据集或几何网络的要素类。
- 使用内置于地理数据库中的归档功能归档数据。
- 使用地理数据库复制。

① “基表”是要素类的核心表，它包含所有非空间属性，如果使用 SQL 几何类型，则它还包含空间属性。例如，如果地理数据库包含名为【JQXZYD】的版本化要素类，则可在数据库中找到名为【JQXZYD】的表，该表就是基表。

注：此【注册版本】选项只是对那些未参与拓扑、网络数据集或者几何网络的要素可用。如果在打开【注册版本】后发现对话框显示此选项不可用（图7-28），则表示该要素数据集中包含拓扑、网络数据集或者几何网络的要素。

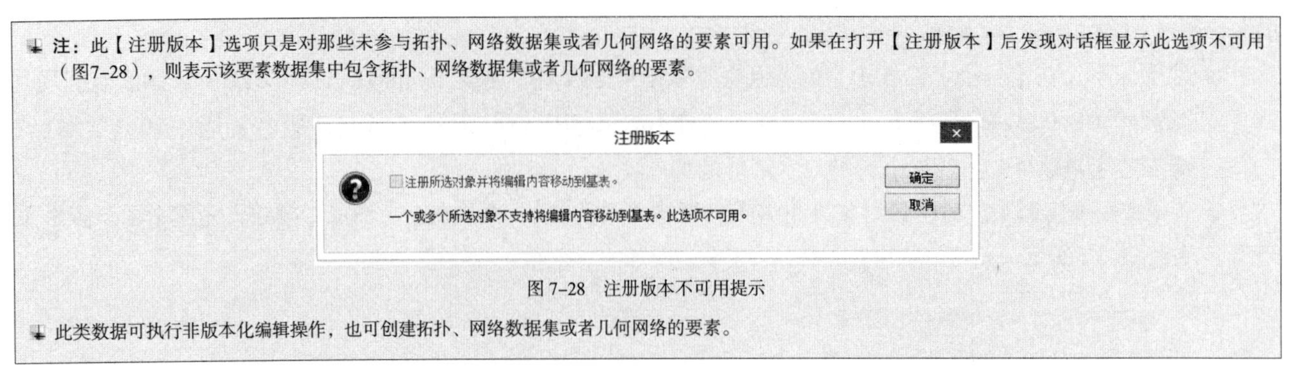

图 7-28　注册版本不可用提示

此类数据可执行非版本化编辑操作，也可创建拓扑、网络数据集或者几何网络的要素。

- 本节实验选择“注册为版本但不将编辑内容移动到基表”方式进行版本化注册。
- 取消注册版本。如果要取消注册版本，可在【目录】面板下，浏览到相应要素数据集，右键单击它，在弹出菜单中选择【管理】→【取消注册版本】，若有某个图层处于编辑状态或者在注册版本时未勾选【注册为版本但不将编辑内容移动到基表】，则会弹出【取消注册版本】对话框。勾选【将“默认”版本中的所有编辑内容压缩到基表中】[①]，点击【继续】，完成取消注册版本（图 7–29）。
- 如果要进行拓扑等分析，请避免在版本注册后操作，可在取消注册版本后完成，或者将创建拓扑、网络数据集以及几何网络的行为移至个人或者文件地理数据库中进行。

步骤 2：编辑初始版本的要素类。

- 加载版本化后的要素类【JQXZYD】（*别名：【基期现状用地】*）到【内容列表】面板中，该要素类在【目录】面板中位于【数据库连接 \localhost.sde By ZYH.sde\ 国土空间规划数据库 .DBO. 基期年现状 \JQXZYD】中。
- 把【内容列表】面板切换为【按源列出】模式，可以看到数据库的名称为【dbo.DEFAULT(localhost)】，这是默认的初始版本（*即父版本*）的名称（图 7–30）。

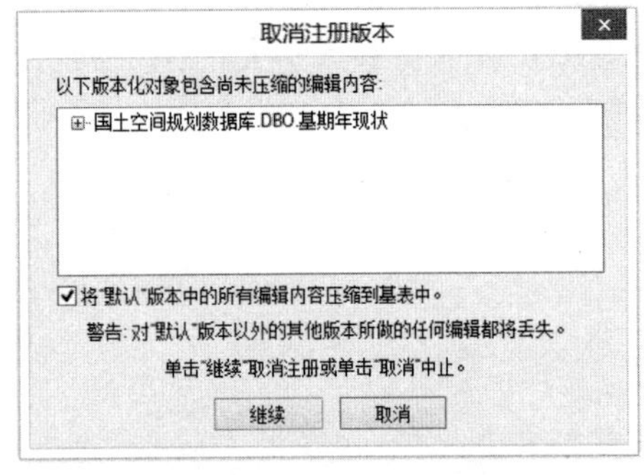

图 7–29　取消注册版本提示

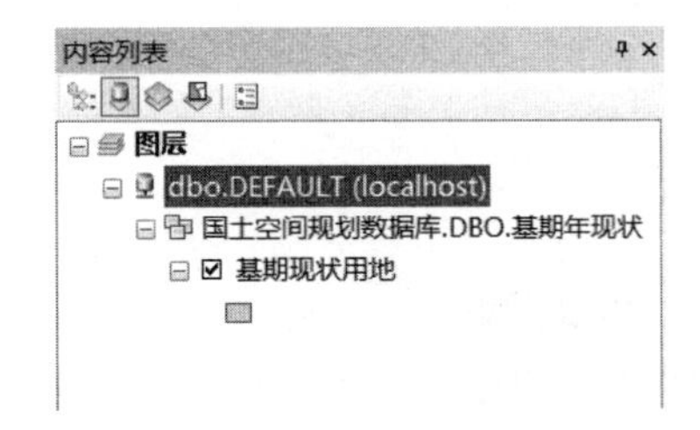

图 7–30　默认的父版本数据库

- 开启编辑，绘制简单要素。
  - 在【内容列表】面板中，右键单击【基期现状用地】图层，在弹出的菜单中选择【编辑要素】→【开启编辑】（*如果没有注册版本则会弹出图 7–25 所示错误警告对话框*）。
  - 点击【编辑器】工具条上的【创建要素】工具，显示【创建要素】面板，点击【基期现状用地】模板，将鼠标移至绘图区域，图标会变成十字图标，简单地在数据视图窗口绘制几个图形代表现状用地，如图 7–31 所示。
  - 绘制完成后，点击【编辑器】工具条上的 编辑器(R)▾ 下拉菜单，选择【停止编辑】并保存编辑内容。

① 若不勾选，取消注册版本后所有未提交的版本化后的编辑内容将会丢失，因此为防止编辑内容丢失，请在取消前将所有编辑的数据内容压缩到基表。

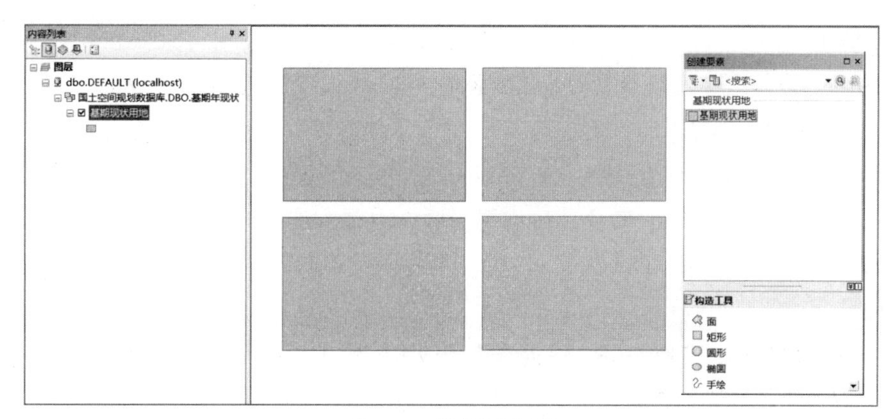

图 7-31 简单绘制图形

7.2.3 创建子版本

在注册版本后，可运用【版本管理】工具条创建子版本。创建子版本可用于不同用户的分开编辑，同时可便于对历次修改版本的回顾、归档整理。

紧接之前步骤，继续操作如下。

☞ **步骤 1**：查看版本管理具体功能。

- 显示【版本管理】工具条。右键单击任意工具条，在弹出菜单中选择【版本管理】，即可显示【版本管理】工具条（图 7-32）[①]。该工具条可对在【内容列表】面板中选中的数据库进行管理操作（图 7-33），从左到右命令如下。
  - 【版本管理器】：可对版本进行更新、创建、重命名等。在协同编辑之前往往需要在此命令下创建相应的子版本，方便之后的利用、协调、提交等。
  - 【创建新版本】：创建新的版本，其中父版本作为当前版本。
  - 【刷新】：刷新所有版本的数据库连接，并重绘地图。多用户编辑同一版本时方便看到对方绘制的成果。
  - 【切换版本】：在创建新版本后，不同用户可切换至相应的子版本分别进行绘制。
  - 【协调】：可对编辑版本和目标版本之间的修改部分进行合并等，可将父版本的修改提取到子版本中。
  - 【提交】：可将子版本的修改推送到父版本中。
  - 【冲突】：能够识别并且解决当前编辑版本和作为协调依据的目标版本之间的冲突。还有其他功能，读者可自行探索。

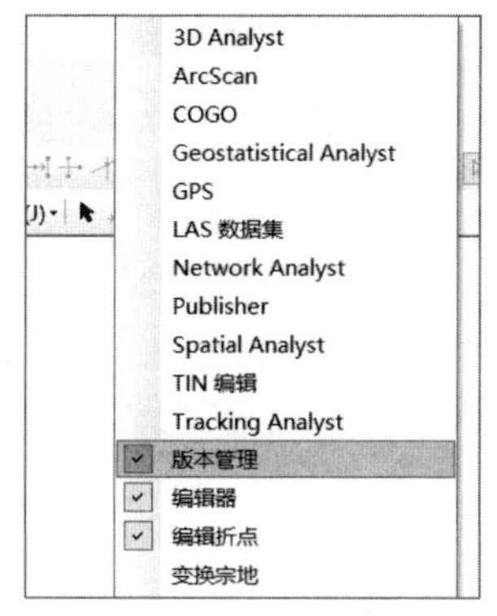

图 7-32 显示【版本管理】工具条

图 7-33 版本管理工具条

① 只有在直连数据库，并加载其中的要素类到【内容列表】面板后，【版本管理】工具条基础功能才能被激活。

☞ **步骤 2**：创建子版本。

图 7-34 新建版本对话框

- 方法一：使用【版本管理】工具条上的【创建新版本】功能。点击【版本管理】工具条上的【创建新版本】工具，显示【新建版本】对话框。在对话框中按要求填写如下几项（图 7-34）。
  - 【父版本】相当于共享数据的集合，在创建子版本时都会选择一个【父版本】来获得继承关系，默认创建第一个子版本的父版本是【dbo.DEFAULT】。
  - 【名称】是版本的名称，是唯一的，设置为【子版本演示】。
  - 【描述】是对该版本的详细说明，可空缺。
  - 【权限】设置【私有】、【公共】和【受保护】，本实验统一选择【公共】[①]。
- 方法二：使用【版本管理器】创建子版本。
  - 点击【版本管理】工具条上的【版本管理器】工具，弹出【Geodatabase Administration】对话框（图 7-35）。
  - 在【Versions】选项卡页面的底端，切换至【Tree View】选项卡，右键单击【dbo.DEFAULT】，在弹出菜单中选择【New Version】，显示【New Version】对话框，其中需输入的内容与方法一相同，在此不做赘述。推荐使用该方式。

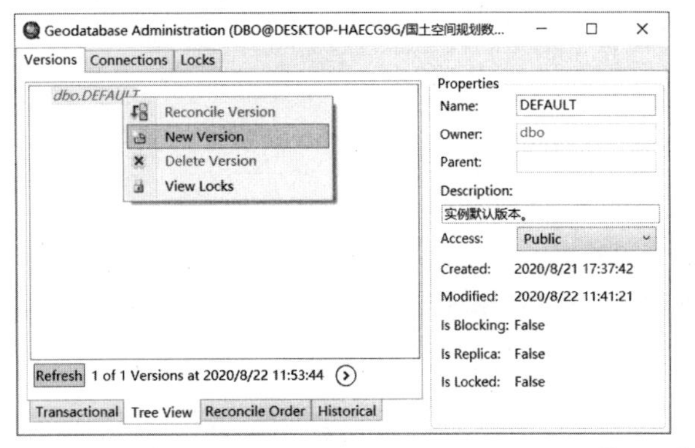

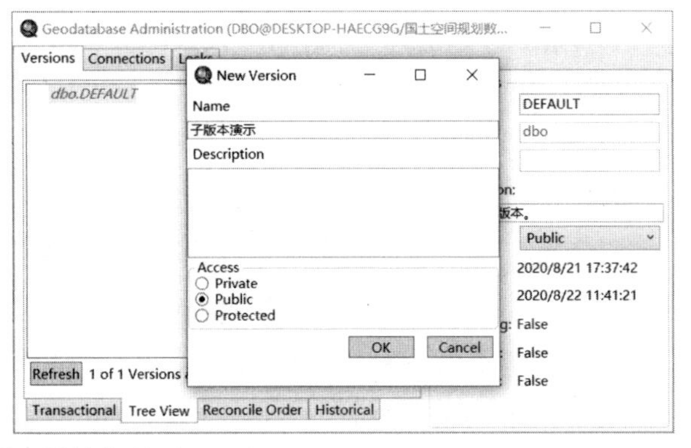

图 7-35 使用版本管理器创建子版本

☞ **步骤 3**：切换版本。

【切换版本】功能可以实现不同版本之间的自由显示和编辑。

上一步尽管基于父版本创建了一个子版本，但由于没有进行切换，在【内容列表】面板中显示的仍是父版本，需要通过【切换版本】工具，将父版本切换为子版本进行显示与编辑。

图 7-36 打开【切换版本】工具

- 切换版本。在【内容列表】面板中，右键点击【dbo.DEFAULT (localhost)】数据库，在弹出菜单中选择【切换版本】（图 7-36），显示【Change Version】对话框，选择上一步创建的子版本【子版本演示】，点击【OK】按钮，完成版本的切换（图 7-37）。
- 版本显示此时【内容列表】面板中数据库的名称发生改变，从【dbo.

① 【私有】表示只允许版本的创建者连接、查看和编辑；【公共】表示允许任何用户进行连接和编辑；【受保护】则为允许任何用户连接查看数据，但无法编辑。

DEFAULT (localhost)】变为【DBO. 子版本演示 (localhost)】(图 7-38)。但地图窗口中的内容没有发生变化，说明子版本继承了父版本的所有要素。

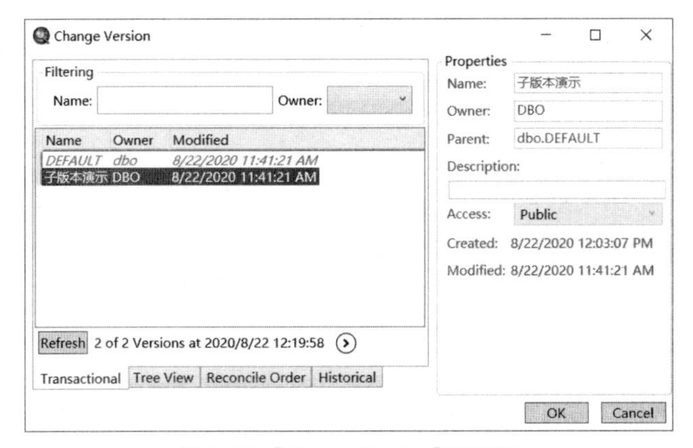

图 7-37 【Change Version】对话框

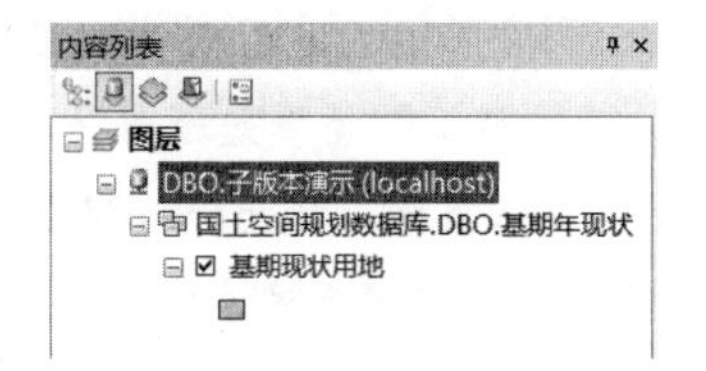

图 7-38 版本切换后显示的数据库

☞ **步骤 4:** 编辑子版本要素类。

➜ 开启编辑，绘制简单要素。在对子版本的【基期现状用地】图层开启编辑后，在原有用地图斑基础上增绘几个图斑，如图 7-39 所示。之后停止并保存编辑。

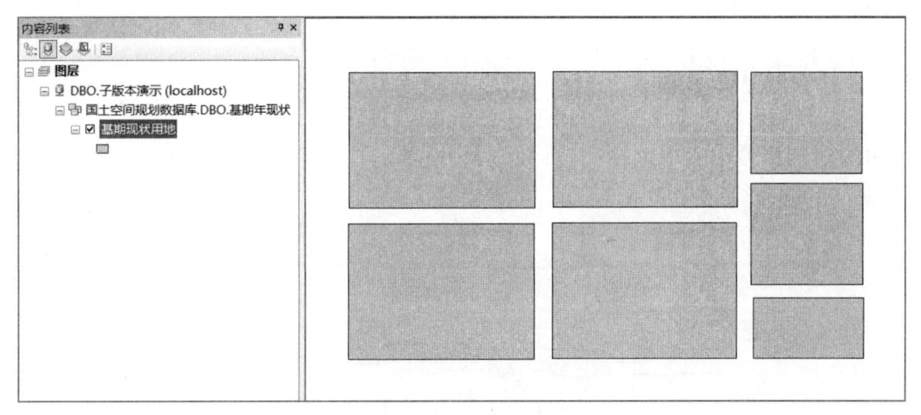

图 7-39 简单绘制图形

➜ 对比不同版本的内容。

切换至父版本，可以看到并没有在子版本中新增的那几个图斑，还是原先的样子。这说明尽管是同一个要素类，父版本和子版本可以有不同的数据内容。

7.2.4 版本的编辑管理方式

SDE 数据库最大的优势就是可创建多个子版本，开展协同规划。对于版本的管理编辑，存在着几种不同的方式。根据父版本和子版本之间的结构大致可分为三种，如图 7-40 所示。

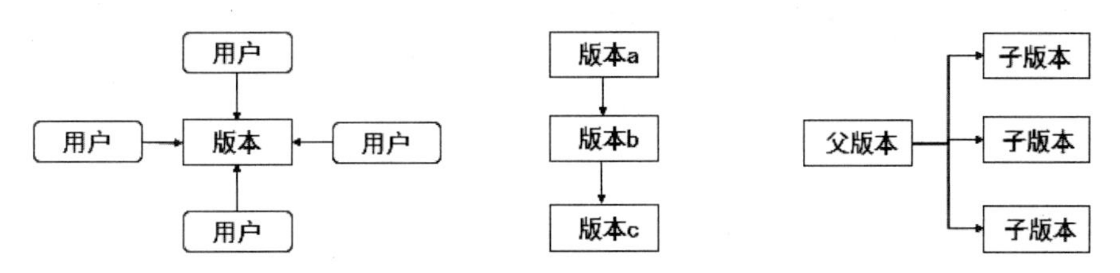

图 7-40 版本编辑管理三种基本模式图

☞ **方式一：只有一个版本，多用户同时编辑它。**

多用户共同编辑同一版本是最为简单的一种工作模式。某一用户修改并保存后，其他用户通过点击【版本管理】工具条上的【刷新】工具，就会看到相应的变化。此方式可用于分片区同时绘制一个要素类或者分要素同时绘制等模式。但当用户较多时，容易造成冲突，需要良好的交流。

☞ **方式二：流线型。**

在父版本的基础上创建子版本，在子版本上又创建子版本，依次往下。此方式可保留不同时期的版本，每个下一级的子版本都是在上一级的版本基础上修改得到，通过层层修改，最终可在协调以及规划师讨论的基础上获得最优的版本（结合历史版本功能使用）。

☞ **方式三：在父版本的基础上创建多个子版本。**

此方式可用于多方案比较阶段。基于同一个父版本创建多个子版本，分给多个用户同时进行编辑规划。经项目负责人推敲比较后，可将满意的子版本提交至父版本之中。同时，运用解决冲突的方式协调各子版本之间的不同，汇总各自的优势之处。

三种方式都有各自的优势，在实际中可融合各自的优点采用混合模式进行版本编辑管理，如图 7–41 所示。

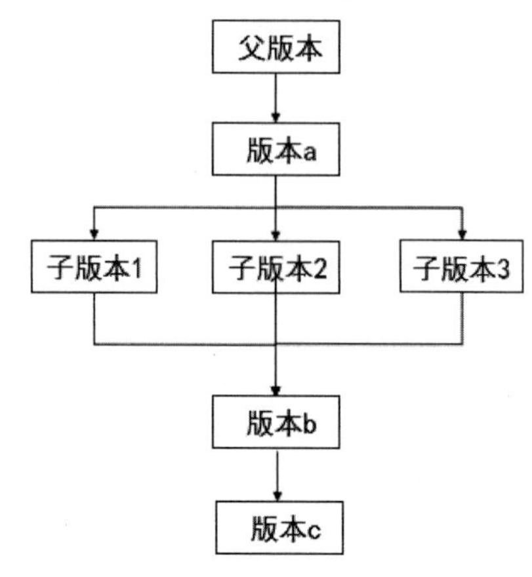

图 7–41 版本管理混合模式

7.3 基于版本的协同编辑

基于版本的协同编辑，会涉及版本编辑、协调版本、冲突解决、提交版本、版本回退以及离线编辑等内容。下面以图 7–42 所示的流程来进行实验展示。

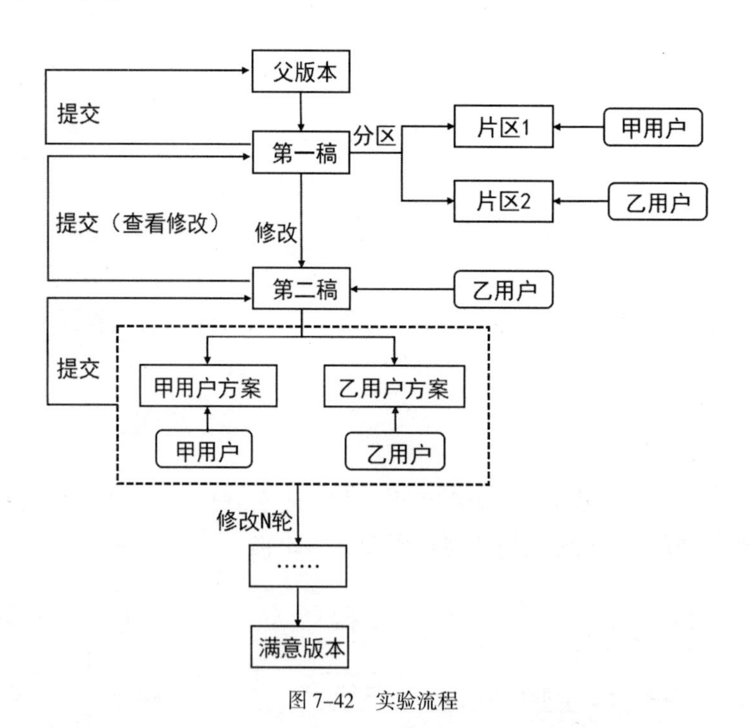

图 7–42 实验流程

假设有两名用户，即甲和乙，其中甲为组长，依次开展以下三个小实验。

实验 1：多用户编辑同一版本，同时绘制一张用地规划图，发挥多人力量快速生成方案。

实验 2：版本迭代，精细化修改方案，每个修改后的方案都是前一方案的子版本，方便回顾和比对。

实验 3：多方案平行编制，每个方案都是一个子版本，互不干扰，方便比对。

每个实验的具体内容如下。

首先开展实验 1：在父版本基础上创建子版本“× 月 × 日第一稿”。在该子版本基础上将绘图区域划分为片区 1 和片区 2，甲、乙两人分别负责一个片区，在同一版本中绘制。这一阶段的具体操作将在 7.3.2 节多用户编辑同一版本中展开。

然后开展实验 2：乙用户在实验 1 得到的第一稿的基础上创建版本“第二稿”，并继续修改。这一阶段的具体操作将在 7.3.3 节版本迭代中展开。在完成修改后，将此版本“第二稿”提交至版本“第一稿”中，便于甲负责人查看乙的修改之处。当然，也可不提交，直接查看最新版本“第二稿”。若甲负责人仍不满意，还可继续让乙修改，即版本“第三稿”，版本“第四稿”……直至满意。在此方式中，各历史版本都可保留下来，方便后期回顾。

最后开展实验 3：组长甲对乙用户绘制的结果存在异议，双方决定基于某一版本创建两个子版本，甲、乙各编辑一个版本，方便多方案比对，这一阶段的具体操作将在 7.3.4 节多方案平行编制中展开。

7.3.1 准备工作

在此实验中，需将待绘制的规划要素数据集导入连接的 SDE 数据库中，同时还需创建两位用户，赋予相应的权限，用于展开协同编辑。

☞ **步骤 1**：启动 ArcMap，连接到 SDE 数据库。

- 启动 AcrMap，新建一个空白地图文档。
- 在【目录】面板的【文件夹连接】项目下，可看到 7.1.5 节连接的 SDE 数据库【localhost.sde By ZYH.sde】中，包含了本节将使用的各类数据（图 7-43）。若读者此处未连接任何 SDE 数据库，可浏览 7.1.5 节的内容，完成对 SDE 数据库的创建与连接，以及对随书数据的导入。

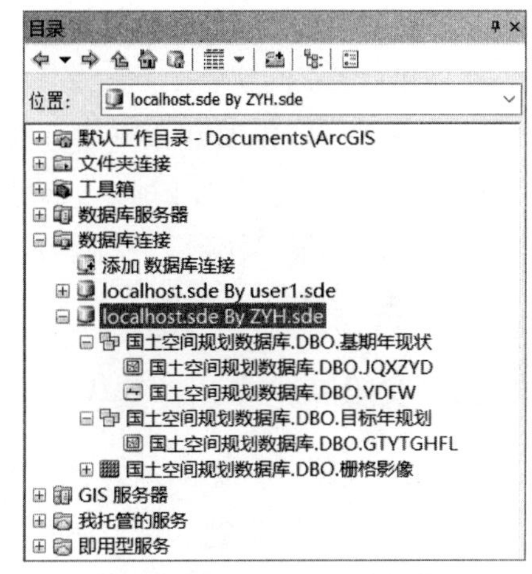

图 7-43 连接的 SDE 数据库

☞ **步骤 2**：创建普通用户，连接至 SDE 数据库。

- 创建普通用户。在【目录】面板下，浏览到【数据库连接\localhost.sde By ZYH.sde】数据库①。右键单击它，在弹出的菜单中选择【管理】→【添加用户】，显示【创建数据库用户】对话框，具体参数设置如下。
  - 设置【输入数据库连接】为【数据库连接\localhost.sde By ZYH.sde】。
  - 设置【数据库用户名】为【甲用户】，设置【数据库密码】为【123456】（*此处可自行设置数据库用户名与密码*）。
  - 点击【确定】按钮，完成一位数据库用户的创建。
  - 同理，完成创建数据库乙用户。
- 用户直连数据库。在【目录】面板下浏览到【数据库连接\添加数据库连接】，双击该项，显示【数据库连接】对话框，设置如下。
  - 设置【数据库平台】为【SQL Server】。

① 这是管理员用户连接的数据库，只有管理员才能创建用户、设置数据访问权限等。

- 设置【实例】为【localhost\SQLEXPRESS】。
- 在【身份验证类型】下拉菜单中选择【数据库身份验证】。设置【用户名】为【甲用户】，设置【密码】为【123456】。
- 设置【数据库】为【国土空间规划数据库】。
- 点击【确定】按钮，完成数据库连接，重命名数据库为【localhost.sde By 甲用户 .sde】以示区别。
- 双击【localhost.sde By 甲用户 .sde】启动连接。
- 同理，完成乙用户数据库【localhost.sde By 乙用户 .sde】的连接。

☞ **步骤 3：**赋予数据访问权限，加载查看。

- ZYH 管理员账户赋予权限。在【目录】面板下，浏览到【数据库连接 \localhost.sde By ZYH.sde\ 国土空间规划数据库 .DBO. 目标年规划】，右键单击它，在弹出菜单中选择【管理】→【权限】，显示【Privileges】对话框，设置如下。
  - 点击【Add】按钮，弹出【User/Role】对话框，勾选【甲用户】、【乙用户】。
  - 在【User/Role】栏中，勾选甲用户、乙用户所需的功能（可全选）。
  - 点击【OK】按钮，完成权限设置。
- 普通用户加载数据。在【目录】面板下，浏览到【数据库连接 \localhost.sde By 甲用户 .sde】，右键单击它，在弹出菜单中选择【刷新】，这时可以看到【国土空间规划数据库 .DBO. 目标年规划】已经加载至【localhost.sde By 甲用户 .sde】数据库。同理，完成对乙用户数据库的加载。
- 同理，将 ZYH 用户直连数据库中【国土空间规划数据库 .DBO. 基期年现状】和【国土空间规划数据库 .DBO. 栅格影像】的数据访问权限同样赋予两个普通用户数据库中，并完成数据的加载（图 7–44）。

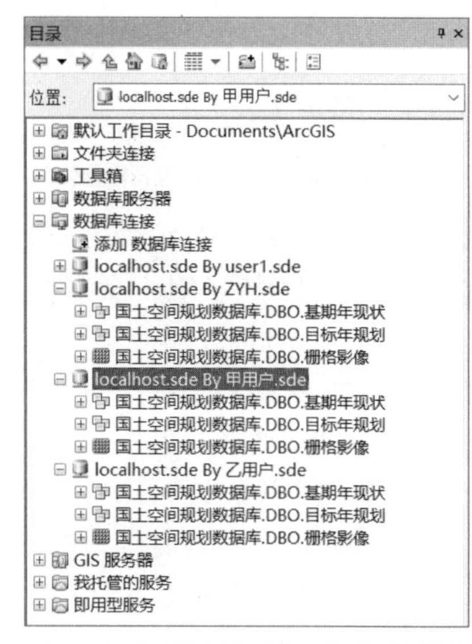

图 7–44　完成授权后的甲、乙用户数据库

7.3.2　实验一：多用户编辑同一版本

多用户编辑同一版本，在本次实验中为甲用户与乙用户分别绘制子版本【× 月 × 日第一稿】中的一个片区。在绘制过程中，只要随时刷新，两者就都可以看到对方绘制的内容，解决相交处冲突的问题。为了方便操作演示，以下实验都在同一台计算机上操作。

☞ **步骤 1：**主用户创建子版本，划分甲、乙用户的绘图区域。

- 主用户创建第一个子版本“× 月 × 日第一稿”。
  - 在【目录】面板下，将【数据库连接 \localhost.sde By ZYH.sde】数据库中的【国土空间规划数据库 .DBO. 基期年现状】和【国土空间规划数据库 .DBO. 目标年规划】要素数据集进行注册版本，具体操作详见 7.2.2 节步骤一。
  - 之后将两个数据集下的【国土空间规划数据库 .DBO.YDFW】（别名：用地范围）和【国土空间规划数据库 .DBO.GTYTGHFL】（别名：国土用途规划分类）要素类添加至【内容列表】面板中。
  - 通过【版本管理器】工具，在【DEFAULT】父版本基础上创建子版本，设置【名称】为【× 月 × 日第一稿】（具体操作详见 7.2.3 节步骤 2“创建子版本”）（图 7–45）。
  - 切换至子版本【× 月 × 日第一稿】（具体操作详见 7.2.3 节步骤 3“切换版本”）。

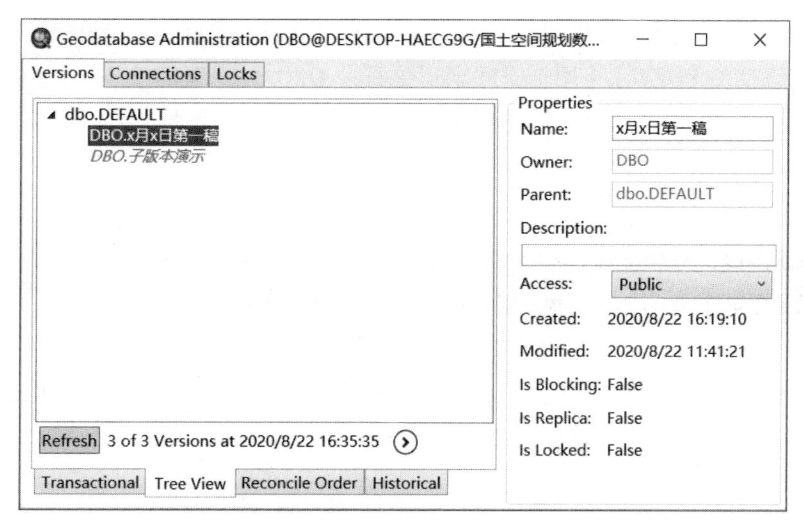

图 7–45　创建第一个子版本

- 主用户编辑子版本的【用地范围】图层，将规划范围分成两片区。
  - 在【目录】面板下，将【数据库连接 \localhost.sde By ZYH.sde】数据库中的【国土空间规划数据库 .DBO.栅格影像】添加至【内容列表】中作为底图（图 7–46），并将其透明度调整为 70%。
  - 在【内容列表】面板中，右键单击【用地范围】图层，在弹出的菜单中选择【编辑要素】→【开启编辑】。
  - 开始编辑后，点击【编辑器】工具条上的【创建要素】工具 ，主界面右侧会显示【创建要素】面板。
  - 点击【创建要素】面板中的【用地范围】绘图模板，将鼠标移至绘图区域，图标会变成十字图标，在用地范围中绘制两个大小相似片区的交界线，作为甲、乙用户各自的绘图区域（图 7–47）[①]。
  - 绘制完成后，停止并保存编辑。

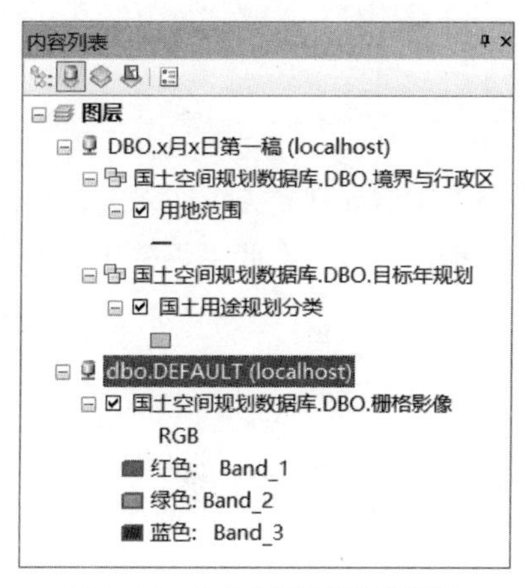

图 7–46　导入【栅格影像】图层

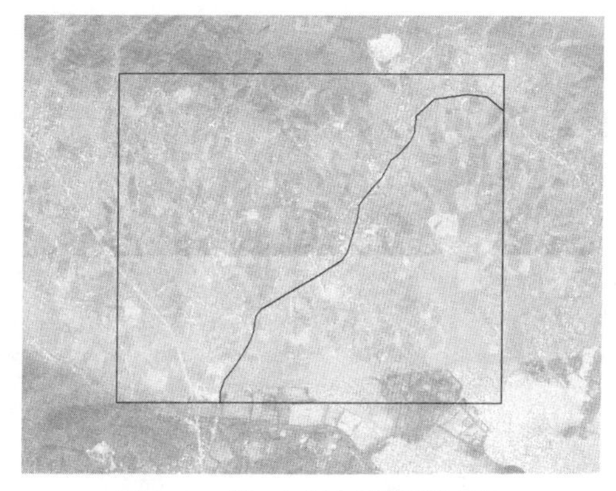

图 7–47　甲、乙用户绘图区域划分

☞ **步骤 2**：甲、乙用户绘制各自分区内的图斑。

- 普通用户创建地图文档，加载数据。
  - 为更好地模拟协同编辑操作，首先新建甲、乙用户各自的地图文档，并选择本地路径进行保存（例如，D:\study\chp07\ 练习数据 \ 基于版本的协同编辑），将其命名为【甲用户 .mxd】和【乙用户 .mxd】。
  - 打开【甲用户 .mxd】地图文档，在【目录】面板中，浏览到【数据库连接 \localhost.sde By 甲用户 .sde】

① 分区可按贯穿用地的道路等要素分割，便于边界处衔接。

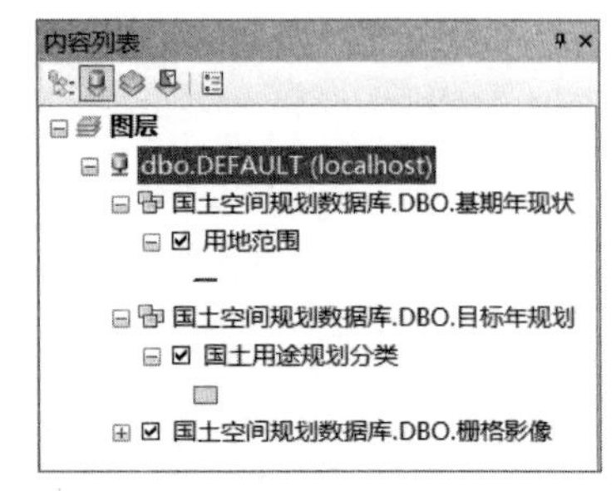

图 7-48　甲用户数据库默认父版本

数据库，将其中的【国土空间规划数据库 .DBO. 基期年现状 \ 国土空间规划数据库 .DBO.YDFW】、【国土空间规划数据库 .DBO. 目标年规划 \ 国土空间规划数据库 .DBO.GTYTGHFL】和【国土空间规划数据库 .DBO. 栅格影像】依次添加至【内容列表】面板中。

- 将【内容列表】面板切换为【按源列出】显示，可看出甲用户数据库的版本仍默认为【dbo.DEFAULT (localhost)】父版本（图 7–48），这时主用户在子版本【× 月 × 日第一稿】中划分的绘图区域尚未在数据视图中显示。

- 普通用户切换子版本。通过【切换版本】工具，将甲用户数据库切换至子版本【× 月 × 日第一稿】，此时由主用户划分的绘图区域即可显示出来（图 7–49）。

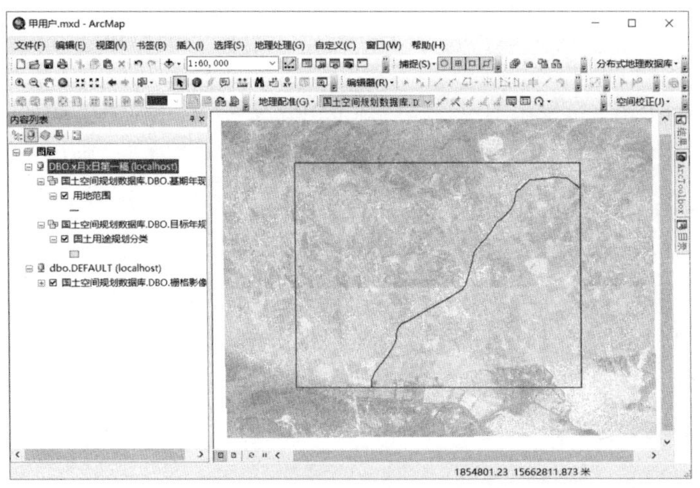

图 7–49　甲用户数据库版本切换

- 同理，对乙用户的地图文档进行数据的加载和版本切换。

- 开启编辑。甲、乙两用户分别开启编辑各自数据库下的【国土用途规划分类】要素类，绘制各自分区内的图斑，其绘制方式与之前在个人或者文件地理数据库中的操作一致，在此不再赘述。绘制完成的结果如图 7–50 所示。

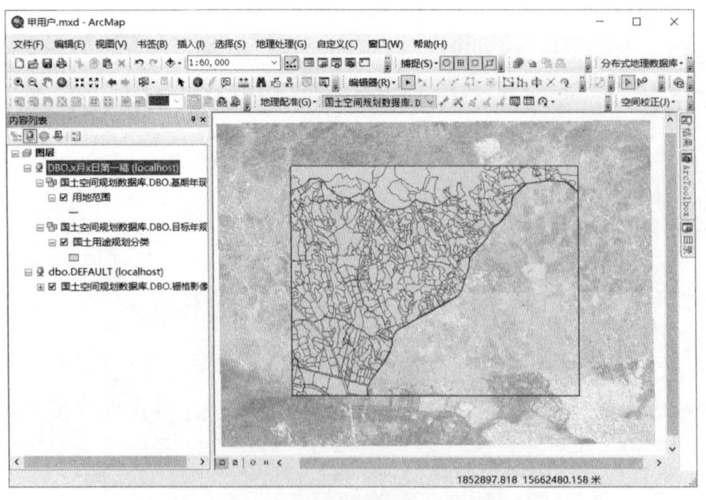

图 7–50　甲、乙用户绘制片区图示（一）

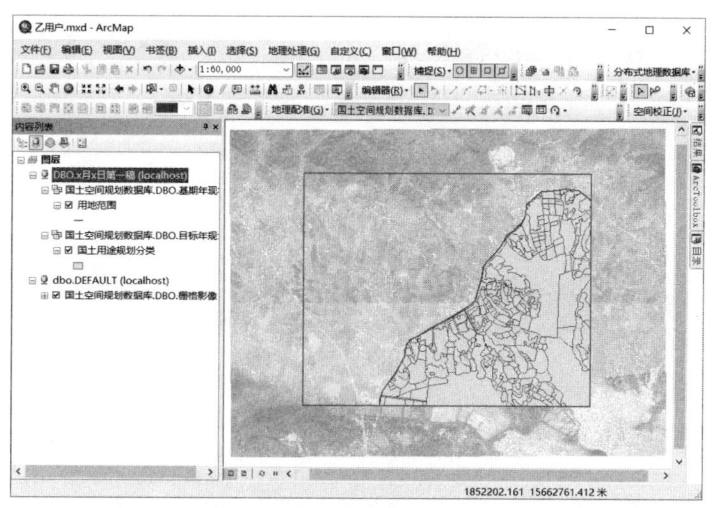

图 7-50 甲、乙用户绘制片区图示（二）

- 甲、乙用户互相查看对方成果。各自绘制完成并保存编辑后（注意一定要保存编辑），回到甲用户的地图文档【甲用户 .mxd】（可以是甲、乙任意一方），点击【版本管理】工具条上的【刷新】工具，或者重新打开地图文档，或者重新加载该要素类，便会加载乙用户保存的绘制内容，显示甲、乙两方的共同工作成果（图 7-51）。这就是协同编辑的魅力。

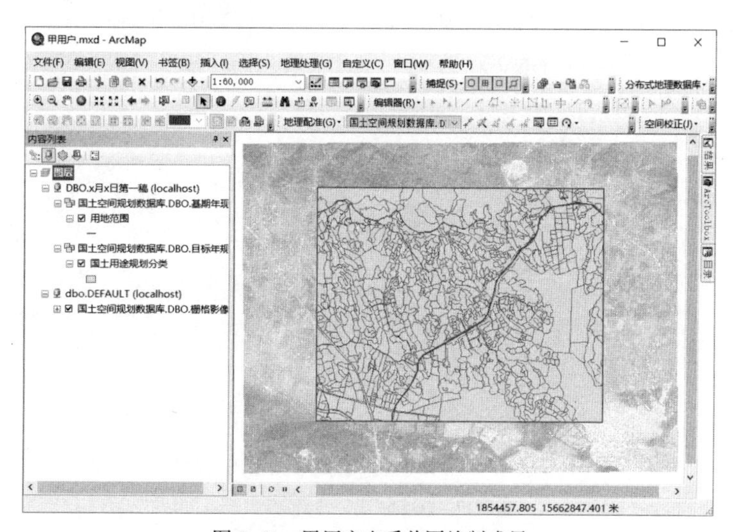

图 7-51 甲用户查看共同绘制成果

步骤 3： 绘制版本的协调和提交。

使用【版本管理】中的【协调】功能对子版本【× 月 × 日第一稿】与父版本进行协调，无冲突后，即可将【× 月 × 日第一稿】提交至父版本【dbo. DEFAULT】中进行存档，以便与后续修改稿件对比协调。

- 版本协调。
  - 点击【版本管理】工具条上的【协调】命令，显示【协调】对话框①。
  - 在对话框中，【目标版本】选择父版本【dbo.DEFAULT】，在【如何解决冲突？】栏选择【优先使用编辑版本】，如图 7-52 所示。点击【确定】按钮，进行协调。

① 需要保证要素类处于编辑状态，【协调】命令才能够被激活。

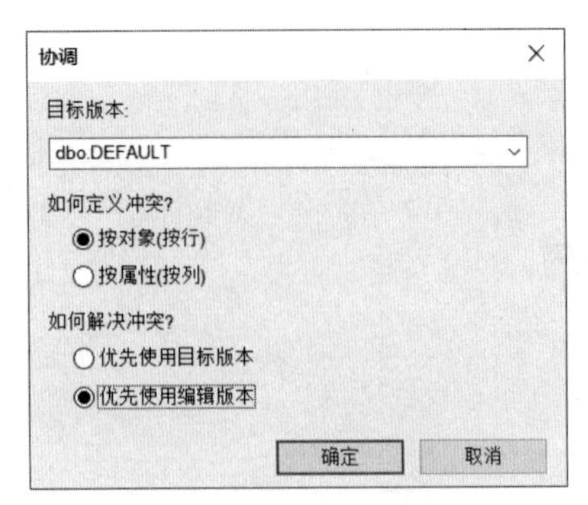

图 7-52　协调对话框

> **知识点：协调和冲突**
>
> 协调可以根据选定的目标版本协调正在编辑版本。如果勾选了【优选使用目标版本】，那么目标版本中增、删或更新了要素，编辑版本中就会立即增、删或更新要素。如果勾选了【优选使用编辑版本】，则只有在提交后才能在目标版本中增、删或更新编辑版本中要素。
>
> 在编辑版本的过程中，其他用户可能也对目标版本中同一要素进行了更改，从而产生冲突。协调操作将检查这些冲突。主要存在以下冲突类型。
>
> （1）在当前正在编辑的版本和目标版本中对同一要素进行更新。
>
> （2）在一个版本中更新某个要素，同时在另一版本中删除该要素。
>
> （3）在当前正编辑的版本和目标版本中修改拓扑结构上相关的要素或关系类。
>
> 为解决冲突可以优选使用目标版本或编辑版本。

- 版本提交。
  - 当完成协调后，点击【版本管理】工具条上刚被激活的【提交】工具，完成版本提交。停止编辑后，再切换至父版本【DEFAULT】，便会发现子版本【×月×日第一稿】的内容已经更新至父版本中（图 7-53）。

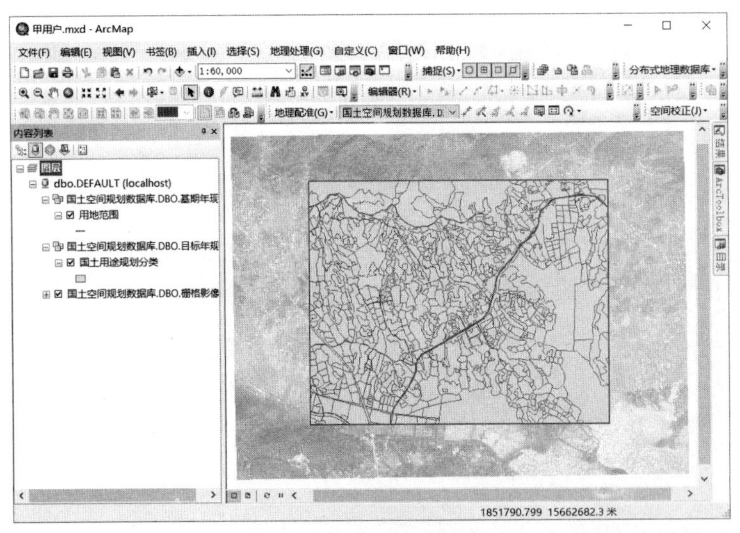

图 7-53　提交后的父版本

完成以上步骤后，便实现了多用户编辑同一版本，完成了【第一稿】的任务。

7.3.3　实验二：版本迭代

在甲、乙两人合力完成了规划范围内的全要素的绘制后，由乙用户基于【×月×日第一稿】创建子版本【第二稿】，并切换至该版本，继续修缮绘制方案。

在修改后，直接查看最新综合版本【第二稿】，决定是否以此为最终版，或者继续基于此修改得到【第三稿】或【第四稿】等。也可通过提交功能，综合【第一稿】和【第二稿】的优势，获得融合版本。

紧接之前步骤，继续操作如下。

☞ **步骤 1**：乙用户创建【第二稿】版本并进行绘制。

◆ 创建子版本【第二稿】。

◆ 打开乙用户地图文档【乙用户 .mxd】，通过【版本管理器】工具，在子版本【 × 月 × 日第一稿】基础上再创建一个子版本【第二稿】，如图 7-54 所示。

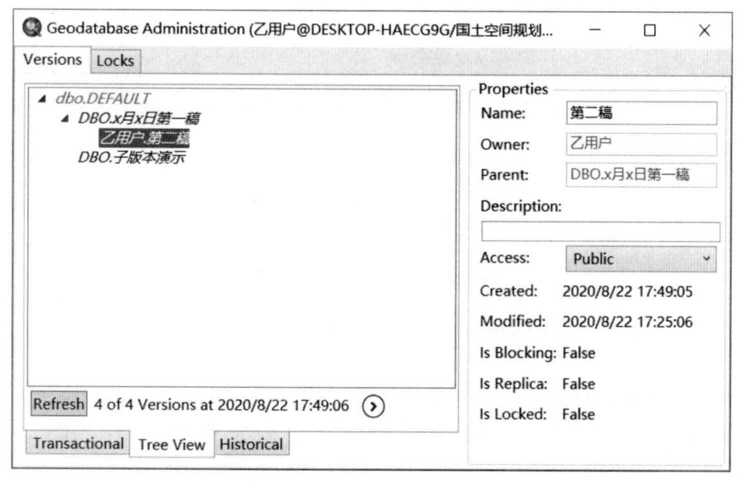

图 7-54　版本关系树视图

◆ 利用【切换版本】功能切换至子版本【第二稿】。在【内容列表】面板中，选中【DBO. × 月 × 日第一稿 (localhost)】数据库，点击【版本管理】工具条上的【切换版本】，将版本选择为【第二稿】。

◆ 编辑子版本【第二稿】。

◆ 在【内容列表】面板中，将原【国土用途规划分类】图层重命名为【国土用途规划分类第二版】。

◆ 开启编辑【国土用途规划分类第二版】要素类，对上一版绘制的图斑进行修缮。绘制结果如图 7-55 所示。

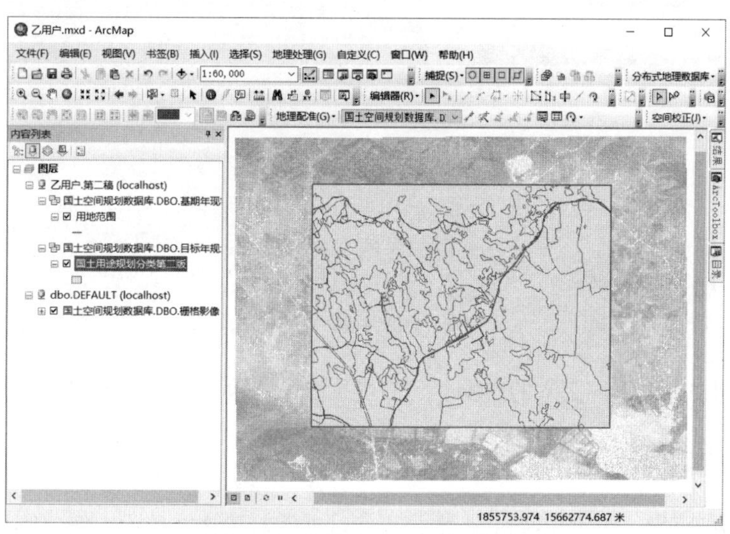

图 7-55　乙用户【第二稿】绘制结果

☞ **步骤 2**：再次加载【第一稿】的方案，进行方案对比。

◆ 加载【第一稿】方案。

◆ 在【目录】面板的【数据库连接】项目下，浏览到【localhost.sde By 乙用户 .sde\国土空间规划数据库 .DBO.目标年规划 \ 国土空间规划数据库 .DBO.GTYTGHFL】，将其再次加载至【内容列表】面板。

- 此时【内容列表】面板中，在【dbo.DEFAULT (localhost)】数据库内同样加载了【国土用途规划分类】图层，这两个图层实际代表了同一要素类的两个版本（图 7-56）。

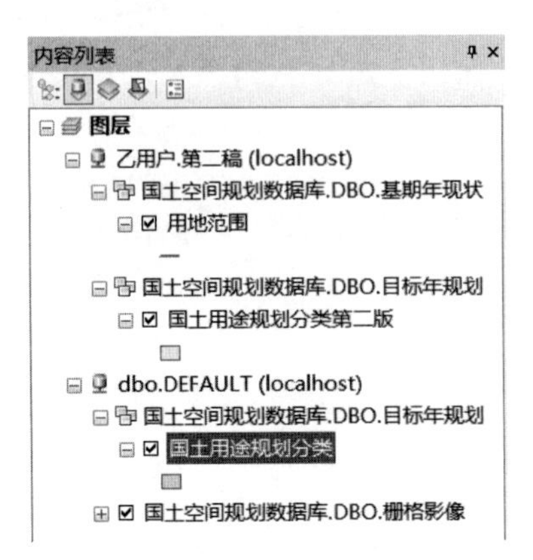

图 7-56　再次加载国土用途规划分类图层

- 将【dbo.DEFAULT (localhost)】数据库切换至子版本【× 月 × 日第一稿】，再将其中的图层【国土用途规划分类】重命名为【国土用途规划分类第一版】。此时便通过两个图层同时显示了【第一稿】和【第二稿】的方案。
- 方案对比。调整位于上方图层的透明度，即可以通过叠加，查看两方案的差异，便于比较（图 7-57）。

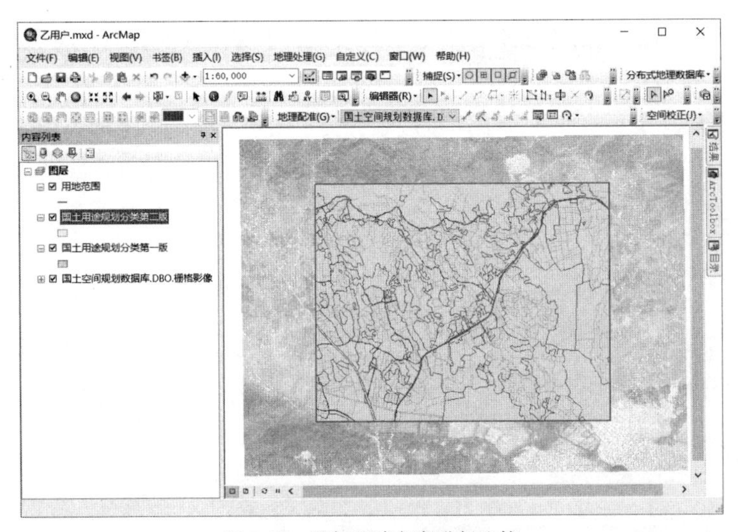

图 7-57　叠加两稿方案进行比较

至此，就实现了多用户编辑不同版本的实验。之后进一步的修改方法与之类似，不再赘述。

7.3.4　实验三：多方案平行编制

若想基于同一版本由不同人员绘制不同的版本，再经过方案对比选择较优方案，则可通过如下实验实现。基于上一步骤的【第二稿】，分别由甲、乙两用户创建各自的版本，通过切换版本后分别绘制。

在完成各自的绘制后，可参照 7.3.3 节步骤 2“方案对比”的方法，通过同一窗口叠加显示不同方案的方式，对比多方案的优劣；也可通过提交功能，将两个平行方案统一至一个版本，得到最优版。

- 在此阶段，基于子版本【第二稿】，甲用户和乙用户分别建立各自的子版本【甲方案版本】和【乙方案版本】（图 7-58）。再各自切换至各自的版本，进行方案的绘制。

图 7-58 创建子版本

- 完成方案后，甲方将【甲方案版本】与版本【第二稿】协调（确保子版本【第二稿】与父版本已进行协调），并提交至【第二稿】中，此时【第二稿】已经被覆盖为协调后的方案版本。
- 之后，乙方将【乙方案版本】和上一步骤协调后的方案版本协调，最后提交至父版本【dbo. DEFAULT】中进行存档。如此，通过提交至同一版本可在冲突协调中综合两个方案的优点，最终获得最新的优化后的版本方案。详细步骤与前两个实验相同，在此不作赘述。

7.3.5 历史回退

如果在编辑过程中创建了多个历史标签，则可以通过【切换版本】工具，回退到各历史标签记录的编辑状态。这对于编制规划方案非常有用。

下面紧接之前步骤，介绍历史回退。

☞ **步骤 1**：创建历史标签。

- 打开甲用户地图文档（可以是甲、乙任意一方），点击【版本管理】工具条上的【版本管理器】工具，显示【Geodatebase Administration】对话框，切换到【Versions】选项卡，其底端有可用的子选项卡，如图 7-59 所示。

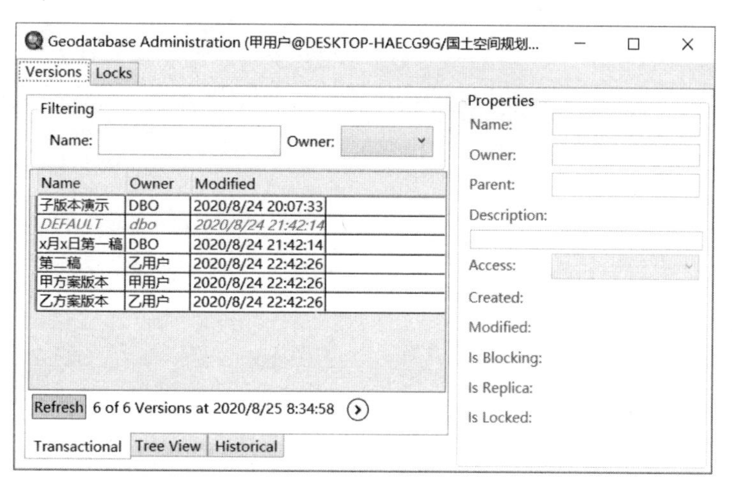

图 7-59 Geodatebase Administration 对话框及其选项卡

- 【Transactional】：可显示地理数据库中的所有版本及其所有者，以及最后修改的日期和时间。

- 【Tree View】: 可用于查看父版本与子版本之间的结构和关系。这有助于显示哪些版本可与其他版本协调、哪些版本可以删除以及哪些子版本会受到级联删除的影响。
- 【Historical】: 可显示使用各自创建的历史标签及每个标签的时间戳。通过该子选项卡可以创建和删除历史标签，以及更改所选标签的名称、日期和时间。

◆ 创建历史标签。

- 在【Geodatabase Administration】对话框中，切换到【Historical】选项卡，在标签栏的空白处点击右键，在弹出的菜单中选择【New Marker】(图 7-60)，显示【New Marker】对话框（图 7-61）。
- 在【Name】栏输入标签名为【标签 1】。
- 在【Data】和【Time】栏修改为当前时间（可点击【Data】栏右侧的进行更新），点击【OK】完成历史标签的创建。

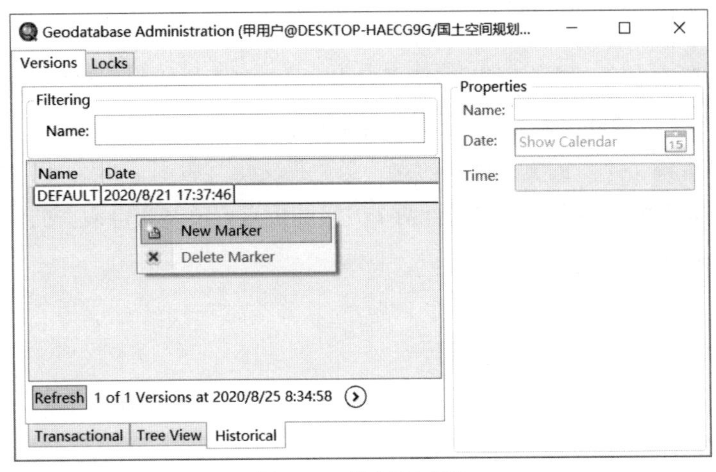

图 7-60 创建历史标签

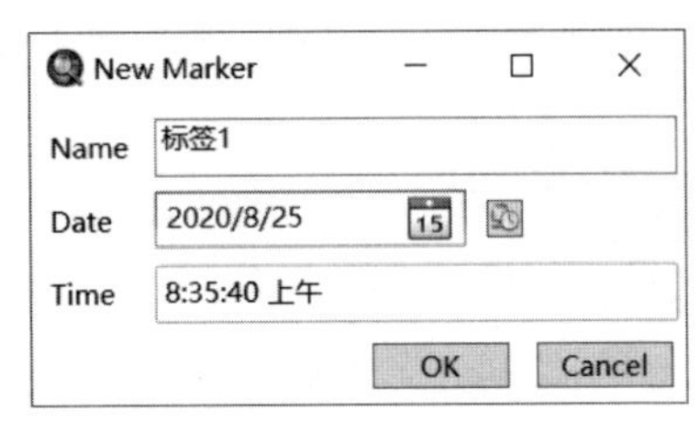

图 7-61 New Marker 对话框

☞ **步骤 2:** 历史回退。

◆ 在【内容列表】面板中，选中数据库，点击【版本管理】工具条上的【切换版本】工具，显示【Change Version】对话框，切换到【Historical】选项卡，在标签栏中选择【标签 1】，点击【OK】按钮，此时数据库即回退至创建【标签 1】时的历史状态（图 7-62）。

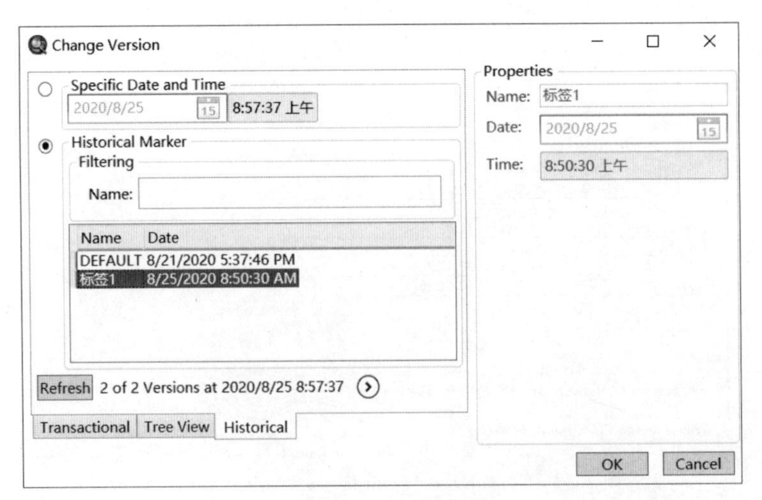

图 7-62 版本回退

7.3.6 数据的离线编辑

以上操作都是基于用户与服务器建立了数据连接的情况进行的。考虑到实际情况，用户有时未连接服务器，此时为了继续工作，数据的离线编辑功能便显得非常重要。

ArcSDE 地理数据库具有为用户提供数据下载的功能，用户将数据下载到本地后会存储在一个新建的本地地理数据库中，可以进行离线的数据编辑（其编辑过程与 ArcGIS 数据一般编辑过程相同）。在离线编辑完成后，可以将数据同步复制到服务器，对服务器数据进行更新，该工作流程如图 7-63 所示。

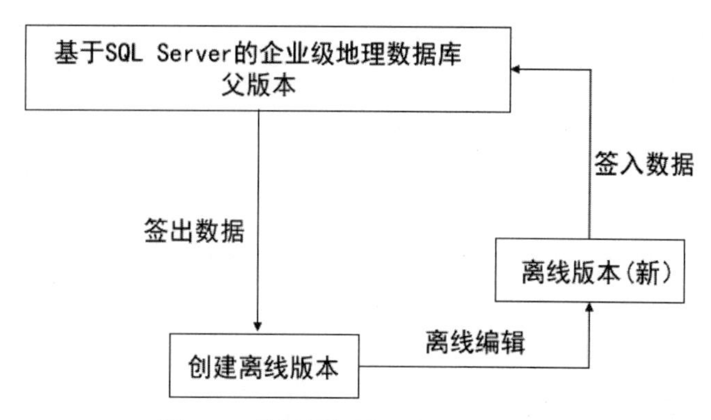

图 7-63 数据离线编辑工作流程示意

下面紧接之前步骤，介绍数据的签出。

☞ **步骤 1**：数据的签出。

- 显示【分布式地理数据库】工具条。打开乙用户地图文档（可以是甲、乙任意一方），右键单击任意工具条，在弹出的菜单中选择【分布式地理数据库】，显示出【分布式地理数据库】工具条（图 7-64）。

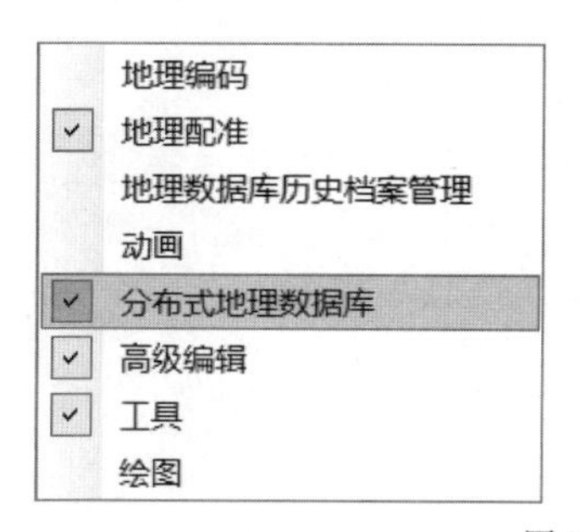

图 7-64 分布式地理数据库工具条

- 数据签出。点击【分布式地理数据库】工具条上的【创建复本】工具，显示【创建复本向导】对话框。
  - 设置【要从哪个地理数据库复制数据？】为【乙用户 . 第二稿 - localhost】（图 7-65），这时【这些图层和表将可供复制】栏出现了该版本中已加载的要素类（只会检出所选版本数据库中已加载至【内容列表】面板的要素类），点击【下一步】按钮。
  - 选择【检出】（图 7-66），点击【下一步】按钮。
  - 显示【检出向导】对话框，设置【要检出到哪个地理数据库？】为【地理数据库】，并选择存储位置为【D:\study\chp07\ 练习数据 \ 基于版本的协同编辑 \CheckOut_Output.mdb】①。将检出复本命名为【MyCheckOut】，如图 7-67 所示，点击【下一步】按钮。

---

① 存储位置读者可自行设定；此处若未创建数据库，在后续检出步骤会自动创建。

- 显示【检出后选项】对话框，设置【要在检出完成后执行什么操作】为【不执行进一步的操作】，如图7–68所示。

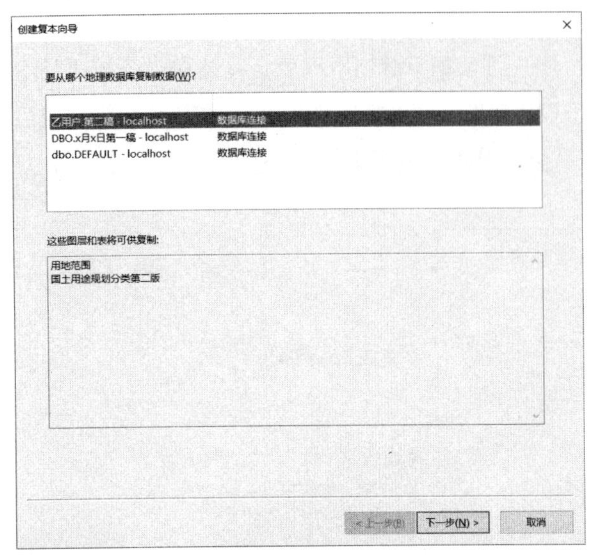

图 7–65　选择地理数据库

图 7–66　设置副本创建类型

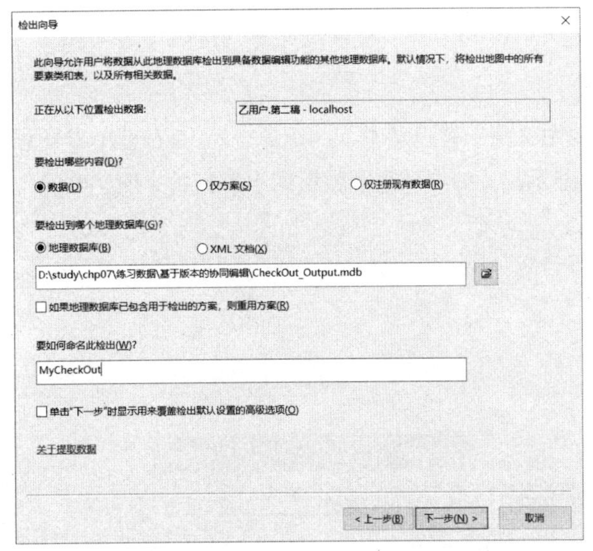

图 7–67　检出向导对话框

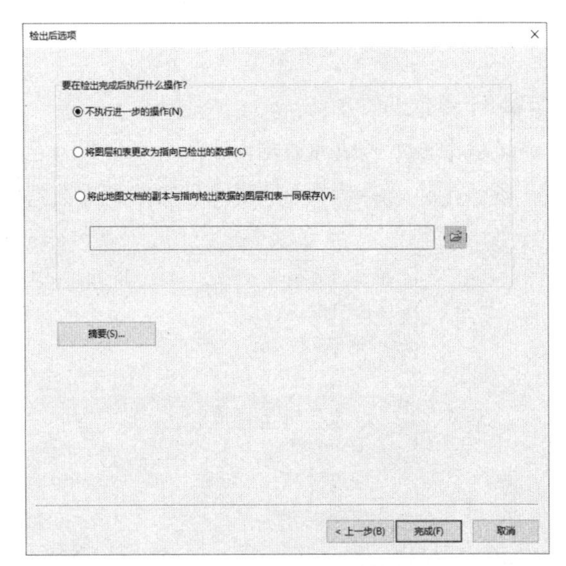

图 7–68　检出后选项对话框

- 点击【完成】按钮，完成数据签出。

- 查看签出成果。
  - 在【目录】面板中，浏览到【文件夹连接\D:\study\chp07\练习数据\基于版本的协同编辑】，可看到【CheckOut_Output.mdb】数据库及其中注册为版本的要素数据集，已成功签出至本地文件夹内（图7–69）。
  - 同时，点击【版本管理】工具条上的【版本管理器】工具，显示【Geodatebase Administration】对话框，发现在【Transactional】子选项卡中，新增了一个记录签出数据的版本【MyCheckOut】和其属性（图7–70）。此后便可以开启离线编辑。

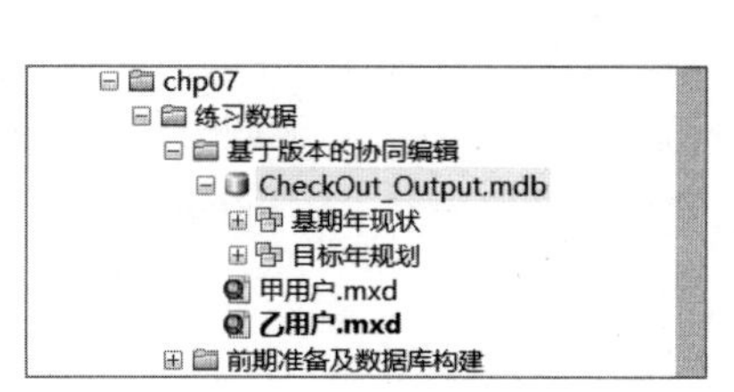

图 7-69 创建副本成功

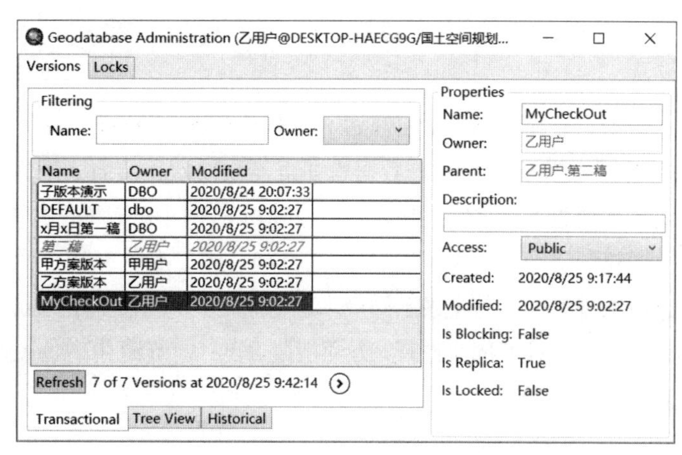

图 7-70 Geodatebase Administration 中签出版本信息

☞ **步骤 2：**数据的签入和查看。

- 数据签入。当数据编辑完成需要上传更新时，重新连接数据库，然后点击【分布式地理数据库】工具条上的【同步数据变化】工具，弹出【同步数据变化导向】对话框，按照同步向导的提示，签入本地数据。
  - 设置【要同步哪个地理数据库：】为【D:\study\chp07\练习数据\基于版本的协同编辑\CheckOut_Output.mdb】。
  - 设置【要同步的复本：】为【MyCheckOut】。
  - 设置【地理数据库 2- 包含相关复本的地理数据库】为【localhost-sde:sqlserver:localhost\SQLEXPRESS-国土空间规划数据库】。
  - 设置【同步方向：】为【从地理数据库 1 到地理数据库 2】，如图 7-71 所示，点击【下一步】按钮。
  - 在【定义冲突】项，选择【按对象（按行）】。
  - 在【解决冲突】项，按照需要的方式协调冲突，一般选择【以后手动解决版本化数据中的冲突与分版本化数据发生冲突将回滚该操作】，如图 7-72 所示。
  - 点击【完成】按钮，完成数据的签入。

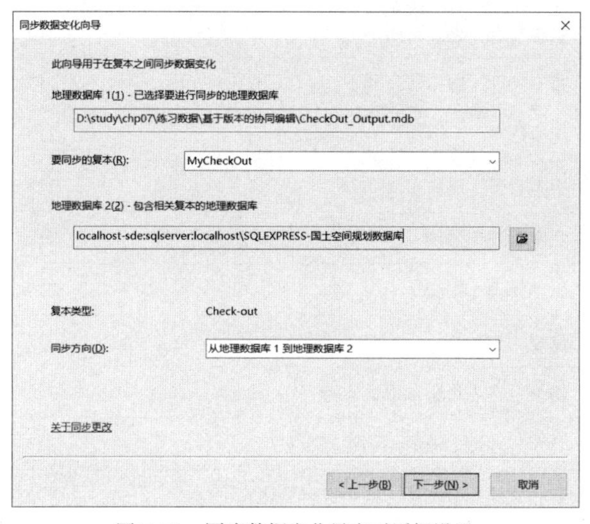

图 7-71 同步数据变化导向对话框设置

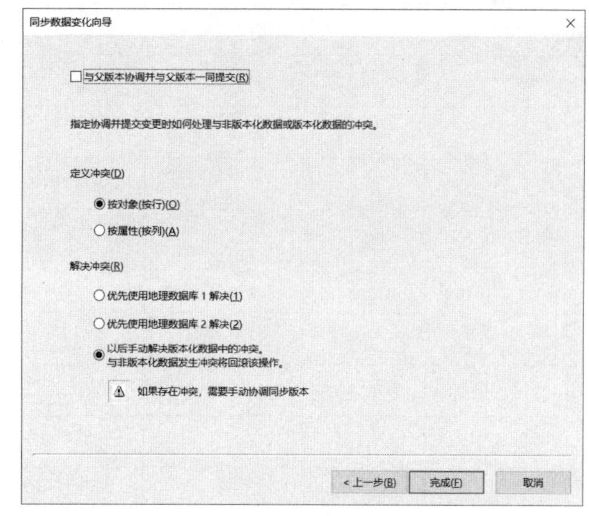

图 7-72 协调冲突

- 数据处理。导入离线编辑版本【MyCheckOut】后，通过【切换版本】，切换至【MyCheckOut】。在开启编辑后，通过协调、冲突解决和提交的工作顺序，将离线版本【MyCheckOut】提交至目标版本【第二稿】中，具体操作参考 7.3.2 节步骤 3 “绘制版本的协调和提交”。

7.4 本章小结

本章主要介绍了国土空间规划下的协同规划，以 SQL Server 数据库为例搭建数据库管理系统。具体介绍如何在 ArcGIS 中创建企业级地理数据库并直连数据库，从而实现多人同时操作；并演示了多用户编辑同一版本、多用户编辑不同版本、多方案比较、离线编辑等不同情况下的协同编辑。

协同规划实则是在保证规划设计的合理分工、各部分统一的基础上，创建一个多人同时工作的协同设计平台。同时，协同规划能清楚记录不同版本、不同方案，方便进行多方案比较，完善规划设计。多人同时编辑，能够真正意义上保证设计的同步进行，方便把握进度，使资源共享最大化，从而实现规划流程上下游和专业间的“提资”以及对接。

本章技术汇总表

规划应用汇总	页码	信息技术汇总	页码
安装配置及数据库构建	197	安装配置 SQL Server	197
数据库直连	201	创建最高权限数据库管理员	200
创建普通用户	204	创建企业级地理数据库	200
注册版本	206	数据库连接	201
创建子版本	209	复制要素数据集	203
基于版本的协同编辑	212	批量导入要素类至地理数据库	203
多用户编辑同一版本	214	创建普通用户	204
版本迭代	218	赋予数据访问权限	205
多方案平行编制	220	要素数据集版本化	207
历史回退	221	版本管理工具	209
数据离线编辑	223	版本管理（创建新版本）	210
		版本管理（版本管理器）	210
		切换版本	210
		版本管理（刷新）	217
		版本管理（协调）	217
		版本管理（提交）	218
		创建历史标签	221
		切换版本（历史回退）	222
		分布式地理数据库（创建复本）	223
		分布式地理数据库（同步数据变化）	225

第8章 “双评价”概述

自本章开始，本书将围绕国土空间规划“双评价”的编制工作，介绍利用ArcMap进行“双评价”的基本方法。

“双评价”指“资源环境承载能力评价”和“国土空间开发适宜性评价”，其中“国土空间开发适宜性评价”又可分为生态保护重要性评价、城镇建设适宜性评价、农业生产适宜性评价。按照《中共中央国务院关于建立国土空间规划体系并监督实施的若干意见》要求，“双评价”是国土空间规划编制的前提和基础，也是国土空间规划编制过程中研究分析的重要组成部分。因此，能否科学开展“双评价”工作，确保“双评价”工作成果的科学性、实用性、可落地性是国土空间规划编制工作中的关键。

因此，用ArcMap进行“双评价”主要包括以下四项实验内容。

➢ 生态保护重要性评价；

➢ 城镇建设适宜性评价；

➢ 农业生产适宜性评价；

➢ 承载规模评价。

本章将对“双评价”的技术方法、实验对象和实验数据进行概述。然后从第9章至第12章将依次重点介绍以上四项评价内容，每一章就一个评价主题的具体评价内容、方法和操作步骤进行详细介绍，最后在第13章中对“双评价”过程中内容重叠或过程较长的相关分析以及利用模型建构器批处理进行“双评价”作详细介绍。

需要注意的是，“双评价”的实现方法不是一成不变的，很多计算评价方法可以通过不同的模型工具、Modelbuilder、ArcPy或其他一些专业软件来实现，再加上具体评价过程中的数据格式、精度以及数据收集情况等可能不尽相同，因此建议读者主要学习领会“双评价”过程的思路与逻辑，而非具体的工具运用方法。

本章所需基础：无。

8.1 “双评价”技术方法概述

“双评价”分析的目的是，基于区域资源环境禀赋条件，研判国土空间开发利用问题和风险，识别生态系统服务功能极重要和生态极脆弱空间，明确农业生产、城镇建设的适宜空间和最大合理规模，为科学编制国土空间规划，优化国土空间开发保护格局，完善主体功能定位，划定生态保护红线、永久基本农田、城镇开发边界，实施国土空间用途管制和生态保护修复提供技术支撑，形成以“生态优先、绿色发展”为导向的高质量发展新路径。

总体而言，“双评价”的工作流程大体包括以下四个环节：工作准备、本底评价、综合分析和成果应用。

8.1.1 工作准备

开展具体评价工作前，需要明确评价目标，制订评价工作方案，开展资料和相关数据收集工作，然后在系统梳理当地资源环境生态特征与突出问题的基础上，确定评价内容、技术路线、核心指标及计算精度。

8.1.2 本底评价

本底评价指将资源环境承载能力和国土空间开发适应性作为有机整体，围绕土地资源、水资源、气候、生态、环境、灾害六大要素，针对生态保护、农业生产、城镇建设三大核心功能指向展开本底评价（表8-1）。

"双评价"的评价指标体系　　表 8-1

	土地资源	水资源	气候	生态	环境	灾害	区位
生态保护	—	—	—	生态系统服务功能重要性*（生物多样性维护、水源涵养、水土保持、防风固沙、海岸防护） 生态敏感性*（水土流失、沙化、石漠化、海岸侵蚀）	—	—	—
农业生产	坡度* 土壤质地*	降水量 / 干旱指数 / 用水总量控制指标模数*	≥ 0℃活动积温*	盐渍化敏感性	土壤环境容量*	气象灾害危险性（干旱、雨涝、高温热害、低温冷害等）	—
城镇建设	坡度* 高程* 地形起伏度*	水资源总量*模数 / 用水总量控制指标模数	舒适度	—	大气环境容量、水环境容量	地质灾害危险性*（地震、崩塌、滑坡、泥石流、地面沉降、地面塌陷）及风暴潮灾害危险性	区位优势度

资料来源：《资源环境承载能力和国土空间开发适宜性评价技术指南（试行）》（2019 年 7 月版）。

注：1. * 为基础指标，其他为修正指标。

2. 针对区域特征与问题确定相应指标，如平原地区不涉及地形起伏度等。

3. 各地可立足本地实际增加评价要素和指标，海洋开发利用、文化保护利用、矿产资源开发利用等特点突出的可补充相关指标进行评价。

本底评价环节是"双评价"工作的核心环节，在本底评价中需要依次开展生态保护重要性评价、农业生产适宜性评价、城镇建设适宜性评价、承载规模评价四项工作。整个本底评价环节的核心思想和主要工作内容是对各类要素进行空间计算，计算过程中将涉及确定计算方法、评价阈值和判别矩阵、编写算法等工作。各环节具体工作内容如图 8-1 所示。

8.1.3 综合分析

综合分析环节主要包括资源环境禀赋分析、现状问题和风险识别、潜力分析和情景分析。综合分析环节可能会出现"双评价"工作成果与部分主观判断或现状考察的实际情况不匹配的情况，这时需要进一步梳理综合分析的技术路线，或者针对本底评价环节的某些模型选择或者模型的技术参数进行适当调整，确保"双评价"工作成果与实际相符。

8.1.4 成果应用

成果应用环节主要指，结合"双评价"工作成果从多个具体方面来支撑国土空间规划编制。

8.2 实验对象简介

为了更好地展示 ArcGIS 下的"双评价"技术实现思路和关键操作步骤，本书选择了一个约 4.5km × 5.7km 的矩形范围地域作为本章"双评价"实验模拟对象。由于实验对象范围较小（约 25km^2），因此最终的实验结果呈现出的效果层次不会特别丰富，仅用作实践学习。

下面简单介绍一下实验对象。实验对象地处江南，气候温热，属亚热带季风性气候，年均气温 16.9℃，年均日照时数 1873.1h，年均降雨量 1376.3mm，年均降雨日 148 天，雨量多，强度大，常造成洪涝灾害。由图 8-2 所示，实验区谷歌影像图可见，实验区北面临山，整体地势呈现出西北高、东南低态势，境内水塘星罗棋布，东南角为一处湿地自然保护区。实验区中部为一镇区，现状常住人口约12000人，镇区周边分布有若干个大大小小的自然村落。

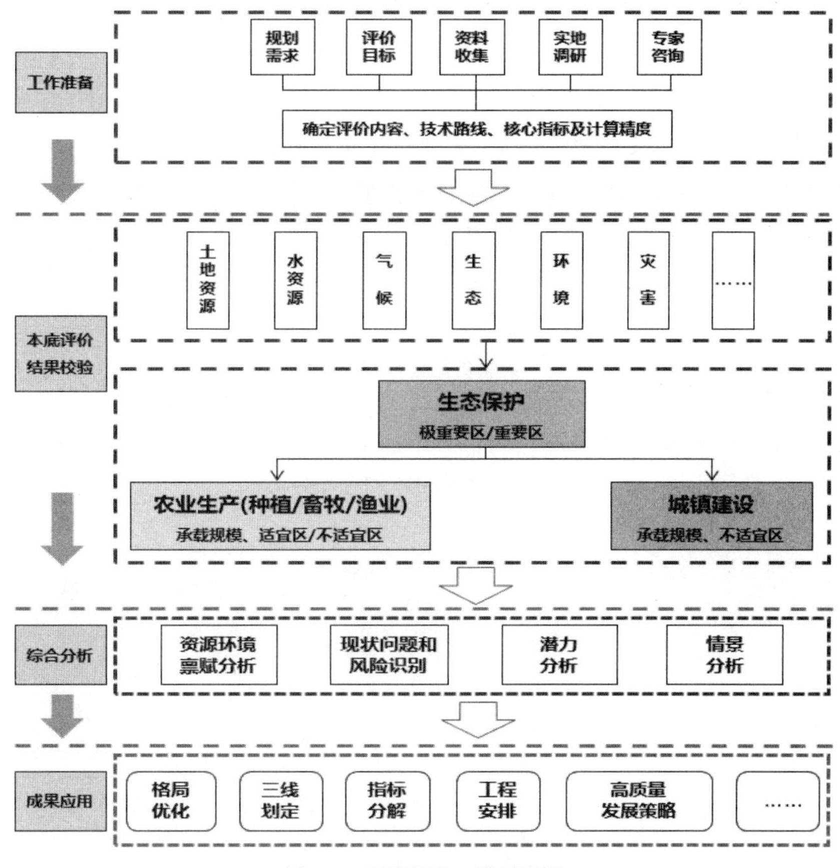

图 8-1 "双评价"工作流程图

图片来源：《资源环境承载能力和国土空间开发适宜性评价技术指南（试行）》（2020年1月版）

图 8-2 实验区谷歌影像图

8.3 实验数据及其结构组织

“双评价”工作涉及大量的空间数据操作和计算，因此需要对评价过程的数据成果进行规范管理。如表 8-2 所示，本章实验将“双评价”过程涉及的数据按如下方法进行组织。

一级目录为文件夹【练习数据】；二级目录主要包括四个文件夹，分别对应四个评价主题，即【生态保护重要性评价】、【农业生产适宜性评价】、【城镇建设适宜性评价】、【承载规模评价】；三级目录主要包括三个文件夹，即【双评价过程要素】、【双评价基础要素】、【双评价结果要素】，满足国土空间规划数据库入库需要；四级目录主要包括一个文件夹和一个 .mdb 格式个人地理数据库，其中 .mdb 格式个人地理数据库主要收集评价过程的矢量数据，文件夹主要收集评价过程的栅格及其他格式数据。

实验数据组织结构　　表 8-2

<table>
<tr><th>一级目录</th><th>二级目录</th><th>三级目录</th><th>四级目录</th></tr>
<tr><td rowspan="12">练习数据</td><td rowspan="3">生态保护重要性评价</td><td>“双评价”过程要素</td><td>适宜性评价栅格及其他过程要素
适宜性评价矢量过程要素 .mdb</td></tr>
<tr><td>“双评价”基础要素</td><td>适宜性评价栅格及其他基础要素
适宜性评价矢量基础要素 .mdb</td></tr>
<tr><td>“双评价”结果要素</td><td>适宜性评价栅格及其他结果要素
适宜性评价矢量结果要素 .mdb</td></tr>
<tr><td rowspan="3">农业生产适宜性评价</td><td>“双评价”过程要素</td><td>适宜性评价栅格及其他过程要素
适宜性评价矢量过程要素 .mdb</td></tr>
<tr><td>“双评价”基础要素</td><td>适宜性评价栅格及其他基础要素
适宜性评价矢量基础要素 .mdb</td></tr>
<tr><td>“双评价”结果要素</td><td>适宜性评价栅格及其他结果要素
适宜性评价矢量结果要素 .mdb</td></tr>
<tr><td rowspan="3">城镇建设适宜性评价</td><td>“双评价”过程要素</td><td>适宜性评价栅格及其他过程要素
适宜性评价矢量过程要素 .mdb</td></tr>
<tr><td>“双评价”基础要素</td><td>适宜性评价栅格及其他基础要素
适宜性评价矢量基础要素 .mdb</td></tr>
<tr><td>“双评价”结果要素</td><td>适宜性评价栅格及其他结果要素
适宜性评价矢量结果要素 .mdb</td></tr>
<tr><td rowspan="3">承载规模评价</td><td>“双评价”过程要素</td><td>承载力评价栅格及其他过程要素
承载力评价矢量过程要素 .mdb</td></tr>
<tr><td>“双评价”基础要素</td><td>承载力评价栅格及其他基础要素
承载力评价矢量基础要素 .mdb</td></tr>
<tr><td>“双评价”结果要素</td><td>承载力评价栅格及其他结果要素
承载力评价矢量结果要素 .mdb</td></tr>
</table>

本书所用实验数据既有矢量数据也有栅格数据，具体根据实际需求进行选用。但在进行多要素叠加时，如果涉及两种不同格式的数据，则需要通过转换数据统一格式，然后再进行矢量要素的叠加或栅格要素的叠加。具体选用哪种叠加，详见下面的介绍。

关于矢量要素叠加和栅格要素叠加两种空间叠加计算方法的说明：

“双评价”空间计算的重要方法之一是空间叠加计算，在ArcGIS中，空间叠加计算可分为矢量要素相交和栅格要素叠加两种。根据2019年7月版《资源环境承载能力和国土空间开发适宜性评价技术指南（试行）》，“双评价”工作主要在省级（区域）和市县级两个层级开展，其中省级（区域）层面推荐采用50m×50m栅格或更高精度（的栅格）；市县层面推荐优先使用矢量数据，使用栅格数据则建议采用30m×30m栅格或更高精度（的栅格）。因此，“双评价”的空间叠加计算过程中并不严格约束计算方式，可以根据实际情况来确定是采用矢量要素还是采用栅格要素来进行叠加计算。

矢量要素和栅格要素叠加的区别：

首先，从计算量和计算复杂程度上来说，矢量要素的计算难度要比栅格要素的计算难度高。因为栅格是一种连续的数据结构，在访问和计算时直接采用行列号来进行访问，计算过程更快。但矢量数据在数据承载的信息量，特别是属性数据的承载量方面远远优于栅格数据，因此“双评价”的很多基础数据都是矢量数据。

另外，从计算过程而言，矢量要素的计算过程常常需要新增字段，再利用字段计算器来计算。这样经过几个环节的计算后，整个矢量数据的数据表结构将会非常冗余，不易阅读。而栅格要素的计算过程则通常以输出新的栅格为结果，因此在经过几个环节的计算后，会得到非常多中间过程的栅格数据，因此栅格叠加计算需要对过程数据进行收集和管理。

由于本书实验范围为相对较小，因此“双评价”实验中将评价精度适当提高为10m×10m。

关于计算精度的说明：确定评价精度是“双评价”工作中一个重要的前置工作。根据自然资源部2019年7月发布的《资源环境承载能力和国土空间开发适宜性评价技术指南（试行）》，省级（区域）层面单项评价的计算精度推荐采用50m×50 m栅格，山地丘陵或幅员较小的区域可提高到25m×25m或30 m×30 m。市县层面单项评价宜在省级评价基础上进一步细分评价单元，优先使用矢量数据，使用栅格数据则采用30m×30m栅格或更高精度。

8.4 本章小结

科学开展“双评价”工作，是国土空间规划编制中的关键。本章对“双评价”的基本内涵、技术方法中的工作流程、本次实验对象的基本信息、实验过程中所涉及数据及其组织结构进行了概要介绍，使读者初步了解“双评价”过程的思路与逻辑。通过熟悉工作流程，梳理实验数据的组织结构，可以更好地把握“双评价”的实现过程，保证评价工作的规范性和条理性。下面第9～13章将详细介绍其评价内容、方法和操作步骤。

第 9 章　生态保护重要性评价

本章将以“双评价”中的生态保护重要性评价为例，介绍利用 GIS 平台进行生态保护重要性评价的基本方法。

生态保护重要性评价的目的是为了识别区域生态系统服务功能相对重要、生态脆弱或脆弱程度相对较高的地区，通过生态系统服务功能重要性、生态脆弱性反映。从区域生态安全底线出发，在陆海全域，评价水源涵养、水土保持、生物多样性维护、防风固沙、海岸防护等生态系统服务功能重要性，以及水土流失、石漠化、土地沙化、海岸侵蚀及沙源流失等生态脆弱性，综合形成生态保护极重要区和重要区。

2020 年 1 月版《资源环境承载能力和国土空间开发适宜性评价技术指南（试行）》（简称“双评价”《指南》）指出，市县级评价在省级评价结果基础上，根据更高精度数据和实地调查进行边界校核。从生态空间完整性、系统性、连通性出发，结合重要地下水补给、洪水调蓄、河（湖）岸防护、自然遗迹、自然景观等进行补充评价和修正。因此，市县级不是必须要评价生态保护重要性，本书只是通过一个案例模拟来讲解其评价方法。

用 ArcMap 进行生态保护重要性评价需要先进行四项单项评价，然后再通过集成评价得到最终的评价结果。本章将主要演示以下五项实验内容。

- 单项评价之水源涵养功能重要性评价；
- 单项评价之水土保持功能重要性评价；
- 单项评价之生物多样性维护功能重要性评价；
- 单项评价之水土流失脆弱性评价；
- 集成评价之生态系统服务功能重要性和生态保护重要性评价。

本章所需基础：

- 读者基本掌握本书第 2 章所介绍的 ArcGIS 要素类加载、查看和符号化等基础。

9.1　评价方法与流程简介

“双评价”的方法总体可概括为多因素叠加，首先构建评价基础数据库，然后对单个因素进行评价，最后集成形成评价。评价生态系统服务功能重要性，则需要先对水源涵养功能重要性、水土保持重要性、防风固沙重要性、海岸防护重要性和生物多样性维护功能重要性五项进行单项评价，集成评价时再取各项结果的最高等级作为生态系统服务功能重要性等级。

评价生态脆弱性，则需要先对水土流失脆弱性、石漠化脆弱性、土地沙化脆弱性和海岸侵蚀脆弱性四项进行单项评价，集成评价时取各项结果的最高等级作为生态脆弱性等级。

最后集成生态系统服务功能重要性和生态脆弱性得到生态保护重要性，识别生态保护极重要区和重要区。水源涵养、水土保持、生物多样性维护、防风固沙、海岸防护等生态系统服务功能越重要，水土流失、石漠化、土地沙化、海岸侵蚀及沙源流失等生态脆弱性越高，且生态系统完整性越好，生态廊道的连通性越好，生态保护重要性等级越高。生态保护重要性评价流程如图 9-1 所示。

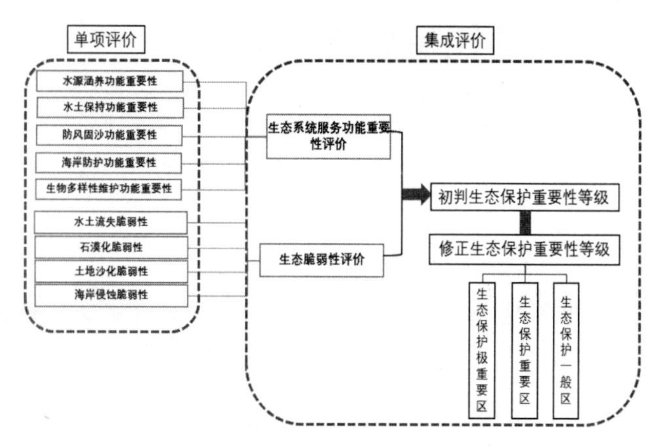

图 9-1　生态保护重要性评价流程

（图片来源：参考《资源环境承载能力和国土空间开发适宜性评价技术指南（试行）》（2020 年 1 月版）绘制）

9.2　实验数据与结果简介

☞ **步骤**：打开地图文档，查看基础数据。

打开随书数据中的地图文档【chp09\ 练习数据 \ 生态保护重要性评价 \ 生态保护重要性评价单项 .mxd】，在【内容列表】面板，浏览到图层组【基础数据】（图 9-2），其中按本书章节内容列出了本次生态保护重要性评价实验所需要用到的基础数据。评价数据概要如表 9-1 所示。

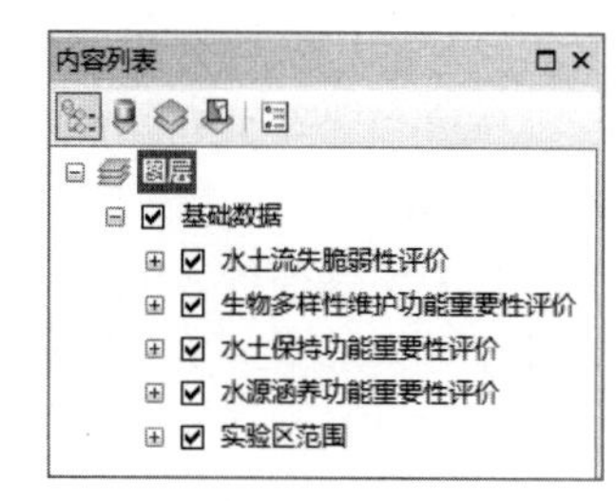

图 9-2 【基础数据】图层组

生态保护重要性评价实验数据一览表　　**表 9-1**

单项评价	基础数据	基础数据名称	数据内容概述
水源涵养功能重要性评价	生态系统	生态系统空间分布	基于“双评价”技术指南中生态系统分类表进行分类
	年均蒸散发量	年均蒸散发量	本实验虚构的实验区范围年均蒸散发量
	年均降雨量	降雨量	本实验虚构的实验区外围四处气象站点长时间序列降水观测矢量数据，含 3 个主要字段：区站号、日期、降雨量
	径流系数	径流系数对照表	基于“双评价”技术指南中各生态系统类型地表径流系数表
水土保持功能重要性评价	生态系统	生态系统空间分布	基于“双评价”技术指南中生态系统分类表进行分类
	植被覆盖	植被覆盖度	本实验虚构的实验区范围植被覆盖度
	地形坡度	地形坡度数据	基于实验区范围高程 DEM 数据进行栅格插值计算得到的 10m 精度的栅格数据
生物多样性维护功能重要性评价	生态系统	生态系统层次	本实验虚构的实验区范围生态系统层次重要性评价
	物种	物种层次	本实验虚构的实验区范围物种层次重要性评价
	遗传资源	遗传资源层次	本实验虚构的实验区范围遗传资源层次重要性评价
水土流失脆弱性评价	土壤质地	土壤属性数据	本实验虚构的实验区范围土壤可蚀性 K 值
	降雨侵蚀力因子 R 值	降雨侵蚀力因子 R 值	本实验虚构的实验区范围降雨侵蚀力因子 R 值
	植被覆盖	植被覆盖度	本实验虚构的实验区范围植被覆盖度
	地形高程	地形高程数据	基于实验区范围高程 DEM 数据进行栅格插值计算得到的 10m 精度的栅格数据

9.3 单项评价之水源涵养功能重要性评价

水源涵养功能重要性评价是生态系统服务功能重要性评价中的一个单项评价。其他单项评价包括水土保持重要性评价、防风固沙重要性评价、海岸防护重要性评价和生物多样性维护功能重要性评价。

9.3.1 评价方法

水源涵养功能的评价指标为水源涵养量。水源涵养是指生态系统（如森林、灌木等）通过其特有的结构与水相互作用，对降水进行截留、渗透、蓄积，并通过蒸散发实现对水流、水循环的调控，主要表现在缓和地表径流、补充地下水、减缓河流流量的季节波动、滞洪补枯、保证水质等方面。

水源涵养功能重要性评价的方法具体参照2020年1月的“双评价”《指南》。其中指出，通过降雨量减去蒸散发量和地表径流量得到水源涵养量，以此评价生态系统水源涵养功能的相对重要程度。降雨量较大、蒸散发量及地表径流量较小的区域，水源涵养功能重要性较高。森林、灌木、耕地和湿地生态系统质量较高的区域由于地表径流量小，水源涵养功能相对较高。

水源涵养量公式可总结为：

$$\text{水源涵养量} = \text{降雨量}（P）- \text{蒸散发量}（ET）- \text{地表径流量}（R）$$

其中，降雨量（P）和蒸散发量（ET）根据实测数据通过空间差值求得[①]。

地表径流量（R）通过公式计算求得：

$$\text{地表径流量}（R）= \text{降雨量}（P）\times \alpha$$

其中，α 为平均地表径流系数，按地表生态系统类型计算，各生态系统类型平均地表径流系数如表9-2所示。

生态系统类型平均地表径流系数 表9-2

生态系统类型1	生态系统类型2	平均地表径流系数(%)
森林	林地	0.24
灌木	园地	0.30
耕地	耕地	0.21
湿地	水域	0.23
	滩涂沼泽	0.25
	坑塘水面	0.25
农田	基本农田	0.30
风景	风景名胜用地	0.10
道路	公路用地	0.90
城市	农村居民点	0.60
	耕地	0.60
	建制镇用地	0.80
	设施农用地	0.60
采矿	采矿地	0.70
保留	自然保留地	0.41

资料来源：参考《资源环境承载能力和国土空间开发适宜性评价技术指南（试行）》（2020年1月版）制作。

① 由于蒸散发量的数据计算过程太过复杂，本实验蒸散发量的数据是自行给定的。

根据评价方法，本节实验可分解为三个环节。首先通过空间差值求得区域降雨量，然后按照计算公式水源涵养量 = 降雨量（P）- 蒸散发量（ET）- 降雨量（P）$\times \alpha$，得到水源涵养量，最后将水源涵养量按照分级阈值表分为 3 级得到水源涵养功能重要性评价。

水源涵养功能重要性的评价分级阈值如表 9-3 所示。分级依据是 2020 年 1 月版的“双评价”《指南》，一般将累积水源涵养量最高的前 50% 区域确定为水源涵养极重要区。再结合《生态保护红线划定指南》，“将累积服务值占生态系统服务总值比例的 50% 与 80% 对应的栅格值，作为生态系统服务功能评估分级的分界点”。本实验将累积水源涵养量占水源涵养量总量比例的 50% 与 80% 所对应的栅格值作为水源涵养功能重要性分级的分界点，将水源涵养功能重要性分为 3 级，即极重要、重要和一般重要。

水源涵养功能重要性评价分级阈值表 **表 9-3**

评价因子	累积水源涵养量占水源涵养量总量比例（%）	评价值
水源涵养量	50	5（极重要）
	30	3（重要）
	20	1（一般）

资料来源：参考《资源环境承载能力和国土空间开发适宜性评价技术指南（试行）》（2020 年 1 月版）制作。

累积水源涵养量最高的前 50% 区域如何计算确定：

参考《生态保护红线划定指南》(2017 年）中的累积服务功能计算方法。通过模型计算，得到不同类型生态系统服务值（如水源涵养量）栅格图。在地理信息系统软件中，运用栅格计算器，输入公式“Int([某一功能的栅格数据]/[某一功能栅格数据的最大值] × 100)”，得到归一化后的生态系统服务值栅格图。导出栅格数据属性表，属性表记录了每一个栅格像元的生态系统服务值，将服务值按从高到低的顺序排列，计算累积服务值。将累积服务值占生态系统服务总值比例的 50% 与 80% 所对应的栅格值，作为生态系统服务功能评估分级的分界点，利用地理信息系统软件的重分类工具，将生态系统服务功能重要性分为 3 级，即极重要、重要和一般重要（表 9-4）。

生态系统服务功能评估分级 **表 9-4**

重要性等级	极重要	重要	一般重要
累积服务值占服务总值比例（%）	50	30	20

同理可得累积水源涵养量计算分级方法。

运用栅格计算器，输入公式“Int([水源涵养量]/[水源涵养量的最大值] × 100)”，得到归一化后的水源涵养量栅格图。导出栅格数据属性表，属性表记录了每一个栅格像元的水源涵养量，将水源涵养量按从高到低的顺序排列，计算累积水源涵养量。将累积水源涵养量占水源涵养量总量比例的 50% 与 80% 所对应的栅格值，作为水源涵养功能重要性分级的分界点，利用地理信息系统软件的重分类工具，将水源涵养功能重要性分为 3 级，即极重要、重要和一般重要。

9.3.2 评价数据

紧接之前步骤，继续操作如下。

步骤：查看基础数据。

- 在【内容列表】面板中，浏览到图层组【基础数据 \ 水源涵养功能重要性评价】，其中列出了本次实验所需基础数据，即【生态系统空间分布】、【年均蒸散发量】和【降雨量】（图 9-3），其中的【生态系统空间分布】中已连接了【径流系数对照表】（连接方法详见 2.2.6.2 小节步骤 1）。
- 本节实验所需基础数据的内容概况如表 9-5 所示，【降雨量】、【生态系统空间分布】和【年均蒸散发量】如图 9-4 ~ 图 9-6 所示，实验结果将得到【水源涵养功能重要性评价 .tif】，如图 9-7 所示。

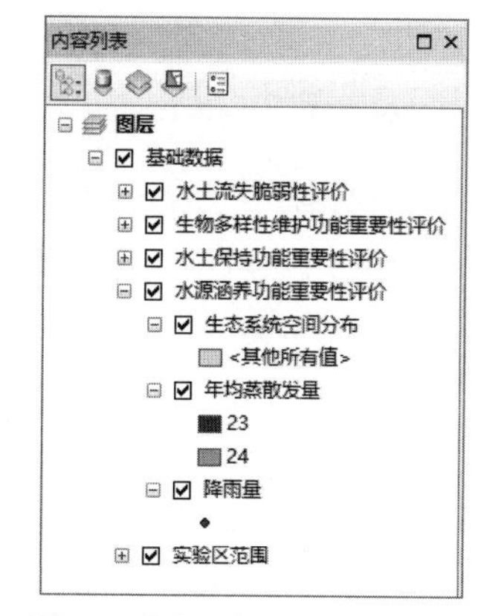

图 9-3 【水源涵养功能重要性评价】图层组

水源涵养功能重要性评价实验基础数据一览表 表 9–5

单项评价	基础数据	基础数据名称	数据内容概述
水源涵养功能重要性评价	生态系统和径流系数	生态系统空间分布	基于“双评价”技术指南中生态系统分类表分类，其中连接了各生态系统类型的地表径流系数
	年均蒸散发量	年均蒸散发量	本实验虚构的实验区范围年均蒸散发量
	年均降雨量	降雨量	本实验虚构的实验区外围四处气象站点长时间序列降水观测矢量数据，含3个主要字段：区站号、日期、降雨量

图 9–4 降雨量

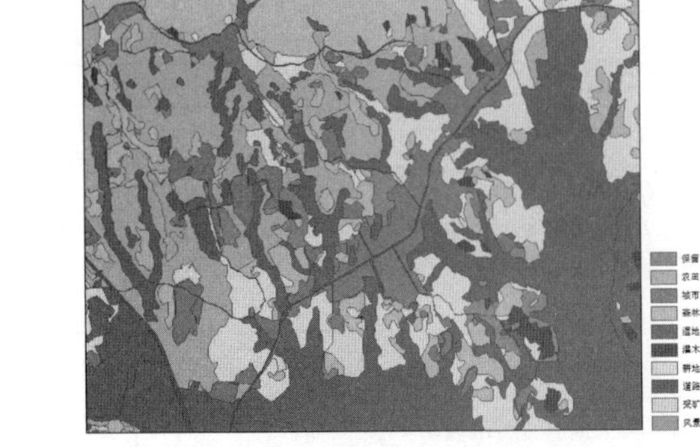

图 9–5 生态系统空间分布

图 9–6 年均蒸散发量

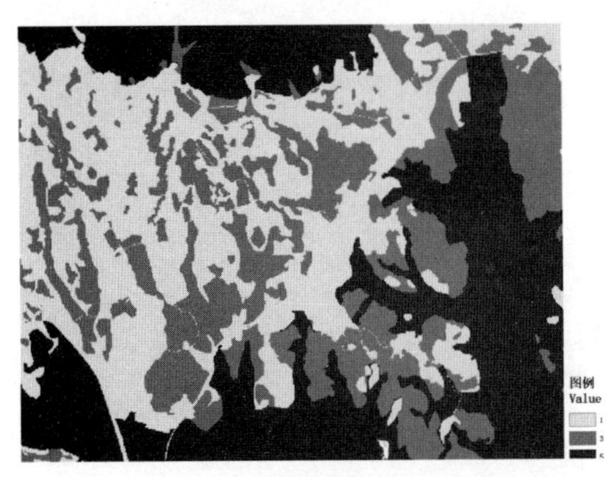

图 9–7 水源涵养功能重要性评价

9.3.3 评价过程

根据评价方法，本节实验可分解为三个环节。首先通过空间差值求得区域年均降雨量，然后按照计算公式水源涵养量 = 降雨量（P）– 蒸散发量（ET）– 降雨量（P）× 径流系数（α），得到水源涵养量，最后将水源涵养量按照表 9–3 分级阈值表分为 3 级得到水源涵养功能重要性评价。

本节实验部分内容需要使用 ArcGIS 的“空间分析”扩展模块，该模块需要额外付费购买。第一次使用该模块之前需要首先加载该模块，可点击菜单【自定义】→【扩展模块 ...】，显示【扩展模块】对话框，勾选其中的【Spatial Analyst】选项（图 9–8）。该对话框还有其他扩展模块供用户选择。

本节实验环节步骤具体如表 9–6 所示。

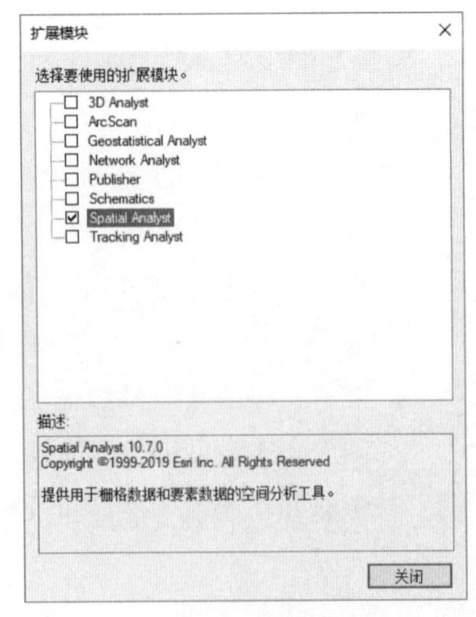

图 9–8 扩展模块对话框

水源涵养功能重要性评价实验过程概况一览表　　**表 9–6**

实验环节	操作步骤	基础数据	输出结果	涉及模型工具
环节 1： 计算年均降雨量	步骤 1：计算年均降雨量	【降雨量】	【年均降雨量】	【融合】
	步骤 2：插值法得到年均降雨量栅格数据	【年均降雨量】	【年均降雨量 .tif】	【克里金法】
环节 2： 计算水源涵养量	步骤 3：根据生态系统空间分布中的径流系数属性生成栅格数据	【生态系统空间分布】	【径流系数 .tif】	【面转栅格】
	步骤 4：计算水源涵养量	【径流系数 .tif】 【年均蒸散发量】 【年均降雨量 .tif】	【水源涵养量 .tif】	【栅格计算器】
环节 3： 水源涵养功能重要性评价	步骤 5：计算归一化后的水源涵养量栅格图	【水源涵养量 .tif】	【水源涵养量归一 .tif】	【栅格计算器】
	步骤 6：导出水源涵养量表并计算累积水源涵养量	【水源涵养量归一 .tif】	【水源涵养量表 .tif】	【栅格转点】 【值提取至点】 【表转 excel】 【excel】
	步骤 7：水源涵养功能重要性评价分级	【水源涵养量归一 .tif】	【水源涵养功能重要性分级 .tif】	【重分类】

紧接之前步骤，继续操作如下。

☞ **步骤 1：** 计算每年降雨量。本步骤主要利用【融合】工具完成。

知识点1：【融合】工具。

可以简单理解为具有相同属性的要素集合成一个要素集。融合的要素必须具有相同的几何类型，融合需要选择一个或者多个指定的属性字段。指定字段具有相同值的要素将融合为单个要素。

知识点2： 为什么要用【融合】。

【降雨量】点数据记录了实验区外围虚构的四处气象观测站过去数年逐日记录的温度数据。图中的四个点的位置为本实验自行给定的四处气象观测站。每个点位均由多个矢量点叠加而成，每个矢量点均为某天的气候观测数据，包括观测点的编号（区站号）、纬度、经度、海拔、年份、月份、日期、日降雨量等数据。若想单独得到每个点位的年降雨量，则需要将数据按不同的点位和年份统计，即将同一个点位的某年每天降雨量相加求总和得到同一个点该年的年降雨量。

【融合】工具正好可以选择一个或者多个指定的属性字段，如【年份】、【编号】，融合具有相同值的几何类型的要素，如同一个气象站（它们的编号相同）、同一年份的众多点要素。所以，【融合】工具可以针对不同【编号】和【年份】，将每个【编号】各【年份】（如 2013 ～ 2019 年）的【全天降雨】进行求和计算即【SUM】，得到每个【编号】每年的【全天降雨 _SUM】（即“年降雨总量”）。有了每年的降雨量，就可以计算年均降雨量。再次用【融合】工具，针对之前融合的结果，将【全天降雨 _SUM】按照【编号】进行融合，同时计算平均值即【MEAN】，得到每个【编号】的【年均降雨量】。

- 打开【融合】工具。点击 ArcMap 主界面菜单【地理处理】显示其子菜单，单击【融合】工具，显示【融合】对话框。
- 计算周边气象站观测的各年降雨量。设置【融合】对话框各项参数，如图 9–9 所示。
  - 设置【输入要素】为【基础数据 \ 水源涵养功能重要性评价 \ 降雨量】。
  - 设置【输出要素类】为【D：\study\chp09\ 练习数据 \ 生态保护重要性评价 \ 双评价过程要素 \ 适应性评价矢量过程要素 .mdb\ 单项评价之水源涵养功能重要性评价 \ 每年降雨量】。
  - 勾选【融合 _ 字段（可选）】中的【编号】、【年份】。
  - 点击【统计字段（可选）】最右侧下拉小箭头，选择【全天降雨】字段。操作完成后，【字段】下方空白栏会出现【全天降雨】字样，同时在【统计字段（可选）】左侧会出现一个底色为红色的圆形图案⊗，表明该对话框某项参数设置存在错误，需要继续完善参数设置。
  - 紧接上一步，点击【全天降雨】所在行右侧【统计类型】栏的空白单元格进入编辑状态，点击下拉菜单出现统计类型子菜单，设置统计类型为【SUM】（即计算指定字段的总值）。

- 上述设置的含义是对各气象站各年份的所有记录按【编号】和【年份】融合，并计算【全天降雨】字段的总值即【年降雨总量】，并按【编号】-【年份】-【全天降雨_SUM】的形式输出计算结果。
- 点击【确定】按钮，开始进行融合。计算完成后会在左侧【内容列表】面板自动加载【每年降雨量】图层。

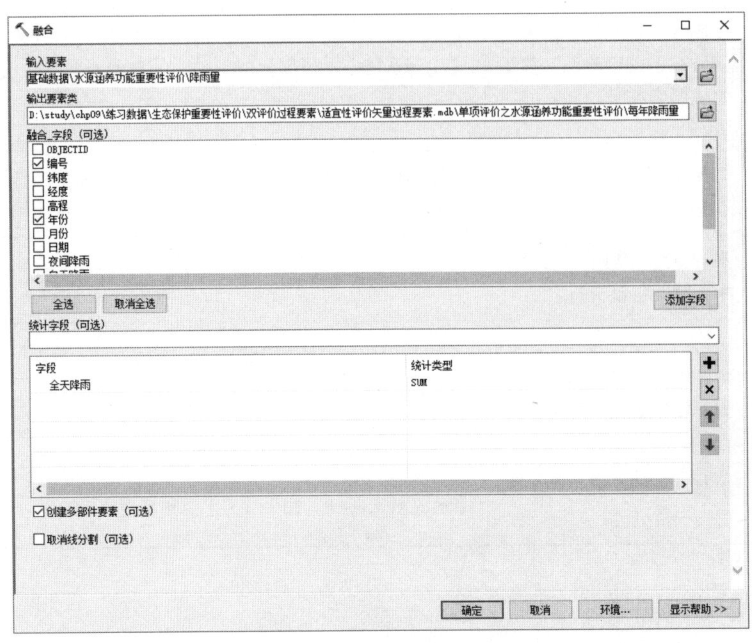

图 9-9　融合对话框（1）

- 计算周边气象站观测的年均降雨量。设置【融合】对话框各项参数，如图 9-10 所示。

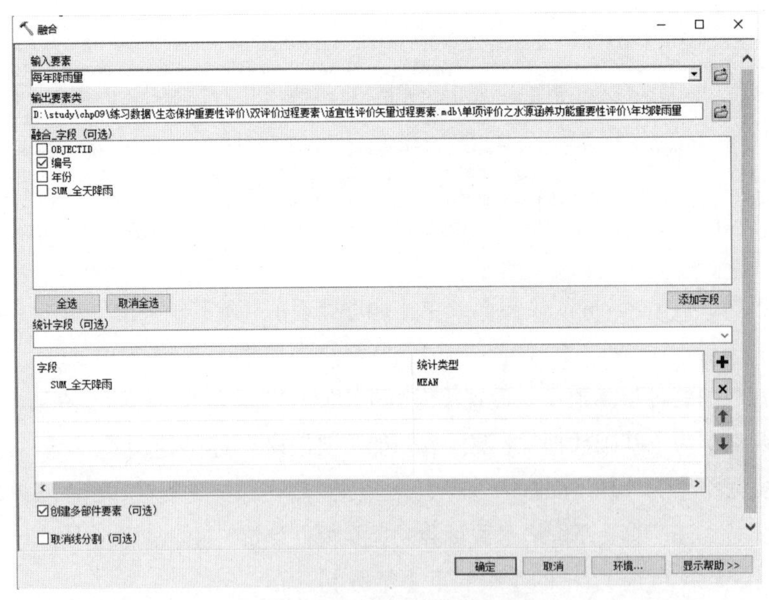

图 9-10　融合对话框（2）

- 设置【输入要素】为【每年降雨量】。
- 设置【输出要素类】为【D: \study\chp09\ 练习数据 \ 生态保护重要性评价 \ 双评价过程要素 \ 适应性评价矢量过程要素 .mdb\ 单项评价之水源涵养功能重要性评价 \ 年均降雨量】。

- 勾选【融合 _ 字段（可选）】中的【编号】。
- 点击【统计字段（可选）】最右侧下拉小箭头，选择【SUM_ 全天降雨】字段；操作完成后，【字段】下方空白栏会出现【SUM_ 全天降雨】字样。
- 紧接上一步，点击【SUM_ 全天降雨】所在行右侧【统计类型】栏的空白单元格进入编辑状态，点击下拉菜单出现统计类型子菜单，设置统计类型为【MEAN】（即计算指定字段的平均值）。
- 上述设置的含义是对各不同【编号】的所有记录，统计并计算【SUM_ 全天降雨】字段的平均值即年均降雨量，并按【编号】-【MEAN_SUM_ 全天降雨】的形式输出计算结果。
- 点击【确定】按钮，开始进行融合。计算完成后会在左侧【内容列表】面板自动加载【年均降雨量】图层。

☞ **步骤 2**：插值求得实验区的年均降雨量。由于实验区内没有气象站，所以利用【克里金法】工具根据周边气象站插值得到实验区的年降雨量。

- 打开【克里金法】工具。在【目录】面板浏览到【工具箱 \ 系统工具箱 \Spatial Analyst Tools.tbx\ 插值分析 \ 克里金法】，双击打开【克里金法】对话框。
- 设置【克里金法】对话框，各项参数如图 9-11 所示，并运行工具。

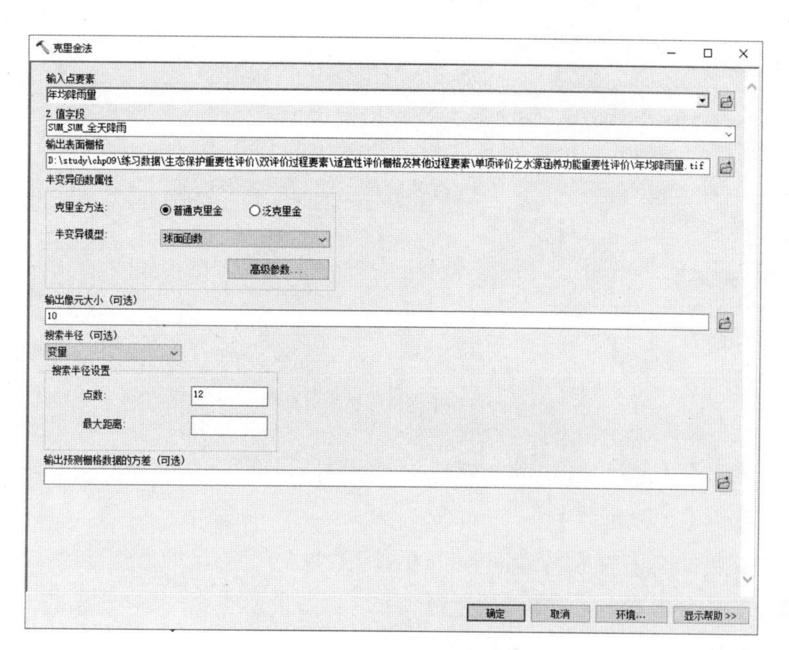

图 9-11 【克里金法】对话框

- 设置【输入点要素】为【年均降雨量】。
- 设置【输出表面栅格】为【D：\study\chp09\ 练习数据 \ 生态保护重要性评价 \ 双评价过程要素 \ 适应性评价栅格及其他过程要素 \ 单项评价之水源涵养功能重要性评价 \ 年均降雨量 .tif】。
- 设置【半变异函数属性】下【克里金方法】为【普通克里金】,【半变异模型】为【球面函数】；
- 设置【输出像元大小（可选）】为【10】，默认其他设置。
- 设置处理范围。点击【环境...】按钮，显示【环境设置】对话框，展开【栅格分析】项，设置【掩膜】为【实验区范围】。
- 点击【确定】按钮，完成后的【年均降雨量 .tif】如图 9-12 所示。

图 9-12　年均降雨量

☞ **步骤 3：** 根据【生态系统空间分布】中的【径流系数】属性生成栅格数据。

实验需要附有【径流系数】信息的地块栅格数据，随书矢量数据【生态系统空间分布】已经连接上了【径流系数对照表】，从而拥有了【径流系数】属性（连接方法略）。下面对其进行面转栅格，从而得到每个地块的径流系数。

- 打开【面转栅格】工具。紧接上一步骤，在【目录】面板浏览到【工具箱 \ 系统工具箱 \Conversion Tools.tbx\ 转为栅格 \ 面转栅格】，双击打开【面转栅格】对话框。
- 设置【面转栅格】对话框各项参数，如图 9-13 所示，并运行工具。

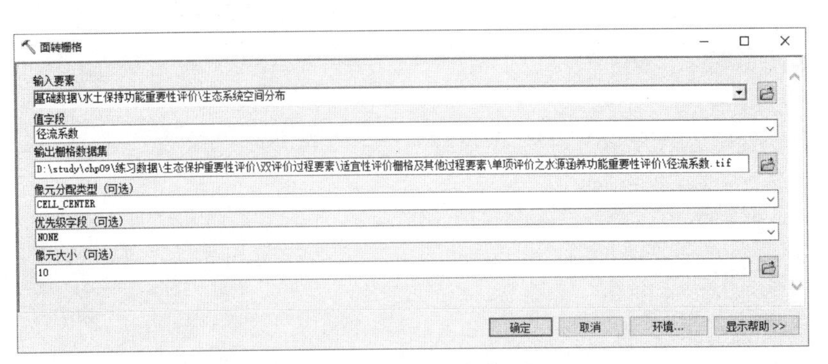

图 9-13 【面转栅格】对话框

- 设置【输入要素】为【基础数据 \ 水土保持功能重要性评价 \ 生态系统空间分布】。
- 设置【值字段】为【径流系数】
- 设置【输出栅格数据集】为【D：\study\chp09\ 练习数据 \ 生态保护重要性评价 \ 双评价过程要素 \ 适应性评价栅格及其他过程要素 \ 单项评价之水源涵养功能重要性评价 \ 径流系数 .tif】。
- 其他设置保持默认。
- 点击【确定】按钮，转换完成后的【径流系数 .tif】如图 9-14 所示。

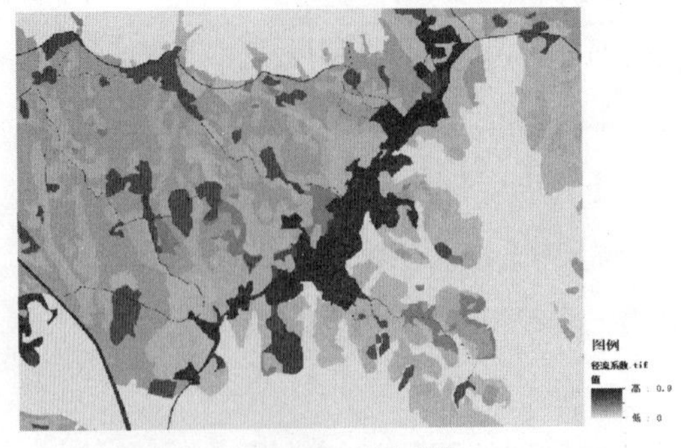

图 9-14　径流系数

☞ **步骤 4**: 计算水源涵养量。

➜ 打开【栅格计算器】工具。在【目录】面板中浏览到【工具箱\系统工具箱\Spatial Analyst Tools.tbx\地图代数\栅格计算器】，双击该项打开【栅格计算器】工具。

➜ 设置【栅格计算器】对话框各项参数，并运行工具。

- 输入代数表达式。如图 9–15 所示，在【地图代数表达式】下方空白栏中输入以下代数表达式，计算水源涵养量。

> "年均降雨量.tif" – "基础数据\水源涵养功能重要性评价\年均蒸散发量" – "径流系数.tif" * "年均降雨量.tif"
>
> **说明**：根据以上公式水源涵养量公式转换得到。水源涵养量=降雨量-蒸散发量-地表径流量，地表径流量=地表径流系数×降雨量。

- 设置【输出栅格】为【D:\study\chp09\练习数据\生态保护重要性评价\双评价过程要素\适应性评价栅格及其他过程要素\单项评价之水源涵养功能重要性评价\水源涵养量.tif】。
- 点击【确定】按钮，完成后的【水源涵养量.tif】如图 9–16 所示。

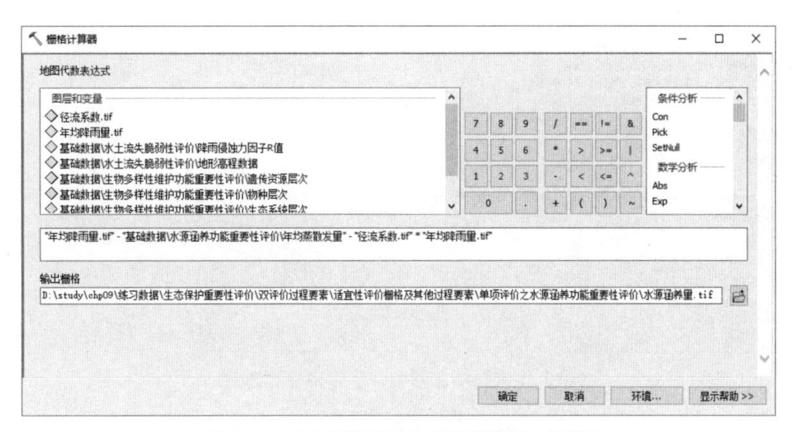

图 9–15　【水源涵养量】栅格计算器对话框

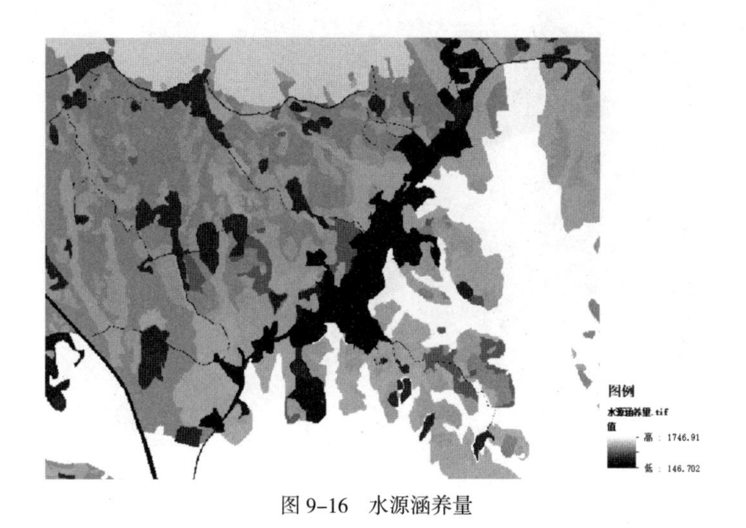

图 9–16　水源涵养量

☞ **步骤 5**: 计算归一后的水源涵养量。

参考《生态保护红线划定指南》中的累积服务功能计算方法。将因子归一化即使用最大值最小值法将数据归一化到 0～1。运用栅格计算器，输入公式 "Int（[水源涵养量]/[水源涵养量的最大值]×100）"，得到归一化后的水源涵养量栅格图。

➜ 打开【栅格计算器】工具。在【目录】面板中浏览到【工具箱\系统工具箱\Spatial Analyst Tools.tbx\地图代数＼栅格计算器】，双击打开【栅格计算器】对话框，设置【栅格计算器】对话框各项参数，并运行工具，如图 9–17 所示。

- 输入代数表达式。在【地图代数表达式】下方空白栏中输入以下代数表达式，计算水源涵养量归一化。

> Int(“水源涵养量.tif” / 1746.91 * 100)
>
> **说明：**上式中 1746.91 为查得的水源涵养量 .tif 中的最大值，Int 为取整函数。

- 设置【输出栅格】为【D：\study\chp09\ 练习数据＼生态保护重要性评价＼双评价过程要素＼适应性评价栅格及其他过程要素＼单项评价之水源涵养功能重要性评价＼水源涵养量归一 .tif】。
- 点击【确定】按钮，完成后的【水源涵养量归一 .tif】如图 9–18 所示。

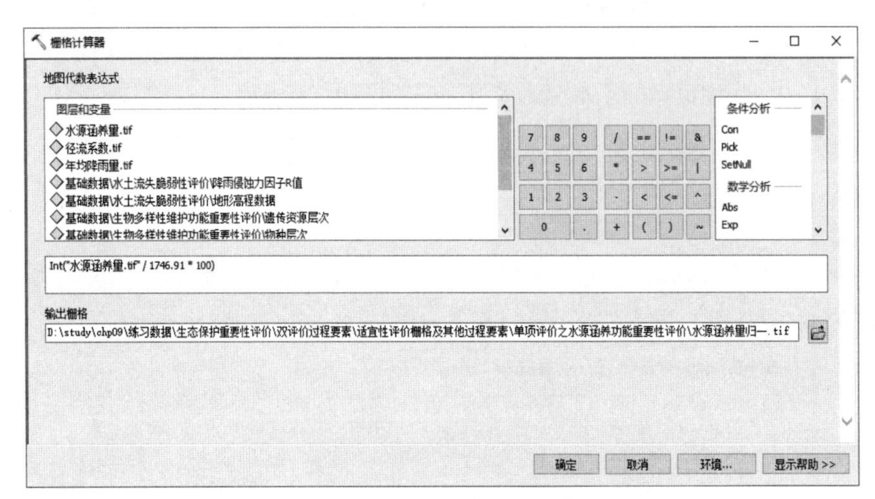

图 9–17 【水源涵养量归一】栅格计算器对话框

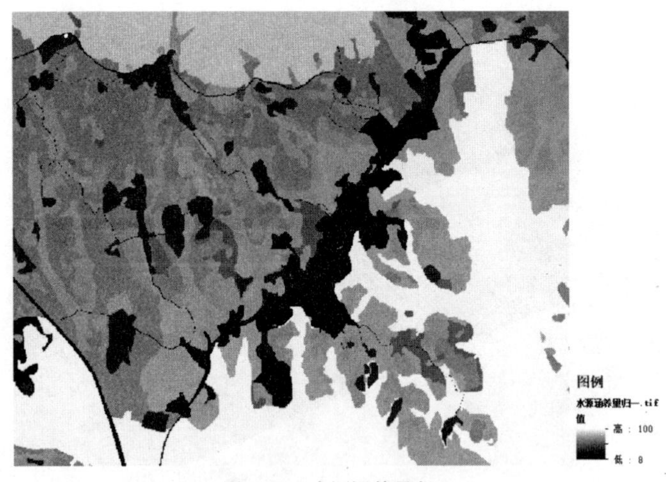

图 9–18　水源涵养量归一

☞ **步骤 6：**计算累积水源涵养量。

导出栅格数据属性表，属性表记录了每一个栅格像元的水源涵养量的值，将值按从高到低的顺序排列，计算累积水源涵养量，将累积水源涵养量占水源涵养量总量比例的 50% 与 80% 所对应的栅格值，作为水源涵养功能重要性分级的分界点。

- 导出【水源涵养量表】的属性表。在【内容列表】面板中，右键单击【水源涵养量归一 .tif】图层，在弹出菜单中选择【打开属性表】，显示【表】对话框。点击【表】对话框中【表选项】工具，在弹出菜单中选择【导出】，显示【导出数据】对话框，如图 9-19 所示。

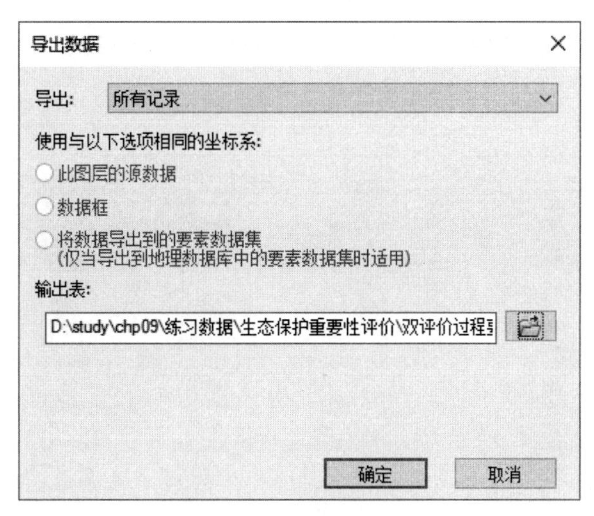

图 9-19 【导出数据】对话框

- 设置【导出：】为【所有记录】。
- 设置【输出表】为【D：\study\chp09\ 练习数据 \ 生态保护重要性评价 \ 双评价过程要素 \ 适应性评价栅格及其他过程要素 \ 单项评价之水源涵养功能重要性评价 \ 水源涵养量表 .dbf】。
- 设置【保存类型】为【dBASE 表】，点击【保存】完成。

◆ 将【水源涵养量表】属性表转为 Excel。在【目录】面板中，浏览到【工具箱 \ 系统工具箱 \Conversion Tools.tbx\Excel\ 表转 Excel】，双击该项打开【表转 Excel】工具，设置对话框各项参数如图 9-20 所示。

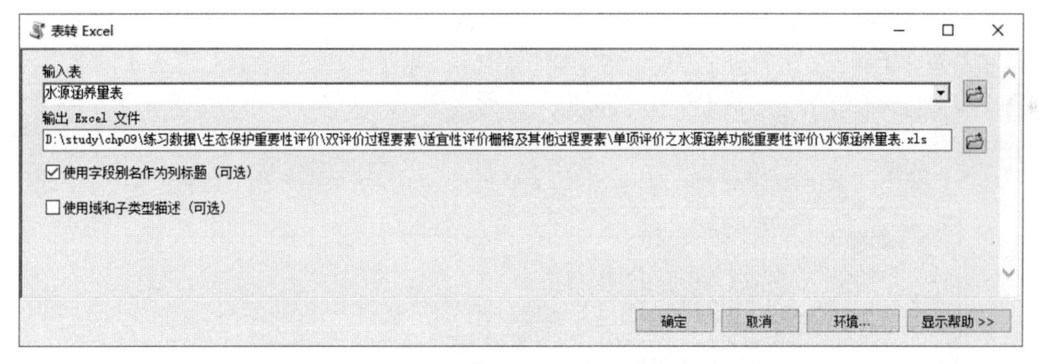

图 9-20 【表转 excel】对话框

- 设置【输入表】为【水源涵养量表】。
- 设置【输出 Excel 文件】为【D：\study\chp09\ 练习数据 \ 生态保护重要性评价 \ 双评价过程要素 \ 适应性评价栅格及其他过程要素 \ 单项评价之水源涵养功能重要性评价 \ 水源涵养量表 .xls】。

◆ 在 Excel 计算【累积水源涵养量】并找出水源涵养功能重要性分级的分界点。

- 按【Value】从大到小的顺序，重新排列所有行。
- 计算【水源涵养量】。在新增单元格【水源涵养量】输入以下公式“=C2*D2”，计算“count*value”的值。
- 计算【累积水源涵养量】。在新增单元格【累积水源涵养量】输入以下公式“=SUM(E$2:E2)”，实现以 C2 单元格起始，到公式当前行的求和。
- 计算【累积水源涵养量占水源涵养量总量比例】。在新增单元格【累积水源涵养量占水源涵养量总量比例】输入以下公式“=E2/19126304”（19126304 为统计出来的累积水源涵养量总量）。

- 找出水源涵养功能重要性分级的分界点。将累积水源涵养量占水源涵养量总量比例的 50% 与 80% 所对应的栅格值，作为水源涵养功能重要性分级的分界点。在此表格中，就近取得分级点为：【Value】=78 和【Value】=68，如图 9-21 所示。

	A	B	C	D	E	F	G
1	OID	OBJECTID	Value	Count	水源涵养量	累积水源涵养量	累积水源涵养量/总水源涵养量
2	27	28	100	1	100	100	0.00%
3	26	27	99	24325	2408175	2408275	12.59%
4	25	26	98	41228	4040344	6448619	33.72%
5	24	25	97	8089	784633	7233252	37.82%
6	23	24	88	1	88	7233340	37.82%
7	22	23	87	6091	529917	7763257	40.59%
8	21	22	86	12504	1075344	8838601	46.21%
9	20	21	79	188	14852	8853453	46.29%
10	19	20	78	4828	376584	9230037	48.26%
11	18	19	77	19142	1473934	10703971	55.96%
12	17	18	76	14504	1102304	11806275	61.73%
13	16	17	75	5022	376650	12182925	63.70%
14	15	16	74	14758	1092092	13275017	69.41%
15	14	15	73	8321	607433	13882450	72.58%
16	13	14	72	9659	695448	14577898	76.22%
17	12	13	69	583	40227	14618125	76.43%
18	11	12	68	11509	782612	15400737	80.52%
19	10	11	67	37970	2543990	17944727	93.82%
20	9	10	66	115	7590	17952317	93.86%
21	8	9	58	30	1740	17954057	93.87%
22	7	8	57	4674	266418	18220475	95.26%
23	6	7	56	452	25312	18245787	95.40%
24	5	6	39	52	2028	18247815	95.41%
25	4	5	38	10555	401090	18648905	97.50%
26	3	4	37	3199	118363	18767268	98.12%
27	2	3	28	2746	76888	18844156	98.52%
28	1	2	18	14274	256932	19101088	99.87%
29	0	1	8	3152	25216	19126304	100.00%

图 9-21 Excel 计算累积水源涵养量

步骤 7： 分级【水源涵养量归一】，得到水源涵养功能重要性评价分级。所得出的栅格的每一个小格是由数值组成，如果要将其按等级划分，则需要对栅格进行分类，每一个数值范围对应一个新的值。

- 打开【重分类】工具。在【目录】面板中浏览到【工具箱 \ 系统工具箱 \Spatial Analyst Tools.tbx\ 重分类 \ 重分类】，双击该项打开【重分类】工具，如图 9-22 所示。

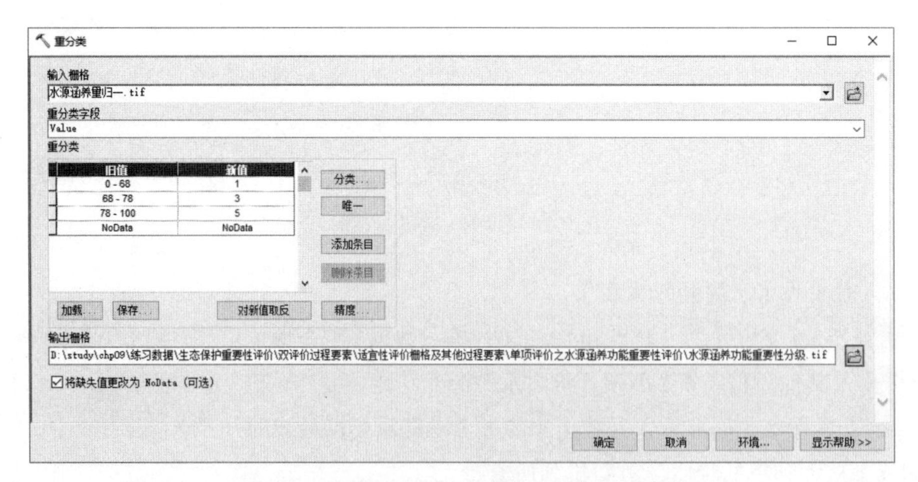

图 9-22 【水源涵养功能重要性】重分类对话框

- 设置【重分类】对话框各项参数，并运行工具。
  - 设置【输入栅格】为【水源涵养量归一 .tif】。
  - 设置【重分类字段】为【Value】。

- 设置【输出栅格】为【D：\study\chp09\ 练习数据 \ 生态保护重要性评价 \ 双评价过程要素 \ 适应性评价栅格及其他过程要素 \ 单项评价之水源涵养功能重要性评价 \ 水源涵养功能重要性分级 .tif】。
- 点击【添加条目】按钮，在【重分类】栏中新添一行。点击该行【旧值】列所在单元格进入编辑状态，输入【0 – 68】（符号“–”前后各有一个空格），在【新值】列输入【1】。类似地，按图 9–22 输入其他行的旧值和新值。分级标准参照【水源涵养功能重要性评价分级阈值表】。
- 点击【确定】按钮。转换完成后的【水源涵养功能重要性分级 .tif】如图 9–23 所示。

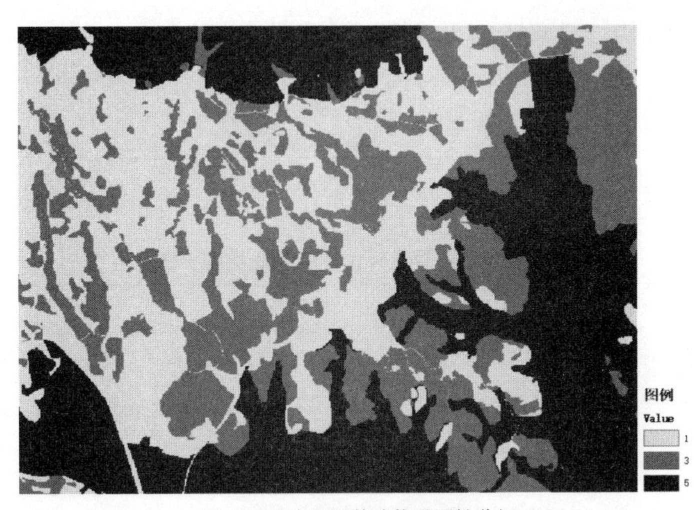

图 9–23　水源涵养功能重要性分级

9.4　单项评价之水土保持功能重要性评价

9.4.1　评价方法

水土保持功能重要性评价是评价生态系统服务功能重要性的第二环。本实验的方法与分级判定基于 2020 年 1 月版的“双评价”《指南》，如下所述。

通过生态系统类型、植被覆盖度和地形特征的差异，评价生态系统土壤保持功能的相对重要程度。一般来说，森林、灌丛、草地生态系统土壤保持功能相对较高，植被覆盖度越高、坡度越大的区域，土壤保持功能重要性越高。将坡度不小于 25°（华北、东北地区可适当降低）且植被覆盖度不小于 80% 的森林、灌丛和草地确定为水土保持极重要区；在此范围外，将坡度不小于 15° 且植被覆盖度不小于 60% 的森林、灌丛和草地确定为水土保持重要区。不同地区可对分级标准进行适当调整，同时结合水土保持相关规划和专项成果对结果进行适当修正，水土保持功能重要性评价分级如表 9–7 所示。

水土保持功能重要性评价分级阈值　　表 9–7

坡度评价值 \ 植被覆盖度	≥ 80% 的森林、灌丛和草地	60% ～ 80% 的森林、灌丛和草地	0 ～ 60% 的森林、灌丛和草地	0 ～ 100% 的其他生态系统（除去森林、灌丛和草地）
≥ 25°	5（极重要）	3（重要）	1（一般）	1（一般）
15° ～ 25°	3（重要）	3（重要）	1（一般）	1（一般）
＜ 15°	1（一般）	1（一般）	1（一般）	1（一般）

资料来源：参考《资源环境承载能力和国土空间开发适宜性评价技术指南（试行）》（2020 年 1 月版）整理。

9.4.2 评价数据

紧接之前步骤，继续操作如下。

☞ **步骤：** 查看基础数据。

- 在【内容列表】面板，浏览到图层组【基础数据\水土保持功能重要性评价】，其中列出了本次实验所需基础数据，即【植被覆盖度】、【地形坡度数据】和【生态系统空间分布】(图 9–24)。
- 本节实验所需基础数据的内容概况如表 9–8 所示，【植被覆盖度】、【地形坡度数据】和【生态系统空间分布】如图 9–25 ～图 9–27 所示，实验结果将得到【水土保持功能重要性分级 .tif】，如图 9–28 所示。

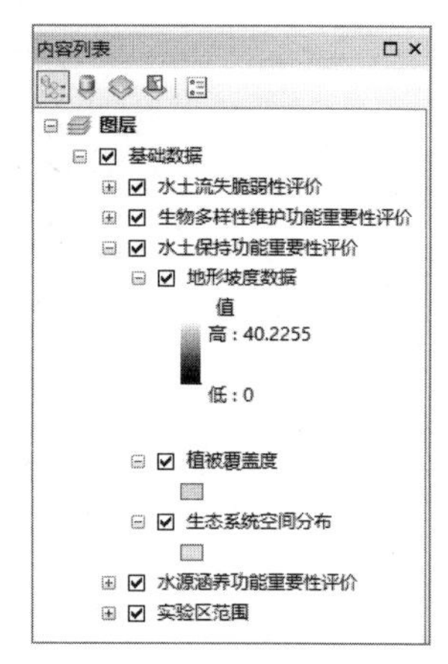

图 9–24 【水土保持功能重要性评价】图层组

水土保持功能重要性评价实验基础数据一览表 **表 9–8**

单项评价	基础数据	基础数据名称	数据内容概述
水土保持功能重要性评价	生态系统	生态系统空间分布	基于“双评价”技术指南中生态系统分类表进行分类
	植被覆盖	植被覆盖度	本实验虚构的实验区范围植被覆盖度
	地形坡度	地形坡度数据	基于实验区范围高程 DEM 数据进行栅格插值计算得到的 10m 精度的栅格数据

图 9–25 地形坡度数据

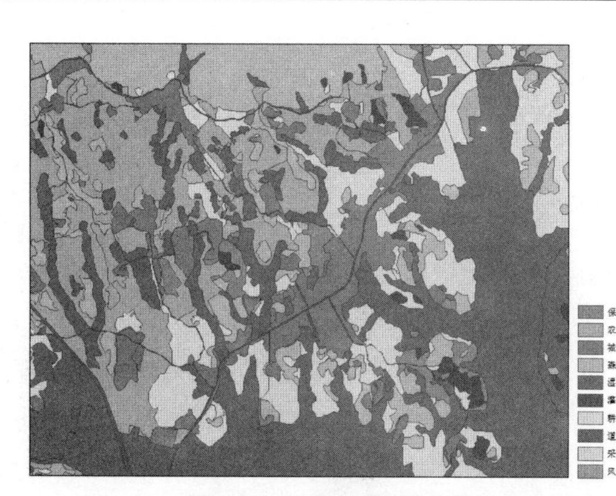

图 9–26 生态系统空间分布

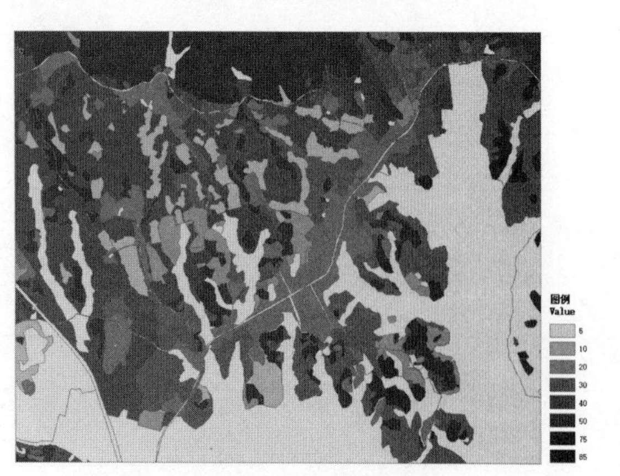

图 9–27 植被覆盖度

图 9–28 水土保持功能重要性分级

9.4.3　评价过程

根据评价方法，本节实验可分解为三个环节。首先将生态系统分类并转为栅格数据，然后将植被覆盖度数据也转为栅格数据，最后按照分级阈值表将水土保持功能重要性评价分级。

本节实验环节步骤具体如表 9–9 所示。

水土保持功能重要性评价实验过程概况一览表　　表 9–9

实验环节	操作步骤	基础数据	输出结果	涉及模型工具
环节 1：生态系统分类并转为栅格数据	步骤 1：从【生态系统空间分布】提取森林、灌木和草地图斑，并转换成栅格数据	【生态系统空间分布】	【森林灌木和草地 .tif】	【添加字段】 【计算字段】 【面转栅格】
环节 2：植被覆盖度数据转为栅格数据	步骤 2：将植被覆盖度数据转为栅格数据	【植被覆盖度】	【植被覆盖度栅格 .tif】	【面转栅格】
环节 3：水土保持功能重要性评价	步骤 3：水土保持功能重要性评价分级	【植被覆盖度栅格 .tif】 【地形坡度数据】 【森林灌木和草地 .tif】	【水土保持功能重要性分级 .tif】	【栅格计算器】

紧接之前步骤，继续操作如下。

☞ **步骤 1**：对【生态系统空间分布】中不同生态系统的性质进行分级赋值（按照水土保持功能重要性评价因子分级阈值表分级赋值）。

- 添加短整型字段【森林灌木和草地】。在【内容列表】面板中，右键单击【生态系统空间分布】图层，在弹出菜单中选择【打开属性表】，显示【表】对话框，添加字段【森林灌木和草地】。
- 计算字段【森林灌木和草地】。右键单击【森林灌木和草地】，在弹出菜单中选择【字段计算器】，显示【字段计算器】对话框，如图 9–29 所示。

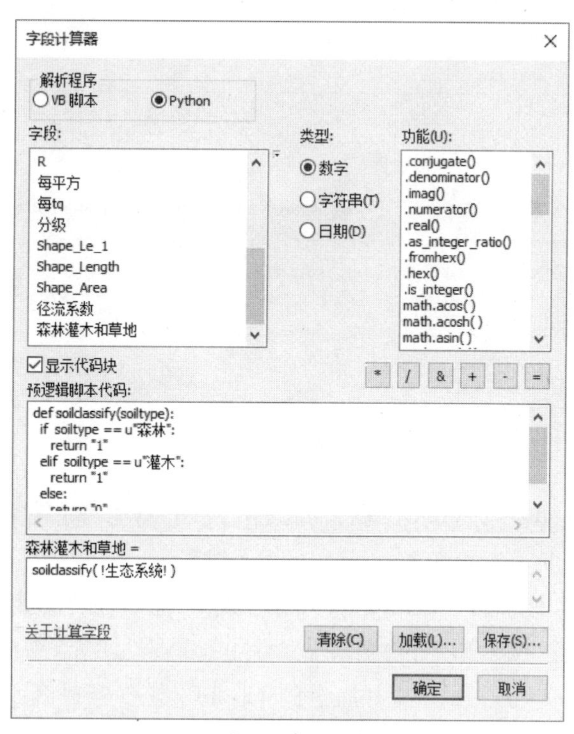

图 9–29 【字段计算器】对话框

- 单击 Python 前面的圆形选框 解析程序 ○VB脚本 ◉Python ，将【解析程序】设置为【Python】。
- 勾选【显示代码块】，在新弹出的【预逻辑脚本代码：】栏中输入下框中的代码。
- 在【森林灌木和草地 =】栏中输入【soilclassify(!生态系统!)】，后点击【确定】按钮，关闭【字段计算器】。

```
def soilclassify(soiltype):
    if soiltype == u" 森林" :
        return "1"
    elif soiltype == u" 灌木" :
        return "1"
    else:
        return "0"
```

知识点：什么是Python和为什么选择Python?

（1）什么是 Python？

Python 是一种面向对象的解释型计算机程序设计语言，由荷兰人 Guido van Rossum 于 1989 年发明，它具有丰富和强大的库，常被昵称为胶水语言，能够把用其他语言制作的各种模板很轻松地连接在一起。

（2）为什么选择 Python？

从 ArcGIS 8 开始，ESRI 把 Python 当作 ArcGIS 的官方脚本语言。而到了 10.1 之后，VB 变成了可选模块，Python 成为唯一默认支持的脚本语言。也就是说，ArcGIS 体系一路从 VB 到 VB+ArcGIS script 再到 ArcPy，不断地发生着进化，到 10.1 之后，VB 已经被逐步替换，所有的脚本支持都全面转向 Python。因此本书选择 Python 语言来演示计算代码。

表达式的含义：

如果【soiltype】为【森林】，则【森林灌木和草地】填【1】，如果【soiltype】为【灌木】，则【森林灌木和草地】填【1】，其他则填【0】。

另外，要识别汉字，文字前要加 u，漏了就会提示"处理期间出现错误"，所以写作 u" 森林"。

运算原理：

简单来说，本步骤（*以及本章中其他采用 Python 计算字段的步骤*）利用 Python 构造了一个函数 soilclassify(soiltype)，然后将字段值【生态系统】作为实参传入函数进行计算，最后把返回值填入计算字段【森林灌木和草地】。

- 点击【确定】按钮，完成计算。

☞ **步骤 2**：从【生态系统空间分布】中提取森林、灌木和草地图斑，并转换成栅格数据。

- 打开【面转栅格】工具。紧接上一步骤，在【目录】面板中浏览到【工具箱 \ 系统工具箱 \Conversion Tools.tbx\ 转为栅格 \ 面转栅格】，双击该项打开【面转栅格】工具。
- 设置【面转栅格】对话框各项参数，并运行工具，如图 9-30 所示。

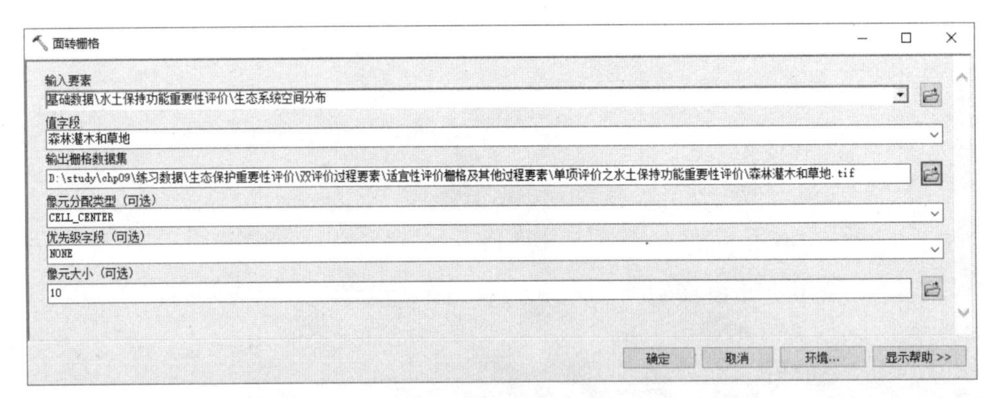

图 9-30　面转栅格对话框

- 设置【输入要素】为【基础数据 \ 水土保持功能重要性评价 \ 生态系统空间分布】。
- 设置【值字段】为【森林灌木和草地】，其他设置保持默认。
- 设置【输出栅格数据集】为【D：\study\chp09\ 练习数据 \ 生态保护重要性评价 \ 双评价过程要素 \ 适应性评价栅格及其他过程要素 \ 单项评价之水土保持功能重要性评价 \ 森林灌木和草地 .tif】。
- 点击【确定】按钮。转换完成后的【森林灌木和草地 .tif】如图 9-31 所示。

☞ **步骤 3：**将【植被覆盖度】转换成栅格数据，以便后续操作。

- 打开【面转栅格】工具。紧接上一步骤，在【目录】面板中浏览到【工具箱 \ 系统工具箱 \Conversion Tools.tbx\ 转为栅格 \ 面转栅格】，双击该项打开【面转栅格】工具。
- 设置【面转栅格】对话框各项参数，并运行工具。
  - 设置【输入要素】为【基础数据 \ 水土流失脆弱性评价 \ 植被覆盖度】。
  - 设置【值字段】为【植被覆盖】，其他设置保持默认。
  - 设置【输出栅格数据集】为【D：\study\chp09\ 练习数据 \ 生态保护重要性评价 \ 双评价过程要素 \ 适应性评价栅格及其他过程要素 \ 单项评价之水土保持功能重要性评价 \ 植被覆盖度栅格 .tif】。
  - 点击【确定】按钮 。转换完成后的【植被覆盖度栅格 .tif】如图 9-32 所示。

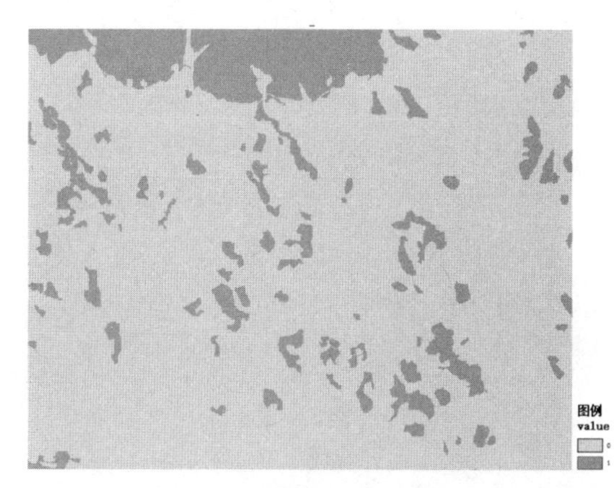

图 9-31　森林灌木和草地栅格

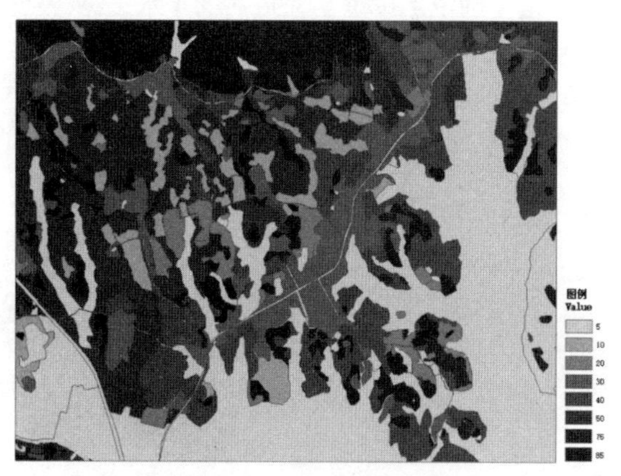

图 9-32　植被覆盖度栅格

☞ **步骤 4：**按照水土保持功能重要性评价分级阈值标准，采用【栅格计算器】进行评价分级。

- 打开【栅格计算器】工具。在【目录】面板中浏览到【工具箱 \ 系统工具箱 \Spatial Analyst Tools.tbx\ 地图代数 \ 栅格计算器】，双击该项打开【栅格计算器】工具。
- 设置【栅格计算器】对话框各项参数，并运行工具，如图 9-33 所示。
  - 输入代数表达式。在【地图代数表达式】下方空白栏中输入以下代数表达式，实现水土保持功能重要性分级。

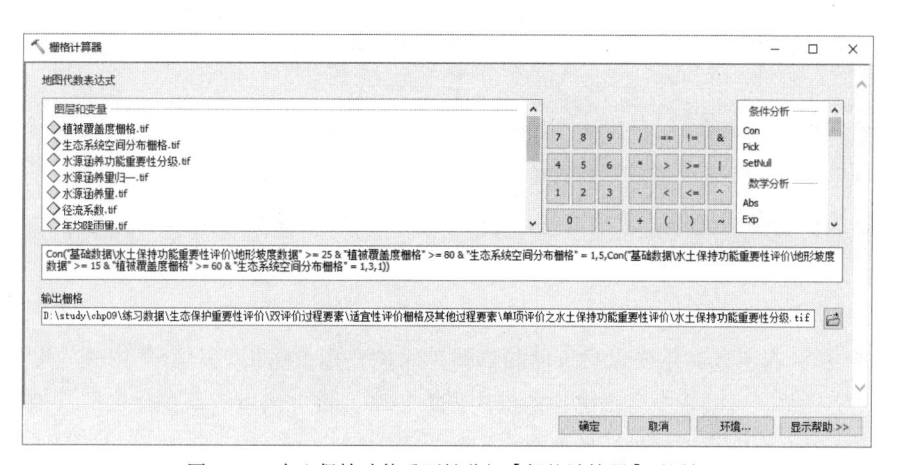

图 9-33　水土保持功能重要性分级【栅格计算器】对话框

Con(“基础数据 \ 水土保持功能重要性评价 \ 地形坡度数据” >= 25&” 植被覆盖度栅格 .tif “>= 80&” 生态系统空间分布栅格 .tif “ = 1,5,Con(“基础数据 \ 水土保持功能重要性评价 \ 地形坡度数据” >= 15&” 植被覆盖度栅格 .tif “>= 60&” 生态系统空间分布栅格 .tif” = 1,3,1))

说明：Con（条件）函数用法：

基本语句：Con（条件（语句），真（语句），假（语句））。

其执行过程为：如果“条件（语句）”为真，即满足该条件时，则执行“真（语句）”，反之则执行“假（语句）”。

若“真（语句）”或“假（语句）”存在缺失，则对应栅格单元的值赋值为空（NoData）。

三处语句均可以是表达式、布尔语句、值、嵌套条件语句，具体运用可根据实际需要灵活组合。

上述代数表达式的含义为：当栅格同时满足(“地形坡度数据” >= 25) 且 (“植被覆盖度栅格” >= 80)且(“生态系统空间分布栅格” = 1)时，赋值为5；在剩下的不满足前述条件的栅格中，满足（“地形坡度数据” >= 15) 且 (“植被覆盖度栅格” >= 60) 且 (“生态系统空间分布栅格” = 1)时，赋值为3；剩下的栅格赋值为1。

- 设置【输出栅格】为【D：\study\chp09\ 练习数据 \ 生态保护重要性评价 \ 双评价过程要素 \ 适应性评价栅格及其他过程要素 \ 单项评价之水土保持功能重要性评价 \ 水土保持功能重要性分级 .tif】。
- 点击【确定】按钮。完成后的【水土保持功能重要性分级 .tif】如图 9–34 所示。

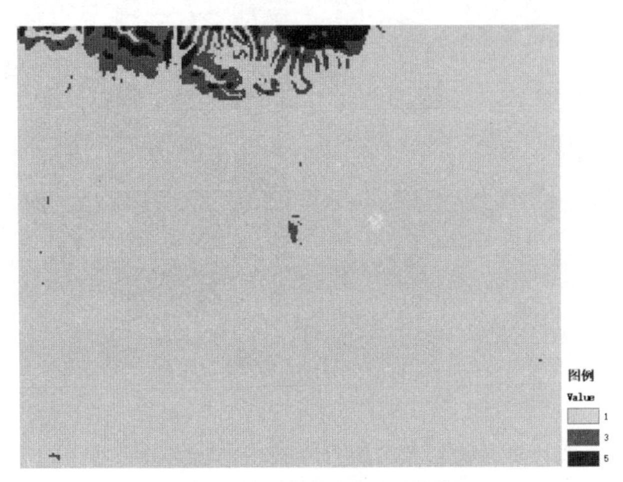

图 9–34 水土保持功能重要性分级

9.5 单项评价之生物多样性维护功能重要性评价

9.5.1 评价方法

生物多样性维护功能重要性评价是评价生态系统服务功能重要性的第三环，通过生态系统、物种和遗传资源三个层次进行评价。

在生态系统层次，参照 2019 年 7 月份的“双评价”《指南》中的评价准则，明确优先保护生态系统类型，并补充生物多样性维护功能重要区域。将原真性和完整性高，需优先保护的森林、灌丛、草地、内陆湿地、荒漠、海洋等生态系统评定为生物多样性维护极重要区（表 9–10），其他需保护的生态系统评定为生物多样性维护重要区。

在物种层次，参考《国家重点保护野生动植物名录》、《世界自然保护联盟（IUCN）濒危物种红色名录》及《中国生物多样性红色名录》，确定具有重要保护价值的物种为保护目标，将极危、濒危物种的集中分布区域、极小种群野生动植物的主要分布区域确定为生物多样性维护极重要区，将省级重点保护物种等其他具有重要保护价值物种的集中分布区域确定为生物多样性维护重要区。

在遗传资源层次，将重要野生的农作物、水产、畜牧等种质资源的主要天然分布区域确定为生物多样性维护极重要区。

优先保护生态系统目录 表 9–10

生态系统	名录
森林	寒温性针叶林：兴安落叶松林、西伯利亚落叶松林、红杉林、西藏红杉林、岷江冷杉林、川滇冷杉林、丽江云杉林、云杉林、川西云杉林、紫果云杉林、油麦吊杉林、樟子松林、大果圆柏林、祁连圆柏林、方枝柏林
	温性针叶林：油松林、白皮松林、华山松林、高山松林、台湾松林、巴山松林、侧柏林、柳杉林、红松林、红松—紫椴—硕桦林
	暖性针叶林：水杉林、马尾松林、云南松林、细叶云南松林、思茅松林、滇油杉林、杉木林、银杉林、柏木林、冲天柏林
	落叶阔叶林：辽东栎林、新疆野苹果林、胡杨林、灰杨林
	常绿—落叶阔叶混交林：栓皮栎—短柄枹栎—苦槠—青冈林、麻栎—光叶栎林、细叶青冈大穗鹅耳枥林、多脉青冈—尾叶甜槠—缺萼枫香—中华槭林、水青冈—包石栎林、亮叶水青冈—小叶青冈林、青冈—铜钱树林
	常绿阔叶林：苦槠—豺皮樟—石栎林、高山栲—黄毛青冈林、元江栲—滇青冈—滇石栎林、青冈—红楠林、红楠林、木荷—云山青冈—罗浮栲林、无柄栲—厚壳桂林、刺栲—厚壳桂林、栲树—山杜英—黄杞—木荷林、润楠—罗浮栲—青冈林、瓦山栲—杯状栲—木莲林、川滇高山栎林、铁橡栎林
	季雨林：木棉—楹树林、鸡占—厚皮树林、榕树—小叶白颜树—割舌树林、榕树—香花薄桃—假苹婆林、青皮林、擎天树—海南风吹楠—方榄林
	雨林：青皮—蝴蝶树—坡垒林、狭叶坡垒—乌榄—梭子果林、云南龙脑香、长毛羯布罗香—野树菠萝—红果葱臭木林、箭毒木—龙果—橄榄林、望天树林、葱臭木—千果榄仁—细青皮林、鸡毛松—青钩栲—阴香林
灌丛	常绿针叶灌丛：高山香柏、新疆方枝柏
	常绿革叶灌丛：理塘杜鹃、密枝杜鹃
	落叶阔叶灌丛：箭叶锦鸡儿、金露梅、多枝柽柳
草原与草甸	草甸草原：贝加尔针茅草原、白羊草草原、羊草草原、线叶菊草原
	典型（温性）草原：大针茅草原、克氏针茅草原、羊茅草原、固沙草草原
	荒漠草原：戈壁针茅草原、沙生针茅草原
	高寒草原：紫花针茅草原、座花针茅草原
	典型草甸：地榆、裂叶蒿为主的杂类草草甸；高山象牙参、云南米口袋为主的杂类草草甸
	高寒草甸：小蒿草草甸
	沼泽化草甸：藏蒿草草甸、芨芨草草甸、绢毛飘拂草草甸、肾叶打碗花草甸
荒漠	梭梭荒漠、膜果麻黄荒漠、泡泡刺荒漠、沙冬青荒漠、红砂荒漠、驼绒藜荒漠、籽蒿—沙竹荒漠、稀疏柽柳荒漠、垫状驼绒藜高寒荒漠
内陆湿地	森林沼泽：兴安落叶松沼泽、长白落叶松沼泽、水松沼泽
	灌丛沼泽：绣线菊灌丛沼泽
	草丛沼泽：修氏苔草沼泽、毛果苔草沼泽、阿尔泰苔草沼泽、红穗苔沼泽、乌拉苔草沼泽、藏蒿草—苔草沼泽、藏北蒿草—苔草沼泽、芦苇沼泽、荻沼泽、狭叶甜茅沼泽、田葱沼泽、甜茅沼泽、杉叶藻沼泽、马先蒿沼泽、盐角草沼泽、柽柳沼泽、盐地碱蓬沼泽、角碱蓬沼泽
海洋	珊瑚礁：鹿角珊瑚、蔷薇珊瑚、滨珊瑚、角孔珊瑚、牡丹珊瑚、蜂巢珊瑚、角蜂巢珊瑚、菊花珊瑚等造礁珊瑚形成的各类珊瑚礁
	海草床：丝粉草、鳗草、川蔓草、二药草、针叶草、全楔草、海菖蒲、泰来草、喜盐草、虾形草等为优势的各类海草床
	红树林：卤蕨、尖叶卤蕨、木果楝、海漆、秋茄、木榄、海莲、尖瓣海莲、海桑、海南海桑、拟海桑、卵叶海桑、杯萼海桑、角果木、正红树、红海榄、红榄李、榄李、桐花树、白骨壤、老鼠簕、小花老鼠簕、厦门老鼠簕、瓶花木、水椰、苦郎树、水黄皮、银叶树、阔苞菊、黄瑾、杨叶黄瑾、海芒果、莲叶桐、水芫花、玉蕊、钝叶臭黄荆、海滨猫尾木、无瓣海桑、拉关木等为优势的原生及人工红树林

续表

生态系统	名录
海洋	重要海藻场：马尾藻、石莼、鼠尾藻、裙带菜、海黍子、羊栖菜、铜藻、海带等为优势的原真性高、生物多样性丰富、具有特殊保护价值的海藻场
	重要滨海盐沼：芦苇、碱蓬、藨草、茳芏、柽柳等为优势的生物多样性丰富、具有特殊保护价值的滨海盐沼
	重要滩涂及浅海水域：已列入或计划列入省级以上重要湿地名录或发育一定规模、生物多样性高、重要鸟类迁徙栖息的其他滩涂及浅海水域，可参照《国家重要湿地确定指标》（GB/T26535—2011）
	重要河口：生物多样性或生产力高、重要保护物种及经济生物产卵、索饵、洄游所在河口
	特别保护海岛：领海基点所在无居民海岛，以及分布有优先保护生态系统、珍稀濒危野生动植物物种等具有特殊保护价值的无居民海岛及其周边海域
	重要渔业资源产卵场
	牡蛎礁、潮流沙脊群、潟湖等具有重要意义的特有生境

资料来源：引自《资源环境承载能力和国土空间开发适宜性评价技术指南（试行）》（2020 年 1 月版）。

生物多样性维护功能重要性的评价分级阈值如表 9–11 所示。生物多样性维护功能重要性是在生态系统、物种和遗传资源三个层次中进行评价，只要有一个层次中有极重要区，该极重要区就会被评定为生物多样性维护极重要区，故生物多样性维护极重要区是三个层次的极重要区的总和，生物多样性维护重要区是三个层次的重要区的总和，其余则都为生物多样性维护一般重要区。即取三个层次中的最大值作为生物多样性维护功能重要性评级。

生物多样性维护功能重要性评价分级阈值表 表 9–11

评价因子	评级 / 评价标准	评价值
生物多样性维护功能	三个层次的极重要区的总和	5（极重要）
	三个层次的重要区的总和	3（重要）
	其他	1（一般）

资料来源：参考《资源环境承载能力和国土空间开发适宜性评价技术指南（试行）》（2020 年 1 月版）整理。

9.5.2 评价数据

紧接之前步骤，继续操作如下。

☞ **步骤**：查看基础数据。

- 在【内容列表】面板，浏览到图层组【基础数据 \ 生物多样性维护功能重要性评价】，其中列出了本次实验所需基础数据，即【生态系统层次】、【物种层次】和【遗传资源层次】（图 9–35）。
- 本节实验所需基础数据的内容概况如表 9–12 所示，【生态系统层次】、【物种层次】和【遗传资源层次】如图 9–36 ～图 9–38 所示，实验结果将得到【生物多样性维护功能重要性分级 .tif】，如图 9–39 所示。

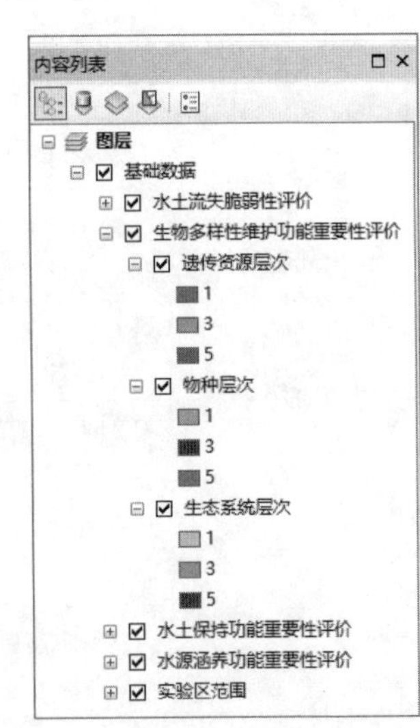

图 9–35 【生物多样性维护功能重要性评价】图层组

单项评价之生物多样性维护功能重要性评价实验数据一览表 **表 9–12**

单项评价	基础数据	基础数据名称	数据内容概述
生物多样性维护功能重要性评价	生态系统	生态系统层次	本实验虚构的实验区范围生态系统层次重要性评价
	物种	物种层次	本实验虚构的实验区范围物种层次重要性评价
	遗传资源	遗传资源层次	本实验虚构的实验区范围遗传资源层次重要性评价

图 9–36 生态系统层次

图 9–37 物种层次

图 9–38 遗传资源层次

图 9–39 生物多样性维护功能重要性分级

9.5.3 评价过程

根据评价方法，本节实验只需要按照分级阈值表将生物多样性维护功能重要性评价分级。

本节实验环节步骤具体如表 9–13 所示。

生物多样性维护功能重要性评价实验过程概况一览表 **表 9–13**

实验环节	操作步骤	基础数据	输出结果	涉及模型工具
环节：生物多样性维护功能重要性评价	步骤：生物多样性维护功能重要性评价分级	【生态系统层次】 【物种层次】 【遗传资源层次】	【生物多样性维护功能重要性分级 .tif】	【像元统计数据】

紧接之前步骤，继续操作如下。

☞ **步骤**：通过【像元统计数据】计算【生物多样性维护功能重要性分级 .tif】。

➔ 打开【像元统计数据】工具。在【目录】面板中浏览到【工具箱 \ 系统工具箱 \Spatial Analyst Tools.tbx\ 局部分析 \ 像元统计数据】，双击该项打开【像元统计数据】工具。

- 设置【像元统计数据】对话框各项参数，并运行工具，如图 9-40 所示。
  - 设置【输入栅格数据或常量值】为【基础数据\生物多样性维护功能重要性评价\生态系统层次】、【基础数据\生物多样性维护功能重要性评价\物种层次】和【基础数据\生物多样性维护功能重要性评价\遗传资源层次】。
  - 设置【输出栅格】为【D:\study\chp09\练习数据\生态保护重要性评价\双评价过程要素\适应性评价栅格及其他过程要素\单项评价之生物多样性维护功能重要性评价\生物多样性维护功能重要性分级.tif】。
  - 设置【叠加统计】为【MAXIMUM】。
  - 点击【确定】按钮，完成后的【生物多样性维护功能重要性分级.tif】如图 9-41 所示。

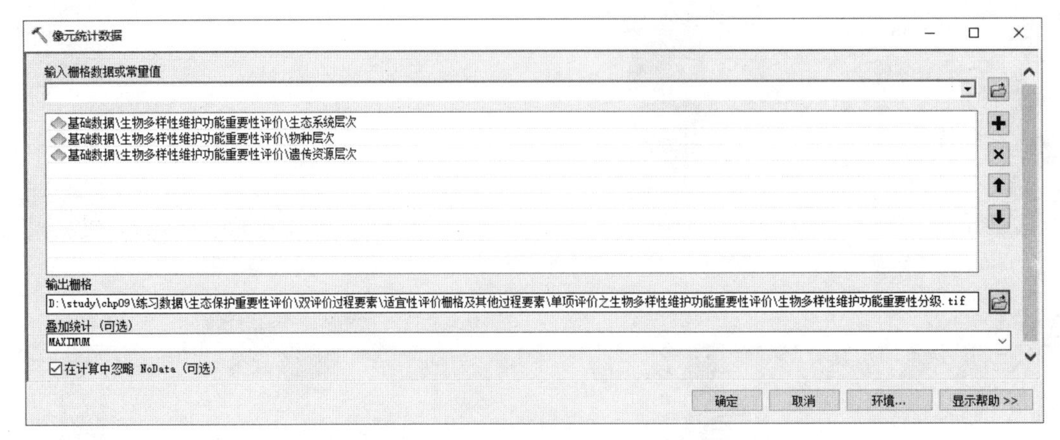

图 9-40 【像元统计数据】对话框

图 9-41 生物多样性维护功能重要性分级

说明：像元统计数据

根据多个栅格数据计算每个像元的统计数据。可用的统计数据有众数、最大值、均值、中位数、最小值、少数、范围、标准差、总和及变异度。

InRas1 InRas2 InRas3 OutRas

OutRas = CellStatistics([InRas1, InRas2, InRas3], "SUM", "NODATA")

> 要计算的统计类型：
> MEAN — 计算输入的平均值；
> MAJORITY — 确定输入的众数（出现次数最多的值）；
> MAXIMUM — 确定输入的最大值；
> MEDIAN — 计算输入的中位数；
> MINIMUM — 确定输入的最小值；
> MINORITY — 确定输入的少数（出现次数最少的值）；
> RANGE — 计算输入的范围（最大值和最小值之差）；
> STD — 计算输入的标准差；
> SUM — 计算输入的总和（所有值的总和）；
> VARIETY — 计算输入的变异度（唯一值的数量）。

9.6 单项评价之水土流失脆弱性评价

生态脆弱性是指一定区域发生生态问题的可能性和程度，用来反映人类活动可能造成的生态后果，主要包括水土流失脆弱性、沙漠化脆弱性、石漠化脆弱性、海岸侵蚀脆弱性。

[生态脆弱性]=Max([水土流失脆弱性], [沙漠化脆弱性], [石漠化脆弱性], [海岸侵蚀脆弱性])。

水土流失脆弱性评价是生态脆弱性评价中的一项单项评价。由于选地原因，本实验不涉及沙漠化脆弱性评价、石漠化脆弱性评价和海岸侵蚀脆弱性评价。

9.6.1 评价方法

$$[\text{水土流失脆弱性}]=\sqrt[4]{R\times K\times LS\times C}$$

式中，R 为降雨侵蚀力因子；K 为土壤可蚀性因子；LS 为地形起伏度因子；C 为植被覆盖因子。各因子的赋值方法如表 9-14 所示。

水土流失脆弱性评价因子分级赋值　　表 9-14

评价因子	极脆弱	脆弱	一般脆弱
降雨侵蚀力（R）	> 600	100 ~ 600	< 100
土壤可蚀性（K）	砂粉土、粉土	红壤土、面砂土、壤土、砂壤土、粉黏土、壤黏土	潮土、黏质土、石砾、砂、粗砂土、细砂土、黏土
地形起伏度（LS）	> 300	50 ~ 300	0 ~ 50
植被覆盖（C）	≤ 0.2	0.2 ~ 0.6	≥ 0.6
分级赋值	5	3	1

资料来源：根据《生态保护红线划定指南》（2017 年）整理。

降雨侵蚀力因子 R：是指降雨引发土壤侵蚀的潜在能力，通过多年平均年降雨侵蚀力因子反映。

土壤可蚀性因子 K：指土壤颗粒被水力分离和搬运的难易程度，主要与土壤质地、有机质含量、土体结构、渗透性等土壤理化性质有关。

地形因子 LS：L 表示坡长因子，S 表示坡度因子，是反映地形对土壤侵蚀影响的两个因子。在评估中，可以应用地形起伏度，即地面一定距离范围内最大高差，作为区域土壤侵蚀评估的地形指标。

植被覆盖度因子 C：即植被覆盖度。植被覆盖度信息提取是在对光谱信号进行分析的基础上，通过建立归一化植被指数与植被覆盖度的转换信息，直接提取植被覆盖度信息。

水土流失脆弱性评价的分级阈值如表 9-15 所示。评价结果分为三级，即极脆弱、脆弱和一般脆弱。

生态脆弱性评价分级阈值表 表 9–15

等级 / 分级	一般脆弱	脆弱	极脆弱
分级赋值	1	3	5
分级标准	1.0 ～ 2.0	2.0 ～ 4.0	＞ 4.0

资料来源：根据《生态保护红线划定指南》(2017 年）整理。

9.6.2 评价数据

紧接之前步骤，继续操作如下。

☞ **步骤**：查看基础数据。

- 在【内容列表】面板中，浏览到图层组【基础数据\水土流失脆弱性评价】，其中列出了本次实验所需基础数据，即【降雨侵蚀力因子 R 值】、【植被覆盖度】、【土壤属性数据】和【地形高程数据】(图 9–42)。
- 本节实验所需基础数据的内容概况如表 9–16 所示，【降雨侵蚀力因子 R 值】、【植被覆盖度】、【土壤属性数据】和【地形高程数据】如图 9–43 ～图 9–46 所示，实验结果将得到【水土流失脆弱性分级 .tif】，如图 9–47 所示。

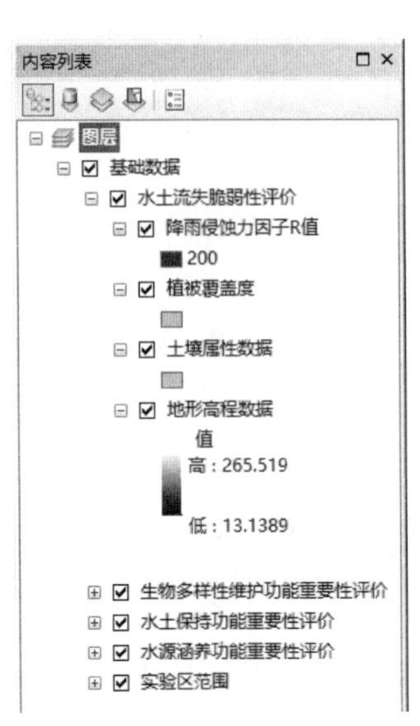

图 9–42 【水土流失脆弱性评价】图层组

单项评价之水土流失脆弱性评价 表 9–16

单项评价	基础数据	基础数据名称	数据内容概述
水土流失脆弱性评价	土壤质地	土壤属性数据	本实验虚构的实验区范围土壤可蚀性 *K* 值
	降雨侵蚀力因子 *R* 值	降雨侵蚀力因子 *R* 值	本实验虚构的实验区范围降雨侵蚀力因子 *R* 值
	植被覆盖	植被覆盖度	本实验虚构的实验区范围植被覆盖度
	地形高程	地形高程数据	基于实验区范围高程 DEM 数据进行栅格插值计算得到的 10m 精度的栅格数据

图 9–43 降雨侵蚀力因子 *R* 值

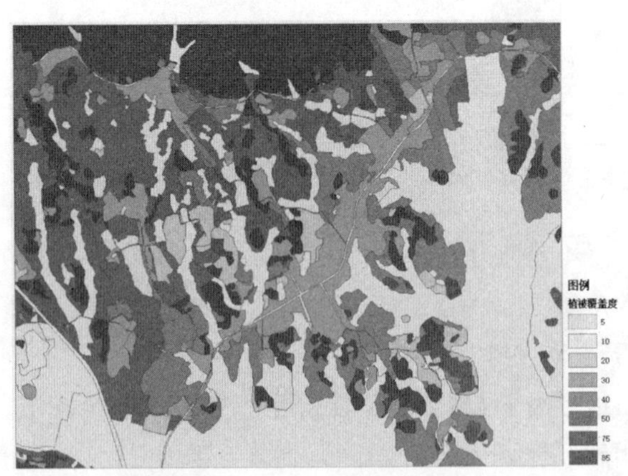

图 9–44 植被覆盖度

图 9–45 土壤属性数据

图 9–46 地形高程数据

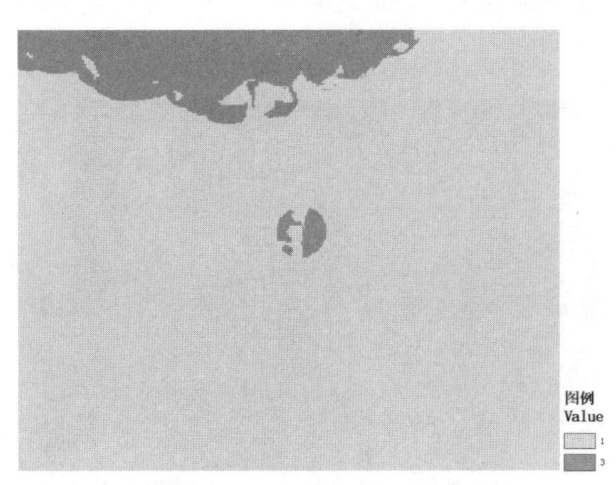

图 9–47 水土流失脆弱性分级

9.6.3 评价过程

根据评价方法，本节实验可分解为三个环节，首先对四种数据（降雨侵蚀力因子 R 值、植被覆盖度、土壤属性数据、地形高程数据）进行分级赋值，然后计算水土流失脆弱性指数，最后按照生态脆弱性评价分级阈值表对水土流失脆弱性进行评价分级。

本节实验环节步骤具体如表 9–17 所示。

水土流失脆弱性评价实验过程概况一览表 **表 9–17**

实验环节	操作步骤	基础数据	输出结果	涉及模型工具
环节 1：对四种数据（降雨侵蚀力因子 R 值、植被覆盖度、土壤属性数据、地形高程数据）进行分级赋值	步骤 1：将植被覆盖度转换成栅格数据	【植被覆盖度】	【植被覆盖度栅格 .tif】	【面转栅格】
	步骤 2：计算地块的地形起伏度	【地形高程数据】	【地形起伏度 .tif】	【焦点统计】
	步骤 3：对土壤属性数据中不同的土壤性质进行分级赋值，并转换为栅格数据	【土壤属性数据】	【土壤分级 .tif】	【字段计算器】 【面转栅格】
	步骤 4：对各栅格进行重新分级	【植被覆盖度栅格 .tif】 【地形起伏度 .tif】 【降雨侵蚀力因子 R 值】	【植被覆盖度分级 .tif】 【地形起伏度分级 .tif】 【降雨侵蚀力因子 R 值分级 .tif】	【重分类】

续表

实验环节	操作步骤	基础数据	输出结果	涉及模型工具
环节 2：计算水土流失脆弱性指数	步骤 5：计算水土流失脆弱性指数	【植被覆盖度分级 .tif】 【土壤分级 .tif】 【地形起伏度分级 .tif】 【降雨侵蚀力因子 R 值分级 .tif】	【水土流失脆弱性指数 .tif】	【栅格计算器】
环节 3：水土流失脆弱性评价	步骤 6：水土流失脆弱性评价	【水土流失脆弱性指数 .tif】	【水土流失脆弱性分级 .tif】	【重分类】

紧接之前步骤，继续操作如下。

☞ **步骤 1：**将【植被覆盖度】转换成栅格数据，以便后续操作。

打开【面转栅格】工具。将【植被覆盖度】面要素按照其【植被覆盖】属性转成 10m 精度的栅格数据【植被覆盖度栅格 .tif】，如图 9-48 所示。

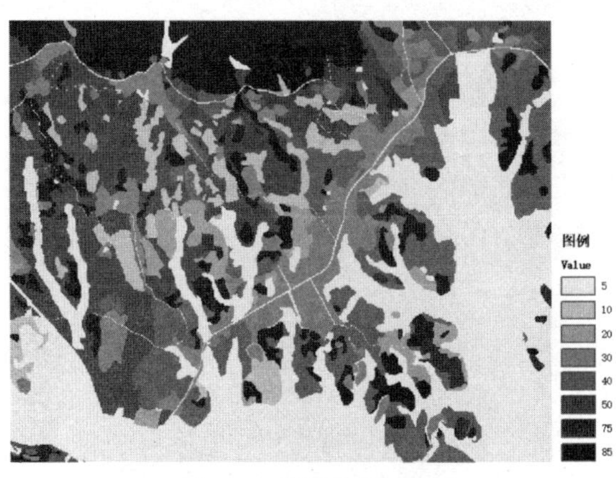

图 9-48　植被覆盖度栅格

☞ **步骤 2：**计算地块的地形起伏度。

通过【焦点统计】分析【地形】，得到地块的地形起伏度，即 $L \times S$。公式（$L \times S$），这个值的中文名称即地形起伏度。而地形起伏度的数据得出需要用到有高程的地形栅格数据，并运用空间分析中的焦点统计。该实验利用 RANGE 类型的焦点统计，计算邻域内像元的范围（最大值和最小值之差），则得到地形起伏度。

说明：焦点统计

为每个输入像元位置计算其周围指定邻域内的值的统计数据。输入栅格为要执行焦点统计计算的栅格，输出栅格为输出焦点统计栅格。邻域分析（可选）为指定用于计算统计数据的每个像元周围的区域形状。选择邻域类型后，可设置其他参数来定义邻域的形状、大小和单位。统计类型（可选）为要计算的统计数据类型，包括：

MEAN— 计算邻域内像元的平均值；
MAJORITY— 计算邻域内像元的众数（出现次数最多的值）；
MAXIMUM— 计算邻域内像元的最大值；
MEDIAN— 计算邻域内像元的中值；
MINIMUM— 计算邻域内像元的最小值；
MINORITY— 计算邻域内像元的少数（出现次数最少的值）；
RANGE— 计算邻域内像元的范围（最大值和最小值之差）；
STD— 计算邻域内像元的标准差；
SUM— 计算邻域内像元的总和（所有值的总和）；
VARIETY— 计算邻域内像元的变异度（唯一值的数量）。默认统计类型为 MEAN。

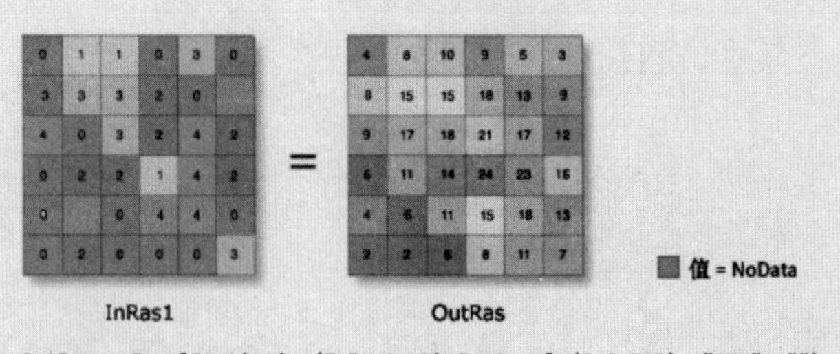

➜ 打开【焦点统计】工具。紧接上一步骤，在【目录】面板中浏览到【工具箱 \ 系统工具箱 \Spatial Analyst Tools.tbx\ 邻域分析 \ 焦点统计】，双击该项打开【焦点统计】工具，设置对话框各项参数，并运行工具，如图 9-49 所示。

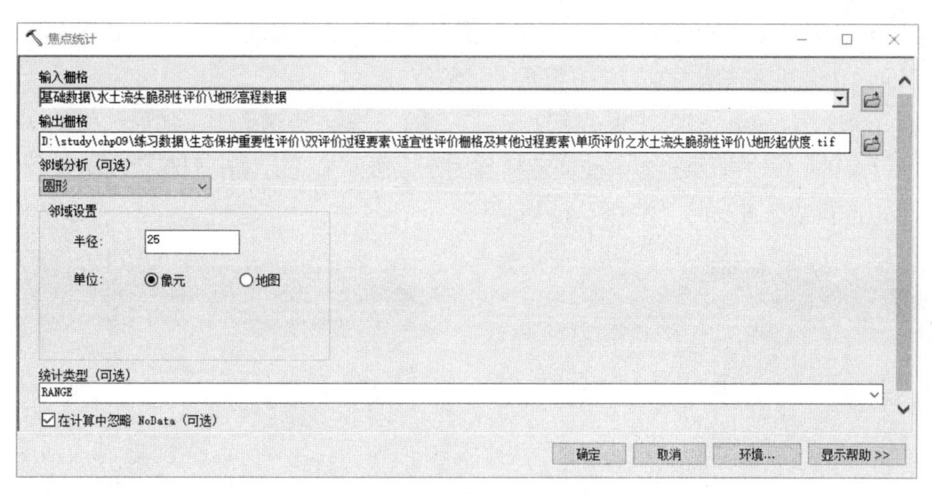

图 9–49 【焦点统计】对话框

- 设置【输入栅格】为【基础数据 \ 水土流失脆弱性评价 \ 地形高程数据】。
- 设置【输出栅格】为【D: \study\chp09\ 练习数据 \ 生态保护重要性评价 \ 双评价过程要素 \ 适应性评价栅格及其他过程要素 \ 单项评价之水土流失脆弱性评价 \ 地形起伏度 .tif】。
- 设置【邻域分析（可选）】为【圆形】,【邻域设置】【中】【半径】为【25】,【单位】为【像元】。
- 设置【统计类型（可选）】为【RANGE】。
- 点击【确定】按钮。完成后的【地形起伏度 .tif】如图 9–50 所示。

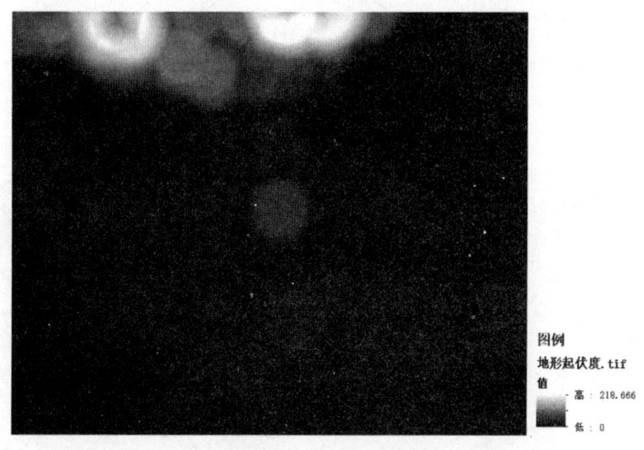

图 9–50　地形起伏度

> **说明**：为什么邻域半径设置为 25？
>
> 半径设置主要基于以下原则：邻域范围通常采用 20hm^2 左右（2019 年 7 月"双评价"《指南》中提及）。因此，采用矩形邻域时，50m × 50m 栅格建议采用 9 × 9 邻域，30m × 30m 栅格建议采用 15 × 15 邻域。这是因为 50m × 50m 栅格面积为 0.25hm^2，20hm^2 范围意味着需要覆盖 80（20 ÷ 0.25）个栅格单元，开方后约为横、纵各 9 个。同理，30 m × 30m 栅格覆盖 20hm^2 需要 222.22 个栅格，开方后往上取整即为 15。
>
> 本次试验设置的栅格单元尺寸为 10m × 10m，因此在采用圆形邻域时，需要覆盖的栅格单元数量为 2000 个（2000 ÷ 0.01），因此邻域半径为$\sqrt{2000}$，即 25.23，在此取整为 25。

☞ **步骤 3**：对【土壤属性数据】中不同的土壤可蚀性进行分级赋值。

- 增加【土壤可蚀性】字段，按照水土流失脆弱性评价因子分级赋值表（表 9–14），根据不同的土壤类型进行分级赋值。具体方法参见 9.4.3 节的步骤 4，在此不再赘述。
- 将【土壤属性数据】转换成栅格数据。打开【面转栅格】工具。将【土壤属性数据】面要素按照其【土壤可蚀性】属性转成 10m 精度的栅格数据【土壤分级 .tif】，如图 9–51 所示。

☞ **步骤 4**：对【地形起伏度 .tif】、【降雨侵蚀力因子 R 值】和【植被覆盖度栅格 .tif】进行重新分级。按照水土流失脆弱性评价因子分级赋值表格对栅格进行重分类赋值。

- 重分类【地形起伏度 .tif】。打开【重分类】工具。设置【输入栅格】为【地形起伏度 .tif】，设置【重分类字段】为【Value】，按照水土流失脆弱性评价因子分级赋值表对【地形起伏度】进行重分类赋值，重分类成【地形起伏度分级 .tif】，如图 9-52 所示。

图 9-51 土壤分级

图 9-52 地形起伏度分级

- 重分类【降雨侵蚀力因子 R 值】。将【降雨侵蚀力因子 R 值】栅格以【Value】为【重分类字段】，按照水土流失脆弱性评价因子分级赋值表格对【降雨侵蚀力因子 R 值】进行重分类赋值，重分类成【降雨侵蚀力因子 R 值分级 .tif】，如图 9-53 所示。
- 重分类【植被覆盖度栅格 .tif】。将【植被覆盖度栅格 .tif】以【Value】为【重分类字段】，按照水土流失脆弱性评价因子分级赋值表格对【植被覆盖度栅格 .tif】进行重分类赋值，重分类成【植被覆盖度分级 .tif】，如图 9-54 所示。

图 9-53 降雨侵蚀力因子 R 值分级

图 9-54 植被覆盖度分级

对于需要批量处理的数据，也可以利用【重分类】批处理工具，达到上述效果。具体操作如下。

- 打开【重分类】工具的批处理。在【目录】面板中浏览到【工具箱 \ 系统工具箱 \Spatial Analyst Tools.tbx\ 重分类 \ 重分类】，右键单击【重分类】工具，弹出相应工具菜单选项。
- 左键单击第二行的【批处理】，弹出【重分类】工具批处理界面。
  - 输入【重分类】工具批处理参数。需要设置四项参数，分别为【输入栅格】、【重分类字段】、【重分类】和【输出栅格】，参数设置具体方法详见 9.3.3 节的步骤 7。按表 9-18 输入各项参数如图 9-55 所示，单击✓检查值确保所有数据都有效后，点击【确定】按钮。

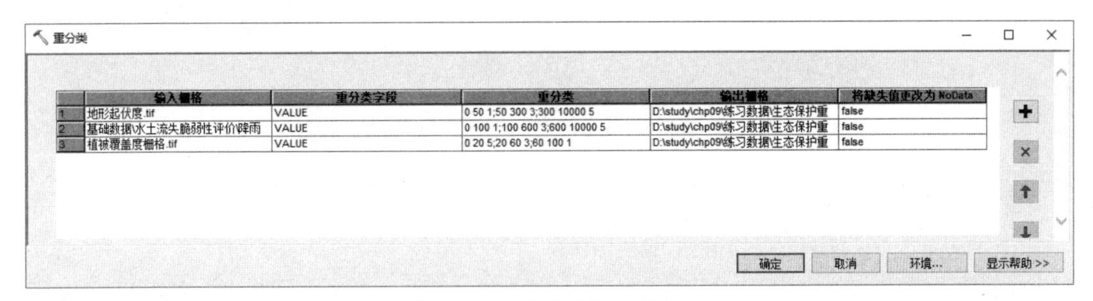

图 9–55　重分类批处理对话框

重分类批处理参数设置表　　表 9–18

输入栅格	重分类字段	重分类	输出栅格
【地形起伏度 .tif】	VALUE	0 50 1;50 300 3;300 10000 5	【D: \study\chp09\ 练习数据 \ 生态保护重要性评价 \ 双评价过程要素 \ 适应性评价栅格及其他过程要素 \ 单项评价之水土流失脆弱性评价 \ 地形起伏度分级 .tif】
【基础数据 \ 水土流失脆弱性评价 \ 降雨侵蚀力因子 *R* 值】	VALUE	0 100 1;100 600 3;600 10000 5	【D: \study\chp09\ 练习数据 \ 生态保护重要性评价 \ 双评价过程要素 \ 适应性评价栅格及其他过程要素 \ 单项评价之水土流失脆弱性评价 \ 降雨侵蚀力因子 *R* 值分级 .tif】
【植被覆盖度栅格 .tif】	VALUE	0 20 5;20 60 3;60 100 1	【D: \study\chp09\ 练习数据 \ 生态保护重要性评价 \ 双评价过程要素 \ 适应性评价栅格及其他过程要素 \ 单项评价之水土流失脆弱性评价 \ 植被覆盖度分级 .tif】

> **知识点：批处理**
>
> 批处理是地理处理过程中的核心功能。在许多地理处理工作流中，都会对大量数据集反复运行同一工具（如本节实验需要多次使用【重分类】工具进行计算）。为了消除这种重复操作，每个地理处理工具都具有批处理模式。
>
> 要使用批处理，右键单击工具，然后单击批处理，这会打开一个包含一行批处理格网的批处理对话框。对话框会显示使用该工具的批处理方法需要设置的参数表格。许多地理处理工具包含两个以上的参数，包括输入数据、输出数据和参数等。要使浏览一次查看到的参数尽可能多，可调整工具对话框的大小，也可以通过拖动列分隔符来更改列宽。
>
> 列表中的每一行为一次运算，有多少行就有多少次运算，所以称为批处理。要添加其他运算，单击添加按钮✚添加。可以通过双击每行行首的按钮来打开该工具的对话框一次性输入所有参数，或者右键单击单个单元格，单击【打开】则会显示该参数的设置对话框，逐个输入参数。如果所有运算的某一列采用相同数据，实际操作中不必在每个单元格中输入同一值，而是可以使用填充方法，即单击采用相同值的单元格，然后选中【填充】，下方所有单元格都会使用所单击单元格的值填充。
>
> 批处理的执行。在填充完成批处理格网所有参数后，还需要检查填入值的复选标记✔以确保所有数据都有效，然后单击【确定】，开始依次执行各行的运算。可在结果窗口中查看执行消息。

☞ **步骤 5：**计算【水土流失脆弱性指数】。

按照水土流失脆弱性的计算公式，将所有要素代入公式，使用【栅格计算器】进行计算，得到水土流失脆弱性指数。

- 打开【栅格计算器】工具。在【目录】面板中浏览到【工具箱 \ 系统工具箱 \Spatial Analyst Tools.tbx\ 地图代数 \ 栅格计算器】，双击该项打开【栅格计算器】工具。
- 设置【栅格计算器】对话框各项参数，如图 9–56 所示，并运行工具。
- 输入地图代数表达式。在【地图代数表达式】下方空白栏中输入以下计算代码，实现水土流失脆弱性指数的计算。
- 设置【输出栅格】为【D: \study\chp09\ 练习数据 \ 生态保护重要性评价 \ 评价过程要素 \ 适应性评价栅格及其他过程要素 \ 单项评价之水土流失脆弱性评价 \ 水土流失脆弱性指数 .tif】。
- 点击【确定】按钮。完成后的【水土流失脆弱性指数 .tif】如图 9–57 所示。

```
Power ( "降雨侵蚀力 R 值分级 .tif" * "植被覆盖度分级 .tif" * "土壤分级 .tif" * "地形起伏度分级 .tif", 0.25)
```

说明：Power(*a*, *b*) 函数。若需要开 *a* 的 *r* 次方根，则表达式为 Power(*a*, 1/*r*)

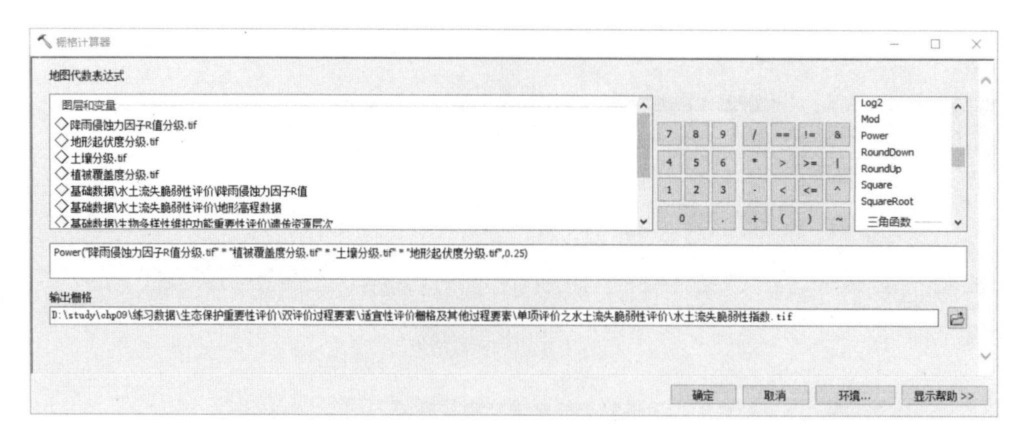

图 9-56　水土流失脆弱性指数【栅格计算器】对话框

☞ **步骤 6:** 重新分级【水土流失脆弱性指数】。

◆ 打开【重分类】工具。设置【输入栅格】为【水土流失脆弱性指数.tif】，设置【重分类字段】为【Value】，按照表 9-15 所示生态脆弱性评价分级阈值表对【水土流失脆弱性指数.tif】进行重分类赋值，设置旧值为【1-2】、【2-4】、【4-5】，设置相应的新值为【1】、【3】、【5】，重分类成【水土流失脆弱性分级.tif】，如图 9-58 所示。

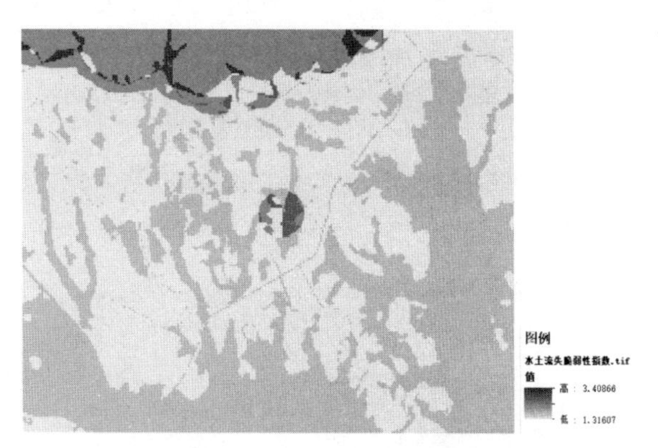

图 9-57　水土流失脆弱性指数

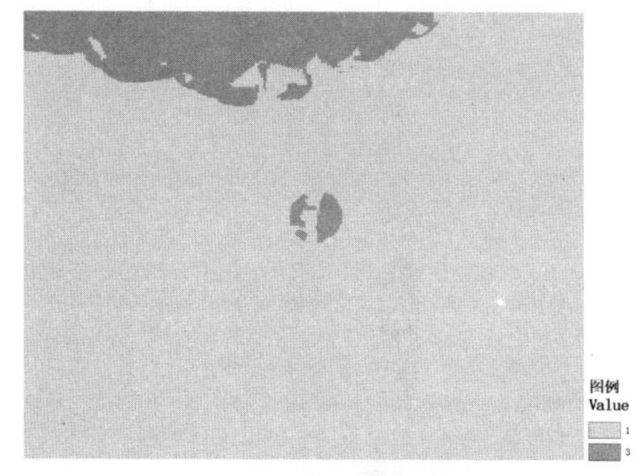

图 9-58　水土流失脆弱性分级

9.7　集成评价之生态系统服务功能重要性和生态保护重要性评价

9.7.1　评价方法

生态系统服务功能重要性评价方法为，取水源涵养功能重要性、水土保持功能重要性、生物多样性维护功能重要性、防风固沙功能重要性和海岸防护功能重要性评价结果中的较高等级，作为生态系统服务功能重要性等级（本次实验地块数据并不涉及后两项评价）。生态系统服务功能重要性的评价分级阈值如表 9-19 所示。

生态系统服务功能重要性和生态脆弱性评价分级阈值表　　表 9-19

基础数据	评级 / 评价标准	评价值
生态系统服务功能重要性 / 生态脆弱性	单项评价的极重要区或极脆弱区总和	5（极重要）
	单项评价的重要区或脆弱区总和	3（重要）
	其他	1（一般）

资料来源：根据《资源环境承载能力和国土空间开发适宜性评价技术指南（试行）》（2020 年 1 月版）整理。

生态脆弱性评价也与之类似，取水土流失脆弱性、沙漠化脆弱性、石漠化脆弱性、海岸侵蚀脆弱性评价结果中的较高等级，作为生态脆弱性等级（本次实验地块数据并不涉及后三项评价）（表 9-19）。

生态保护重要性评价方法为，取生态系统服务功能重要性和生态脆弱性评价结果的较高等级，作为生态保护重要性等级的初判结果。生态保护重要性的评价分级阈值如表 9-20 所示。

生态保护重要性评价分级阈值表　　**表 9-20**

基础数据	评级 / 评价标准	评价值
生态保护重要性	两个集成评价的极重要区或极脆弱区总和	5（极重要）
	两个集成评价的重要区或极脆弱区总和	3（重要）
	其他	1（一般）

资料来源：根据《资源环境承载能力和国土空间开发适宜性评价技术指南（试行）》（2020 年 1 月版）整理。

9.7.2　评价数据

☞ **步骤：**打开地图文档，查看基础数据。

➜ 打开随书数据的地图文档【chp09\练习数据\生态保护重要性评价\生态保护重要性评价集成.mxd】。其中，列出了本次实验所需基础数据，即【水源涵养功能重要性分级 .tif】、【水土保持功能重要性分级 .tif】、【生物多样性维护功能重要性分级 .tif】和【水土流失脆弱性分级 .tif】，如图 9-59 ～图 9-62 所示。

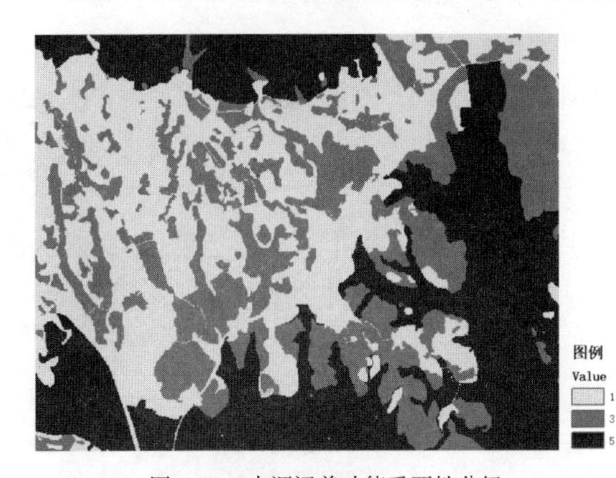

图 9-59　水源涵养功能重要性分级

图 9-60　水土保持功能重要性分级

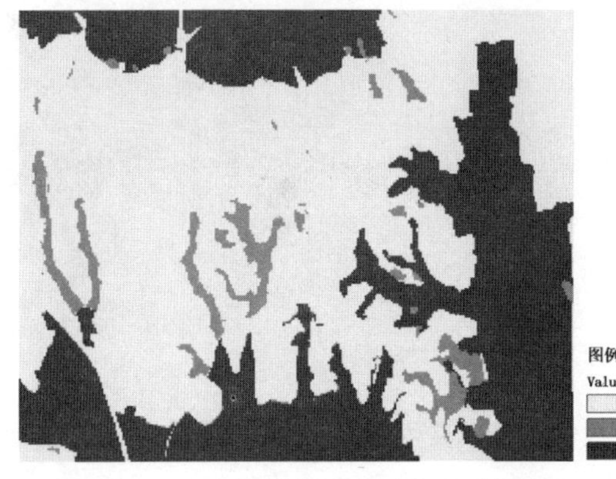

图 9-61　生物多样性维护功能重要性分级

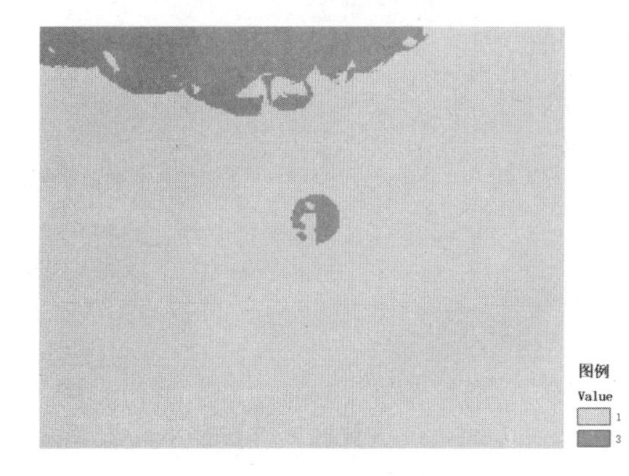

图 9-62　水土流失脆弱性分级

9.7.3　评价过程

根据评价方法，本节实验可分解为三个环节，首先根据三个单项评价集成得到生态系统服务功能重要性评价，然后单项评价集成得到生态脆弱性评价，但由于本实验只有水土流失脆弱性分级单项，所以直接复制其结果为生态脆弱性评价，最后将生态系统服务功能重要性评价和水土流失脆弱性评价集成，得到生态保护重要性评价。

本节实验环节步骤具体如表 9–21 所示。

生态保护重要性评价实验过程概况一览表　　表 9–21

实验环节	操作步骤	基础数据	输出结果	涉及模型工具
环节 1：三个单项评价集成得到生态系统服务功能重要性评价	说明：三个单项评价集成得到生态系统服务功能重要性评价	【水源涵养功能重要性分级 .tif】 【水土保持功能重要性分级 .tif】 【生物多样性维护功能重要性分级 .tif】	【生态系统服务功能重要性评价分级 .tif】	【像元统计数据】
环节 2：单项评价集成得到生态脆弱性评价	说明：由于本实验只有水土流失脆弱性分级单项，所以直接使用其结果	【水土流失脆弱性分级 .tif】	【水土流失脆弱性分级 .tif】	无
环节 3：生态保护重要性评价	说明：生态系统服务功能重要性评价和水土流失脆弱性评价集成，得到生态保护重要性评价	【生态系统服务功能重要性评价分级 .tif】 【水土流失脆弱性分级 .tif】	【生态保护重要性评价分级 .tif】	【像元统计数据】

紧接之前步骤，继续操作如下。

☞ **步骤 1：**计算生态系统服务功能重要性评价分级。

通过【像元统计数据】集成得到【生态系统服务功能重要性评价分级 .tif】。水源涵养功能重要性，水土保持功能重要性和生物多样性维护功能重要性，取三项评价结果的较高等级作为生态系统服务功能重要性等级，得到生态系统服务功能重要性评价。

- 打开【像元统计数据】工具。紧接上一步骤，在【目录】面板中，浏览到【工具箱 \ 系统工具箱 \Spatial Analyst Tools.tbx\ 局部分析 \ 像元统计数据】，双击该项打开【像元统计数据】工具。
- 设置【像元统计数据】对话框各项参数，并运行工具，如图 9–63 所示。

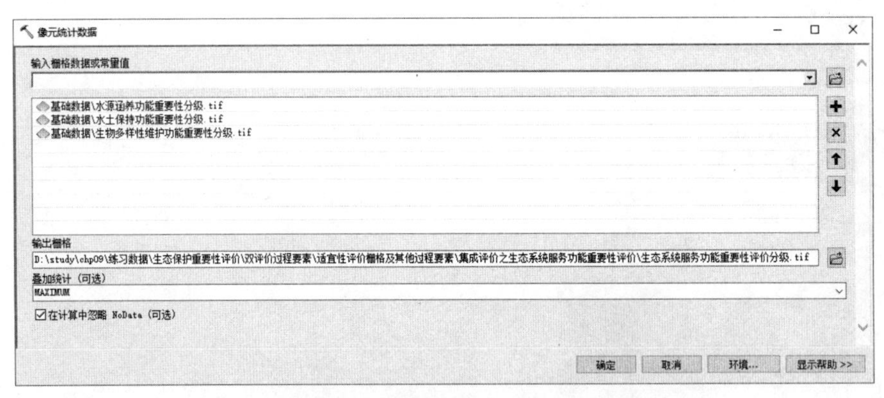

图 9–63　生态系统服务功能重要性评价【像元统计数据】对话框

- 设置【输入栅格数据或常量值】为【基础数据 \ 水源涵养功能重要性评价分级 .tif】、【基础数据 \ 水土保持功能重要性分级 .tif】和【基础数据 \ 生物多样性维护功能重要性分级 .tif】。
- 设置【输出栅格】为【D: \study\chp09\ 练习数据 \ 生态保护重要性评价 \ 双评价过程要素 \ 适应性评价栅格及其他过程要素 \ 集成评价之生态系统服务功能重要性评价 \ 生态系统服务功能重要性评价分级 .tif】。
- 设置【叠加统计（可选）】为【MAXIMUM】。
- 点击【确定】按钮，完成后的【生态系统服务功能重要性评价分级 .tif】如图 9–64 所示。

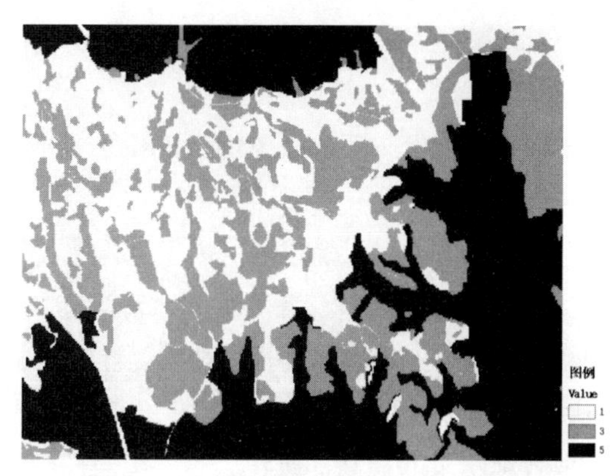

图 9-64　生态系统服务功能重要性评价分级

☞ **步骤 2：**计算生态保护重要性评价分级。通过【像元统计数据】集成【生态保护重要性评价分级 .tif】。

打开【像元统计数据】工具。紧接上一步骤，在【目录】面板中浏览到【工具箱 \ 系统工具箱 \Spatial Analyst Tools.tbx\ 局部分析 \ 像元统计数据】，双击该项打开【像元统计数据】工具。

➜ 设置【像元统计数据】对话框各项参数，并运行工具，如图 9-65 所示。

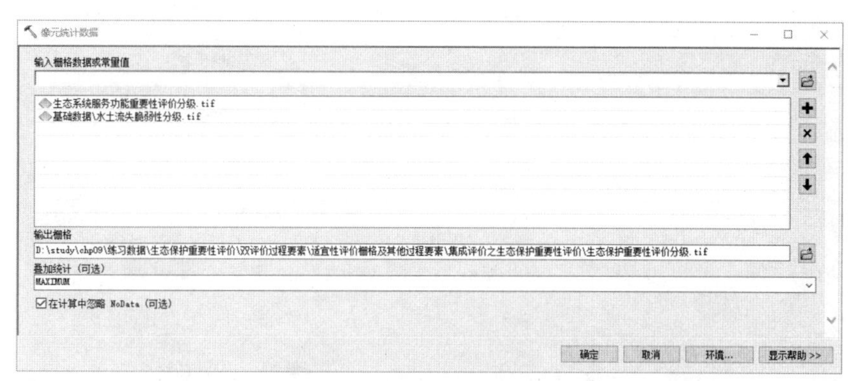

图 9-65　生态保护重要性评价分级【像元统计数据】对话框

- 设置【输入栅格数据或常量值】为【生态系统服务功能重要性评价分级 .tif】和【基础数据 \ 水土流失脆弱性分级 .tif】。
- 设置【输出栅格】为【D：\study\chp09\ 练习数据 \ 生态保护重要性评价 \ 双评价过程要素 \ 适应性评价栅格及其他过程要素 \ 集成评价之生态保护重要性评价 \ 生态保护重要性评价分级 .tif】。
- 设置【叠加统计（可选）】为【MAXIMUM】。
- 点击【确定】按钮，完成后的【生态保护重要性评价分级 .tif】如图 9-66 所示。

图 9-66　生态保护重要性评价分级

9.8 本章小结

生态保护重要性评价的目的是为了识别区域生态系统服务功能相对重要、生态脆弱或脆弱程度相对较高的地区，实现生态保护的系统性、科学性、针对性。

基于GIS的生态保护重要性评价的步骤为：首先，确定评价因子及构建评价基础数据库；然后对各单因素进行评价，统一划分级别。评价生态系统服务功能重要性，需要先对水源涵养功能重要性、水土保持功能重要性、生物多样性维护功能重要性、防风固沙功能重要性和海岸防护功能重要性进行单项评价，再取各项结果的最高等级作为生态系统服务功能重要性等级。评价生态脆弱性，则需要对水土流失脆弱性、沙漠化脆弱性、石漠化脆弱性、海岸侵蚀脆弱性进行单项评价，取各项结果的最高等级作为生态脆弱性等级；最后进行集成评价，开展生态系统服务功能重要性和生态脆弱性评价集成，对综合后的数据重新分类定级，得到生态保护重要性综合评价图，识别生态保护极重要区和重要区。

为了完成上述步骤，需要综合使用许多技术，包括栅格计算器、融合、插值分析、面转栅格、邻域分析与重分类等。

本章技术汇总表

规划应用汇总	页码	信息技术汇总	页码
计算年均降雨量	237	地理处理（融合）	237
计算水源涵养量	241	插值分析（克里金法）	239
水源涵养功能重要性评价	244	转为栅格（面转栅格）	240
分级赋值基础数据	247	栅格计算器工具	241
生态系统分类并转为栅格数据	248	属性表（导出数据）	242
植被覆盖度数据转为栅格数据	249	转换工具（表转Excel）	243
水土保持功能重要性评价	249	Excel计算累积服务值	244
生物多样性维护功能重要性评价	253	重分类（重分类）	244
计算水土流失脆弱性指数	261	属性表（添加字段）	247
水土流失脆弱性评价	262	属性表（字段计算器）	247
生态系统服务功能重要性评价	264	局部分析（像元统计数据）	253
生态保护重要性评价	265	邻域分析（焦点统计）	258
		批处理（重分类）	260

第 10 章 城镇建设适宜性评价

本章将以“双评价”中的城镇建设适宜性评价实验为例，介绍利用 GIS 平台进行城镇建设适宜性评价的基本方法。

“城镇建设适宜性”指反映国土空间中从事城镇居民生产生活的适宜程度。“城镇建设适宜性评价”需要在生态保护极重要区以外的区域，考虑环境安全、粮食安全和地质安全等底线要求，识别城镇建设不适宜区。市县层级的“城镇建设适宜性评价”还应根据城镇化发展阶段特征，增加人口、经济、区位、基础设施等要素，识别城镇建设适宜区。

“城镇建设适宜性评价”结果一般划分为适宜区、一般适宜区和不适宜区 3 种类型。通常来说，城镇建设适宜区具备承载城镇建设活动的资源环境综合条件，且地块集中连片度和区位优势度优良；城镇建设一般适宜区具备一定承载城镇建设活动的资源环境综合条件，但地块集中连片度和区位优势度一般；而城镇建设不适宜区不具备承载城镇建设活动的资源环境综合条件，或地块集中连片度和区位优势度差。

用 ArcMap 进行城镇建设适宜性评价需要先进行 6 项单项评价，然后通过 3 项集成评价得到最终的评价结果。因此本章将主要演示以下 9 项实验内容：

- 单项评价之土地资源评价；
- 单项评价之水资源评价；
- 单项评价之气候评价；
- 单项评价之环境评价；
- 单项评价之区位评价；
- 单项评价之灾害评价；
- 集成评价之初评城镇建设条件等级；
- 集成评价之修正城镇建设条件等级；
- 集成评价之划分城镇建设适宜性分区。

本章所需基础：

- 读者基本掌握本书第 2 章所介绍的 ArcGIS 要素类加载、查看和符号化等基础；
- 读者基本掌握本书第 3 章所介绍的添加和计算字段等表操作；
- 读者基本掌握本书第 9 章所介绍的栅格计算器、重分类、插值、焦点统计等栅格分析工具。

10.1 评价方法与流程简介

本节城镇建设适宜性评价实验分为单项评价和集成评价两个环节。其中单项评价环节依次开展土地资源、水资源、气候、环境、灾害、区位六大要素的单项评价。集成评价环节依次进行初判城镇建设条件等级、修正城镇建设条件等级和划分城镇建设适宜性分区三项集成评价，通过集成评价将单项评价的结果进行逐步修正，最终得到城镇建设适宜区、一般适宜区和不适宜区。城镇建设适宜性评价实验流程详见图 10–1。

在具体的“双评价”实践过程中，还需要对适宜性分区结果进行校验，综合判断评价结果与实际状况的相符性，对明显不符合实际的应开展必要的现场核查、校验与优化。

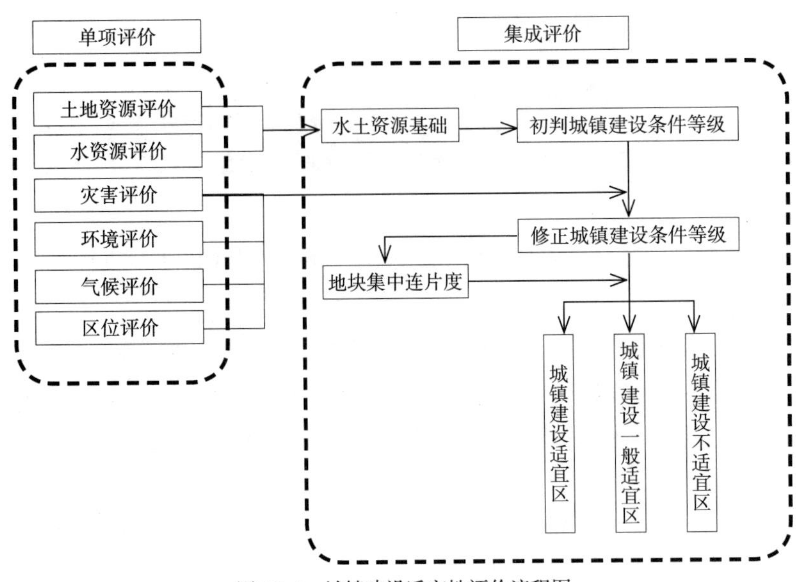

图 10–1 城镇建设适宜性评价流程图

10.2 实验数据与结果简介

☞ **步骤**：打开地图文档，查看基础数据。

打开随书数据中的地图文档【chp10\ 练习数据 \ 城镇建设适宜性评价 \ 城镇建设适宜性评价单项评价 .mxd】，在【目录】面板，浏览到图层组【基础数据】，其中按本书章节内容列出了本次城镇建设适宜性评价实验所需要用到的基础数据。评价数据概要详见表 10–1。

城镇建设适宜性评价实验基础数据一览表 **表 10–1**

单项评价	基础数据	基础数据名称	数据内容概述
土地资源评价	地形坡度	地形坡度数据	基于实验区范围 DEM 高程数据进行坡度计算得到的 10m 精度的栅格数据，非真实数据
	地形高程	地形高程数据	基于实验区范围 DEM 高程数据得到的 10m 精度的栅格数据，非真实数据
水资源评价	水资源总量模数	水资源区划	本实验虚构的实验区范围地表水资源量分布数据，由两个评价单元构成，包含 3 个字段：【流域单元名称】、【水资源总量】、【单元面积】
气候评价	温湿指数	M1–M12 温湿指数 .tif	由本书章节 13.3.1 中计算温湿指数实验获得的实验区范围格网尺度的全年分月多年月均温湿指数数据
环境评价	多年平均风速	风速观测数据	本实验虚构的实验区外围四处气象站点长时间序列风速观测矢量数据，含 6 个主要字段：【区站号】、【年份】、【月份】、【日期】、【平均风速】、【最大风速】
	静风频率		
	水环境容量	水资源区划	本实验虚构的实验区地表水资源分布数据，由两个虚构的小流域作为评价单元，包含 3 个字段：【流域单元名称】、【水资源总量】、【单元面积】
		水环境功能区划	本实验虚构的实验区地表水功能区划数据，包含 2 个字段：【水功能区划等级】、【水功能区划单元】
灾害评价	地质灾害危险性	地震断裂带	本实验虚构的对实验区范围有影响的一处地震断裂带分布矢量数据，含有两个主要字段【断裂带名称】、【断裂带类型】

续表

单项评价	基础数据	基础数据名称	数据内容概述
灾害评价	地质灾害危险性	地震动参数区划图	本实验虚构的实验区地震动参数区划数据，含有两个主要字段【地震动峰值加速度】、【地震动加速度反应谱特征周期】
		地震灾害易发程度区划	本实验虚构的实验区范围各类地质灾害易发性矢量数据，含有一个主要字段【易发程度】
区位评价	区位条件	交通干线评价 .tif	本书章节 13.4.3 中交通干线评价结果
		中心城区评价 .tif	本书章节 13.4.3 中中心城区评价结果
		交通枢纽评价 .tif	本书章节 13.4.3 中交通枢纽评价结果
		周边城市评价 .tif	本书章节 13.4.3 中周边城市评价结果
	交通网络密度	道路中心线	本书章节 13.4.3 中基础数据准备结果
	其他数据	实验区范围	本实验区范围矢量数据
		生态保护极重要区	本书第 9 章评价结果

10.3　单项评价之土地资源评价

10.3.1　评价方法

城镇指向土地资源单项评价首先需要对地形坡度进行评价，得到土地资源初评结果。然后利用地形高程、地形起伏度等因子对土地资源初评结果进行修正，得到城镇指向土地资源评价结果。需要注意的是土地资源单项评价需扣除生态保护极重要区以及河流、湖泊及水库水面区域。

本节实验过程采用的评价分级阈值详见表 10-2，其中列出了地形坡度、地形高程和地形起伏度栅格评价因子的分级 / 评价参考阈值（以下统称为“评价参考阈值”）。

城镇指向土地资源评价参考阈值表　　**表 10-2**

评价因子	分级 / 评价参考阈值	评价值
地形坡度	≤ 3°	5
	3° ～ 8°	4
	8° ～ 15°	3
	15° ～ 25°	2
	≥ 25°	1
地形高程	≥ 5000m	土地资源初评结果取最低值 1
	3500 ～ 5000m	将土地资源初评结果降 1 级
地形起伏度	＞ 200m	将土地资源初评结果降 2 级作为土地资源评价结果
	100 ～ 200m	将土地资源初评结果降 1 级作为土地资源评价结果

资料来源：参考《资源环境承载能力和国土空间开发适宜性评价技术指南（试行）》（2019 年 7 月版）整理。

10.3.2　评价数据

☞ **步骤**：查看基础数据。

➜ 紧接之前步骤，在【内容列表】面板，浏览到图层组【基础数据 \ 土地资源评价】，其中列出了本次实验所需基础数据：【地形坡度数据】、【地形高程数据】。

➜ 本节实验所需基础数据的内容概况详见表 10–3，其中【地形坡度数据】和【地形高程数据】详见图 10–2。从【地形高程数据】可知，实验区范围高程介于 14.9 ～ 272.3m，具有一定的起伏度，整体地形呈现出北高南低态势。从【地形坡度数据】可知，实验区范围坡度介于 0 ～ 51.1°，其中北部地区坡度变化较大，其他区域坡度较为平坦。

城镇指向土地资源评价实验基础数据一览表　　表 10–3

单项评价	基础数据	基础数据名称	数据内容概述	资料来源
土地资源评价	地形坡度	地形坡度数据	基于实验区范围高程 DEM 数据进行栅格插值计算得到的 10m 精度的栅格数据	通常由地方自然资源部门提供，另外互联网也提供了免费的 30m 精度的 DEM 数据下载
	地形高程	地形高程数据	基于实验区范围高程 DEM 数据进行栅格插值计算得到的 10m 精度的栅格数据	
	其他数据	实验区范围	本实验区范围矢量数据	

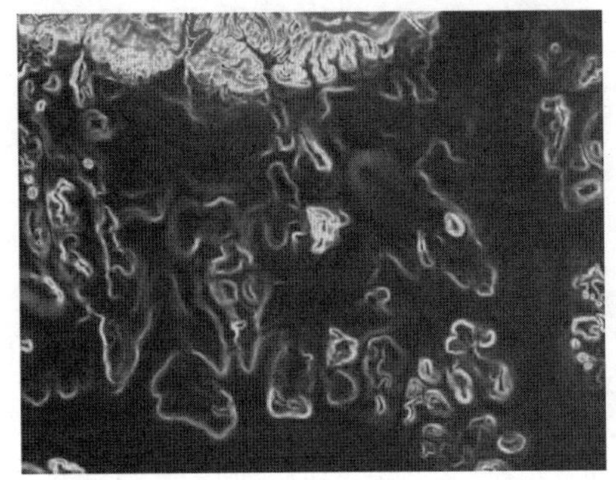

图 10–2　地形坡度数据和地形高程数据一览

10.3.3 评价过程

本节实验计划首先使用【重分类】工具对地形坡度数据进行重分类，获得土地资源初评结果；然后利用【栅格计算器】工具结合地形高程数据对土地资源初评结果进行第一次修正；紧接着利用【焦点统计】工具计算地形起伏度；最后再次利用【栅格计算器】工具结合地形起伏度数据对土地资源初评结果进行第二次修正，从而得到最终的城镇指向土地评价结果。

综上所述，本节实验可分解为两个环节，需要完成四项操作步骤，具体详见表 10–4。

城镇指向土地资源评价实验过程概况一览表　　表 10–4

实验环节	操作步骤	基础数据	输出结果	涉及模型工具
环节 1：土地资源初评	步骤 1：地形坡度评价	【地形坡度数据】	【土地资源初评 .tif】	【重分类】
环节 2：土地资源初评修正	步骤 2：用高程修正初评结果	【地形高程数据】	【土地资源初评高程修正 .tif】	【栅格计算器】
	步骤 3：计算地形起伏度	【地形高程数据】	【地形起伏度 .tif】	【焦点统计】
	步骤 4：用地形起伏度修正初评结果	【土地资源初评高程修正 .tif】 【地形起伏度 .tif】	【土地资源初评起伏度修正 .tif】 【土地资源评价 .tif】	【栅格计算器】

紧接之前步骤，继续操作如下。

☞ **步骤 1**：地形坡度评价。

➜ 启动【重分类】工具，设置各项参数如图 10–3 所示。

➜ 设置【输入栅格】为【基础数据 \ 土地资源评价 \ 地形坡度数据】。

- 设置【重分类字段】为【VALUE】。
- 点击【添加条目】按钮，在【重分类】栏中新添一行。点击该行【旧值】列所在单元格进入编辑状态，输入【0 - 3】（符号“-”前后各有一个空格），在【新值】列输入【5】。类似地按图 10-3 输入其他行的旧值和新值。
- 设置【输出栅格】为【D:\study\chp10\练习数据\城镇建设适宜性评价\双评价过程要素\适宜性评价栅格及其他过程要素\单项评价之土地资源评价\土地资源初评.tif】。
- 点击【环境...】按钮，显示环境设置对话框，展开【栅格分析】项，设置【掩膜】为【基础数据\其他数据\实验区范围】。
- 点击【确定】，返回【分类】对话框。

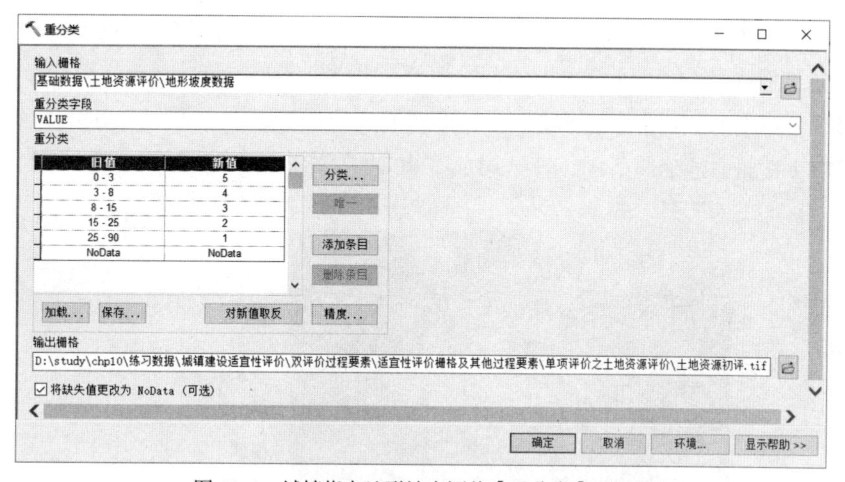

图 10-3　城镇指向地形坡度评价【重分类】对话框

- 点击【确定】按钮，开始进行重分类。计算完成后会在左侧内容列表面板自动加载【土地资源初评.tif】图层。

☞ **步骤 2:** 用高程修正初评结果。

- 对土地资源初判结果进行修正。启动【栅格计算器】工具，如图 10-4 所示设置各项参数如下。

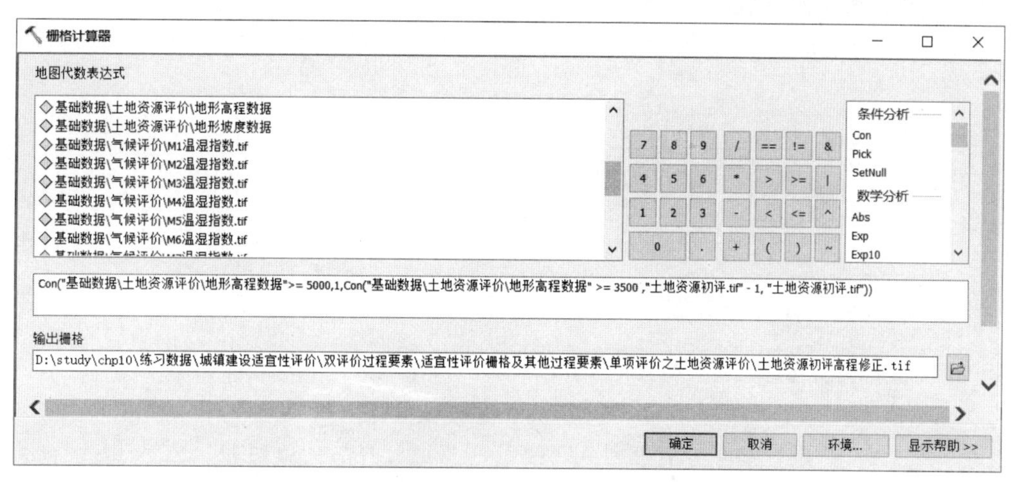

图 10-4　地形高程修正初评结果【栅格计算器】对话框

- 输入如下【地图代数表达式】。

```
Con( “基础数据\土地资源评价\地形高程数据” >= 5000,1,Con( “基础数据\土地资源评价\地形高程数据” >= 3500 ,” 土地资源初评.tif” - 1, “土地资源初评.tif” ))
```

- 设置【输出栅格】为【D:\study\chp10\练习数据\城镇建设适宜性评价\双评价过程要素\适宜性评价栅格及其他过程要素\单项评价之土地资源评价\土地资源初评高程修正.tif】。
- 点击【确定】运行工具。

> 注意：经过初次修正的降级处理后，初评结果可能出现小于等于0的值，如果出现这种情况，则还需要再进行一次二次修正，将小于等于0的值修正为1；如果修正后的初评结果没有出现小于等于0的值，则二次修正步骤可略过。本实验中没有出现小于等于0的值，因此不需要进行二次修正。具体修正方法会在后文出现这种情况的实验中进行详细介绍。

步骤3：计算地形起伏度。

- 关于地形起伏度的具体计算方法和操作步骤详见章节9.6.3步骤2计算地块的地形起伏度。打开【焦点统计】工具，设置各项参数如下。
  - 设置【输入栅格】为【基础数据\土地资源评价\地形高程数据】。
  - 设置【输出栅格】为【D:\study\chp10\练习数据\城镇建设适宜性评价\双评价过程要素\适宜性评价栅格及其他过程要素\单项评价之土地资源评价\地形起伏度.tif】。
  - 设置【邻域分析】为【圆形】，邻域半径为【25】,【统计类型】为【RANGE】。
  - 点击【确定】按钮，地形起伏度计算结果如图10-5所示。

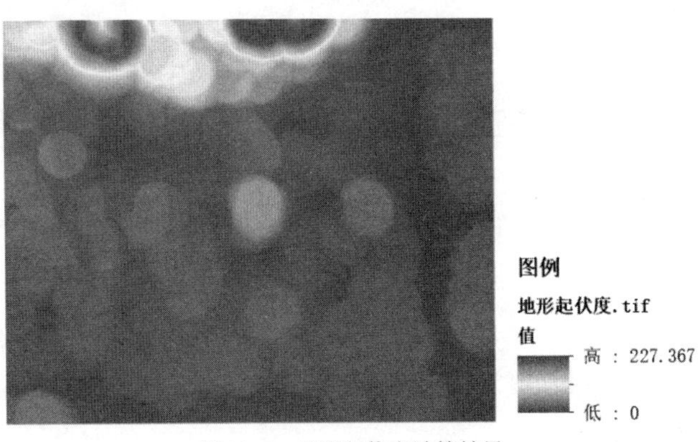

图10-5 地形起伏度计算结果

步骤4：地形起伏度修正初评结果。

- 对土地资源初判结果进行修正。启动【栅格计算器】工具，如图10-6所示设置各项参数如下。

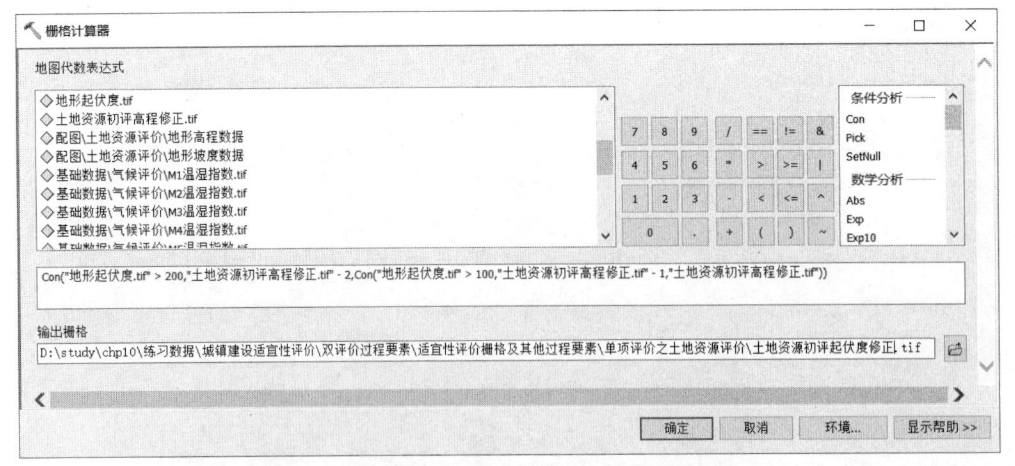

图10-6 地形起伏度修正初评结果【栅格计算器】界面

- 输入如下【地图代数表达式】。

```
Con("地形起伏度 .tif" > 200,"土地资源初评高程修正 .tif" - 2,Con("地形起伏度 .tif" > 100,"土地资源初评高程修正 .tif" - 1,"土地资源初评高程修正 .tif"))
```

- 设置【输出栅格】为【D:\study\chp10\ 练习数据 \ 城镇建设适宜性评价 \ 双评价过程要素 \ 适宜性评价栅格及其他过程要素 \ 单项评价之土地资源评价 \ 土地资源初评起伏度修正 .tif】。
- 点击【确定】运行工具。如前知识点所述，经过降级处理后，计算结果出现了小于等于 0 的值，因此需要进行二次修正，将小于等于 0 的值修正为 1。

◆ 修正 0 值和负值。启动【栅格计算器】工具，如图 10–7 所示设置各项参数如下。

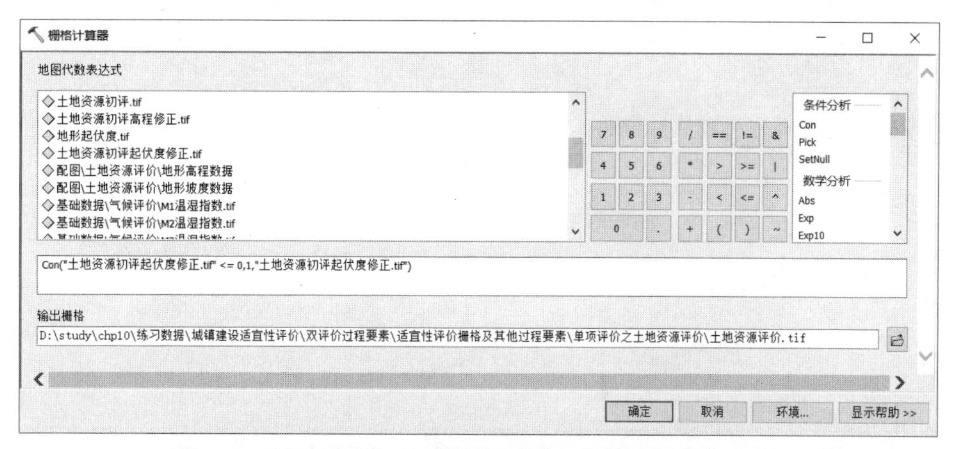

图 10–7　地形起伏度修正初评结果二次修正【栅格计算器】对话框

- 输入如下【地图代数表达式】，修正初评结果中小于等于 0 的值。

```
Con("土地资源初评起伏度修正 .tif" <= 0,1,"土地资源初评起伏度修正 .tif")
```

- 设置【输出栅格】为【D:\study\chp10\ 练习数据 \ 城镇建设适宜性评价 \ 双评价过程要素 \ 适宜性评价栅格及其他过程要素 \ 单项评价之土地资源评价 \ 土地资源评价 .tif】。
- 点击【确定】运行工具。对评价结果进行符号化后如图 10–8 所示。

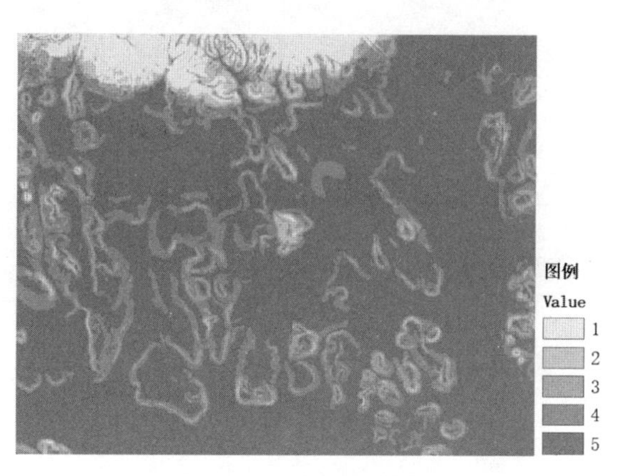

图 10–8　土地资源评价结果

10.4　单项评价之水资源评价

10.4.1　评价方法

城镇指向水资源单项评价首先需要确定评价单元，市县层级可以结合地形地貌、流域水系以及行政边界等因素，确定小流域作为评价单元，确保能充分反映本地水资源流域属性和空间变化差异（章节 13.2“水文分析之提取流域单元”中会对其作详细介绍）；然后充分利用已有调查评价成果或通过水文模型等方法进行计算来确定各评价单元水资源总量；最后根据水资源总量模数（指某一区域水资源总量除以该区面积）进行分级，得到城镇指向水资源评价结果。

本实验采用简化方法进行水资源评价，评价时首先基于涵盖实验区范围的水资源区划数据（该数据已统计各区划的水资源总量和面积），将已有的水资源区划作为评价单元；然后根据各区划单元的水资源总量和实际面积计算水资源总量模数，结合水资源总量模数指标进行水资源评价；最后提取实验区范围的水资源评价结果。本实验中的水资源区划范围是根据评价需要拟定的，实际工作中，各水资源区划的单元一般会远大于实验给定的单元范围。

本节实验过程采用的评价分级阈值详见表 10–5，其中列出了水资源总量模数评价因子的评价参考阈值。

城镇指向水资源评价参考阈值表 **表 10–5**

评价因子	分级 / 评价参考阈值	评价值	分级 / 评价参考阈值	评价值
水资源总量模数	≤ 5 万 m^3/km^2	1（差）	20 万～ 50 万 m^3/km^2	4（较好）
	5 万～ 10 万 m^3/km^2	2（较差）	≥ 50 万 m^3/km^2	5（好）
	10 万～ 20 万 m^3/km^2	3（一般）		

资料来源：参考《资源环境承载能力和国土空间开发适宜性评价技术指南（试行）》（2019 年 7 月版）整理。

10.4.2 评价数据

☞ **步骤**：查看基础数据。

- 紧接之前步骤，在【内容列表】面板，浏览到图层组【基础数据 \ 水资源评价】，其中列出了本次实验所需基础数据：【水资源区划】。
- 本节实验所需基础数据的内容概况详见表 10–6，其中【水资源区划】数据详见图 10–9，图中展示了实验区范围虚构的两个评价单元。

城镇指向水资源评价实验基础数据一览表 **表 10–6**

单项评价	基础数据	基础数据名称	数据内容概述	数据来源
水资源评价	水资源总量	水资源区划	本实验虚构的实验区范围地表水资源量分布数据，由两个评价单元构成，包含 3 个字段：【流域单元名称】、【水资源总量】、【流域单元面积】	通常由地方水利部门提供
	其他数据	实验区范围	本实验区范围矢量数据	通常由地方自然资源部门提供

10.4.3 评价过程

接下来，实验直接利用水资源区划中的评价单元和各单元水资源总量，对研究区的水资源进行评价。评价时首先使用【复制要素】工具将评价原始数据复制到评价过程数据库中备用，确保原始评价数据的字段结构和记录值不被改变；然后利用【添加字段】和【计算字段】工具来计算【水资源总量模数】；之后再次使用【添加字段】和【计算字段】工具得到水资源评价结果；最后利用【裁剪】工具提取实验区范围的评价结果。

综上所述，本节实验需要完成四项操作步骤，具体详见表 10–7。

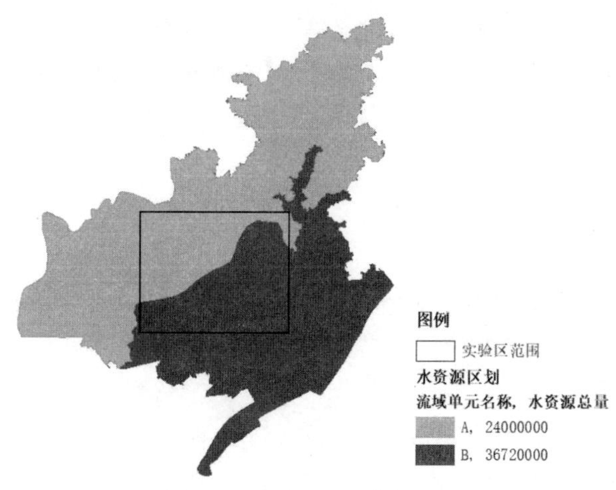

图 10-9 水资源区划数据一览

城镇指向水资源评价实验过程概况一览表 表 10-7

实验环节	操作步骤	基础数据	输出结果	涉及模型工具
环节：水资源评价	步骤 1：复制原始要素	【水资源区划】	【水资源区划评价】	【复制要素】
	步骤 2：计算水资源总量模数	【水资源区划评价】	【水资源区划评价】（添加了新字段并赋值）	【添加字段】 【计算字段】
	步骤 3：水资源评价	【水资源区划评价】	【水资源区划评价】（添加了新字段并赋值）	【添加字段】 【计算字段】
	步骤 4：数据处理（裁剪范围）	【水资源区划评价】 【实验区范围】	【水资源评价】	【裁剪】

紧接之前步骤，继续操作如下。

☞ **步骤 1：**复制原始要素。

- 启动【复制要素】工具，设置各项参数如下。
- 设置【输入要素】为【基础数据 \ 水资源评价 \ 水资源区划】。
- 设置【输出要素类】为【D:\study\chp10\ 练习数据 \ 城镇建设适宜性评价 \ 双评价过程要素 \ 适宜性评价矢量过程要素 .mdb\ 单项评价之水资源评价 \ 水资源区划评价】。
- 默认其他设置，点击【确认】按钮。

☞ **步骤 2：**计算水资源总量模数。

- 在上一步结果【水资源区划评价】要素类中，添加【双精度】类型字段【水资源总量模数】。
- 计算字段值。利用【计算字段】工具，计算【水资源总量模数】字段值，【表达式】为【[水资源总量]×100/[流域单元面积]】[①]。

☞ **步骤 3：**水资源评价。

- 添加字段。利用【添加字段】工具，输入上一步结果【水资源区划评价】，添加【SHORT】短整型字段【水资源评价值】。
- 计算字段值。利用【计算字段】工具，设置各项参数如下。
  - 设置【输入表】为【水资源区划评价】。
  - 设置【字段名】为【水资源评价值】。

① 这里要注意的是由于水资源总量模数评价因子的单位是“万 m^3/km^2”（表 10-5），而基础数据中的单位为 m^3 和 m^2，因此公式中要乘以 100 来进行单位换算。

- 单击▦，启动【字段计算器工具】。首先单击 Python 前面的圆形选框 将解析程序设置为【Python】，然后勾选【显示代码块】，在新弹出的【预逻辑脚本代码】栏中输入以下代码。

```
def Calculate(x):
    global value
    if x >= 50:
        value = 5
    elif x >= 20:
        value = 4
    elif x >= 10:
        value = 3
    elif x >=5:
        value = 2
    else:
        value = 1
    return value
```

- 在【水资源评价 =】栏中输入【Calculate(!水资源总量模数!)】后，点击【确定】关闭【字段计算器】界面。
- 点击【确定】按钮，完成计算。

☞ **步骤 4:** 数据处理（裁剪范围）。

- 浏览到【工具箱\系统工具箱\Analysis Tools.tbx\提取分析\裁剪】，双击启动【裁剪】工具，设置各项参数如图 10-10 所示。

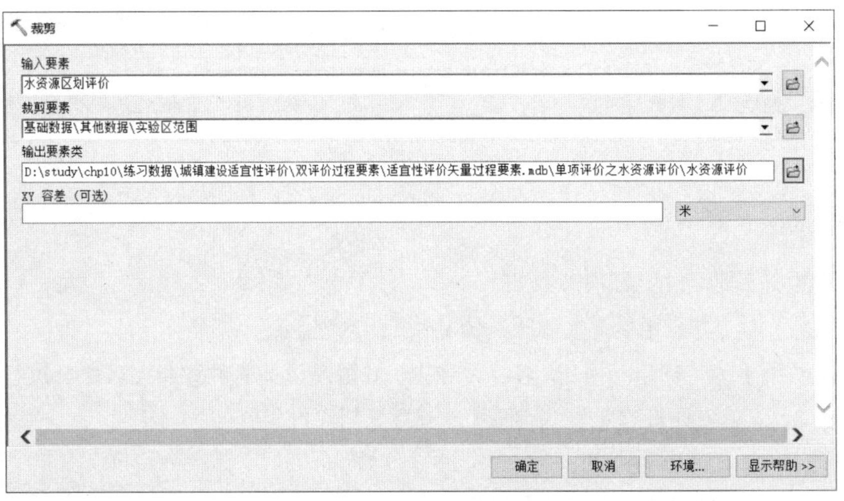

图 10-10 【裁剪】对话框

- 设置【输入要素】为【水资源区划评价】。
- 设置【裁剪要素】为【基础数据\其他数据\实验区范围】。
- 设置【输出要素类】为【D:\study\chp10\练习数据\城镇建设适宜性评价\双评价过程要素\适宜性评价矢量过程要素.mdb\单项评价之水资源评价\水资源评价】。
- 点击【确定】按钮，计算完成后会自动加载结果到左侧内容列表面板中。

- 根据【水资源评价值】字段对【水资源评价】图层作类别符号化后如图 10-11 所示。

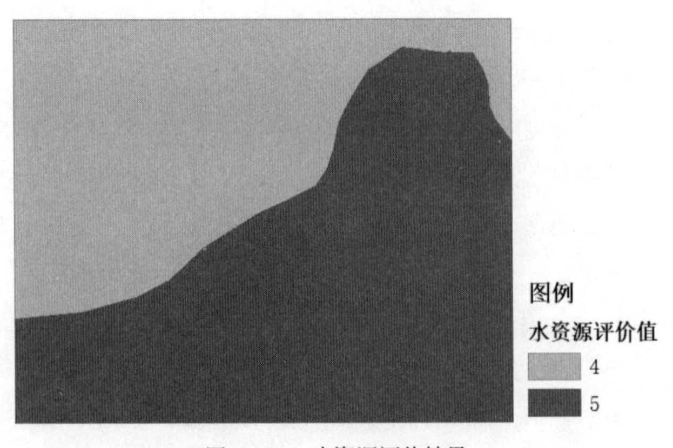

图 10-11 水资源评价结果

10.5 单项评价之气候评价

10.5.1 评价方法

城镇指向气候单项评价需要计算气候舒适度。评价时首先基于区域内及邻近地区气象站点长时间序列气象观测数据，根据格网尺度的多年月均温度和月均空气相对湿度，计算出实验区 12 个月格网尺度的温湿指数；然后按照表 10–8 划分 12 个月的舒适度等级，并取这 12 个月舒适度等级的众数作为各网格舒适度，得到城镇指向气候评价结果。

上述步骤中的第一步“计算温湿指数”的内容，由于比较繁杂，将在章节“13.3.1 计算温湿指数”中详细介绍，本节将主要演示在温湿指数基础上“计算舒适度”的实验内容。

本节实验过程采用的评价分级阈值详见表 10–8，其中列出了温湿指数评价因子的评价参考阈值。

划分舒适度等级参考阈值表 表 10–8

评价因子	分级 / 评价参考阈值	评价值（舒适度等级）	分级 / 评价参考阈值	评价值（舒适度等级）
温湿指数	60 ～ 65	7(很舒适)	40 ～ 45 或 80 ～ 85	3
	56 ～ 60 或 65 ～ 70	6	35 ～ 40 或 85 ～ 90	2
	50 ～ 56 或 70 ～ 75	5	＜ 35 或＞ 90	1(很不舒适)
	45 ～ 50 或 75 ～ 80	4		

资料来源：参考《资源环境承载能力和国土空间开发适宜性评价技术指南（试行）》(2019 年 7 月版）整理。

10.5.2 评价数据

☞ **步骤**: 查看基础数据。

- 紧接之前步骤，在【内容列表】面板，浏览到图层组【基础数据 \ 气候评价】，其中列出了本次实验所需基础数据：全年 1 ～ 12 个月的【温湿指数 .tif】。
- 本实验所需基础数据概况详见表 10–9，M1 和 M6 的温湿指数如图 10–12所示。

城镇指向气候评价实验基础数据一览表 表 10–9

单项评价	基础数据	基础数据名称	数据内容概述	数据来源
气候评价	温湿指数	M1–M12 温湿指数 .tif	由本书章节 13.3.1 中计算温湿指数实验获得的实验区范围格网尺度的全年分月多年月均温湿指数数据	通常由地方气候部门提供
	其他数据	实验区范围	本实验区范围矢量数据	通常由地方自然资源部门提供

图 10–12 M1 和 M6 温湿指数(举例)

10.5.3 评价过程

本节实验主要演示利用温湿指数计算气候舒适度的内容，关于温湿指数的计算详见章节 13.3.1“计算温湿指数”。实验将使用【重分类】工具批处理方法对分月【温湿指数】进行重分类，得到实验区格网尺度的分月舒适度等级数据，然后利用【像元统计数据】工具，计算分月舒适度等级的众数获得气候舒适度评价值。

综上所述，本节实验需要完成两项操作步骤，具体详见表 10–10。

城镇指向气候评价实验过程概况一览表　　表 10–10

实验环节	操作步骤	基础数据	输出结果	涉及模型工具
环节：气候舒适度评价	步骤 1：划分 12 个月舒适度等级	全年分月【M1–M12 月均温湿指数 .tif】	全年分月【M1–M12 舒适度等级 .tif】	【重分类】批处理
	步骤 2：计算舒适度	全年分月【M1–M12 舒适度等级 .tif】	【气候评价 .tif】	【像元统计数据】

紧接之前步骤，继续操作如下。

☞ **步骤 1：** 划分 12 个月舒适度等级。

- 启动【重分类】工具的批处理。浏览到目录界面【重分类】工具，右键单击该工具弹出对话框，然后单击【批处理】选项，启动重分类工具批处理界面。按表 10–11 所示设置各项批处理参数（图 10–13），得到全年 12 个月的舒适度等级结果。

划分舒适度等级【重分类】工具批处理参数表　　表 10–11

输入栅格	重分类字段	重分类	输出栅格
基础数据 \ 气候评价 \M1 温湿指数 .tif	VALUE	0 35 1; 35 40 2; 40 45 3; 45 50 4; 50 55 5; 55 60 6; 60 65 7; 65 70 6; 70 75 5; 75 80 4; 80 85 3; 85 90 2; 90 200 1	D:\study\chp10\ 练习数据 \ 城镇建设适宜性评价 \ 双评价过程要素 \ 适宜性评价栅格及其他过程要素 \ 单项评价之气候评价 \M1 月舒适度等级 .tif
……\M2 温湿指数 .tif	同上	同上	……\M2 月舒适度等级 .tif
……\M3 温湿指数 .tif	同上	同上	……\M3 月舒适度等级 .tif
……\M4 温湿指数 .tif	同上	同上	……\M4 月舒适度等级 .tif
……\M5 温湿指数 .tif	同上	同上	……\M5 月舒适度等级 .tif
……\M6 温湿指数 .tif	同上	同上	……\M6 月舒适度等级 .tif
……\M7 温湿指数 .tif	同上	同上	……\M7 月舒适度等级 .tif
……\M8 温湿指数 .tif	同上	同上	……\M8 月舒适度等级 .tif
……\M9 温湿指数 .tif	同上	同上	……\M9 月舒适度等级 .tif
……\M10 温湿指数 .tif	同上	同上	……\M10 月舒适度等级 .tif
……\M11 温湿指数 .tif	同上	同上	……\M11 月舒适度等级 .tif
……\M12 温湿指数 .tif	同上	同上	……\M12 月舒适度等级 .tif

- 计算完成后，通过添加数据工具，浏览到输出结果所在文件夹，将计算结果加载到图层面板中。

☞ **步骤 2：** 计算气候舒适度。

- 启动【像元统计数据】工具，如图 10–14 所示设置各项参数如下。
  - 设置【输入栅格数据或常量值】为上一步骤得到的全年 M1 ～ M12 月舒适度等级数据。

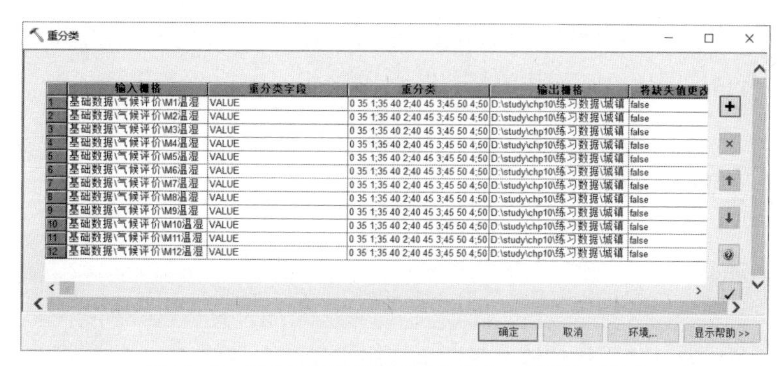

图 10–13 划分舒适度等级【重分类】工具批处理界面

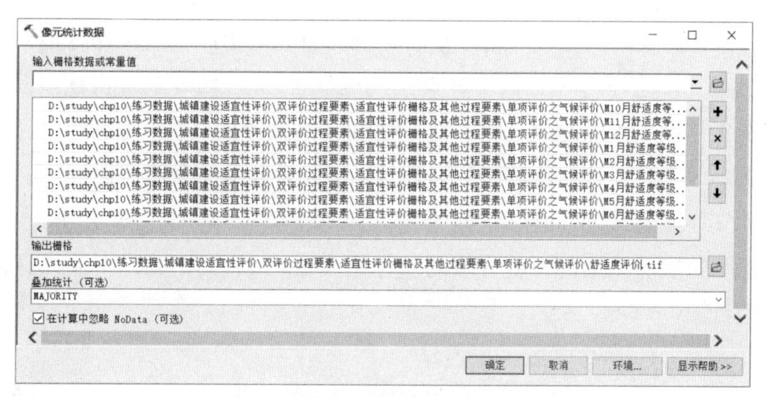

图 10–14 计算舒适度【像元统计】设置界面

- 设置【输出栅格】为【D:\study\chp10\ 练习数据 \ 城镇建设适宜性评价 \ 双评价过程要素 \ 适宜性评价栅格及其他过程要素 \ 单项评价之气候评价 \ 舒适度评价 .tif】。
- 设置【叠加统计（可选）】为【MAJORITY】①。
- 点击【确定】按钮。计算完成后会自动加载计算结果到左侧内容列表面板中，对该图层符号化后如图 10–15 所示。

图 10–15 气候舒适度计算结果

需要注意的是，在 ArcGIS 中采用【像元统计数据】工具计算众数时，如果一个像元位置存在多个众数（例如出现次数最多的为 3 个 5 和 3 个 7，这就有两个众数，即 5 和 7），则该位置的输出为 NoData（具体详见

① 选择 MAJORITY 统计类型可以计算出输入数据的众数，即出现次数最多的值，其他统计类型详见 ArcGIS 帮助文档或对话框的工作帮助一栏。

ArcGIS 帮助文档)，这有可能会导致评价结果出现数据缺失的情况。如果实际工作中出现了评价结果缺失值的情况，可参见章节 13.3.2“舒适度评价的加强版方法”进行计算。

10.6 单项评价之环境评价

10.6.1 评价方法

城镇指向环境单项评价需要计算大气环境容量和水环境容量两个指标。

1. 大气环境容量

本节实验采用简化方法计算实验区大气环境容量。评价时首先基于区域内及邻近地区气象站点长时间序列观测资料，统计并计算各气象站点多年静风日数（日最大风速低于 3m/s 的日数）占比以及多年平均风速；然后通过空间插值分别得到实验区格网尺度的静风日数占比插值和平均风速插值；然后对静风日数占比插值和平均风速插值进行分级评价，得到静风日数占比评价和平均风速评价；最后取静风日数占比评价、平均风速评价两项指标中相对较低的结果作为大气环境容量评价值。

本节中大气环境容量评价实验采用的评价分级阈值详见表 10-12，其中列出了静风日数占比和平均风速两个评价因子的评价参考阈值。

大气环境容量评价参考阈值表 表 10-12

评价因子	分级 / 评价参考阈值	评价值	评价因子	分级 / 评价参考阈值	评价值
静风日数占比	≤ 5%	5（高）	平均风速	>5 m/s	5（高）
	5% ～ 10%	4（较）		3 ～ 5 m/s	4（较）
	10% ～ 20%	3（一般）		2 ～ 3 m/s	3（一般）
	20% ～ 30%	2（较低）		1 ～ 2 m/s	2（较低）
	>30%	1（低）		≤ 1m/s	1（低）

资料来源：参考《资源环境承载能力和国土空间开发适宜性评价技术指南（试行）》(2019 年 7 月版）整理。

2. 水环境容量计算

本节实验采用简化方法计算实验区水环境容量。评价时首先基于现有水环境功能区划和水资源区划数据，确定评价单元目标水质等级；然后参照《地表水环境质量标准》(GB 3838-2002)，利用评价单元年均水质目标浓度与地表水资源量的乘积计算目标容量；最后用目标容量来表征水环境容量相对大小。

本节中水环境容量评价实验主要采用 COD（化学需氧量）和 NH_3-N（氨氮含量）两项指标，实验中采用的评价分级阈值详见表 10-13，其中列出了 COD 和 NH_3-N 两个评价因子的评价参考阈值。

水环境容量分级参考阈值表 表 10-13

评价因子	分级 / 评价参考阈值	评价值	评价因子	分级 / 评价参考阈值	评价值
COD	＜ 0.8 t/a	1（低）	NH_3-N	＜ 0.04t/a	1（低）
	0.8 ～ 2.9t/a	2（较低）		0.04 ～ 0.14t/a	2（较低）
	2.9 ～ 7.8t/a	3（一般）		0.14 ～ 0.39t/a	3（一般）
	7.8 ～ 19.2t/a	4（较高）		0.39 ～ 0.96t/a	4（较高）
	≥ 19.2t/a	5(高）		≥ 0.96t/a	5(高）

资料来源：参考《资源环境承载能力和国土空间开发适宜性评价技术指南（试行）》(2019 年 7 月版）整理。

10.6.2　评价数据

☞ **步骤**：查看基础数据。

- 紧接之前步骤，在【内容列表】面板，浏览到图层组【基础数据\环境评价】，其中列出了本次实验所需基础数据：【风速观测数据】、【水资源区划】、【水环境功能区划】。
- 本实验所需基础数据的内容概况详见表 10–14，其中【风速观测数据】和【水环境功能区划】详见图 10–16、图 10–17。

城镇建设适宜性评价实验基础数据一览表　　**表 10–14**

单项评价	基础数据	基础数据名称	数据内容概述	数据来源
环境评价	多年平均风速	风速观测数据	本实验虚构的实验区外围四处气象站点长时间序列风速观测矢量数据，含 6 个主要字段：【编号】、【年份】、【月份】、【日期】、【平均风速】、【最大风速】	通常由地方气象部门提供
	静风日数占比			
	水环境容量	水资源区划	本实验虚构的实验区地表水资源分布数据，由两个虚构的小流域作为评价单元，包含 3 个字段：【流域单元名称】、【水资源总量】、【流域单元面积】	通常由地方水利部门提供
		水环境功能区划	本实验虚构的实验区地表水功能区划数据，包含 3 个字段：【水功能区划等级】、【区划单元编码】、【流域单元面积】	通常由地方环境部门提供，结合地方走访调查进行补充完善
	其他数据	实验区范围	本实验区范围矢量数据	通常由地方自然资源部门提供

- 如图 10–16 所示，【风速观测数据】提供了实验区外围虚构的四处气象观测站过去数年逐日记录的风速观测数据。图中的四个点的位置为虚构的四处气象观测站所在位置，每个点位均由多个点要素叠加而成。每个点要素在属性表中对应一条风速观测数据，包括观测点的编号（区站号）、纬度、经度、高程、年份、月份、日期、平均风速、最大风速等数据。

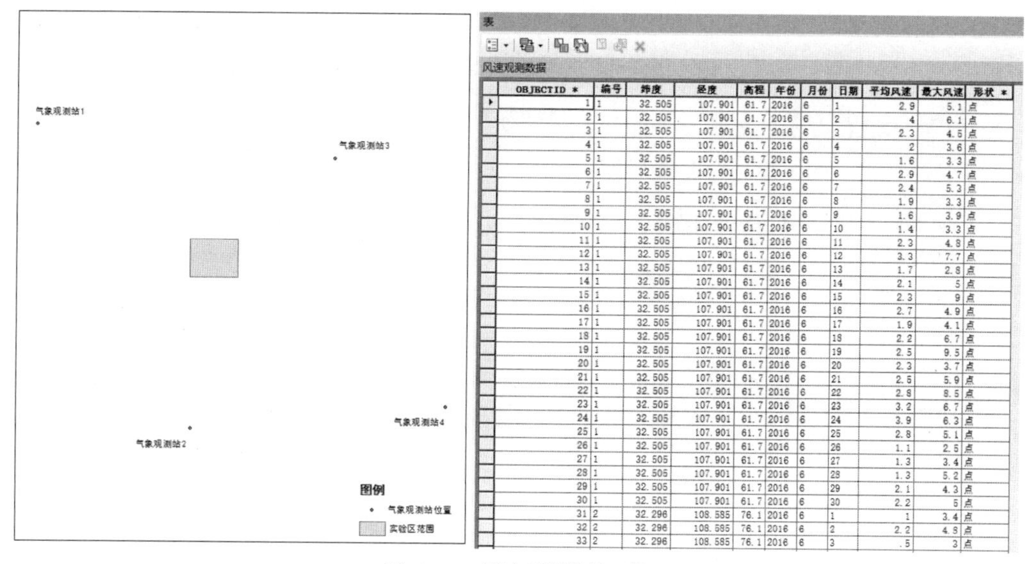

OBJECTID *	编号	纬度	经度	高程	年份	月份	日期	平均风速	最大风速	形状 *
1	1	32.505	107.901	61.7	2016	6	1	2.9	5.1	点
2	1	32.505	107.901	61.7	2016	6	2	4	6.1	点
3	1	32.505	107.901	61.7	2016	6	3	2.3	4.5	点
4	1	32.505	107.901	61.7	2016	6	4	2	3.6	点
5	1	32.505	107.901	61.7	2016	6	5	1.6	3.3	点
6	1	32.505	107.901	61.7	2016	6	6	2.9	4.7	点
7	1	32.505	107.901	61.7	2016	6	7	2.4	5.3	点
8	1	32.505	107.901	61.7	2016	6	8	1.9	3.3	点
9	1	32.505	107.901	61.7	2016	6	9	1.6	3.9	点
10	1	32.505	107.901	61.7	2016	6	10	1.4	3.3	点
11	1	32.505	107.901	61.7	2016	6	11	2.3	4.8	点
12	1	32.505	107.901	61.7	2016	6	12	3.3	7.7	点
13	1	32.505	107.901	61.7	2016	6	13	1.7	2.8	点
14	1	32.505	107.901	61.7	2016	6	14	2.1	5	点
15	1	32.505	107.901	61.7	2016	6	15	2.3	9	点
16	1	32.505	107.901	61.7	2016	6	16	2.7	4.9	点
17	1	32.505	107.901	61.7	2016	6	17	1.9	4.1	点
18	1	32.505	107.901	61.7	2016	6	18	2.2	6.7	点
19	1	32.505	107.901	61.7	2016	6	19	2.5	9.5	点
20	1	32.505	107.901	61.7	2016	6	20	2.3	3.7	点
21	1	32.505	107.901	61.7	2016	6	21	2.5	5.9	点
22	1	32.505	107.901	61.7	2016	6	22	2.8	8.5	点
23	1	32.505	107.901	61.7	2016	6	23	3.2	6.7	点
24	1	32.505	107.901	61.7	2016	6	24	3.9	6.3	点
25	1	32.505	107.901	61.7	2016	6	25	2.8	5.1	点
26	1	32.505	107.901	61.7	2016	6	26	1.1	2.5	点
27	1	32.505	107.901	61.7	2016	6	27	1.3	3.4	点
28	1	32.505	107.901	61.7	2016	6	28	1.3	5.2	点
29	1	32.505	107.901	61.7	2016	6	29	2.1	4.3	点
30	1	32.505	107.901	61.7	2016	6	30	2.2	5	点
31	2	32.296	108.585	76.1	2016	6	1	1	3.4	点
32	2	32.296	108.585	76.1	2016	6	2	2.2	4.8	点
33	2	32.296	108.585	76.1	2016	6	3	.5	3	点

图 10–16　风速观测数据一览

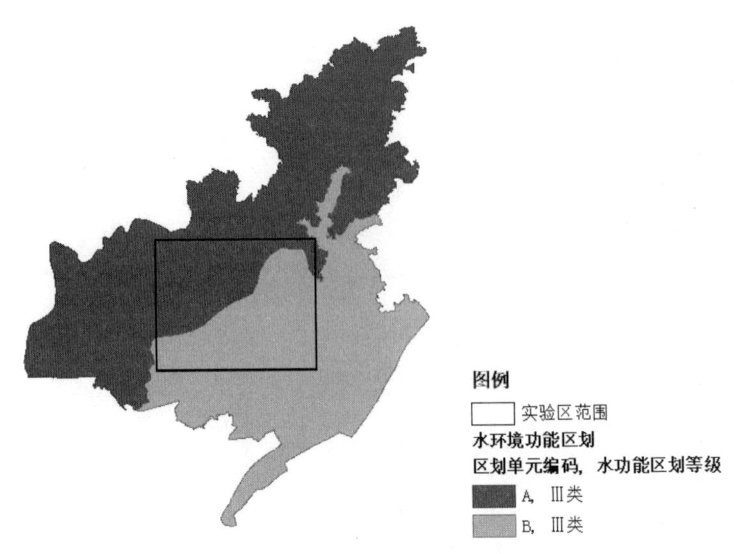

图 10-17　水环境功能区划等级数据

10.6.3　评价过程

根据评价方法，本节实验可分解为两个环节：大气环境容量评价和水环境容量评价。

大气环境容量评价环节实验计划首先使用【添加字段】、【计算字段】、【融合】等工具计算各气象站点的多年静风日数占比以及多年平均风速数据；然后采用【克里金法】工具对上一步结果进行插值，得实验区多年平均静风日数占比插值和多年平均风速插值数据；紧接着需要利用【重分类】工具对多年平均静风日数占比插值和多年平均风速插值数据进行分级评价；最后再利用【像元统计数据】工具计算得到大气环境容量评价结果。

水环境容量评价环节中，实验计划首先使用【联合】工具来计算各评价单元 COD 和 NH3–N 两项指标的目标浓度；然后结合目标浓度，利用【添加字段】、【计算字段】工具计算各评价单元 COD 和 NH3–N 目标容量；之后结合表 10–13 对各指标目标容量进行分级评价，取其中的最低值作为区域水环境容量评价值，得到水环境容量评价结果；最后利用【裁剪】工具提取实验区范围的评价结果。

综上所述，本节实验分为两个环节，共需要完成 9 项操作步骤，详见表 10–15。

城镇指向环境评价实验过程概况一览表　　　　表 10–15

实验环节	操作步骤	基础数据	输出结果	涉及模型工具
环节 1：大气环境容量评价	步骤 1：计算实验区多年平均静风日数评价	【风速观测数据】	【风速观测数据】 【多年平均静风日数占比】 【多年平均静风日数占比插值 .tif】 【多年平均静风日数占比评价 .tif】	【复制要素】 【添加字段】 【计算字段】 【融合】 【克里金法】 【重分类】
	步骤 2：计算实验区多年平均风速评价	【多年平均静风日数占比】	【多年平均风速】 【多年平均风速插值 .tif】 【多年平均风速评价 .tif】	【添加字段】 【计算字段】 【融合】 【克里金法】 【重分类】
	步骤 3：大气环境容量评价	【多年平均静风日数占比评价 .tif】 【多年平均风速评价 .tif】	【大气环境容量评价 .tif】	【像元统计数据】

续表

实验环节	操作步骤	基础数据	输出结果	涉及模型工具
环节 2：水环境容量评价	步骤 1：获得目标水质等级	【水资源区划】【水环境功能区划】	【水环境容量区划】	【联合】
	步骤 2：根据目标水质等级反算评价单元各指标目标浓度	【水环境容量区划】	【水环境容量区划评价】（填加了新字段并赋值）	【添加字段】批处理【计算字段】批处理
	步骤 3：计算年均水环境 COD 和 NH3-N 指标的净容量	【水环境容量区划评价】	【水环境容量区划评价】（填加了新字段并赋值）	【添加字段】批处理【计算字段】批处理
	步骤 4：对各指标目标容量进行分级评价	【水环境容量区划评价】	【水环境容量区划评价】（填加了新字段并赋值）	【添加字段】批处理【计算字段】批处理
	步骤 5：水环境容量评价	【水环境容量区划评价】	【水环境容量区划评价】（填加了新字段并赋值）	【添加字段】【计算字段】
	步骤 6：数据处理（裁剪范围）	【水环境容量区划评价】【实验区范围】	【水环境容量评价】	【裁剪】

10.6.3.1 大气环境容量评价

紧接之前步骤，继续操作如下。

☞ **步骤 1**：计算实验区多年平均静风日数占比评价。

- 识别各气象站点的多年静风日。
  - 复制原始数据。使用【复制要素】工具，设置输入要素为【基础数据\环境评价\风速观测数据】，设置【输出要素类】为【D:\study\chp10\练习数据\城镇建设适宜性评价\双评价过程要素\适宜性评价矢量过程要素.mdb\单项评价之环境评价\风速观测数据】。
  - 添加【SHORT】短整型字段【静风日】。
  - 识别静风日（日最大风速低于 3m/s），并将其【静风日】字段赋值为“1”。使用【系统工具箱\Data Management Tools.tbx\字段\计算字段】工具，设置【输入表】为【风速观测数据】，设置【字段名】为【静风日】，设置【表达式类型（可选）】为【PYTHON_9.3】，设置【表达式】为【Calculate(!最大风速!)】，在【代码块（可选）】中输入以下代码。

```
def Calculate(x):
  value = 0
  if x <= 3:
    value = 1
  return value
```

  - 点击【确定】按钮，完成对静风日的识别。
- 统计各气象站点的多年静风日数总数。启动地理处理【融合】工具，设置各项参数如下。
  - 设置【输入数据】为【风速观测数据】。
  - 设置【输出要素类】为【D:\study\chp10\练习数据\城镇建设适宜性评价\双评价过程要素\适宜性评价矢量过程要素.mdb\单项评价之环境评价\多年平均静风日数占比】。
  - 设置【融合_字段（可选）】为【编号】。

- 设置【统计字段(可选)】为【静风日】和【编号】,其中【静风日】字段的统计类型设置为【SUM】,【编号】字段的统计类型设置为【COUNT】。
- 其他参数保持默认,点击【确定】运行工具,得到多年静风日数总数。

- 计算各气象站点的多年平均静风日数占比。
  - 打开上一步计算结果【多年平均静风日数占比】,添加双精度类型字段【静风日数占比】,利用【字段计算器】,设置【静风日数占比 =】栏为“[SUM_静风日]/[COUNT_编号]”,计算得到各气象站点的多年静风日数占比数据。
- 计算实验区的多年平均静风日数占比插值。启动【克里金法】工具,设置各项参数如下。
  - 设置【输入点要素】为【多年平均静风日数占比】。
  - 设置【Z值字段】为【静风日数占比】。
  - 设置【输出表面栅格】为【D:\study\chp10\练习数据\城镇建设适宜性评价\双评价过程要素\适宜性评价栅格及其他过程要素\单项评价之环境评价\多年平均静风日数占比插值.tif】。
  - 设置【输出像元大小(可选)】为【10】。
  - 点击【环境…】按钮,展开【栅格分析】项,设置【掩膜】为【基础数据\其他数据\实验区范围】。
  - 点击【确定】按钮运行工具,计算完成后左侧内容面板会自动加载计算结果。
- 计算多年平均静风日数占比分级评价值。
  - 启动【重分类】工具,如图10-18所示完成各项参数设置,得到【多年平均静风日数占比分级评价】。

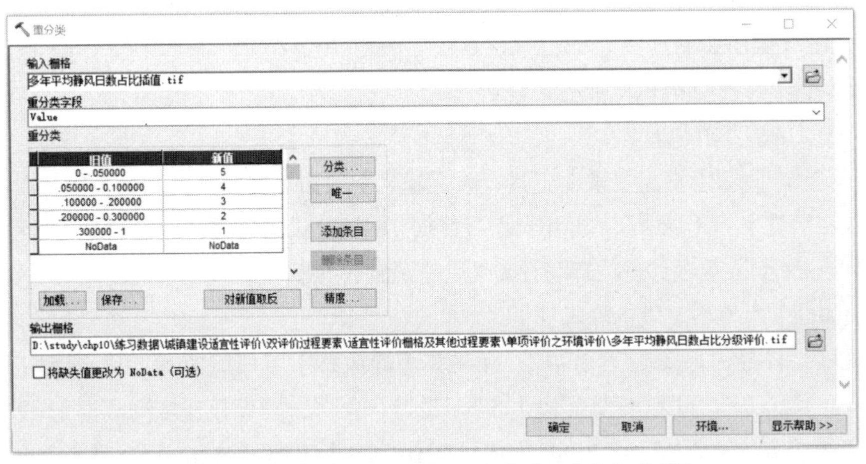

图10-18 多年平均静风日数占比插值【重分类】对话框

☞ **步骤2**:计算实验区多年平均风速评价。

- 计算多年平均风速。启动地理处理【融合】工具,设置各项参数如下。
  - 设置【输入数据】为【风速观测数据】。
  - 设置【输出要素类】为【D:\study\chp10\练习数据\城镇建设适宜性评价\双评价过程要素\适宜性评价矢量过程要素.mdb\单项评价之环境评价\多年平均风速】。
  - 设置【融合_字段(可选)】为【编号】。
  - 设置【统计字段(可选)】为【平均风速】,设置其统计类型设置为【MEAN】。
  - 其他参数保持默认,点击【确定】运行工具,得到多年平均风速计算结果。
- 计算多年平均风速插值。使用【克里金法】工具,参考步骤1设置各项参数,如图10-19所示,得到多年平均风速插值。

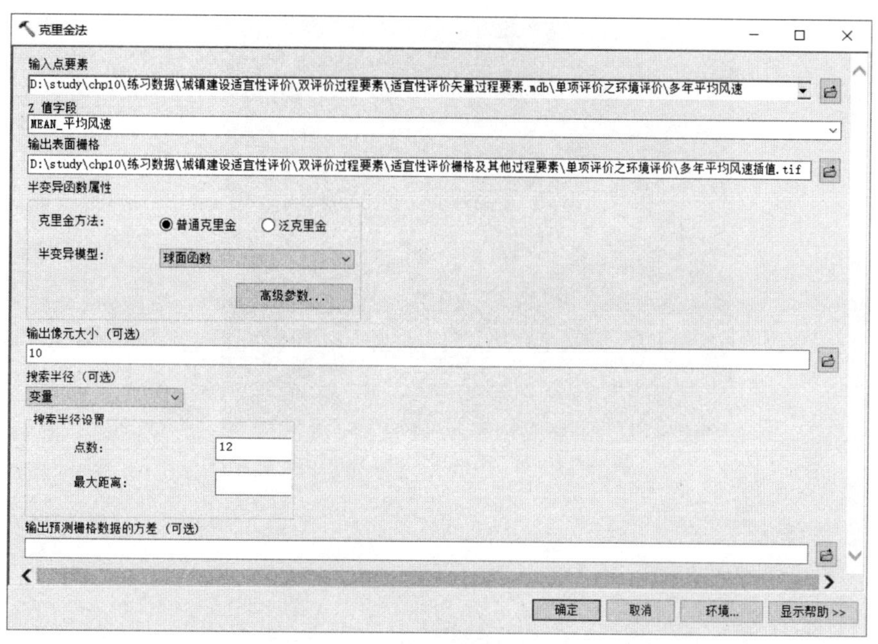

图 10–19　计算多年平均风速插值【克里金法】插值对话框

- 计算实验区多年平均风速评价值。
  - 使用【重分类】工具，如图 10–20 所示设置各项参数，得到实验区多年平均风速评价。

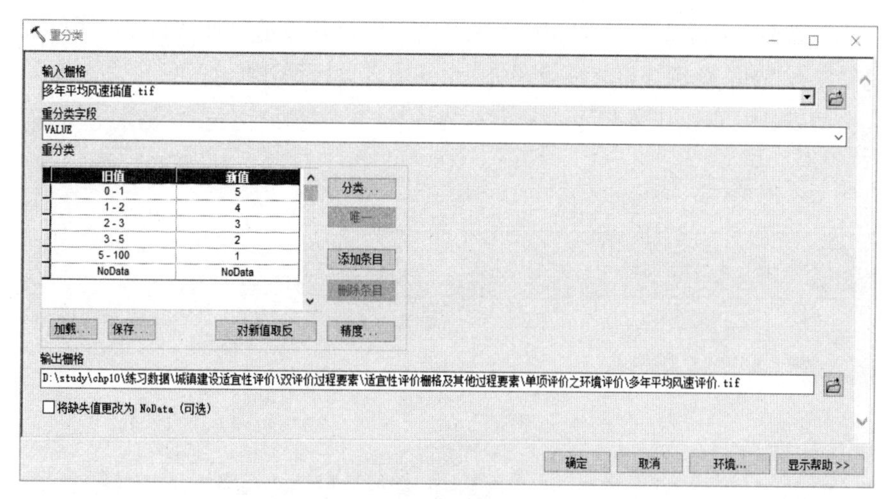

图 10–20　多年平均风速插值【重分类】对话框

☞ **步骤 3:** 大气环境容量评价。

- 计算大气环境容量值评价。启动【像元统计数据】工具，设置对话框各项参数如下。
  - 设置【输入栅格数据】为【多年平均风速评价 .tif】、【多年平均静风日数占比分级评价 .tif】。
  - 设置【输出栅格】为【D:\study\chp10\ 练习数据 \ 城镇建设适宜性评价 \ 双评价过程要素 \ 适宜性评价栅格及其他过程要素 \ 单项评价之环境评价 \ 大气环境容量评价 .tif】。
  - 设置【叠加统计（可选）】为【MINIMUM】，即确定输入的最小值。
  - 点击【确定】运行工具。计算完成后左侧内容面板会自动加载计算结果，对该图层符号化后如图 10–21 所示。

图 10-21 大气环境容量评价结果

10.6.3.2 水环境容量评价

紧接之前步骤，继续操作如下。

☞ **步骤 1：**获得目标水质等级。

- 联合要素。将水资源区划数据与水环境功能区划数据进行联合，得到包含水资源总量和水质等级的区划单元。点击 ArcMap 主界面菜单【地理处理】显示其子菜单，单击【联合】工具，启动工具对话框，如图 10-22 所示设置各项参数如下。
  - 设置【输入要素】为【基础数据 \ 环境评价 \ 水环境功能区划】、【基础数据 \ 水资源评价 \ 水资源区划】。
  - 设置【输出要素类】为【D:\study\chp10\ 练习数据 \ 城镇建设适宜性评价 \ 双评价过程要素 \ 适宜性评价矢量过程要素 .mdb\ 单项评价之环境评价 \ 水环境容量区划评价】。
  - 其他参数保持默认，点击【确定】进行联合操作。计算完成后会在左侧内容列表面板自动加载计算结果。

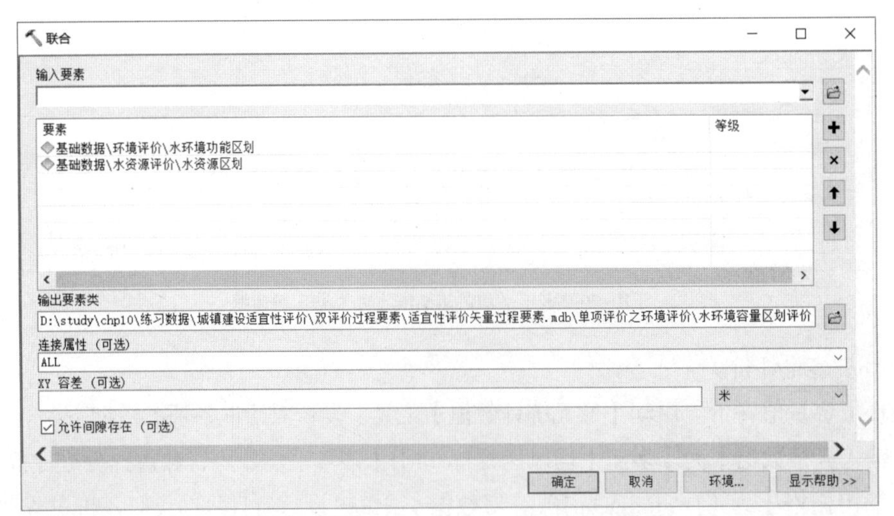

图 10-22 获得目标水质等级【联合】对话框

☞ **步骤 2：**根据目标水质等级反算评价单元各指标目标浓度。

- 查阅《地表水环境质量标准》（GB 3838—2002）获取各项目对应水质等级的目标浓度值。本节实验主要演示 COD（化学需氧量）和 NH_3-N（氨氮含量），因此查阅该规范取得 COD 和 NH_3-N 两个项目的目标浓度如表 10-16。

地表水环境质量标准 COD 和 NH_3-N 项目标准限值（截选）（单位：mg/L） 表 10-16

序号	分类 项目	Ⅰ类	Ⅱ类	Ⅲ类	Ⅳ类	Ⅴ类
5	化学需氧量（COD）≤	15	15	20	30	40
7	氨氮含量（NH3-N）≤	0.15	0.5	1.0	1.5	2.0

➜ 添加目标浓度字段。利用【添加字段】工具，在【水环境容量区划评价】中添加【DOUBLE】类型字段【COD 目标浓度】和【NH3_N 目标浓度】。

➜ 计算目标浓度。利用【计算字段】工具的批处理方法，按表 10-17 设置各项批处理参数并运行工具。

计算目标水质等级的目标浓度【计算字段】工具批处理参数设置表 表 10-17

输入表	字段名	表达式	表达式类型	代码块
水环境容量区划评价	COD 目标浓度	Calculate（!水功能区划等级!）	PYTHON_9.3	def Calculate(x): switcher = {u"Ⅰ类":15,u"Ⅱ类":15,u"Ⅲ类":20,u"Ⅳ类":30,u"Ⅴ类":100} value = switcher[x] return value
水环境容量区划评价	NH3_N 目标浓度	Calculate（!水功能区划等级!）	PYTHON_9.3	def Calculate(x): switcher = {u"Ⅰ类":0.15,u"Ⅱ类":0.5,u"Ⅲ类":1.0,u"Ⅳ类":1.5,u"Ⅴ类":2.0} value = switcher[x] return value

下面以 COD 目标浓度计算为例，简单介绍一下以上代码的含义。

def Calculate(x)：本实验构造了一个函数 Calculate(x)，以 x 为形式参数。

switcher = {u"Ⅰ类":15,u"Ⅱ类":15,u"Ⅲ类":20,u"Ⅳ类":30,u"Ⅴ类":100}。本实验在函数内自定义了一个 switcher 字典，将水质等级与对应的目标溶度对应起来。即当水质等级为Ⅰ类时 COD 目标浓度为 15（单位默认为 mg/L），以此类推，当水质等级为Ⅴ类时 COD 目标浓度为 100。字典键值前面的字母 u，是让解释器对中文的键值采用 Unicode 格式进行编码。本书中其他涉及中文字符的 python 代码均加了字母 u，也是因为同样的原因。

value = switcher[x]：这里实验定义了一个变量 value，并将 witcher[x] 赋值给变量 value。

return value：本实验将 value 作为返回值。

表达式中的 Calculate(!水功能区划等级!)：将水功能区划等级作为实际参数传入函数，从而得到其对应的目标浓度值。

☞ **步骤 3：** 计算年均水环境 COD 和 NH_3-N 指标的净容量。

➜ 添加目标容量字段。利用【添加字段】工具的批处理方法，按表 10-18 设置各项批处理参数并运行工具。

计算年均水环境净容量【添加字段】工具批处理参数设置表 表 10-18

输入表	字段名	字段类型	……
水环境容量区划评价	COD 目标容量	DOUBLE	其他参数保持默认
水环境容量区划评价	NH3_N 目标容量	DOUBLE	其他参数保持默认

➜ 计算各项指标目标容量。利用【计算字段】的批处理方法，按表 10-19 设置各项批处理参数，并运行工具。表达式中之所以用乘积除以 1000000，是因为表 10-19 中的单位为 t/a，因此需要进行单位转换。

计算年均水环境净容量【计算字段】工具批处理参数设置表　　表 10-19

输入表	字段名	表达式	表达式类型	……
水环境容量区划评价	COD 目标容量	[COD 目标浓度]*[水资源总量]/1000000	VB	其他参数保持默认
水环境容量区划评价	NH3_N 目标容量	[NH3_N 目标浓度] * [水资源总量]/1000000	VB	其他参数保持默认

☞ **步骤 4**：对各指标目标容量进行分级评价。

➜ 添加字段。利用【添加字段】工具的批处理方法，按表 10-20 设置各项批处理参数。

计算评价单元年均水环境总容量各项指标评价值【添加字段】工具批处理参数设置　　表 10-20

输入表	字段名	字段类型	……
水环境容量区划评价	COD 目标容量评价值	SHORT	其他参数保持默认
水环境容量区划评价	NH3_N 目标容量评价值	SHORT	其他参数保持默认

➜ 计算字段。利用【计算字段】的批处理方法，按表 10-21 设置各项批处理参数。

水环境各指标目标容量分级评价【计算字段】工具批处理参数设置　　表 10-21

输入表	字段名	表达式	表达式类型	代码块

水环境容量区划评价	COD 目标容量评价值	Evaluate（!COD 目标容量 !）	PYTHON_9.3	def Evaluate (x):
				global value
				if x >= 19.2:
				value = 5
				elif x >= 7.8:
				value = 4
				elif x >= 2.9:
				value = 3
				elif x >= 0.8:
				value = 2
				else:
				value = 1
				return value

水环境容量区划评价	NH3_N 目标容量评价值	Evaluate（!NH3_N 目标容量 !）	PYTHON_9.3	def Evaluate (x):
				global value
				if x >= 0.96:
				value = 5
				elif x >= 0.39:
				value = 4
				elif x >=0.14:
				value = 3
				elif x >= 0.04:
				value = 2
				else:
				value = 1
				return value

☞ **步骤 5**：水环境容量评价。

在得到水环境各指标目标容量分级评价值后，取各指标目标容量评价值的最小值作为评价单元的水环境容量评价值。

◆ 添加字段。打开【水环境容量区划评价】属性表，添加【短整型】字段【水环境容量评价值】；

◆ 计算字段。右键单击【水环境容量评价值】字段启动【字段计算器】工具，并设置各项参数如下。

- 单击 Python 前面的圆形选框 解析程序 ○VB 脚本 ◉Python 将解析程序设置为 Python。
- 勾选【显示代码块】，在新弹出的【预逻辑脚本代码】栏中输入以下代码。

```
def Compare(X,Y):
  return min(X,Y)
```

- 在【水环境容量评价值 =】栏中输入【Compare(!COD 目标容量评价值 ! , !NH3_N 目标容量评价值 !)】。
- 点击【确定】按钮，完成水环境容量评价。

☞ **步骤 6:** 数据处理（裁剪范围）。

◆ 启动【裁剪】工具，设置对话框各项参数下。

- 设置【输入要素】为【水环境容量区划评价】。
- 设置【裁剪要素】为【基础数据 \ 其他数据 \ 实验区范围】。
- 设置【输出要素类】为【D:\study\chp10\ 练习数据 \ 城镇建设适宜性评价 \ 双评价过程要素 \ 适宜性评价矢量过程要素 .mdb\ 单项评价之环境评价 \ 水环境容量评价】。
- 点击【确定】按钮，计算完成后会自动加载结果到左侧内容列表面板中。

◆ 根据【水环境容量评价值】字段对【水环境容量评价】图层做类别符号化后如图 10-23 所示。

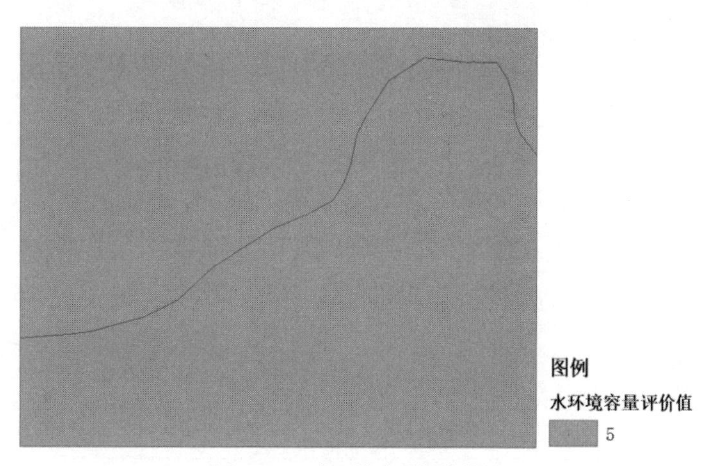

图 10-23　水环境容量评价结果

10.7　单项评价之灾害评价

10.7.1　评价方法

城镇指向灾害单项评价包括地质灾害危险性评价和风暴潮灾害危险性评价。本节实验主要展示地质灾害危险性评价。地质灾害危险性评价需要分别进行地震危险性分析、地质灾害（崩塌、滑坡、泥石流）易发性评价、地面沉降易发性评价、地面塌陷易发性评价。

1. 地震危险性分析

首先需要进行活动断层或地震裂缝安全距离分级，确定活动断层或地震裂缝危险性等级；然后计算地震动峰值加速度危险性等级；再利用地震动峰值加速度危险性等级进行修正活动断层或地震裂缝危险性等级，得到地震危险性等级。评价过程采用的评价分级阈值详见表 10-22 ～表 10-24。

活动断层或地震裂缝安全距离分级参考阈值表 **表 10-22**

等级	（与距断裂距离）分级 / 评价阈值	评价值	等级	（与距断裂距离）分级 / 评价阈值	评价值
稳定	单侧 400m 以外	1（低）	不稳定	单侧 30 ～ 100m	4（较高）
次稳定	单侧 200 ～ 400m	2（较低）	极不稳定	单侧 30m 以内	5（高）
次不稳定	单侧 100 ～ 200m	3（中）			

资料来源：参考《资源环境承载能力和国土空间开发适宜性评价技术指南（试行）》（2019 年 7 月版）整理。

地震动峰值加速度分级参考阈值表 **表 10-23**

抗震设防烈度	地震动峰值加速度	危险性等级评价值	抗震设防烈度	地震动峰值加速度	危险性等级评价值
6	0.05*g*	1（低）	8	0.20（0.30）*g*	4（较高）
7	0.10（0.15）*g*	3（中）	9	0.40 *g*	5（高）

资料来源：参考《资源环境承载能力和国土空间开发适宜性评价技术指南（试行）》（2019 年 7 月版）整理。

地震动峰值加速度修正活动断层危险性标准表 **表 10-24**

评价因子	评价标准	评价值	评价因子	评价标准	评价值
地震动峰值加速度危险性等级	4（较高）	将活动断层危险性提高 1 级作为地震危险性等级	地震动峰值加速度危险性等级	5（高）	将活动断层危险性提高 2 级作为地震危险性等级

资料来源：参考《资源环境承载能力和国土空间开发适宜性评价技术指南（试行）》（2019 年 7 月版）整理。

2. 地质灾害易发性评价

需要进行崩塌、滑坡、泥石流易发性评价。参照《地质灾害调查技术要求（1 ： 50000）》，将易发性分为不易发、低易发、中易发、高易发、极高易发 5 个等级。其中，极高易发区为按照《地质灾害危险性评估规范》，确定崩塌、滑坡、泥石流危险性大的区域。评价过程采用的评价分级阈值详见表 10-25。

地质灾害易发性评价分级参考阈值表 **表 10-25**

评价因子	易发程度等级	评价值	评价因子	易发程度等级	评价值
地质灾害易发性	不易发	1（低）	地质灾害易发性	高易发	4（高）
	低易发	2（中）		极高易发	5（极高）
	中易发	3（较高）			

资料来源：参考《资源环境承载能力和国土空间开发适宜性评价技术指南（试行）》（2019 年 7 月版）整理。

3. 地面沉降易发性评价

需要利用地面沉降累计沉降量或年沉降速率确定易发性等级，按照就高不就低的原则划分等级。评价过程采用的评价分级阈值详见表 10-26。

地面沉降分级阈值表 **表 10-26**

等级	累计沉降量（mm）分级 / 评价阈值	沉降速率 (mm/a) 分级 / 评价阈值	危险性等级评价值
不易发	＜ 100	＜ 5	1（低）
低易发	100 ～ 200	5 ～ 10	2（较低）

续表

等级	累计沉降量（mm）分级 / 评价阈值	沉降速率 (mm/a) 分级 / 评价阈值	危险性等级评价值
中易发	200 ～ 800	10 ～ 30	3（中）
高易发	800 ～ 1600	30 ～ 50	4（较高）
极高易发	＞ 1600	＞ 50	5（高）

资料来源：参考《资源环境承载能力和国土空间开发适宜性评价技术指南（试行）》（2019 年 7 月版）整理。

4. 地面塌陷易发性评价

需要充分利用矿山地质环境、城市地质、岩溶塌陷等调查监测和评价成果，将地面塌陷易发性划分为不易发、低易发、中易发、高易发、极高易发 5 个等级。按照《地质灾害危险性评估规范》，将地面塌陷危险性大的区域划分为极高易发区。评价过程采用的评价分级阈值详见表 10–27。

地面塌陷易发性评价分级参考阈值表 表 10–27

评价因子	易发程度等级	评价值	评价因子	易发程度等级	评价值
地面塌陷易发性	不易发	1（低）	地面塌陷易发性	高易发	4（高）
	低易发	2（中）		极高易发	5（极高）
	中易发	3（较高）			

资料来源：参考《资源环境承载能力和国土空间开发适宜性评价技术指南（试行）》（2019 年 7 月版）整理。

最后取地震危险性、地质灾害易发性、地面沉降易发性及地面塌陷易发性中的最高等级，作为地质灾害危险性等级，划分为低、中、较高、高和极高 5 个等级。

从以上评价方法可知，地质灾害易发性评价、地面沉降易发性评价和地面塌陷易发性评价这三个因子的评价方法和评价步骤基本相同，因此本节实验选取地震危险性分析和地质灾害易发性评价这两个因子作为代表，来演示地质灾害危险性的评价步骤。

10.7.2 评价数据

☞ **步骤**：查看基础数据。

- 紧接之前步骤，在【内容列表】面板，浏览到图层组【基础数据 \ 灾害评价】，其中列出了本次实验所需基础数据：【地震断裂带】、【地震动参数区划图】、【地震灾害易发程度区划】。
- 本节实验所需基础数据的内容概况详见表 10–28，其中【地震断裂带】、【地震动参数区划图】、【地震灾害易发程度区划】详见图 10–24 ～图 10–26。若需进一步了解各数据内涵，请查阅相关规范和技术文件。

城镇指向灾害评价基础数据一览表 表 10–28

单项评价	基础数据	基础数据名称	数据内容概述	数据来源
灾害评价	地震危险性	地震断裂带	本实验虚构的对实验区范围有影响的一处地震断裂带分布矢量数据，含有两个主要字段【断裂带名称】、【断裂带类型】	通常由地方地震灾害部门和自然资源部门提供
		地震动参数区划图	本实验虚构的实验区地震动参数区划数据，含有两个主要字段【地震动峰值加速度】、【地震动加速度反应谱特征周期】	

续表

单项评价	基础数据	基础数据名称	数据内容概述	数据来源
灾害评价	地质灾害危险性	地震灾害易发程度区划	本实验虚构的实验区范围各类地质灾害易发性矢量数据，含有一个主要字段【易发程度】	
	其他数据	实验区范围	本实验区范围矢量数据	通常由地方自然资源部门提供

图 10-24 地震断裂带　　　　图 10-25 地震动参数区划

图 10-26 地震灾害易发程度区划

10.7.3 评价过程

根据评价方法，本节实验可分解为三个环节：地震危险性分析、地质灾害易发程度评价、地质灾害危险性评价。

在地震危险性分析环节中，实验首先利用【多环缓冲区】和【相交】工具，来计算实验区活动断层安全距离；然后利用【添加字段】、【计算字段】工具来对活动断层安全距离进行分级评价；接着利用【复制要素】、【添加字段】、【计算字段】工具来计算实验区地震动峰值加速度危险性等级值；最后利用【联合】和【计算字段】工具，结合地震动峰值加速度危险性等级指标对活动断层安全距离评价值进行修正，得到地震危险性等级评价结果。

地质灾害易发程度评价环节中，利用【复制要素】、【添加字段】、【计算字段】工具来计算实验区地质灾害易发性评价值。

最后在地质灾害危险性评价中，利用【添加字段】、【计算字段】工具，取地震危险性等级评价值和地质灾害易发性等级评价值中的较高值作为灾害评价值。

综上所述，本节实验可分解为 3 个环节，需要完成 6 项操作步骤，详见表 10-29。

城镇指向灾害评价实验过程概况一览表　　表 10-29

实验环节	操作步骤	基础数据	输出结果	涉及模型工具
环节 1：地震危险性分析	步骤 1：活动断层安全距离分级	【地震断裂带】	【活动断层安全距离分级】	【多环缓冲区】
	步骤 2：活动断层安全距离评价	【活动断层安全距离分级】 【实验区范围】	【实验区活动断层安全距离评价】	【相交】 【添加字段】 【计算字段】
	步骤 3：地震动峰值加速度危险性等级计算	【地震动参数区划图】	【地震动峰值加速度危险性等级】	【复制要素】 【添加字段】 【计算字段】
	步骤 4：地震危险性等级评价	【实验区活动断层安全距离评价】 【地震动峰值加速度危险性等级】	【地震危险性等级评价】	【联合】 【计算字段】
环节 2：地质灾害易发程度评价	步骤 5：地质灾害易发程度评价	【地质灾害易发程度区划】	【地质灾害易发性评价】	【复制要素】 【添加字段】 【计算字段】
环节 3：地质灾害危险性评价	步骤 6：地质灾害危险性评价	【地震危险性等级评价】 【地质灾害易发性评价】	【地质灾害危险性评价】	【联合】 【添加字段】 【计算字段】

紧接之前步骤，继续操作如下。

步骤 1：活动断层安全距离分级。

- 计算缓冲距离。启动【多环缓冲区】工具，设置对话框各项参数如图 10-27 所示。

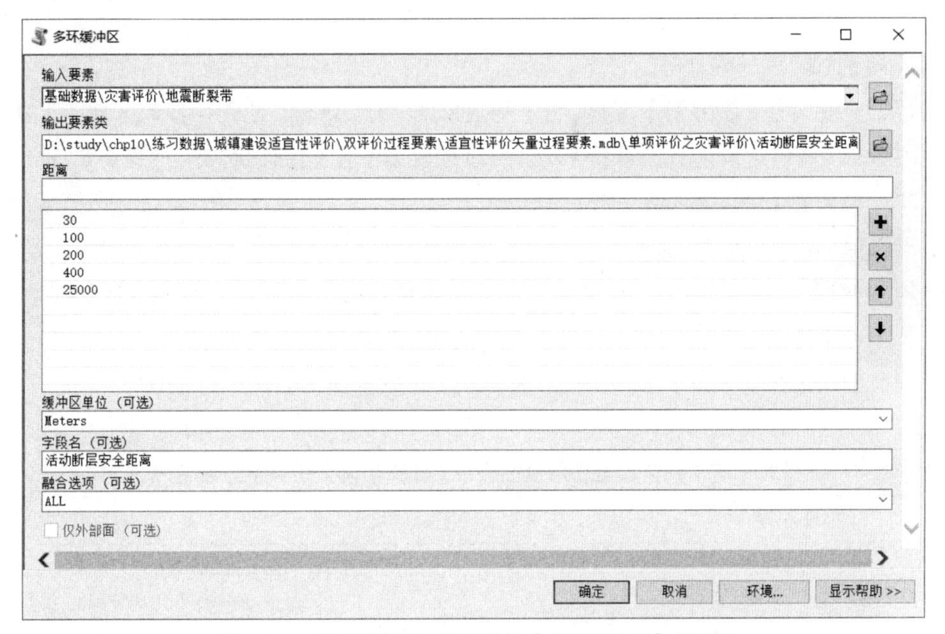

图 10-27　活动断层安全距离分级【多环缓冲区】对话框

- 设置【输入要素】为【基础数据 \ 灾害评价 \ 地震断裂带】。
- 设置【输出要素类】为【D:\study\chp10\ 练习数据 \ 城镇建设适宜性评价 \ 双评价过程要素 \ 适宜性评价矢量过程要素 .mdb\ 单项评价之灾害评价 \ 活动断层安全距离分级】。
- 设置【距离】为 30、100、200、400、25000[①]。

① 使用【测量】工具可以量出评价范围距离断裂带的最远距离大致为 23000 左右，实验中设置了一个略大于该数字的 25000 作为阈值的最大值。

- 设置【缓冲区单位】为【Meters】。
- 设置【字段名】为【活动断层安全距离】。这个字段将添加到输入要素的属性表中，并记录所在缓冲区的距离。
- 点击【确定】按钮，计算完成后会在左侧内容列表面板自动加载计算结果。

☞ **步骤 2**：活动断层安全距离评价。

- 获得实验区范围活动断层安全距离。启动地理处理的【相交】工具，依次输入【活动断层安全距离分级】、【基础数据 \ 其他数据 \ 实验区范围】作为输入要素，设置输出要素类为【D:\study\chp10\ 练习数据 \ 城镇建设适宜性评价 \ 双评价过程要素 \ 适宜性评价矢量过程要素 .mdb\ 单项评价之灾害评价 \ 实验区活动断层安全距离评价】，点击【确定】运行工具。
- 添加字段。利用【添加字段】工具，对【实验区活动断层安全距离评价】要素添加【SHORT】型字段【活动断层安全距离评价值】。
- 计算字段。利用【计算字段】工具，按表 10-30 设置各项参数并运行工具。

活动断层安全距离评价【计算字段】工具参数设置表 **表 10-30**

输入表	字段名	表达式	表达式类型	代码块
实验区活动断层安全距离评价	活动断层安全距离评价值	Calculate(! 活动断层安全距离 !)	PYTHON_9.3	def Calculate(*x*): switcher = {25000:1,400:2,200:3,100:4,30:5} value = switcher[*x*] return value

☞ **步骤 3**：地震动峰值加速度危险性等级计算。

- 复制原始数据。使用【复制要素】工具，将【基础数据 \ 灾害评价 \ 地震动参数区划图】复制到【D:\study\chp10\ 练习数据 \ 城镇建设适宜性评价 \ 双评价过程要素 \ 适宜性评价矢量过程要素 .mdb\ 单项评价之灾害评价】中，命名为【地震动峰值加速度危险性】。
- 计算地震动峰值加速度危险性等级。
  - 添加字段。使用【添加字段】工具或通过打开属性表方式，对上一步操作结果【地震动峰值加速度危险性】要素添加【SHORT】型字段【地震动峰值加速度危险性等级值】。
  - 计算字段。利用【计算字段】工具，按下表 10-31 设置各项参数并运行工具。

计算地震动峰值加速度危险性等级【计算字段】工具参数设置表 **表 10-31**

输入表	字段名	表达式	表达式类型	代码块
地震动峰值加速度危险性	地震动峰值加速度危险性等级值	Calculate (! 地震动峰值加速度 !)	PYTHON_9.3	def Calculate(*x*): switcher = {u" 0.05g":1,u" 0.10g":3,u" 0.15g":3,u" 0 .20g" :4,u" 0.30g" :4, u" 0.40g" :5} value = switcher[*x*] return value

☞ **步骤 4**：地震危险性等级评价。

- 获得评价基础数据。启动地理处理下的【联合】工具，将【实验区活动断层安全距离评价】和【地震动峰值加速度危险性】进行联合，设置输出要素为【D:\study\chp10\ 练习数据 \ 城镇建设适宜性评价 \ 双评价过程要素 \ 适宜性评价矢量过程要素 .mdb\ 单项评价之灾害评价 \ 地震危险性等级评价】。

- 计算地震危险性等级评价值。
  - 使用【添加字段】工具对上一步骤结果【地震危险性等级评价】要素添加【SHORT】型字段【地震危险性等级评价值】。
  - 利用【计算字段】工具，按表 10-32 所示设置各项参数并运行工具。

计算地震危险性等级评价值【计算字段】工具参数设置表　　表 10-32

输入表	字段名	表达式	表达式类型	代码块

地震危险性等级评价	地震危险性等级评价值	Calculate (! 地震动峰值 !, ! 加速度危险性等级值 !, ! 活动断层安全距离评价值 !)	PYTHON_9.3	def Calculate(DangerRank,SageDist):
				global value
				if DangerRank == 5:
				value = SageDist + 2
				elif DangerRank == 4:
				value =SageDist + 1
				else:
				value = SageDist
				return min(value,5)

☞ **步骤 5:** 地质灾害易发性评价。

- 复制原始数据。使用【复制要素】工具，按表 10-33 所示设置各项参数并运行工具。

地质灾害易发性评价【复制要素】工具参数设置表　　表 10-33

输入要素	输出要素	……
【基础数据 \ 灾害评价 \ 地震灾害易发程度区划】	【D:\study\chp10\ 练习数据 \ 城镇建设适宜性评价 \ 双评价过程要素 \ 适宜性评价矢量过程要素 .mdb\ 单项评价之灾害评价 \ 地质灾害易发性评价】	其他参数保持默认

- **计算地质灾害易发性评价值。**
  - 使用【添加字段】工具对上一步骤结果【地质灾害易发性评价】要素添加【SHORT】型字段【地质灾害易发性等级评价值】。
  - 启动【计算字段】工具，按表 10-34 设置各项参数并运行工具。

计算地质灾害易发性评价值【计算字段】工具参数设置表　　表 10-34

输入表	字段名	表达式	表达式类型	代码块
地质灾害易发性评价	地质灾害易发性等级评价值	Calculate (! 易发程度 !)	PYTHON_9.3	def Calculate(*x*): switcher = {u”不易发”:1,u”低易发”:2,u”中易发”:3,u”高易发”:4,u”极高易发”:5} value = switcher[*x*] return value

☞ **步骤 6:** 地质灾害危险性评价。

- 获得评价矢量数据。启动地理处理下的【联合】工具，将【地震危险性等级评价】和【地质灾害易发性评价】进行联合，得到【灾害评价】数据。
- 计算地质灾害危险性等级评价值。
  - 使用【添加字段】工具对上一步骤结果【灾害评价】要素添加【SHORT】型字段【灾害评价值】。
  - 启动【计算字段】工具，按表 10-35 设置各项参数并运行工具。

计算地质灾害易发性评价值【计算字段】工具参数设置表　表 10-35

输入表	字段名	表达式	表达式类型	代码块
灾害评价	灾害评价值	Compare(!地质灾害易发性等级评价值 ! , !地震危险性等级评价值 !)	PYTHON_9.3	def Compare(X,Y): return max(X,Y)

计算完成后再利用【灾害评价值】字段对【地质灾害危险性评价】图层进行类别符号化后如图 10-28 所示。

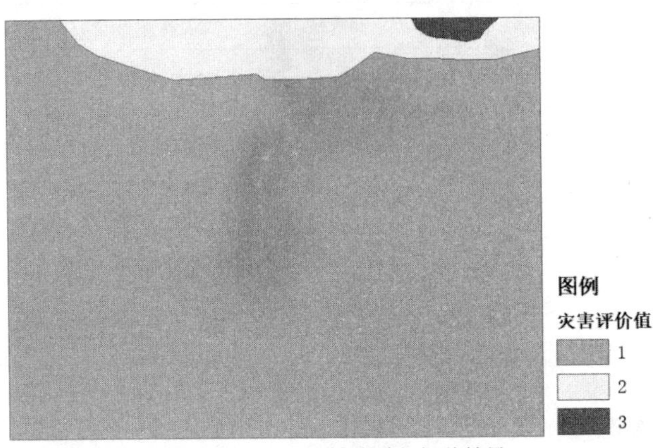

图 10-28　地质灾害危险性评价结果

需要注意的是，该步骤还可以通过将以上两个数据转为栅格，再利用【像元统计数据】工具，设置【叠加统计（可选）】为【MAXIMUM】来实现。

10.8　单项评价之区位评价

10.8.1　评价方法

城镇指向区位单项评价以区位优势度为表征，市县层面区位优势度的计算首先需要计算区位条件和交通网络密度两个指标；然后基于这两个指标用判别矩阵来确定区位优势度评价值（表 10-36）。

区位优势度评价参考判别矩阵表　表 10-36

交通网络密度评价 \ 区位条件评价	5（好）	4（较好）	3（一般）	2（较差）	1（差）
5（高）	5（高）	5（高）	4（较高）	3（中）	1（低）
4（较高）	5（高）	5（高）	4（较高）	2（较低）	1（低）
3（一般）	5（高）	4（较高）	3（中）	2（较低）	1（低）
2（较低）	4（较高）	4（较高）	3（中）	1（低）	1（低）
1（低）	3（中）	3（中）	2（较低）	1（低）	1（低）

资料来源：参考《资源环境承载能力和国土空间开发适宜性评价技术指南（试行）》（2019 年 3 月版）整理。

知识点： 区位优势度计算

在省级层面，主要根据各评价单元与中心城市间的交通距离所反映的区位条件和优劣程度。

在市县层面，根据区位条件、交通网络密度表征，其计算公式如下。

[区位优势度]=f([区位条件],[交通网络密度])

式中，[区位条件] 在市县层面是指与交通干线、中心城区、主要交通枢纽、周边中心城市等要素的空间联系便利程度。

1. 区位条件（市县层面）

主要需要综合考虑与交通干线、中心城区、主要交通枢纽、周边中心城市等要素的空间联系便利程度，因此首先需要计算交通干线可达性、中心城区可达性、交通枢纽可达性、周边中心城市可达性四个指标①；然后对四个指标项进行加权求和，集成得到区位条件②；最后在GIS软件中对加权求和结果进行重分类，得到由高到低分为5、4、3、2、1五个等级的区位条件评价。

2. 交通网络密度

需要将公路网作为交通网络密度评价主体，首先采用线密度分析方法计算交通网络密度。其计算公式为

$$D = L / A$$

式中，D 为交通网络密度（km/km^2）；L 为栅格单元领域范围内的公路通车里程总长度（km），主要考虑高速公路、国道、省道和县道，县道以下交通线路可酌情计入分析范围，并在具体操作中根据评价单元等级和需要予以考虑；A 为栅格单元邻域面积（km^2），邻域面积根据不同地区的实际情况进行确定。

然后进行分级评价得到由高到低分为5、4、3、2、1五个等级的交通网络密度评价结果，本实验中分级评价所采用的阈值原则上，需要结合本地实际情况，采取专家打分方式进行分级（表10–37）。

交通网络密度评价分级参考阈表　　表10–37

评价指标	分级参考阈值	评价值	评价指标	分级参考阈值	评价值
交通网络密度	高	5	交通网络密度	较低	2
	较高	4		低	1
	中	3			

资料来源：参考《资源环境承载能力和国土空间开发适宜性评价技术指南（试行）》（2020年1月版）整理。

根据以上评价思路，本节区位评价可分为以下三个环节。

首先是区位条件评价环节，需要计算交通干线可达性、中心城区可达性、交通枢纽可达性、周边中心城市可达性四个指标，然后对四个指标项进行加权求和集成，得到区位条件评价结果。

然后是交通网络密度评价环节，需要采用线密度分析方法计算交通网络密度结果。

最后是区位优势度计算环节，需要利用区位条件评价结果和交通网络密度评价结果，结合区位优势度评价参考判别矩阵表来计算最终的区位优势度，作为区位评价值（表10–36）。

由于计算步骤较多，区位条件评价环节中的交通干线可达性、中心城区可达性、交通枢纽可达性、周边中心城市可达性计算将在章节13.4“区位条件分析”中详细介绍。本节将主要演示区位条件评价、交通网络密度评价和区位优势度计算的实验内容。

10.8.2 评价数据

☞ **步骤**：查看基础数据。

- 紧接之前步骤，在【内容列表】面板，浏览到图层组【基础数据\区位评价】，其中列出了本次实验所需基础数据：【交通干线评价.tif】、【中心城区评价.tif】、【交通枢纽评价.tif】、【周边城市评价.tif】、【道路中心线】。
- 本节实验所需基础数据的内容概况详见表10–38。

① 它们的计算方法比较复杂，详见章节13.4“区位条件分析”。

② 原则上各指标权重相同，但在实际操作中可根据本地情况予以调整。

区位评价实验基础数据一览表　　表 10-38

单项评价	基础数据	基础数据名称	数据内容概述	数据来源
区位评价	区位条件	交通干线评价 .tif	本书章节 13.4.3 中交通干线评价结果	中间过程数据
		中心城区评价 .tif	本书章节 13.4.3 中中心城区评价结果	中间过程数据
		交通枢纽评价 .tif	本书章节 13.4.3 中交通枢纽评价结果	中间过程数据
		周边城市评价 .tif	本书章节 13.4.3 中周边城市评价结果	中间过程数据
	交通网络	道路中心线	本书章节 13.4.3 中基础数据准备结果	中间过程数据
	其他数据	实验区范围	本实验区范围矢量数据	通常由地方自然资源部门提供

10.8.3 评价过程

根据以上评价方法，本节中区位评价实验可分为以下步骤。

首先利用【加权总和】工具计算【区位条件】加权平均值，再利用【重分类】工具对【区位条件】的加权平均值进行分级评价；然后利用【线密度分析】工具计算【交通路网密度】，再利用【重分类】工具对【交通路网密度】进行分级评价；之后利用【栅格计算器】工具，将评价标准进行二维编码转一维编码；最后结合一维评价准则，利用【重分类】工具进行分级评价，得到区位评价的最终结果。

综上所述，本节实验可分解为 3 个环节，需要完成 6 项操作步骤，详见表 10-39。

城镇指向灾害评价实验过程概况一览表　　表 10-39

实验环节	操作步骤	基础数据	输出结果	涉及模型工具
环节 1：区位条件评价	步骤 1：区位条件计算	【交通干线评价 .tif】 【中心城区评价 .tif】 【交通枢纽评价 .tif】 【周边城市评价 .tif】	【区位条件初评 .tif】	【加权总和】
	步骤 2：区位条件评价	【区位条件初评 .tif】	【区位条件评价 .tif】	【重分类】
环节 2：交通网络密度评价	步骤 3：交通网络密度分析	【道路中心线】	【交通网络密度初评 .tif】	【线密度分析】
	步骤 4：交通网络密度评价	【交通网络密度初评 .tif】	【交通网络密度评价 .tif】	【重分类】
环节 3：区位优势度计算	步骤 5：二维编码转一维编码	【区位条件评价 .tif】 【交通网络密度评价 .tif】	【区位优势度初评 .tif】	【栅格计算器】
	步骤 6：区位优势度评价	【区位优势度初评 .tif】	【区位优势度评价 .tif】	【重分类】

10.8.3.1 区位条件评价

☞ **步骤 1：**区位条件计算。

- 在【目录】面板中，浏览到【工具箱\系统工具箱\Spatial Analyst Tools.tbx\叠加分析\加权总和】，双击该项打开工具，设置【加权总和】对话框各项参数如下（图 10-29）。
  - 设置【输入栅格】为【基础数据\区位评价\交通干线评价 .tif】、【基础数据\区位评价\中心城区评价 .tif】、【基础数据\区位评价\交通枢纽评价 .tif】、【基础数据\区位评价\周边城市评价 .tif】。
  - 设置四项【权重】为【0.25】。
  - 设置【输出栅格】为【D:\study\chp10\练习数据\城镇建设适宜性评价\双评价过程要素\适宜性评价栅格及其他过程要素\单项评价之区位评价\区位条件初评 .tif】。
  - 点击【确定】按钮，完成加权求和计算，对结果进行符号化后如图 10-30 所示。

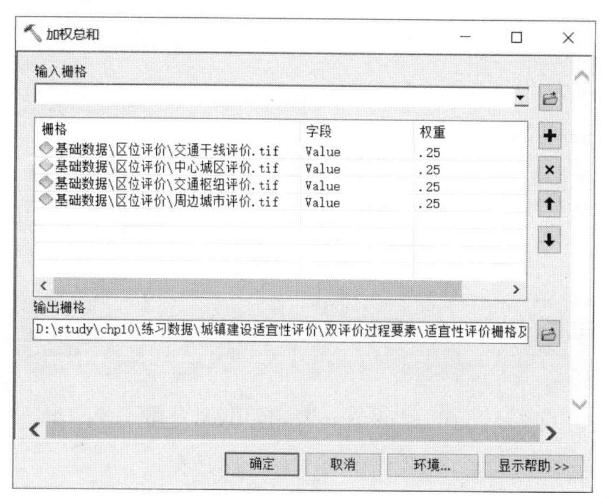

图 10-29 【加权总和】对话框

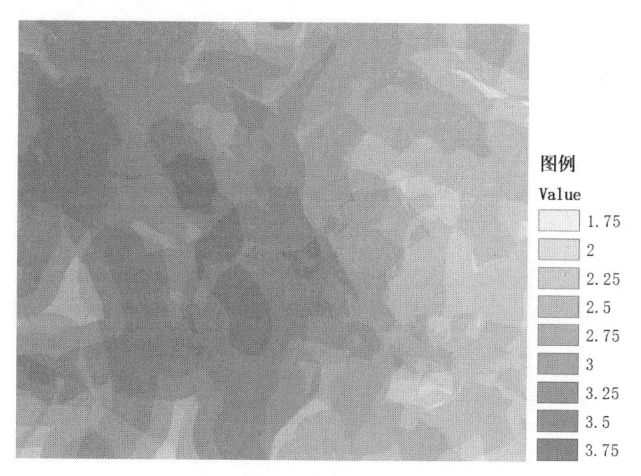

图 10-30　区位条件初评结果

☞ **步骤 2：** 区位条件评价。

➜ 对区位条件初评数据进行重分类。启动【重分类】对话框（图 10-31），各项参数具体设置如下。

- 设置【输入栅格】为【区位条件初评】。
- 设置【重分类字段】为【VALUE】。
- 设置【旧值】为【0 – 1.4】、【1.5 – 2.4】、【2.5 – 3.4】、【3.5 – 4.4】、【4.5 – 5】。
- 设置相应【新值】为【1】、【2】、【3】、【4】、【5】。
- 设置【输出栅格】为【D:\study\chp10\ 练习数据 \ 城镇建设适宜性评价 \ 双评价过程要素 \ 适宜性评价栅格及其他过程要素 \ 单项评价之区位评价 \ 区位条件评价 .tif】。
- 点击【确定】按钮，开始进行重分类。计算完成后【区位条件评价 .tif】图层自动加载至左侧【内容列表】面板，对该图层符号化后如图 10-32 所示。

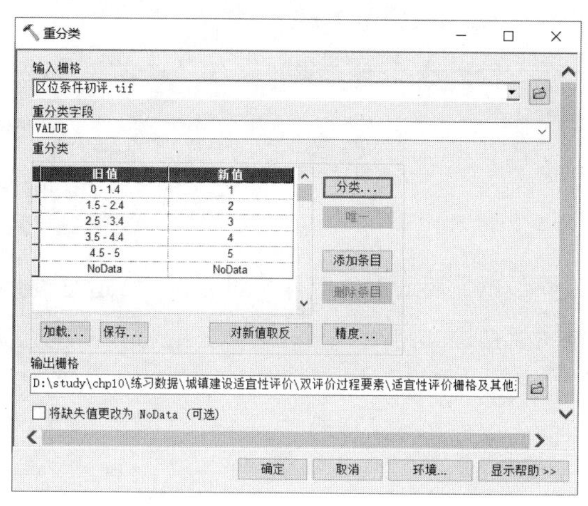

图 10-31　区位条件评价【重分类】对话框

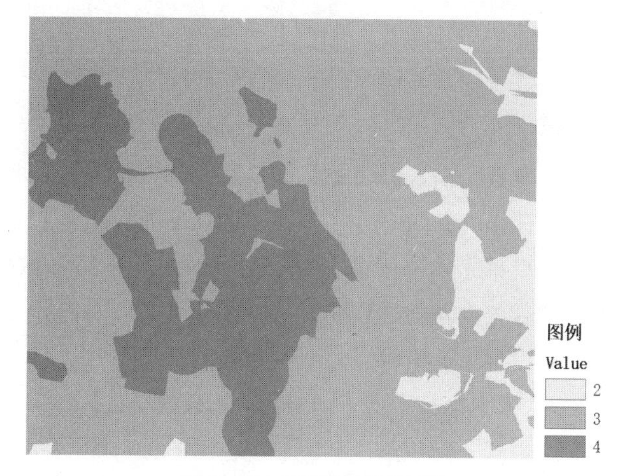

图 10-32　区位条件评价结果

10.8.3.2　交通网络密度评价

☞ **步骤 1：** 交通网络密度分析。

➜ 复制原始要素。启动【复制要素】工具，设置【输入要素】为【基础数据 \ 区位评价 \ 道路中心线】，设置【输出要素类】为【D:\study\chp10\ 练习数据 \ 城镇建设适宜性评价 \ 双评价过程要素 \ 适宜性评价矢量过程要素 .mdb\ 单项评价之区位评价 \ 交通网络密度评价】。

➜ 为不同等级道路影响设定不同权重。在上一步结果【交通网络密度评价】要素类中，添加【双精度】类型字段【等级权重】，按照表 10-40 分别对一级公路、二级公路、三级公路进行赋值（具体操作详见第 2 章“按属性选择与赋值”）。

不同等级道路影响权重分级参考表 表 10-40

类型	高速公路	一级公路	二级公路	三级公路
权重赋值	1.5	1	0.5	0.3

资料来源：参考《资源环境承载能力和国土空间开发适宜性评价技术指南（试行）》（2020 年 1 月版）整理。

- 计算线密度。在【目录】面板，浏览到【工具箱 \ 系统工具箱 \Spatial Analyst Tools.tbx \ 密度分析 \ 线密度分析】，双击该项启动该工具，设置【线密度分析】对话框各项参数具体如图 10-33 所示。

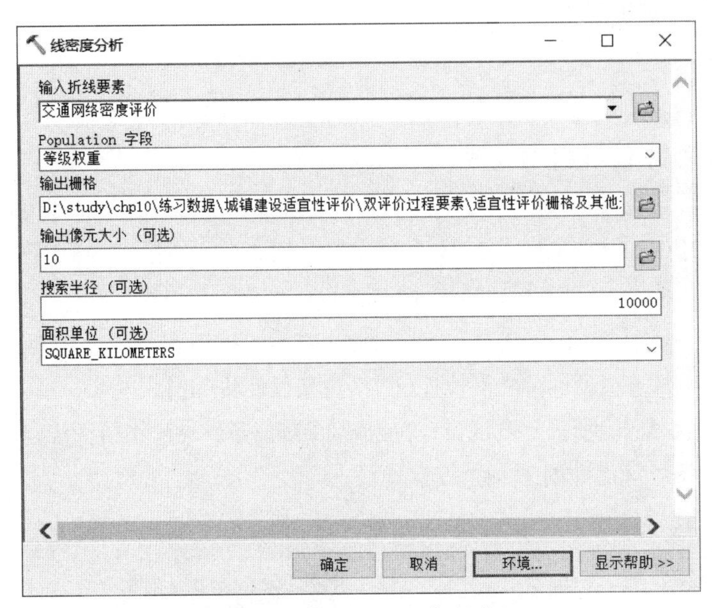

图 10-33 【线密度分析】对话框

- 设置【输入折线要素】为【交通网络密度评价】。
- 在【Population】下拉栏中选择【等级权重】。
- 设置【输出栅格】为【D:\study\chp10\ 练习数据 \ 城镇建设适宜性评价 \ 双评价过程要素 \ 适宜性评价栅格及其他过程要素 \ 单项评价之区位评价 \ 交通网络密度初评 .tif】。
- 设置【输出像元大小】为【10】。
- 【搜索半径】为【10000】（此为经验值，可自行设定，该值越大，密度越小）。
- 设置【面积单位】为【SQUARE_KILOMETERS】[①]。
- 点击【环境...】按钮，显示【环境设置】对话框，设置【处理范围】为【与图层 区位条件评价 .tif 相同】，点击【确定】按钮，返回【线密度分析】对话框（图 10-34）。
- 点击【确定】按钮，完成线密度分析。其最终效果如图 10-35 所示，可以看出，颜色越深的区域交通网络密度越大。

① 如果输出线性单位是米，输出面积密度单位设置为 SQUARE_KILOMETERS，所得到的线密度单位将转换为 km/km^2。与以 m 和 km 为单位的面积比例因子相比较，最终结果将是相差 1000 倍的密度值。

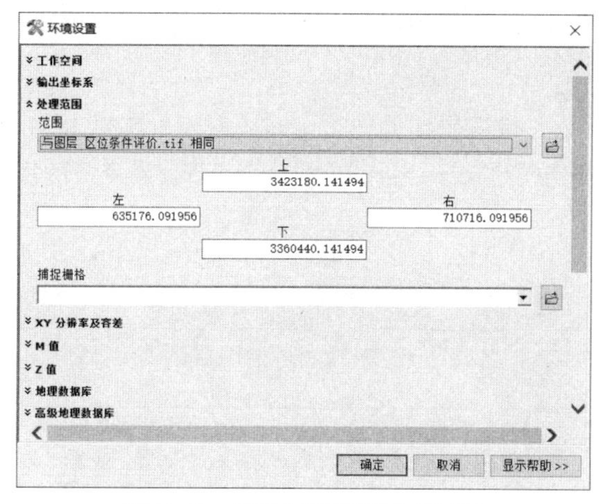

图 10-34　处理【环境设置】对话框

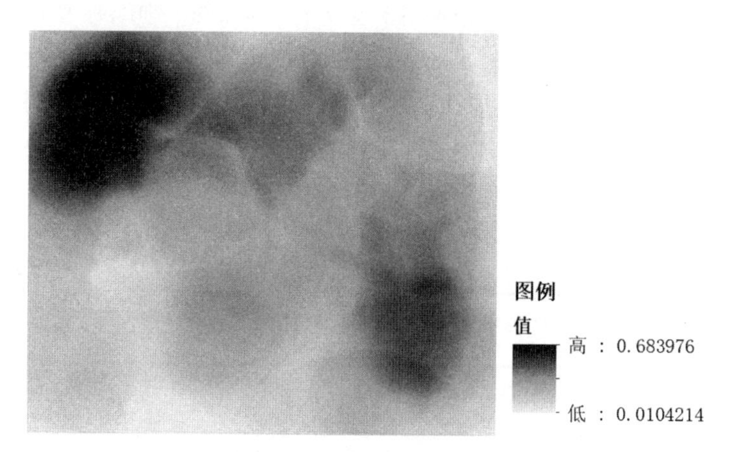

图 10-35　交通网络密度分析结果

☞ **步骤 2**：交通网络密度评价。

- 对线密度结果重分类。启动【重分类】工具，设置对话框各项参数具体如图 10-36 所示。
  - 设置【输入栅格】为【交通网络密度初评 .tif】。
  - 设置【重分类字段】为【VALUE】。
  - 设置【旧值】为【0.010421 – 0.128619】、【0.128619 – 0.281658】、【0.281658 – 0.370513】、【0.370513 – 0.437697】、【0.437697 – 0.683976】①。
  - 设置相应【新值】为【1】、【2】、【3】、【4】、【5】。
  - 设置【输出栅格】为【D:\study\chp10\练习数据\城镇建设适宜性评价\双评价过程要素\适宜性评价栅格及其他过程要素\单项评价之区位评价\交通网络密度评价 .tif】。
  - 点击【确定】按钮，开始进行重分类。计算完成后【交通网络密度评价 .tif】图层自动加载至左侧【内容列表】面板，对该图层符号化后如图 10-37 所示。

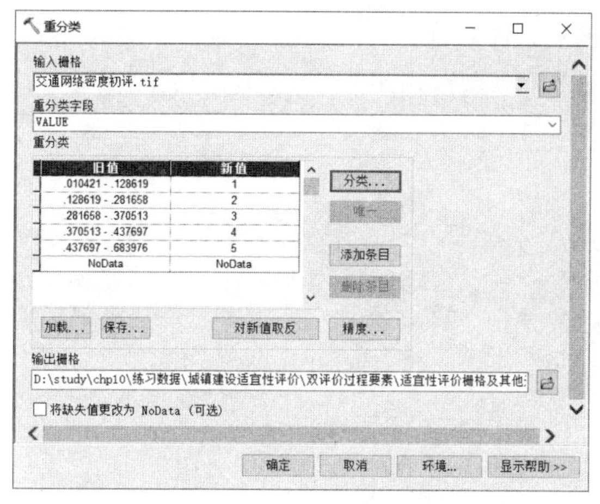

图 10-36　路网密度初评【重分类】对话框

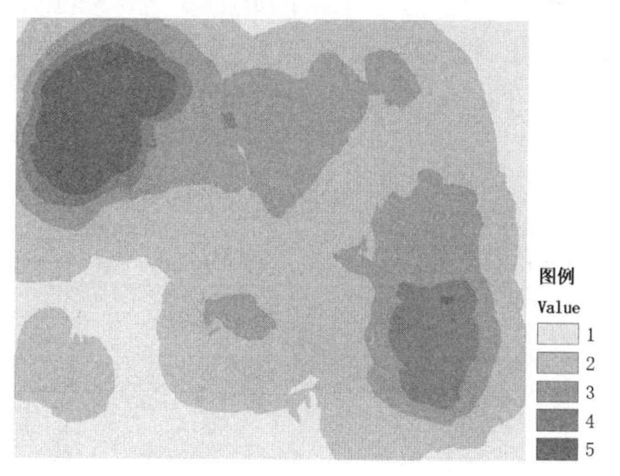

图 10-37　交通网络密度评价结果

10.8.3.3　区位优势度计算

计算区位优势度需要参考表 10-36。该表可以视为一个类似笛卡尔坐标系（x，y）的二维编码表，例如区位

---

① 由于前一步【线密度分析】中不同的搜索半径算出的密度值是不同的，所以这里也没有固定的经验值。但可使用专家打分的方法赋值，因为专家识别出的典型区域是相对固定的。专家根据路网识别出交通网络密度高、较高、中、较低、低的典型区域，然后对照密度图识别出这些范围对应的密度阈值。

条件评价值为 5、交通网络密度评价值为 4 的二维编码为（5，4），每一个二维编码对应一个判别值，通过检索表 10–36，查得（5，4）对应的判别值为 5，即为区位优势度值。

在采用栅格叠加计算时，为了计算方便，需要将二维编码转为一维编码，例如把上述（5，4）转换为 54。这可以利用【栅格计算器】工具按【“区位条件评价 .tif” ×10+” 交通网络密度评价 .tif”】计算得到。新生成的栅格即为一维编码的评价值。最后通过【重分类】指定各一维编码评价值对应的判别值，对应关系详见表 10–41。

区位优势度评价参考判别矩阵表（转换后） 　　　　表 10–41

交通网络密度评价＼区位条件评价	5（好）	4（较好）	3（一般）	2（较差）	1（差）
5（高）	55 5（高）	45 5（高）	35 4（较高）	25 3（中）	15 1（低）
4（较高）	54 5（高）	44 5（高）	34 4（较高）	24 2（较低）	14 1（低）
3（一般）	53 5（高）	43 4（较高）	33 3（中）	23 2（较低）	13 1（低）
2（较低）	52 4（较高）	42 4（较高）	32 3（中）	22 1（低）	12 1（低）
1（低）	51 3（中）	41 3（中）	31 2（较低）	21 1（低）	11 1（低）

紧接之前步骤继续操作如下。

☞ **步骤 1：** 通过二维编码转一维编码，综合【区位条件评价】和【交通网络密度评价】。

- 启动【栅格计算器】工具，设置对话框各项参数如图 10–38 所示。
  - 输入计算代码。在【地图代数表达式】下方空白栏中输入以下表达式：【 “区位条件评价 .tif” * 10 + “交通网络密度评价 .tif” 】。
  - 设置【输出栅格】为【D:\study\chp10\ 练习数据 \ 城镇建设适宜性评价 \ 双评价过程要素 \ 适宜性评价栅格及其他过程要素 \ 单项评价之区位评价 \ 区位优势度初评 .tif】。
  - 点击【确定】按钮，开始进行栅格计算。计算完成后【区位优势度初评】图层会自动加载至左侧【内容列表】面板，结果如图 10–39 所示。

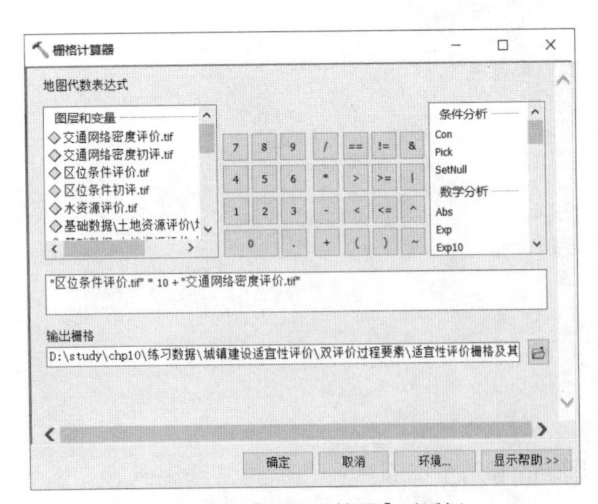

图 10–38 【栅格计算器】对话框

图 10–39 区位优势度初评结果

☞ **步骤 2：** 区位优势度评价。

- 对区位优势度初评结果进行重分类。在【目录】面板，浏览到【工具箱 \ 系统工具箱 \Spatial Analyst

Tools\ 重分类 \ 重分类】，双击该项目启动【重分类】对话框（图 10-40）。各项参数具体设置如下。

- 设置【输入栅格】为【区位优势度初评 .tif】。
- 设置【重分类字段】为【VALUE】。
- 点击【分类...】按钮，显示【分类】对话框。在【分类】下的【方法】中选择【手动】，点击【确定】按钮，返回【重分类】对话框。
- 设置【旧值】中【11-15】、【21-22】为【新值】的【1】。
- 设置【旧值】中【23-24】、【31】为【新值】的【2】。
- 设置【旧值】中【25】、【32-33】、【41】、【51】为【新值】的【3】。
- 设置【旧值】中【34-35】、【42-43】、【52】为【新值】的【4】。
- 设置【旧值】中【44-45】、【53-55】为【新值】的【5】。
- 设置【输出栅格】为【D:\study\chp10\ 练习数据 \ 城镇建设适宜性评价 \ 双评价过程要素 \ 适宜性评价栅格及其他过程要素 \ 单项评价之区位评价 \ 区位优势度评价 .tif】。
- 点击【环境...】按钮，显示【环境设置】对话框。展开【栅格分析】项，设置【掩膜】为【基础数据 \ 其他数据 \ 实验区范围】。点击【确定】返回【重分类】对话框。
- 点击【确定】按钮，开始进行重分类。计算完成后【区位优势度评价】图层自动加载至左侧【内容列表】面板，对该图层符号化后如图 10-41 所示。

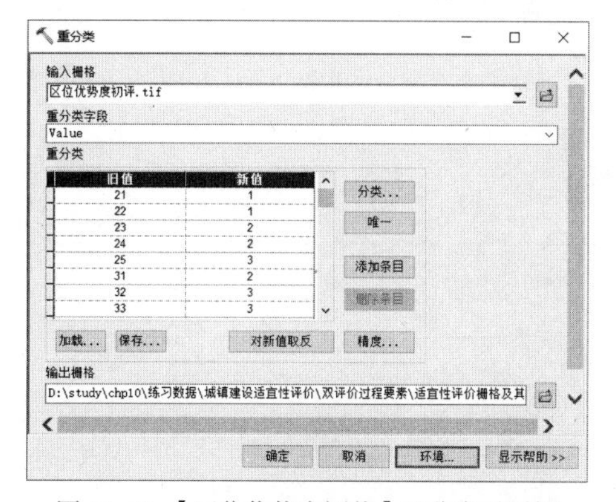

图 10-40 【区位优势度评价】重分类对话框

图 10-41　实验区范围区位优势度评价结果

10.9　集成评价之初判城镇建设条件等级

10.9.1　评价方法

初判城镇建设条件等级需要基于土地资源评价和水资源评价的结果，利用判别矩阵来得到城镇建设的水土资源基础，并以此作为城镇建设条件等级的初判结果（以下简称初判结果）。计算水土资源基础采用的参考判别矩阵详见表 10-42。

城镇建设指向水土资源基础判别矩阵表　　表 10-42

土地资源评价 / 水资源评价	5（高）	4（较高）	3（中等）	2（较低）	1（低）
5（好）	5（高）	5（高）	4（较高）	3（一般）	1（低）
4（较好）	5（高）	5（高）	4（较高）	2（较低）	1（低）

续表

水资源评价 \ 土地资源评价	5（高）	4（较高）	3（中等）	2（较低）	1（低）
3（一般）	5（高）	4（较高）	3（一般）	2（较低）	1（低）
2（较差）	4（较高）	4（较高）	3（一般）	1（低）	1（低）
1（差）	3（一般）	3（一般）	2（较低）	1（低）	1（低）

资料来源：参考《资源环境承载能力和国土空间开发适宜性评价技术指南（试行）》（2019 年 7 月版）整理。

10.9.2 评价数据

☞ **步骤**：打开地图文档，查看基础数据。

➜ 打开随书数据的地图文档【chp10\练习数据\城镇建设适宜性评价\城镇建设适宜性集成评价 .mxd】，在【内容列表】面板中，浏览到图层组【基础数据\初判城镇建设条件等级】，其中列出了本次集成评价环节所需基础数据：【土地资源评价 .tif】、【水资源评价】。各基础数据的内容概况详见表 10–43。

集成评价之初判城镇建设条件等级基础数据一览表 **表 10–43**

集成评价	基础数据	基础数据名称	数据内容概述	数据来源
初判城镇建设条件等级	水土资源基础	土地资源评价 .tif	栅格数据，其 VALUE 值为【土地资源评价值】	单项评价之土地资源评价结果
		水资源评价	矢量数据，含有一个主要字段【水资源评价值】	单项评价之水资源评价结果
	其他数据	实验区范围	本实验区范围矢量数据	通常由地方自然资源部门提供

10.9.3 评价过程

根据评价方法，本节实验计划首先使用【面转栅格】工具，将单项评价中的水资源评价结果转为栅格数据格式；然后利用【栅格计算器】计算水土资源评价值；最后对水土资源评价进行重分类，从而得到城镇建设条件等级的初判结果。

综上所述，本节实验分为 2 个环节，需要完成 3 项操作步骤，具体详见表 10–44。

集成评价之初判城镇建设条件等级实验过程概况一览表 **表 10–44**

实验环节	操作步骤	基础数据	输出结果	涉及模型工具
环节 1：数据处理（转为栅格）	步骤 1：数据处理（转为栅格）	【水资源评价】	【水资源评价 .tif】	【面转栅格】
环节 2：城镇建设条件等级初判	步骤 2：综合【水资源评价】和【土地资源评价】	【土地资源评价 .tif】 【水资源评价 .tif】	【水土资源评价 .tif】	【栅格计算器】
	步骤 3：城镇建设条件等级初判	【水土资源评价 .tif】	【城镇建设条件等级初判 .tif】	【重分类】

紧接之前步骤，继续操作如下。

☞ **步骤 1**：数据处理（转为栅格）。

➜ 启动【面转栅格】工具，设置对话框各项参数如下。

- 设置【输入要素】为【基础数据\初判城镇建设条件等级\水资源评价】。
- 设置【值字段】为【水资源评价值】。
- 设置【输出栅格数据集】为【D:\study\chp10\练习数据\城镇建设适宜性评价\双评价过程要素\适宜性评价栅格及其他过程要素\集成评价之初判条件等级\水资源评价.tif】。
- 设置【像元大小】为【10】。
- 其他参数保持默认，点击【确定】进行面转栅格操作。计算完成后会在左侧内容列表面板自动加载计算结果图层。

☞ **步骤2：**通过二维编码转一维编码，综合【水资源评价】和【土地资源评价】。

计算水土资源评价值需要参考表10-42，在采用栅格叠加计算时，需要将这个二维编码表转为一维编码（原理参见章节10.8.3中的区位优势度计算环节）。

- 将二维编码转为一维编码。启动【栅格计算器】工具设置对话框各项参数如下。
  - 输入如下【地图代数表达式】。

```
"水资源评价.tif" + "基础数据\初判城镇建设条件等级\土地资源评价.tif" * 10
```

  - 设置【输出栅格】为【D:\study\chp10\练习数据\城镇建设适宜性评价\双评价过程要素\适宜性评价栅格及其他过程要素\集成评价之初判条件等级\水土资源基础.tif】。
  - 点击【确定】运行工具。

通过以上栅格计算后，表10-45的二维编码体系即可视为表10-42所示的一维编码表，新的一维编码值等于"水资源评价值+土地资源评价值 ×10"，每个新的编码值都是唯一的，分别对应一个水土资源评价值。

城镇建设指向水土资源基础判别矩阵表（转换后） **表10-45**

水资源评价 \ 土地资源评价	5（高）	4（较高）	3（中等）	2（较低）	1（低）
5（好）	55 5（高）	45 4（高）	35 3（较高）	25 2（一般）	15 1（低）
4（较好）	54 5（高）	44 5（高）	34 4（较高）	24 2（较低）	14 1（低）
3（一般）	53 5（高）	43 4（较高）	33 3（一般）	23 2（较低）	13 1（低）
2（较差）	52 4（较高）	42 4（较高）	32 3（一般）	22 1（低）	12 1（低）
1（差）	51 3（一般）	41 3（一般）	31 2（较低）	21 1（低）	11 1（低）

☞ **步骤3：**城镇建设条件等级初判。

- 城镇建设条件等级初判。启动【重分类】工具，对水土资源评价结果进行重分类，得到城镇建设条件等级的初判结果。各项参数具体设置如下。
  - 设置【输入栅格】为【水土资源基础.tif】。
  - 设置【重分类字段】为【VALUE】。
  - 点击【分类…】按钮，显示【分类】对话框。在【分类】下的【方法】中选择【手动】，点击【确定】返回【重分类】对话框。
  - 设置【旧值】中【11－15】、【21－22】为【新值】的【1】。

- 设置【旧值】中【23－24】、【31】为【新值】的【2】。
- 设置【旧值】中【25】、【32－33】、【41】、【51】为【新值】的【3】。
- 设置【旧值】中【34－35】、【42－43】、【52】为【新值】的【4】。
- 设置【旧值】中【44－45】、【53－55】为【新值】的【5】。
- 设置【输出栅格】为【D:\study\chp10\练习数据\城镇建设适宜性评价\双评价过程要素\适宜性评价栅格及其他过程要素\集成评价之初判条件等级\城镇建设条件等级初判.tif】。
- 点击【确定】按钮，开始进行重分类。计算完成后【城镇建设条件等级初判】图层自动加载至左侧【内容列表】面板，对该图层符号化后如图10-42所示。

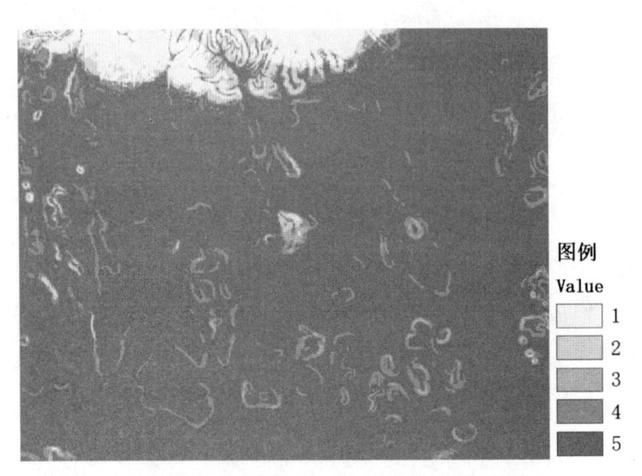

图10-42　城镇建设条件等级初判结果

10.10　集成评价之修正城镇建设条件等级

10.10.1　评价方法

集成评价之修正城镇建设条件等级环节需要以初判结果为基础，分别结合灾害评价、气候评价、环境评价、区位评价等指标对初判结果进行逐步修正，得到城镇建设条件等级的修正结果（以下简称修正结果），各指标修正标准详见表10-46。

城镇建设条件等级初判结果修正标准表　　表10-46

评价因子	评价标准	评价值
地质灾害风险评价	5（极高）	将初判结果调整为1
	4（高）	将初判结果下降2个等级
	3（较高）	将初判结果下降1个等级
	2（较低）、1（低）	维持初判结果，不作修正
大气环境容量评价	1（低）	将初判结果下降1个等级
	其他值	维持初判结果，不作修正
水环境容量评价	1（低）	将初判结果下降1个等级
	其他值	维持初判结果，不作修正
舒适度评价	1（很不舒适）	将初判结果下降1个等级
	其他值	维持初判结果，不作修正

续表

评价因子	评价标准	评价值
区位优势度评价	1（差）	将初判结果下降 2 个等级
	2（较差）	将初判结果下降 1 个等级
	5（好）	将初判结果为 4、3、2 的上调 1 个等级
	其他值	维持初判结果，不作修正

资料来源：参考《资源环境承载能力和国土空间开发适宜性评价技术指南（试行）》（2019 年 7 月版）整理。

10.10.2 评价数据

☞ **步骤 1：查看基础数据。**

➔ 紧接之前步骤，在【内容列表】面板，浏览到图层组【基础数据\修正城镇建设条件等级】，其中列出了本次集成评价环节所需基础数据：【灾害评价】、【舒适度评价 .tif】、【大气环境容量评价 .tif】、【水环境容量评价】、【区位优势度评价 .tif】。各基础数据的内容概况详见表 10–47。

集成评价之修正城镇建设条件等级基础数据一览表 表 10–47

集成评价	基础数据	基础数据名称	数据内容概述	数据来源
修正城镇建设条件等级	灾害评价	灾害评价	矢量数据，含有一个主要字段【灾害评价值】	单项评价之灾害评价结果
	气候评价	舒适度评价 .tif	栅格数据，其 VALUE 值为【气候评价值】	单项评价之气候评价结果
	环境评价	大气环境容量评价 .tif	栅格数据，其 VALUE 值为【环境评价值】	单项评价之环境评价结果
		水环境容量评价	矢量数据，含有一个主要字段【水环境容量评价值】	
	区位评价	区位优势度评价 .tif	栅格数据，其 VALUE 值为【区位评价值】	单项评价之区位评价结果
	其他数据	实验区范围	本实验区范围矢量数据	通常由地方自然资源部门提供

10.10.3 评价过程

本节实验可分解为三个环节：数据处理、修正城镇建设条件等级和数据准备环节。首先，在数据处理环节中，使用【面转栅格】工具的批处理方法，将单项评价中的水环境容量评价和灾害评价结果转为栅格数据格式；然后在修正城镇建设条件等级环节中，实验使用【栅格计算器】工具，依次结合灾害评价、气候评价、环境评价、区位评价等指标的评价结果对城镇建设条件等级的初判结果进行修正；最后在数据准备环节中利用【栅格转面】工具将最终的修正结果转为矢量数据，为划分适宜性分区备选区提供基础数据。

综上所述，本节实验分为 3 个环节，共需要完成 8 项操作步骤，具体详见表 10–48。

集成评价之修正城镇建设条件等级实验过程概况一览表 表 10–48

实验环节	操作步骤	基础数据	输出结果	涉及模型工具
环节 1：数据处理（转为栅格）	步骤 1：数据处理（转为栅格）	【水环境容量评价】 【灾害评价】	【水环境容量评价 .tif】 【灾害评价 .tif】	【面转栅格】批处理

续表

实验环节	操作步骤	基础数据	输出结果	涉及模型工具
环节2：修正城镇建设条件等级	步骤2：灾害评价修正	【城镇建设条件等级初判.tif】 【灾害评价.tif】	【城镇建设条件等级修正1.tif】	【栅格计算器】
	步骤3：气候评价修正	【城镇建设条件等级修正1.tif】 【舒适度评价.tif】	【城镇建设条件等级修正2.tif】	【栅格计算器】
	步骤4：大气环境容量评价修正	【城镇建设条件等级修正2.tif】 【大气环境容量评价.tif】	【城镇建设条件等级修正3.tif】	【栅格计算器】
	步骤5：水环境容量评价修正	【城镇建设条件等级修正3.tif】 【水环境容量评价.tif】	【城镇建设条件等级修正4.tif】	【栅格计算器】
	步骤6：修正0值和负值	【城镇建设条件等级修正4.tif】	【城镇建设条件等级修正5.tif】	【栅格计算器】
	步骤7：区位评价修正	【城镇建设条件等级修正5.tif】 【区位优势度评价.tif】	【城镇建设条件等级修正6.tif】 【城镇建设条件等级修正7.tif】	【栅格计算器】
环节3：数据准备（转为矢量）	步骤8：数据准备（转为矢量）	【城镇建设条件等级修正7.tif】	【城镇建设条件等级修正7】	【栅格转面】

☞ **步骤1：** 数据处理（转为栅格）。

启动**【面转栅格】**工具的批处理，按表10–49所示设置各项批处理参数并运行工具。

集成评价之初判城镇建设条件等级【面转栅格】工具批处理参数设置表　　表10–49

输入要素	值字段	输出栅格数据集	像元大小	……
【基础数据\修正城镇建设条件等级\水环境容量评价】	【水环境容量评价值】	【D:\study\chp10\练习数据\城镇建设适宜性评价\双评价过程要素\适宜性评价栅格及其他过程要素\集成评价之修正条件等级\水环境容量评价.tif】	10	其他参数保持默认
【基础数据\修正城镇建设条件等级\灾害评价】	【灾害评价值】	【D:\study\chp10\练习数据\城镇建设适宜性评价\双评价过程要素\适宜性评价栅格及其他过程要素\集成评价之修正条件等级\灾害评价.tif】	10	其他参数保持默认

☞ **步骤2：** 灾害评价修正。

➜ 启动【栅格计算器】工具，设置对话框各项参数如下，并运行工具。

➜ 输入如下【地图代数表达式】。

```
Con( "灾害评价.tif" == 5 , 1 , Con( "灾害评价.tif" == 4 , "城镇建设条件等级初判.tif" - 2, Con( "灾害评价.tif" == 3 , "城镇建设条件等级初判.tif" - 1, "城镇建设条件等级初判.tif" )))
```

➜ 设置【输出栅格】为【D:\study\chp10\练习数据\城镇建设适宜性评价\双评价过程要素\适宜性评价栅格及其他过程要素\集成评价之修正条件等级\城镇建设条件等级修正1.tif】。

☞ **步骤3：** 气候评价修正。

➜ 启动【栅格计算器】工具，设置对话框各项参数如下，并运行工具。

- 输入如下【地图代数表达式】。

```
Con( “基础数据 \ 修正城镇建设条件等级 \ 舒适度评价 .tif” == 1 , “城镇建设条件等级修正 1.tif” - 1 , “城镇建设条件等级修正 1.tif” )
```

- 设置【输出栅格】为【D:\study\chp10\ 练习数据 \ 城镇建设适宜性评价 \ 双评价过程要素 \ 适宜性评价栅格及其他过程要素 \ 集成评价之修正条件等级 \ 城镇建设条件等级修正 2.tif】。

☞ **步骤 4：** 环境评价修正之大气环境容量评价修正。

- 启动【栅格计算器】工具，设置对话框各项参数如下，并运行工具。
  - 输入如下【地图代数表达式】。

```
Con( “基础数据 \ 修正城镇建设条件等级 \ 大气环境容量评价 .tif” == 1 , “城镇建设条件等级修正 2.tif” - 1 , “城镇建设条件等级修正 2.tif” )
```

  - 设置【输出栅格】为【D:\study\chp10\ 练习数据 \ 城镇建设适宜性评价 \ 双评价过程要素 \ 适宜性评价栅格及其他过程要素 \ 集成评价之修正条件等级 \ 城镇建设条件等级修正 3.tif】。

☞ **步骤 5：** 环境评价修正之水环境容量评价修正。

- 启动【栅格计算器】工具，设置对话框各项参数如下，并运行工具。
  - 输入如下【地图代数表达式】。

```
Con( “水环境容量评价 .tif” == 1 , “城镇建设条件等级修正 3.tif” - 1 , “城镇建设条件等级修正 3.tif” )
```

  - 设置【输出栅格】为【D:\study\chp10\ 练习数据 \ 城镇建设适宜性评价 \ 双评价过程要素 \ 适宜性评价栅格及其他过程要素 \ 集成评价之修正条件等级 \ 城镇建设条件等级修正 4.tif】。

☞ **步骤 6：** 修正 0 值和负值。

- 经过以上几轮修正后，初评结果可能出现小于等于 0 的值，为了满足下一步骤（区位评价修正）的需要，这里进行一次计算，将小于等于 0 的值修正为 1。启动【栅格计算器】工具，设置对话框各项参数如下，并运行工具。
  - 输入如下【地图代数表达式】，修正初评结果中小于等于 0 的值。

```
Con( “城镇建设条件等级修正 4.tif “ < 1 , 1 , “城镇建设条件等级修正 4.tif “)
```

  - 设置【输出栅格】为【D:\study\chp10\ 练习数据 \ 城镇建设适宜性评价 \ 双评价过程要素 \ 适宜性评价栅格及其他过程要素 \ 集成评价之修正条件等级 \ 城镇建设条件等级修正 5.tif】。

☞ **步骤 7：** 区位评价修正。

- 启动【栅格计算器】工具，设置对话框各项参数如下，并运行工具。
  - 输入如下【地图代数表达式】。

```
Con( “基础数据 / 修正城镇建设条件等级 / 区位优势度评价 .tif” == 1,” 城镇建设条件等级修正 5.tif” - 2,Con( “基础数据 / 修正城镇建设条件等级 / 区位优势度评价 .tif” == 2,” 城镇建设条件等级修正 5.tif” - 1,Con((“基础数据 / 修正城镇建设条件等级 / 区位优势度评价 .tif” == 5 )& “( 城镇建设条件等级修正 5.tif”>1,)” 城镇建设条件等级修正 5.tif” + 1,” 城镇建设条件等级修正 5.tif” )))
```

  - 设置【输出栅格】为【D:\study\chp10\ 练习数据 \ 城镇建设适宜性评价 \ 双评价过程要素 \ 适宜性评价栅格及其他过程要素 \ 集成评价之修正条件等级 \ 城镇建设条件等级修正 6.tif】。
- 修正可能存在的大于 5 或小于 1 的值。经过上一步修正后，计算结果可能出现大于 5 或小于 1 的值，必须进行修正。启动【栅格计算器】工具，设置对话框各项参数如下，并运行工具。
  - 输入如下【地图代数表达式】。

```
Con( “城镇建设条件等级修正 6.tif” >5,5,Con( “城镇建设条件等级修正 6.tif” < 1,1, “城镇建设条件等级修正 6.tif” ))
```

  - 设置【输出栅格】为【D:\study\chp10\ 练习数据 \ 城镇建设适宜性评价 \ 双评价过程要素 \ 适宜性评价栅格及其他过程要素 \ 集成评价之修正条件等级 \ 城镇建设条件等级修正 7.tif】。

- 点击【确定】进行栅格计算。计算完成后对结果进行符号化后显示如图 10-43 所示。

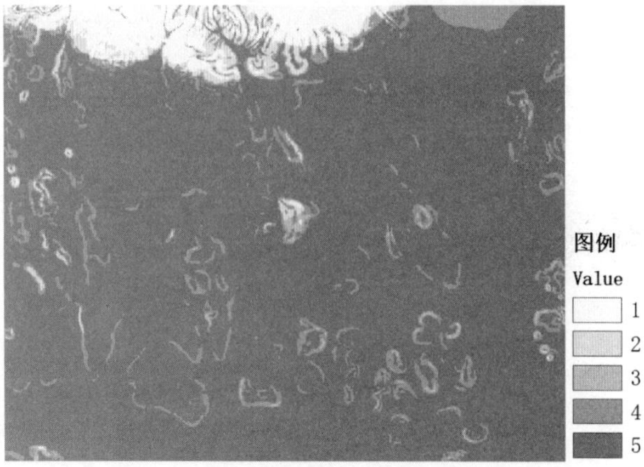

图 10-43　城镇建设条件等级修正 7 结果

☞ **步骤 8**：数据准备（转为矢量）。

由于划分城镇建设适宜性分区需要以对矢量数据进行聚合操作，因此需要将城镇建设条件等级的初判结果转为矢量数据，具体操作如下。

- 启动【栅格转面】工具，设置对话框各项参数如下。
  - 设置【输入栅格】为【城镇建设条件等级修正 7.tif】。
  - 设置【字段（可选）】为【VALUE】。
  - 设置【输出面要素】为【D:\study\chp10\ 练习数据 \ 城镇建设适宜性评价 \ 双评价过程要素 \ 适宜性评价矢量过程要素 .mdb\ 集成评价之修正条件等级 \ 城镇建设条件等级修正 7】。
  - 取消【简化面（可选）】及【创建多部件要素（可选）】。
  - 其他参数保持默认，点击【确定】进行栅格转面操作。计算完成后会在左侧内容列表面板自动加载计算结果图层。

10.11　集成评价之划分城镇建设适宜性分区

10.11.1　评价方法

在修正城镇建设条件等级之后，还需要结合地块集中连片度来划分城镇建设适宜性分区。地块集中连片度是用来刻画地块集中连片程度的指标，通常适于城镇建设的连片地块需要满足最小地块面积的要求。即使是前述条件都适宜建设的地块，但地块集中连片度很低，也不适宜建设。在进行完初判和修正城镇建设条件等级两个环节之后，本节实验将结合地块集中连片度来划分出三大适宜性分区。

总体而言，地块集中连片度修正环节需要实现以下几种情况。

1. 识别出适宜区

真正的适宜区应该是适宜性等级和地块集中连片度都满足的地块，因此这部分用地也需要通过地块集中连片度计算来识别，即通过对适宜区备选区进行聚合，识别出其中地块集中连片度为高的地块，划入适宜区。

2. 识别出不适宜区

真正的不适宜区由两部分构成：一是不适宜备选区，主要为经过单项评价和两轮集成评价之后城镇建设条件等级为低的地块；二是适宜和一般适宜区备选区中地块集中连片度为低的地块，这部分用地的适宜性等级需要通过地块集中连片度修正这个环节来进行修正，将其适宜性等级修正为不适宜。

具体场景：某些山体的顶部区域存在部分地势平坦的用地图斑，这些用地经过以上单项评价和集成评价的环节后一般会被纳入适宜区备选区或一般适宜区备选区。根据当下生态优先的发展理念，这些用地应该被划入不适宜区，与周边山体、林地等生态区域进行整体保护，因此需要通过地块集中连片度修正来将这些用地的适宜性等级修正为低。

3. 识别出一般适宜区

将以上两部分区域从评价范围中剔除后，余下部分即为一般适宜区。

为了达成前两种情况的修正目的，必须合理设置地块集中连片度指标的评价阈值，确保希望降级的地块其地块集中连片度能被评价为低，或者不希望降级的地块的地块集中连片度不被评价为低。

根据以上评价思路，本节实验计划如下（图 10-44）。

首先基于修正后的条件等级，划分出城镇建设适宜区备选区、适宜和一般适宜备选区、不适宜区备选区；然后通过聚合的方法，计算前两类备选区的地块集中连片度；接着将地块集中连片度回连到前两类备选区，结合地块集中连片度修正这两类备选区的适宜性等级；最后结合修正后的适宜性等级，划分出城镇建设的三大适宜性分区。

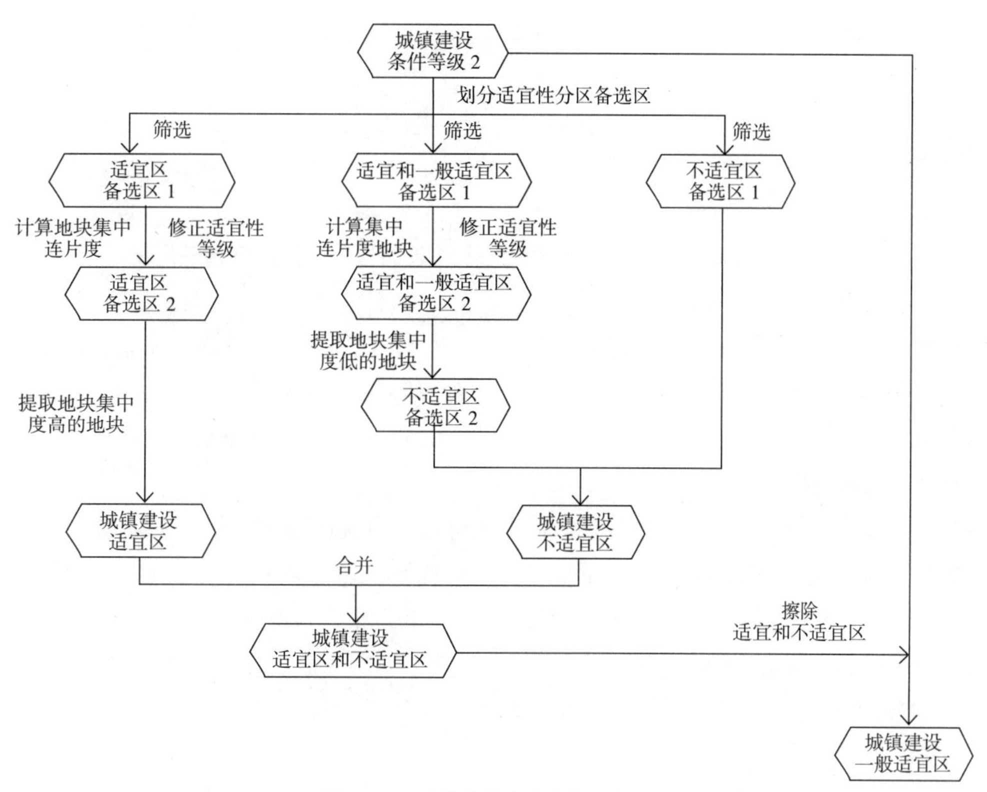

图 10-44　地块集中连片度修正流程

本节实验采用的评价分级阈值详见表 10-50 ～表 10-53。

城镇建设适宜性备选区划分标准表　　表 10-50

评价因子	评价标准	备选区划分
城镇建设条件等级修正评价	5（高）、4（较高）	适宜区备选区
	5（高）、4（较高）、3（一般）、2（较低）	适宜和一般适宜区备选区
	1（低）	不适宜区备选区

聚合面聚合距离参考阈值表　　表 10–51

聚合距离	20m

地块集中连片度评价参考阈值表　　表 10–52

地块面积（hm^2）	＜ 1 hm^2	1 ～ 5 hm^2	≥ 5 hm^2
地块集中连片度	1（低）	2（中）	3（高）

用地块集中连片度修正各类备选区适宜性等级的判别矩阵　　表 10–53

适宜性分区备选区	地块集中连片度		
	3（高）	2（中）	1（低）
适宜区备选区	3（适宜区）	—	—
适宜和一般适宜区备选区	—	—	1（不适宜区）
不适宜区备选区	1（不适宜区）	1（不适宜区）	1（不适宜区）

注：除去适宜区和不适宜区后，剩下的均为一般适宜区。

10.11.2　评价过程

根据评价方法，本节实验计划可分为以下三个环节。

首先是划分适宜性分区备选区环节。该环节需要利用【计算字段】工具计算各图斑的适宜性等级，并利用【筛选】工具筛选出城镇建设的三类备选区。

其次是地块集中连片度修正适宜性等级环节。该环节首先利用【聚合面】工具，对适宜区备选区以及适宜和一般适宜区备选区分别进行聚合，得到两个备选区聚合结果；然后通过【相交】工具将两个备选区的聚合结果分别与对应的备选区进行相交，从而使两个备选区要素得到地块集中连片度值；最后结合地块集中连片度的值对两个备选区的适宜性等级进行修正。

最后是划分三大适宜性分区环节。首先筛选出适宜区备选区中适宜性等级为高的地块，划入适宜区；然后筛选出适宜和一般适宜区备选区中适宜性等级为低的地块，将其与不适宜区备选区合并，得到不适宜区；接着利用【擦除】工具，将适宜区和不适宜区从城镇建设条件等级修正要素中进行擦除，即可得到一般适宜区；最后将三个分区要素合并为一个，得到最终的城镇建设适宜性分区结果。

综上所述，本节实验可分为 3 个环节，需要完成 8 项操作步骤，具体详见表 10–54。

集成评价之划分城镇建设适宜性分区实验过程概况一览表　　表 10–54

实验环节	操作步骤	基础数据	输出结果	涉及模型工具
环节 1：划分三类备选区	步骤 1：划分适宜性分区备选区	【城镇建设条件等级修正 7】	【适宜区备选区】 【适宜和一般适宜区备选区】 【不适宜区备选区】	【添加字段】 【计算字段】 【筛选】批处理
环节 2：地块集中连片度修正适宜性等级	步骤 2：聚合备选区	【适宜区备选区】 【适宜和一般适宜区备选区】	【适宜区备选区聚合】 【适宜和一般适宜区备选区聚合】	【聚合面】批处理
	步骤 3：计算地块集中连 片度	【适宜和一般适宜区备选区聚合】 【适宜区备选区聚合】	【适宜和一般适宜区备选区聚合】（填加了新字段并赋值） 【适宜区备选区聚合】（填加了新字段并赋值）	【添加字段】批处理 【字段计算器】批处理

续表

实验环节	操作步骤	基础数据	输出结果	涉及模型工具
环节 2：地块集中连片度修正适宜性等级	步骤 4：将地块集中连片度回连到备选区	【适宜和一般适宜区备选区】 【适宜和一般适宜区备选区聚合】 【适宜区备选区】 【适宜区备选区聚合】	【适宜区备选区 2】 【适宜和一般适宜区备选区 2】	【相交】批处理
环节 3：划分三大适宜性分区	步骤 :5：划分出适宜区	【适宜区备选区 2】	【适宜区】	【合并】 【添加字段】 【计算字段】
	步骤 6：划分出不适宜区	【适宜和一般适宜区备选区 2】 【不适宜区备选区】	【不适宜区 _ 来自降级】 【不适宜区】	【筛选】 【合并】 【添加字段】 【计算字段】
	步骤 7：划分出一般适宜区	【城镇建设条件等级修正 6】 【适宜区】 【不适宜区】	【适宜区和不适宜区】 【一般适宜区】	【合并】 【擦除】
	步骤 8：合并城镇建设适宜性分区	【适宜区】 【不适宜区】 【一般适宜区】	【城镇建设适宜性分区】	【合并】

紧接之前步骤，继续操作如下。

☞ **步骤 1：**划分适宜性分区备选区。

- 计算适宜性等级。
  - 添加字段。利用【添加字段】工具，输入【城镇建设条件等级修正 7】要素，添加【SHORT】型字段【适宜性等级】。
  - 计算字段值。利用【计算字段】工具，按表 10-55 设置各项参数，并运行工具。

计算适宜性等级【计算字段】工具参数设置表　　表 10-55

输入表	字段名	表达式	表达式类型	代码块

城镇建设条件等级修正 7	适宜性等级	Calculate (!gridcode!)	PYTHON_9.3	def Calculate(x):
				　if x >= 4:
				　　value = 3
				　elif x >= 2:
				　　value = 2
				　else:
				　　value = 1
				　return value

注：【gridcode】字段值即城镇建设条件等级修正值，来自栅格转面。本实验中将【gridcode】字段值大于等于 4 的图斑的适宜性等级赋值为 3，表示适宜性等级为高，将【gridcode】字段值大于等于 2 的图斑的适宜性等级赋值为 2，表示适宜性等级为中，将【gridcode】字段值为 1 的图斑的适宜性等级赋值为 1，表示适宜性等级为低。

- 提取三类适宜性分区备选区。
  - 浏览到【工具箱 \ 系统工具箱 \analysis tools.tbx\ 提取分析 \ 筛选】，启动【筛选】工具的批处理，按表 10-56 设置【筛选】工具批处理界面相关参数，并运行工具。

提取适宜性分区备选区【筛选】批处理参数设置表 表 10-56

输入要素	输出要素类	表达式
城镇建设条件等级修正 7	D:\study\chp10\ 练习数据 \ 城镇建设适宜性评价 \ 双评价过程要素 \ 适宜性评价矢量过程要素 .mdb\ 集成评价之划分适宜性分区 \ 适宜区备选区	[适宜性等级] = 3
城镇建设条件等级修正 7	D:\study\chp10\ 练习数据 \ 城镇建设适宜性评价 \ 双评价过程要素 \ 适宜性评价矢量过程要素 .mdb\ 集成评价之划分适宜性分区 \ 适宜和一般适宜区备选区	[适宜性等级] >=2
城镇建设条件等级修正 7	D:\study\chp10\ 练习数据 \ 城镇建设适宜性评价 \ 双评价过程要素 \ 适宜性评价矢量过程要素 .mdb\ 集成评价之划分适宜性分区 \ 不适宜区备选区	[适宜性等级] = 1

➜ 将筛选的三类备选区结果导入【内容列表】面板，进行符号化后显示如图 10-45 ～图 10-47 所示。

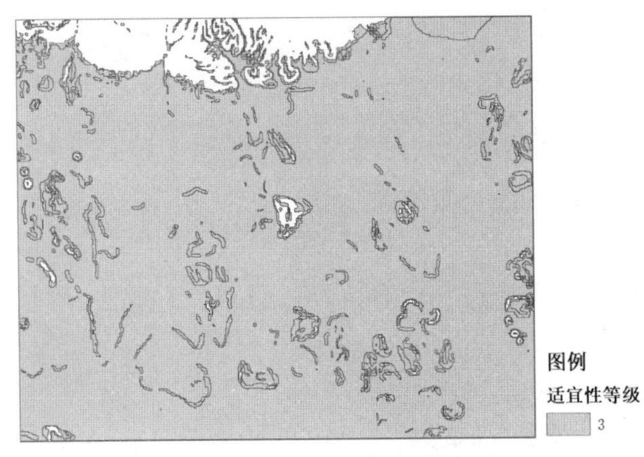

图 10-45 适宜区备选区示意

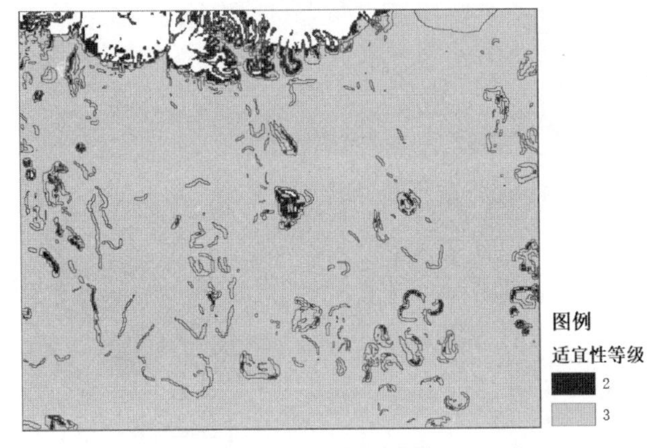

图 10-46 适宜和一般适宜区备选区示意

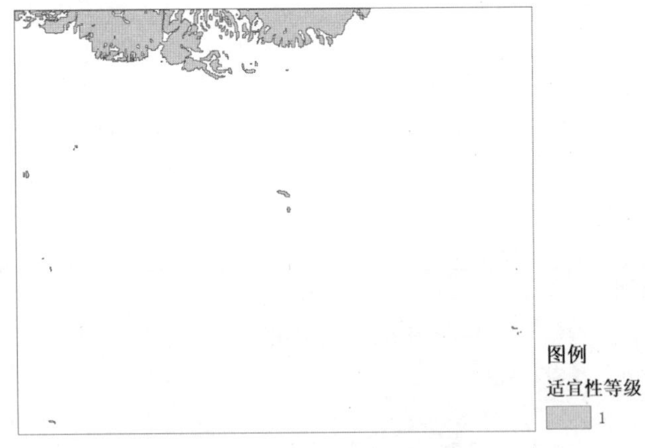

图 10-47 不适宜区备选区示意

☞ **步骤 2:** 聚合备选区。

➜ 聚合两类适宜性分区备选区。

➜ 浏览到【工具箱 \ 系统工具箱 \Cartography Tools.tbx\ 制图综合 \ 聚合面】，启动【聚合面】工具的批处理，按表 10-57 设置【聚合面】工具批处理界面相关参数，并运行工具。

备选区【聚合面】批处理参数设置表　　表 10-57

输入要素	输出要素类	聚合距离	保留正交形状	……
适宜区备选区	D:\study\chp10\练习数据\城镇建设适宜性评价\双评价过程要素\适宜性评价矢量过程要素.mdb\集成评价之划分适宜性分区\适宜区备选区聚合	20 Meters	true	其他参数保持默认
适宜和一般适宜区备选区	D:\study\chp10\练习数据\城镇建设适宜性评价\双评价过程要素\适宜性评价矢量过程要素.mdb\集成评价之划分适宜性分区\适宜和一般适宜区备选区聚合	20 Meters	true	其他参数保持默认

- 将聚合后的结果导入【内容列表】面板，从图 10-48 中可以看到聚合操作将多个靠近的图斑合在了一起。

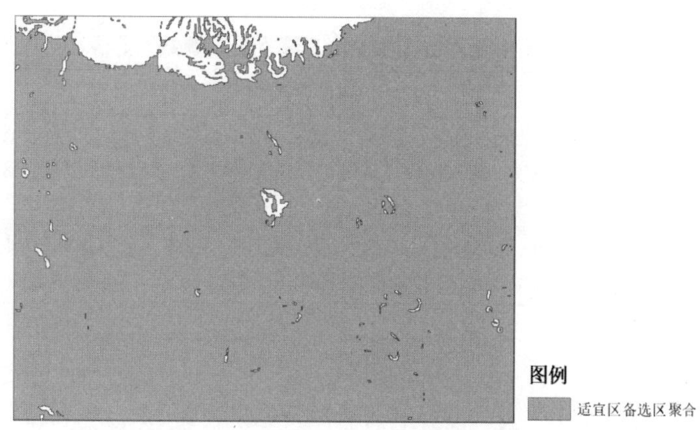

图 10-48　适宜区备选区聚合结果示例

☞ **步骤 3**：计算地块集中连片度。

- 添加字段。启动【添加字段】工具批处理界面，设置对话框参数如表 10-58，并运行工具。

【添加字段】工具批处理参数设置表　　表 10-58

输入表	字段名	字段类型	……
适宜和一般适宜区备选区聚合	地块集中连片度	SHORT	其他参数保持默认
适宜区备选区聚合	地块集中连片度	SHORT	其他参数保持默认

- 计算字段。启动【计算字段】工具批处理界面，设置对话框参数如表 10-59，并运行工具。

【计算字段】工具批处理参数设置表　　表 10-59

输入表	字段名	表达式	表达式类型	代码块

适宜和一般适宜区备选区聚合	地块集中连片度	Calculate(!Shape_Area!)	PYTHON_9.3	def Calculate(x):
				  if x >= 50000:
				    value = 3
				  elif x >= 10000:
				    value = 2
				  else:
				    value = 1
				  return value

续表

输入表	字段名	表达式	表达式类型	代码块

适宜区备选区聚合	地块集中连片度	Calculate (!Shape_Area!)	PYTHON_9.3	def Calculate(x):
				　if x >= 50000:
				　　value = 3
				　elif x >= 10000:
				　　value = 2
				　else:
				　　value = 1
				　return value

☞ **步骤 4:** 将地块集中连片度回连到备选区。

◆ 相交获得地块集中连片度。启动【相交】工具批处理界面，设置对话框参数如表 10-60。

获得地块集中连片度【相交】工具批处理参数设置表　　**表 10-60**

输入要素	输出要素类	……
适宜和一般适宜区备选区 适宜和一般适宜区备选区聚合	D:\study\chp10\ 练习数据 \ 城镇建设适宜性评价 \ 双评价过程要素 \ 适宜性评价矢量过程要素 .mdb\ 集成评价之划分适宜性分区 \ 适宜和一般适宜区备选区 2	其他参数保持默认
适宜区备选区 适宜区备选区聚合	D:\study\chp10\ 练习数据 \ 城镇建设适宜性评价 \ 双评价过程要素 \ 适宜性评价矢量过程要素 .mdb\ 集成评价之划分适宜性分区 \ 适宜区备选区 2	其他参数保持默认

☞ **步骤 5:** 划分出适宜区。

◆ 提取适宜区图斑。启动【筛选】工具，设置对话框各项参数如下。

- 设置【输入要素】为【适宜区备选区 2】。
- 设置【输出要素类】为【D:\study\chp10\ 练习数据 \ 城镇建设适宜性评价 \ 双评价过程要素 \ 适宜性评价矢量过程要素 .mdb\ 集成评价之划分适宜性分区 \ 适宜区】。
- 设置【表达式（可选）】为【[地块集中连片度] = 3】。

◆ 添加并计算所属适宜性分区。

- 打开【适宜区】属性表，添加【文本】型字段【适宜性分区】，利用【字段计算器】工具，将其赋值为【 “适宜区”】。

☞ **步骤 6:** 划分出不适宜区。

根据评价方法，将适宜和一般适宜区备选区地块集中度为低的地块与不适宜区备选区合并，即最后的不适宜区。

◆ 提取出适宜和一般适宜区备选区地块集中度为低的地块。启动【筛选】工具，设置对话框各项参数如下。

- 设置【输入要素】为【适宜和一般适宜备选区 2】。
- 设置【输出要素类】为【D:\study\chp10\ 练习数据 \ 城镇建设适宜性评价 \ 双评价过程要素 \ 适宜性评价矢量过程要素 .mdb\ 集成评价之划分适宜性分区 \ 不适宜区 _ 来自降级】。
- 设置【表达式（可选）】为【[地块集中连片度] = 1】。

◆ 划分不适宜区。启动【工具箱 \ 系统工具箱 \Data Management Tools.tbx\ 常规 \ 合并】工具，设置对话框各项参数如下。

- 设置【输入数据集】为【不适宜区 _ 来自降级】、【不适宜区备选区】。
- 设置【输出数据集】为【D:\study\chp10\ 练习数据 \ 城镇建设适宜性评价 \ 双评价过程要素 \ 适宜性评

价矢量过程要素.mdb\集成评价之划分适宜性分区\不适宜区】。

- 添加并计算所属适宜性分区。打开【不适宜区】属性表，添加【文本】型字段【适宜性分区】，利用【字段计算器】工具，将其赋值为【“不适宜区”】。

☞ **步骤7**：划分出一般适宜区。

通过步骤5和步骤6将实验区的适宜区和一般适宜区划分出来后，剩下的其他区域即为一般适宜区。

- 合并适宜区和不适宜区。启动地理处理界面的【合并】工具，设置对话框各项参数如下。
  - 设置【输入数据集】为【适宜区】、【不适宜区】。
  - 设置【输出数据集】为【D:\study\chp10\练习数据\城镇建设适宜性评价\双评价过程要素\适宜性评价矢量过程要素.mdb\集成评价之划分适宜性分区\适宜区和不适宜区】。
- 划分一般适宜区。浏览到【工具箱\系统工具箱\Analysis Tools.tbx\叠加分析\擦除】，双击该项目，启动工具对话框并设置对话框参数如下。
  - 设置【输入要素】为【城镇建设条件等级修正7】。
  - 设置【擦除要素】为【适宜区和不适宜区】。
  - 设置【输出要素类】为【D:\study\chp10\练习数据\城镇建设适宜性评价\双评价过程要素\适宜性评价矢量过程要素.mdb\集成评价之划分适宜性分区\一般适宜区】。
  - 添加并计算所属适宜性分区。打开【一般适宜区】属性表，添加【文本】型字段【适宜性分区】，利用【字段计算器】工具，将其赋值为【“一般适宜区”】。

☞ **步骤8**：合并城镇建设适宜性分区。

- 启动地理处理界面的【合并】工具，设置对话框各项参数如下。
  - 设置【输入数据集】为【适宜区】、【不适宜区】、【一般适宜区】。
  - 设置【输出数据集】为【D:\study\chp10\练习数据\城镇建设适宜性评价\双评价结果要素\适宜性评价矢量结果要素.mdb\城镇建设适宜性分区】。
  - 计算完成后对【适宜性分区】字段进行符号化，同时叠加【基础数据\其他数据\生态保护极重要区】图层[①]。结果如图10-49所示。

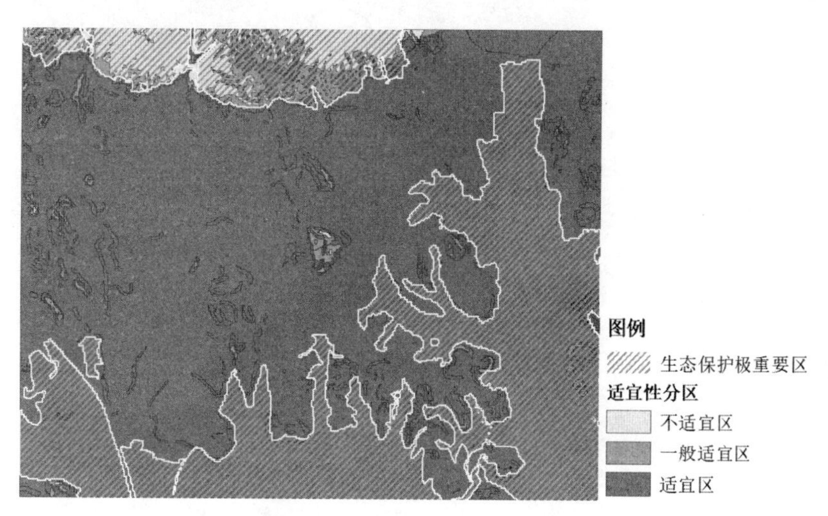

图10-49 城镇建设适宜性评价结果之城镇建设适宜性分区

① 该图层数据源于章节9.7.3生态保护重要性评价结果，提取其中的生态保护极重要区，并进行矢量化后得到。

随书数据的【chp10\练习结果示例\城镇建设适宜性评价\城镇建设适宜性单项评价.mxd】和【chp10\练习结果示例\城镇建设适宜性评价\城镇建设适宜性集成评价.mxd】，示例了本章练习的完整结果。

10.12 本章小结

城镇建设适宜性评价的目的是以资源环境综合条件、区位优势度和地块集中度为基础，识别生态保护极重要区以外的城镇建设适宜区和不适宜区，从而确保城镇开发的科学性。

基于GIS的城镇建设适宜性评价步骤与生态保护重要性评价类似，首先确定评价因子，并构建评价基础数据库；然后依次开展土地资源、水资源、气候、环境、灾害、区位六大要素的单项评价，统一划分级别；最后通过三项集成评价，得到城镇建设适宜区、一般适宜区和不适宜区。其中在进行集成评价中的初判城镇建设条件等级时，需先通过土地资源和水资源的单项评价，计算得到城镇建设的水土资源基础，以此作为初判结果；在进行集成评价的修正城镇建设条件等级时，需基于气候、环境、灾害和区位的单项评价，对初判结果进行逐一修正；最后根据修正后的条件等级，结合地块集中连片度，划分出三大城镇建设适宜性分区。

该评价需要在ArcMap中综合使用许多工具模型来完成，包括重分类、栅格计算器、焦点统计工具等。本章得到的城镇建设适宜性分区结果，也将作为承载规模评价的基础数据，用于后文中的城镇建设承载规模计算。

本章技术汇总表

规划应用汇总	页码	信息技术汇总	页码
土地资源初评	269	重分类（重分类）	270
土地资源初评修正	271	栅格计算器工具	271
水资源评价	273	邻域分析（焦点统计）	272
气候舒适度评价	277	复制要素	275
大气环境容量评价	280	字段工具（添加字段）	275
水环境容量评价	286	字段工具（计算字段）	275
地震危险性分析	293	重分类（批处理）	278
灾害评价	295	局部分析（像元统计数据）	278
区位评价	296	地理处理（融合）	284
城镇建设条件等级初判	303	插值分析（克里金法）	284
修正城镇建设条件等级	306	地理处理（联合）	286
划分城镇建设适宜性分区备选区	310	邻域分析（多环缓冲区）	293
地块集中连片度修正适宜性等级	316	地理处理（相交）	294
划分三大城镇建设适宜性分区	316	添加字段（批处理）	294
		计算字段（批处理）	294
		叠加分析（加权总和）	298
		线密度分析	300
		面转栅格（批处理）	308

续表

规划应用汇总	页码	信息技术汇总	页码
		筛选（批处理）	313
		聚合面（批处理）	314
		相交（批处理）	316
		提取分析（筛选）	316
		地理处理（合并）	317
		叠加分析（擦除）	317

第11章　农业生产适宜性评价

本章将以“双评价”中的农业生产适宜性评价实验为例，介绍利用GIS平台进行农业生产适宜性评价的基本方法。

“农业生产适宜性”指国土空间中进行农业生产活动的适宜程度。“农业生产适宜性评价”指在生态保护极重要区以外的区域，开展种植业、畜牧业、渔业等农业生产适宜性评价，识别农业生产适宜区和不适宜区。由于实验区以种植业为主，没有渔业和畜牧业，因此本次实验以种植业的农业生产适宜性评价为模拟对象（以下农业生产适宜性评价均默认为种植业农业生产适宜性评价）。

农业生产适宜性评价结果一般划分为适宜区、一般适宜区和不适宜区3种类型。通常来说，农业生产适宜区具备承载农业生产活动的资源环境综合条件，且田块集中连片度和耕作便利性优良；农业生产一般适宜区具备一定承载农业生产活动的资源环境综合条件，但田块集中连片度和耕作便利性一般；农业生产不适宜区不具备承载农业生产活动的资源环境综合条件，或田块集中连片度和耕作便利性差。

用ArcMap进行农业生产适宜性评价需要先进行5项单项评价，然后再通过3项集成评价得到最后的评价结果。因此本章将主要演示以下8项实验内容：

- 单项评价之土地资源评价；
- 单项评价之水资源评价；
- 单项评价之气候评价；
- 单项评价之环境评价；
- 单项评价之灾害评价；
- 集成评价之初评农业生产条件等级；
- 集成评价之修正农业生产条件等级；
- 集成评价之划分农业生产适宜性分区。

本章所需基础：

- 读者基本掌握本书第2章所介绍的ArcGIS要素类加载、查看和符号化等基础；
- 读者基本掌握本书第3章所介绍的添加和计算字段等表操作；
- 读者基本掌握本书第9章所介绍的栅格计算器、重分类、插值、焦点统计等栅格分析工具。

11.1　评价方法与流程简介

本次农业生产适宜性评价实验分为单项评价和集成评价两个环节。其中单项评价环节依次开展土地资源、水资源、气候、环境、灾害五大要素的单项评价。集成评价环节依次进行初判农业生产条件等级、修正农业生产条件等级和划分农业生产适宜性分区三项集成评价，通过集成评价将单项评价的结果进行逐步修正，最终得到农业生产适宜区、一般适宜区和不适宜区。农业生产适宜性评价实验流程详见图11-1。

在具体的“双评价”实践过程中，还需要对适宜性分区结果进行专家校验，综合判断评价结果与实际状况的相符性，对明显不符合实际的，应开展必要的现场核查校验与优化。

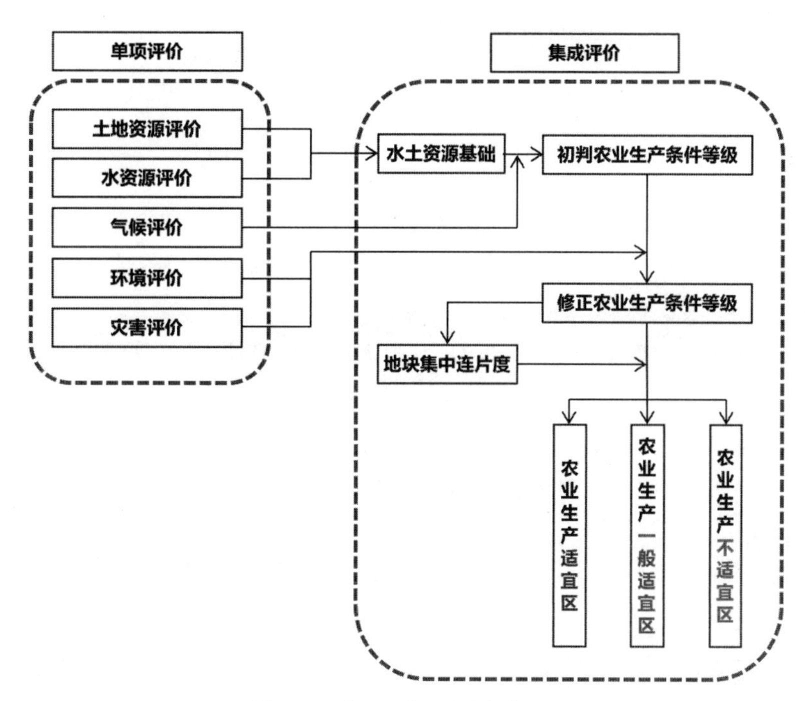

图 11-1 农业生产适宜性评价流程

11.2 实验数据与结果简介

☞ **步骤**：打开地图文档，查看基础数据。

打开随书数据中的地图文档【chp11\练习数据\农业生产适宜性评价\农业生产适宜性评价单项评价.mxd】，在【目录】面板，浏览到图层组【基础数据】，其中按本书章节内容列出了本次农业生产适宜性评价实验所需要用到基础数据。评价数据概要详见表 11-1。

农业生产适宜性评价实验基础数据一览表 **表 11-1**

单项评价	基础数据	基础数据名称	数据内容概述
土地资源评价	地形坡度	地形坡度数据	基于实验区范围高程 DEM 数据进行栅格插值计算得到的 10m 精度的栅格数据
	土壤质地	土壤质地数据	本实验虚构的实验区范围土壤质地数据
水资源评价	水资源	降水观测数据	本实验虚构的实验区外围四处气象站点长时间序列降水观测矢量数据，含 5 个主要字段：编号、年份、月份、日期、全天降雨量
气候评价	活动积温	气温观测数据	本实验虚构的实验区外围四处气象站点长时间序列气温观测矢量数据，含 6 个主要字段：编号、年份、月份、日期、温度、湿度
环境评价	土壤污染	土壤污染调查数据	本实验虚构的实验区外围四处土壤污染状况调查矢量数据，含 6 个主要字段：PH、镉、汞、砷、铬、铅
		土地利用三调地类图斑	本实验虚构的实验区范围第三次全国国土调查矢量数据
灾害评价	洪涝灾害	洪涝灾害易发性分区	本实验虚构的实验区范围洪涝灾害易发性分布矢量数据，含有一个主要字段：【灾害频次】
—	—	实验区范围	本实验区范围矢量数据

11.3 单项评价之土地资源评价

11.3.1 评价方法

农业指向土地资源单项评价首先需要对地形坡度数据进行评价，得到土地资源初评结果；然后结合土壤质地数据对土地资源初评进行修正，得到农业指向的土地资源评价结果。需要注意的是，土地资源单项评价需扣除生态保护极重要区以及河流、湖泊及水库水面区域。

本节实验过程采用的评价分级阈值详见表11–2，其中列出了地形坡度、土壤质地两个评价因子的评价参考阈值。

农业指向土地资源评价参考阈值表 表11–2

评价因子	评价 / 分级阈值	评价值
地形坡度	≤ 2°	5
	2° ~ 6°	4
	6° ~ 15°	3
	15° ~ 25°	2
	> 25°	1
土壤质地	土壤粉砂含量 ≥ 80% 的区域	土地资源评价值取最低值1
	60% ≤粉砂含量 < 80%	将土地资源初评值降1级作为土地资源评价值
	粉砂含量< 60%	取土地资源初评值作为土地资源评价值

资料来源：参考《资源环境承载能力和国土空间开发适宜性评价技术指南（试行）》（2019年7月版）整理。

11.3.2 评价数据

☞ **步骤**：查看基础数据。

- 紧接之前步骤，在【内容列表】面板，浏览到图层组【基础数据 \ 土地资源评价】，其中列出了本次实验所需基础数据：【地形坡度栅格】、【土壤质地数据】。
- 本节实验所需基础数据的内容概况详见表11–3，其中【地形坡度数据】和【土壤质地数据】详见图11–2。

农业指向土地资源评价实验基础数据一览表 表11–3

单项评价	基础数据	基础数据名称	数据内容概述	资料来源
土地资源评价	地形坡度	地形坡度数据	基于实验区范围高程DEM数据进行栅格插值计算得到的10m精度的栅格数据	通常由地方自然资源部门提供，另外互联网提供免费的30米精度的DEM下载
	土壤质地	土壤质地数据	本实验虚构的实验区范围土壤质地数据，包含两个主要字段【土壤粉砂含量】、【土壤类型】	
	其他数据	实验区范围	本实验区范围矢量数据	

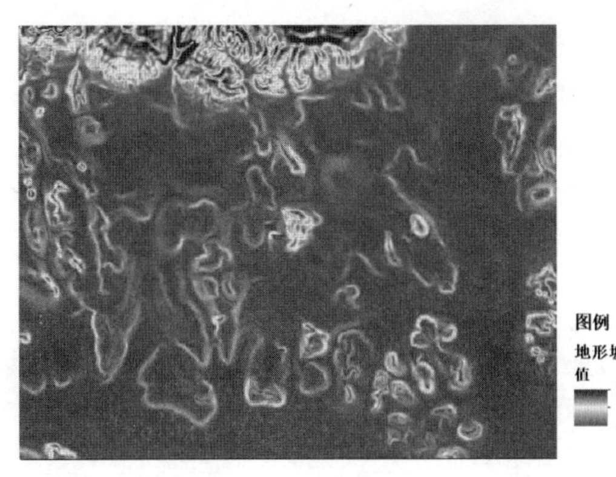
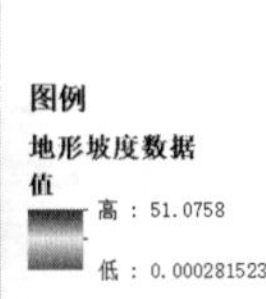

图 11–2　地形坡度栅格和土壤质地数据一览

11.3.3　评价过程

本节实验计划首先使用【重分类】工具对地形坡度数据进行重分类，获得土地资源初评结果；然后利用【栅格转面】工具将上一步结果转为矢量数据备用；最后利用【相交】、【添加字段】、【计算字段】工具，结合土壤质地数据对土地资源初评结果进行修正，从而得到最后的农业指向土地评价结果。

综上所述，本节实验可分解为两个环节，需要完成三项操作步骤，具体详见表 11–4。

农业指向土地资源评价实验过程概况一览表　　表 11–4

实验环节	操作步骤	基础数据	输出结果	涉及模型工具
环节 1：土地资源初评	步骤 1：地形坡度评价	【地形坡度数据】 【实验区范围】	【地形坡度评价 .tif】	【重分类】
环节 2：土地资源初评修正	步骤 2：数据准备（转为矢量）	【地形坡度评价 .tif】	【地形坡度评价】	【栅格转面】
	步骤 3：土壤质地修正初评结果	【地形坡度评价】 【土壤质地数据】	【土地资源评价】	【相交】 【添加字段】 【计算字段】

紧接之前步骤，继续操作如下。

☞ **步骤 1**：地形坡度评价。

- 启动【重分类】工具，对【地形坡度】进行分级评价，设置【重分类】各项参数如下。
  - 设置【输入栅格】为【基础数据 \ 土地资源评价 \ 地形坡度数据】。
  - 设置【重分类字段】为【VALUE】。
  - 参照表 11–2 将各级阈值输入【旧值 – 新值】。
  - 设置【输出栅格】为【D:\study\chp11\ 练习数据 \ 农业生产适宜性评价 \ 双评价过程要素 \ 适宜性评价栅格及其他过程要素 \ 单项评价之土地资源评价 \ 土地资源初评 .tif】。
  - 点击【环境…】按钮，展开【栅格分析】项，设置【掩膜】为【实验区范围】。
  - 点击【确定】按钮，开始进行重分类。计算完成后会在左侧内容列表面板自动加载计算结果图层。

☞ **步骤 2**：数据准备（转为矢量）。

将上一步栅格数据成果转为矢量数据作为下一步基础。

- 启动【栅格转面】工具，设置【栅格转面】对话框各项参数如下。
  - 设置【输入栅格】为【土地资源初评 .tif】。
  - 设置【字段（可选）】为【Value】。

- 设置【输出面要素】为【D:\study\chp11\练习数据\农业生产适宜性评价\双评价过程要素\适宜性评价矢量过程要素.mdb\单项评价之土地资源评价\土地资源初评】。
- 取消【简化面(可选)】。
- 其他参数保持默认，点击【确定】进行栅格转面操作。计算完成后会在左侧内容列表面板自动加载计算结果图层。

☞ **步骤3**：土壤质地修正初评结果。

- 相交获得【土地资源评价】。启动【相交】工具，设置【相交】对话框各项参数如下。
  - 设置【输入要素】为【土地资源初评】、【基础数据\土地资源评价\土壤质地数据】。
  - 设置【输出要素类】为【D:\study\chp11\练习数据\农业生产适宜性评价\双评价过程要素\适宜性评价矢量过程要素.mdb\单项评价之土地资源评价\土地资源评价】。
  - 其他参数保持默认，点击【确定】进行相交操作。计算完成后会在左侧内容列表面板自动加载【土地资源评价】图层。
- 利用土壤质地修正初评。
  - 添加字段。启动【添加字段】工具，输入上一步结果【土地资源评价】，添加短整型字段【土地资源评价值】。
  - 计算字段。右键单击【土地资源评价值】字段启动【字段计算器】工具，设置解析程序设置为Python，然后勾选【显示代码块】，在新弹出的【预逻辑脚本代码】栏中输入以下代码。

```
def Calculate(TerrainSlopeEva , SiltContent):
  global value
  if SiltContent <= 0.6:
    value = TerrainSlopeEva
  elif SiltContent <= 0.8:
    value = TerrainSlopeEva - 1
  else:
    value = 1
  return max(value,1)
```

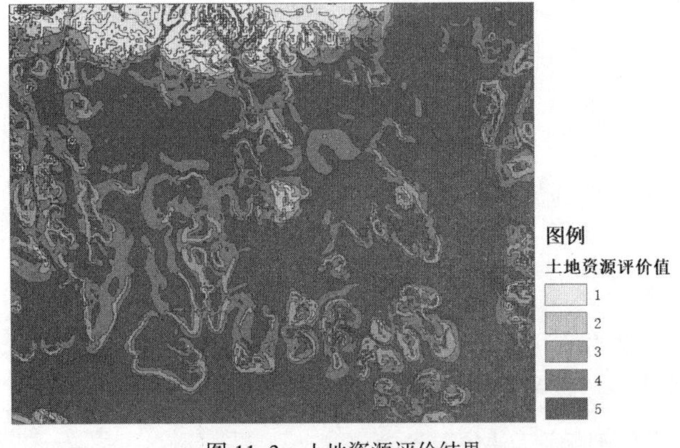

图 11-3　土地资源评价结果

  - 在【土地资源评价值=】栏中输入【Calculate(!gridcode!,!土壤粉砂含量!)】后，点击【确定】关闭【字段计算器】界面，完成对土地资源评价值的计算。根据【土地资源评价值】字段对【土地资源评价】图层做类别符号化后结果如图11-3所示。

11.4　单项评价之水资源评价

11.4.1　评价方法

农业指向水资源单项评价首先需要基于区域内及邻近地区气象站点长时间序列降水观测资料，通过空间插值得到实验区格网尺度的多年平均降水量分布数据，然后对多年平均降水量指标进行分级评价，得到农业指向水资源评价结果。

本节实验过程采用的评价分级阈值详见表11-5，其中列出了多年平均降水量评价因子的评价参考阈值。

农业指向水资源评价标准表　　　　**表 11–5**

评价因子	分级 / 评价阈值	评价值	评价因子	分级 / 评价阈值	评价值
多年平均降水量	＜ 200 mm	1（差，干旱）	多年平均降水量	800 ～ 1200 mm	4（较好，湿润）
	200 ～ 400 mm	2（较差，半干旱）		≥ 1200 mm	5（好，很湿润）
	400 ～ 800 mm	3（一般，半湿润）			

资料来源：参考《资源环境承载能力和国土空间开发适宜性评价技术指南（试行）》（2019 年 7 月版）整理。

11.4.2　评价数据

☞ **步骤 1：** 查看基础数据。

- 在【内容列表】面板，浏览到图层组【基础数据 \ 水资源评价】，其中列出了本次实验所需基础数据：【降水观测数据】。
- 本节实验所需基础数据的内容概况详见表 11–6，其中【降水观测数据】如图 11–4 所示。

农业生产适宜性评价实验基础数据一览表　　　　**表 11–6**

单项评价	基础数据	基础数据名称	数据内容概述
水资源评价	水资源	降水观测数据	本实验虚构的实验区外围四处气象站点长时间序列降水观测矢量数据，含 5 个主要字段：编号、年份、月份、日期、全天降雨量
	其他数据	实验区范围	本实验区范围矢量数据

- 【降水观测数据】提供了实验区外围虚构的四处气象观测站过去数年逐日记录的降水数据。图 11–4 中的四个点的位置为虚构的四处气象观测站所在位置。每个点位均由多个矢量点叠加而成，每个矢量点均为一条降水观测数据，包括观测点的编号（区站号）、年份、月份、日期、全天降雨量等数据。

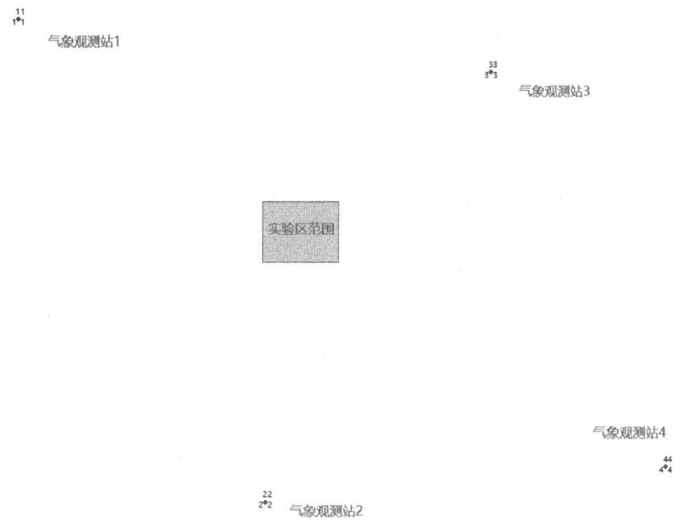

图 11–4　【降水观测数据】一览

11.4.3　评价过程

根据评价方法，本节实验计划首先使用【融合】工具通过两次计算得到多年平均降水量；然后利用【克里金法】工具进行插值，得到实验区格网尺度的多年平均降水量分布；最后利用【重分类】工具进行分级评价，得到水资源评价结果。

综上所述，本节实验需要完成三项操作步骤，具体详见表 11–7。

农业指向水资源评价实验过程概况一览表　　表 11–7

实验环节	操作步骤	基础数据	输出结果	涉及模型工具
环节：水资源评价	步骤 1：计算多年平均降水量	【降水观测数据】	【多年逐年总降水量】【多年平均降水量】	【融合】
	步骤 2：计算实验区格网尺度的多年平均降水量分布	【多年平均降水量】	【多年平均降水量插值 .tif】	【克里金法】
	步骤 3：水资源评价	【多年平均降水量插值 .tif】	【水资源评价 .tif】	【重分类】

紧接上一小节打开地图文档步骤，继续操作如下。

☞ **步骤 1：** 计算多年平均降水量。

- 计算多年逐年总降水量。在【目录】面板中，浏览到【工具箱\系统工具箱\Data Management Tools.tbx\制图综合\融合】，或者点击菜单【地理处理】→【融合】，双击该项打开该工具，设置【融合】对话框各项参数如下。
  - 设置【输入要素】为【基础数据\水资源评价\降水观测数据】。
  - 设置【输出要素类】为【D:\study\chp11\练习数据\农业生产适宜性评价\双评价过程要素\适宜性评价矢量过程要素.mdb\单项评价之水资源评价\多年逐年总降水量】。
  - 在【融合_字段（可选）】中勾选【编号】、【年份】。
  - 设置【统计字段（可选）】为【全天降水量】两个字段。
  - 设置【全天降水量】字段的统计类型为【SUM】。
  - 其他参数保持默认，点击【确定】开始进行融合计算。计算完成后会在左侧内容列表面板自动加载【多年逐年总降水量】图层。
- 计算多年平均降水量。再次启动【融合】工具，设置【融合】对话框各项参数如下。
  - 设置【输入要素】为【多年逐年总降水量】。
  - 设置【输出要素类】为【D:\study\chp11\练习数据\农业生产适宜性评价\双评价过程要素\适宜性评价矢量过程要素.mdb\单项评价之水资源评价\多年平均降水量】。
  - 在【融合_字段（可选）】中勾选【编号】。
  - 设置【统计字段（可选）】为【SUM_全天降水量】字段，设置其统计类型为【MEAN】。
  - 其他参数保持默认，点击【确定】开始进行融合计算。计算完成后会在左侧内容列表面板自动加载【多年平均降水量】图层。

☞ **步骤 2：** 计算实验区格网尺度的多年平均降水量分布。

- 启动【克里金法】工具，设置【克里金法】对话框各项参数如下。
  - 设置【输入点要素】为【多年平均降水量】。
  - 设置【Z 值字段】为【MEAN_SUM_全天降水量】。
  - 设置【输出栅格】为【D:\study\chp11\练习数据\农业生产适宜性评价\双评价过程要素\适宜性评价栅格及其他过程要素\单项评价之水资源评价\多年平均降水量插值.tif】。

- 设置【输出像元大小(可选)】为【10】。
- 点击【环境…】按钮，展开【栅格分析】项，设置【掩膜】为【实验区范围】。
- 点击【确定】按钮，开始进行空间插值。计算完成后左侧内容面板会自动加载计算结果。

☞ **步骤 3**: 水资源评价。

- 启动【重分类】工具，如图 11–5 所示设置各项参数，并运行工具。

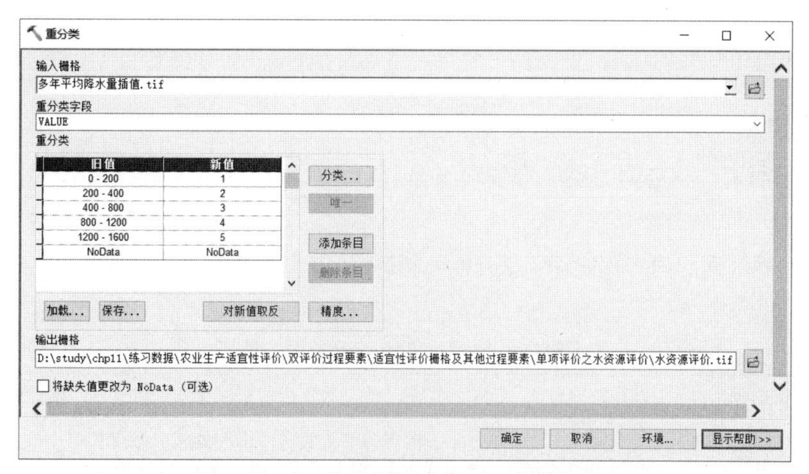

图 11–5　农业指向水资源评价【重分类】界面

- 计算完成后左侧内容面板会自动加载计算结果【水资源评价 .tif】，从评价结果可知，实验区范围农业供水条件均属于“很湿润”等级。对该图层符号化后的结果如图 11–6 所示。

图 11–6　水资源评价结果

11.5　单项评价之气候评价

11.5.1　评价方法

农业指向气候单项评价首先需要基于区域内及邻近地区气象站点长时间序列气温观测资料，统计各气象台站年平均≥ 0℃的活动积温，进行空间插值；然后结合海拔校正后（以海拔高度每上升 100m 气温降低 0.6℃的温度递减率为依据）得到实验区格网尺度的活动积温分布；最后对活动积温进行分级评价得到农业指向气候评价结果。

本节实验过程采用的评价分级阈值详见表 11–8，其中列出了活动积温评价因子的评价参考阈值。

活动积温分级参考阈值表 表 11-8

评价因子	分级 / 评价阈值	评价值	评价因子	分级 / 评价阈值	评价值
活动积温	≥ 7600℃	5（好）	活动积温	1500 ～ 4000℃	2（较差）
	5800 ～ 7600℃	4（较好）		＜ 1500℃	1（差）
	4000 ～ 5800℃	3（一般）			

资料来源：参考《资源环境承载能力和国土空间开发适宜性评价技术指南（试行）》（2019 年 7 月版）整理。

11.5.2 评价数据

☞ **步骤：**查看基础数据。

- 在【内容列表】面板，浏览到图层组【基础数据 \ 气候评价】，其中列出了本次实验所需基础数据：【气候观测数据】。
- 本节实验所需基础数据的内容概况详见表 11-9，其中【气温观测数据】详见图 11-7。

农业指向气候评价实验基础数据一览表 表 11-9

单项评价	基础数据	基础数据名称	数据内容概述	数据来源
气候评价	多年平均温度	气温观测数据	本实验虚构的实验区外围四处气象站点长时间序列气温观测矢量数据，含 6 个主要字段：编号、年份、月份、日期、平均温度	通常来自地方气象部门
	其他数据	实验区范围	本实验区范围矢量数据	

- 【气候观测数据】提供了实验区外围虚构的四处气象观测站过去数年逐日记录的温度数据。图 11-7 中的四个点的位置为虚构的四处气象观测站所在位置。每个点位均由多个矢量点叠加而成，每个矢量点均为一条气候观测数据，包括观测点的编号（区站号）、年份、月份、日期、平均温度等数据。

图 11-7 【气温观测数据】一览

11.5.3 评价过程

本节实验首先利用【复制要素】工具，将评价基础数据复制到评价过程数据库；然后使用【融合】工具来统计活动积温；接着通过【克里金法】工具进行插值，得到实验区格网尺度的活动积温插值；最后利用【重分类】

工具来对活动积温进行分级评价，得到农业指向的气候评价结果。由于实验区海拔较低，实验过程中略去了海拔修正环节，具体评价过程还需要结合评价对象的具体地形特定利用海拔高程数据来对活动积温进行一定的修正。

综上所述，本节实验可分解为三个环节，需要进行四项操作，具体步骤详见表 11–10。

农业指向气候评价实验过程概况一览表　　表 11–10

实验环节	操作步骤	基础数据	输出结果	涉及模型工具
环节 1：统计活动积温	步骤 1：复制原始数据	【气温观测数据】	【气温观测数据】	【复制要素】
	步骤 2：统计活动积温	【气温观测数据】	【多年年度活动积温】 【多年平均活动积温】	【融合】
环节 2：计算实验区格网尺度的活动积温分布	步骤 3：计算实验区格网尺度的活动积温分布	【多年平均活动积温】	【多年平均活动积温插值 .tif】	【克里金法】
环节 3：气候评价	步骤 4：气候评价	【多年平均活动积温插值 .tif】	【气候评价 .tif】	【重分类】

下面紧接上一小节打开地图文档步骤，继续操作如下。

☞ **步骤 1**：复制原始要素。

- 启动【复制要素】工具，设置对话框各项参数如下。
  - 设置【输入数据】为【气温观测数据】。
  - 设置【输出数据】为【D:\study\chp11\ 练习数据 \ 农业生产适宜性评价 \ 双评价过程要素 \ 适宜性评价矢量过程要素 .mdb\ 单项评价之气候评价 \ 气温观测数据】。
  - 点击【确定】按钮，开始进行复制。

☞ **步骤 2**：统计活动积温。

- 识别大于等于 0 的活动积温日。打开上一步结果【气温观测数据】属性表，添加短整型字段【活动积温日】和浮点型字段【活动积温】。
- 计算活动积温。
  - 首先利用【按属性选择】工具选择【[平均气温] >=0】的要素，再利用【字段计算器】工具，将这些要素的【活动积温日】赋值为 1。
  - 紧接上一步，利用对话框界面的【切换选择】工具，选择【[平均气温] <0】的要素，然后利用【字段计算器】工具，将这些要素的【活动积温日】赋值为 0。计算完成后单击【清除所选内容】工具。
  - 紧接上一步，利用【字段计算器】工具，将【活动积温】字段赋值为【[活动积温日] * [平均气温]】。
- 统计多年年度活动积温。启动【融合】工具，设置对话框各项参数如下。
  - 设置【输入要素】为【气温观测数据】。
  - 设置【输出要素类】为【D:\study\chp11\ 练习数据 \ 农业生产适宜性评价 \ 双评价过程要素 \ 适宜性评价矢量过程要素 .mdb\ 单项评价之气候评价 \ 多年年度活动积温】。
  - 在【融合 _ 字段（可选）】中勾选【编号】、【年份】。
  - 设置【统计字段（可选）】为【活动积温】两个字段。
  - 设置【活动积温】字段的统计类型为【SUM】。
  - 其他参数保持默认，点击【确定】开始进行融合计算。计算完成后会在左侧内容列表面板自动加载计算结果图层。
- 计算多年平均活动积温。再次启动【融合】工具，设置对话框各项参数如下。
  - 设置【输入要素】为【多年年度活动积温】。

- 设置【输出要素类】为【D:\study\chp11\练习数据\农业生产适宜性评价\双评价过程要素\适宜性评价矢量过程要素.mdb\单项评价之气候评价\多年平均活动积温】。
- 在【融合_字段（可选）】中勾选【编号】。
- 设置【统计字段（可选）】为【SUM_活动积温】字段。
- 设置【SUM_活动积温】字段的统计类型为【MEAN】。
- 其他参数保持默认，点击【确定】开始进行融合计算。计算完成后会在左侧内容列表面板自动加载计算结果图层。

☞ **步骤 3：**计算实验区格网尺度的活动积温分布。

- 对活动积温点进行空间插值。利用【克里金法】工具对上一步骤结果进行插值，得到实验区格网尺度的活动积温插值。本步骤主要参数设置如下。
  - 设置【输入点要素】为【多年平均活动积温】。
  - 设置【Z 值字段】为【MEAN_SUM_活动积温】。
  - 设置【输出栅格】为【D:\study\chp11\练习数据\农业生产适宜性评价\双评价过程要素\适宜性评价栅格及其他过程要素\单项评价之气候评价\多年平均活动积温插值.tif】。
  - 设置【输出像元大小（可选）】为【10】。
  - 点击【环境…】按钮，展开【栅格分析】项，设置【掩膜】为【实验区范围】。
  - 点击【确定】按钮，开始进行空间插值。

☞ **步骤 4：**气候评价。

- 启动【重分类】工具，如图 11-8 所示设置各项参数，并运行工具。对评价结果进行符号化如图 11-9。

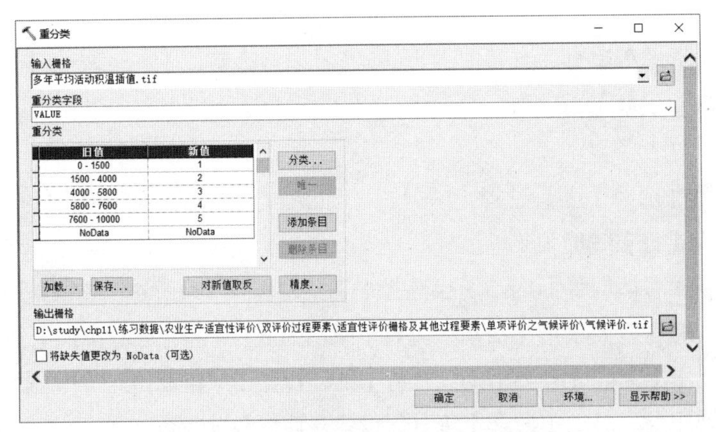

图 11-8　农业指向气候评价【重分类】界面

图 11-9　气候评价结果

11.6 单项评价之环境评价

11.6.1 评价方法

农业指向环境单项评价首先需要整理区域内及周边地区土壤污染状况详细调查等成果，进行各点位主要污染物含量分析，通过空间插值得到土壤污染物含量分布图层。依据《土壤环境质量农用地土壤污染风险管控标准（试行）》（GB 15618-2018）（以下简称《土壤污染风险管控标准》），当土壤中污染物含量低于或等于风险筛选值、大于风险筛选值但小于等于风险管制值、大于风险管制值时，将土壤环境容量相应划分为高、中、低 3 个等级，得到土壤环境容量条件评价结果。

本节实验过程采用的评价分级阈值主要依据《土壤污染风险管控标准》进行确定。

知识点：农用地土壤污染风险筛选值和农用地土壤污染风险管制值

（1）农用地土壤污染风险筛选值

农用地土壤污染风险筛选值指农用地土壤中污染物含量等于或者低于该值的，对农产品质量安全、农作物生长或土壤生态环境的风险低，一般情况下可以不予考虑；超过该值的，对农产品质量安全、农作物生长或土壤生态环境可能存在风险，应当加强土壤环境监测和农产品协同监测，原则上应当采取安全利用措施。风险筛选值见表 11-11。

农用地土壤污染风险筛选值（基本项目）（单位：mg/kg） **表 11-11**

序号	污染物项目		风险筛选值			
			pH ≤ 5.5	5.5 < pH ≤ 6.5	6.5 < pH ≤ 7.5	pH > 7.5
1	镉	水田	0.3	0.4	0.6	0.8
		其他	0.3	0.3	0.3	0.6
2	汞	水田	0.5	0.5	0.6	1
		其他	1.3	1.8	2.4	3.4
3	砷	水田	30	30	25	20
		其他	40	40	30	25
4	铅	水田	80	100	140	240
		其他	70	90	120	170
5	铬	水田	250	250	300	350
		其他	150	150	200	250
6	铜	果园	150	150	200	200
		其他	50	50	100	100
7	镍		60	70	100	190
8	锌		200	200	250	300

注：①重金属和类金属砷均按元素总量计；②对于水旱轮作地，采用其中较严格的风险筛选值。

资料来源：引自《土壤环境质量农用地土壤污染风险管控标准（试行）》（GB 15618—2018）

（2）农用地土壤污染风险管制值

农用地土壤污染风险管制值指农用地土壤中污染物含量超过该值的，食用农产品不符合质量安全标准等农用地土壤污染风险高，原则上应当采取严格管控措施。农用地土壤污染风险筛选值的基本项目为必测项目，包括镉、汞、砷、铅、铬、铜、镍、锌，风险管制值见表 11-12。

农用地土壤污染风险管制值（单位：mg/kg） **表 11-12**

污染物项目	风险管制值			
	pH ≤ 5.5	5.5 < pH ≤ 6.5	6.5 < pH ≤ 7.5	pH > 7.5
镉	1.5	2	3	4
汞	2	2.5	4	6
砷	200	150	120	100
铅	400	500	700	1000
铬	800	850	1000	1300

资料来源：引自《土壤环境质量农用地土壤污染风险管控标准（试行）》（GB 15618—2018）

11.6.2 评价数据

☞ **步骤**：查看基础数据。

- 在【内容列表】面板，浏览到图层组【基础数据\环境评价】，其中列出了本次实验所需基础数据：【土壤污染调查数据】、【土地利用三调地类图斑】。
- 本节实验所需基础数据的内容概况详见表 11-13，其中【土壤污染调查数据】和【土地利用三调地类图斑】详见图 11-10、图 11-11。

农业指向气候评价实验基础数据一览表 表 11-13

单项评价	基础数据	基础数据名称	数据内容概述	数据来源
环境评价	土壤污染	土壤污染调查数据	本实验虚构的实验区外围四处土壤污染状况调查矢量数据，含 6 个主要字段：pH、镉、汞、砷、铬、铅	通常来自地方环境部门
		土地利用三调地类图斑	本实验虚构的实验区范围第三次全国国土调查矢量数据，主要含有【地类名称】字段	通常来自地方自然资源部门
	其他数据	实验区范围	本实验区范围矢量数据	

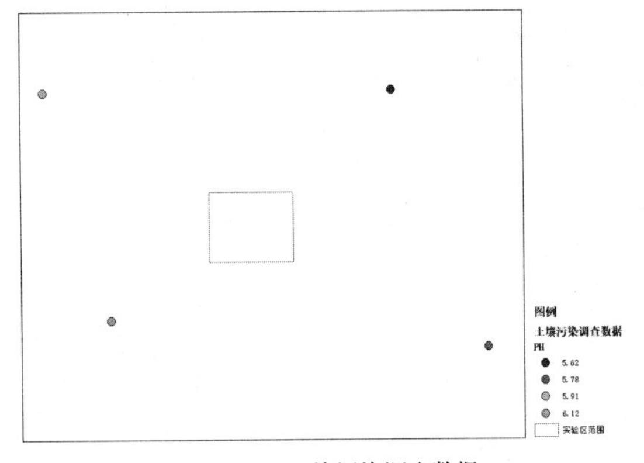

图 11-10 土壤污染调查数据

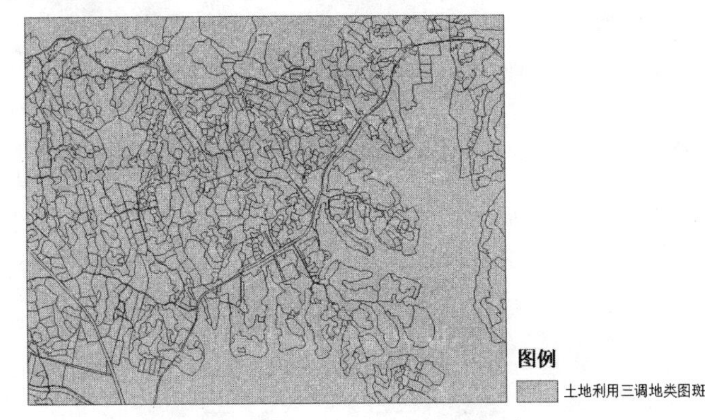

图 11-11 土地利用三调地类图斑

11.6.3 评价过程

根据评价方法，本节实验可分解为三个环节：计算实验区格网尺度的主要污染物含量分布、计算各主要污染物污染风险等级、环境评价。

实验计划首先使用【克里金法】工具批处理方法对各污染含量进行空间插值，得到实验区格网尺度的各污染物含量分布；然后结合各污染物项目的风险值和管控值，利用【重分类】工具对上一步的结果进行重分类赋值；最后采用【面转栅格】的批处理方法将上一步的重分类结果转为矢量。需查阅《土壤污染风险管控标准》中对应 pH 值下的各污染物项目的风险筛选值和风险管制值，将其输入一个新建 Excel 文件；并将【国土三调数据】按水田和非水田进行区分，再通过【字段连接】工具将上一步的 Excel 表连接到【国土三调数据】；最终利用字段计算器工具先对各个污染物含量进行评价，得到各污染物污染风险等级，然后取各污染物污染风险等级值的最低值作为农业指向环境评价的评价值。

综上所述，本节实验需要完成三项环节的六项操作步骤，详见表 11-14。

农业指向环境评价实验过程概况一览表

表 11-14

实验环节	操作步骤	基础数据	输出结果	涉及模型工具
环节 1：计算实验区格网尺度的各污染物含量分布	步骤 1：各污染物空间插值	【土壤污染调查数据】	所有污染项目【X 污染物插值 .tif】	【克里金法】批处理
环节 2：计算各主要污染物污染风险等级	步骤 2：对各污染物空间插值进行重分类	所有污染项目【X 污染物插值 .tif】	所有污染项目【X 污染物插值重分类 .tif】	【重分类】批处理
	步骤 3：将各污染物空间插值重分类结果转为面要素	所有污染项目【X 污染物插值重分类 .tif】	所有污染项目【X 污染物插值重分类】	【栅格转面】批处理 【更改字段】批处理
	步骤 4：新建各污染物风险等级标准评价表格	—	土壤污染风险管控标准 .xls	Excel
	步骤 5：获得评价矢量数据	【土地利用三调地类图斑】 风险值和管控值 .xls	【土地利用三调地类图斑】	【复制要素】 【连接字段】
环节 3：环境评价	步骤 6：环境评价	【土地利用三调地类图斑】 所有污染项目【X 污染物插值重分类】	【环境评价】	【相交】 【添加字段】批处理 【计算字段】批处理

下面紧接上一小节打开地图文档步骤，继续操作如下。

☞ **步骤 1：** 各污染物空间插值。

➜ 启动【克里金法】的批处理界面，输入对话框各项参数如下（表 11-15）。

【克里金法】工具批处理参数设置表

表 11-15

输入点要素	Z 值字段	输出表面栅格	输出像元大小	……
D:\study\chp11\ 练习数据 \ 农业生产适宜性评价 \ 双评价基础要素 \ 适宜性评价矢量基础要素 .mdb\ 环境评价 \ 土壤污染调查数据	镉	D:\study\chp11\ 练习数据 \ 农业生产适宜性评价 \ 双评价过程要素 \ 适宜性评价栅格及其他过程要素 \ 单项评价之环境评价 \ 镉含量插值 .tif	10	其他参数保持默认
……\ 环境评价 \ 土壤污染调查数据	汞	……\ 单项评价之环境评价 \ 汞含量插值 .tif	10	其他参数保持默认
……\ 环境评价 \ 土壤污染调查数据	砷	……\ 单项评价之环境评价 \ 砷含量插值 .tif	10	其他参数保持默认
……\ 环境评价 \ 土壤污染调查数据	铬	……\ 单项评价之环境评价 \ 铬含量插值 .tif	10	其他参数保持默认
……\ 环境评价 \ 土壤污染调查数据	铅	……\ 单项评价之环境评价 \ 铅含量插值 .tif	10	其他参数保持默认

- 设置【环境 \ 栅格分析 \ 掩膜】为【实验区范围】。
- 点击【确定】按钮，开始计算。本节实验中要注意的是【输入点要素】的位置必须是要素的绝对位置，否则会出现“semiVariogram_props 丢失”的错误。
- 计算完成后，通过【添加数据】工具，浏览到计算结果所在文件夹，将计算结果加载到左侧图层面板。

☞ **步骤 2：** 对各污染物空间插值进行重分类。

➜ 启动【重分类】工具的批处理，查阅《土壤污染风险管控标准》中对应 pH 值下的各污染物项目的风险筛选值和风险管制值后，设置各项批处理参数如表 11-16。

【重分类】工具批处理参数表 表 11-16

输入栅格	重分类字段	重分类	输出栅格
D:\study\chp11\ 练习数据 \ 农业生产适宜性评价 \ 双评价过程要素 \ 适宜性评价栅格及其他过程要素 \ 单项评价之环境评价 \ 镉含量插值 .tif	VALUE	0 0.3 5；0.3 0.4 4；0.4 2 3；2 100 1	D:\study\chp11\ 练习数据 \ 农业生产适宜性评价 \ 双评价过程要素 \ 适宜性评价栅格及其他过程要素 \ 单项评价之环境评价 \ 镉含量插值重分类 .tif
……\ 单项评价之环境评价 \ 汞含量插值 .tif	VALUE	0 0.5 5；0.5 1.8 4；1.8 2.5 3；2.5 100 1	……\ 单项评价之环境评价 \ 汞含量插值重分类 .tif
……\ 单项评价之环境评价 \ 砷含量插值 .tif	VALUE	0 30 5；30 40 4；40 150 3；150 1000 1	……\ 单项评价之环境评价 \ 砷含量插值重分类 .tif
……\ 单项评价之环境评价 \ 铅含量插值 .tif	VALUE	0 90 5；90 100 4；100 500 3；500 3000 1	……\ 单项评价之环境评价 \ 铅含量插值重分类 .tif
……\ 单项评价之环境评价 \ 铬含量插值 .tif	VALUE	0 150 5；150 250 4；250 850 3；850 3000 1	……\ 单项评价之环境评价 \ 铬含量插值重分类 .tif

☞ **步骤 3：**将各污染物空间插值重分类结果转为面要素，并添加和计算相关字段。

➜ 栅格转面。启动【栅格转面】工具批处理界面，如表 11-17 所示设置对话框各项参数后运行工具。

【栅格转面】工具批处理参数设置表 表 11-17

输入赋值	输出面要素	简化面	字段
D:\study\chp11\ 练习数据 \ 农业生产适宜性评价 \ 双评价过程要素 \ 适宜性评价栅格及其他过程要素 \ 单项评价之环境评价 \ 镉含量插值重分类 .tif	D:\study\chp11\ 练习数据 \ 农业生产适宜性评价 \ 双评价过程要素 \ 适宜性评价矢量过程要素 .mdb\ 单项评价之环境评价 \ 镉含量插值重分类	False	Value
……\ 单项评价之环境评价 \ 汞含量插值重分类 .tif	……\ 单项评价之环境评价 \ 汞含量插值重分类	False	Value
……\ 单项评价之环境评价 \ 砷含量插值重分类 .tif	……\ 单项评价之环境评价 \ 砷含量插值重分类	False	Value
……\ 单项评价之环境评价 \ 铅含量插值重分类 .tif	……\ 单项评价之环境评价 \ 铅含量插值重分类	False	Value
……\ 单项评价之环境评价 \ 铬含量插值重分类 .tif	……\ 单项评价之环境评价 \ 铬含量插值重分类	False	Value

➜ 更改字段。浏览到【工具箱 \ 系统工具箱 \Data Management Tools.tbx\ 字段 \ 更改字段】，启动【更改字段】工具的批处理界面，如表 11-18 所示设置对话框各项参数后运行工具。

【更改字段】工具批处理参数设置表 表 11-18

输入表	字段名	新字段名	……
D:\study\chp11\ 练习数据 \ 农业生产适宜性评价 \ 农业生产适宜性评价过程矢量要素 .mdb\ 单项评价之环境评价 \ 镉含量插值重分类	gridcode	镉含量插值重分类	其他参数保持默认

续表

输入表	字段名	新字段名	……
……\单项评价之环境评价\汞含量插值重分类	gridcode	汞含量插值重分类	其他参数保持默认
……\单项评价之环境评价\砷含量插值重分类	gridcode	砷含量插值重分类	其他参数保持默认
……\单项评价之环境评价\铅含量插值重分类	gridcode	铅含量插值重分类	其他参数保持默认
……\单项评价之环境评价\铬含量插值重分类	gridcode	铬含量插值重分类	其他参数保持默认

☞ **步骤 4**：新建各污染物风险等级标准评价表格。

- 查阅《土壤污染风险管控标准》中对应 pH 值下的各污染物项目的风险筛选值和风险管制值，如表 11-19 所示将其输入一个新建 Excel 文件，并另存为 Excel97-2003 版 Excel 文件（*后缀名为* xls），保存路径可设置为【D:\study\chp11\练习数据\农业生产适宜性评价\双评价过程要素\土壤污染风险管控标准 .xls】。

土壤污染风险管控标准　　**表 11-19**

value	土地类型	镉筛选值	镉管控值	汞筛选值	汞管控值	砷筛选值	砷管控值	铅筛选值	铅管控值	铬筛选值	铬管控值
1	水田	0.4	2	0.5	2.5	30	150	100	500	250	850
0	非水田	0.3	2	1.8	2.5	40	150	90	500	150	850

☞ **步骤 5**：获得评价矢量数据。

本步骤首先通过添加和计算辅助字段【土地类型】将【土地利用三调地类图斑】按水田和非水田进行区分，然后再通过【字段连接】工具将上一步的 Excel 表连接到【国土三调数据】。

- 复制原始要素。启动【复制要素】工具，设置对话框各项参数如下。
  - 设置【输入数据】为【基础数据\环境评价\土地利用三调地类图斑】。
  - 设置【输出数据】为【D:\study\chp11\练习数据\农业生产适宜性评价\双评价过程要素\适宜性评价矢量过程要素 .mdb\单项评价之环境评价\土地利用三调地类图斑】。
  - 点击【确定】按钮，开始进行复制。
  - 利用【删除字段】工具，保留【DLBM】和【DLMC】两个字段，即地类编码和地类名称字段，删除其他无利用价值字段。
- 添加字段。利用【添加字段】工具，输入上一步结果【土地利用三调地类图斑】，添加短整型字段【土地类型】。
- 计算字段。利用【计算字段】工具，输入以下代码将水田的【土地类型】字段值赋值为 1，将其他地类的【土地类型】字段值赋值为 0（表 11-20）。

新建各污染物风险等级标准评价文件【计算字段】工具参数设置表　　**表 11-20**

输入表	字段名	表达式	表达式类型	代码块

土地利用三调地类图斑	土地类型	Calculate (!DLBM!)	PYTHON_9.3	def Calculate(*x*):
				  if *x* == u"0101":
				    value = 1
				  else:
				    value = 0
				  return value

注：“国土三调”中水田的【DLBM】字段（即地类编码拼音首字符）为“0101”。这里通过 if-else 条件判断语句，将水田和非水田区分开来。

- 连接字段。在【内容列表】面板中，右键单击【土地利用三调地类图斑】图层，在弹出的菜单中选择【连接和关联】→【连接…】，显示【连接数据】对话框（图 11-12）。
  - 设置【选择该图层中连接将基于的字段】为【土地类型】。
  - 点击【选择要连接到此图层的表，或者从磁盘加载表】栏下浏览按钮，在弹出的【添加】对话框中将步骤 4 创建的 Excel 数据【D:\study\chp11\练习数据\农业生产适宜性评价\双评价过程要素\土壤污染风险管控标准.xls】中的【sheet1$】添加进来。
  - 【选择此表中要作为连接基础的字段】默认为【value】，其他设置默认，点击【确定】完成连接。

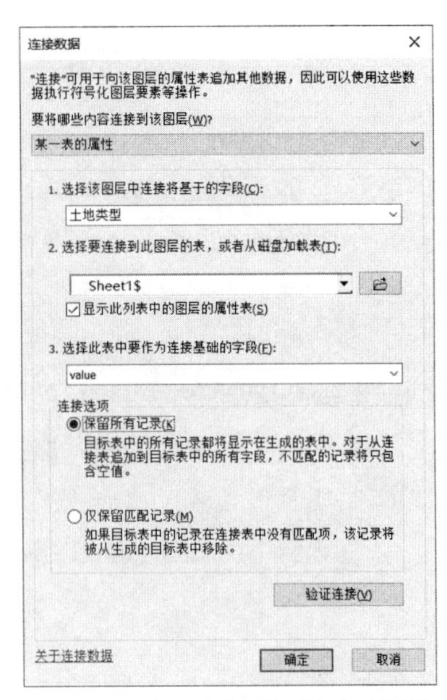

图 11-12 各污染物风险等级标准评价文件【连接字段】界面

步骤 6：土壤环境评价。

- 获得评价数据。利用【相交】工具，设置【输入要素】为以上过程数据成果【土地利用三调地类图斑】、【镉含量插值重分类】、【汞含量插值重分类】、【砷含量插值重分类】、【铅含量插值重分类】、【铬含量插值重分类】，设置【输出要素类】为【D:\study\chp11\练习数据\农业生产适宜性评价\双评价过程要素\适宜性评价矢量过程要素.mdb\单项评价之环境评价\环境评价】。
- 计算各污染物风险等级。
  - 添加辅助字段。利用【添加字段】工具的批处理方法，添加短整型各污染物风险等级字段，批处理界面各项参数设置如下（表 11-21）。

计算各污染物风险等级【添加字段】工具批处理参数设置表 **表 11-21**

输入表	字段名	字段类型	……
环境评价	镉风险等级	SHORT	其他参数保持默认
环境评价	汞风险等级	SHORT	其他参数保持默认
环境评价	砷风险等级	SHORT	其他参数保持默认
环境评价	铅风险等级	SHORT	其他参数保持默认
环境评价	铬风险等级	SHORT	其他参数保持默认

  - 计算字段。利用【计算字段】的批处理方法，按表 11-22 所示设置各项批处理参数，并运行工具来计算上一步添加字段的字段值。

计算各污染物风险等级【计算字段】工具批处理参数设置表 **表 11-22**

输入表	字段名	表达式	表达式类型	代码块

环境评价	镉风险等级	Calculate(!土地类型!,!镉含量插值重分类!)	PYTHON_9.3	def Calculate(x,y):
				  if x == 1:
				    switcher = {5:5,4:5,3:3,1:1}
				    value = switcher[y]
				  else:
				    switcher = {5:5,4:3,3:3,1:1}
				    value = switcher[y]
				  return value

续表

输入表	字段名	表达式	表达式类型	代码块

环境评价	汞风险等级	Calculate(!土地类型!,!汞含量插值重分类!)	PYTHON_9.3	def Calculate(x,y):
				if x== 1:
				switcher = {5:5,4:3,3:3,1:1}
				value = switcher[y]
				else:
				switcher = {5:5,4:5,3:3,1:1}
				value = switcher[y]
				return value

环境评价	砷风险等级	Calculate(!土地类型!,!砷含量插值重分类!)	PYTHON_9.3	def Calculate(x,y):
				if x== 1:
				switcher = {5:5,4:3,3:3,1:1}
				value = switcher[y]
				else:
				switcher = {5:5,4:5,3:3,1:1}
				value = switcher[y]
				return value

环境评价	铅风险等级	Calculate(!土地类型!,!铅含量插值重分类!)	PYTHON_9.3	def Calculate(x, y):
				if x== 1:
				switcher = {5:5,4:5,3:3,1:1}
				value = switcher[y]
				else:
				switcher = {5:5,4:3,3:3,1:1}
				value = switcher[y]
				return value

环境评价	铬风险等级	Calculate(!土地类型!,!铬含量插值重分类!)	PYTHON_9.3	def Calculate(x,y):
				if x== 1:
				switcher = {5:5,4:5,3:3,1:1}
				value = switcher[y]
				else:
				switcher = {5:5,4:3,3:3,1:1}
				value = switcher[y]
				return value

- 计算环境评价。
  - 添加辅助字段。利用【添加字段】工具，输入【环境评价】，添加短整型字段【环境评价值】。
  - 计算辅助字段值，启动【计算字段】工具，按表 11-23 设置各项参数。

计算环境评价值【计算字段】工具参数设置表 **表 11-23**

输入表	字段名	表达式	表达式类型	代码块
环境评价	环境评价值	Calculate(!镉风险等级!,!汞风险等级!,!砷风险等级!,!铅风险等级!,!铬风险等级!)	PYTHON_9.3	def Calculate(x1, x 2, x 3, x 4, x 5): return min(x 1, x 2, x 3, x 4, x 5)

- 点击【确定】运行工具。根据【环境评价值】字段对图层做类别符号化后如图 11-13 所示。

图 11-13 环境评价结果

11.7 单项评价之灾害评价

11.7.1 评价方法

农业指向灾害单项评价需要进行气象灾害危险性评价。

评价气象灾害危险性需要收集整理各类气候要素和气象灾害历史资料，根据单项气象灾害指标每年发生情况，统计发生频率，然后进行危险性分级，一般按照气象灾害的发生频率≤ 20%、20% ～ 40%、40% ～ 60%、60% ～ 80%、＞ 80%，将气象灾害危险性划分为低、较低、中等、较高和高五级。最后采用区域综合方法、最大因子方法、专家评分法等确定综合气象灾害风险，将气象灾害风险划分为低、较低、中等、较高和高五级（表 11-24）。

农业灾害危险性分级参考阈值表 表 11-24

评价因子	分级 / 评价阈值	评价值	评价因子	分级 / 评价阈值	评价值
灾害危险性	≤ 20%	5（低）	灾害危险性	60% ～ 80%	2（较高）
	20% ～ 40%	4（较低）		＞ 80%	1（高）
	40% ～ 60%	3（一般）			

资料来源：参考《资源环境承载能力和国土空间开发适宜性评价技术指南（试行）》（2019 年 7 月版）整理。

本次实验范围对农业生产有重要影响的气象灾种主要为洪涝灾害，因此本次实验以洪涝灾害作为实验区主要气象灾害灾种进行评价。

11.7.2 评价数据

☞ **步骤**：查看基础数据。

- 在【内容列表】面板，浏览到图层组【基础数据 \ 灾害评价】，其中列出了本次实验所需基础数据：【洪涝灾害易发性分区】。
- 本节实验所需基础数据的内容概况详见表 11-25，其中【洪涝灾害易发性分区】详见图 11-14。

农业指向灾害评价基础数据一览表　　表 11-25

单项评价	基础数据	基础数据名称	数据内容概述	数据来源
灾害评价	洪涝灾害	洪涝灾害易发性分区	本实验虚构的实验区范围洪涝灾害易发性分布矢量数据，含有一个主要字段：【灾害频次】	通常来自地方自然资源部门
	其他数据	实验区范围	本实验区范围矢量数据	

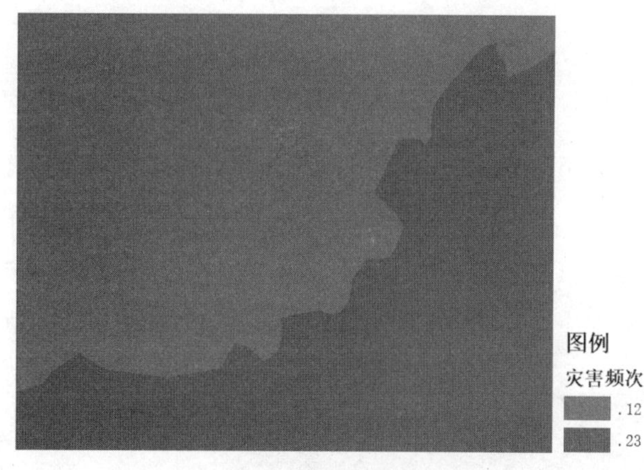

图 11-14　洪涝灾害易发性分区

11.7.3　评价过程

根据评价方法，本节实验首先利用【复制要素】工具，将评价基础数据复制到评价过程数据库；然后利用【添加字段】和【计算字段】工具计算洪涝灾害危险性等级，得到农业指向灾害评价结果。

综上所述，本节实验需要完成两项操作步骤，具体详见表 11-26。

农业指向灾害评价实验过程概况一览表　　表 11-26

实验环节	操作步骤	基础数据	输出结果	涉及模型工具
环节 1：灾害评价	步骤 1：复制原始要素	【洪涝灾害易发性分区】	【灾害评价】	【复制要素】
	步骤 2：计算危险性等级	【灾害评价】	【灾害评价】	【添加字段】 【字段计算】

紧接之前步骤，继续操作如下。

☞ **步骤 1**：复制原始要素，启动【复制要素】工具，设置对话框参数如下。

- 设置【输入数据】为【洪涝灾害易发性分区】。
- 设置【输出数据】为【D:\study\chp11\练习数据\农业生产适宜性评价\双评价过程要素\适宜性评价矢量过程要素.mdb\单项评价之灾害评价\灾害评价】。
- 点击【确定】按钮，开始进行复制。

☞ **步骤 2**：计算计算危险性等级。

- 添加字段。利用【添加字段】工具，添加短整型字段【灾害评价值】。
- 计算字段值。启动【计算字段】工具，设置对话框参数如下。
  - 设置【输入表】为【灾害评价】。
  - 设置【字段名】为【灾害评价值】。
  - 启动【表达式】栏右侧【字段计算器】工具，设置解析程序设置为 Python，然后勾选【显示代码块】，在新弹出的【预逻辑脚本代码】栏中输入以下代码。

```
def Calculate(x):
  global value
  if x <= 0.2:
    value = 5
  elif x <= 0.4:
    value = 4
  elif x <= 0.6:
    value = 3
  elif x <= 0.8:
    value = 2
  else:
    value = 1
  return value
```

- 在【灾害评价值 =】栏中输入【Calculate(!灾害频次!)】，后点击【确定】关闭【字段计算器】界面。
- 点击【确定】运行工具。从评价结果可知，实验区范围农业指向的灾害危险性均属于"低"等级。根据【灾害评价值】字段对【灾害评价】图层做类别符号化后如图 11-15 所示。

图 11-15 灾害评价结果

11.8 集成评价之初判农业生产条件等级

11.8.1 评价方法

初判农业生产条件等级需要利用土地资源评价、水资源评价和气候评价三项数据进行两次判别矩阵计算，得到农业生态条件等级的初判结果。具体评价时首先需要基于土地资源和水资源评价结果，根据判别矩阵计算得到农业生产指向的水土资源基础；然后基于水土资源基础与气候评价结果，根据判别矩阵计算得到农业生产条件等级的初判结果。

第一次矩阵判别计算采用的判别矩阵表详见表 11-27，第二次矩阵判别计算采用的判别矩阵表详见表 11-28。

农业指向水土资源基础参考判别矩阵表 表 11-27

水资源评价 \ 土地资源评价	5（高）	4（较高）	3（中等）	2（较低）	1（低）
5（好）	5（高）	5（高）	4（较高）	3（一般）	1（低）

续表

水资源评价 \ 土地资源评价	5（高）	4（较高）	3（中等）	2（较低）	1（低）
4（较好）	5（高）	5（高）	4（较高）	2（较低）	1（低）
3（一般）	5（高）	4（较高）	3（一般）	2（较低）	1（低）
2（较差）	4（较高）	3（一般）	2（较低）	1（低）	1（低）
1（差）	1（低）	1（低）	1（低）	1（低）	1（低）

资料来源：参考《资源环境承载能力和国土空间开发适宜性评价技术指南（试行）》（2019年7月版）整理。

气候评价修正农业水土资源基础参考判别矩阵表 表11-28

气候评价 \ 水土资源基础	5（好）	4（较好）	3（一般）	2（较差）	1（差）
5（好）	5（高）	5（高）	4（较高）	3（一般）	1（低）
4（较好）	5（高）	4（较高）	4（较高）	2（较低）	1（低）
3（一般）	5（高）	4（较高）	3（一般）	2（较低）	1（低）
2（较差）	4（较高）	3（一般）	2（较低）	1（低）	1（低）
1（差）	1（低）	1（低）	1（低）	1（低）	1（低）

资料来源：参考《资源环境承载能力和国土空间开发适宜性评价技术指南（试行）》（2019年7月版）整理。

11.8.2 评价数据

☞ **步骤**：打开地图文档，查看基础数据。

➔ 打开随书数据的地图文档【chp11\练习数据\农业生产适宜性评价\农业生产适宜性集成评价.mxd】，在【内容列表】面板，浏览到图层组【基础数据\初判农业生产条件等级】，其中列出了本次实验所需基础数据：【土地资源评价】、【水资源评价.tif】、【气候评价.tif】。各基础数据的内容概况详见表11-29。

农业指向集成评价之初判农业生产条件等级基础数据一览表 表11-29

集成评价	基础数据	基础数据名称	数据内容概述	数据来源
初判农业生产条件等级	水土资源基础	土地资源评价	矢量数据，含有一个主要字段【土地资源评价值】	单项评价之土地资源评价结果
		水资源评价.tif	栅格数据，其VALUE值为【水资源评价值】	单项评价之水资源评价结果
	气候评价修正	气候评价.tif	栅格数据，其VALUE值为【气候评价值】	单项评价之气候评价结果
	其他数据	实验区范围	本实验区范围矢量数据	通常由地方自然资源部门提供

11.8.3 评价过程

根据评价方法，本节实验首先使用【栅格转面】工具的批处理方法将单项评价中的水资源评价、气候评价栅格数据转为矢量数据形式；然后使用【相交】、【添加字段】、【计算字段】工具，结合土地资源评价和水资源评价结果来计算水土资源基础；最后再次利用【相交】、【添加字段】、【计算字段】工具，结合【气候评价】结果对水土资源基础评价值进行修正，得到农业生产条件等级初判结果。

综上所述，本节实验分为三个环节，需要完成三项操作步骤，具体详见表11-30。

集成评价之初判农业生产条件等级实验过程概况一览表 **表 11-30**

实验环节	操作步骤	基础数据	输出结果	涉及模型工具
环节 1：数据处理（转为矢量）	步骤 1：数据处理（转为矢量）	【水资源评价 .tif】 【气候评价 .tif】	【水资源评价】 【气候评价】	【栅格转面】批处理 【更改字段】 批处理
环节 2：计算水土资源基础	步骤 2：计算水土资源基础	【土地资源评价】 【水资源评价】	【水土资源基础】	【相交】 【添加字段】 【计算字段】
环节 3：初判农业生产条件等级	步骤 3：根据气候条件修正农业水土资源基础	【气候评价】 【水土资源基础】	【农业生产条件等级初判】	【相交】 【添加字段】 【计算字段】

紧接上一小节打开地图文档步骤，继续操作如下。

☞ **步骤 1：** 数据处理（转为矢量）。

➜ 启动【栅格转面】工具。在【目录】面板中，浏览到【工具箱 \ 系统工具箱 \Conversion Tools.tbx\ 由栅格转出 \ 栅格转面】，右键该项工具启动【栅格转面】工具的批处理，按表 11-31 所示设置各项批处理参数，并运行工具。

集成评价之初判农业生产条件等级【栅格转面】工具批处理参数设置表 **表 11-31**

输入要素	输出面要素	简化面	字段	……
基础数据 \ 初判农业生产条件等级 \ 水资源评价 .tif	D:\study\chp11\ 练习数据 \ 农业生产适宜性评价 \ 双评价过程要素 \ 适宜性评价矢量过程要素 .mdb\ 集成评价之初判条件等级 \ 水资源评价	False	Value	其他参数保持默认
基础数据 \ 初判农业生产条件等级 \ 气候评价 .tif	D:\study\chp11\ 练习数据 \ 农业生产适宜性评价 \ 双评价过程要素 \ 适宜性评价矢量过程要素 .mdb\ 集成评价之初判条件等级 \ 气候评价	False	Value	其他参数保持默认

➜ 更改字段名。启动【更改字段】工具的批处理界面，如表 11-32 所示设置对话框各项参数后运行工具。

农业生产条件等级矢量数据【更改字段】工具批处理参数设置表 **表 11-32**

输入表	字段名	新字段名	……
水资源评价	gridcode	水资源评价值	其他参数保持默认
气候评价	gridcode	气候评价值	其他参数保持默认

☞ **步骤 2：** 计算水土资源基础。

➜ 获得评价基础数据。启动【相交】工具，设置对话框参数如下。

- 设置【输入要素】为【基础数据 \ 初判农业生产条件等级 \ 土地资源评价】、【水资源评价】。
- 设置【输出要素类】为【D:\study\chp11\ 练习数据 \ 农业生产适宜性评价 \ 双评价过程要素 \ 适宜性评价矢量过程要素 .mdb\ 集成评价之初判条件等级 \ 水土资源基础】。
- 其他参数保持默认，点击【确定】进行相交操作。计算完成后会在左侧内容列表面板自动加载计算结果图层。

➜ 添加字段。利用【添加字段】工具，输入上一步结果，添加短整型字段【水土资源基础评价值】。

➜ 计算字段值。启动【计算字段】工具，按表 11-33 设置各项参数，并运行工具。

计算环境评价值【计算字段】工具参数设置表　　表 11-33

输入表	字段名	表达式	表达式类型	代码块

水土资源基础	水土资源基础评价值	Calculate（! 水资源评价值 !,! 土地资源评价值 !)	PYTHON_9.3	def Calculate(x,y):
				　if x == 5:
				　　switcher = {5:5,4:5,3:4,2:3,1:1}
				　　value = switcher[y]
				　elif x == 4:
				　　switcher = {5:5,4:5,3:4,2:2,1:1}
				　　value = switcher[y]
				　elif x == 3:
				　　switcher = {5:5,4:4,3:3,2:2,1:1}
				　　value = switcher[y]
				　elif x == 2:
				　　switcher = {5:4,4:3,3:2,2:1,1:1}
				　　value = switcher[y]
				　else:
				　　switcher = {5:1,4:1,3:1,2:1,1:1}
				　　value = switcher[y]
				　return value

☞ **步骤 3：**根据气候条件修正农业水土资源基础。

- 获得评价基础数据。启动【相交】工具，设置对话框参数如下。
  - 设置【输入要素】为【水土资源基础】、【气候评价】。
  - 设置【输出要素类】为【D:\study\chp11\ 练习数据 \ 农业生产适宜性评价 \ 双评价过程要素 \ 适宜性评价矢量过程要素 .mdb\ 集成评价之初判条件等级 \ 农业生产条件等级初判】。
  - 其他参数保持默认，点击【确定】进行相交操作。计算完成后会在左侧内容列表面板自动加载【农业生态条件等级初判】图层。
- 添加字段。利用【添加字段】工具输入上一步结果，添加短整型字段【条件等级初判值】。
- 计算字段值。启动【计算字段】工具，按表 11-34 设置各项参数，并运行工具。

农业光热条件修正农业水土资源基础【计算字段】工具参数设置表　　表 11-34

输入表	字段名	表达式	表达式类型	代码块

农业生产条件等级初判	条件等级初判值	Calculate（! 气候评价值 !,! 水土资源基础评价值 !)	PYTHON_9.3	def Calculate(x,y):
				　if x == 5:
				　　switcher = {5:5,4:5,3:4,2:3,1:1}
				　　value = switcher[y]
				　elif x == 4:
				　　switcher = {5:5,4:4,3:4,2:2,1:1}
				　　value = switcher[y]
				　elif x == 3:
				　　switcher = {5:5,4:4,3:3,2:2,1:1}
				　　value = switcher[y]
				　elif x == 2:
				　　switcher = {5:4,4:3,3:2,2:1,1:1}
				　　value = switcher[y]
				　else:
				　　switcher = {5:1,4:1,3:1,2:1,1:1}
				　　value = switcher[y]
				　return value

➜ 点击【确定】运行工具，根据【条件等级初判值】对【农业生产条件等级初判】图层做类别符号化后如图 11-16 所示。

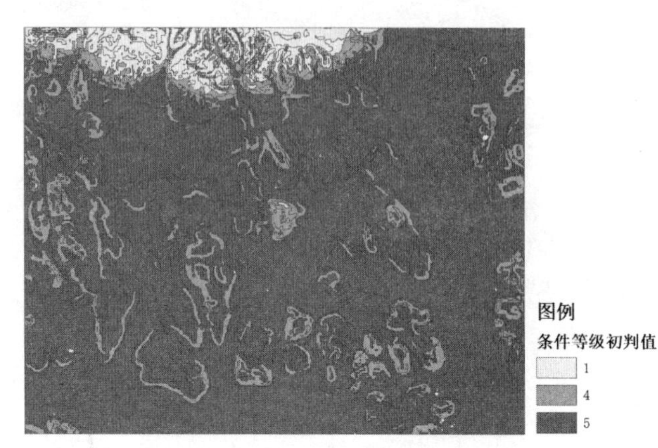

图 11-16 农业生产条件等级初判结果

11.9 集成评价之修正农业生产条件等级

11.9.1 评价方法

修正农业生产条件等级需要以初判结果为基础，分别结合环境评价、灾害评价对初步评价结果进行逐步修正，得到农业生产条件等级的修正结果（以下简称修正结果）。

各指标修正标准详见表 11-35。

农业生产条件等级初判结果修正标准表 表 11-35

评价因子	评价标准	评价值
环境评价	5（高）	维持初判结果，不作修正
	3（中）	将初判结果下降 1 个等级
	1（低）	将初判结果调整为 1（最低等级）
灾害评价	1（高）	将初判结果为 5（高）的下降为 4（较高）
	其他值	维持初判结果，不作修正

资料来源：参考《资源环境承载能力和国土空间开发适宜性评价技术指南（试行）》（2019 年 7 月版）整理。

11.9.2 评价数据

☞ **步骤：**查看基础数据。

➜ 紧接之前步骤，在【内容列表】面板，浏览到图层组【基础数据\修正农业生产条件等级】，其中列出了本次实验所需基础数据：【环境评价】、【灾害评价】。各基础数据的内容概况详见表 11-36。

农业指向集成评价之修正农业生产条件等级基础数据一览表 表 11-36

集成评价	基础数据	基础数据名称	数据内容概述	数据来源
修正农业生产条件等级	环境评价修正	环境评价	矢量数据，含有一个主要字段【环境评价值】	单项评价之环境评价结果

续表

集成评价	基础数据	基础数据名称	数据内容概述	数据来源
修正农业生产条件等级	灾害评价修正	灾害评价	矢量数据，含有一个主要字段【灾害评价值】	单项评价之灾害评价结果
	其他数据	实验区范围	本实验区范围矢量数据	通常由地方自然资源部门提供

11.9.3　评价过程

根据评价方法，本节实验仅有一个环节：修正农业生产条件等级。不同于城镇建设适宜性评价在该环节采用的栅格叠加计算实现方法，本节实验计划采用矢量相交计算方法实现。实验计划首先利用【相交】工具，得到农业生产条件等级修正的基础数据，然后利用【添加字段】、【字段计算器】工具，对农业生产条件等级初评结果进行修正，得到农业生产条件等级的修正结果。

综上所述，本节实验需要完成两项操作步骤，具体详见表 11-37。

集成评价之修正农业生产条件等级实验过程概况一览表　　表 11-37

实验环节	操作步骤	基础数据	输出结果	涉及模型工具
环节：修正农业生产条件等级	步骤 1：综合评价基础数据	【环境评价】 【灾害评价】 【农业生产条件等级初判】	【农业生产条件等级修正】	【相交】
	步骤 2：修正农业生产条件等级初判结果	【农业生产条件等级修正】	【农业生产条件等级修正】	【添加字段】 【计算字段】

紧接上一小节打开地图文档步骤，继续操作如下。

☞ **步骤 1**：综合评价基础数据。启动【相交】工具，设置对话框参数如下。

- 设置【输入要素】为【农业生产条件等级初判】、【基础数据 \ 修正农业生产条件等级 \ 环境评价】和【基础数据 \ 修正农业生产条件等级 \ 灾害评价】。
- 设置【输出要素类】为【D:\study\chp11\ 练习数据 \ 农业生产适宜性评价 \ 双评价过程要素 \ 适宜性评价矢量过程要素 .mdb\ 集成评价之修正条件等级 \ 农业生产条件等级修正】。
- 其他参数保持默认，点击【确定】进行相交操作。计算完成后会在左侧内容列表面板自动加载【农业生产条件等级修正】图层。

☞ **步骤 2**：修正农业生产条件等级初判结果。

- 添加字段。打开上一步骤结果【农业生产条件等级修正】的属性表，添加短整型字段【条件等级修正值】。
- 计算字段值。启动【字段字段】工具，按表 11-38 设置各项参数。

修正农业生产条件等级初判结果【计算字段】工具参数设置表　　表 11-38

输入表	字段名	表达式	表达式类型	代码块

农业生产条件等级修正	条件等级修正值	Calculate (!条件等级初判值!,!环境评价值!,!灾害评价值!)	PYTHON_9.3	def Calculate(InitValue,envassValue,disassValue):
				　$a = 0$
				　$b = 0$
				　if envassValue == 1:
				　　$a = 1$
				　elif envassValue == 3:

续表

输入表	字段名	表达式	表达式类型	代码块

农业生产条件等级修正	条件等级修正值	Calculate(!条件等级初判值!,!环境评价值!,!灾害评价值!)	PYTHON_9.3	a = InitValue - 1
				else:
				a = InitValue
				
				if disassValue == 1:
				if a == 5:
				b = 4
				else:
				b = max(a,1)
				else:
				b = max(a,1)
				return b

➜ 点击【确定】运行工具，根据【条件等级修正值】对【农业生产条件等级修正】图层做类别符号化后如图 11–17 所示。

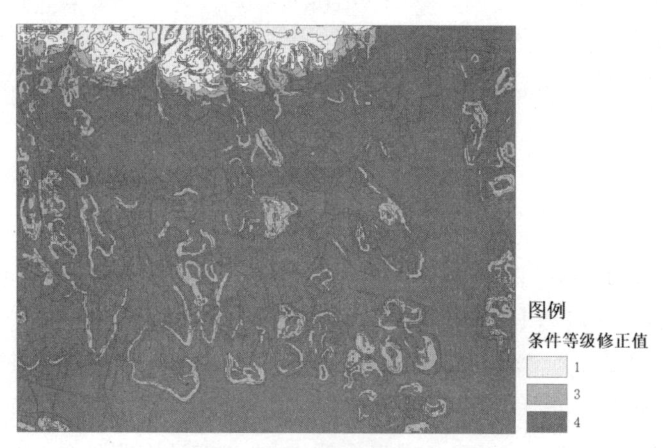

图 11–17　农业生产条件等级修正结果

11.10　集成评价之划分农业生产适宜性分区

11.10.1　评价方法

在进行完初判和修正农业生产条件等级两个环节之后，本节实验将结合地块集中连片度指标来划分出农业生产三大适宜性分区。同城镇建设适宜性分区划分的思路类似，本节实验同样可以划分为四个环节：首先是划分适宜性分区备选区；然后是计算地块集中连片度，分别对适宜和一般适宜区备选区以及适宜区备选区进行聚合，并计算地块集中连片度；接着将地块集中连片度回连到备选区，结合地块集中连片度修正备选区的适宜性等级；最后结合修正后的适宜性等级划分出农业生产的三大适宜性分区。

评价中需要结合具体情况合理设置地块集中连片度指标的评价阈值，本节实验采用的评价分级阈值详见表 11–39 ～表 11–41。

农业生产适宜性分区备选区划分标准表　　表 11-39

评价因子	评价标准	备选区划分
农业生产条件等级修正值	5（高）、4（较高）	适宜区备选区
	5（高）、4（较高）、3（一般）、2（较低）	适宜和一般适宜区备选区
	1（低）	不适宜区备选区

地块集中连片度评价分级参考阈值　　表 11-40

地块集中连片度	低	中	高
平原田块面积（亩）	＜150	150～300	≥300
山地丘陵田块面积（亩）	＜80	80～150	≥150

注：丘陵一般海拔在200m以上、500m以下，相对高度一般不超过200m；山地是指海拔在500m以上的高地，起伏很大，坡度陡峻，沟谷幽深，一般多呈脉状分布。本实验区范围以平原地块为主，因此评价过程中采用平原地块面积所在行值作为评价参考阈值。

地块连片度修正备选区适宜性等级判别矩阵　　表 11-41

适宜性分区备选区	地块集中连片度		
	3（高）	2（中）	1（低）
适宜区备选区	3（适宜区）	—	—
适宜和一般适宜区备选区	—	—	1（不适宜区）
不适宜区备选区	1（不适宜区）	1（不适宜区）	1（不适宜区）

注：除去适宜区和不适宜区后，剩下的均为一般适宜区。

11.10.2　评价过程

根据评价方法，本节实验计划可分为以下三个环节。

首先是划分适宜性备选区环节。该环节需要利用【计算字段】工具计算各图斑的适宜性等级并利用【筛选】工具筛选出农业生产的三个适宜性分区备选区。

其次是地块集中连片度修正适宜性等级环节。该环节首先利用【聚合面】工具，对适宜区备选区以及适宜和一般适宜区备选区分别进行聚合，得到两个备选区聚合结果；然后通过【相交】工具将两个备选区聚合结果分别与对应的备选区进行相交，从而使两个备选区要素得到地块集中连片度值；最后结合地块集中连片度的值对两个备选区的适宜性等级进行修正。

最后是划分三大适宜性分区环节。该环节首先筛选出适宜区备选区中适宜性等级为高的地块，划入适宜区；然后筛选出适宜和一般适宜区备选区中适宜性等级为低的地块，将其与不适宜区备选区合并，得到不适宜区；接着利用【擦除】工具，将适宜区和不适宜区从农业生产条件等级修正要素中进行擦除，即可得到一般适宜区；最后将三个分区要素合并为一个，得到最终的农业生产适宜性分区结果。

综上所述，本节实验可分为3个环节，需要完成8项操作步骤，具体详见表11-42。

集成评价之划分农业生产适宜性分区实验过程概况一览表　　表 11-42

实验环节	操作步骤	基础数据	输出结果	涉及模型工具
步骤1：划分适宜性分区备选区	步骤1：划分适宜性备选区	【农业生产条件等级修正】	【适宜区备选区】 【适宜和一般适宜区备选区】 【不适宜区备选区】	【计算字段】 【筛选】批处理

续表

实验环节	操作步骤	基础数据	输出结果	涉及模型工具
环节2：地块集中连片度修正适宜性等级	步骤2：聚合备选区	【适宜区备选区】 【适宜和一般适宜区备选区】	【适宜区备选区聚合】 【适宜和一般适宜区备选区聚合】	【聚合面】批处理
	步骤3：计算地块集中连片度	【适宜和一般适宜区备选区聚合】 【适宜区备选区聚合】	【适宜和一般适宜区备选区聚合】（填加了新字段并赋值） 【适宜区备选区聚合】（填加了新字段并赋值）	【添加字段】批处理 【计算字段】批处理
	步骤4：获得地块集中连片度	【适宜和一般适宜区备选区】 【适宜和一般适宜区备选区聚合】 【适宜区备选区】 【适宜区备选区聚合】	【适宜区备选区2】 【适宜和一般适宜区备选区2】	【相交】批处理
环节3：划分三大适宜性分区	步骤5：划分适宜区	【适宜区备选区2】	【适宜区】	【筛选】 【添加字段】 【计算字段】
	步骤6：划分不适宜区	【适宜和一般适宜区备选区2】 【不适宜区备选区】	【不适宜区_来自降级】 【不适宜区】	【筛选】 【合并】 【添加字段】 【计算字段】
	步骤7：划分一般适宜区	【适宜区】 【不适宜区】 【农业生产条件等级修正】	【适宜区和不适宜区】 【一般适宜区】	【合并】 【擦除】
	步骤8：获得农业生产适宜性分区	【适宜区】 【不适宜区】 【一般适宜区】	【城镇建设适宜性分区】	【合并】

紧接之前步骤，继续操作如下。

☞ **步骤1：划分适宜性备选区。**

- 计算适宜性等级。
  - 添加字段。打开【农业生产条件等级修正】要素属性表，添加短整型字段【适宜性等级】。
  - 计算字段值。利用【计算字段】工具，按表11-43设置各项参数，并运行工具。

计算适宜性等级【计算字段】工具参数设置表 **表11-43**

输入表	字段名	表达式	表达式类型	……

农业生产条件等级修正	适宜性等级	Calculate(!条件等级修正值!)	PYTHON_9.3	def Calculate(x):
				  switcher = {5:3,4:3,3:2,2:2,1:1}
				  value = switcher[x]
				  return value

注：区别于城镇建设适宜性评价中采用if-else条件判断语句的方法，本节实验通过字典的数据结构来实现。实验将【条件等级修正值】字段值为5和4的图斑的适宜性等级赋值为3，表示适宜性等级为高；将【条件等级修正值】字段值为3和2的图斑的适宜性等级赋值为2，表示适宜性等级为中；将【条件等级修正值】字段值为1的图斑的适宜性等级赋值为1，表示适宜性等级为低。

- 提取三大适宜性分区备选区。浏览到【工具箱\系统工具箱\Analysis tools.tbx\提取分析\筛选】，启动【筛选】工具的批处理，按表11-44设置【筛选】工具批处理界面相关参数，并运行工具。

划分适宜性分区备选区【筛选】批处理参数设置表 表 11-44

输入要素	输出要素类	表达式
【农业生产条件等级修正】	【D:\study\chp11\练习数据\农业生产适宜性评价\双评价过程要素\适宜性评价矢量过程要素.mdb\集成评价之划分适宜性分区\适宜区备选区】	[适宜性等级] = 3
【农业生产条件等级修正】	【……\集成评价之划分适宜性分区\适宜和一般适宜区备选区】	[适宜性等级]>= 2
【农业生产条件等级修正】	【……\集成评价之划分适宜性分区\不适宜区备选区】	[适宜性等级] = 1

☞ **步骤 2：**聚合备选区。

➜ 聚合适宜和一般适宜区备选区及适宜区备选区。启动【聚合面】工具批处理界面，设置对话框参数如表 11-45。

聚合备选区【聚合面】工具批处理参数设置表 表 11-45

输入要素	输出要素类	聚合距离	保留正交现状	……
适宜和一般适宜区备选区	D:\study\chp11\练习数据\农业生产适宜性评价\双评价过程要素\适宜性评价矢量过程要素.mdb\集成评价之划分适宜性分区\适宜和一般适宜区备选区聚合	20 Meters	True	其他参数保持默认
适宜区备选区	……\集成评价之划分适宜性分区\适宜区备选区聚合	20 Meters	True	其他参数保持默认

☞ **步骤 3：**计算地块集中连片度。

➜ 添加字段。启动【添加字段】工具批处理界面，设置对话框参数如表 11-46。

计算地块集中连片度【添加字段】工具批处理参数设置表 表 11-46

输入表	字段名	字段类型	……
适宜和一般适宜区备选区聚合	地块集中连片度	SHORT	其他参数保持默认
适宜区备选区聚合	地块集中连片度	SHORT	其他参数保持默认

➜ 计算字段。启动【计算字段】工具批处理界面，设置对话框参数如表 11-47。

计算地块集中连片度【计算字段】工具批处理参数设置表 表 11-47

输入表	字段名	表达式	表达式类型	代码块

适宜和一般适宜区备选区聚合	地块集中连片度	Calculate (!Shape_Area!)	PYTHON_9.3	def Calculate(x):
				  if x >= 200000:
				    value = 3
				  elif x >= 100000:
				    value = 2
				  else:
				    value = 1
				  return value

续表

输入表	字段名	表达式	表达式类型	代码块

适宜区备选区聚合	地块集中连片度	Calculate (!Shape_Area!)	PYTHON_9.3	def Calculate(x):
				  if x >= 200000:
				    value = 3
				  elif x >= 100000:
				    value = 2
				  else:
				    value = 1
				  return value

注：这里要注意的是，代码中将阈值表 11-40 中的 300 亩、150 亩转化为以 m^2 为单位的值，即 200000、100000。

☞ **步骤 4**：获得地块集中连片度。

- 相交获得地块集中连片度。启动【相交】工具批处理界面，设置对话框参数如表 11-48。

获得地块集中连片度【相交】工具批处理参数设置表 表 11-48

输入要素	输出要素类	……
适宜和一般适宜区备选区 适宜和一般适宜区备选区聚合	D:\study\chp11\ 练习数据 \ 农业生产适宜性评价 \ 双评价过程要素 \ 适宜性评价矢量过程要素 .mdb\ 集成评价之划分适宜性分区 \ 适宜和一般适宜区备选区 2	其他参数保持默认
适宜区备选区 适宜区备选区聚合	……\ 集成评价之划分适宜性分区 \ 适宜区备选区 2	其他参数保持默认

☞ **步骤 5**：划分适宜区。

- 提取适宜区图斑。启动【筛选】工具，设置对话框参数如下。
  - 设置【输入要素】为【适宜区备选区 2】。
  - 设置【输出要素类】为【D:\study\chp11\ 练习数据 \ 农业生产适宜性评价 \ 双评价过程要素 \ 适宜性评价矢量过程要素 .mdb\ 集成评价之划分适宜性分区 \ 适宜区】。
  - 设置【表达式（可选）】为【[地块集中连片度] = 3】。
- 添加并计算所属适宜性分区。
  - 打开【适宜区】属性表，添加文本型字段【适宜性分区】，利用【字段计算器】工具，将其赋值为【“适宜区”】。

☞ **步骤 :6**：划分不适宜区。

- 筛选出来自降级部分的不适宜区。启动【筛选】工具，设置对话框参数如下。
  - 设置【输入要素】为【适宜和一般适宜区备选区 2】。
  - 设置【输出要素类】为【D:\study\chp11\ 练习数据 \ 农业生产适宜性评价 \ 双评价过程要素 \ 适宜性评价矢量过程要素 .mdb\ 集成评价之划分适宜性分区 \ 不适宜区 _ 来自降级】。
  - 设置【表达式（可选）】为【[地块集中连片度] = 1】。
- 划分不适宜区。启动【合并】工具，设置对话框各项参数如下。
  - 设置【输入数据集】为【不适宜区 _ 来自降级】、【不适宜区备选区】。
  - 设置【输出数据集】为【D:\study\chp11\ 练习数据 \ 农业生产适宜性评价 \ 双评价过程要素 \ 适宜性评价矢量过程要素 .mdb\ 集成评价之划分适宜性分区 \ 不适宜区】。

- 添加并计算所属适宜性分区。打开【不适宜区】属性表，添加文本型字段【适宜性分区】，利用【字段计算器】工具，将其赋值为【"不适宜区"】。

☞ **步骤7**：划分一般适宜区。

- 合并适宜区和不适宜区。启动【合并】工具，设置对话框各项参数如下。
  - 设置【输入数据集】为【不适宜区】、【适宜区】。
  - 设置【输出数据集】为【D:\study\chp11\练习数据\农业生产适宜性评价\双评价过程要素\适宜性评价矢量过程要素.mdb\集成评价之划分适宜性分区\适宜区和不适宜区】。
- 划分一般适宜区。启动【擦除】工具，设置对话框各项参数如下。
  - 设置【输入要素】为【农业生产条件等级修正】。
  - 设置【擦除要素】为【适宜区和不适宜区】。
  - 设置【输出要素类】为【D:\study\chp11\练习数据\农业生产适宜性评价\双评价过程要素\适宜性评价矢量过程要素.mdb\集成评价之划分适宜性分区\一般适宜区】。
  - 添加并计算所属适宜性分区。打开【一般适宜区】属性表，添加文本型字段【适宜性分区】，利用【字段计算器】工具，将其赋值为"一般适宜区"。

☞ **步骤8**：获得农业生产适宜性分区。

- 启动地理处理界面的【合并】工具，设置对话框各项参数如下。
  - 设置【输入数据集】为【适宜区】、【不适宜区】、【一般适宜区】。
  - 设置【输出数据集】为【D:\study\chp11\练习数据\农业生产适宜性评价\双评价结果要素\适宜性评价矢量结果要素.mdb\农业生产适宜性分区】。
  - 计算完成后对【适宜性分区】字段进行符号化，叠加【基础数据\其他数据\生态保护极重要区】要素后，结果如图11-18。

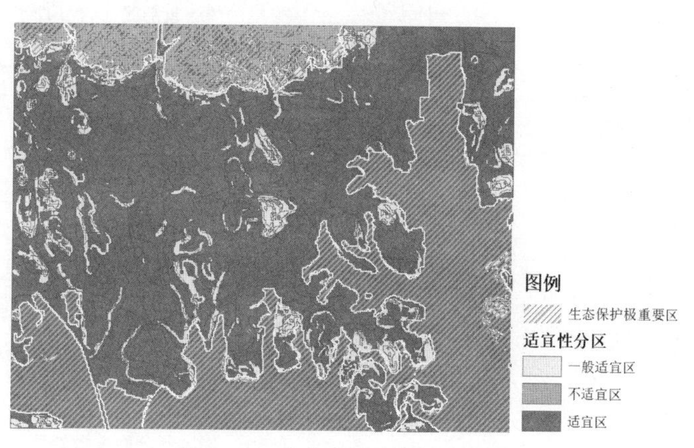

图11-18　农业生产适宜性评价结果

随书数据的【chp11\练习结果示例\农业生产适宜性评价\农业生产适宜性单项评价.mxd】和【chp11\练习结果示例\农业生产适宜性评价\农业生产适宜性集成评价.mxd】，示例了本章练习的完整结果。

11.11　本章小结

农业生产适宜性评价的目的是以资源环境综合条件和地块连片集中度为基础，识别生态保护极重要区以外的农业生产适宜区和不适宜区，从而确保农业生产的合理布局与规模。

具体评价方法与城镇建设适宜性评价方法类似：首先确定评价因子并构建评价基础数据库；然后依次开展土地资源、水资源、气候、环境、灾害五大要素的单项评价，统一划分级别；最后通过三项集成评价，得到农业生产适宜区、一般适宜区和不适宜区。其中在进行集成评价的初判农业生产条件等级时，需先综合土地资源和水资源评价，计算得到农业生产的水土资源基础，并基于气候评价结果进行修正，以此作为初判结果；在进行集成评价的修正农业生产条件等级时，需基于环境、灾害的单项评价，对初判结果进行逐一修正；最后在划分农业生产适宜性分区时，则需根据修正后的条件等级划分出适宜性分区备选区，计算各备选区的地块集中连片度，以此为依据得到最终的三大农业生产适宜性分区。

该方法需要综合使用的工具模型包括重分类、栅格计算器、焦点统计工具等。本章得到的农业生产适宜性分区结果，也将作为承载规模评价的基础数据，用于后续的农业生产承载规模计算。

本章技术汇总表

规划应用汇总	页码	信息技术汇总	页码
土地资源初评	323	重分类（重分类）	323
土地资源初评修正	324	由栅格转出（栅格转面）	323
水资源评价	327	地理处理（相交）	324
统计活动积温	329	字段工具（添加字段）	324
计算实验区活动积温分布	330	字段工具（计算字段）	324
气候评价	330	地理处理（融合）	326
计算实验区各污染物含量分布	333	插值分析（克里金法）	330
计算各主要污染物污染风险等级	333	克里金法（批处理）	333
环境评价	337	重分类（批处理）	333
灾害评价	339	栅格转面（批处理）	334
计算水土资源基础	342	更改字段（批处理）	334
初判农业生产条件等级	342	复制要素	335
修正农业生产条件等级	345	连接字段	336
划分农业生产适宜性分区备选区	348	添加字段（批处理）	336
地块集中连片度修正适宜性等级	349	计算字段（批处理）	336
划分三大农业生产适宜性分区	350	筛选（批处理）	348
		聚合面（批处理）	349
		相交（批处理）	350
		提取分析（筛选）	350
		地理处理（合并）	351
		叠加分析（擦除）	351

第 12 章　承载规模评价

承载规模评价指基于现有经济技术水平和生产生活方式，以土地资源、水资源为约束，缺水地区重点考虑水平衡，分别评价各评价单元可承载农业生产、城镇建设的最大规模。承载规模评价通常以县级行政区为评价单元来计算可承载城镇建设、农业生产的最大规模。本实验的研究范围较小，仅用于演示评价方法。

用 ArcMap 进行承载规模评价主要包含以下两项实验内容：

➢ 城镇建设承载规模评价；

➢ 农业生产承载规模评价。

其中农业生产承载规模以种植业承载规模为对象，展示其具体评价过程。

本章所需基础：

➢ 读者具备基础的 ArcGIS 平台操作能力；

➢ 读者具备基础的 Excel 操作能力。

12.1　城镇建设承载规模评价

12.1.1　评价方法

城镇建设的可承载最大规模评价可以从土地资源约束、水资源约束、环境约束三个方面来开展，按照短板原理，取三种约束条件下的最小值作为可承载的最大规模。由于环境约束方面需要结合各个评价对象的实际情况来确定具体的评价因子，因此本节实验主要介绍从前两个方面来开展承载规模评价实验。

从土地资源约束方面开展评价工作可以选取生态保护极重要区之外的、城镇建设适宜性评价结果中的适宜区和一般适宜区，按评价单元统计其面积，作为土地资源约束下城镇建设的最大规模。

从水资源约束方面开展评价工作可从城镇人均需水量、城镇可用水量、可承载城镇建设用地最大规模等方面来开展评价。评价时首先需要根据区域供用水结构、工艺技术、生活和工业用水占比等参数确定区域城镇可用水量；然后利用区域城镇可用水量除以城镇人均需水量来确定可承载的城镇人口规模；最后根据可承载的城镇人口规模乘以人均城镇建设用地面积来确定可承载的建设用地规模。

说明：水资源约束下的城镇建设承载规模评价方法

（1）城镇人均需水量

根据《城市居民生活用水量标准》（GB/T 50331-2002）合理确定不同地区城镇居民生活用水量；可按照国际人均工业用水量标准和地区经验值综合确定人均工业用水量。应在不同发展阶段、经济技术水平和生产生活方式等情景下，根据具体情况设定生活和工业用水合理占比，综合确定城镇人均需水量。

（2）城镇可用水量

在不同区域供用水结构、工艺技术、工业生产任务、三产结构等情景下，结合水资源配置相关成果，设定生活和工业用水合理占比，将其乘以评价区域用水总量控制指标，得到不同情景下的城镇可用水量。

（3）可承载城镇建设用地最大规模

采用评价区域城镇可用水量除以城镇人均需水量，得出评价区域内人口规模。以集约高效利用国土空间为基本原则，基于现状和节约集约发展要求，在不同发展阶段、经济技术水平和生产生活方式情景下，合理设定人均城镇建设用地，将其乘以评价区域内人口规模，得出水资源约束条件下的城镇建设用地规模。

12.1.2 评价数据

☞ **步骤**：打开地图文档查看基础数据。

➜ 打开随书数据的地图文档【chp12\练习数据\承载规模评价\城镇建设承载规模评价.mxd】，在【内容列表】面板中，浏览到图层组【基础数据】，其中列出了本次实验所需基础数据：【城镇建设适宜性分区】、【生态保护极重要区】、【水资源区划】、【实验区范围】。本节实验所需基础数据的内容概况详见表 12-1。

城镇建设承载规模评价实验基础数据一览表 表 12-1

<table>
<tr><th>评价要素</th><th>基础数据</th><th>基础数据名称</th><th>数据内容概述</th></tr>
<tr><td rowspan="5">承载规模评价</td><td rowspan="2">土地资源约束</td><td>城镇建设适宜性分区</td><td>基于第 10 章城镇建设适宜性评价得到的实验区范围城镇建设适宜性分区评价结果</td></tr>
<tr><td>生态保护极重要区</td><td>基于第 9 章生态保护重要性评价得到的实验区范围生态保护极重要区结果</td></tr>
<tr><td rowspan="3">水资源约束</td><td>水资源区划</td><td>本实验虚构的实验区地表水资源分布数据，由两个虚构的小流域作为评价单元，包含 3 个字段：【流域单元名称】、【流域单元面积】、【水资源总量】</td></tr>
<tr><td>实验区范围</td><td>本实验区范围矢量数据</td></tr>
<tr><td>区域供用水结构</td><td>由地方水务部门提供，或通过调研访谈进行收集</td></tr>
</table>

12.1.3 评价过程

根据评价方法，本节实验可分为两个环节：土地资源约束下的城镇建设承载规模评价，水资源约束下的城镇建设承载规模评价。为了更好地展示评价思路，本实验中水资源环境约束下的评价实验对评价对象进行了如下简化：假定实验区范围城镇供水完全来自地表水资源；农业用水占总用水量 70%，生活用水占总用水量 30%，忽略工业用水；评价区域用水总量控制指标取 30%；城市人均用水量参考规范取 150L/（人·d）；人均城镇建设用地面积取 $100m^2$/人。

土地资源约束下的城镇建设承载规模评价环节中，实验首先利用【擦除】工具，从城镇建设适宜性分区结果中扣除生态保护极重要区范围；然后利用【筛选】工具，提取出生态保护极重要区之外的城镇建设适宜区和一般适宜区，得到可承载城镇建设的用地分布数据；最后利用【汇总统计数据】对用地面积字段【SHAPE_Area】进行统计，得到土地资源约束下的可承载城镇建设的最大规模。

水资源约束下的城镇建设承载规模评价环节中，实验首先利用【裁剪】工具，提取实验区范围的水资源区划数据；然后利用实验区地表水资源量乘以生活用水比例和用水总量控制指标，得到实验区城镇可用水量数据；之后利用实验区城镇可用水量除以城镇人均需水量，得到实验区可承载的城镇人口规模；最后根据可承载的城镇人口规模乘以人均城镇建设用地面积，得到可承载的城镇建设用地规模。

综上所述，本节实验需要完成两个环节的 7 项操作步骤，具体详见表 12-2。

城镇建设承载规模评价实验过程概况一览表 表 12-2

实验环节	操作步骤	基础数据	输出结果	涉及模型工具
环节 1：土地资源约束下的城镇建设承载规模评价	步骤 1：扣除生态保护极重要区	【城镇建设适宜性分区】 【生态保护极重要区】	【实际城镇建设适宜性分区】	【擦除】

续表

实验环节	操作步骤	基础数据	输出结果	涉及模型工具
环节 2：土地资源约束下的城镇建设承载规模评价	步骤 2：获得可承载城镇建设的用地分布	【实际城镇建设适宜性分区】	【可承载城镇建设用地分布】	【筛选】
	步骤 3：统计可承载城镇建设的用地面积	【可承载城镇建设用地分布】	【土地资源约束的城镇建设承载规模】	【汇总统计数据】
环节 3：水资源约束下的城镇建设承载规模评价	步骤 4：裁剪实验区范围水资源区划	【水资源区划】 【实验区范围】	【实验区范围水资源区划】	【裁剪】
	步骤 5：确定区域城镇可用水量	【实验区范围水资源区划】 【区域供用水结构】	【水资源约束的城镇建设承载规模.xls】	【表转 Excel】 【Excel 函数工具】
	步骤 6：确定水资源约束可承载的城镇人口规模和城镇建设用地规模			
	步骤 7：确定可承载的城镇建设用地规模			

☞ **步骤 1：**扣除生态保护极重要区。

➜ 在【目录】面板中，浏览到【工具箱 \ 系统工具箱 \Analysis Tools.tbx\ 叠加分析 \ 擦除】，双击该项启动【擦除】工具，设置对话框如图 12-1 所示。

- 设置【输入要素】为【城镇建设适宜性分区】。
- 设置【擦除要素】为【生态保护极重要区】。
- 设置【输出要素类】为【D:\study\chp12\ 练习数据 \ 承载规模评价 \ 城镇建设承载规模评价 .mdb\ 实际城镇建设适宜性分区】。
- 点击【确定】按钮，完成后会自动加载结果到左侧【内容列表】面板中。

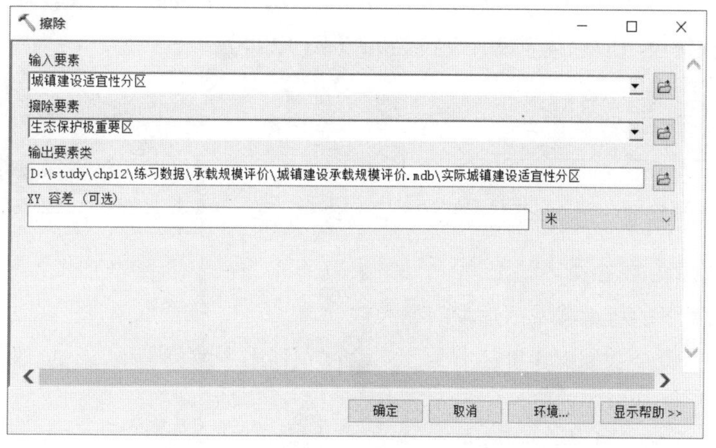

图 12-1　实际城镇建设适宜性分区【擦除】对话框

☞ **步骤 2：**获得土地资源约束的可承载城镇建设用地分布。

➜ 在【目录】面板中，浏览到【工具箱 \ 系统工具箱 \Analysis Tools.tbx\ 提取分析 \ 筛选】，双击该项启动【筛选】工具，设置对话框如图 12-2 所示。

- 设置【输入要素】为【实际城镇建设适宜性分区】。
- 设置【输出要素类】为【D:\study\chp12\ 练习数据 \ 承载规模评价 \ 城镇建设承载规模评价 .mdb\ 可承载城镇建设用地分布】。
- 设置【表达式（可选）】为【[适宜性分区] = '适宜区' OR [适宜性分区] = '一般适宜区'】。

- 点击【确定】按钮，计算完成后会自动加载结果到左侧【内容列表】面板中。

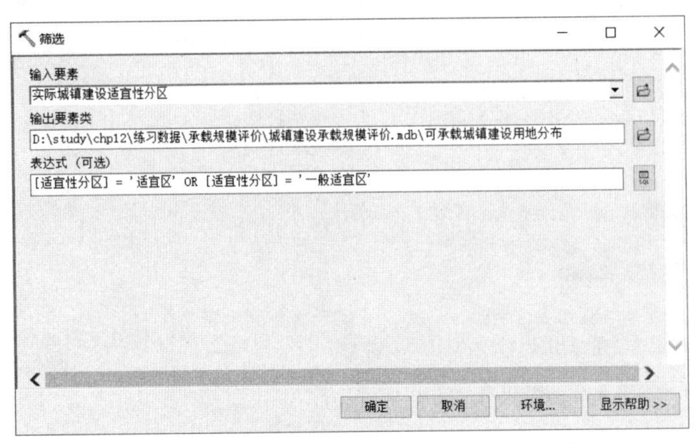

图 12-2　可承载城镇建设用地分布【筛选】对话框

☞ **步骤 3**：统计土地资源约束的可承载城镇建设用地面积。

- 在【目录】面板中，浏览到【工具箱\系统工具箱\Analysis Tools.tbx\统计分析\汇总统计数据】，双击该项启动【汇总统计数据】工具，设置对话框如图 12-3 所示。
  - 设置【输入表】为【可承载城镇建设用地分布】。
  - 设置【输出表】为【D:\study\chp12\练习数据\承载规模评价\城镇建设承载规模评价.mdb\土地资源约束的城镇建设承载规模】。
  - 设置【统计字段】为【Shape_Area】,【统计类型】为【SUM】。
  - 点击【确定】按钮，计算完成后会自动加载属性表到左侧【内容列表】面板中（需将【内容列表】切换为【按源列出】显示），打开该属性表，可以看到【SUM_Shape_Area】字段下的属性值即为土地资源约束下的城镇建设用地承载规模，单位为 m^2（图 12-4）。

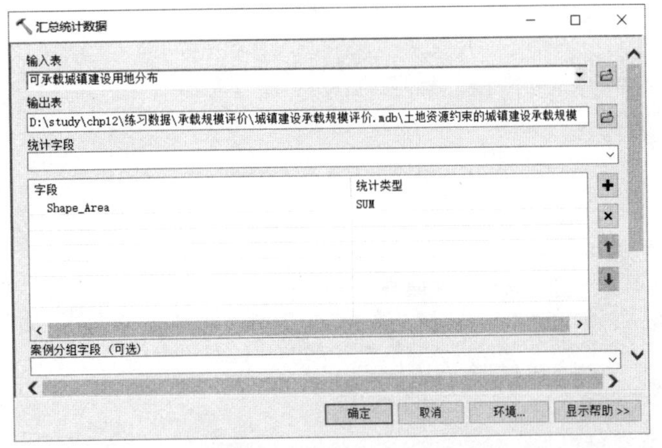

图 12-3　城镇建设承载规模【汇总统计】对话框

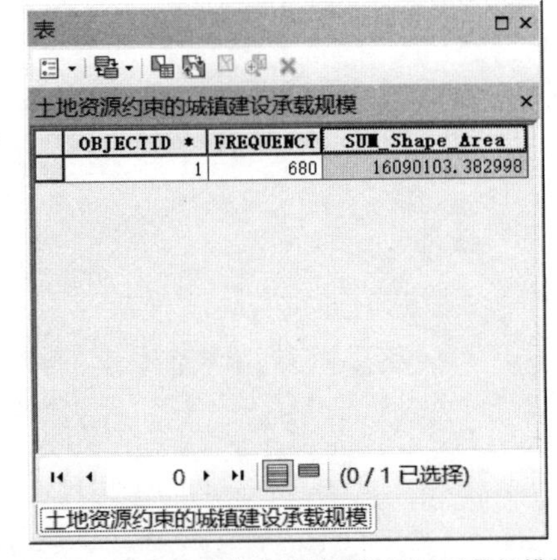

OBJECTID *	FREQUENCY	SUM_Shape_Area
1	680	16090103.382998

图 12-4　土地资源约束的城镇建设用地承载规模结果

☞ **步骤 4**：裁剪实验区范围水资源区划。

- 在【目录】面板中，浏览到【工具箱\系统工具箱\Analysis Tools.tbx\提取分析\裁剪】，双击该项启动【裁剪】工具，设置对话框如图 12-5 所示。
  - 设置【输入要素】为【水资源区划】。
  - 设置【裁剪要素】为【实验区范围】。

- 设置【输出要素类】为【D:\study\chp12\练习数据\承载规模评价\城镇建设承载规模评价.mdb\实验区范围水资源区划】。
- 点击【确定】按钮，计算完成后会自动加载结果到左侧【内容列表】面板中。

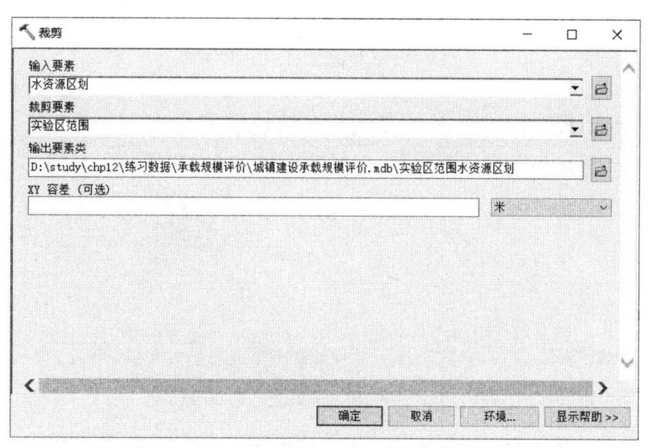

图 12-5　可承载城镇建设用地分布【筛选】对话框

☞ **步骤 5：**确定区域城镇可用水量。

- 提取区域水资源总量。在【目录】面板中，浏览到【工具箱\系统工具箱\Conversion Tools.tbx\Excel\表转Excel】，双击该项启动【表转 Excel】工具，设置对话框如下。
  - 设置【输入表】为【实验区范围水资源区划】。
  - 设置【输出 Excel 文件】为【D:\study\chp12\练习数据\承载规模评价\水资源约束的城镇建设承载规模.xls】。
  - 点击【确定】按钮，运行工具。完成后，打开【水资源约束的城镇建设承载规模.xls】，删掉多余的字段，只留下【流域单元名称】和【水资源总量】。结果如图 12-6 所示。

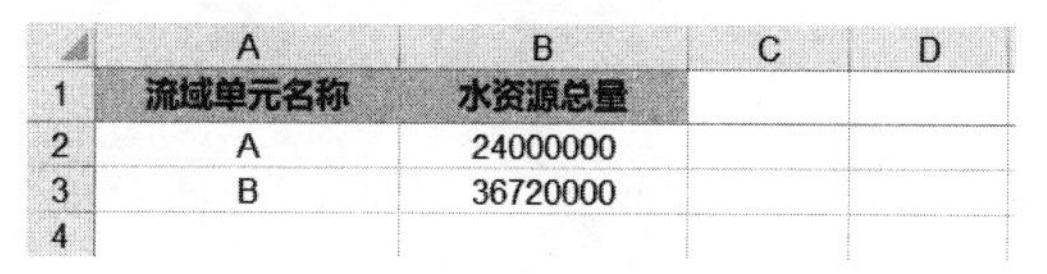

	A	B	C	D
1	流域单元名称	水资源总量		
2	A	24000000		
3	B	36720000		
4				

图 12-6　水资源约束的城镇建设承载规模 Excel

- 计算区域城镇可用水量。
  - 在【水资源约束的城镇建设承载规模.xls】中，另起一行，输入区域供用水结构的各参数值，如图 12-7 所示。

	A	B	C	D	E
1	流域单元名称	水资源总量			
2	A	24000000			
3	B	36720000			
4					
5	生活用水量占比	用水总量控制指标	城镇人均用水量	人均城镇建设用地面积	
6	0.3	0.3	150	100	
7					

图 12-7　区域供用水结构参数

  - 在【水资源总量】右边单元格，新建一列，命名为【城镇可用水量】，在其下方所在两行单元格分别输入函数“=B2*A6*B6”和“=B3*A6*B6”，得到 A、B 两单元的区域城镇可用水量（图 12-8）。

	A	B	C	D	E
1	流域单元名称	水资源总量	城镇可用水量		
2	A	24000000	2160000		
3	B	36720000	=B3*A6*B6		
4					
5	生活用水量占比	用水总量控制指标	城镇人均用水量	人均城镇建设用地面积	
6	0.3	0.3	150	100	
7					

图 12-8 区域城镇可用水量计算

☞ **步骤 6**：确定水资源约束下可承载的城镇人口规模和城镇建设用地规模。

- 在【城镇可用水量】右边单元格，新建一列命名为【城镇可承载人口】，在其下方所在两行单元格分别输入函数“=C2*1000/365/C6”和“=C3*1000/365/C6”，得到 A、B 两单元的区域城镇可承载人口（图 12-9）。

	A	B	C	D	E
1	流域单元名称	水资源总量	城镇可用水量	城镇可承载人口	
2	A	24000000	2160000	39452.05479	
3	B	36720000	3304800	=C3*1000/365/C6	
4					
5	生活用水量占比	用水总量控制指标	城镇人均用水量	人均城镇建设用地面积	
6	0.3	0.3	150	100	
7					

图 12-9 区域城镇可承载人口计算

- 确定水资源约束下的城镇建设用地承载规模。
  - 在【城镇可承载人口】右边单元格，新建一列命名为【城镇建设用地承载规模】，在其下方所在两行单元格分别输入函数“=D2*D6”和“=D3*D6”，得到 A、B 两单元的城镇建设用地承载规模（图 12-10）。

	A	B	C	D	E
1	流域单元名称	水资源总量	城镇可用水量	城镇可承载人口	城镇建设用地承载规模
2	A	24000000	2160000	39452.05479	3945205.479
3	B	36720000	3304800	60361.64384	=D3*D6
4					
5	生活用水量占比	用水总量控制指标	城镇人均用水量	人均城镇建设用地面积	
6	0.3	0.3	150	100	
7					

图 12-10 区域城镇建设用地承载规模计算

  - 再在其下方单元格输入函数“=SUM(E2:E3)”，得到 A、B 两单元的城镇建设用地承载规模总和为 9981369.863，对应的单位是 m^2。

☞ **步骤 7**：确定可承载的城镇建设用地规模。

- 比较土地资源约束和水资源约束的城镇建设用地承载规模，确定最终可承载的城镇建设用地规模。根据两者的计算结果，水资源约束的城镇建设用地承载规模值最小，因此取该值为实验区范围的城镇建设用地承载规模。

随书数据的【chp12\练习结果示例\承载规模评价\城镇建设承载规模评价.mxd】和【chp12\练习结果示例\承载规模评价\水资源约束的城镇建设承载规模.xls】示例了本练习的完整结果。

12.2 农业生产承载规模评价

12.2.1 评价方法

种植业的农业生产承载规模评价可以从土地资源约束、水资源约束和环境约束三个方面来开展，按照短板原理，取三种约束条件下的最小值作为可承载的最大规模。由于环境约束方面需要结合各个评价对象的实际情况来确定具体的评价因子，因此本节实验主要介绍从前两个方面来开展本次承载规模评价实验。

从土地资源约束方面开展评价可以选取生态保护极重要区之外的、农业生产适宜性评价中适宜区和一般适宜区，扣除城镇现状建成区后按评价单元统计其面积，作为土地资源约束下农业生产的最大规模。

从水资源约束方面开展评价可以从灌溉可用水量、农田灌溉定额、可承载的灌溉面积、可承载耕地规模及现状不合理灌溉耕地面积五个方面来开展评价。

知识点：水资源约束下的农业生产承载规模评价方法

（1）灌溉可用水量

在不同的区域供用水结构、粮食生产任务、三产结构等情景下，结合水资源配置相关成果，设定农业用水合理占比，乘以评价区域用水总量控制指标，得到不同情景下的灌溉可用水量。

（2）农田灌溉定额

根据当地农业生产实际情况，以代表性作物（水稻、小麦、玉米等）灌溉定额为基础，在不同的种植结构、复种情况、灌溉方式（漫灌、管灌、滴灌、喷灌等）、农田灌溉水有效利用系数等情景下，分别确定农田综合灌溉定额。代表性农作物灌溉定额应采用评价区域水利、农业部门发布的最新版行业用水定额或农作物灌溉定额标准。有关部门或研究单位通过大量灌溉实验所取得的有关成果，也可作为确定灌溉定额的依据。

（3）可承载的灌溉面积

不同情景下，灌溉可用水量和农田综合灌溉定额的比值，即为相应条件下可承载的灌溉面积规模。

（4）可承载耕地规模

可承载的耕地规模包括水资源可承载的灌溉面积和单纯以天然降水为水源的农业面积。雨养农业需要适应当地降水规律，雨养农业面积取决于作物生长期内降水量以及降水过程与作物需水过程的一致程度。可采用彭曼公式计算作物蒸腾蒸发量，参考联合国粮农组织推荐的作物系数，计算主要作物生长期耗水量；采用 SCS 模型等方法确定实际补充到作物根系层的有效降水量。对于有效降水能够满足主要作物耗水量的地块面积为雨养适宜地块面积。

（5）现状不合理灌溉耕地面积

针对存在地下水超采、河道生态流量（水量）不足、超过用水总量控制指标等问题的区域，通过不合理农业灌溉水量除以现状条件下农田综合灌溉定额，计算现状不合理灌溉耕地面积。

12.2.2　评价数据

☞ **步骤：**打开地图文档查看基础数据。

- 打开随书数据的地图文档【chp12\ 练习数据 \ 承载规模评价 \ 农业生产承载规模评价 .mxd】，在【内容列表】面板中，浏览到图层组【基础数据】，其中列出了本次实验所需基础数据：【农业生产适宜性分区】、【生态保护极重要区】、【城镇现状建成区】、【水资源区划】、【实验区范围】。本节实验所需基础数据的内容概况详见表 12-3。

农业生产承载规模评价实验基础数据一览表　　表 12-3

评价要素	基础数据	基础数据名称	数据内容概述
承载规模评价	土地资源约束	农业生产适宜性分区	基于第 11 章农业生产适宜性评价得到的实验区范围农业生产适宜性分区评价结果
		生态保护极重要区	基于第 9 章生态保护重要性评价得到的实验区范围生态保护极重要区结果
		城镇现状建成区	通常取土地利用三调地类图斑中用地类别为城镇用地的图斑
	水资源约束	水资源区划	本实验虚构的实验区地表水资源分布数据，由两个虚构的小流域作为评价单元，包含 3 个字段：【流域单元名称】、【流域单元面积】、【水资源总量】
		实验区范围	本实验区范围矢量数据
		区域灌溉用水结构	由地方水务部门、农业部门提供，或通过调研访谈进行收集

12.2.3　评价过程

根据评价方法，本节实验可分为两个环节：土地资源约束下的农业生产承载规模评价、水资源约束下的农业生产承载规模评价。为了更好地展示评价思路，水资源环境约束下的评价实验对评价对象进行了如下简化：假定实验区范围城镇供水完全来自地表水资源；忽略工业用水，农业用水占总用水量70%，生活用水占总用水量30%；评价区域用水总量控制指标取30%；代表性作物以水稻为主，农田灌溉定额取6250m³/hm²；农田灌溉水有效利用系数取0.505。

土地资源约束下的农业生产承载规模评价环节中，实验首先利用【擦除】工具，从农业生产适宜性分区结果中扣除生态保护极重要区和城镇现状建成区；然后利用【筛选】工具，提取出生态保护极重要区和城镇现状建成区之外的农业生产适宜区和一般适宜区，得到可承载农业生产的用地分布数据；最后利用【汇总统计数据】对上一步计算结果的用地面积字段【SHAPE_Area】进行统计，得到土地资源约束下的可承载农业生产的最大规模。

水资源约束下的农业生产承载规模评价环节中，实验首先利用【裁剪】工具，提取实验区范围的水资源区划数据；然后利用实验区地表水资源量乘以农业用水比例和用水总量控制指标，得到实验区农田灌溉可用水量数据；之后利用灌溉定额除以灌溉水有效利用系数，得到综合灌溉定额；最后，利用实验区农田灌溉可用水量除以综合灌溉定额，得到水资源约束下可承载的农业生产用地规模。

综上所述，本节实验需要完成两个环节的7项操作步骤，具体详见表12-4。

农业生产承载规模评价实验过程概况一览表 表12-4

实验环节	操作步骤	基础数据	输出结果	涉及模型工具
环节1：土地资源约束下的农业生产承载规模评价	步骤1：扣除生态保护极重要区和城镇现状建成区	【农业生产适宜性分区】 【生态保护极重要区】 【城镇现状建成区】	【农业生产适宜性分区2】 【实际农业生产适宜性分区】	【擦除】
	步骤2：获得可承载农业生产的用地分布	【实际农业生产适宜性分区】	【可承载农业生产用地分布】	【筛选】
	步骤3：统计可承载农业生产的用地面积	【可承载农业生产用地分布】	【土地资源约束的农业生产承载规模】	【汇总统计数据】
环节2：水资源约束下的农业生产承载规模评价	步骤4：裁剪实验区范围水资源区划	【水资源区划】 【实验区范围】	【实验区范围水资源区划】	【裁剪】
	步骤5：确定区域农田灌溉可用水量	【实验区范围水资源区划】 【区域灌溉用水结构】	【水资源约束的农业生产承载规模.xls】	【表转Excel】 【Excel函数工具】
	步骤6：水资源约束下的农业生产用地承载规模			
	步骤7：确定可承载的农业生产用地规模			

☞ **步骤1：**扣除生态保护极重要区和城镇现状建成区。

- 扣除生态保护极重要区。启动【擦除】工具，设置对话框各项参数如下。
  - 设置【输入要素】为【农业生产适宜性分区】。
  - 设置【擦除要素】为【生态保护极重要区】。
  - 设置【输出要素类】为【D:\study\chp12\练习数据\承载规模评价\农业生产承载规模评价.mdb\农业生产适宜性分区2】。
  - 点击【确定】按钮，完成后会自动加载结果到左侧【内容列表】面板中。

- 扣除城镇现状建成区。再次启动【擦除】工具，设置各项参数如下。
  - 设置【输入要素】为【农业生产适宜性分区 2】。
  - 设置【擦除要素】为【城镇现状建成区】。
  - 设置【输出要素类】为【D:\study\chp12\ 练习数据 \ 承载规模评价 \ 农业生产承载规模评价 .mdb\ 实际农业生产适宜性分区】。
  - 点击【确定】按钮，完成后会自动加载结果到左侧【内容列表】面板中。

☞ 步骤 2：获得土地资源约束的可承载农业生产用地分布。

- 启动【筛选】工具，设置对话框各项参数如下。
  - 设置【输入要素】为【实际农业生产适宜性分区】。
  - 设置【输出要素类】为【D:\study\chp12\ 练习数据 \ 承载规模评价 \ 农业生产承载规模评价 .mdb\ 可承载农业生产用地分布】。
  - 设置【表达式（可选）】为【[适宜性分区] = '适宜区' OR [适宜性分区] = '一般适宜区'】。
  - 点击【确定】按钮，计算完成后会自动加载结果到左侧【内容列表】面板中。

☞ 步骤 3：统计土地资源约束的可承载农业生产用地面积。

- 启动【汇总统计数据】工具，设置对话框各项参数如下。
  - 设置【输入表】为【可承载农业生产用地分布】。
  - 设置【输出表】为【D:\study\chp12\ 练习数据 \ 承载规模评价 \ 农业生产承载规模评价 .mdb\ 土地资源约束的农业生产承载规模】。
  - 设置【统计字段】为【Shape_Area】，选择【统计类型】为【SUM】。
  - 点击【确定】按钮，计算完成后会自动加载属性表到左侧【内容列表】面板中（需将内容列表切换为【按源列出】显示），打开该属性表，【SUM_Shape_Area】字段下的属性值即为土地资源约束下的农业生产用地承载规模，单位为 m^2（图 12-11）。

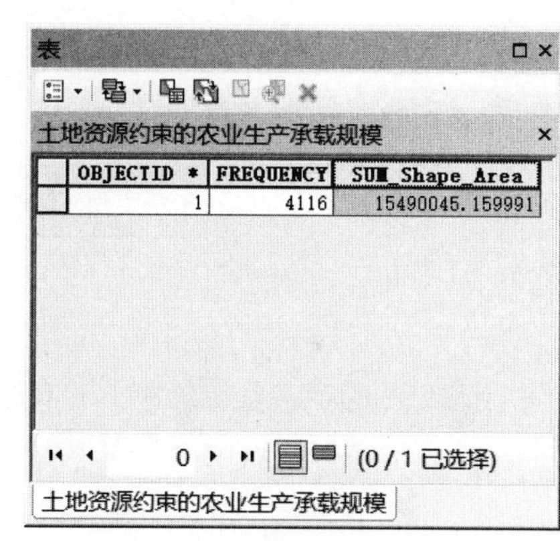

图 12-11 土地资源约束的农业生产承载规模结果

☞ 步骤 4：裁剪实验区范围水资源区划。

- 启动【裁剪】工具，设置对话框各项参数如下。
  - 设置【输入要素】为【水资源区划】。
  - 设置【裁剪要素】为【实验区范围】。
  - 设置【输出要素类】为【D:\study\chp12\ 练习数据 \ 承载规模评价 \ 农业生产承载规模评价 .mdb\ 实验区范围水资源区划】。
  - 点击【确定】按钮，计算完成后会自动加载结果到左侧【内容列表】面板中。

☞ 步骤 5：确定区域农田灌溉可用水量。

- 提取区域水资源总量。启动【表转 Excel】工具，设置对话框各项参数如下。
  - 设置【输入表】为【实验区范围水资源区划】。
  - 设置【输出 Excel 文件】为【D:\study\chp12\ 练习数据 \ 承载规模评价 \ 水资源约束的农业生产承载规模 .xls】。
  - 点击【确定】按钮，运行工具。完成后，打开【水资源约束的农业生产承载规模 .xls】，删掉多余的字段，只留下【流域单元名称】和【水资源总量】。结果如图 12-12 所示。

	A	B	C	D
1	流域单元名称	水资源总量		
2	A	24000000		
3	B	36720000		
4				

图 12-12　水资源约束的农业生产承载规模 Excel

- 计算区域灌溉可用水量。
  - 在【水资源约束的农业生产承载规模 .xls】中，另起一行，输入区域灌溉用水结构的各参数值如图 12-13 所示。

	A	B	C	D	E
1	流域单元名称	水资源总量			
2	A	24000000			
3	B	36720000			
4					
5	农业用水量占比	用水总量控制指标	农田灌溉定额	农田灌溉水有效利用系数	
6	0.7	0.3	6250	0.505	
7					

图 12-13　区域灌溉用水结构参数

  - 在【水资源总量】右边单元格，新建一列，命名为【灌溉可用水量】，在其下方所在两行单元格分别输入函数“=B2*A6*B6”和“=B3*A6*B6”，得到 A、B 两单元的区域灌溉可用水量（图 12-14）。

	A	B	C	D	E
1	流域单元名称	水资源总量	灌溉可用水量		
2	A	24000000	5040000		
3	B	36720000	=B3*A6*B6		
4					
5	农业用水量占比	用水总量控制指标	农田灌溉定额	农田灌溉水有效利用系数	
6	0.7	0.3	6250	0.505	
7					

图 12-14　区域灌溉可用水量计算

☞ **步骤 6**：确定水资源约束下的农业生产用地承载规模。

- 确定综合灌溉定额。在【农田灌溉水有效利用系数】右边单元格，新建一列，命名为【综合灌溉定额】，在其下方所在单元格输入函数“=C6/D6”，得到区域综合灌溉定额（图 12-15）。

	A	B	C	D	E	F
1	流域单元名称	水资源总量	灌溉可用水量			
2	A	24000000	5040000			
3	B	36720000	7711200			
4						
5	农业用水量占比	用水总量控制指标	农田灌溉定额	农田灌溉水有效利用系数	综合灌溉定额	
6	0.7	0.3	6250	0.505	=C6/D6	
7						

图 12-15　区域综合灌溉定额计算

- 确定农业生产用地承载规模。
  - 在【灌溉可用水量】右边单元格，新建一列命名为【农业生产用地承载规模】，在其下方所在两行单元格分别输入函数“=C2/E6*10000”和“=C3/E6*10000”，得到 A、B 两单元的农业生产用地承载规模（图 12-16）。
  - 再在其下方单元格输入函数“=SUM(D2:D3)”，得到 A、B 两单元的农业生产用地承载规模总和为 10302969.6，对应的单位是 m^2。

	A	B	C	D	E	F
1	流域单元名称	水资源总量	灌溉可用水量	农业生产用地承载规模		
2	A	24000000	5040000	4072320		
3	B	36720000	7711200	=C3/E6*10000		
4						
5	农业用水量占比	用水总量控制指标	农田灌溉定额	农田灌溉水有效利用系数	综合灌溉定额	
6	0.7	0.3	6250	0.505	12376.23762	
7						

图 12-16 区域农业生产用地承载规模计算

☞ **步骤 7**：确定可承载的农业生产用地规模。

- 比较土地资源约束和水资源约束的农业生产用地承载规模，确定最终可承载的农业生产用地规模。根据两者的计算结果，水资源约束的农业生产承载规模值最小，因此取该值为实验区范围的农业生产用地承载规模。

随书数据的【chp12\练习结果示例\承载规模评价\农业生产承载规模评价.mxd】和【chp12\练习结果示例\承载规模评价\水资源约束的农业生产承载规模.xls】，示例了本练习的完整结果。

12.3 本章小结

本章主要介绍了承载规模评价的基本方法，包括土地资源和水资源约束下的城镇建设承载规模评价以及农业生产承载规模评价。

具体而言，土地资源约束下的城镇建设承载规模评价需先选取生态保护极重要区之外的城镇建设适宜性评价结果中的适宜区和一般适宜区，统计其总面积作为城镇建设的可承载规模；水资源约束下的城镇建设承载规模评价先根据供用水现状计算出水资源约束下可承载的最大人口规模，再乘以人均城镇建设用地面积，从而确定可承载的建设用地规模；然后按照短板原理，取两种约束条件下的评价结果最小值，作为最终的城镇建设可承载规模。对农业生产承载规模的评价同样按此方式进行，只是在水资源约束评价时采用的参数和计算过程上有所区别。

最后评价得到的城镇建设承载规模结果，可用于分析城镇建设的潜力规模和空间布局，以及现状城镇空间优化利用方向；得到的农业生产承载规模结果，可用于可开发耕地的潜力规模和空间布局，以及现状耕地质量的潜力提升分析中。

本章技术汇总表

规划应用汇总	页码	信息技术汇总	页码
土地资源约束下的城镇建设承载规模评价	353	叠加分析（擦除）	355
水资源约束下的城镇建设承载规模评价	356	提取分析（筛选）	355
土地资源约束下的农业生产承载规模评价	358	统计分析（汇总统计数据）	356
水资源约束下的农业生产承载规模评价	361	Excel（表转 Excel）	357
		Excel 函数工具	357

第13章　双评价相关分析和技术

由于“双评价”中某些单项评价内容较多，篇幅较长，或者几项评价之间存在重叠性内容，因此本书特将这些内容单独提取至本章进行详细介绍。具体包括：

➢ 地形构建与分析；

➢ 水文分析之提取流域单元；

➢ 气候评价相关分析；

➢ 区位条件相关分析；

➢ 模型建构器在双评价中的应用。

本章所需基础：

➢ 读者基本掌握本书第2章所介绍的ArcGIS要素类加载、查看和符号化等基础；

➢ 读者基本掌握本书第3章所介绍的添加和计算字段等表操作；

➢ 读者基本掌握本书第9章所介绍的栅格计算器、重分类、插值、焦点统计等栅格分析工具。

13.1　地形构建与分析

13.1.1　实验方法

地形构建与分析是国土空间规划“双评价”分析的关键环节之一。通过地形构建与分析可以提取反映地形分布特点的特征要素，从而作为后续其他评价的基础要素之一，如农业生产适宜性评价和城镇建设适宜性评价均以地形坡度评价作为初判条件等级的基础，因此科学地、合理地进行地形构建和分析是“双评价”的重要支撑性工作之一。

国土空间规划中的地形分析和构建主要包括构建地形、地形高程分析、地形坡度分析、地形坡向分析、地形起伏度分析五项内容。其中地形高程数据可以反映区域地形的高程分布信息，地形坡度数据可以反映区域地形的地表陡峭程度，地形坡向数据可以反映区域地形的坡度朝向分布信息，地形起伏度可以反映一定区域内地表的相对高差信息。本节将就以上五项内容进行实验，演示具体的分析思路和方法。

构建地形通常需要以数字线划地形图（即通常的地形CAD数据）或数字高程模型DEM（Digital Elevation Model）数据为基础，通过ArcGIS平台的系统工具来构建不规则三角网（Triangular Irregular Network，TIN）数据或地形栅格数据用于后续的地形分析。本节实验主要展示以数字线划地形图为基础，利用【地形转栅格】工具，得到地形栅格数据结果。

地形高程分析实验主要展示以地形栅格数据为基础，通过属性的【符号系统】工具，对地形高程值进行分级显示。

地形坡度分析实验主要展示以地形栅格数据为基础，通过【坡度】工具得到地形坡度结果。

地形坡向分析实验主要展示以地形栅格数据为基础，计算地表坡度在9个方向（东、东北、北、西北、西、西南、南、东南以及平面）的朝向分布信息。

地形起伏度分析实验主要展示以地形栅格数据为基础，计算一定区域内地形的最高海拔与最低海拔的差值，生成地形起伏度的栅格数据结果。

13.1.2　实验数据

☞ **步骤**：打开地图文档，查看实验数据。

打开随书数据的地图文档【chp13\ 练习数据 \ 地形构建与分析 \ 地形构建与分析 .mxd】，在【内容列表】面板，浏览到图层组【基础数据】，其中列出了本次实验所需基础数据：【地形等高线】(表 13–1)。

地形构建与分析实验基础数据一览表　　**表 13–1**

实验名称	基础数据名称	数据内容概述
地形构建	地形等高线	本实验虚构的实验区范围地形等高线 CAD 数据
地形高程分析	地形栅格数据	上一步地形构建实验得到的结果数据
地形坡度分析		
地形坡向分析		
地形起伏度分析		

13.1.3　实验过程

根据实验方法，本节实验完成以下五项操作，如表 13–2 所示。

地形构建与分析实验过程概况一览表　　**表 13–2**

操作步骤	基础数据	输出结果	涉及模型工具
步骤 1：地形构建	【地形等高线】	【地形栅格 .tif】	【地形转栅格】
步骤 2：地形高程分析	【地形栅格 .tif】	无	【符号系统】
步骤 3：地形坡度分析	【地形栅格 .tif】	【地形坡度分析 .tif】	【坡度】
步骤 4：地形坡向分析	【地形栅格 .tif】	【地形坡向分析 .tif】	【坡向】
步骤 5：地形起伏度分析	【地形栅格 .tif】	【地形起伏度数据 .tif】	【焦点统计】

13.1.3.1　地形构建

紧接上一小节打开地图文档步骤，继续操作如下。

☞ **步骤**：构建地形。本步骤主要利用【地形转栅格】工具实现。

➔ 在【目录】面板中，浏览到【工具箱 \ 系统工具箱 \Spatial Analyst Tools.tbx\ 插值分析 \ 地形转栅格】，双击该项启动该工具，设置【地形转栅格】对话框（图 13–1），各项参数具体如下。

- 设置【输入要素数据】为【基础数据 \ 地形等高线】。
- 设置要素图层【字段】为【Elevation】，【类型】为【Contour】。

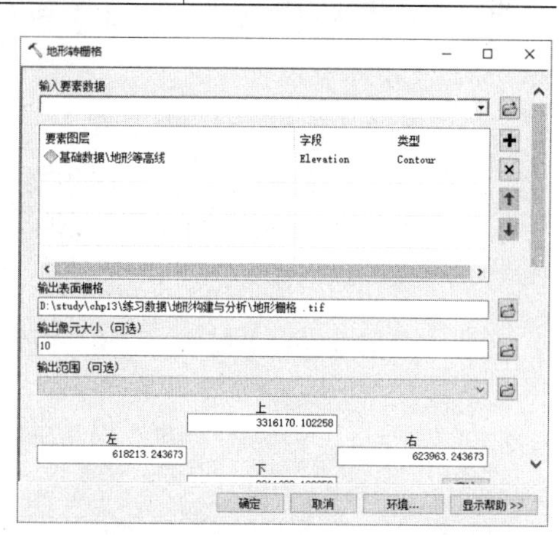

图 13–1 【地形转栅格】工具对话框

> **知识点**：ArcGIS中地形构建与分析工具一览
> 从对话框帮助栏中可知，ArcGIS 将输入数据分为以下九种类型：
> PointElevation – 表示表面高程的点要素类。“字段”用于存储点的高程。
> Contour – 表示高程等值线的线要素类。“字段”用于存储等值线的高程。
> Stream – 河流位置的线要素类。所有弧线必须定向为指向下游。要素类中应该仅包含单条弧线组成的河流。此输入类型没有“字段”选项。

Sink - 表示已知地形凹陷的点要素类。此工具不会试图将任何明确指定为汇的点从分析中移除。所用 Field 应存储了合理的汇高程。如果选择了 NONE，将仅使用汇的位置。

Boundary - 包含表示输出栅格外边界的单个面的要素类。在输出栅格中，位于此边界以外的像元将为 NoData。此选项可用于在创建最终输出栅格之前沿海岸线裁剪出水域。此输入类型没有“字段”选项。

Lake - 指定湖泊位置的面要素类。湖面内的所有输出栅格像元均将指定为使用沿湖岸线所有像元高程值中最小的那个高程值。此输入类型没有“字段”选项；

Cliff - 悬崖的线要素类。必须对悬崖线要素进行定向以使线的左侧位于悬崖的低侧，线的右侧位于悬崖的高侧。此输入类型没有“字段”选项。

Exclusion - 其中的输入数据应被忽略的区域的面要素类。这些面允许从插值过程中移除高程数据。通常将其用于移除与堤壁和桥相关联的高程数据，这样就可以内插带有连续地形结构的基础山谷。此输入类型没有“字段”选项。

Coast - 包含沿海地区轮廓的面要素类。位于这些面之外的最终输出栅格中的像元会被设置为小于用户所指定的最小高度限制的值。此输入类型没有“字段”选项。

- 设置【输出表面栅格】为【D:\study\chp13\ 练习数据 \ 地形构建与分析 \ 地形栅格 .tif】。
- 设置【输出像元大小】为【10】，默认其他设置。
- 点击【确定】按钮。

➜ 转换成功后，可在【图层属性】的【符号系统】中设置相应的显示色带，得到地形栅格数据（图 13-2）（亦可先由 CAD 转 TIN，再由 TIN 数据转 DEM 数据）。

图 13-2 地形栅格数据

13.1.3.2 地形高程分析

紧接地形构建实验，继续操作如下。

☞ **步骤：** 通过【符号系统】实现高程分级显示。

建立的地形栅格数据具有高程属性，可通过图层的【符号系统】设置来对图层进行符号化。

➜ 右键单击【地形栅格 .tif】图层，弹出菜单中选择【属性】，显示【图层属性】对话框（图 13-3）。切换到【符号系统】选项卡。具体设置如下。

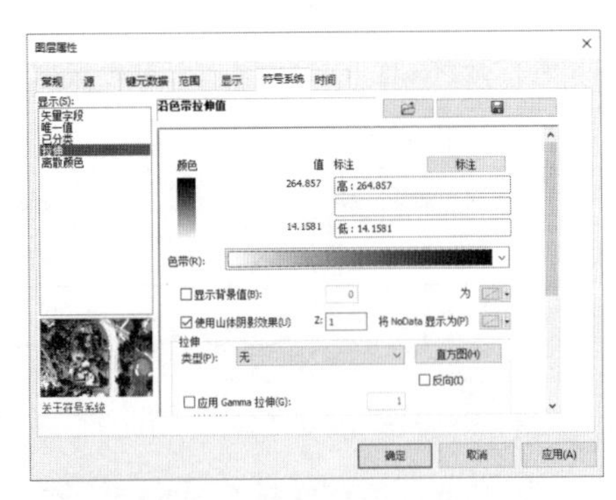

图 13-3 【图层属性】对话框设置

- 设置符号化类型。在【显示：】栏下，选择符号化的方式，可供选择的栅格数据的符号化方式有【矢量字段】、【唯一值】、【已分类】、【拉伸】和【离散颜色】5 种，这里选择【拉伸】。
- 勾选【使用山体阴影效果】，在【拉伸】栏下，设置【类型】为【无】，使之呈现出 DEM 的立体效果。
- 在【色带】栏的下拉列表中，选择符合要求的色带，这意味着让图层按该色带进行渲染。
- 点击【确定】按钮，完成高程分级显示，效果如图 13-4 所示。

栅格数据符号化类型介绍：

【矢量字段】：“矢量字段”渲染器使用矢量符号显示栅格数据，该渲染器通常用于在气象学和海洋学方面对流方向和量级栅格进行可视化。

【唯一值】：“唯一值”渲染器将会为每个唯一的值返回一个类型。数据的唯一值数量超过默认限制（大于 65536）时，ArcGIS 会自动报错而无法渲染。

【已分类】：“已分类”渲染器可基于值属性表中的字段对像素值进行符号化。

【拉伸】：“拉伸”渲染器适用于对连续数据的栅格进行渲染，该渲染器基于栅格数据集的统计数据，将对比度拉伸应用于栅格数据中，从而增大栅格显示的视觉对比度。

【离散颜色】：“离散颜色”渲染器可使用一种随机颜色来显示栅格数据集中的值。该渲染器只能用于整型栅格数据集，而且不会生成图例。

如需进一步了解符号化的五种方式请查阅 ArcGIS 帮助文档。

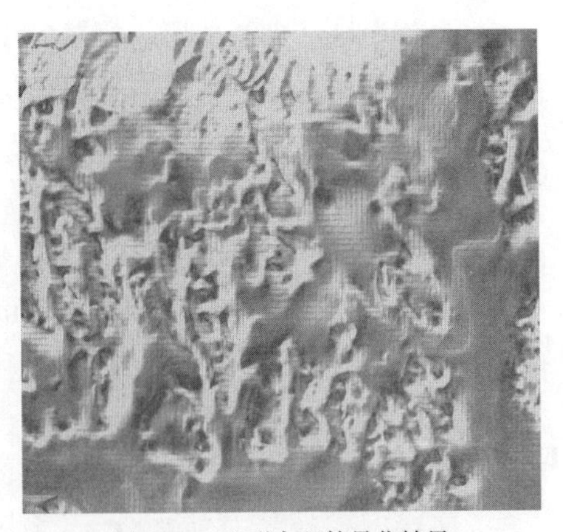

图 13-4 地形高程符号化结果

13.1.3.3 地形坡度分析

紧接地形高程分析实验，继续操作如下。

☞ **步骤：** 计算地形坡度。本步骤主要利用【坡度】工具实现。

- 在【目录】面板中，浏览到【工具箱 \ 系统工具箱 \Spatial Analyst Tools.tbx\ 表面分析 \ 坡度】，双击该项启动该工具，设置【坡度】对话框（图 13–5），各项参数具体如下。
  - 设置【输入栅格】为【地形栅格 .tif】。
  - 设置【输出栅格】为【D:\study\chp13\ 练习数据 \ 地形构建与分析 \ 地形坡度分析 .tif】，默认其他设置。
  - 点击【确定】按钮，计算完成后会在左侧内容面板自动加载计算结果图层。
- 符号化分级显示。当坡度分析完成后，在【内容列表】面板中，鼠标左键双击【地形坡度分析】图层，显示【图层属性】对话框，切换到【符号系统】选项卡，在选项卡中选择【显示：】栏下的【已分类】，设置【类别】为【5】类（图 13–6），点击右侧【分类】按钮 分类(Y)... ，在【分类】对话框中按【0 ～ 2° ，2° ～ 6° ，6° ～ 15° ，15° ～ 25° ，以及 25° 以上】手动分类显示（图 13–7），最后得到地形坡度分析数据（图 13–8）。

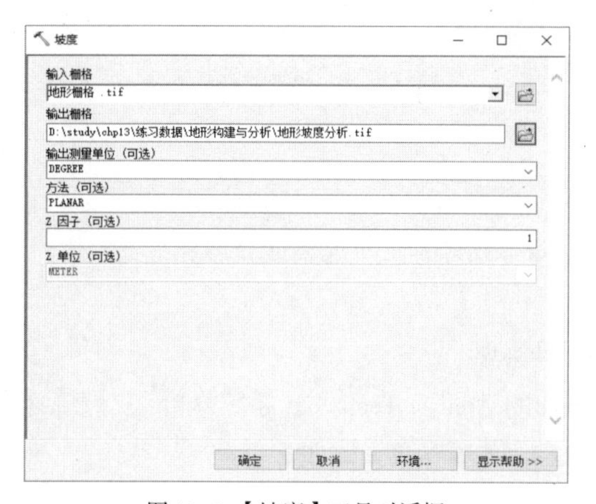

图 13–5 【坡度】工具对话框

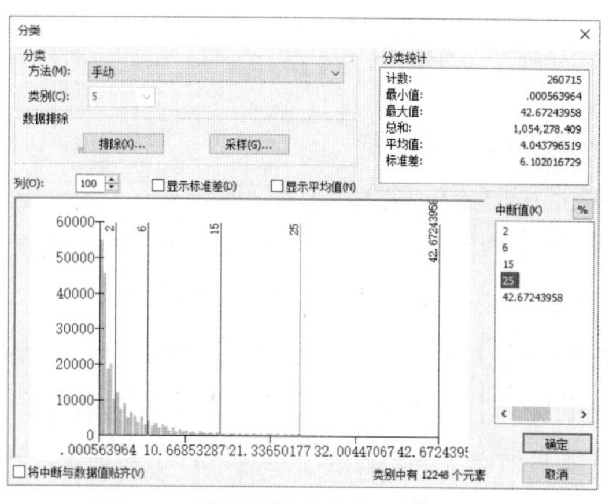

图 13–6 【符号系统】中【分类】对话框

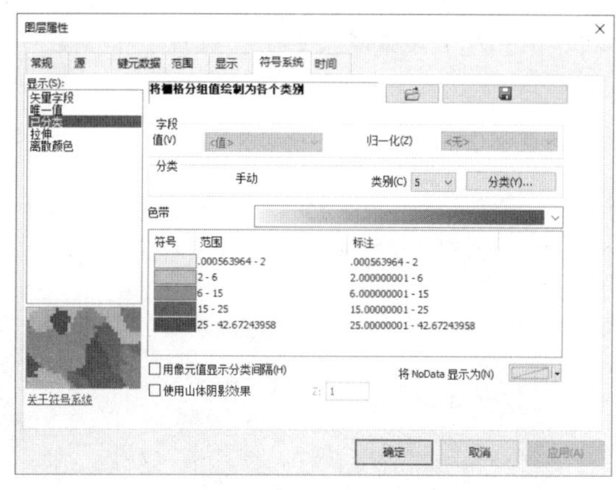

图 13–7 【图层属性】对话框

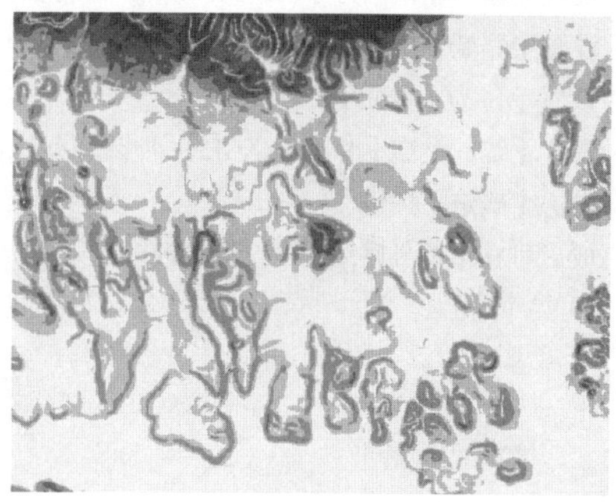

图 13–8 地形坡度分析数据

13.1.3.4 地形坡向分析

紧接地形坡度分析实验，继续操作如下。

☞ **步骤：** 计算地形坡向。本步骤主要利用【坡向】工具实现。

- 在【目录】面板中，浏览到【工具箱 \ 系统工具箱 \Spatial Analyst Tools.tbx\ 表面分析 \ 坡向】，双击该项启动该工具，设置【坡向】对话框（图 13–9），各项参数具体如下。

- 设置【输入栅格】为【地形栅格 .tif】。
- 设置【输出栅格】为【D:\study\chp13\ 练习数据 \ 地形构建与分析 \ 地形坡向分析 .tif】，默认其他设置。
- 点击【确定】按钮，得到地形坡向分析数据（图 13–10）。

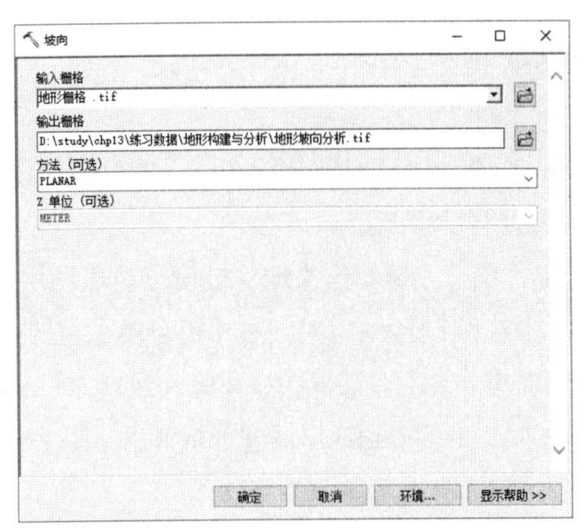

图 13–9 【坡向】工具对话框

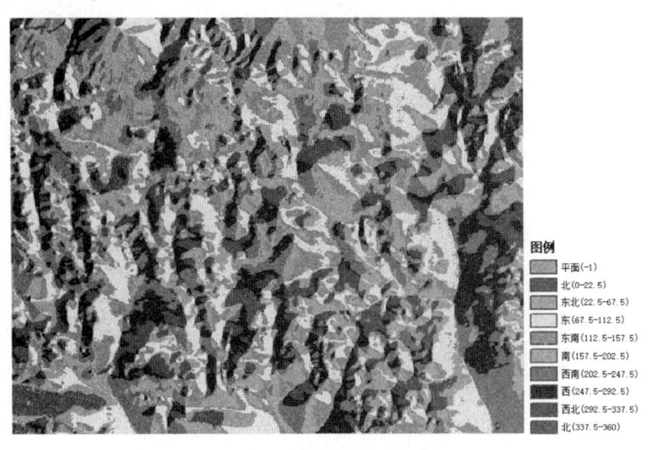

图 13–10 地形坡向分析数据

13.1.3.5 地形起伏度分析

紧接地形坡向分析实验，继续操作如下。

地形起伏度是指在一个特定区域范围内（可以设置为圆、矩形或者其他）地表最高点和最低点之间的差，这一步可通过 ArcGIS 中的【焦点统计】工具实现。

☞ **步骤：**计算地形起伏度。本步骤主要利用【焦点统计】工具实现。

- 在【目录】面板中，浏览到【工具箱 \ 系统工具箱 \Spatial Analyst Tools.tbx\ 邻域分析 \ 焦点统计】，双击该项启动该工具，设置【焦点统计】对话框（图 13–11），各项参数具体如下。
  - 设置【输入栅格】为【地形栅格 .tif】。
  - 设置【输出栅格】为【D:\study\chp13\ 练习数据 \ 地形构建与分析 \ 地形起伏度 .tif】。
  - 设置【邻域分析（可选）】为【圆形】（也可为其他），在下方【邻域设置】中，设置【半径】为【25】，设置单位为【像元】。
  - 设置【统计类型】为【RANGE】（即计算邻域内像元的最大值和最小值之差）。
  - 点击【确定】按钮。
- 完成后可在【符号属性】中设置色带以美化显示，得到地形起伏度分析数据（图 13–12）。

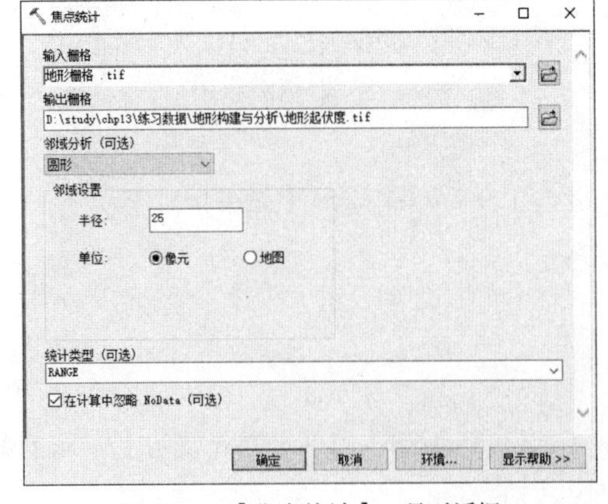

图 13–11 【焦点统计】工具对话框

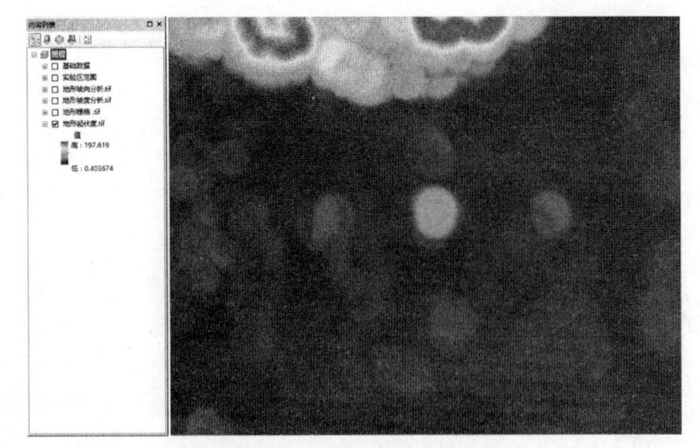

图 13–12 地形起伏度分析数据

> ⬇ **说明**：邻域设置对实验结果影响
> 本书第 9 章解释了本书双评价试验中邻域设置为 25 的原因，这里不再赘述。计算地形起伏度时必须依据实验范围设置合理的邻域，如设置过大会导致在更大范围内计算，这意味着影响的区域越大，起伏也就越大；设置过小，则计算结果越小，因为区域越小，起伏差异越小。

13.2　水文分析之提取流域单元

13.2.1　实验方法

水文分析是市县级“双评价”中城镇建设适宜性评价的水资源评价的基础性工作。由于市县层级的城镇指向水资源评价需要结合地形地貌、流域水系以及行政边界等因素来确定流域范围作为评价单元，因此本章就水文分析中的提取河流网络、提取流域两项主要内容进行实验，演示确定流域范围的具体分析思路和方法。

> ⬇ **知识点**：ArcGIS 中水文分析工具一览
> ArcGIS 中提供水文分析工具一般用于模拟地表水流形成径流，并用来提取河流网络和分水岭边界等水文信息。常见的水文分析工具如下：
> 盆域分析（Basin）：创建描绘所有流域盆地的栅格；
> 填洼（Fill）：通过填充表面栅格中的汇来移除数据中的小缺陷；
> 流量（Flow Accumulation）：创建每个像元累积流量的栅格，可选择性应用权重系数；
> 流向（Flow Direction）：创建从每个像元到其最陡下坡相邻点的流向的栅格；
> 水流长度（Flow Length）：计算沿每个像元的流路径的上游（或下游）距离或加权距离；
> 汇（Sink）：创建识别所有汇或内流水系区域的栅格；
> 捕捉倾泻点（Snap Pour Point）：将倾泻点捕捉到指定范围内累积流量最大的像元；
> 河流连接（Stream Link）：向各交汇点之间的栅格线状网络的各部分分配唯一值；
> 河网分级（Stream Order）：为表示线状网络分支的栅格线段指定数值顺序；
> 栅格河网矢量化（Stream to Feature）：将表示线状网络的栅格转换为表示线状网络的要素；
> 分水岭（Watershed）：确定栅格中一组像元之上的汇流区域。

提取河流网络首先需要对【原始 DEM.tif】数据中的洼地进行填洼，用其周边像元的最低值来替代掉这些洼地；然后以【无洼地的 DEM.tif】数据为基础，依次计算区域水文的流向、流量数据，再利用流量数据生成，并提取区域河流网络数据。

提取流域需要以上一步的河流网络栅格数据为基础，通过流域分析得到区域的盆域栅格数据。

13.2.2　实验数据

☞ **步骤**：打开地图文档，查看实验数据。

打开随书数据的地图文档【chp13\ 练习数据 \ 水文分析 \ 水文分析 .mxd】，在【内容列表】面板，浏览到图层组【基础数据】，其中列出了本次实验所需基础数据：【原始 DEM.tif】（图 13-13）。本节实验所需基础数据的内容概况详见表 13-3。

水文分析实验基础数据一览表　　　　表 13-3

实验名称	基础数据名称	数据内容概述
提取河流网络	【原始 DEM.tif】	本实验虚构的一定区域范围内 30m 精度的 DEM 数据
提取流域	【无洼地 DEM.tif】	上一步提取河流网络实验步骤 2 结果数据

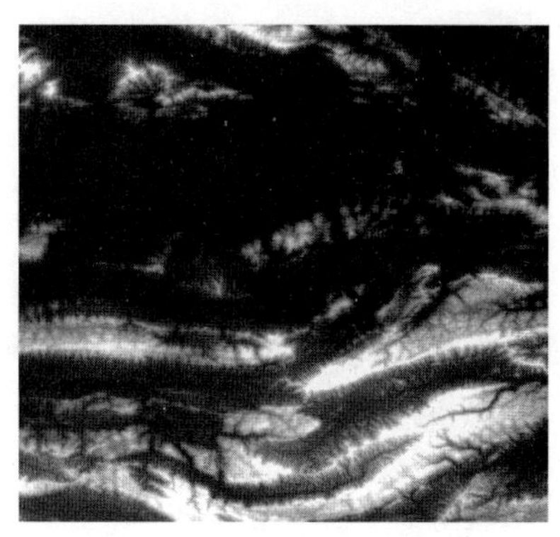

图 13-13　【原始 DEM.tif】数据一览

13.2.3 实验过程

根据实验方法，本节实验可分为两个环节：提取河流网络和提取流域。

提取河流网络实验首先利用【填洼】工具去除【原始 DEM.tif】数据中的洼地；然后利用【流向】工具和【流量】工具计算区域水文的流向、流量数据；接着利用【栅格计算器】工具，提取区域水文的河流网络栅格数据，利用【栅格转面】工具将河流网络栅格数据转为矢量数据；最后利用【编辑器 / 高级编辑 / 平滑】工具对河流网络矢量数据进行平滑，得到最终平滑后的河流网络矢量数据。

提取流域实验首先利用【盆域分析】工具，计算获得区域的盆域栅格数据，然后利用【栅格转面】工具，获得盆域矢量数据。

综上所述，本节实验需要完成两个环节，合计 8 项操作步骤，如表 13–4 所示。

水文分析实验基础数据一览表　　表 13–4

实验环节	操作步骤	基础数据	输出结果	涉及模型工具
环节 1：提取河流网络	步骤 1：去除原始 DEM 数据中的洼地	【原始 DEM.tif】	【无洼地 DEM.tif】	【填洼】
	步骤 2：计算区域水文流向数据	【无洼地 DEM.tif】	【区域水文流向 .tif】	【流向】
	步骤 3：计算区域水文流量数据	【区域水文流向 .tif】	【区域水文流量 .tif】	【流量】
	步骤 4：计算区域河流网络	【区域水文流量 .tif】	【区域河流网络 .tif】	【栅格计算器】
	步骤 5：提取区域河流网络矢量数据	【区域河流网络 .tif】 【区域水文流向 .tif】	【区域河流网络矢量 .tif】	【栅格河网矢量化】
	步骤 6：对河流网络进行平滑处理	【区域河流网络矢量 .tif】	【平滑后的区域河流网络矢量 .tif】	【编辑器 / 高级编辑 / 平滑】
环节 2：提取流域	步骤 1：计算区域盆域栅格数据	【区域水文流向 .tif】	【区域水文盆域 .tif】	【盆域分析】
	步骤 2：获得区域盆域矢量数据	【区域水文流量 .tif】	【区域水文盆域矢量 .tif】	【栅格转面】

13.2.3.1 提取河流网络

☞ **步骤 1**：去除原始 DEM 数据中的洼地，得到【无洼地 DEM.tif】数据。

如果不填洼，在进行水流方向分析计算时，往往会得到不合理甚至错误的结果。

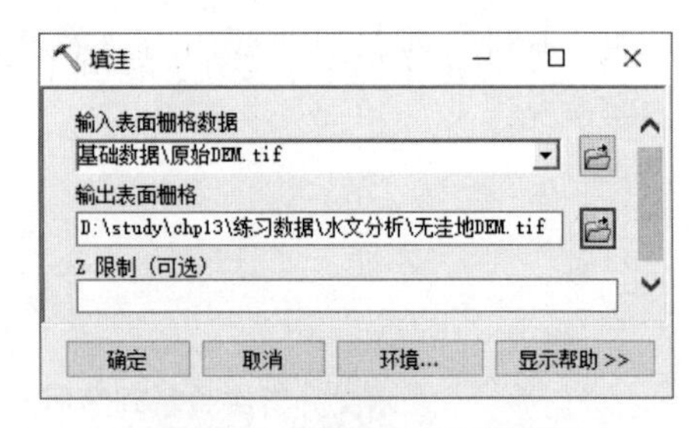

图 13–14 【填洼】工具对话框

- 在【目录】面板中，浏览到【工具箱 \ 系统工具箱 \Spatial Analyst Tools.tbx\ 水文分析 \ 填洼】，双击该项启动该工具，设置【填洼】对话框（图 13–14），各项参数具体如下。
  - 设置【输入表面栅格数据】为【基础数据 \ 原始 DEM.tif】。
  - 设置【输出表面栅格】为【D:\study\chp13\ 练习数据 \ 水文分析 \ 无洼地 DEM.tif】。
  - 【Z 限制】为填充阈值，当设置一个值后，在洼地填充过程中，那些洼地深度大于阈值的地方将作为真实地形保留，不予填充；系统默认情况是不设阈值，也就是所有的洼地区域都将被填平，填充所有的凹陷点（不考虑深度）。
  - 点击【确定】按钮，进行填洼计算，计算完成后会在左侧内容面板自动加载计算结果图层。

☞ **步骤 2**：计算区域水文流向数据。

利用【流向】工具，对【无洼地 DEM.tif】数据进行流向分析，得到每个像元到其最陡下坡相邻点的流向栅格数据。

- 在【目录】面板中，浏览到【工具箱 \ 系统工具箱 \Spatial Analyst Tools.tbx\ 水文分析 \ 流向】，双击该项启动该工具，设置【流向】对话框（图 13–15），各项参数具体如下。
  - 设置【输入表面栅格数据】为【无洼地 DEM.tif】。
  - 设置【输出流向栅格数据】为【D:\study\chp13\ 练习数据 \ 水文分析 \ 区域水文流向 .tif】，默认其他设置。
  - 点击【确定】按钮，得到【区域水文流向 .tif】的栅格数据结果（图 13–16）。

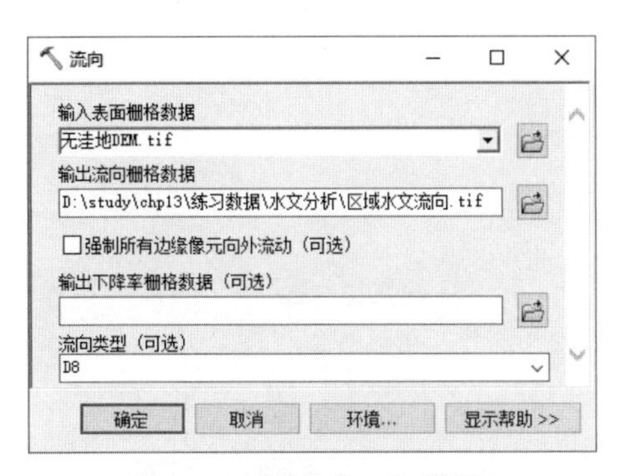

图 13–15 【流向】工具对话框

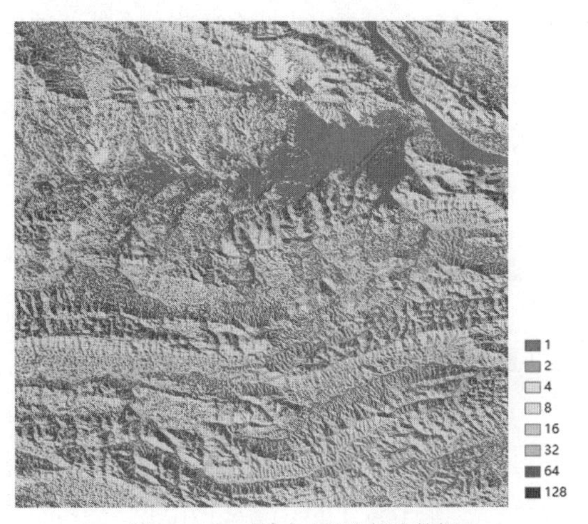

图 13–16　区域水文流向栅格数据

☞ **步骤 3**：计算区域水文流量数据。

本步骤利用【流量】工具，计算获得每个像元累积流量的栅格。高流量的输出像元是集中流动区域，可用于标识河道，流量为零的输出像元是局部地形高点，可用于识别山脊。

- 在【目录】面板中，浏览到【工具箱 \ 系统工具箱 \Spatial Analyst Tools.tbx\ 水文分析 \ 流量】，双击该项启动该工具，设置【流量】对话框（图 13–17），各项参数具体如下。
  - 设置【输入流向栅格数据】为【区域水文流向 .tif】。
  - 设置【输出蓄积栅格数据】为【D:\study\chp13\ 练习数据 \ 水文分析 \ 区域水文流量 .tif】，默认其他设置。
  - 点击【确定】按钮，得到【区域水文流量 .tif】的栅格数据结果（图 13–18）。

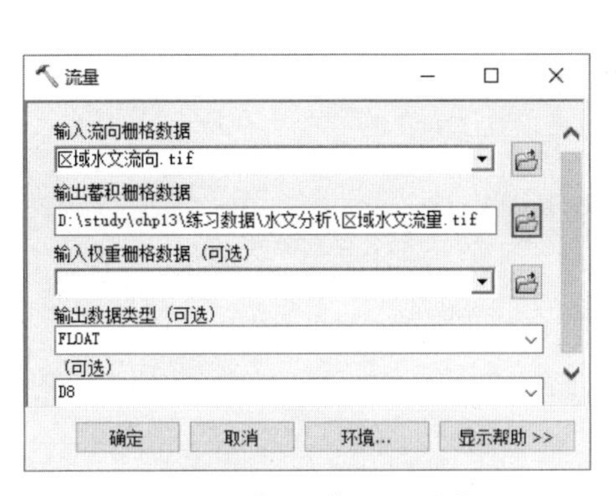

图 13–17 【流量】工具对话框

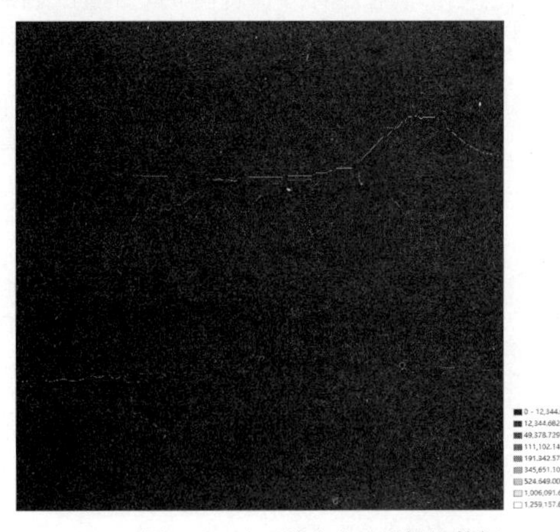

图 13–18　区域水文流量栅格数据

☞ **步骤 4：** 计算区域河流网络。

这一步主要利用【栅格计算器】工具，提取出区域水文流量栅格数据中大于 8000[①] 的像元作为区域河流网络。

- 在【目录】面板中，浏览到【工具箱 \ 系统工具箱 \Spatial Analyst Tools.tbx\ 地图代数 \ 栅格计算器】，双击该项启动该工具，设置【栅格计算器】对话框（图 13–19），各项参数具体如下。
  - 设置【地图代数表达式】代数表达式为【Con("区域水文流量 .tif" > 8000,1)】。
  - 设置【输出栅格】为【D:\study\chp13\ 练习数据 \ 水文分析 \ 水文分析 .mdb\ 区域河流网络】。
  - 点击【确定】按钮，得到【区域河流网络】栅格数据结果，如图 13–20 所示。

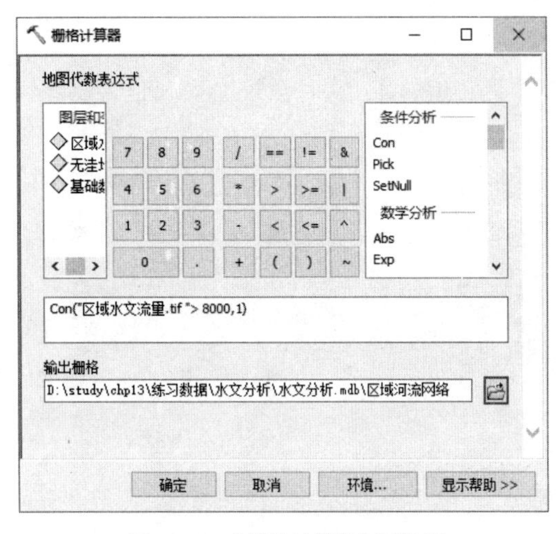

图 13–19 【栅格计算器】对话框

图 13–20 【区域河流网络】栅格

☞ **步骤 5：** 提取区域河流网络矢量数据。

上述步骤得到的是河流网络栅格数据，需将数据转换为矢量数据并进行后续平滑处理。【栅格河网矢量化】工具可借助方向栅格来使得相交像元和相邻像元矢量化。其原理是将两个值相同的相邻栅格河网矢量化为线。

- 在【目录】面板中，浏览到【工具箱 \ 系统工具箱 \Spatial Analyst Tools.tbx\ 水文分析 \ 栅格河网矢量化】，双击该项启动该工具，设置【栅格河网矢量化】对话框（图 13–21），各项参数具体如下。
  - 设置【输入河流栅格数据】为【区域河流网络】。
  - 设置【输入流向栅格数据】为【区域水文流向 .tif】。
  - 设置【输出折线要素】为【D:\study\chp13\ 练习数据 \ 水文分析 \ 水文分析 .mdb\ 区域河流网络矢量】。
  - 点击【确定】按钮，得到【区域河流网络矢量】数据。

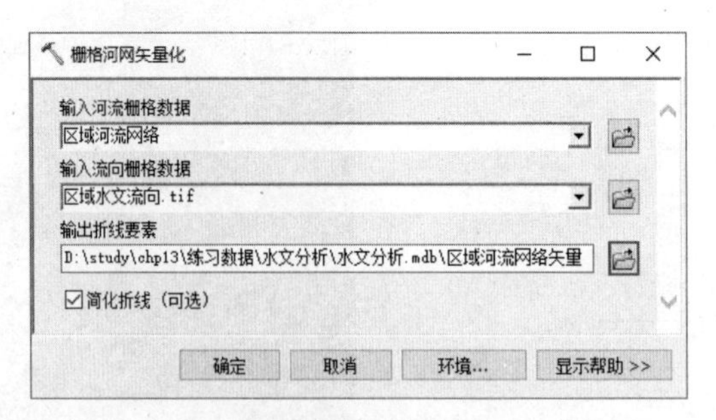

图 13–21 【栅格河网矢量化】工具对话框

① 河流域值的确定，可查看河流累积量，根据经验与不同阈值成图效果的对比，确定最终域值。

☞ **步骤 6：**对河流网络进行平滑处理，得到平滑后的河流网络矢量要素。

为保证河流的平滑性，需进行平滑处理。

- 点击【编辑器】工具条上的编辑器(R)▾下拉菜单，选择【开始编辑】。在弹出的【开始编辑】对话框中选择要编辑的图层【区域河流网络矢量】数据，点击【确定】按钮。
- 点击使用▸，框选中该图层所有要素。
- 点击主界面菜单【自定义】→【工具条】，勾选【高级编辑】。若之前已经勾选的话可以忽略此步骤。点击【高级编辑】工具条上的【平滑】按钮，显示【平滑】对话框。设置【最大允许偏移】值为【0.001】（图 13–22）。
- 点击【确定】按钮，得到平滑后的区域河流网络矢量图层（图 13–23）。
- 点击【编辑器】工具条上的编辑器(R)▾下拉菜单，选择【停止编辑】，这时系统会询问是否要保存编辑，选择【是】，完成修改并保存。

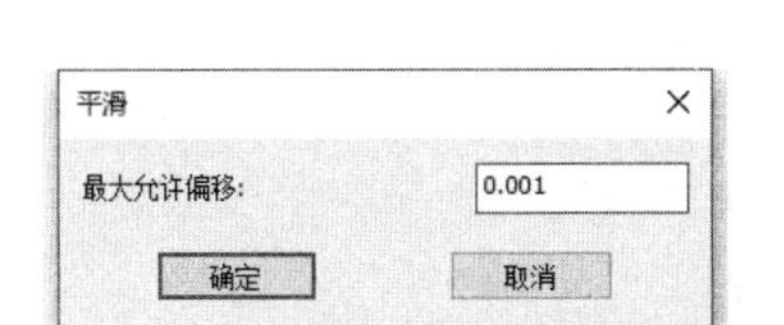

图 13–22　设置【最大允许偏移】值

图 13–23　平滑后的河流网络矢量图层

13.2.3.2　提取流域

首先通过识别盆地间的山脊线，描绘流域盆地，得到流域盆地的栅格。通过定位窗口边缘的倾泻点（水将从栅格倾泻出的地方）及凹陷点，然后再识别每个倾泻点上的汇流区域，来创建流域盆地。通过分析输入流向栅格数据找出属于同一流域盆地的所有已连接像元组。然后利用【栅格转面】工具计算获得流域的矢量数据，方便后续的叠加计算等。

☞ **步骤 1：**计算区域盆域栅格数据。

- 在【目录】面板中，浏览到【工具箱\系统工具箱\Spatial Analyst Tools.tbx\水文分析\盆域分析】，双击该项启动该工具，设置【盆域分析】对话框（图 13–24），各项参数具体如下。
  - 设置【输入流向栅格数据】为【区域水文流向 .tif】。
  - 设置【输出栅格】为【D:\study\chp13\练习数据\水文分析\区域水文盆域 .tif】。
  - 点击【确定】按钮，得到【区域水文盆域 .tif】分析数据（图 13–25）。

☞ **步骤 2：**获得区域盆域矢量数据。

- 在【目录】面板中，浏览到【工具箱\系统工具箱\Conversion Tools.tbx\由栅格转出\栅格转面】，双击该项启动该工具，设置【栅格转面】对话框（图 13–26），各项参数具体如下。
  - 设置【输入栅格】为【区域水文盆域 .tif】。

- 设置【输出面要素】为【D:\study\chp13\练习数据\水文分析\水文分析.mdb\区域水文盆域矢量】。
- 设置【字段】为【VALUE】，默认其他设置。
- 点击【确定】按钮，得到【区域水文盆域矢量】分析数据（图 13-27）。

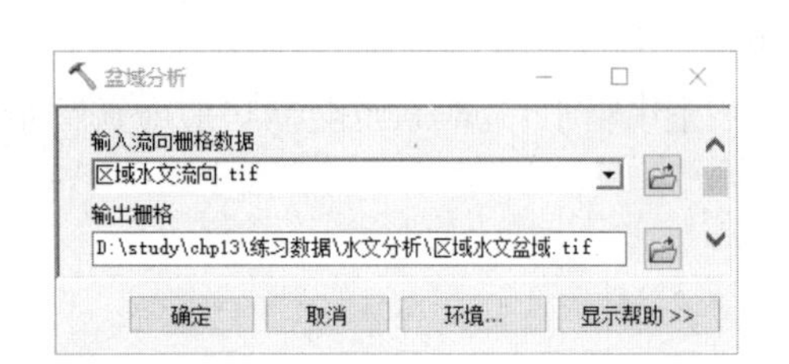

图 13-24 【盆域分析】工具对话框

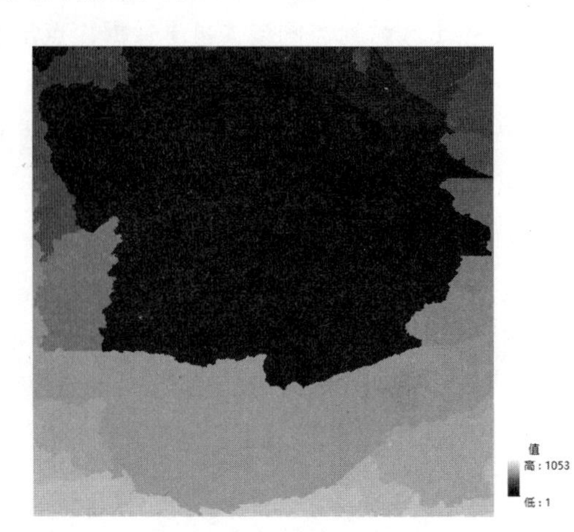

图 13-25 盆域分析数据图层

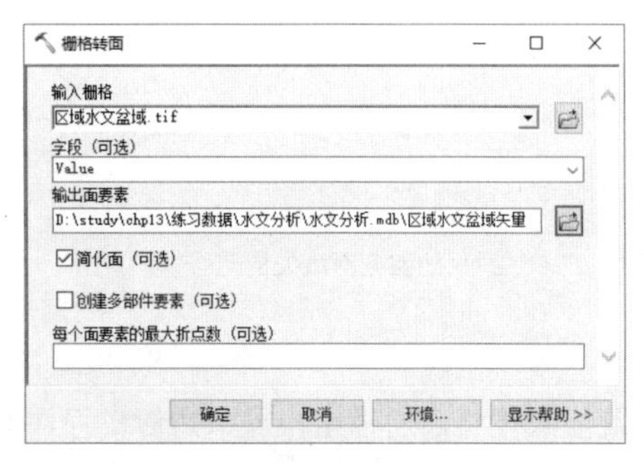

图 13-26 【栅格转面】工具对话框

图 13-27 区域盆域矢量数据

13.3 气候评价相关分析

本节实验主要介绍城镇建设适宜性评价中气候评价的温湿指数计算，以及舒适度评价加强版方法。

13.3.1 计算温湿指数

13.3.1.1 实验方法

温湿指数计算属于城镇指向气候单项评价的内容，是计算气候舒适度的基础。评价时首先基于区域内及邻近地区气象站点长时间序列气象观测数据，分别计算各站点 12 个月多年平均的月均温度和月均空气相对湿度；然后分别通过空间插值得到实验区格网尺度的月均温度和月均空气相对湿度；最后根据温湿指数计算公式（参见以下知识点）计算出实验区 12 个月格网尺度的温湿指数。

> **知识点：温湿指数计算公式**
>
> 温湿指数是用来表征舒适度的指标，舒适度是指人类对人居环境气候的舒适感，用于反映温度、湿度等自然气候条件对城镇建设的适宜水平。温湿指数的计算公式如下：
>
> $$THI=T-0.55\times(1-f)\times(T-58)$$
>
> 式中：THI 为温湿指数，T 为月均温度（华氏温度），f 是月均空气相对湿度（%）。
>
> 华氏温度 F 与摄氏温度 C 的转换公示为：
>
> $$F=C\times 9/5+32$$
>
> 将上式代入到前述以华氏温度表示的温湿指数计算公式中后即可得到用摄氏温度表示的温湿指数计算公式。具体如下：
>
> $$THI=(C\times 9/5+32)-0.55\times(1-f)\times(C\times 9/5-26)$$
>
> 式中：THI 为温湿指数，C 为月均温度（摄氏温度），f 是月均空气相对湿度（%）。

13.3.1.2　实验数据

☞ **步骤 1：**打开地图文档，查看实验数据。

- 打开随书数据中的地图文档【chp13\练习数据\气候评价相关分析\计算温湿指数\计算温湿指数.mxd】，该文档关联数据库【评价过程矢量要素】已建立，浏览到图层组【基础数据】，其中列出了本次实验所需基础数据：【气温观测数据】、【湿度观测数据】。大致概况详见表 13–5。

计算温湿指数实验基础数据一览表　　**表 13–5**

评价要素	基础数据	基础数据名称	数据内容概述
气候评价	多年平均温度	气温观测数据	本实验虚构的实验区外围四处气象站点长时间序列气温观测矢量数据，含 6 个主要字段：区站号、年份、月份、日期、平均温度（℃）、平均湿度
	多年平均湿度	湿度观测数据	

- 【气温观测数据】提供了实验区外围虚构的四处气象观测站过去数年逐日记录的温度数据。图中的四个点的位置为虚构的四处气象观测站所在位置。每个点位均由多个矢量点叠加而成，每个矢量点均为一条气候观测数据，包括观测点的编号（区站号）、纬度、经度、高程、年份、月份、日期、平均温度等数据。【湿度观测数据】与【气温观测数据】类似，提供了观测站过去数年逐日记录的湿度数据。

13.3.1.3　实验过程

本节实验计划首先使用【融合】工具来计算多年月均温度和多年月均空气相对湿度；然后再利用【筛选】和【克里金法】工具的批处理方法来计算实验区格网尺度的月均温度和月均湿度数据；最后利用【栅格计算器】的批处理方法来计算实验区分月温湿指数。

综上所述，本节实验可分解为三个环节，需要完成 5 项操作步骤，具体详见表 13–6。

计算温湿指数实验过程概况一览表　　**表 13–6**

实验环节	操作步骤	基础数据	输出结果	涉及模型工具
环节 1：计算多年月均温度和月均空气相对湿度	步骤 1：计算多年月均温度	【气温观测数据】	【多年月均温度】	【融合】
	步骤 2：计算多年月均空气相对湿度	【湿度观测数据】	【多年月均湿度】	【融合】
环节 2：计算实验区格网尺度的多年月均温度和月均空气相对湿度	步骤 3：计算实验区格网尺度的月均温度分布	【多年月均温度】	12 个月的【月均温度插值 .tif】	【筛选】 【克里金法】
	步骤 4：计算实验区格网尺度的月均湿度分布	【多年月均湿度】	12 个月的【月均湿度插值 .tif】	【筛选】 【克里金法】
环节 3：计算实验区格网尺度的温湿指数	步骤 5：计算实验区格网尺度的温湿指数	12 个月的【月均温度插值 .tif】 12 个月的【月均湿度插值 .tif】	12 个月的【月均温湿指数 .tif】	【栅格计算器】

紧接之前步骤，继续操作如下。

☞ **步骤 1：** 计算多年月均温度。

- 在【目录】面板中，浏览到【工具箱 \ 系统工具箱 \Data Management Tools.tbx\ 制图综合 \ 融合】，或者点击菜单【地理处理】→【融合】，双击该项打开该工具，设置【融合】对话框（图 13–28），各项参数具体如下。

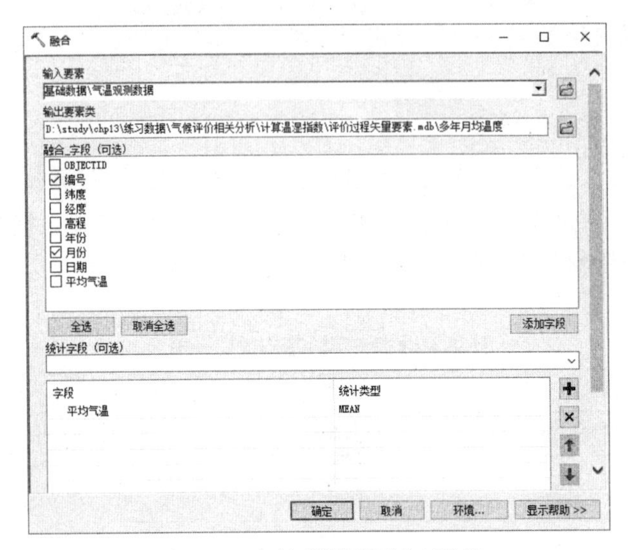

图 13–28　气候观测数据融合对话框

  - 设置【输入要素】为【基础数据 \ 气温观测数据】。
  - 设置【输出要素类】为【D:\study\chp13\ 练习数据 \ 气候评价相关分析 \ 计算温湿指数 \ 评价过程矢量要素 .mdb\ 多年月均温度】。
  - 在【融合 _ 字段（可选）】中勾选【编号】、【月份】。
  - 点击【统计字段（可选）】最右侧下拉小箭头，选择【平均气温】字段。操作完成后，【字段】下方空白栏会出现【平均气温】字样，同时在【统计字段（可选）】左侧会出现一个圆形红色底色的⊗图案，表明该对话框各项参数设置存在错误，需要继续完善参数设置。
  - 紧接上一步，点击【平均气温】所在行右侧【统计类型】一栏的空白单元格进入编辑状态，点击下拉箭头出现统计类型子菜单，设置统计类型为【MEAN】（即计算指定字段的平均值）。
  - 上述设置的含义是对各个不同【编号】的所有记录，按月份统计并计算【平均温度】字段的平均值，并按【编号】-【月份】-【MEAN_ 平均气温】的形式输出计算结果。
  - 点击【确定】按钮，完成融合。
- 计算完成后会在左侧内容列表面板自动加载【多年月均温度】图层，对该图层进行符号化，得到结果如图 13–29 所示。

☞ **步骤 2：** 计算多年月均空气相对湿度。

- 在【目录】面板中，浏览到【工具箱 \ 系统工具箱 \Data Management Tools.tbx\ 制图综合 \ 融合】，或者点击菜单【地理处理】→【融合】，双击该项打开工具，设置【融合】对话框（图 13–30），各项参数具体如下。
  - 设置【输入要素】为【基础数据 \ 湿度观测数据】。
  - 设置【输出要素类】为【D:\study\chp13\ 练习数据 \ 气候评价相关分析 \ 计算温湿指数 \ 评价过程矢量要素 .mdb\ 多年月均湿度】。

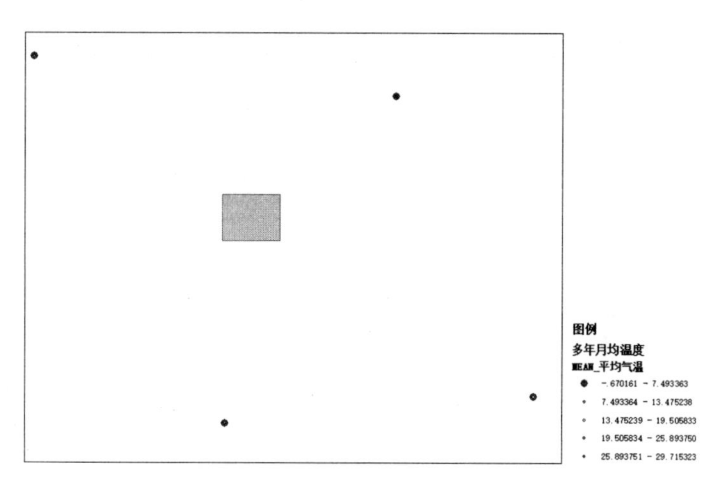

图 13-29　多年月均温度

- 在【融合 _ 字段（可选）】中勾选【编号】、【月份】。
- 设置【统计字段（可选）】为【日均湿度】字段。
- 设置【日均湿度】字段的【统计类型】为【MEAN】。
- 点击【确定】按钮，完成融合。

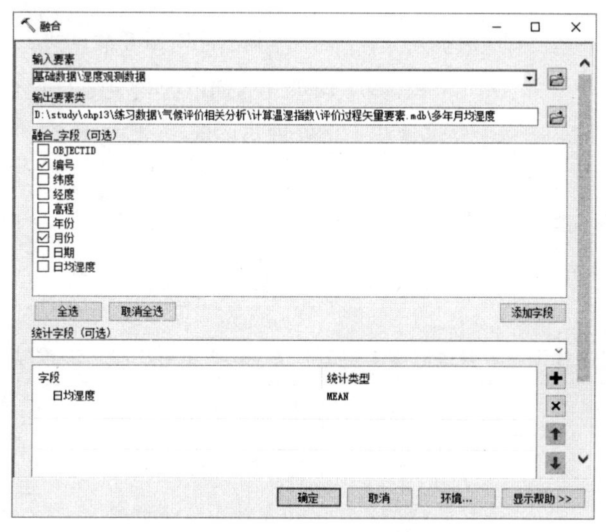

图 13-30　湿度观测数据融合对话框

步骤 3：获得实验区格网尺度的月均温度。

本步骤首先利用【筛选】工具的批处理方法，得到 12 个月的多年月均温度数据；然后再利用【克里金法】工具的批处理方法来对 12 个月的多年月均温度数据进行空间插值，得到 12 个月的多年月均温度插值。

- 利用【筛选】工具【批处理】数据得到 12 个月的多年月均温度数据。在【目录】面板中，浏览到【工具箱 \ 系统工具箱 \Analysis Tools.tbx\ 提取分析 \ 筛选】，右键单击该工具，在弹出菜单中选择【批处理…】，显示【筛选】批处理对话框。
- 批处理参数介绍。整个界面需要设置三项参数，分别为【输入要素】、【输出要素类】、【表达式】，设置【筛选】批处理对话框如表 13-7 所示。
- 按表 13-7 输入各项参数并检查值有效后，单击✓【检查值】确保所有数据都有效后，点击【确定】按钮。计算完成后左侧内容面板会自动加载计算结果。

计算格网尺度月均温度【筛选】工具批处理参数设置界面　　表 13-7

输入要素	输出要素类	表达式（可选）
【多年月均温度】	【chp09\练习数据\城镇建设适宜性评价\双评价过程要素\适宜性评价矢量过程要素.mdb\单项评价之气候评价\M1 月均温度】	月份 = "1"
【多年月均温度】	【……\M2 月均温度】	月份 = "2"
【多年月均温度】	【……\M3 月均温度】	月份 = "3"
【多年月均温度】	【……\M4 月均温度】	月份 = "4"
【多年月均温度】	【……\M5 月均温度】	月份 = "5"
【多年月均温度】	【……\M6 月均温度】	月份 = "6"
【多年月均温度】	【……\M7 月均温度】	月份 = "7"
【多年月均温度】	【……\M8 月均温度】	月份 = "8"
【多年月均温度】	【……\M9 月均温度】	月份 = "9"
【多年月均温度】	【……\M10 月均温度】	月份 = "10"
【多年月均温度】	【……\M11 月均温度】	月份 = "11"
【多年月均温度】	【……\M12 月均温度】	月份 = "12"

注：对于采用相同输出位置的参数，本书采用"……"来代替，以下不再赘述。

- 利用【克里金法】工具【批处理】数据对十二个月的多年月均温度数据进行空间插值。在【目录】面板中，浏览到【工具箱\系统工具箱\Spatial Analyst Tools.tbx\插值分析\克里金法】，右键单击该工具，在弹出菜单中选择【批处理...】，显示【克里金法】批处理对话框。
- 批处理参数介绍。整个界面需要设置五项参数，分别为【输入点要素】、【Z 值字段】、【输出表面栅格】、【输出像元大小】、【半变异函数属性】，设置【克里金法】批处理对话框如表 13-8 所示。
- 输入各项参数并检查值有效后，单击✓【检查值】确保所有数据都有效后，点击【确定】按钮。

计算格网尺度月均温度【克里金法】工具批处理参数设置界面　　表 13-8

输入点要素	Z 值字段	输出表面栅格	半变异函数属性	输出像元大小
【M1 月均温度】	【MEAN_平均气温】	【chp09\练习数据\城镇建设适宜性评价\双评价过程要素\适宜性评价栅格及其他过程要素\单项评价之气候评价\M1 月均温度插值.tif】	Spherical #	【10】
【M2 月均温度】	同上	【……\M2 月均温度插值.tif】	同上	同上
【M3 月均温度】	同上	【……\M3 月均温度插值.tif】	同上	同上
【M4 月均温度】	同上	【……\M4 月均温度插值.tif】	同上	同上
【M5 月均温度】	同上	【……\M5 月均温度插值.tif】	同上	同上
【M6 月均温度】	同上	【……\M6 月均温度插值.tif】	同上	同上
【M7 月均温度】	同上	【……\M7 月均温度插值.tif】	同上	同上
【M8 月均温度】	同上	【……\M8 月均温度插值.tif】	同上	同上
【M9 月均温度】	同上	【……\M9 月均温度插值.tif】	同上	同上
【M10 月均温度】	同上	【……\M10 月均温度插值.tif】	同上	同上
【M11 月均温度】	同上	【……\M11 月均温度插值.tif】	同上	同上
【M12 月均温度】	同上	【……\M12 月均温度插值.tif】	同上	同上

☞ **步骤 4:** 获得实验区格网尺度的月均湿度。

本步骤的思路和方法与上一步骤基本相同，详细步骤见上一步骤。

- 利用【筛选】工具【批处理】方法，输入【多年月均湿度】数据，得到全年 12 个月的月均湿度数据（tif 栅格格式）。
- 利用【克里金法】工具【批处理】方法，输入全年 12 个月的月均湿度数据，计算得到实验区范围 12 个月格网尺度的月均湿度插值数据（tif 栅格格式）。

☞ **步骤 5:** 计算实验区格网尺度的温湿指数。

- 在【目录】面板中，浏览到【工具箱 \ 系统工具箱 \Spatial Analyst Tools.tbx\ 地图代数 \ 栅格计算器】，右键单击该工具，在弹出菜单中选择【批处理...】，显示【栅格计算器】批处理对话框。
- 批处理参数介绍。整个界面需要设置两项参数，分别为【地图代数表达式】、【输出栅格】，设置【栅格计算器】批处理对话框如表 13-9 所示。
- 按表 13-9 输入各项参数并检查值有效后，单击✓【检查值】确保所有数据都有效后，点击【确定】按钮。得到全年 12 个月实验区格网尺度的温湿指数数据。

计算格网尺度月均湿度【栅格计算器】工具批处理参数设置界面 表 13-9

地图代数表达式	输出栅格
（“月均温度\M1月均温度插值.tif” * 9 / 5 + 32) – 0.55 * (1 – “月均湿度\M1 月均湿度插值.tif” / 100) * (“月均温度\M1 月均温度插值.tif” * 9 / 5 – 26)	【chp09\ 练习数据 \ 城镇建设适宜性评价 \ 双评价过程要素 \ 适宜性评价栅格及其他过程要素 \ 单项评价之气候评价 \M1 温湿指数 .tif】
参考上式，修改月份为“2”	【……\M2 温湿指数 .tif】
参考上式，修改月份为“3”	【……\M3 温湿指数 .tif】
参考上式，修改月份为“4”	【……\M4 温湿指数 .tif】
参考上式，修改月份为“5”	【……\M5 温湿指数 .tif】
参考上式，修改月份为“6”	【……\M6 温湿指数 .tif】
参考上式，修改月份为“7”	【……\M7 温湿指数 .tif】
参考上式，修改月份为“8”	【……\M8 温湿指数 .tif】
参考上式，修改月份为“9”	【……\M9 温湿指数 .tif】
参考上式，修改月份为“10”	【……\M10 温湿指数 .tif】
参考上式，修改月份为“11”	【……\M11 温湿指数 .tif】
参考上式，修改月份为“12”	【……\M12 温湿指数 .tif】

13.3.2 舒适度评价的加强版方法（Python 实现）

13.3.2.1 实验方法

在开展城镇建设适宜性评价中的舒适度评价时，要取 12 个月舒适度等级的众数作为各网格舒适度。章节 10.5“单项评价之气候评价”采用了【像元统计】工具中的【MAJORITY】函数计算众数，但这一工具存在一定缺陷，如果一个像元存在多个众数，则该位置的输出为 NoData（具体详见 ArcGIS 帮助文档），这有可能会导致评价结果出现数据缺失的情况。如果实际工作中出现了评价结果缺失值的情况，可参见下文介绍的方法进行修正。

本节实验主要作为一个尝试，介绍如何通过 Python 以及【字段计算器】等工具来计算舒适度值，实现“取具有唯一众数的舒适度值或存在多众数时取最大舒适度值作为该区域的舒适度众数”的修正目的。

采用本方法进行修正首先需要将12个月的舒适度等级栅格要素转为面要素，然后进行联合集成为一个矢量要素，最后对这个矢量要素进行操作，利用【字段计算器】工具结合Python代码来实现“存在多众数时，识别并提取最大众数”的实验目的。

13.3.2.2 实验数据

☞ **步骤**：打开地图文档，查看实验数据。

打开随书数据的地图文档【chp13\练习数据\气候评价相关分析\舒适度评价的加强版方法\舒适度评价的加强版方法.mxd】，该文档关联数据库【评价过程矢量要素】已建立。浏览到图层组【基础数据】，其中列出了本次实验所需基础数据：【M1～12月舒适度等级.tif】、【实验区范围】。大致概况详见表13-10。

气候舒适度修正实验基础数据一览表 **表13-10**

评价要素	基础数据	基础数据名称	数据内容概述	数据来源
气候评价	气候舒适度等级	M1～M12月舒适度等级.tif	由M1～M12温湿指数进行重分类后，按从1(很不舒适)到7(很舒服)划分的舒适度等级数据	Chp10.5.3实验步骤1结果
其他数据	—	实验区范围	本实验区范围矢量数据	—

13.3.2.3 实验过程

根据评价方法，本节实验计划中，第一步采用【栅格转面】工具的批处理方法，将M1～M12月舒适度等级栅格要素转为矢量要素；第二步，利用【更改字段】工具将上一步计算结果中的gridcode字段更改为对应月份，从而简化后续代码编写工作，增强可读性；第三步利用【联合】工具将上一步结果M1～M12月舒适度矢量要素进行联合，输出为全年舒适度；第四步，添加舒适度值字段，利用【字段计算器】工具计算字段，从而实现“识别并提取最大众数”的实验目的。

综上所述，本节实验包括一个环节，需要完成4项操作步骤，具体详见表13-11。

舒适度等级修正实验过程概况一览表 **表13-11**

实验环节	操作步骤	基础数据	输出结果	涉及模型工具
环节：统计各舒适度值出现频次	步骤1：栅格要素转面要素	【M1～M12月舒适度等级.tif】	【M1～M12月舒适度等级】	【栅格转面】
	步骤2：修改字段名称	【M1～M12月舒适度等级】	【M1～M12月舒适度等级】(添加了新字段并赋值)	【更改字段】
	步骤3：联合集成为全年舒适度	【M1～M12月舒适度等级】	【全年舒适度】	【联合】
	步骤4：获得舒适度评价结果	【全年舒适度】	【全年舒适度】(添加了新字段并赋值)	【字段计算器】

☞ **步骤1**：栅格要素转面要素。

- 在【目录】面板中，浏览到【工具箱\系统工具箱\Conversion Tools.tbx\由栅格转出\栅格转面】，右键该工具，在弹出菜单中选择选择【批处理…】，显示【栅格转面】批处理对话框。
- 批处理参数介绍。整个界面需要设置四项参数，分别为【输入栅格】、【输出面要素】、【简化面】、【字段】，设置【栅格转面】批处理对话框如表13-12所示。需要注意的是这里需要取消勾选“简化面”，也就是【简化面】参数需设为False。
- 输入各项参数并检查值有效后，单击✓【检查值】确保所有数据都有效后，点击【确定】按钮。

栅格要素转面要素【栅格转面】工具批处理参数设置表　　表 13-12

输入栅格	输出面要素	简化面	字段
M1 月舒适度等级 .tif	【D:\study\chp13\ 练习数据 \ 气候评价相关分析 \ 舒适度评价的加强版方法 \ 评价过程矢量要素 .mdb\ 分月舒适度 \M1 月舒适度等级】	False	Value
M2 月舒适度等级 .tif	【D:\study\chp13\ 练习数据 \ 气候评价相关分析 \ 舒适度评价的加强版方法 \ 评价过程矢量要素 .mdb\ 分月舒适度 \M2 月舒适度等级】	False	Value
M3 月舒适度等级 .tif	【D:\study\chp13\ 练习数据 \ 气候评价相关分析 \ 舒适度评价的加强版方法 \ 评价过程矢量要素 .mdb\ 分月舒适度 \M3 月舒适度等级】	False	Value
M4 月舒适度等级 .tif	【D:\study\chp13\ 练习数据 \ 气候评价相关分析 \ 舒适度评价的加强版方法 \ 评价过程矢量要素 .mdb\ 分月舒适度 \M4 月舒适度等级】	False	Value
M5 月舒适度等级 .tif	【D:\study\chp13\ 练习数据 \ 气候评价相关分析 \ 舒适度评价的加强版方法 \ 评价过程矢量要素 .mdb\ 分月舒适度 \M5 月舒适度等级】	False	Value
M6 月舒适度等级 .tif	【D:\study\chp13\ 练习数据 \ 气候评价相关分析 \ 舒适度评价的加强版方法 \ 评价过程矢量要素 .mdb\ 分月舒适度 \M6 月舒适度等级】	False	Value
M7 月舒适度等级 .tif	【D:\study\chp13\ 练习数据 \ 气候评价相关分析 \ 舒适度评价的加强版方法 \ 评价过程矢量要素 .mdb\ 分月舒适度 \M7 月舒适度等级】	False	Value
M8 月舒适度等级 .tif	【D:\study\chp13\ 练习数据 \ 气候评价相关分析 \ 舒适度评价的加强版方法 \ 评价过程矢量要素 .mdb\ 分月舒适度 \M8 月舒适度等级】	False	Value
M9 月舒适度等级 .tif	【D:\study\chp13\ 练习数据 \ 气候评价相关分析 \ 舒适度评价的加强版方法 \ 评价过程矢量要素 .mdb\ 分月舒适度 \M9 月舒适度等级】	False	Value
M10 月舒适度等级 .tif	【D:\study\chp13\ 练习数据 \ 气候评价相关分析 \ 舒适度评价的加强版方法 \ 评价过程矢量要素 .mdb\ 分月舒适度 \M10 月舒适度等级】	False	Value
M11 月舒适度等级 .tif	【D:\study\chp13\ 练习数据 \ 气候评价相关分析 \ 舒适度评价的加强版方法 \ 评价过程矢量要素 .mdb\ 分月舒适度 \M11 月舒适度等级】	False	Value
M12 月舒适度等级 .tif	【D:\study\chp13\ 练习数据 \ 气候评价相关分析 \ 舒适度评价的加强版方法 \ 评价过程矢量要素 .mdb\ 分月舒适度 \M12 月舒适度等级】	False	Value

☞ 步骤 2：修改字段名称。

- 在【目录】面板中，浏览到【工具箱 \ 系统工具箱 \Data Management Tools.tbx \ 字段 \ 更改字段】，右键该工具，在弹出菜单中选择选择【批处理…】，显示【更改字段】批处理对话框。
- 批处理参数介绍。整个界面需要设置四项参数，分别为【输入表】、【字段名】、【新字段名】，设置【更改字段】批处理对话框如表 13-13 所示。
- 输入各项参数并检查值有效后，单击✓【检查值】确保所有数据都有效后，点击【确定】按钮。

修改字段名称【更改字段】工具批处理参数设置表　　表 13-13

输入表	字段名	新字段名
【D:\study\chp13\ 练习数据 \ 气候评价相关分析 \ 舒适度评价的加强版方法 \ 评价过程矢量要素 .mdb\ 分月舒适度 \M1 月舒适度等级】	gridcode	M1
【D:\study\chp13\ 练习数据 \ 气候评价相关分析 \ 舒适度评价的加强版方法 \ 评价过程矢量要素 .mdb\ 分月舒适度 \M2 月舒适度等级】	gridcode	M2
【D:\study\chp13\ 练习数据 \ 气候评价相关分析 \ 舒适度评价的加强版方法 \ 评价过程矢量要素 .mdb\ 分月舒适度 \M3 月舒适度等级】	gridcode	M3
【D:\study\chp13\ 练习数据 \ 气候评价相关分析 \ 舒适度评价的加强版方法 \ 评价过程矢量要素 .mdb\ 分月舒适度 \M4 月舒适度等级】	gridcode	M4

续表

输入表	字段名	新字段名
【D:\study\chp13\练习数据\气候评价相关分析\舒适度评价的加强版方法\评价过程矢量要素.mdb\分月舒适度\M5月舒适度等级】	gridcode	M5
【D:\study\chp13\练习数据\气候评价相关分析\舒适度评价的加强版方法\评价过程矢量要素.mdb\分月舒适度\M6月舒适度等级】	gridcode	M6
【D:\study\chp13\练习数据\气候评价相关分析\舒适度评价的加强版方法\评价过程矢量要素.mdb\分月舒适度\M7月舒适度等级】	gridcode	M7
【D:\study\chp13\练习数据\气候评价相关分析\舒适度评价的加强版方法\评价过程矢量要素.mdb\分月舒适度\M8月舒适度等级】	gridcode	M8
【D:\study\chp13\练习数据\气候评价相关分析\舒适度评价的加强版方法\评价过程矢量要素.mdb\分月舒适度\M9月舒适度等级】	gridcode	M9
【D:\study\chp13\练习数据\气候评价相关分析\舒适度评价的加强版方法\评价过程矢量要素.mdb\分月舒适度\M10月舒适度等级】	gridcode	M10
【D:\study\chp13\练习数据\气候评价相关分析\舒适度评价的加强版方法\评价过程矢量要素.mdb\分月舒适度\M11月舒适度等级】	gridcode	M11
【D:\study\chp13\练习数据\气候评价相关分析\舒适度评价的加强版方法\评价过程矢量要素.mdb\分月舒适度\M12月舒适度等级】	gridcode	M12

☞ **步骤3:** 联合集成为全年舒适度。

- 在【目录】面板中，浏览到【工具箱\系统工具箱\Analysit Tools.tbx\叠加分析\联合】，双击该项打开该工具，显示【联合】对话框，设置参数如图13-31所示。

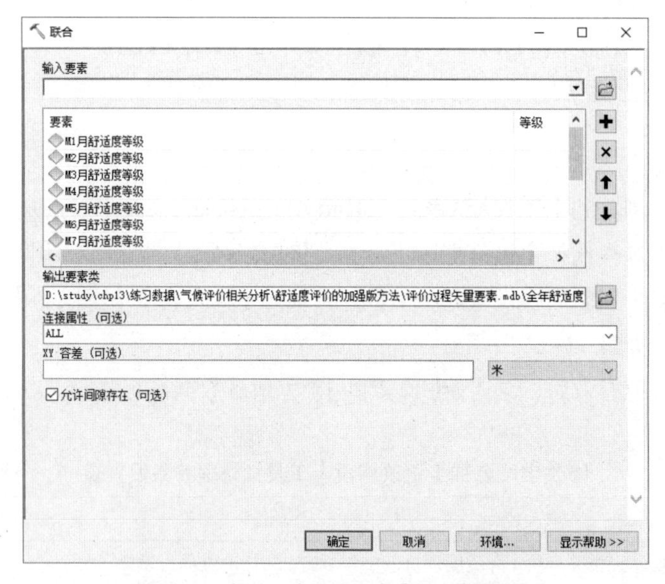

图13-31 栅格要素转面要素【联合】对话框

- 设置【输入要素】为【M1月舒适度等级】、【M2月舒适度等级】、【M3月舒适度等级】、【M4月舒适度等级】、【M5月舒适度等级】、【M6月舒适度等级】、【M7月舒适度等级】、【M8月舒适度等级】、【M9月舒适度等级】、【M10月舒适度等级】、【M11月舒适度等级】、【M12月舒适度等级】。
- 设置【输出要素类】为【D:\study\chp13\练习数据\气候评价相关分析\舒适度评价的加强版方法\评估过程矢量要素.mdb\全年舒适度】。

- 设置【连接属性】为【ALL】。
- 点击【确定】按钮，完成联合。

☞ **步骤 4**：获得舒适度评价结果。

- 添加字段。打开上一步计算结果【全年舒适度】要素属性表，点击【表选项】，在下拉菜单中选择【添加字段】，为【全年舒适度】添加【短整型】类型字段【全年舒适度】。
- 右键单击【全年舒适度】字段启动【字段计算器】工具并设置各项参数如下。
  - 单击 Python 前面的圆形选框 解析程序 ○VB 脚本 ◉Python 将解析程序设置为 Python。
  - 勾选【显示代码块】，在弹出的【预逻辑脚本代码】栏中输入以下代码。

```
def find_max_mode(M1,M2,M3,M4,M5,M6,M7,M8,M9,M10,M11,M12):
    list = [M1,M2,M3,M4,M5,M6,M7,M8,M9,M10,M11,M12]
    list_set = set(list)
    frequency_dict = {}

    for i in list_set:
        frequency_dict[i] = list.count(i)

    max_frequency = max(frequency_dict.values())

    mode_list = []
    for key, value in frequency_dict.items():
        if value == max_frequency:
            mode_list.append(key)
    maxmode_value = max(mode_list)
    return maxmode_value
```

  - 设置【全年舒适度 =】栏为【find_max_mode(!M1! , !M2! , !M3! , !M4! , !M5! , !M6! , !M7! , !M8! , !M9! , !M10! , !M11! , !M12!)】。式中的 M1 ～ M12 即对应步骤 2 修改后的字段名称。
  - 点击【确定】按钮。计算完成后如下图 13-32 所示。从下图可知，之前由于多众数存在导致评价结果存在缺失值的情况已被修正，并自动提取了最大众数作为所在区域的舒适度值。

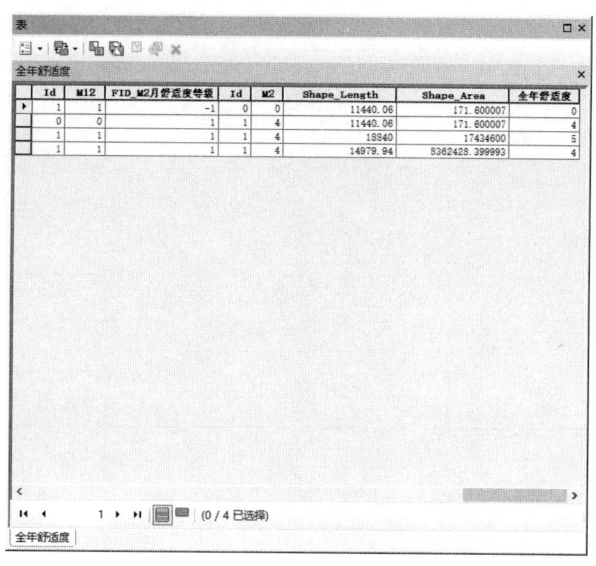

Id	M12	FID_M2月舒适度等级	Id	M2	Shape_Length	Shape_Area	全年舒适度
1	1	-1	0	0	11440.06	171.600007	0
0	0	1	1	4	11440.06	171.600007	4
1	1	1	1	4	18840	17434600	5
1	1	1	1	4	14979.94	8362428.399993	4

图 13-32　舒适度修正结果

13.4　区位条件相关分析

13.4.1　实验方法

市县层面的区位条件评价，主要需要综合考虑与交通干线、中心城区、主要交通枢纽、周边中心城市等要素的空间联系便利程度。因此首先需要计算交通干线可达性、中心城区可达性、交通枢纽可达性、周边中心城市可达性四个指标。本节将对这些相关分析进行详细介绍。

这些可达性分析具体可采用时间距离方法计算，例如按照至目标区的交通距离≤ 30min、30 ～ 60 min、60 ～ 90 min、90 ～ 120 min、> 120 min，分为五个等级（表 13–14）。本实验中【中心城区可达性】、【交通枢纽可达性】、【周边中心城市可达性】评价均采用时间距离方法计算。

区位条件评价分级参考阈值　　表 13–14

评价指标	分级 / 评价阈值	评价值	评价指标	分级 / 评价阈值	评价值
目标区交通距离	≤ 30min	5（好）	目标区交通距离	90 ～ 120 min	2（较差）
	30 ～ 60 min	4（较好）		> 120 min	1（差）
	60 ～ 90 min	3（一般）			

资料来源：参考《资源环境承载能力和国土空间开发适宜性评价技术指南（试行）》（2020 年 1 月版）整理。

13.4.2　实验数据

☞ **步骤**：打开地图文档，查看实验数据。

◆ 打开随书数据的地图文档【chp13\ 练习数据 \ 区位条件相关分析 \ 区位条件相关分析 .mxd】，在【内容列表】面板，浏览到图层组【基础数据】，其中列出了本次实验所需基础数据：【道路中心线】、【交通干线评价 .tif】、【中心城区评价 .tif】、【交通枢纽评价 .tif】、【周边城市评价 .tif】、【实验区范围】。本实验所需基础数据大致概况详见表 13–15。

区位优势度实验基础数据一览表　　表 13–15

评价要素	基础数据	基础数据名称	数据内容概述
区位条件	交通网络	交通网络	基于卫星图绘制的道路交通网络 CAD 数据
	交通网络和中心城区	交通网络、行政区	基于交通网络与本实验虚构的中心城区点要素数据
	交通网络、铁路站点、高速公路出入口	交通网络、铁路站点、高速公路出入口	基于交通网络与在 OSM 开源地图网站下来的铁路站点点要素数据，含有站点名称字段
	交通网络、周边中心城市	交通网络、周边中心城市	基于交通网络与本实验虚构的周边中心城市点要素数据

13.4.3　实验过程

根据实验方法，本节实验可分解为两个环节，具体需要进行六项操作。本节实验环节步骤详见表 13–16。

区位优势度评价实验过程概况一览表 表 13–16

实验环节	实验名称	基础数据	输出结果	涉及模型工具
环节 1：交通网络构建	13.4.3.1：基础数据准备	【交通网络 .dwg】	【道路中心线】	【拓扑】、【字段计算器】、【合并】、【打断相交线】
	13.4.3.2：交通网络构建	【道路中心线】	【道路中心线增密】【起始点】	【网络数据集（N）】、【增密】、【要素折点转点】
环节 2：区位条件分析	13.4.3.3：计算交通干线可达性（路程距离）	【一级公路】【二级公路】【三级公路】	【交通干线评价 .tif】	【多环缓冲区】、【重分类】
	13.4.3.4：计算中心城区可达性（时间距离）	【交通网络】【中心城区】	【中心城区评价 .tif】	【Network Analyst】
	13.4.3.5：计算交通枢纽可达性（时间距离）	【交通网络】【高速公路出入口】【铁路站点】	【交通枢纽评价 .tif】	【Network Analyst】
	13.4.3.6：计算周边中心城市可达性（时间距离）	【交通网络】【周边中心城市】	【周边城市评价 .tif】	【Network Analyst】

13.4.3.1 基础数据准备

要进行和路网有关的分析，首先要在计算机中模拟出现实的道路情况。本小节的实验数据是模拟区域的局部路网矢量文件。下面首先需要将现有数据导入，并按照构建网络模型的要求对其进行查错、修改、增加道路基本属性，之后才能构建网络模型①。

☞ **步骤 1:** 导入 CAD 要素并简单处理。

- 启动 ArcMap，选择新建【空白地图】后进入工作界面。在【目录】面板中，浏览到【chp13\练习数据\区位条件相关分析\基础数据准备】文件夹内的【交通网络 .dwg】要素，鼠标左键选中该要素，按住左键不放，将该项拖拉至【内容列表】面板中，然后松开左键，内容即显示出来。
- 在【目录】面板，浏览到【chp13\练习数据\区位条件相关分析\基础数据准备】文件夹，右键单击该文件夹，弹出菜单选择【新建个人地理数据库】，并命名为【交通网络】。在【交通网络 .mdb】下新建要素数据集：【公路及城市道路】、【轨道交通】（用于之后创建道路交通网络）。
- 将【交通网络 .dwg】要素中的【Polyline】导出为【道路中心线】。在【内容列表】面板中，右键单击该图层，弹出菜单中选择【数据】，再点击【导出数据】，设置【输出要素类：】为【chp13\练习数据\区位条件相关分析\基础数据准备\交通网络 .mdb\公路及城市道路\道路中心线】②。

☞ **步骤 2:** 基础数据编辑及检查。

详细操作见《城乡规划 GIS 技术应用指南 · GIS 方法与经典分析》128 ～ 131 页。

☞ **步骤 3:** 设置道路基本属性。

现在的路段只有道路类型属性，这是无法用于网络分析的，需要添加字段【DriveTime】（别名：车行时间）、【DLDJ】（别名：道路等级）等网络属性。为了简化计算，参考目前我国实行的《公路工程技术标准》（JTGB 01-2014）设定的各级行车速度，作出如下假设。

高速公路的车速为 100km/h，即 1666.67m/min。

一级公路、快速路的车速为 80 km/h，即 1333.33 m/min。

---

① 主要操作可参见《城乡规划 GIS 技术应用指南 · GIS 方法与经典分析》中的第 8 章“交通网络构建和设施服务区分析”相关内容，本书中不再赘述。

② 详细操作见《城乡规划 GIS 技术应用指南 · GIS 方法与经典分析》128 ～ 131 页。

二级公路、国道、省道的车速为 60 km/h，即 1000 m/min。

三级公路、城市干道、县道、乡道的车速为 40 km/h，即 666.67 m/min。

城市支路的车速为 20 km/h，即 333.33 m/min。

据此可以求得各段路的车行时间[①]，结果如图 13-33 所示。

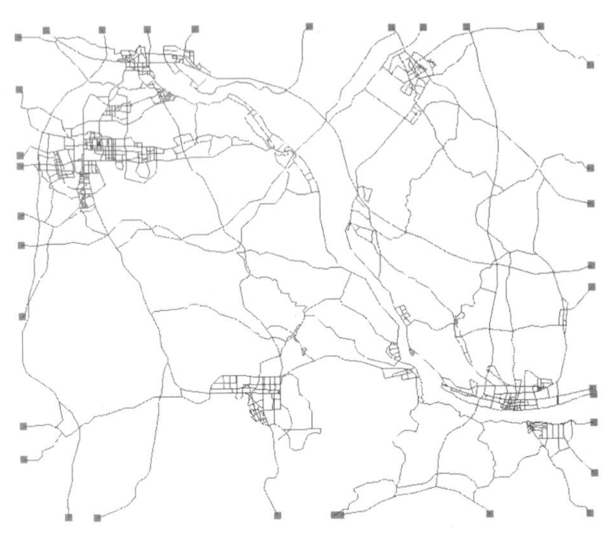

图 13-33　基础数据结果图

13.4.3.2　道路交通网络的构建

道路交通网络建模是一项十分复杂的工作，为了方便读者学习，我们首先建立一个最简单的交通网络模型，不考虑单行线、路口禁转等情况[②]。本次实验模拟包含一个地级市以及若干县，范围较大，所以不进行单行线、禁止转弯、模拟路口红灯等候、地铁等细节模拟[③]。

☞ **步骤 1：**路网加密，转点。

在计算中心城区可达性、交通枢纽可达性和周边中心城市可达性时，需要求得研究区域各栅格点到中心城区、交通枢纽等目的地点的距离。为减少计算量，本实验沿道路每 500m 设一个点，求得这些点到目的地点的距离，然后用空间插值的方法求得研究区域各栅格点的可达性。

- 导出方式复制【道路中心线】要素类。在【目录】面板中，【文件夹连接】项目下找到之前所连工作目录下的要素类【D:\study\chp13\练习数据\区位条件相关分析\交通网络.mdb\公路及城市道路\道路中心线】，右键单击该要素类，在弹出菜单中选择【导出\转出至地理数据库（单个）…】，设置弹出对话框，将其导出为【公路及城市道路】要素数据集下的【道路中心线增密】。
- 对【道路中心线增密】要素类进行【增密】。在【目录】面板中，浏览到【工具箱\系统工具箱\Editing Tools.tbx\增密】，双击该项启动该工具，设置【增密】对话框（图 13-34），各项参数具体如下。
  - 设置【输入要素】为【道路中心线增密】。
  - 设置【增密方法】为【DISTANCE】。
  - 设置【距离】为【500】。
  - 点击【确定】按钮，完成设置。

① 详细操作见《城乡规划 GIS 技术应用指南·GIS 方法与经典分析》132 页。

② 详细操作见《城乡规划 GIS 技术应用指南·GIS 方法与经典分析》132 ～ 133 页。

③ 高速公路只在出入口和其他公路相交处打断，其余路段不打断，这就意味着没有路口。

- 对【道路中心线增密】要素类进行【要素折点转点】。在【目录】面板中，浏览到【工具箱\系统工具箱\Data Management Tools.tbx\要素\要素折点转点】，双击该项启动该工具，设置【要素折点转点】对话框（图 13-35），各项参数具体如下。
  - 设置【输入要素】为【道路中心线增密】。
  - 设置【输出要素类】为【D:\study\chp13\练习数据\区位条件相关分析\交通网络.mdb\公路及城市道路\起始点】。
  - 设置【点类型】为【ALL】。
  - 点击【确定】按钮，完成设置。

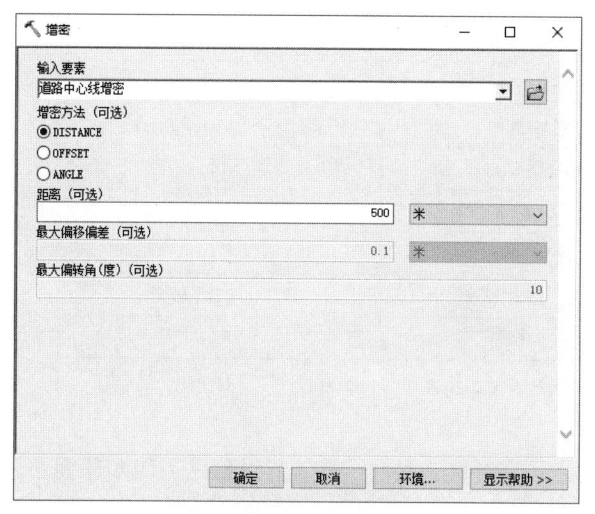

图 13-34 【增密】对话框

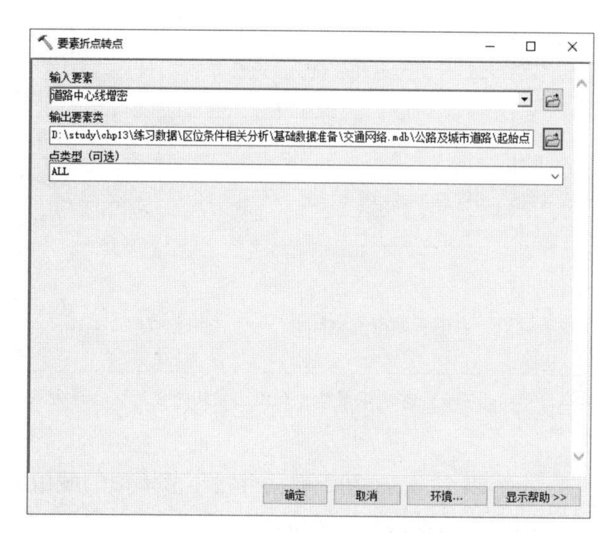

图 13-35 【要素折点转点】对话框

☞ **步骤 2:** 保存地图文档。

完成对区域交通路网的构建后，点击主界面菜单【文件】→【保存】，设置【文件名】为【基础数据准备】，设置保存路径为【D:\study\chp13\练习数据\区位条件相关分析\基础数据准备.mxd】。

至此，基础数据已经准备完毕，结果如图 13-36 所示。随书数据【chp13\练习结果示例\区位条件相关分析\基础数据\基础数据准备.mxd】展示了完整的区域交通路网结果。

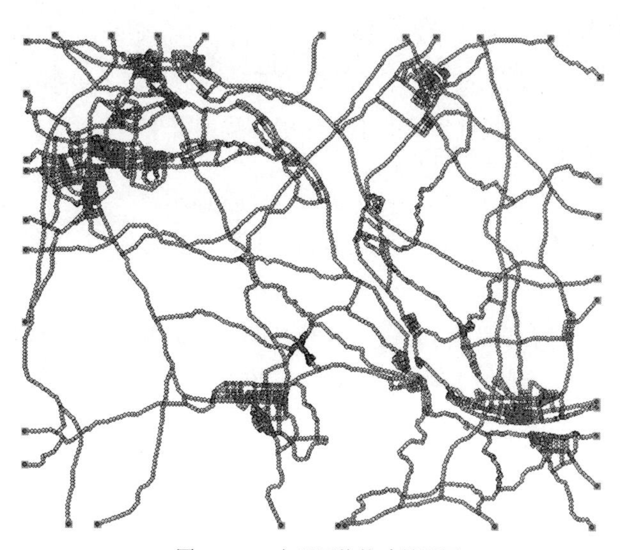

图 13-36　交通网络构建结果图

13.4.3.3 交通干线可达性

交通干线可达性是对格网单元到各级交通干线（不含高速公路）距离的评价，按照格网单元距不同技术等级交通干线的距离远近，从 1 到 5 打分，分级 / 评价阈值详见表 13–17，具体可结合区域特点作适当调整。

对各类指标进行加权求和集成，计算交通干线可达性。原则上各指标权重相同，但在实际操作中可根据本地情况予以调整。在 GIS 软件中，可采用相等间隔法将交通干线可达性由高到低分为 5、4、3、2、1 五个等级。

交通干线可达性评价分级参考阈表 **表 13–17**

基础数据	分级 / 评价阈值	评价值
一级公路（或者高标准设计的国道和省道、快速路等）	距离一级公路≤ 3km	5（好）
	3km< 距离一级公路≤ 6km	4（较好）
	距离一级公路> 6km	1（差）
二级公路（或者国道和省道、城市干道等）	距离二级公路≤ 3km	4（较好）
	3km< 距离二级公路≤ 6km	3（一般）
	距离二级公路 >6km	1（差）
三级公路（或者县道、乡道、城市支路等）	距离三级公路≤ 3km	3（一般）
	3km< 距离三级公路≤ 6km	2（较差）
	距离三级公路> 6km	1（差）

资料来源：参考《资源环境承载能力和国土空间开发适宜性评价技术指南（试行）》（2020 年 1 月版）整理。

本小节以 13.4.3.1 基础数据准备小节模拟的城市区域作为研究对象，对一、二、三级公路采用多环缓冲区的方法，进行交通干线可达性分析。

☞ **步骤 1**：交通干线可达性分析。

- 打开随书数据的地图文档【chp13\练习数据\区位条件相关分析\交通干线可达性\交通干线可达性.mxd】，在【内容列表】面板，浏览到图层组【基础数据】，其中列出了本次实验所需基础数据：【一级公路】、【二级公路】、【三级公路】。
- 在【目录】面板中，浏览到【工具箱\系统工具箱\Analysis Tools.tbx\邻域分析\多环缓冲区】，双击该项启动该工具，设置【多环缓冲区】对话框（图 13–37），各项参数具体如下。
  - 设置【输入要素】为【基础数据\一级公路】。
  - 设置【输出要素】为【D:\study\chp13\练习数据\区位条件相关分析\交通干线可达性\一级公路可达性分析.shp】。
  - 设置距离为【3000】、【6000】、【60000】①，默认其他设置。
  - 点击【确定】按钮，完成缓冲区分析，结果如图 13–38 所示。
- 参照上述步骤对【二级公路】和【三级公路】进行多环缓冲区分析，结果如图 13–39 所示。

☞ **步骤 2**：交通干线可达性分析数据转换。

- 在【目录】面板中，浏览到【工具箱\系统工具箱\Conversion Tools.tbx\转为栅格\要素转栅格】，双击该项启动该工具，设置【要素转栅格】对话框（图 13–40），各项参数具体如下。
  - 设置【输入要素】为【一级公路可达性分析】。
  - 设置【字段】为【distance】。

① 读者可自行拟制，设置一个大于【二级公路】图层处理范围的值即可。

- 设置【输出栅格】为【D:\study\chp13\练习数据\区位条件相关分析\交通干线可达性\一级公路可达性分析.tif】。
- 设置【输出像元大小】为【10】。
- 点击【环境…】按钮，显示【环境设置】对话框，设置【处理范围】为【与图层二级公路相同】，点击【确定】按钮，返回【要素转栅格】对话框。
- 点击【确定】按钮，完成要素转栅格，结果如图13-41所示。

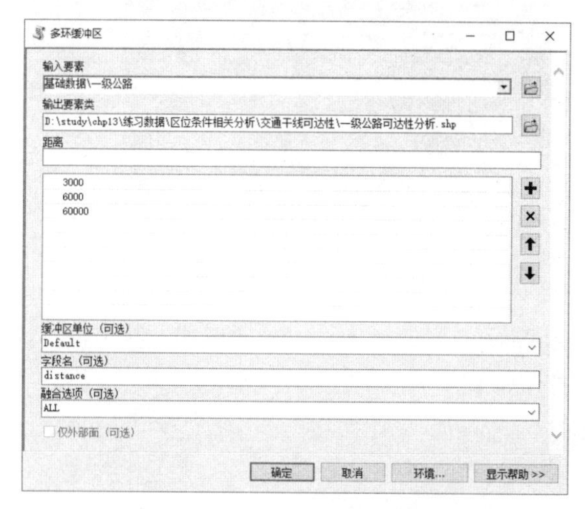

图13-37　【多环缓冲区】对话框

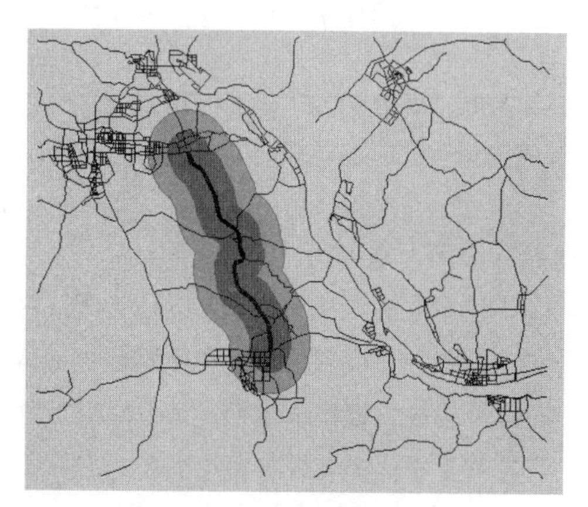

图13-38　一级公路可达性分析

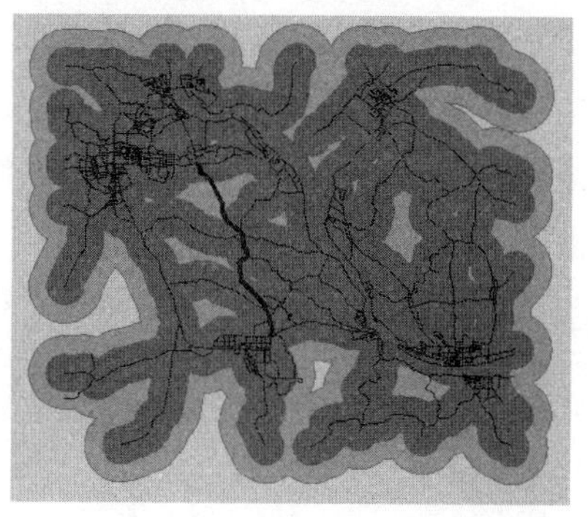

图13-39　二级公路可达性分析（左）和三级公路可达性分析（右）

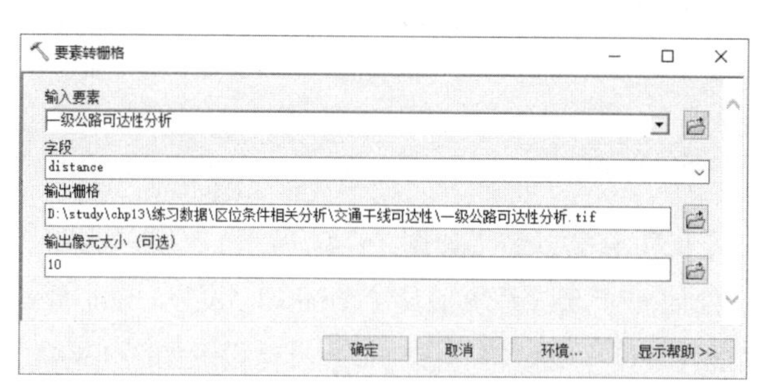

图13-40　【要素转栅格】对话框

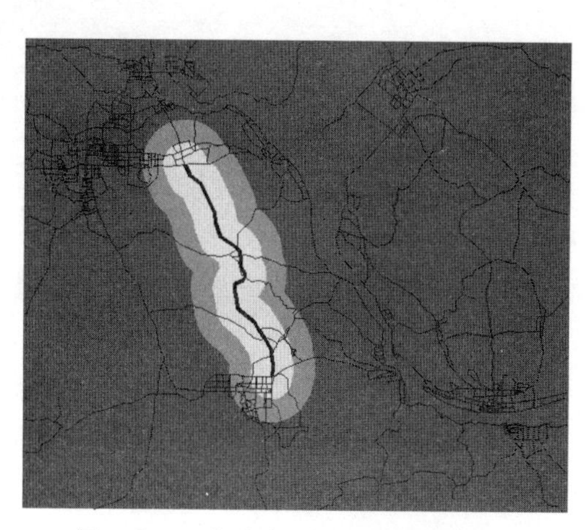

图13-41　一级公路可达性分析转栅格结果

➜ 参照上述步骤对【二级公路可达性分析】和【三级公路可达性分析】进行要素转栅格操作，设置输出结果为【二级公路可达性分析 .tif】、【三级公路可达性分析 .tif】，结果如图 13–42 所示。

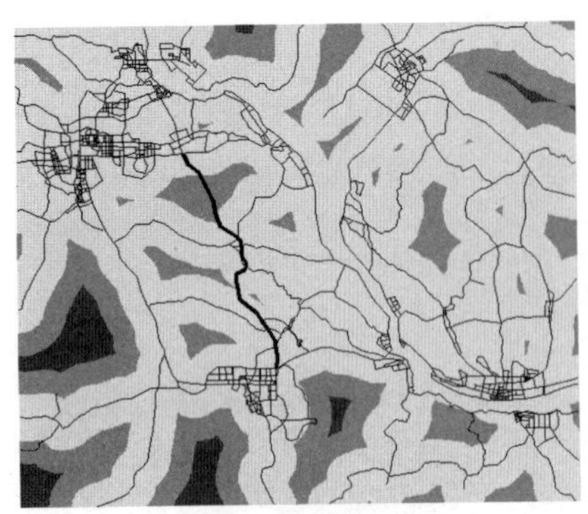
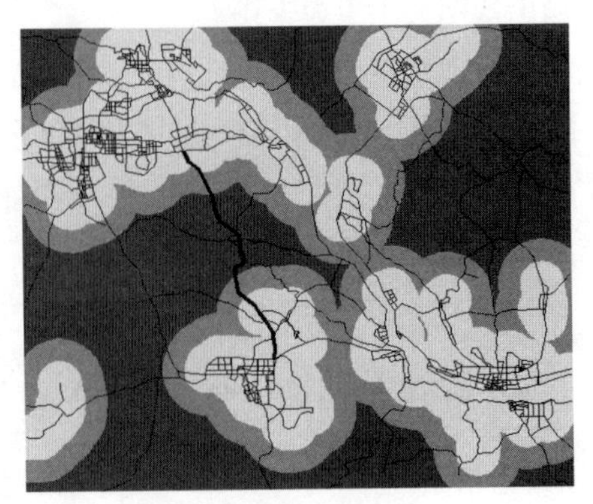

图 13–42 二级公路（左）和三级公路（右）可达性分析转栅格结果

☞ **步骤 3**：交通干线可达性评价。

➜ 在【目录】面板中，浏览到【工具箱 \ 系统工具箱 \Spatial Analyst Tools.tbx\ 重分类 \ 重分类】，双击该项启动该工具，设置【重分类】对话框，各项参数具体如下。

- 设置【输入栅格】为【一级公路可达性分析 .tif】。
- 设置【重分类字段】为【Value】。
- 设置【旧值】为【3000】、【6000】、【60000】、【NoData】；相应设置【新值】为【5】、【4】、【1】、【NoData】（参照表 13–17）。
- 点击【环境…】按钮，显示【环境设置】对话框，设置【处理范围】为【与图层二级公路相同】，点击【确定】按钮，返回【重分类】对话框。
- 设置【输出栅格】为【D:\study\chp13\ 练习数据 \ 区位条件相关分析 \ 交通干线可达性 \ 一级公路评价 .tif】。
- 点击【确定】按钮，完成重分类。
- 计算完成后会自动加载【一级公路评价 .tif】图层至左侧【内容列表】面板中，接着可对该图层符号化，结果如图 13–43 所示。

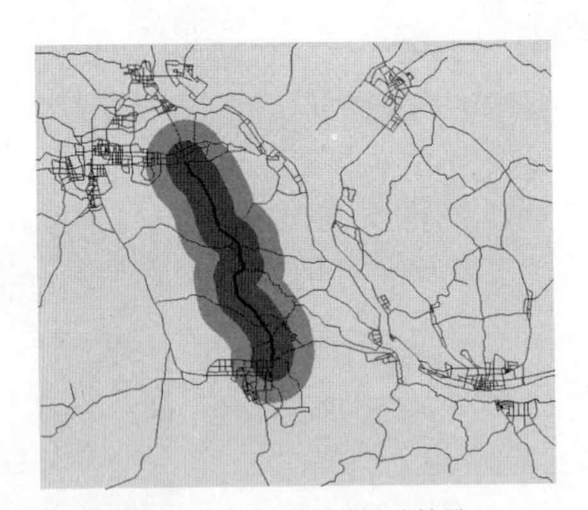

图 13–43 一级公路评价结果

➜ 同理完成【二级公路评价 .tif】、【三级公路评价 .tif】的重分类，结果如图 13–44 所示。

➜ 统计交通干线评价最大值。在【目录】面板，浏览到【工具箱 \ 系统工具箱 \Spatial Analyst Tools.tbx\ 局部分析 \ 像元统计数据】，双击该工具，设置【像元统计数据】对话框，各项参数具体设置如图 13–45 所示。

- 设置【输入栅格数据或常量值】为【一级公路评价 .tif】、【二级公路评价 .tif】、【三级公路评价 .tif】。

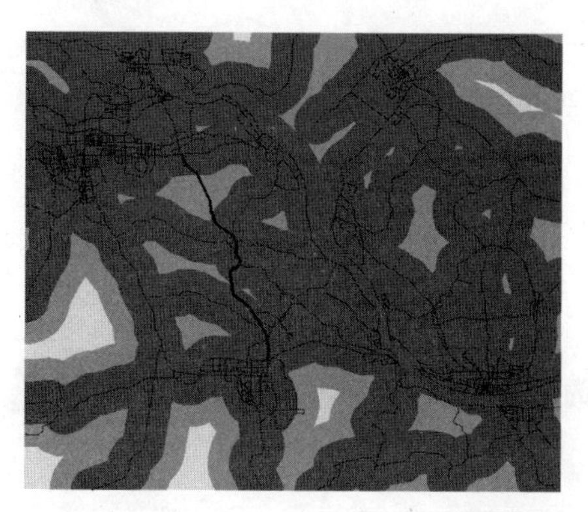
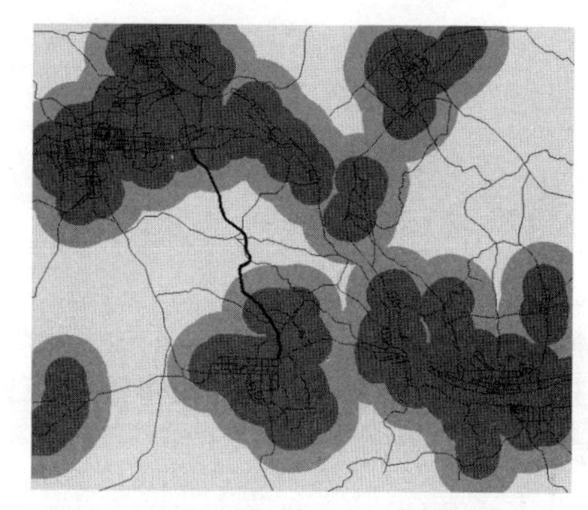

图 13-44 二级公路（左）、三级公路（右）评价结果

- 设置【输出栅格】为【D:\study\chp13\练习数据\区位条件相关分析\交通干线可达性\交通干线评价.tif】。
- 设置【叠加统计（可选）】为【MAXIMUM】。
- 点击【环境…】按钮，显示【环境设置】对话框，设置【处理范围】为【与图层二级公路相同】，点击【确定】按钮，返回【像元统计数据】对话框。
- 点击【确定】按钮，开始进行栅格计算。计算完成后【交通干线评价.tif】图层自动加载至左侧【内容列表】面板，至此就完成了交通干线可达性评价，结果如图 13-46 所示。
- 分析交通干线可达性图可以看到，研究区域中路网密度高处可达性较高，且一级公路周边可达性最高。

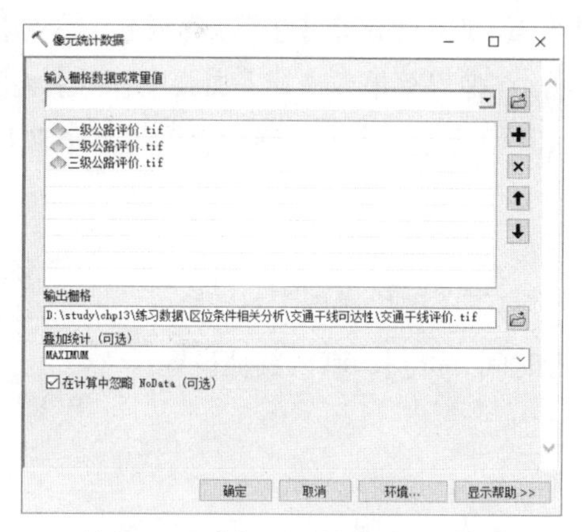

图 13-45 【像元统计数据】对话框

图 13-46 交通干线可达性评价结果

☞ **步骤 4:** 保存地图文档。

完成对交通干线可达性的评价后，点击主界面菜单【文件】→【保存】。

至此，交通干线可达性已经分析完毕。随书数据【chp13\练习结果示例\区位条件相关分析\交通干线可达性\交通干线可达性.mxd】展示了完整的交通干线可达性评价结果。

13.4.3.4 中心城区可达性

中心城区可达性反映格网单元与中心城区空间联系成本的高低，由中心城区交通时间距离得出，评价结果按等间距分为五级。中心城区交通时间距离是指格网单元到现状中心城区范围的几何中心的时间距离。按照格网单元到现状中心城区的时间距离远近，从 1 到 5 打分。分级 / 评价阈值如表 13-18 所示，各级道路时速可结合地方实际情况而定，阈值可结合区域特点适当调整。

具体计算方法：在确定各级道路的车速后，以中心城区几何中心点为源，运用 GIS 软件中的网络分析工具，沿现状路网形成等时圈，根据等时圈覆盖情况给评价格网单元赋值。

中心城区可达性评价分级参考阈表 **表 13-18**

基础数据	分级 / 评价阈值	评价值	基础数据	分级 / 评价阈值	评价值
中心城区可达性	车程≤ 30min	5（好）	中心城区可达性	90min< 车程≤ 120 min	2（较差）
	30 min < 车程≤ 60 min	4（较好）		车程> 120 min	1（差）
	60 min < 车程≤ 90 min	3（一般）			

资料来源：参考《资源环境承载能力和国土空间开发适宜性评价技术指南（试行）》（2020 年 1 月版）整理。

本小节以 13.4.3.1 基础数据准备小节模拟的城市区域作为研究对象，对公路及城市道路网络采用网络分析方法，进行中心城区可达性分析。

☞ **步骤 1：**启动【新建 OD 成本矩阵】分析工具。

- 打开随书数据的地图文档【chp13\练习数据\区位条件相关分析\中心城区可达性\中心城区可达性.mxd】，在【内容列表】面板，浏览到图层组【基础数据】，其中列出了本次实验所需基础数据：完整的【交通网络】、【起始点】和【中心城区】点要素。
- 右键单击任意工具条，弹出菜单中选择【Network Analyst】，显示【Network Analyst】工具条。
- 点击【Network Analyst】工具条上的按钮【Network Analyst】，在下拉菜单中选择【新建 OD 成本矩阵】，之后显示【Network Analyst】面板①，【内容列表】面板中随后添加相应的图层。

☞ **步骤 2：**加载【起始点】与【目的地点】。

- 在【Network Analyst】面板中，右键点击【起始点】项，在弹出菜单中选择【加载位置…】，显示【加载位置】对话框。将【加载自】栏设置为【起始点】。默认其他设置，点击【确定】按钮，完成【起始点】位置加载。
- 在【Network Analyst】面板中，右键点击【目的地点】项，在弹出菜单中选择【加载位置…】。将【加载自】栏设置为【中心城区】，把中心城区作为目标区。默认其他设置，点击【确定】按钮，完成【目的地点】位置加载。
- 设置"位置分配"的属性。
  - 点击【Network Analyst】面板右上角的【属性】按钮，显示【图层属性】对话框。
  - 切换到【分析设置】选项卡，选择【阻抗】为【车行时间 (min)】，默认其他设置。
  - 点击【确定】按钮，完成【位置分配】属性设置。

☞ **步骤 3：**位置分配求解。

- 点击【Network Analyst】工具条上的【求解】工具。计算完成后得到一张 O-D 图（图 13-47）。由于 O-D 线太多，图面上反映不出有效信息，这时候需要通过 O-D 表来分析计算结果。
- 查看 O-D 成本表。
  - 右键单击【Network Analyst】面板的【线】项，在弹出菜单中选择【打开属性表】，显示【表】对话框（图 13-48）。其中【Origin ID】字段是起始点编号，【Destination ID】字段是目的地点编号，【Total_ 车行时间】字段是起始点和目的地点之间的车行时间。

☞ **步骤 4：**将【Total_ 车行时间】字段属性添加到【起始点】表上。

- 将【Total_ 车行时间】连接到起始点上。右键点击【内容列表】面板中的【起始点】项，在弹出菜单中选择【打开属性表】，显示【表】对话框。
- 点击【表】对话框上的【表选项】按钮，在弹出菜单中选择【连接和关联】→【连接…】，显示【连接数据】对话框。

---

① 如果没有显示该对话框，可点击工具条上的【Network Analyst】窗口。

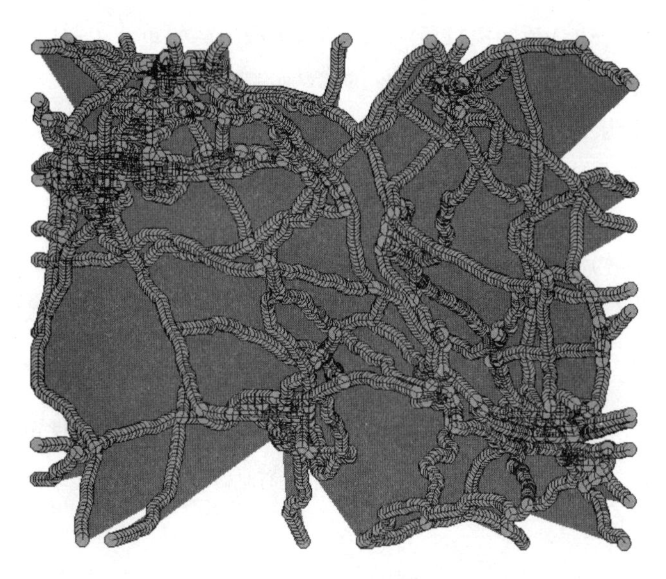

图 13-47 O-D 成本矩计算结果图

◆ 设置基于【起始点】表【Object ID】字段和【线】的【Origin ID】字段的连接，详细设置如图 13-49 所示。连接成功后，【起始点】表中将拥有【Total_ 车行时间】属性字段。

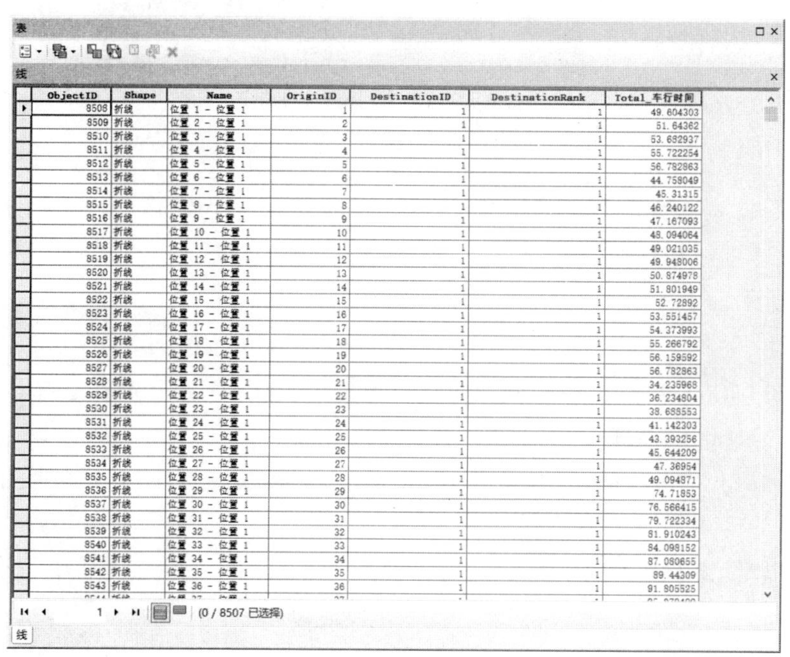

表

线

ObjectID	Shape	Name	OriginID	DestinationID	DestinationRank	Total_车行时间
8508	折线	位置 1 - 位置 1	1	1	1	49.604303
8509	折线	位置 2 - 位置 1	2	1	1	51.64362
8510	折线	位置 3 - 位置 1	3	1	1	53.682937
8511	折线	位置 4 - 位置 1	4	1	1	55.722254
8512	折线	位置 5 - 位置 1	5	1	1	56.782863
8513	折线	位置 6 - 位置 1	6	1	1	44.758049
8514	折线	位置 7 - 位置 1	7	1	1	45.31315
8515	折线	位置 8 - 位置 1	8	1	1	46.240122
8516	折线	位置 9 - 位置 1	9	1	1	47.167093
8517	折线	位置 10 - 位置 1	10	1	1	48.094064
8518	折线	位置 11 - 位置 1	11	1	1	49.021035
8519	折线	位置 12 - 位置 1	12	1	1	49.948006
8520	折线	位置 13 - 位置 1	13	1	1	50.874978
8521	折线	位置 14 - 位置 1	14	1	1	51.801949
8522	折线	位置 15 - 位置 1	15	1	1	52.72892
8523	折线	位置 16 - 位置 1	16	1	1	53.551457
8524	折线	位置 17 - 位置 1	17	1	1	54.373993
8525	折线	位置 18 - 位置 1	18	1	1	55.266792
8526	折线	位置 19 - 位置 1	19	1	1	56.159592
8527	折线	位置 20 - 位置 1	20	1	1	56.782863
8528	折线	位置 21 - 位置 1	21	1	1	34.235968
8529	折线	位置 22 - 位置 1	22	1	1	36.234804
8530	折线	位置 23 - 位置 1	23	1	1	38.688553
8531	折线	位置 24 - 位置 1	24	1	1	41.142303
8532	折线	位置 25 - 位置 1	25	1	1	43.393256
8533	折线	位置 26 - 位置 1	26	1	1	45.644209
8534	折线	位置 27 - 位置 1	27	1	1	47.36954
8535	折线	位置 28 - 位置 1	28	1	1	49.094871
8536	折线	位置 29 - 位置 1	29	1	1	74.71853
8537	折线	位置 30 - 位置 1	30	1	1	76.566415
8538	折线	位置 31 - 位置 1	31	1	1	79.722334
8539	折线	位置 32 - 位置 1	32	1	1	81.910243
8540	折线	位置 33 - 位置 1	33	1	1	84.098152
8541	折线	位置 34 - 位置 1	34	1	1	87.080655
8542	折线	位置 35 - 位置 1	35	1	1	89.44309
8543	折线	位置 36 - 位置 1	36	1	1	91.805525

(0 / 8507 已选择)

线

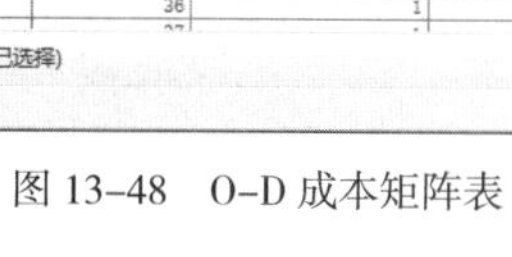

图 13-48 O-D 成本矩阵表

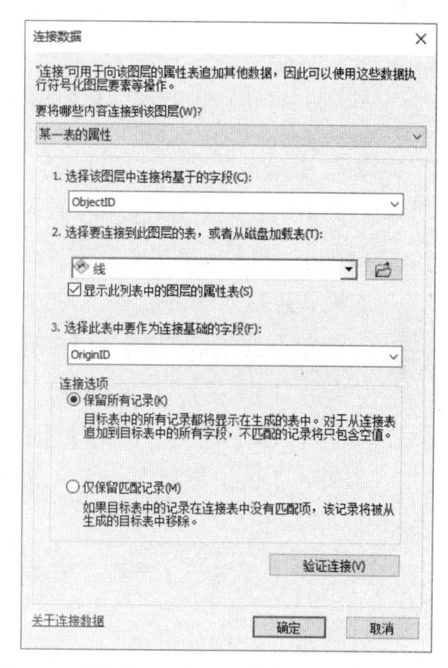

图 13-49 连接【Total_ 车行时间】字段到【起始点】表

☞ **步骤 5：**生成中心城区可达性初评图。

根据前面步骤，得到了各个道路点的可达性，但是点图的方式看起来很不直观，并且点和点之间存在空白区城，这些区域的可达性也无从得知。对于这种情况，可利用【空间插值】工具来生成一幅直观的连续无空白的面。

ArcMap 在【Spatial Analyst】扩展模块中提供了【插值】工具。此外在【3D Analyst】扩展模块也提供了【栅格插值】工具，由于是扩展模块，需要额外付费购买。

◆ 启动【插值】工具。

◆ 将鼠标移到主界面右侧的【目录】按钮上，在浮动出的【目录】面板中选择【工具箱 \ 系统工具箱 \Spatial

Analyst Tools.txb\ 插值分析 \ 反距离权重法】，显示【反距离权重法】对话框①。

- 设置插值参数，设置【反距离权重法】对话框的参数如图 13-50 所示。
  - 设置【输入点要素】为【O-D 成本矩阵 \ 起始点】，【Z 值字段为】为【ODLines.Total_ 车行时间】。
  - 设置【输出栅格】为【D:\study\chp13\ 练习数据 \ 区位条件相关分析 \ 中心城区可达性 \ 中心城区初评 .tif】。
  - 设置【输出像元大小（可选）】为【10】，默认其他设置。
  - 点击【确定】按钮。计算完成后生成了【中心城区初评 .tif】，如图 13-51 所示。

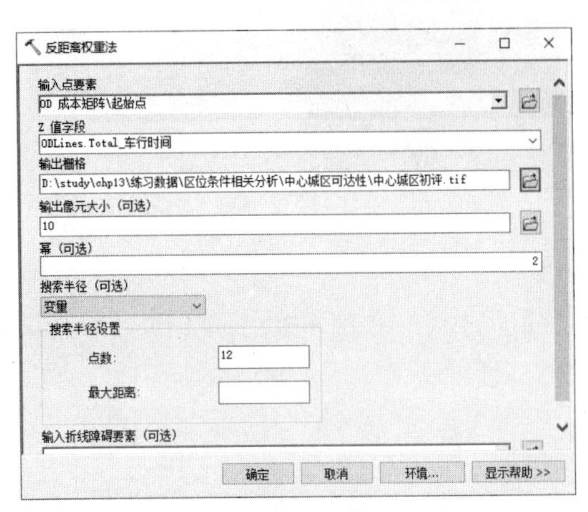

图 13-50 【反距离权重法】对话框

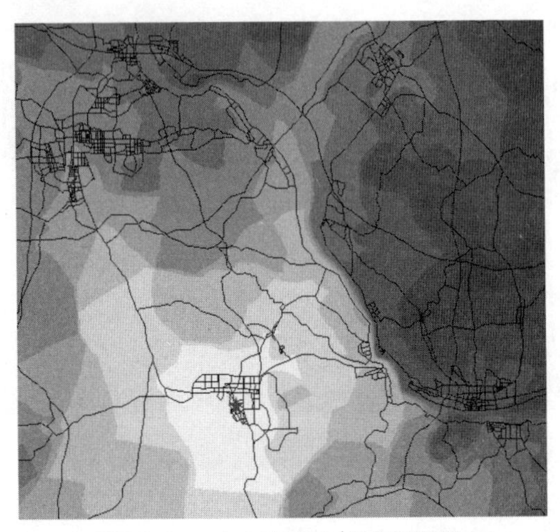

图 13-51　中心城区可达性初评结果

步骤 6：中心城区可达性评价。

- 打开【重分类】工具。在【目录】面板，浏览到【工具箱 \ 系统工具箱 \Spatial Analyst Tools.tbx\ 重分类 \ 重分类】，双击该项启动该工具，设置【重分类】对话框，各项参数具体如图 13-52 所示。
  - 设置【输入栅格】为【中心城区初评 .tif】。
  - 设置【重分类字段】为【VALUE】。
  - 设置【旧值】为【0-30】、【30-60】、【60-90】、【90-120】、【120 -180】、【NoData】；相应设置【新值】为【5】、【4】、【3】、【2】、【1】、【NoData】（参照表 13-18）。
  - 设置【输出栅格】为【D:\study\chp13\ 练习数据 \ 区位条件相关分析 \ 中心城区可达性 \ 中心城区评价 .tif】。
  - 点击【环境…】按钮，显示【环境设置】对话框，展开【栅格分析】项，设置【掩膜】为【中心城区初评 .tif】。
  - 点击【确定】按钮，开始进行重分类。计算完成后会自动加载【中心城区评价 .tif】图层至左侧【内容列表】面板，对该图层符号化后结果如图 13-53 所示。

分析中心城区可达性图可知，研究区域南部可达性较高，东北部相对孤立，可达性较低。

步骤 7：保存地图文档。

完成对中心城区可达性的评价后，点击主界面菜单【文件】→【保存】。

至此，中心城区可达性已经分析完毕。随书数据【chp13\ 练习结果示例 \ 区位条件相关分析 \ 中心城区可达性 \ 中心城区可达性 .mxd】展示了完整的中心城区可达性评价结果。

① 在使用该工具前，必须确定已启用了【Spatial Analyst】扩展模块。

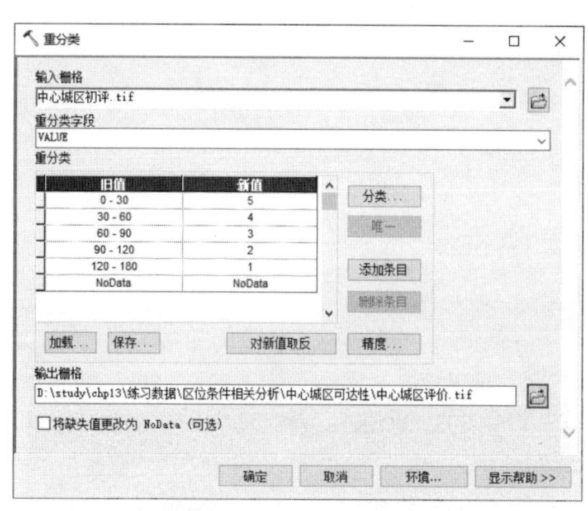

图 13-52 【重分类】对话框

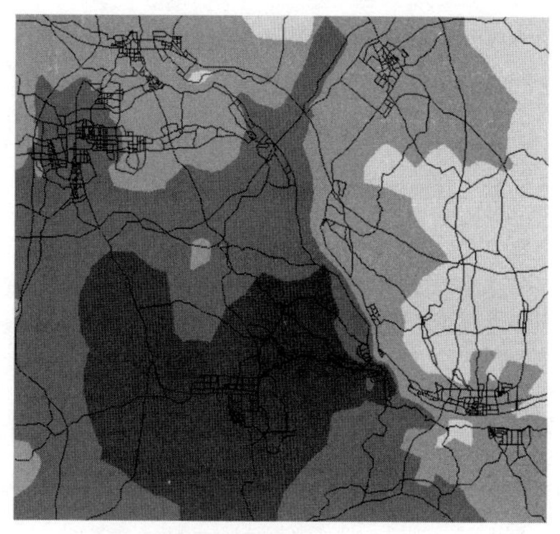

图 13-53　中心城区可达性评价结果

13.4.3.5　交通枢纽可达性

交通枢纽可达性反映网络化发展趋势下城镇沿枢纽团块状发展的潜力，是指格网单元到区域内航空、铁路、港口、公路、市域轨道交通等交通枢纽的交通距离。按照格网单元距离不同类型交通枢纽的交通时间距离远近，从 0 到 5 打分。计算方法同样是运用 GIS 软件中的网络分析工具，以各交通枢纽为源形成等时圈。分级参考阈值详见表 13-19，具体可结合区域特点适当调整。

之后对各类指标进行加权求和集成，计算交通枢纽可达性。原则上各指标权重相同，但在实际操作中可根据本地情况予以调整。在 GIS 软件中采用相等间隔法将交通枢纽可达性由高到低分为 5、4、3、2、1 五个等级。

交通枢纽可达性评价分级参考阈表　　**表 13-19**

基础数据	分级 / 评价阈值	评价值
铁路站点	车程≤ 30min	5（好）
	30 min ＜车程≤ 60 min	4（较好）
	车程＞ 60 min	0（差）
高速公路出入口	车程≤ 30 min	4（较好）
	30 min ＜车程≤ 60 min	3（一般）
	车程＞ 60 min	0（差）

资料来源：参考《资源环境承载能力和国土空间开发适宜性评价技术指南（试行）》（2020 年 1 月版）整理。

本小节以 13.4.3.1 基础数据准备小节模拟的城市区域作为研究对象，采用网络分析方法，以高速公路出入口和铁路站点为例，进行交通枢纽可达性分析。

☞ **步骤 1**：交通枢纽可达性计算。

- 打开随书数据的地图文档【chp13\练习数据\区位条件相关分析\交通枢纽可达性\交通枢纽可达性.mxd】，在【内容列表】面板，浏览到图层组【基础数据】，其中列出了本次实验所需基础数据：完整的【交通网络】、【起始点】、【高速公路出入口】和【铁路站点】点要素（图 13-54）。
- 启动【新建位置分配】分析工具。点击【Network Analyst】工具条上的按钮【Network Analyst】，在下拉菜单中选择【新建位置分配】，之后显示【Network Analyst】面板，【内容列表】面板中随后添加相应的图层。
- 加载【设施点】与【请求点】。在【Network Analyst】面板中，右键点击【设施点】项，在弹出菜单中选择【加载位置…】，显示【加载位置】对话框。

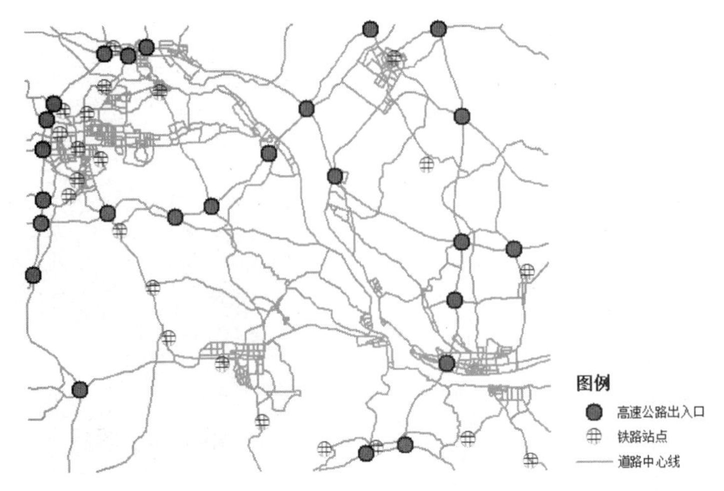

图 13-54 交通枢纽可达性基础数据

- 设置【加载自】为【铁路站点】。
- 设置【位置分析属性】栏中【FacilityType】为【必选项】。
- 点击【确定】按钮，完成【设施点】位置加载。
- 类似地，设置【请求点】为【起始点】。

- 设置“位置分配”的属性。
  - 点击【Network Analyst】面板右上角的【属性】按钮，显示【图层属性】对话框。
  - 切换到【分析设置】选项卡，选择【阻抗】为【车行时间 (min)】。
  - 切换到【高级设置】选项卡，选择【问题类型】为【最小化抗阻】，选择【要选择的设施点】为【22】(设施点数量)，默认其他设置。
  - 切换到【网络位置】选项卡，设置【属性】栏中【FacilityType】为【必选项】。
  - 点击【确定】按钮，完成【位置分配】属性设置。
- 位置分配求解。点击【Network Analyst】工具条上的【求解】工具。计算完成后得到一张位置分配图。
- 参照 13.4.3.4 中心城区可达性分析步骤 4，设置基于【请求点】表【ObjectID】字段和【线】的【DemandID】字段的连接，将【Total_ 车行时间】字段属性添加到【请求点】表上。
- 参照 13.4.3.4 中心城区可达性分析步骤 5，设置【输入点要素】为【位置分配\请求点】，【Z 值字段为】为【LALines.Total_ 车行时间】，生成铁路站点可达性初评图。
- 类似地，完成高速公路出入口可达性初评图，结果如图 13-55 所示。

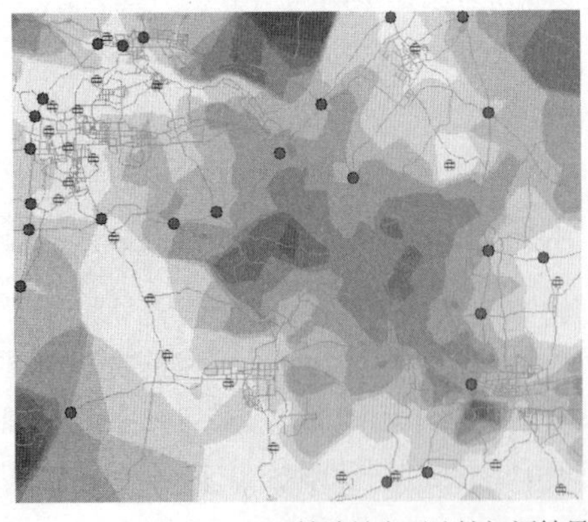
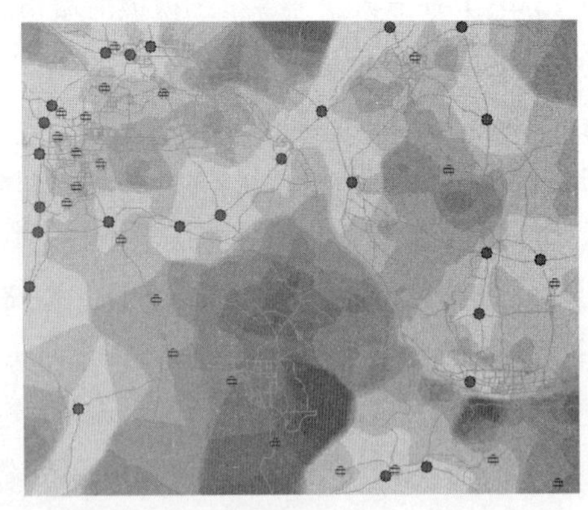

图 13-55 铁路站点可达性初评结果（左）高速公路出入口可达性初评结果（右）

☞ **步骤 2**：交通枢纽可达性初评。

- 对高速出入口数据重分类。在【目录】面板，浏览到【工具箱\系统工具箱\Spatial Analyst Tools.tbx\重分类\重分类】，双击该项启动该工具，设置【重分类】对话框各项参数具体如图 13-56（左）所示。
  - 设置【输入栅格】为【出入口初评.tif】。
  - 设置【重分类字段】为【VALUE】。
  - 设置【旧值】为【0–30】、【30–60】、【60–180】、【NoData】，相应设置【新值】为【4】、【3】、【0】、【NoData】。
  - 设置【输出栅格】为【D:\study\chp13\练习数据\区位条件相关分析\交通枢纽可达性\出入口评价.tif】。
  - 点击【环境…】按钮，展开【栅格分析】项，设置【掩膜】为【出入口初评.tif】，点击【确定】按钮，返回【重分类】对话框。
  - 点击【确定】按钮，开始进行重分类。计算完成后【出入口评价.tif】图层自动加载至左侧【内容列表】面板，对该图层符号化后如图 13-57（左）所示。
- 对铁路站点数据重分类。在【目录】面板，浏览到【工具箱\系统工具箱\Spatial Analyst Tools.tbx\重分类\重分类】，双击该项启动该工具，设置【重分类】对话框各项参数具体如图 13-56（右）所示。

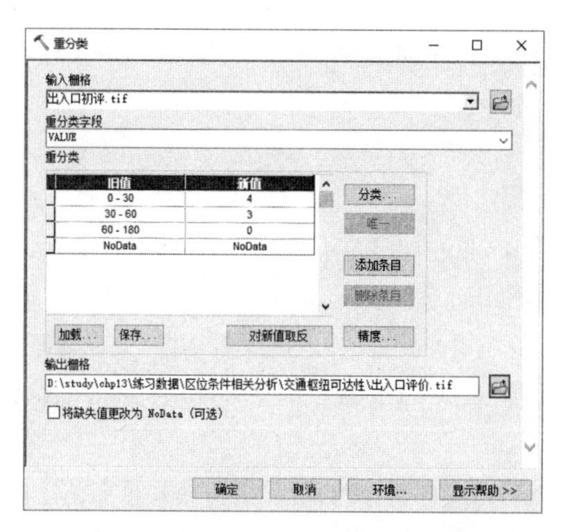

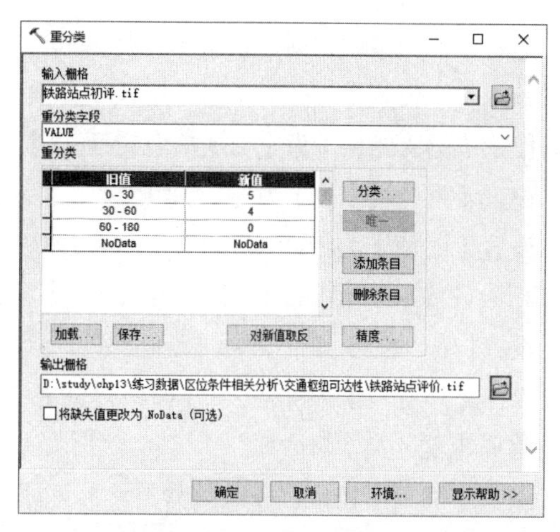

图 13-56 出入口初评【重分类】对话框（左）铁路站点初评【重分类】对话框（右）

  - 设置【输入栅格】为【铁路站点初评.tif】。
  - 设置【重分类字段】为【VALUE】。
  - 设置【旧值】为【0–30】、【30–60】、【60–180】、【NoData】；相应设置【新值】为【5】、【4】、【0】、【NoData】。
  - 设置【输出栅格】为【D:\study\chp13\练习数据\区位条件相关分析\交通枢纽可达性\铁路站点评价.tif】。
  - 点击【环境…】按钮，显示【环境设置】对话框，展开【栅格分析】项，设置【掩膜】为【铁路站点初评.tif】，点击【确定】按钮，返回【重分类】对话框。
  - 点击【确定】按钮，开始进行重分类。计算完成后【铁路站点评价.tif】图层自动加载至左侧【内容列表】面板，对该图层符号化后如图 13-57（右）所示。
  - 在【目录】面板中，浏览到【工具箱\系统工具箱\Spatial Analyst Tools.tbx\叠加分析\加权总和】，双击该项启动该工具，设置【加权总和】对话框，各项参数具体如下。
  - 设置【输入栅格】为【出入口评价.tif】、【铁路站点评价.tif】。
  - 设置两项【权重】均为【0.5】。
  - 设置【输出栅格】为【D:\study\chp13\练习数据\区位条件相关分析\交通枢纽可达性\交通枢纽初评.tif】。
  - 点击【环境…】按钮，弹出【环境设置】对话框，设置【处理范围】为【与图层道路中心线相同】，点

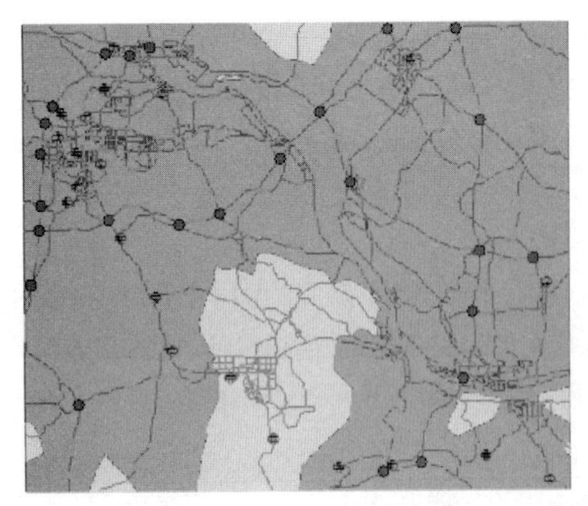

图 13-57 高速公路出入口可达性评价结果（左）铁路站点可达性评价结果（右）

击【确定】按钮，返回【加权总和】对话框。

- 点击【确定】按钮，完成加权总和，结果如图 13-58 所示。

步骤 3: 交通枢纽可达性评价。

- 在【目录】面板中，浏览到【工具箱\系统工具箱\Spatial Analyst Tools.tif\重分类\重分类】，双击该项启动该工具，设置【重分类】对话框各项参数具体如下。
  - 设置【输入栅格】为【交通枢纽初评 .tif】。
  - 设置【重分类字段】为【VALUE】。
  - 设置【旧值】为【0–1.4999】、【1.5– 2.4999】、【2.5– 3.4999】、【3.5–4.4999】、【4.4999–5.5】、【NoData】；相应设置【新值】为【5】、【4】、【3】、【2】、【1】、【NoData】。
  - 设置【输出栅格】为【D:\study\chp13\练习数据\区位条件相关分析\交通枢纽可达性\交通枢纽评价 .tif】。
  - 点击【环境…】按钮，展开【栅格分析】项，设置【掩膜】为【交通枢纽初评 .tif】，点击【确定】按钮，返回【重分类】对话框。
  - 点击【确定】按钮，完成重分类。计算完成后【交通枢纽评价 .tif】图层自动加载至左侧【内容列表】面板，对该图层符号化后如图 13-59 所示。

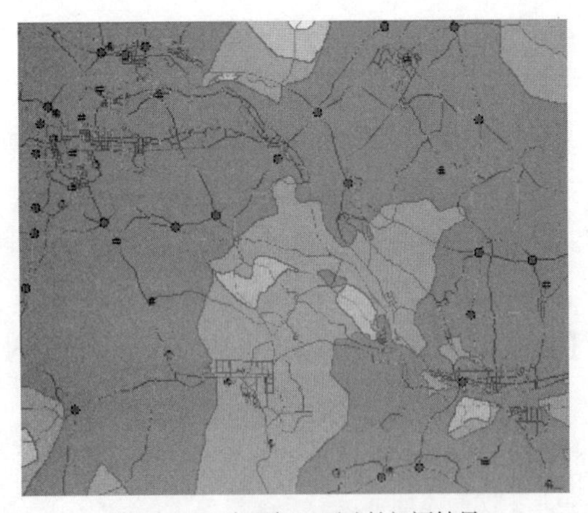

图 13-58 交通枢纽可达性初评结果

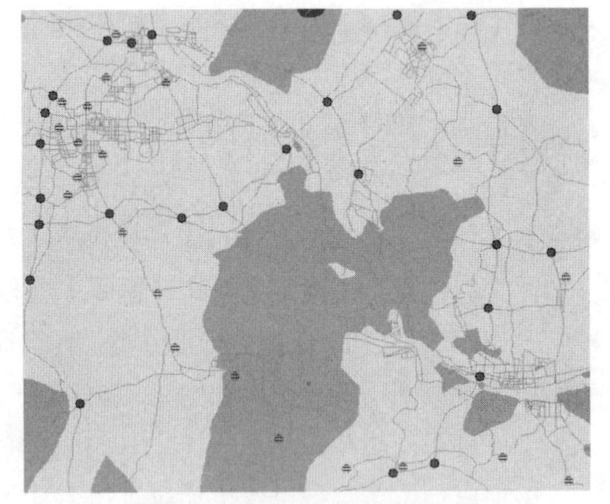

图 13-59 交通枢纽可达性评价结果

步骤 4: 保存地图文档。

完成对交通枢纽可达性的评价后，点击主界面菜单【文件】→【保存】。

至此，交通枢纽可达性已经分析完毕。随书数据【chp13\练习结果示例\区位条件相关分析\交通枢纽可达性\交通枢纽可达性.mxd】展示了完整的交通枢纽可达性评价结果。

13.4.3.6　周边中心城市可达性

临近中心城市的市县，要开展到中心城市的可达性评价，中心城市主要是指国家中心城市、副省级城市、省会城市以及其他具有较强辐射能力的地级市。运用GIS软件中的网络分析工具，以中心城市的主城区中心为源作等时圈分析，确定各评价单元距离中心城市的可达性。最终，在GIS软件中将区位优势度由高到低分为5、4、3、2、1五个等级（表13-20）[①]。

周边城区可达性评价分级参考阈表　　表13-20

基础数据	分级/评价阈值	评价值
周边中心城市可达性	车程≤ 30min	5（好）
	30 min ＜车程≤ 60 min	4（较好）
	60 min ＜车程≤ 90 min	3（一般）
	90min ＜车程≤ 120 min	2（较差）
	车程＞ 120 min	1（差）

资料来源：参考《资源环境承载能力和国土空间开发适宜性评价技术指南（试行）》（2020年1月版）整理。

本小节以13.4.3.1基础数据准备小节模拟的城市区域作为研究对象，对周边中心城市采用网络分析方法，进行周边中心城市可达性分析。

☞ **步骤1**：周边中心城市可达性计算。

- 打开随书数据的地图文档【chp13\练习数据\区位条件相关分析\周边中心城市可达性\周边中心城市可达性.mxd】，在【内容列表】面板，浏览到图层组【基础数据】，其中列出了本次实验所需基础数据：完整的交通网络和【周边中心城市】点要素。
- 参照13.4.3.4中心城区可达性分析步骤。同样在【Network Analyst】面板中，将【目的地点】设置为【周边中心城市】，其他设置不变，计算所得周边中心城市可达性初评结果如图13-60所示。

☞ **步骤2**：周边中心城市可达性评价。

- 对可达性分析数据进行重分类处理。在【目录】面板，浏览到【工具箱\系统工具箱\Spatial Analyst Tools.tbx\重分类\重分类】，双击该项启动该工具，设置【重分类】对话框，各项参数具体如下。
  - 设置【输入栅格】为【周边城市初评.tif】。
  - 设置【重分类字段】为【VALUE】。
  - 设置【旧值】为【0-30】、【30-60】、【60-90】、【90-120】、【120-180】、【NoData】；相应设置【新值】为【5】、【4】、【3】、【2】、【1】、【NoData】（参照表13-20）。
  - 设置【输出栅格】为【D:\study\chp13\练习数据\区位条件相关分析\周边中心城市可达性\周边城市评价.tif】。
  - 点击【环境...】按钮，显示【环境设置】对话框，展开【栅格分析】项，设置【掩膜】为【周边城市初评.tif】，点击【确定】按钮，返回【重分类】对话框。
  - 点击【确定】按钮，开始进行重分类。计算完成后对该图层符号化后如图13-61所示。

① 注：当受到多个上级城市影响时，笔者认为可以取最近的，或者影响最大的，或者被辖城市，或者取至多个城市车程的加权平均时间等。本实验取被辖地级城市。

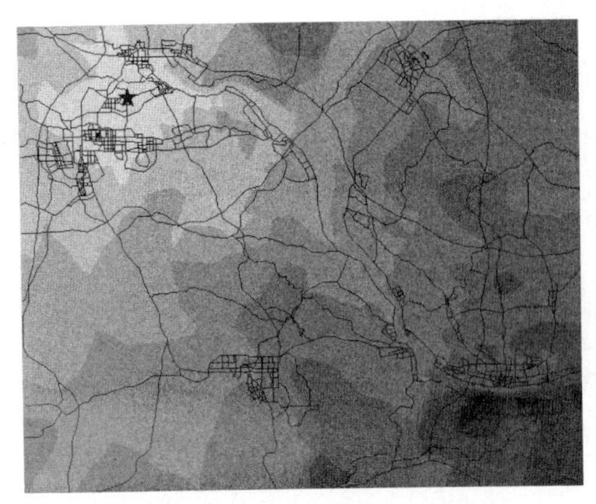

图 13-60 周边中心城市可达性初评

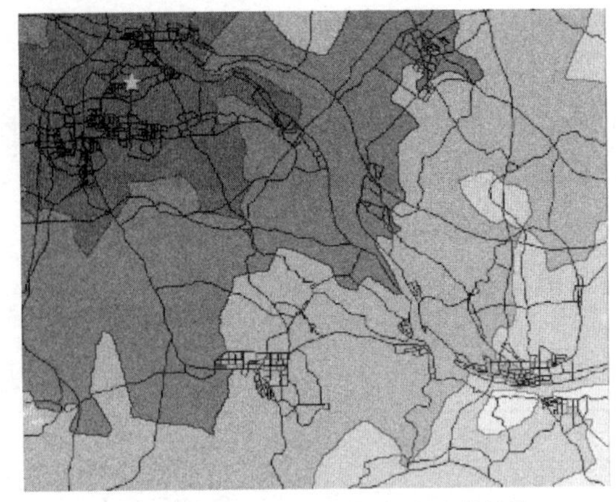

图 13-61 周边中心城市可达性评价结果

☞ **步骤 3：** 保存地图文档。

完成对周边中心城市可达性的评价后，点击主界面菜单【文件】→【保存】。

至此，周边中心城市可达性已经分析完毕。随书数据【chp13\练习结果示例\区位条件相关分析\周边中心城市可达性\周边中心城市可达性.mxd】展示了完整的周边中心城市可达性评价结果。

13.5 模型建构器（model builder）在双评价中的应用

13.5.1 模型构建器的定义

模型构建器是一个用来创建、编辑和管理模型的应用程序。模型是将一系列地理处理工具串联在一起的工作流，将其中一个工具的输出作为另一个工具的输入。也可以将模型构建器看成用于构建工作流的可视化编程语言，如图 13-62 所示。其通过所创建的工具，可以像系统工具箱中的工具一样运行。

图 13-62 模型构建器对话框

模型构建器的页面结构简单，其中包含下拉菜单、工具条工具以及快捷菜单选项。通过右键单击可以使用整个模型或任何单个模型元素（变量、连接器或工具）的快捷菜单。在模型中用于拖动工具并将其连接到变量的空白区域称为画布，而显示相互连接的工具和变量的外观级布局称为模型图。

模型中的元素主要有三种类型：工具、变量和连接符，如图 13-63 所示。

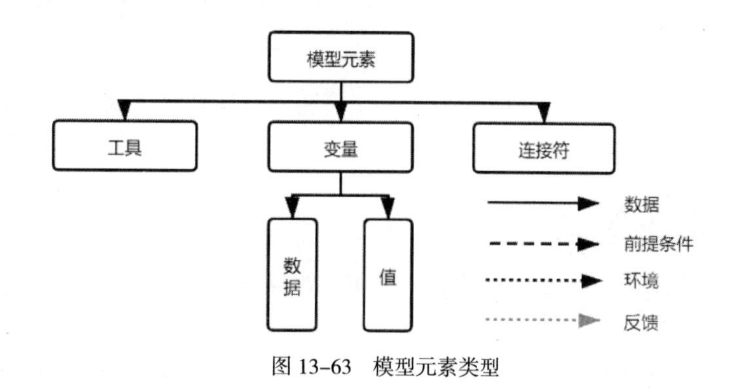

图 13-63　模型元素类型

（1）工具：地理处理工具是模型工作流的基本组成部分。工具用于对地理数据或表格数据执行多种操作。工具被添加到模型中后，即成为模型元素。

（2）变量：变量是模型中用于保存值或对数据进行引用的元素。共有两种类型的变量：数据和值。

数据：数据变量是包含磁盘数据的描述性信息的模型元素。数据变量中所描述的数据属性包括字段信息、空间参考和路径。

值：值变量是诸如字符串、数值、布尔（true/false 值）、空间参考、线性单位或范围等的值。值变量包含了除对磁盘数据引用之外的所有信息。

（3）连接符：连接符用于将数据和值连接到工具。连接符箭头显示了地理处理的执行方向。共有四种类型的连接符：数据、环境、前提条件和反馈。

数据：数据连接符用于将数据变量和值变量连接到工具。

环境：环境连接符用于将包含环境设置的变量（数据或值）连接到工具。工具在执行时将使用该环境设置。

前提条件：前提条件连接符用于将变量连接到工具。只有在创建了前提条件变量的内容之后，工具才会执行。

反馈：反馈连接符用于将某一工具的输出返回给同一工具作为输入。

模型流程由一个工具和连接到此工具的所有变量组成。连接线用于表示处理的顺序。可将多个流程连接到一起，以创建一个更复杂的流程。模型可以保存在“工具箱”中。

更多有关模型构建器的更多知识可以参考 ArcGIS 帮助文档。

13.5.2　模型构建器在国土空间规划中的优势

使用 Model Builder 可以将复杂的工作流程简化为一个工具，实现流程重用，同时系统工具丰富，可以很好地整合 Python 资源、发布 GP 服务、实现 Web 调用，而且采用可视化界面，无需 Code，简单易上手。其优势有如下几点。

☞ **优势一：**简化工作流程，提升工作效率。

在国土空间规划的“双评价”过程中，有许多需要重复的步骤，如果有模型建构器的帮助，就可以建立一个自定义的工具箱，将繁琐的评价步骤变成现成的工具。更改分析参数后就不再需要手动进行一个个步骤的操作，可以用之前定义的工具直接生成新的结果。所以用 Model Builder 建模可以提升工作效率。

☞ **优势二：**迭代工具实现数据的批量处理，节省时间。

在国土空间规划的“双评价”过程中，有许多数据的操作都是一致的，如多个栅格数据的重分类。利用 Model Builder 的迭代工具，将需要批量处理的数据列入同一个文件地理数据库内，可实现数据的批量处理，大幅节省了操作时间。

☞ **优势三：**可以进行模型的组合。

“双评价”每一个单项评价都涉及一个小模型的构建，但每一个小模型不是独立的，而是相互关联、相互作用的。对一个个的小模型进行搭建，可以组成大模型。

所以创建小模型后，为方便模型反复利用，可在模型中将输入数据和输出数据设置为参数，将模型封装为工具，并加载到 ArcToolBox 工具箱中作为自定义模型工具使用。

13.5.3 模型构建器的操作示意

本实验对模型构建器的使用进行一个简单的演示，采用“双评价”中的水土流失脆弱性评价和生态保护重要性评价作为模型构建的案例讲解。

本实验将构建两个模型：【生态保护重要性评价模型】和【水土流失脆弱性评价模型】，其中【水土流失脆弱性评价模型】构建完成后，作为工具在【生态保护重要性评价模型】中使用。

13.5.3.1 新建和打开模型评价过程

☞ **步骤 1：**打开地图文档，查看基础数据。

打开随书数据中的地图文档【chp13\练习数据\模型构建器\生态保护重要性评价模型.mxd】。在【内容列表】面板，浏览到图层组【基础数据】，其中列出了本次实验所需基础数据：【降雨侵蚀力因子 R 值】、【植被覆盖度栅格.tif】、【土壤分级.tif】、【地形起伏度.tif】和【生态系统服务功能重要性评价分级.tif】等基础数据。

☞ **步骤 2：**新建工具箱。

【目录】面板中，浏览到工作目录【chp13\练习数据\模型构建器】，右键点击它，弹出菜单中选择【新建】→【工具箱】，将新建的工具箱重命名为【生态保护重要性评价模型.tbx】。

☞ **步骤 3：**新建模型。

右键单击工具箱【生态保护重要性评价模型.tbx】，弹出菜单中选择【新建】→【模型...】，显示【模型】对话框，将其关闭，然后重命名新建的模型为【生态保护重要性评价模型】。同理，重命名第二个新建的模型为【水土流失脆弱性评价模型】，如图 13-64 所示。

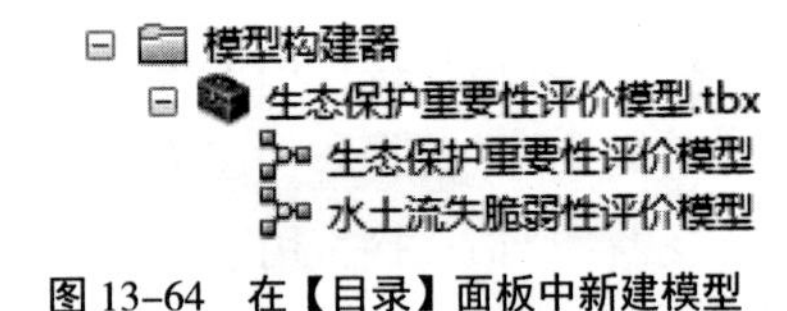

图 13-64 在【目录】面板中新建模型

☞ **步骤 4：**打开模型编辑对话框。

在【目录】面板中浏览到前面新建的模型【chp13\练习数据\模型构建器\生态保护重要性评价模型.tbx\水土流失脆弱性评价模型】，右键点击它，弹出菜单中选择【编辑…】，显示【水土流失脆弱性评价模型】对话框，它暂时还是空的。

13.5.3.2 构建模型

紧接之前步骤，继续操作如下。

☞ **步骤 1：**添加变量。

将左侧【内容列表】面板中的图层组【基础数据】中的【降雨侵蚀力因子 R 值】、【植被覆盖度栅格.tif】、【土壤分级.tif】和【地形起伏度.tif】拖入画布中，作为输入数据。

☞ **步骤 2：**添加【重分类】工具。

- 在【目录】面板浏览到【工具箱\系统工具箱\Spatial Analyst Tools.tbx\重分类\重分类】拖入画布中。
- 添加连接线。连接各要素图形和【重分类】图形，如图 13-65 所示。
  - 点击工具条上的【连接】工具，依次点击【降雨侵蚀力因子 R 值】和【重分类】图形，图面上会绘制出一个连接两个图形的箭头（图 13-66），同时弹出菜单，选择其中的【输入栅格】菜单项。此时【重分类】图形由白色变为黄色，代表该空间处理的条件已经具备，意味着【降雨侵蚀力因子 R 值】将作为【输入栅格】参与【重分类】。

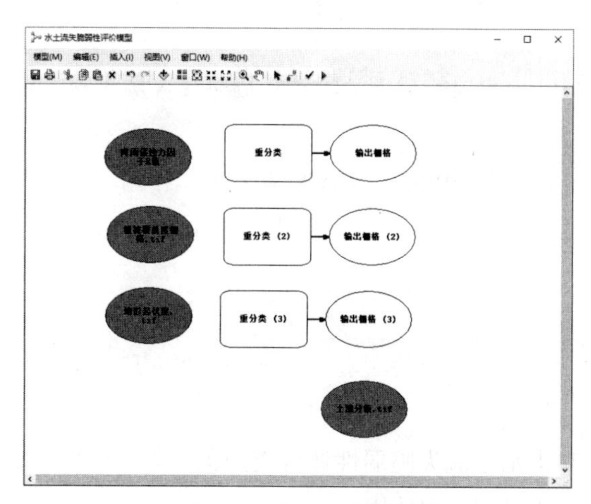

图 13-65　加入【重分类】

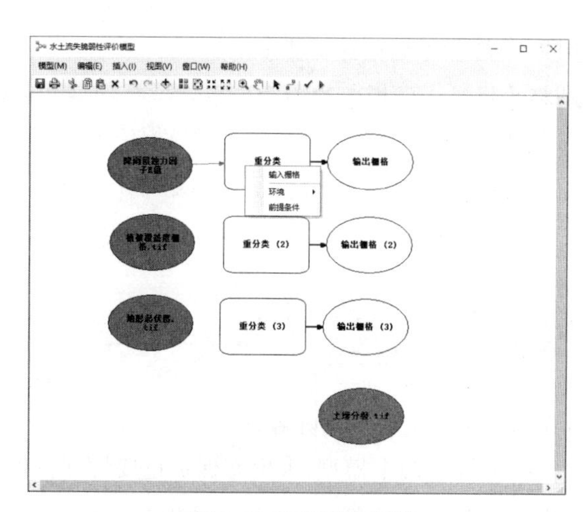

图 13-66　连接两个图形

- 右键单击【重分类】，弹出菜单中选择【打开 ...】，显示【重分类】对话框（图 13-67）。可以在该对话框中详细设置各项参数，具体操作详见章节 9.6.3 中步骤 5。点击【确定】按钮。
-【植被覆盖度栅格.tif】和【地形起伏度.tif】要素参照上述步骤依次完成【重分类】，设置完成如图 13-68 所示。

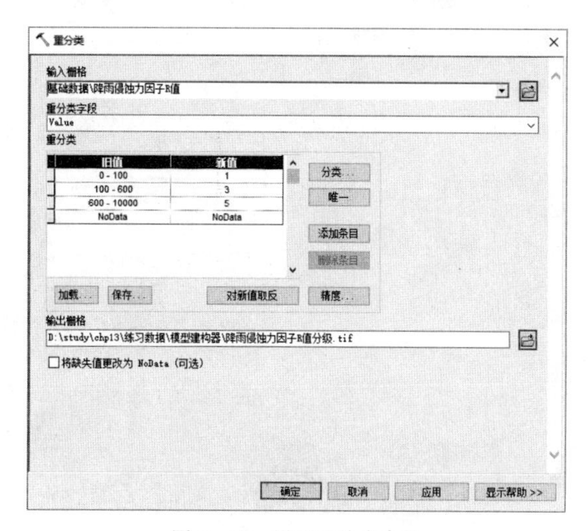

旧值	新值
0 - 100	1
100 - 600	3
600 - 10000	5
NoData	NoData

图 13-67　设置重分类参数

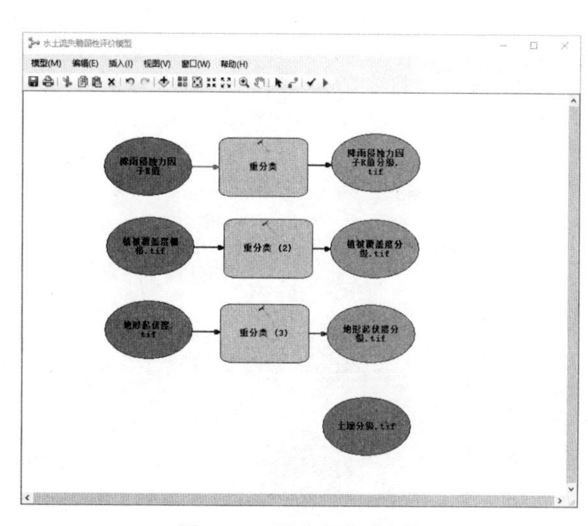

图 13-68　重分类模型片段

步骤 3：更改输入参数名称。

- 更改这些输入参数的名称为：【输入降雨侵蚀力因子 R 值栅格】、【输入植被覆盖度栅格】、【输入地形起伏度栅格】、【输入土壤分级栅格】。
  - 右键单击【降雨侵蚀力因子 R 值】图形，在弹出菜单中选择【重命名】，显示【重命名】对话框。
  - 设置【输入新元素名称。】为【输入降雨侵蚀力因子 R 值栅格】。
  - 点击【确定】按钮，完成名称更改。
  - 类似地，完成其他输入参数名称（图 13-69）。

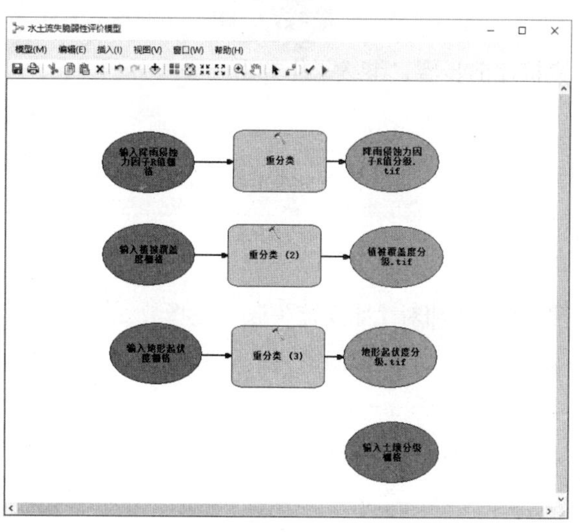

图 13-69　更改输入要素名称

☞ **步骤 4：**添加【栅格计算器】工具。

- 将【目录】面板中的【工具箱\系统工具箱\Spatial Analyst Tools.tbx\地图代数\栅格计算器】拖拉到模型构建对话框。
- 右键点击【栅格计算器】，弹出菜单中选择【打开...】，显示【栅格计算器】对话框（图 13-70）。可以在该对话框中详细设置各项参数，具体设置详见章节 9.6.3 中步骤 6。点击【确定】按钮（图 13-71）。

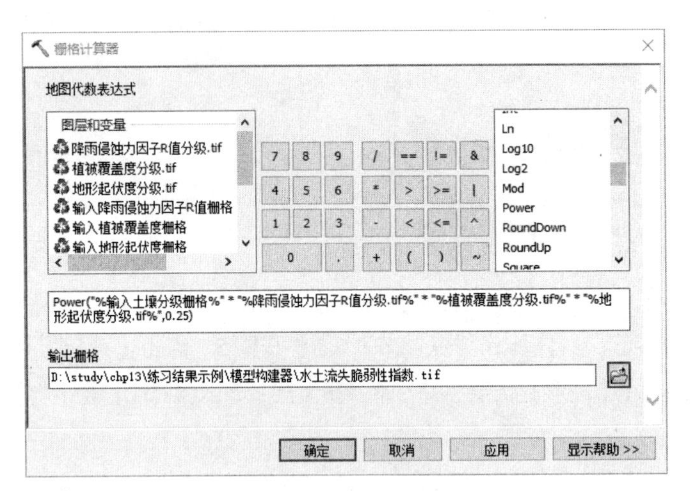

图 13-70　设置栅格计算器

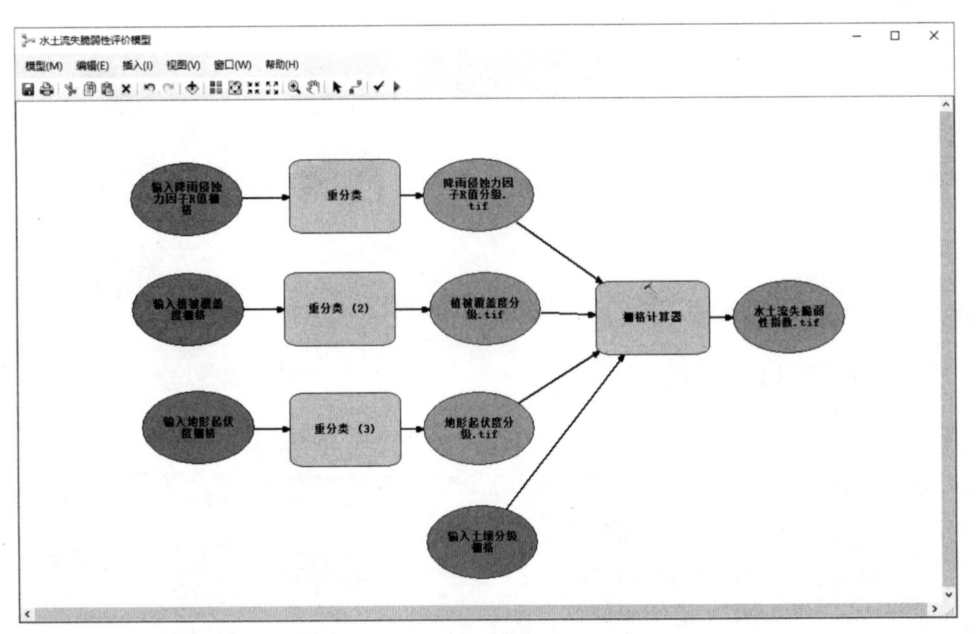

图 13-71　水土流失脆弱性评价模型部分

☞ **步骤 5：**添加对【水土流失脆弱性指数 .tif】的重分类工具。

- 在【目录】面板浏览到【工具箱\系统工具箱\Spatial Analyst Tools.tbx\重分类\重分类】拖入画布中。
- 添加连接线，连接【水土流失脆弱性指数 .tif】和【重分类】图形，与上述【重分类】操作一致，不多作赘述。
- 【重分类】对话框的设置，具体操作详情参照章节 9.6.3 中步骤 7。
- 修改【输出栅格】名称为【输出水土流失脆弱性分级】。
- 保存模型。点击菜单【模型】→【保存】。至此，已完成全部建模工作，模型的全貌如图 13-72 所示。

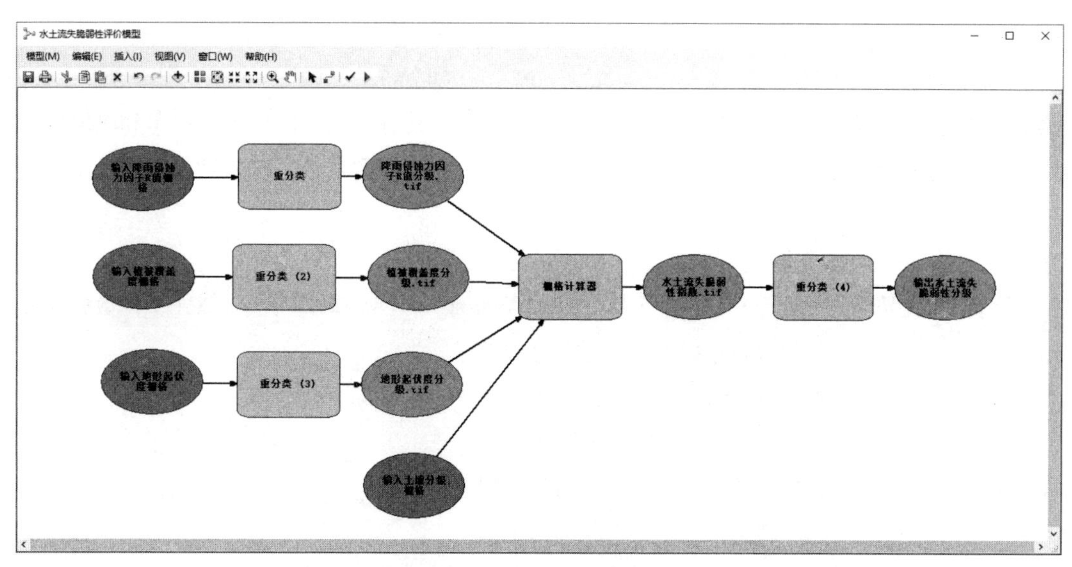

图 13-72　水土流失脆弱性评价模型

☞ **步骤 6**：将输入数据和输出数据设置为参数，将模型封装为工具。

- 点击菜单【模型】→【模型属性…】，显示【水土流失脆弱性评价模型属性】对话框，如图 13-73 所示。
- 切换到【参数】选项卡，单击 ➕，显示【添加模型参数】对话框，依次选择【输入降雨侵蚀力因子 R 值栅格】、【输入植被覆盖度栅格】、【输入地形起伏度栅格】、【输入土壤分级栅格】和【输出水土流失脆弱性分级】加入参数中，点击【确定】按钮。

☞ **步骤 7**：模型变工具。关闭【水土流失脆弱性评价模型】对话框后，再次双击该模型会发现可以选择参数和保存方式，模型变成了工具，如图 13-74 所示。

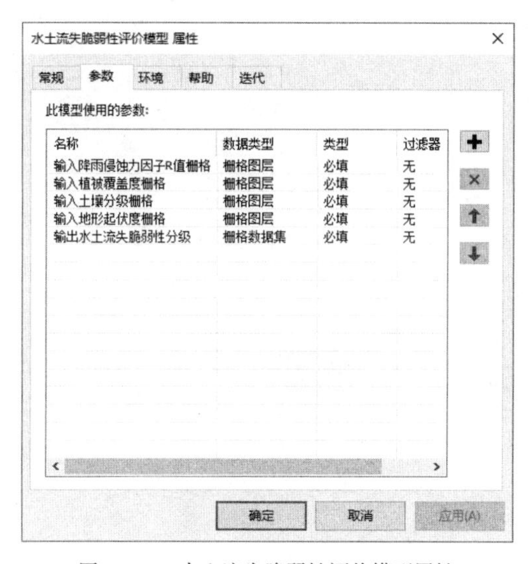

图 13-73　水土流失脆弱性评价模型属性

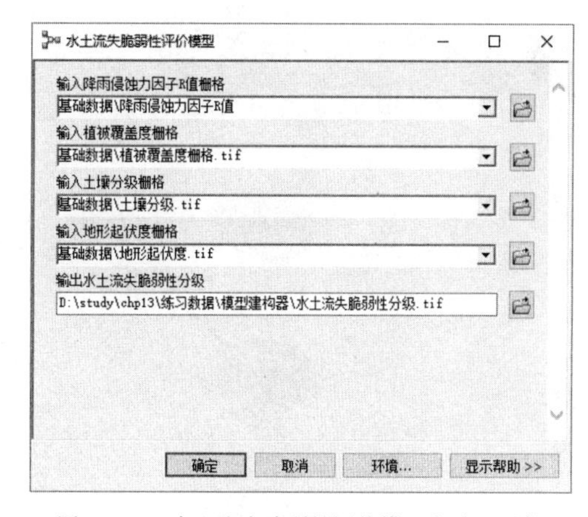

图 13-74　水土流失脆弱性评价模型变成工具箱

13.5.3.3　构建组合模型

紧接之前步骤，继续操作如下。

☞ **步骤 1**：再次打开模型编辑对话框。

在【目录】面板中浏览到前面新建的模型【chp13\练习数据\模型构建器\生态保护重要性评价模型.tbx\生态保护重要性评价模型】，右键点击它，弹出菜单中选择【编辑…】，显示【生态保护重要性评价模型】对话框，它暂时还是空的。

☞ **步骤 2**：添加变量。

将左侧内容列表的图层组【基础数据】中的【生态系统服务功能重要性评价分级 .tif】和刚刚完成的【水土流失脆弱性评价模型】拖入画布中，作为输入数据。可以发现，此时模型自带了输入数据和输出数据【输出水土流失脆弱性分级】。

☞ **步骤 3**：添加【像元统计数据】工具。

- 在【目录】面板浏览到【工具箱 \ 系统工具箱 \Spatial Analyst Tools.tbx\ 局部分析 \ 像元统计数据】拖入画布中。
- 添加连接线。连接各要素图形和【像元统计数据】图形。
  - 点击工具条上的【连接】工具，依次点击【水土流失脆弱性分级 .tif】和【像元统计数据】图形，图面上会绘制出一个连接两个图形的箭头，同时弹出菜单，选择其中的【输入栅格数据或者常量值】菜单项，此时【像元统计数据】图形由白色变为黄色，代表该空间处理的条件已经具备。意味着【水土流失脆弱性分级 .tif】将作为【输入栅格】参与【像元统计数据】。
  - 类似地，完成【生态系统服务功能重要性评价等级 .tif】和【像元统计数据】图形的连接。
  - 右键单击【像元统计数据】，弹出菜单中选择【打开 ...】，显示【像元统计数据】对话框（图 13-75）。可以在该对话框中详细设置各项参数，具体操作详见章节 9.7.3 中的步骤 2。

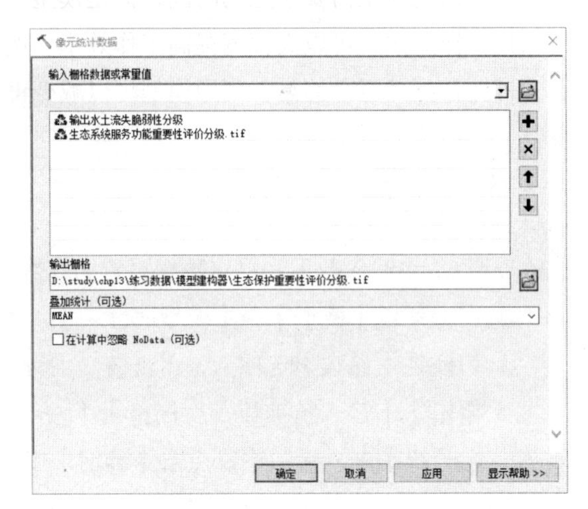

图 13-75 模型中的像元统计数据对话框

  - 点击【确定】按钮。
- 保存模型。点击菜单【模型】→【保存】。至此，已完成全部建模工作，模型的全貌如图 13-76 所示。

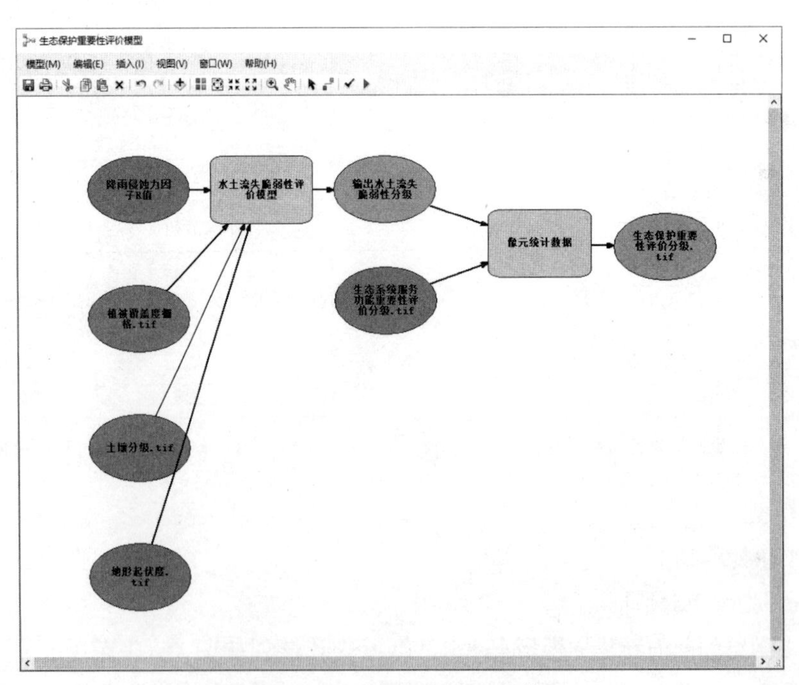

图 13-76 生态保护重要性评价模型

13.5.3.4 验证和运行模型

紧接之前步骤，继续操作如下。

☞ **步骤 1**：验证整个模型。

验证模型：点击工具条上的【验证整个模型】按钮✔，如果模型中有不能满足条件的元素，则该元素会变成白色。

☞ **步骤 2**：运行模型。

点击菜单【模型】→【运行整个模型】，开始计算，同时会显示【运行状态】对话框。如果出现错误，对话框中会给出红色提示，并暂停计算。

虽然构建模型需要一定的时间，但是模型一旦构建完毕就可以反复使用，而且在具体使用时就像使用其他分析工具一样简便，可以大幅度提高工作效率。例如有了模型，分析其他区域时，所有操作在几分钟内就可以完成了。另外，更具意义的是，利用模型可以减少思考分析流程所需的时间和精力，这对于特别复杂的空间处理尤为重要。

13.6 本章小结

本章主要补充讲解了“双评价”中要使用的相关方法和技术，包括：通过地形构建与分析提取反映地形分布特点的特征要素；通过水文分析提取反映河流网络和分水岭边界等信息；通过气候评价相关分析计算湿温指数，修正舒适度评价；通过区位条件相关分析评价地理及交通区位等级；通过模型建构器简化工作流程，实现流程重用。

本章技术汇总表

规划应用汇总	页码	信息技术汇总	页码
地形构建	365	插值分析（地形转栅格）	365
地形分析	366	符号系统（高程分级显示）	366
水文分析	369	表面分析（坡度）	367
河流网络提取	370	表面分析（坡向）	367
流域提取	373	邻域分析（焦点统计）	368
气候评价相关分析	374	水文分析（填洼）	370
计算温湿指数	374	水文分析（流向）	371
舒适度评价修正	379	水文分析（流量）	371
区位条件相关分析	384	栅格计算器工具	372
道路交通网络构建	386	水文分析（栅格河网矢量化）	372
交通干线可达性分析	388	平滑工具	373
中心城区可达性分析	391	水文分析（盆域分析）	373
交通枢纽可达性分析	395	转换工具（栅格转面）	373
周边中心城市可达性分析	399	制图综合（融合）	376
模型建构器	400	提取分析（筛选）	377

续表

附录一：GIS 规划应用索引

续表

附录二：GIS 技术索引

续表

续表

参考文献

[1] 封殿波 . 地理信息系统在国土空间规划中的应用分析 [J]. 智能城市 , 2020,6(8):145–146.

[2] 王成新 , 万军 . 浅谈 GIS 在城市环境总体规划中的应用与探索 [J]. 中国环境管理 ,2017(2):86–90.

[3] Michael J de Smith,Michael F Goodchild, Paul A Longley. 地理空间分析——原理、技术与软件工具（第二版）[M]. 北京 : 电子工业出版社 , 2009.

[4] 牛强 . 城市规划 GIS 技术应用指南 [M]. 北京 : 中国建筑工业出版社 , 2012.

[5] 牛强 . 城乡规划 GIS 技术应用指南 :GIS 方法与经典分析 [M]. 北京 : 中国建筑工业出版社 , 2018.

[6] 周婕 , 牛强 . 城乡规划 GIS 实践教程 [M]. 北京 : 中国建筑工业出版社 , 2017.

[7] 王姣娥 , 陈卓 , 景悦 , 黄洁 , 金凤君 . 国土空间规划 : 基础设施与公共服务设施单幅总图的研制 [J]. 地理研究 , 2019, 38(10):2496–2505.

[8] 熊鹏 , 宋小冬 . 道路网络密度与公交线网的关系分析——以上海 9 个典型地区为例 [J]. 上海城市规划 ,2016(5):101–108.

[9] 宋小冬 , 叶嘉安 , 钮心毅 . 地理信息系统及其在城市规划与管理中的应用（第 2 版）[M]. 北京 : 科学出版社 , 2010.

[10] 牛方曲 , 封志明 , 刘慧 . 资源环境承载力评价方法回顾与展望 [J]. 资源科学 , 2018, 40(4):655–663.

[11] 王亚飞 , 樊杰 , 周侃 . 基于“双评价”集成的国土空间地域功能优化分区 [J]. 地理研究 , 2019, 38(10):2415–2429.

[12] 王劲峰 , 廖一兰 , 刘鑫 . 空间数据分析教程 [M]. 北京 : 科学出版社 , 2010.

[13] 喻忠磊 , 庄立 , 孙丕苓 , 梁进社 , 张文新 . 基于可持续性视角的建设用地适宜性评价及其应用 [J]. 地球信息科学学报 , 2016, 18(10):70–83.

[14] 陈晨 , 宋小冬 , 钮心毅 . 土地适宜性评价数据处理方法探讨 [J]. 国际城市规划 , 2015, 030(1):70–77.

[15] 贾克敬 , 张辉 , 徐小黎 , 祁帆 . 面向空间开发利用的土地资源承载力评价技术 [J]. 地理科学进展 , 2017, 036(3):335–341.

[16] 张恒 , 于鹏 , 李刚 , 于靖 . 空间规划信息资源共享下的“一张图”建设探讨 [J]. 规划师 ,2019,35(21):11–15.

[17] 韩青 , 于立 , 陈有川 . 规划转型背景下的国土空间开发适宜性评价研究 [J]. 西部人居环境学刊 , 2019,34(5):34–39.

[18] 许明军 , 冯淑怡 , 苏敏 , 樊鹏飞 , 王博 . 基于要素供容视角的江苏省资源环境承载力评价 [J]. 资源科学 , 2018,40(10):1991–2001.